高等学校规划教材

# 大学化学

董彦杰　王钧伟　主编

## 内容简介

《大学化学》由四部分组成，即无机化学篇、分析化学篇、物理化学篇和有机化学篇，各部分单独成篇，其中，无机化学部分包括气体、酸碱解离平衡、沉淀溶解平衡、氧化还原反应、配位化合物、原子结构、分子结构；分析化学部分包括定量分析化学概论、定量分析误差和分析数据的处理、重量分析法、滴定分析法、吸光光度法；物理化学部分包括化学热力学基础、化学动力学基础、电化学基础和表面化学基础；有机化学部分包括绪论、烷烃、脂环烃、烯烃、炔烃和二烯烃、芳烃、立体化学、卤代烃、醇酚醚、醛和酮、羧酸及羧酸衍生物。在编写过程中，编者力求遵循学术规范原则，完整地正确表达化学的基本原理。为方便学生学习与检查学习效果，每章后均附有习题。

本书适合生命科学、生物工程、食品工程、环境监测、环境科学、环境工程等专业本科生使用，也可供相关人员研究参考之用。

### 图书在版编目（CIP）数据

大学化学 / 董彦杰，王钧伟主编. —北京：化学工业出版社，2021.7（2023.6重印）
ISBN 978-7-122-39240-4

Ⅰ.①大… Ⅱ.①董… ②王… Ⅲ.①化学-高等学校-教材 Ⅳ.①O6

中国版本图书馆 CIP 数据核字（2021）第 101809 号

---

责任编辑：李 琰  宋林青
责任校对：宋 玮              装帧设计：刘丽华

---

出版发行：化学工业出版社（北京市东城区青年湖南街13号 邮政编码100011）
印　　装：三河市延风印装有限公司
787mm×1092mm 1/16 印张29½ 字数741千字 2023年6月北京第1版第2次印刷

---

购书咨询：010-64518888                售后服务：010-64518899
网　　址：http://www.cip.com.cn
凡购买本书，如有缺损质量问题，本社销售中心负责调换。

---

定　　价：88.00元                                版权所有　违者必究

# 前言

为了贯彻全国教育大会和新时代全国高等学校本科教育工作会议精神，我们组织教师编写了本教材。本书是高等学校"十四五"规划教材：内容包括无机化学部分、有机化学部分、分析化学部分和物理化学部分等内容，读者对象为非化学专业的本科生。

根据"专业本科教学质量国家标准""专业认证"、生命科学学院和资源环境学院的教学要求，体现我校办学定位和办学理念，坚持"宽口径、厚基础、重实践"的方针，我们组织修订了"大学化学"，以适应高等学校加强内涵发展的新要求。

本教材的主要内容如下：无机化学部分主要包括气体、酸碱解离平衡、沉淀溶解平衡、氧化还原反应、配位化合物、原子结构、分子结构等。分析化学部分主要包括定量分析化学概论、定量分析误差和分析数据的处理、重量分析法、滴定分析法、吸光光度法等。物理化学部分主要包括化学热力学基础、化学动力学基础、电化学基础、表面化学基础等。有机化学部分主要包括绪论、烷烃、脂环烃、烯烃、炔烃和二烯烃、芳烃、立体化学、卤代烃、醇酚醚、醛和酮、羧酸及羧酸衍生物等。

本教材主编为董彦杰、王钧伟，副主编为孙佳音、庞韬、王春花。无机化学部分由孙佳音负责；有机化学部分由庞韬负责；分析化学部分和附录由董彦杰负责；物理化学部分由王春花负责；郭畅老师参与了物理化学部分的审阅工作。本书由董彦杰、王钧伟统编。

本次编写参阅了兄弟院校已出版的相关材料及相关著作，从中借鉴和吸取了有益的内容，化学工业出版社的编辑为本教材的出版付出了辛勤的劳动，在此一并致以诚挚的感谢。

由于编者水平有限，教材中难免存在疏漏和不足之处，恳请广大读者批评指正。

董彦杰<br>
2020 年 12 月于安庆

# 目 录

## 第一篇 无机化学

### 第1章 气 体 /2

1.1 理想气体状态方程 …………………………………………………………… 2
1.2 道尔顿分压定律 ……………………………………………………………… 3
习题 ……………………………………………………………………………… 5

### 第2章 酸碱解离平衡 /7

2.1 酸碱理论 ……………………………………………………………………… 7
 2.1.1 酸碱质子论 ……………………………………………………………… 8
 2.1.2 酸碱电子论 ……………………………………………………………… 10
 2.1.3 硬软酸碱（HSAB）规则 ……………………………………………… 11
2.2 弱酸、弱碱的解离平衡 ……………………………………………………… 12
 2.2.1 一元弱酸、弱碱的解离平衡 …………………………………………… 12
 2.2.2 多元弱酸、弱碱的解离平衡 …………………………………………… 14
 2.2.3 两性物质的解离平衡 …………………………………………………… 15
 2.2.4 同离子效应和盐效应 …………………………………………………… 16
2.3 强电解质溶液 ………………………………………………………………… 17
 2.3.1 离子氛概念 ……………………………………………………………… 17
 2.3.2 活度和活度系数 ………………………………………………………… 18
2.4 缓冲溶液 ……………………………………………………………………… 19
 2.4.1 缓冲作用原理和计算公式 ……………………………………………… 19
 2.4.2 缓冲容量和缓冲范围 …………………………………………………… 21
习题 ……………………………………………………………………………… 23

## 第 3 章 沉淀溶解平衡 /25

- 3.1 溶度积和溶度积规则 ········· 25
  - 3.1.1 溶度积 ········· 25
  - 3.1.2 溶度积规则 ········· 27
- 3.2 沉淀的生成和溶解 ········· 27
  - 3.2.1 沉淀的生成 ········· 27
  - 3.2.2 沉淀的溶解 ········· 28
- 3.3 分步沉淀和沉淀的转化 ········· 30
- 习题 ········· 31

## 第 4 章 氧化还原反应 /33

- 4.1 氧化还原反应的基本概念 ········· 33
  - 4.1.1 氧化和还原 ········· 33
  - 4.1.2 氧化数 ········· 34
- 4.2 氧化还原方程式配平 ········· 35
  - 4.2.1 氧化数法 ········· 35
  - 4.2.2 离子电子法 ········· 36
- 4.3 电极电势 ········· 37
  - 4.3.1 原电池 ········· 37
  - 4.3.2 电极电势 ········· 38
  - 4.3.3 能斯特方程 ········· 41
  - 4.3.4 原电池的电动势与 $\Delta_r G$ 的关系 ········· 42
- 4.4 电极电势的应用 ········· 43
  - 4.4.1 计算原电池的电动势 ········· 43
  - 4.4.2 判断氧化还原反应进行的方向 ········· 44
  - 4.4.3 选择氧化剂和还原剂 ········· 46
  - 4.4.4 判断氧化还原反应进行的次序 ········· 47
  - 4.4.5 判断氧化还原反应进行的程度 ········· 47
  - 4.4.6 测定某些化学常数 ········· 48
- 4.5 元素电势图及其应用 ········· 48
- 习题 ········· 51

## 第 5 章 配位化合物 /53

- 5.1 配位化合物的组成和定义 ········· 53

5.2 配位化合物的类型和命名 ·································································· 55
    5.2.1 配合物的类型 ························································································ 55
    5.2.2 配合物的命名 ························································································ 56
5.3 配位化合物的异构现象 ························································································ 57
    5.3.1 立体异构现象 ························································································ 57
    5.3.2 结构异构现象 ························································································ 59
5.4 配位化合物的化学键本性 ···················································································· 59
    5.4.1 价键理论 ································································································ 60
    5.4.2 晶体场理论 ···························································································· 62
5.5 配位解离平衡 ······································································································ 67
    5.5.1 配位解离平衡和平衡常数 ······································································ 67
    5.5.2 配位解离平衡的移动 ············································································ 68
5.6 配体对中心原子的影响和配体反应性 ································································· 71
5.7 配合物在生物、医药等方面的应用 ···································································· 71
习题 ····························································································································· 72

## 第6章 原子结构 /74

6.1 微观粒子的波粒二象性 ························································································ 74
    6.1.1 氢光谱和玻尔理论 ················································································ 74
    6.1.2 微观粒子的波粒二象性 ········································································ 76
    6.1.3 不确定原理 ···························································································· 76
6.2 氢原子核外电子的运动状态 ················································································ 77
    6.2.1 波函数和薛定谔方程 ············································································ 77
    6.2.2 波函数和电子云图形 ············································································ 79
    6.2.3 四个量子数 ···························································································· 82
6.3 多电子原子核外电子的运动状态 ········································································ 83
    6.3.1 屏蔽效应和钻穿效应 ············································································ 83
    6.3.2 原子核外电子排布 ················································································ 84
6.4 原子结构和元素周期律 ························································································ 89
    6.4.1 核外电子排布和周期表的关系 ······························································ 89
    6.4.2 原子结构与元素基本性质 ···································································· 90
习题 ····························································································································· 92

## 第7章 分子结构 /95

7.1 离子键 ·················································································································· 95
    7.1.1 离子键理论的基本要点 ········································································ 95

  7.1.2 决定离子化合物性质的因素——离子的特征 ················································ 96
  7.1.3 晶格能 ································································································ 97
7.2 共价键 ········································································································· 98
  7.2.1 价键理论 ···························································································· 98
  7.2.2 共价键的特性 ····················································································· 99
7.3 杂化轨道理论 ······························································································ 100
  7.3.1 杂化轨道理论的基本要点 ···································································· 100
  7.3.2 杂化轨道的类型 ················································································ 100
7.4 价层电子对互斥理论 ···················································································· 102
7.5 分子轨道理论简介 ······················································································· 104
  7.5.1 分子轨道理论的基本要点 ···································································· 104
  7.5.2 能级图 ······························································································ 105
  7.5.3 应用举例 ·························································································· 106
7.6 金属键 ······································································································· 107
  7.6.1 金属晶格 ·························································································· 107
  7.6.2 金属键 ······························································································ 107
7.7 分子的极性和分子间力 ················································································· 108
  7.7.1 分子的极性 ······················································································· 108
  7.7.2 分子间力 ·························································································· 108
7.8 离子极化 ···································································································· 110
7.9 氢键 ·········································································································· 111
7.10 晶体的内部结构 ························································································ 111
习题 ················································································································· 112

# 第二篇 分析化学

## 第 8 章 定量分析化学概论 /116

8.1 分析化学的任务和作用 ················································································· 116
  8.1.1 分析化学的任务 ················································································ 116
  8.1.2 分析化学的作用 ················································································ 116
8.2 定量分析方法的分类 ···················································································· 117
8.3 分析化学的发展趋势 ···················································································· 117

## 第 9 章 定量分析误差和分析数据的处理 /119

9.1 误差的基本概念 ·························································································· 119
  9.1.1 准确度与误差 ··················································································· 119

|     |       | 9.1.2 精密度与偏差 | 120 |
| --- | ----- | --- | --- |
|     |       | 9.1.3 系统误差和偶然误差 | 122 |
| 9.2 | 偶然误差的正态分布 |     | 123 |
|     | 9.2.1 | 正态分布的数学表达式 | 123 |
|     | 9.2.2 | 正态分布曲线的讨论 | 123 |
|     | 9.2.3 | 标准正态分布 | 123 |
|     | 9.2.4 | 偶然误差的区间概率 | 124 |
| 9.3 | 有限测定数据的统计处理 |     | 126 |
|     | 9.3.1 | $t$ 分布曲线 | 126 |
|     | 9.3.2 | 平均值的置信区间 | 127 |
|     | 9.3.3 | 显著性检验 | 128 |
|     | 9.3.4 | 可疑测定值的取舍 | 128 |
| 9.4 | 提高分析结果准确度的方法 |     | 129 |
|     | 9.4.1 | 选择适当的分析方法 | 129 |
|     | 9.4.2 | 减小测量的相对误差 | 129 |
| 9.5 | 有效数字及其运算规则 |     | 130 |
|     | 9.5.1 | 有效数字 | 130 |
|     | 9.5.2 | 数字修约规则 | 131 |
|     | 9.5.3 | 有效数字的运算规则 | 131 |
| 习题 |       |     | 132 |

## 第10章 重量分析法 /133

| 10.1 | 重量分析法概述 |     | 133 |
| ---- | -------- | --- | --- |
|      | 10.1.1 | 对沉淀形式的要求 | 134 |
|      | 10.1.2 | 对称量形式的要求 | 134 |
| 10.2 | 沉淀的溶解度及其影响因素 |     | 134 |
|      | 10.2.1 | 沉淀的溶解度 | 135 |
|      | 10.2.2 | 影响沉淀溶解度的因素 | 136 |
| 10.3 | 沉淀的类型与沉淀的形成机理 |     | 137 |
|      | 10.3.1 | 沉淀的类型 | 137 |
|      | 10.3.2 | 沉淀的形成过程 | 137 |
|      | 10.3.3 | 沉淀条件对沉淀类型的影响 | 138 |
| 10.4 | 影响沉淀的纯度的因素 |     | 138 |
|      | 10.4.1 | 共沉淀现象 | 138 |
|      | 10.4.2 | 后沉淀现象 | 139 |
|      | 10.4.3 | 提高沉淀纯度的措施 | 139 |
| 10.5 | 沉淀条件的选择 |     | 140 |
|      | 10.5.1 | 晶形沉淀的沉淀条件 | 140 |

  10.5.2 无定形沉淀的沉淀条件 ························ 141
  10.5.3 均匀沉淀法 ························ 141
10.6 有机沉淀剂 ························ 141
  10.6.1 生成螯合物的沉淀剂 ························ 141
  10.6.2 生成缔合物沉淀剂 ························ 142
10.7 重量分析结果的计算 ························ 142
习题 ························ 142

## 第 11 章 滴定分析法 /144

11.1 酸碱滴定法 ························ 145
  11.1.1 酸碱质子理论 ························ 145
  11.1.2 水溶液中弱酸（碱）各型体分布 ························ 147
  11.1.3 酸碱溶液中氢离子浓度的计算 ························ 150
  11.1.4 酸碱缓冲溶液 ························ 155
  11.1.5 酸碱指示剂 ························ 157
  11.1.6 强酸（碱）和一元弱酸（碱）的滴定 ························ 160
  11.1.7 多元酸（碱）的滴定 ························ 165
  11.1.8 酸碱滴定法的应用 ························ 167
11.2 络合滴定法 ························ 171
  11.2.1 概述 ························ 171
  11.2.2 溶液中各级络合物型体的分布 ························ 173
  11.2.3 络合滴定中的副反应和条件形成常数 ························ 176
  11.2.4 EDTA 滴定曲线及其影响因素 ························ 179
  11.2.5 络合滴定指示剂 ························ 181
  11.2.6 提高络合滴定选择性的方法 ························ 186
  11.2.7 络合滴定的方式和应用 ························ 188
11.3 氧化还原滴定法 ························ 189
  11.3.1 氧化还原平衡 ························ 189
  11.3.2 氧化还原反应的速率 ························ 192
  11.3.3 氧化还原滴定曲线 ························ 193
  11.3.4 氧化还原法滴定前的预处理 ························ 196
  11.3.5 常用的氧化还原滴定方法 ························ 197
  11.3.6 氧化还原滴定结果的计算 ························ 201
11.4 沉淀滴定法 ························ 202
  11.4.1 概述 ························ 202
  11.4.2 确定终点的方法 ························ 202
  11.4.3 沉淀滴定法应用示例 ························ 205
习题 ························ 205

## 第12章 吸光光度法/208

- 12.1 吸光光度法基本原理 ········· 208
  - 12.1.1 物质对光的选择性吸收 ········· 208
  - 12.1.2 朗伯-比耳定律 ········· 210
- 12.2 吸光光度法的仪器 ········· 211
  - 12.2.1 基本部件 ········· 211
  - 12.2.2 分光光度计的类型 ········· 212
- 12.3 显色反应及其影响因素 ········· 212
  - 12.3.1 显色反应和类型及要求 ········· 212
  - 12.3.2 影响显色反应的因素 ········· 213
- 12.4 吸光度的测量及误差控制 ········· 215
  - 12.4.1 测量波长和参比溶液的选择 ········· 215
  - 12.4.2 朗伯-比耳定律的偏离 ········· 215
  - 12.4.3 吸光度测量的误差 ········· 216
- 12.5 吸光光度分析方法 ········· 217
- 12.6 吸光光度的应用 ········· 218
  - 12.6.1 定量分析 ········· 218
  - 12.6.2 物理化学常数的测定 ········· 219

习题 ········· 220

# 第三篇 物理化学

## 第13章 化学热力学基础/224

- 13.1 化学热力学研究内容及其特点 ········· 224
- 13.2 化学热力学基本概念 ········· 224
  - 13.2.1 系统和环境 ········· 224
  - 13.2.2 敞开系统、封闭系统、孤立系统 ········· 225
  - 13.2.3 热力学平衡状态 ········· 225
  - 13.2.4 状态函数 ········· 226
  - 13.2.5 等温过程、等压过程、绝热过程、循环过程 ········· 226
  - 13.2.6 热量、功 ········· 226
  - 13.2.7 内能 ········· 227
- 13.3 热力学第一定律 ········· 227
- 13.4 功的计算 ········· 227
- 13.5 热的计算 ········· 228

| | 13.5.1 等容热 | 229 |
|---|---|---|
| | 13.5.2 等压热 | 229 |
| 13.6 | 理想气体的热力学能和焓 | 229 |
| 13.7 | 热力学第二定律 | 230 |
| | 13.7.1 自发过程的方向和限度 | 230 |
| | 13.7.2 热量和功的转换不等价性 | 230 |
| | 13.7.3 自发过程的共同特征 | 231 |
| | 13.7.4 卡诺定理 | 231 |
| | 13.7.5 熵增加原理 | 231 |
| | 13.7.6 Helmholtz 函数判据 | 231 |
| | 13.7.7 Gibbs 函数判据 | 232 |
| 13.8 | 化学平衡 | 233 |
| 习题 | | 234 |

## 第 14 章 化学动力学基础 /236

| 14.1 | 化学反应速率 | 236 |
|---|---|---|
| 14.2 | 反应速率与浓度的关系 | 237 |
| | 14.2.1 基元反应 | 237 |
| | 14.2.2 反应分子数 | 237 |
| | 14.2.3 反应速率方程 | 237 |
| | 14.2.4 质量作用定律 | 237 |
| | 14.2.5 反应级数 | 237 |
| | 14.2.6 速率系数 | 238 |
| | 14.2.7 一级反应 | 238 |
| | 14.2.8 二级反应 | 239 |
| | 14.2.9 零级反应 | 240 |
| 14.3 | 反应速率与温度的关系 | 240 |
| | 14.3.1 Van't Hoff 经验规则 | 240 |
| | 14.3.2 Arrhenius 公式 | 240 |
| | 14.3.3 催化剂对反应速率的影响 | 241 |
| 14.4 | 典型的复杂反应 | 241 |
| | 14.4.1 对峙反应 | 241 |
| | 14.4.2 平行反应 | 241 |
| | 14.4.3 连续反应 | 241 |
| 习题 | | 242 |

## 第 15 章 电化学基础 /244

| 15.1 | 电化学的基本概念 | 244 |
|---|---|---|

    15.1.1 原电池和电解池 ········· 244
    15.1.2 正极、负极、阴极、阳极 ········· 244
    15.1.3 法拉第定律 ········· 244
    15.1.4 离子的电迁移率和迁移数 ········· 245
    15.1.5 电导、电导率、摩尔电导率 ········· 245
  15.2 可逆电池和可逆电极 ········· 245
    15.2.1 组成可逆电池的必要条件及其研究意义 ········· 245
    15.2.2 可逆电极的类型 ········· 246
    15.2.3 可逆电池的书面表示法 ········· 247
    15.2.4 可逆电池电动势的测定 ········· 247
    15.2.5 可逆电池电动势的应用 ········· 247
    15.2.6 能斯特方程 ········· 248
  15.3 极化作用和极化曲线 ········· 249
    15.3.1 极化作用 ········· 249
    15.3.2 极化曲线 ········· 249
  15.4 化学电源 ········· 250
    15.4.1 化学电源的发展简史 ········· 250
    15.4.2 锂离子电池的诞生历程 ········· 251
    15.4.3 锂离子电池的基本构成及其工作原理 ········· 252
  习题 ········· 254

# 第 16 章　表面化学基础 /256

16.1 表面分子的特殊性 ········· 256
16.2 表面功 ········· 257
16.3 表面能 ········· 258
16.4 表面张力 ········· 258
16.5 弯曲表面下的附加压力 ········· 260
16.6 杨-拉普拉斯公式 ········· 261
16.7 毛细现象 ········· 262
16.8 弯曲液面的蒸气压 ········· 264
16.9 溶液的表面吸附 ········· 265
16.10 铺展与润湿 ········· 266
    16.10.1 铺展 ········· 266
    16.10.2 润湿与 Young 方程 ········· 267
16.11 表面活性剂及其作用 ········· 268
    16.11.1 表面活性剂的结构特征 ········· 268
    16.11.2 表面活性剂的分类 ········· 269
    16.11.3 表面活性剂的吸附对固体表面的影响 ········· 279

16.11.4　表面活性剂胶团化作用 …………………………………………………… 280
习题 …………………………………………………………………………………… 280

# 第四篇　有机化学

## 第 17 章　绪论/284

17.1　有机化合物和有机化学反应的特性 …………………………………………… 284
17.2　共价键 ……………………………………………………………………………… 285
17.3　共价键的表示方法 ………………………………………………………………… 285
17.4　有机化合物共价键的性质 ………………………………………………………… 286
17.5　酸碱理论 …………………………………………………………………………… 287
17.6　有机化合物的分类 ………………………………………………………………… 288
17.7　有机化合物的鉴定手段 …………………………………………………………… 288
习题 …………………………………………………………………………………… 288

## 第 18 章　烷烃/289

18.1　烷烃结构及表示式 ………………………………………………………………… 289
18.2　同系列和同分异构现象 …………………………………………………………… 290
　　18.2.1　同系列和同系物 …………………………………………………………… 290
　　18.2.2　同分异构现象 ……………………………………………………………… 290
18.3　烷烃的命名 ………………………………………………………………………… 291
　　18.3.1　普通命名法 ………………………………………………………………… 291
　　18.3.2　烷基 ………………………………………………………………………… 291
　　18.3.3　IUPAC 命名法 ……………………………………………………………… 291
18.4　构象 ………………………………………………………………………………… 293
18.5　烷烃的物理性质 …………………………………………………………………… 294
　　18.5.1　烷烃的物理性质 …………………………………………………………… 294
　　18.5.2　分子间的作用力 …………………………………………………………… 294
18.6　烷烃的化学性质 …………………………………………………………………… 295
　　18.6.1　取代反应 …………………………………………………………………… 295
　　18.6.2　氧化反应 …………………………………………………………………… 297
　　18.6.3　热裂反应 …………………………………………………………………… 298
18.7　烷烃的工业来源 …………………………………………………………………… 298
习题 …………………………………………………………………………………… 298

## 第 19 章　脂环烃 /300

19.1 分类和命名 ································································· 300
19.2 脂环烃的化学性质 ··························································· 301
19.3 拜尔张力学说 ································································ 302
19.4 影响环状化合物稳定性的因素 ············································· 303
19.5 环己烷的构象：横键（平伏键）和竖键（直立键） ······················ 303
19.6 含取代基环己烷的优势构象 ················································ 304
  19.6.1 一取代环己烷 ·························································· 304
  19.6.2 二取代环己烷 ·························································· 305
  19.6.3 多取代环己烷 ·························································· 306
习题 ··················································································· 306

## 第 20 章　烯烃 /307

20.1 烯烃的结构 ··································································· 307
20.2 烯烃的命名 ··································································· 308
20.3 烯烃的物理性质 ······························································ 309
20.4 烯烃的化学性质 ······························································ 309
  20.4.1 亲电加成反应 ·························································· 309
  20.4.2 碳正离子 ······························································· 310
  20.4.3 自由基加成反应 ······················································· 313
  20.4.4 自由基聚合反应 ······················································· 314
  20.4.5 $\alpha$-卤代反应 ······························································· 314
  20.4.6 烯烃的氧化 ···························································· 314
20.5 乙烯的工业来源与用途 ······················································ 315
习题 ··················································································· 315

## 第 21 章　炔烃和二烯烃 /318

21.1 炔烃的结构及命名 ··························································· 318
21.2 炔烃的物理性质 ······························································ 319
21.3 炔烃的反应 ··································································· 319
  21.3.1 端炔氢 ·································································· 319
  21.3.2 选择性还原成烯烃 ···················································· 320
  21.3.3 炔烃的亲电加成反应 ················································· 321
  21.3.4 炔烃的亲核加成 ······················································· 322
  21.3.5 炔烃的氧化 ···························································· 323

|  |  |  |
|---|---|---|
| | 21.3.6 乙炔的聚合 | 323 |
| 21.4 | 炔烃的制备 | 323 |
| | 21.4.1 乙炔的工业来源 | 323 |
| | 21.4.2 炔烃的制法 | 323 |
| 21.5 | 二烯烃的分类及命名 | 324 |
| 21.6 | 共轭双烯的稳定性 | 325 |
| 21.7 | 丁二烯的亲电加成 | 325 |
| 21.8 | 自由基聚合反应 | 327 |
| 21.9 | 狄尔斯-阿德尔（Diels-Alder）反应 | 327 |
| 习题 | | 328 |

## 第 22 章　芳烃 /329

| | | |
|---|---|---|
| 22.1 | 凯库勒式 | 329 |
| | 22.1.1 苯的分子式 $C_6H_6$ | 329 |
| | 22.1.2 结构特点 | 330 |
| 22.2 | 稳定性 | 330 |
| 22.3 | 命名 | 331 |
| 22.4 | 物理性质 | 331 |
| 22.5 | 化学性质 | 332 |
| | 22.5.1 Birch 还原 | 332 |
| | 22.5.2 催化氧化 | 332 |
| | 22.5.3 亲电取代反应 | 332 |
| | 22.5.4 定位效应及反应活性 | 335 |
| | 22.5.5 侧基的反应 | 337 |
| | 22.5.6 联苯 | 337 |
| 22.6 | 稠环芳烃 | 338 |
| 22.7 | 芳香性的判断 | 339 |
| 习题 | | 340 |

## 第 23 章　立体化学 /342

| | | |
|---|---|---|
| 23.1 | 异构体的分类 | 342 |
| | 23.1.1 构造异构 | 342 |
| | 23.1.2 立体异构 | 342 |
| 23.2 | 构型和构型标记 | 343 |
| | 23.2.1 透视式 $R$, $S$ 标记法 | 343 |
| | 23.2.2 Fischer 投影式 $R$, $S$ 判断 | 344 |
| 23.3 | 含有一个手性碳原子的化合物 | 344 |

23.4 含有两个手性碳原子的化合物 345
　　23.4.1 两个不同手性碳原子的化合物 345
　　23.4.2 两个相同手性碳原子的化合物 346
23.5 制备手性化合物的方法 346
　　23.5.1 由天然产物中提取 346
　　23.5.2 外消旋化合物的拆分 346
　　23.5.3 手性合成 346
习题 347

## 第24章　卤代烃/348

24.1 分类和命名 348
　　24.1.1 分类 348
　　24.1.2 命名 349
24.2 卤代烃的物理性质 350
24.3 卤代烃的化学性质 350
　　24.3.1 亲核取代反应 350
　　24.3.2 消除反应 351
　　24.3.3 与活泼金属反应 352
24.4 亲核取代反应机理 353
　　24.4.1 两种主要的机理（$S_N1$ 和 $S_N2$） 353
　　24.4.2 影响反应机理及其活性的因素 354
24.5 消除反应的机理 355
　　24.5.1 两种消除机理（E1 和 E2） 355
　　24.5.2 影响消除反应机理及其活性的因素 357
24.6 取代反应和消除反应的竞争 357
24.7 卤代烃的制法 357
　　24.7.1 由烃卤代 357
　　24.7.2 烯烃和炔烃的加成 358
　　24.7.3 由醇制备 358
　　24.7.4 氯甲基化反应 359
　　24.7.5 卤素交换反应 359
习题 359

## 第25章　醇酚醚/360

25.1 醇 360
　　25.1.1 醇的分类和命名 360
　　25.1.2 醇的物理性质 362

25.1.3 醇的化学性质 ... 363
25.1.4 醇的制法 ... 367
25.1.5 醇的氧化 ... 370
25.2 酚 ... 371
25.2.1 酚的分类、命名和物理性质 ... 371
25.2.2 酚的化学性质 ... 372
25.2.3 苯酚的制备 ... 375
25.3 醚及环氧化合物 ... 376
25.3.1 醚的命名、物理性质 ... 376
25.3.2 醚的制备 ... 376
25.3.3 醚的化学性质 ... 378
25.4 环氧化合物 ... 381
25.4.1 命名 ... 381
25.4.2 开环反应 ... 381
习题 ... 382

# 第 26 章 醛和酮 /384

26.1 醛、酮的结构与命名 ... 384
26.1.1 结构 ... 384
26.1.2 命名 ... 384
26.2 醛酮的物理性质 ... 385
26.3 醛酮的化学性质 ... 385
26.3.1 羰基上的亲核加成 ... 386
26.3.2 涉及羰基 $\alpha$-H 的反应 ... 389
26.3.3 氧化反应 ... 392
26.3.4 还原反应 ... 393
26.4 醛酮的制法 ... 394
26.4.1 炔烃的水合和胞二卤代物的水解 ... 394
26.4.2 由烯烃制备 ... 394
26.4.3 由芳脂烃氧化 ... 395
26.4.4 由醇氧化或脱氢 ... 395
26.4.5 傅瑞德尔-克拉夫茨（Friedel-Crafts）酰基化 ... 395
26.4.6 盖德曼-柯赫（Gattermann-Koch）反应 ... 395
26.4.7 罗森孟德（Rosenmund）还原 ... 395
26.4.8 酰氯与金属有机试剂作用 ... 395
26.4.9 麦尔外因-彭多夫（Meerwein-Ponndorf）还原 ... 396
习题 ... 396

# 第27章 羧酸及羧酸衍生物/398

27.1 羧酸 ························································································ 398
    27.1.1 羧酸的命名、物理性质 ····················································· 398
    27.1.2 酸性 ············································································ 399
    27.1.3 羧酸的化学反应 ······························································ 400
    27.1.4 羧酸的制备方法 ······························································ 403
27.2 羧酸衍生物 ··············································································· 404
    27.2.1 羧酸衍生物的结构和命名 ·················································· 404
    27.2.2 物理性质 ······································································· 405
    27.2.3 羧酸衍生物的化学性质 ····················································· 406
27.3 亲核取代反应机理和反应活性 ······················································ 408
    27.3.1 亲核取代反应机理 ··························································· 408
    27.3.2 反应活性 ······································································· 409
27.4 与金属试剂的反应 ····································································· 409
    27.4.1 酰氯 ············································································ 409
    27.4.2 酯 ··············································································· 410
27.5 还原反应 ·················································································· 410
    27.5.1 酰氯的还原 ···································································· 410
    27.5.2 酯的还原 ······································································ 411
    27.5.3 酰胺和腈的还原 ······························································ 412
习题 ································································································ 412

# 附 录/415

附录一 酸、碱的解离常数 ···································································· 415
附录二 常用缓冲溶液的pH范围 ···························································· 416
附录三 难溶电解质的溶度积（18～25℃）·············································· 417
附录四 标准电极电势（298.15K）·························································· 417
附录五 配离子的稳定常数 ····································································· 422
附录六 元素的原子半径（pm）······························································ 423
附录七 元素的第一电离能（$kJ \cdot mol^{-1}$）········································· 424
附录八 主族元素的电子亲和能（$kJ \cdot mol^{-1}$）·································· 425
附录九 元素的电负性 ·········································································· 426
附录十 鲍林离子半径 ·········································································· 427
附录十一 常用的基准物质的干燥条件和应用 ············································ 427
附录十二 弱酸及其共轭碱在水中的解离常数（25℃，$I=0$）···················· 428
附录十三 离子的 $å$ 值 ········································································· 430
附录十四 离子的活度系数 ···································································· 431

| 附录十五 | 常用缓冲溶液 | 432 |
| 附录十六 | 酸碱指示剂 | 432 |
| 附录十七 | 混合酸碱指示剂 | 433 |
| 附录十八 | 络合物的稳定常数（18~25℃） | 434 |
| 附录十九 | 氨羧络合剂类络合物的稳定常数（18~25℃，$I=0.1\,\mathrm{mol\cdot L^{-1}}$） | 439 |
| 附录二十 | EDTA 的 $\lg\alpha_{Y(H)}$ 值 | 440 |
| 附录二十一 | 一些络合剂的 $\lg\alpha_{M(OH)}$ 值 | 441 |
| 附录二十二 | 金属离子的 $\lg\alpha_{M(OH)}$ 值 | 442 |
| 附录二十三 | 校正酸效应、水解效应及生成酸式或碱式络合物效应后 EDTA 络合物的条件稳定常数 | 442 |
| 附录二十四 | 铬黑 T 和二甲酚橙的 $\lg\alpha_{In(H)}$ 及有关常数 | 443 |
| 附录二十五 | 某些氧化还原电对的条件电势（$E^{\ominus}$） | 444 |
| 附录二十六 | 微溶化合物溶度积（18~25℃，$I=0$） | 445 |

## 参考文献/449

# 第一篇

# 无机化学

# 第1章 气体

**学习要求**

1. 掌握理想气体状态方程及其应用；
2. 掌握道尔顿分压定律。

物质通常以三种不同的聚集状态存在，即气态、液态和固态。与液体和固体相比，气体是一种比较简单的聚集状态，这一章概括地介绍气体。

## 1.1 理想气体状态方程

我们把分子本身不占体积，分子间没有相互作用力的气体称为理想气体。理想气体实际上是不存在的，它是一种科学的抽象。通常遇到的实际气体都是非理想气体，因为它的分子本身占有体积，而且分子间有作用力存在。但是在实际气体处于低压（低于数百千帕）、高温（高于273K）的条件下，分子间距离甚大，气体的体积已远远超过分子本身所占的体积，因而可忽略分子本身所占有的体积，而且分子间作用力也因分子间距离拉大而迅速减小，故可把它近似地看作理想气体。所以理想气体是实际气体的一种极限情况。研究理想气体是为了先把研究对象简单化，在此基础上再进行一些必要的修正，推广应用于实际气体。这是科学上处理比较复杂问题时常用的一种方法。

经常用来描述气体性质的物理量，有压力（$p$）、体积（$V$）、温度（$T$）和物质的量（$n$）。几个物理量之间的关系符合理想气体状态方程。

即

$$pV = nRT \tag{1-1}$$

式中，$R$ 为摩尔气体常数，其数值及单位可用下面的方法来确定：已知在标准状况（$p=101.325\text{kPa}$，$T=273.15\text{K}$）下，1mol 气体的标准摩尔体积为 $22.414\times10^{-3}\text{m}^3$，则

$$R = \frac{pV}{nT} = \frac{101.325\times10^3\text{Pa}\times22.4141\times10^{-3}\text{m}^3}{1\text{mol}\times273.15\text{K}}$$

$$= 8.314\text{Pa}\cdot\text{m}^3\cdot\text{mol}^{-1}\cdot\text{K}^{-1}$$

$R$ 也可取 $8.314\text{kPa}\cdot\text{L}\cdot\text{mol}^{-1}\cdot\text{K}^{-1}$ 或 $8.314\text{J}\cdot\text{mol}^{-1}\cdot\text{K}^{-1}$ 等单位。

理想气体状态方程还可以表示为另一些形式：

$$pV = \frac{m}{M}RT \tag{1-2}$$

$$pM = \rho RT \tag{1-3}$$

式中，$m$ 为气体的质量；$M$ 为摩尔质量；$\rho$ 为密度。利用式(1-1)～式(1-3)，可进行一些有关气体的计算。注意，计算时要保持 $p$、$V$ 与 $R$ 单位的统一。

**例 1-1** 一学生在实验室中，在 73.3 kPa 和 25℃下收集得到 250 mL 某气体。在分析天平上称量得气体净质量为 0.118 g。求这种气体的相对分子质量。

**解**：将上述数据代入式(1-2)，得

$$M = \frac{mRT}{pV} = \frac{0.118\text{g} \times 8.314\text{kPa} \cdot \text{L} \cdot \text{mol}^{-1} \cdot \text{K}^{-1} \times 298\text{K}}{73.3\text{kPa} \times 250 \times 10^{-3}\text{L}}$$

$$= 16.0 \text{g} \cdot \text{mol}^{-1}$$

所以该气体的相对分子质量为 16.0。

## 1.2 道尔顿分压定律

气体常以混合物的形式存在。如果将几种彼此不发生化学反应的气体放在同一容器中，则各种气体如同单独存在时一样充满整个容器。当几种气体混合后，各种气体的压力将发生什么变化呢？1801 年道尔顿通过实验发现：混合气体的总压力等于各组分气体分压力之和。所谓某组分的分压力是指该组分在同一温度下单独占有混合气体的容积时所产生的压力。以上关系就称为道尔顿分压定律。

若用 $p_1$，$p_2$，… 表示气体 1，2，… 的分压力，$p$ 代表总压力，则道尔顿分压定律可表示为

$$p = p_1 + p_2 + \cdots$$

或

$$p = \sum p_i \tag{1-4}$$

设有一混合气体，有 $i$ 个组分，$p_i$ 和 $n_i$ 分别表示各组分的分压和物质的量，$V$ 为混合气体的体积，则

$$p_i = \frac{n_i}{V}RT \tag{1-5}$$

由道尔顿分压定律可知

$$p = \sum p_i = \sum n_i \frac{RT}{V} = n\frac{RT}{V} \tag{1-6}$$

式中，$n$ 为混合气体的物质的量。由此可见，气体状态方程不仅适用于某一纯净气体，也适用于气体混合物。

将式(1-5)除以式(1-6)，可得

$$\frac{p_i}{p} = \frac{n_i}{n}$$

或

$$p_i = \frac{n_i}{n}p \tag{1-7}$$

若令

$$x_i = \frac{n_i}{n}$$

则
$$p_i = x_i p \tag{1-8}$$

式(1-8)中的 $x$ 称为摩尔分数，可用来表示混合物中某种物质的含量。混合物中某组分的摩尔分数即为该组分的物质的量占混合物中总物质的量的分数。例如，某混合物由 A、B 两组分组成，它们的物质的量分别为 $n_A$、$n_B$，则 A 组分的摩尔分数 $x_A$ 和 B 组分的摩尔分数 $x_B$ 分别为

$$x_A = \frac{n_A}{n_A + n_B} = \frac{n_A}{n} \qquad x_B = \frac{n_B}{n_A + n_B} = \frac{n_B}{n}$$

由于
$$n = n_A + n_B$$
显然
$$x_A + x_B = 1$$

即混合物中各组分的摩尔分数之和必等于1。由此可见，式(1-8)表示混合气体中某组分的分压力等于该组分的摩尔分数与混合气体总压力的乘积。这是道尔顿分压定律的另一种表达形式。

应当指出，只有理想气体才严格遵守道尔顿分压定律，实际气体只有在低压和高温下，才近似地遵守此定律。

道尔顿分压定律对于研究气体混合物非常重要。在实验室中常用排水集气法收集气体。用这种方法收集的气体中总是含有饱和的水蒸气。在这种情况下所测出的压力应是混合气体的总压力，即

$$p(总压) = p(气体) + p(水蒸气)$$

水的饱和蒸气压仅与水的温度有关，可从表1-1中查出。因此气体的分压力应该是总压力减去该温度下的水的饱和蒸气压。

**表1-1 水在不同温度下的饱和蒸气压**

| 温度/℃ | 压力/kPa | 温度/℃ | 压力/kPa | 温度/℃ | 压力/kPa |
|---|---|---|---|---|---|
| 0 | 0.61 | 18 | 2.07 | 40 | 7.37 |
| 1 | 0.65 | 19 | 2.20 | 45 | 9.59 |
| 2 | 0.71 | 20 | 2.33 | 50 | 12.33 |
| 3 | 0.76 | 21 | 2.49 | 55 | 15.73 |
| 4 | 0.81 | 22 | 2.64 | 60 | 19.92 |
| 5 | 0.87 | 23 | 2.81 | 65 | 25.00 |
| 6 | 0.93 | 24 | 2.97 | 70 | 31.16 |
| 7 | 1.00 | 25 | 3.17 | 75 | 38.54 |
| 8 | 1.07 | 26 | 3.36 | 80 | 47.34 |
| 9 | 1.15 | 27 | 3.56 | 85 | 57.81 |
| 10 | 1.23 | 28 | 3.77 | 90 | 70.10 |
| 11 | 1.31 | 29 | 4.00 | 95 | 84.54 |
| 12 | 1.40 | 30 | 4.24 | 96 | 87.67 |
| 13 | 1.49 | 31 | 4.49 | 97 | 90.94 |
| 14 | 1.60 | 32 | 4.76 | 98 | 94.30 |
| 15 | 1.71 | 33 | 5.03 | 99 | 97.75 |
| 16 | 1.81 | 34 | 5.32 | 100 | 101.32 |
| 17 | 1.93 | 35 | 5.63 | 101 | 105.00 |

**例 1-2** 在 17℃、99.3kPa 条件下,用排水集气法收集氮气 150mL。求在标准状况下该气体经干燥后的体积。

**解**：查表 1-1，17℃的饱和水蒸气压为 1.93kPa。

所以 $p(N_2)=(99.3-1.93)\text{kPa}=97.37\text{kPa}$

对 $N_2$ 而言 $\dfrac{p_1V_1}{T_1}=\dfrac{p_2V_2}{T_2}$

$$V_2=\frac{p_1V_1T_2}{p_2T_1}=\frac{97.37\text{kPa}\times150\text{mL}\times273\text{K}}{101.325\text{kPa}\times290\text{K}}$$
$$=136\text{mL}$$

**例 1-3** 25℃下，将 0.100mol $O_2$ 和 0.350mol $H_2$ 装入 3.00L 的容器中，通电后氧气和氢气反应生成水，剩下过量的氢气。求反应前后气体的总压和各组分的分压。

**解**：反应前

$$p(O_2)=\frac{0.100\text{mol}\times8.314\text{kPa}\cdot\text{L}\cdot\text{mol}^{-1}\cdot\text{K}^{-1}\times298\text{K}}{3.00\text{L}}=82.6\text{kPa}$$

$$p(H_2)=\frac{0.350\text{mol}\times8.314\text{kPa}\cdot\text{L}\cdot\text{mol}^{-1}\cdot\text{K}^{-1}\times298\text{K}}{3.00\text{L}}=289\text{kPa}$$

$$p=82.6\text{kPa}+298\text{kPa}=372\text{kPa}$$

通电时 0.100mol $O_2$ 与 0.200mol $H_2$ 反应生成 0.200mol $H_2O$，而剩余 0.150mol $H_2$。液体水所占的体积与容器相比可忽略不计，但由此产生的饱和水蒸气却必须考虑。因此反应后

$$p(H_2)=\frac{0.150\text{mol}\times8.314\text{kPa}\cdot\text{L}\cdot\text{mol}^{-1}\cdot\text{K}^{-1}\times298\text{K}}{3.00\text{L}}=124\text{kPa}$$

$$p(H_2O)=3.17\text{kPa} \quad （由表1-1查得）$$

$$p=124\text{kPa}+3.17\text{kPa}=127.17\text{kPa}$$

## 习 题

1. 在 0℃和 100kPa 下，某气体的密度是 $1.96\text{g}\cdot\text{L}^{-1}$。试求它在 85.0kPa 和 25℃时的密度。

2. 在一个 250mL 容器中装入一未知气体至压力为 101.3kPa，此气体试样的质量为 0.164g，实验温度为 25℃，求该气体的相对分子质量。

3. 收集反应中放出的某种气体并进行分析，发现 C 和 H 的质量分数分别为 0.80 和 0.20。并测得在 0℃和 101.3kPa 下，500mL 此气体的质量为 0.6695g。试求该气态化合物的最简式、相对分子质量和分子式。

4. 将 0℃、98.0kPa 下的 2.00mL $N_2$ 和 60℃、53.0kPa 下的 50.0mL $O_2$，在 0℃混合于一个 50.0mL 容器中，此混合物的总压力是多少？

5. 现有一气体，在 35℃、101.3kPa 的水面上收集，体积为 500mL。如果在同样条件下将它压缩成 250mL，干燥气体的最后分压是多少？

6. $CHCl_3$ 在 40℃时的蒸气压为 49.3kPa。于此温度和 101.3kPa 压力下，有 4.00L 空气缓慢地通过 $CHCl_3$（即每个气泡都为 $CHCl_3$ 蒸气所饱和）。求：

（1）空气和 $CHCl_3$ 混合气体的体积是多少？

（2）被空气带走的 $CHCl_3$ 质量是多少？

7. 在 15℃、100kPa 下，将 3.45g Zn 和过量酸作用，于水面上收集得 1.20L 氢气。求 Zn 中杂质的质量分数（假定这些杂质和酸不起作用）。

8. 已知在标准状况下 1 体积的水可吸收 560 体积的氨气，此氨水的密度为 $0.90g \cdot mL^{-1}$。求此氨水的质量分数和物质的量浓度。

# 第 2 章
# 酸碱解离平衡

**学习要求**

1. 了解近代酸碱理论（重点是酸碱质子论）的基本概念；
2. 掌握一元弱酸、弱碱的解离平衡和多元弱酸、弱碱分级解离平衡的计算；
3. 了解活度、活度系数、离子强度等概念。理解同离子效应和盐效应对解离平衡的影响；
4. 了解缓冲作用原理以及缓冲溶液的组成和性质，掌握缓冲溶液 pH 的计算，并能配制一定 pH 的缓冲溶液。

酸碱反应是大家熟悉的很重要的一类反应。例如，人的体液 pH 要保持 7.35~7.45；胃中消化液的主要成分是稀盐酸，胃酸过多会引起溃疡，有时过少又可能引起贫血；激烈运动过后，肌肉中产生的乳酸使人感到疲劳；土壤和水的酸碱性对某些植物和动物的生长有重大影响；日常生活中，药物阿司匹林、维生素 C 本身就是酸，食醋含有乙酸，柠檬水含有柠檬酸和抗坏血酸；小苏打、氧化镁乳、刷墙粉、洗涤剂等都是碱。广义上的酸碱配合物在生物化学、冶金、工业催化等领域中也有重要应用。这一章在介绍酸碱理论的基础上，着重讨论水溶液中的酸碱解离平衡。

## 2.1 酸碱理论

人们对酸碱的认识是从它们的表观现象开始的，认为酸是具有酸味的物质，碱是能够抵消酸性的物质。18 世纪后期，人们才从物质本身的内在性质来认识酸碱，提出氧元素是酸的必要成分。19 世纪初叶，盐酸、氢碘酸、氢氰酸等均已出现，分析结果表明这些酸不含氧而皆含氢，于是又认为氢是酸的基本元素。1884 年阿累尼乌斯首先提出了近代的酸碱理论。他认为：在水中能解离出的正离子全是 $H^+$ 的化合物为酸；解离出的负离子全是 $OH^-$ 的化合物为碱。此理论对化学科学的发展起了积极作用，至今还被广泛应用。但是该理论的局限性是很明显的。它把酸和碱只限于水溶液，在无水和非水溶剂中无法定义酸碱；一类物质如 $NH_4Cl$、$AlCl_3$，其水溶液呈酸性，另一类物质如 $Na_2CO_3$、$Na_3PO_4$，其水溶液呈碱性，但前者自身并不含 $H^+$，后者自身并不含 $OH^-$。为此，以后又出现多种酸碱理论，其中比较重要的是布朗斯特-劳莱的酸碱质子论和路易斯的酸碱电子论。

## 2.1.1 酸碱质子论

**1. 定义**

酸碱质子论是丹麦化学家布朗斯特和英国化学家劳莱各自独立地于1923年提出的。该理论认为：凡能释放 $H^+$ 的分子或离子为酸，凡能接受 $H^+$ 的分子或离子为碱（这样定义的酸和碱常称布朗斯特酸和布朗斯特碱）。酸和碱的关系可用如下简式表示：

$$酸 \rightleftharpoons 碱 + H^+$$

例如
$$HCl \rightleftharpoons Cl^- + H^+$$
$$[Al(H_2O)_6]^{3+} \rightleftharpoons [Al(OH)(H_2O)_5]^{2+} + H^+$$
$$NH_4^+ \rightleftharpoons NH_3 + H^+$$
$$H_2PO_4^- \rightleftharpoons HPO_4^{2-} + H^+$$

由上可见：①酸可以是中性分子、正离子或负离子，碱也可以是中性分子、正离子或负离子；②酸（如 HCl）释放出 $H^+$ 后变成碱（$Cl^-$），碱（如 $Cl^-$）结合 $H^+$ 后变成酸（HCl），HCl-$Cl^-$ 称为共轭酸碱对，上式中 $[Al(H_2O)_6]^{3+}$-$[Al(OH)(H_2O)_5]^{2+}$、$NH_4^+$-$NH_3$ 和 $H_2PO_4^-$-$HPO_4^{2-}$ 皆为共轭酸碱对；③有些物质既可释放 $H^+$ 又可接受 $H^+$（如 $H_2PO_4^-$ 放出 $H^+$ 变成 $HPO_4^{2-}$，也可接受 $H^+$ 变成 $H_3PO_4$），它们既可作为酸也可作为碱，称之为两性物质，$H_2PO_4^-$、$HPO_4^{2-}$ 和 $HCO_3^-$ 等都是两性物质；④酸越强（表示酸越易释放 $H^+$），则其共轭碱越弱（表示共轭碱越难结合 $H^+$），反之亦然，碱越强，则其共轭酸越弱。

质子 $H^+$ 的半径只有氢原子的十万分之一，非常小，所以电荷密度非常高。游离质子在水溶液中只能瞬间存在，它必然要转移到另一能接受质子的物质上去，故上面所举的共轭酸碱对的平衡式，只是从概念出发，溶液中并不存在那样的平衡。实际上的酸碱平衡是两个共轭酸碱对共同作用的结果。例如反应

$$酸_1 + 碱_2 \rightleftharpoons 酸_2 + 碱_1$$
$$(1) \quad HCl + NH_3 \rightleftharpoons NH_4^+ + Cl^-$$
$$(2) \quad HAc + H_2O \rightleftharpoons H_3O^+ + Ac^-$$
$$(3) \quad H_2O + Ac^- \rightleftharpoons HAc + OH^-$$

酸碱下标相同的是一对共轭酸碱，反应（1）中 HCl（酸1）释放一个 $H^+$ 变成 $Cl^-$（碱1），$NH_3$（碱2）结合一个 $H^+$ 变成 $NH_4^+$（酸2），故 HCl-$Cl^-$、$NH_4^+$-$NH_3$ 各为共轭酸碱对。此反应的实质是两共轭酸碱对之间的质子传递反应。反应（2）和反应（3）也都是质子传递反应。但是从阿累尼乌斯酸碱理论来看，反应（1）、反应（2）和反应（3）依次是中和反应、酸碱解离反应和盐类水解反应。由此可见，质子论不仅扩大了酸碱范围，而且把中和、解离、水解等反应都统一为质子传递反应。

**2. 酸碱强度**

根据酸碱质子论，酸碱在溶液中表现出来的强度不仅与酸碱本性有关，也与溶剂的本性

有关。例如，HAc 在水中是弱酸，但在液氨中却变成较强的酸，因为液氨接受 $H^+$ 的能力比水强。

$$\overset{H^+}{\underset{}{\longrightarrow}}$$
$$HAc + NH_3(l) \rightleftharpoons Ac^- + NH_4^+$$

水是最重要的溶剂，也是生物体内广泛存在的溶剂，下面着重讨论水溶液中的酸碱强度。酸碱在水溶液中表现出来的相对强度可用解离常数来表征。例如，HAc 在水溶液中的解离式为

$$HAc + H_2O \rightleftharpoons H_3O^+ + Ac^-$$

标准解离常数 $K_a^\ominus$ 的表达式为

$$K_a^\ominus = \frac{a(H_3O^+)a(Ac^-)}{a(HAc)a(H_2O)}$$

因为 $a(H_2O)=1$，同时，对理想溶液或较稀的真实溶液，$a=c/c^\ominus$，故上述表达式可改写为

$$K_a^\ominus = \frac{\{[H_3O^+]/c^\ominus\}\{[Ac^-]/c^\ominus\}}{[HAc]/c^\ominus}$$

式中的方括号表示平衡浓度，单位为 $mol \cdot L^{-1}$，$c^\ominus = 1 mol \cdot L^{-1}$。在计算中 $c^\ominus$ 不会影响数值，只会影响量纲，只要记住：$K^\ominus$ 的量纲为一（即无量纲量），而浓度的单位一般都是 $mol \cdot L^{-1}$，因此，在水溶液解离平衡的计算中忽略 $c^\ominus$，不会出现难以确定单位的问题。这样就可得到更为简洁的表达式：

$$K_a^\ominus = \frac{[H_3O^+][Ac^-]}{[HAc]} \tag{2-1}$$

本教材中凡涉及水溶液中的解离平衡，其 $K^\ominus$ 的表达式中 $c^\ominus$ 均按此处理方式予以略去。

表 2-1 列举了一些弱酸的 $K_a^\ominus$ 值。酸越强，$K_a^\ominus$ 值越大，其共轭碱就越弱；反之，酸越弱，$K_a^\ominus$ 值越小，其共轭碱就越强。确定了质子酸碱的强弱，就可判断酸碱反应的方向。酸碱反应总是由较强的酸和较强的碱向生成较弱的酸和较弱的碱方向进行。例如，在上述反应（1）中，酸性 $HCl > NH_4^+$，碱性 $NH_3 > Cl^-$，所以该反应正向进行得较完全；在反应（2）中，酸性 $H_3O^+ > HAc$，碱性 $Ac^- > H_2O$，所以该反应逆向容易进行，表现为 HAc 在水中只有小部分解离，为弱酸；在反应（3）中，酸性 $HAc > H_2O$，碱性 $OH^- > Ac^-$，表现为 $Ac^-$ 在水中也只有小部分解离，为弱碱。共轭酸碱对中弱酸的 $K_a^\ominus$ 与其共轭碱的 $K_b^\ominus$ 还存在如下的定量关系：

$$K_a^\ominus K_b^\ominus = K_w^\ominus \tag{2-2}$$

式中，$K_w^\ominus$ 为水的离子积常数，在 25℃时其值为 $1.0 \times 10^{-14}$。下面以共轭酸碱对 HAc-$Ac^-$ 为例来推导式(2-2)。

$Ac^-$ 是碱，它在水溶液中解离式为

$$Ac^- + H_2O \rightleftharpoons HAc + OH^-$$

其标准碱解离常数 $K_b^\ominus$ 的表达式为

$$K_b^\ominus = \frac{[HAc][OH^-]}{[Ac^-]} \tag{2-3}$$

表 2-1　一些弱酸的 $K_a^\ominus$ 值及其共轭碱

| 酸 | $K_a^\ominus$ | 共轭碱 |
|---|---|---|
| $H_3O^+$ | 1 | $H_2O$ |
| $H_2C_2O_4$ | $5.9\times10^{-2}$ | $HC_2O_4^-$ |
| $H_2SO_3$ | $1.54\times10^{-2}$ | $HSO_3^-$ |
| $HSO_4^-$ | $1.20\times10^{-2}$ | $SO_4^{2-}$ |
| $H_3PO_4$ | $7.52\times10^{-3}$ | $H_2PO_4^-$ |
| $HNO_2$ | $4.6\times10^{-4}$ | $NO_2^-$ |
| $HF$ | $3.53\times10^{-4}$ | $F^-$ |
| $HCOOH$ | $1.77\times10^{-4}$ | $HCOO^-$ |
| $HC_2O_4^-$ | $6.4\times10^{-5}$ | $C_2O_4^{2-}$ |
| $HAc$ | $1.76\times10^{-5}$ | $Ac^-$ |
| $H_2CO_3$ | $4.3\times10^{-7}$ | $HCO_3^-$ |
| $HSO_3^-$ | $1.02\times10^{-7}$ | $SO_3^{2-}$ |
| $H_2PO_4^-$ | $6.23\times10^{-8}$ | $HPO_4^{2-}$ |
| $NH_4^+$ | $5.64\times10^{-10}$ | $NH_3$ |
| $HCN$ | $4.93\times10^{-10}$ | $CN^-$ |
| $HCO_3^-$ | $5.6\times10^{-11}$ | $CO_3^{2-}$ |
| $HPO_4^{2-}$ | $2.2\times10^{-13}$ | $PO_4^{3-}$ |
| $H_2O$ | $1.0\times10^{-14}$ | $OH^-$ |

（酸性增强 ↑　碱性增强 ↓）

将式(2-1) 和式(2-3) 相乘，则得

$$K_a^\ominus K_b^\ominus = \frac{[H_3O^+][Ac^-]}{[HAc]} \times \frac{[HAc][OH^-]}{[Ac^-]} = [H_3O^+][OH^-] = K_w^\ominus$$

教科书和化学手册上往往只列出分子酸的 $K_a^\ominus$ 和分子碱的 $K_b^\ominus$，离子酸和离子碱的 $K_a^\ominus$ 和 $K_b^\ominus$ 可由式(2-2) 计算得到。

**例 2-1**　已知弱酸 HClO 的 $K_a^\ominus = 2.95\times10^{-8}$，弱碱 $NH_3$ 的 $K_b^\ominus = 1.77\times10^{-5}$，求弱碱 $ClO^-$ 的 $K_b^\ominus$ 和弱酸 $NH_4^+$ 的 $K_a^\ominus$。

**解**：利用式(2-2)，可得

$$K_b^\ominus(ClO^-) = \frac{K_w^\ominus}{K_a^\ominus(HClO)} = \frac{1.0\times10^{-14}}{2.95\times10^{-8}} = 3.4\times10^{-7}$$

$$K_a^\ominus(NH_4^+) = \frac{K_w^\ominus}{K_b^\ominus(NH_3)} = \frac{1.0\times10^{-14}}{1.77\times10^{-5}} = 5.6\times10^{-10}$$

### 2.1.2　酸碱电子论

在提出酸碱质子论的同一年（1923 年），美国物理化学家路易斯提出酸碱电子论。该理论认为：凡能接受外来电子对的分子、基团或离子为酸；凡能提供电子对的分子、基团或离子为碱（这样定义的酸和碱常称为路易斯酸和路易斯碱）。路易斯酸碱反应的实质是形成配位键产生酸碱加合物。例如反应：

|  | 路易斯酸 | + | 路易斯碱 | ⇌ | 酸碱加合物 |
|---|---|---|---|---|---|
| (1) | $H^+$ | + | $:OH^-$ | ⇌ | $H_2O$ |
| (2) | Ni | + | $4:CO$ | ⇌ | $Ni(CO)_4$ |
| (3) | $Cu^{2+}$ | + | $4:NH_3$ | ⇌ | $[Cu(NH_3)_4]^{2+}$ |
| (4) | $BF_3$ | + | $:NH_3$ | ⇌ | $F_3BNH_3$ |
| (5) | $SiF_4$ | + | $2:F^-$ | ⇌ | $SiF_6^{2-}$ |

反应（1）是质子论的典型例子。由此可见，质子论只是电子论的一种特例（由 $H^+$ 来接受外来电子对）。由反应（2）~反应（5）可见，能作为路易斯酸（能接受外来电子对）的可以是原子、金属离子和中性分子等。电子论摆脱了系统必须具有某种离子或元素以及溶液的限制，而立足于物质的普遍成分，以电子的授受关系来说明酸碱的反应。由于该理论包括的酸碱范围很广，故又被称为广义酸碱理论。

## 2.1.3 硬软酸碱（HSAB）规则

路易斯酸碱理论虽然包括的范围很广，但也有不足之处。最主要的是没有统一的标准来确定酸碱的相对强弱。例如，对路易斯酸 $Fe^{3+}$ 来说，碱性强弱次序是 $F^->Cl^->Br^->I^-$；但对同样是路易斯酸的 $Hg^{2+}$ 来说，碱性强弱次序却是 $I^->Br^->Cl^->F^-$。因路易斯酸碱无统一的强弱次序，酸碱反应的方向就难以判断。路易斯酸碱理论的这种缺陷可由皮尔逊等提出的硬软酸碱规则来弥补。

皮尔逊把路易斯酸碱分成"硬"和"软"两类。硬酸的特征是体积小、正电荷高、极化性低，也就是对外层电子"抓得紧"；软酸的特征与硬酸正相反，也就是对外层电子"抓得松"。硬碱的特征是极化性低、电负性高、难氧化，也就是对外层电子"抓得紧"；软碱具有硬碱相反的特征。"硬"和"软"能够比较形象地形容酸碱抓电子的松紧，而电子被抓的松紧是酸碱授受电子难易的关键。除硬软酸碱外，还有一类酸碱，其性质居于硬软之间，称为交界酸碱。关于酸碱反应，他们从经验中总结出一条规律，这就是硬软酸碱规则："硬亲硬，软亲软"。即硬酸更倾向与硬碱结合，软酸更倾向与软碱结合，如果酸碱是一硬一软，其结合力就不强。表2-2列出 $Fe^{3+}$、$Pb^{2+}$、$Hg^{2+}$ 与卤素离子形成配离子的一级稳定常数，可用来验证以上规则。硬酸 $Fe^{3+}$ 和硬碱 $F^-$ 可形成稳定的配离子，软酸 $Hg^{2+}$ 和软碱 $I^-$ 也能形成稳定配离子，而 $Fe^{3+}$ 与 $I^-$、$Hg^{2+}$ 与 $F^-$ 由于是硬软搭配，就不能形成稳定的配离子。$Pb^{2+}$ 是交界酸，不论碱是硬还是软，皆与其反应，所形成的配离子的稳定性都不高且差别也不大。显然，这种规则比较粗略，但在目前仍不失为一个有用的简单规律，在化学上得到广泛的应用。例如：

表2-2 $Fe^{3+}$、$Pb^{2+}$、$Hg^{2+}$ 分别与 $X^-$ 形成 $[FeX]^{2+}$、$[PbX]^+$、$[HgX]^+$ 的 $\lg K_1^{\ominus}$

| 中心离子，酸 | 配体，碱 | | | |
|---|---|---|---|---|
|  | $F^-$ | $Cl^-$ | $Br^-$ | $I^-$ |
| $Fe^{3+}$ | 6.0 | 1.4 | 0.5 | — |
| $Pb^{2+}$ | <0.8 | 1.8 | 1.8 | 1.9 |
| $Hg^{2+}$ | 1.0 | 6.8 | 8.9 | 12.9 |

（1）说明自然界和人体内金属元素存在的状态 自然界矿物中Li、Na、Ca、Al和Cr等元素（硬酸）多与含氧酸中的 $O^{2-}$（硬碱）结合，而Ag、Hg、Cd、Pd和Pt等元素（软

酸）却与 $S^{2-}$（软碱）形成硫化物矿。人体内存在的金属元素主要有 $Na^+$、$K^+$、$Mg^{2+}$、$Ca^{2+}$、Mn（Ⅱ/Ⅲ）、Fe（Ⅱ/Ⅲ）、Co（Ⅱ/Ⅲ）、Cu（Ⅰ/Ⅱ）和 Zn（Ⅱ）等。研究发现 $Na^+$、$K^+$、$Mg^{2+}$、$Ca^{2+}$ 和 Mn（Ⅱ/Ⅲ）元素在人体内皆与 O 键合；Fe（Ⅱ/Ⅲ）和 Co（Ⅱ/Ⅲ）与 O 或 N 键合；Cu（Ⅰ/Ⅱ）、Zn（Ⅱ）则与 N 或 S 键合。随酸的硬度逐渐减小，键合原子也明显地由硬碱 O 逐渐地趋向软碱 S。

（2）判断反应进行的方向　高温下下列气相反应能够向右进行是因为产物满足硬-硬和软-软结合。

$$HgF_2(g) + BeI_2(g) \rightleftharpoons BeF_2(g) + HgI_2(g)$$
软-硬　　　　硬-软　　　　硬-硬　　　　软-软

$$HI(g) + F^-(g) \rightleftharpoons HF(g) + I^-(g)$$
硬-软　　　　硬　　　　硬-硬　　　　软

（3）指导某些金属非常见氧化态化合物的合成　同一种金属原子所处的氧化态不同，酸的硬度也不同。氧化态越高，酸越硬，氧化态越低，酸越软。所以合成高氧化态化合物要用硬碱来稳定。例如，$[AgF_4]^-$、$[CoF_6]^{2-}$、$[NiF_6]^{2-}$、$[FeO_4]^{2-}$、$RuO_4$ 和 $OsO_4$ 中高氧化态的 Ag（Ⅲ）、Co（Ⅳ）、Ni（Ⅳ）、Fe（Ⅵ）、Ru（Ⅷ）和 Os（Ⅷ）就需要用硬碱 $F^-$ 或 $O^{2-}$ 来稳定。与此相反，$Cr(CO)_6$、$Fe(CO)_4^{2-}$、$Co(CO)_4^-$ 和 $Ni(CN)_4^{4-}$ 中低氧化态的 Cr（0）、Fe（-Ⅱ）、Co（-Ⅰ）和 Ni（0）则需用软碱 CO 或 $CN^-$ 来稳定。

（4）判断两可配体的配位情况　$SCN^-$ 是常见的两可配体，其中 S 和 N 原子上都有孤对电子，两原子都有可能与中心原子形成配位键。此配体到底以何种原子与中心原子配位，也可利用硬软酸碱规则来判断：$Fe^{3+}$ 是硬酸，将与 $SCN^-$ 中硬端 N 原子结合成 $[Fe(NCS)_6]^{3-}$；$Pt^{4+}$ 是软酸，将与 $SCN^-$ 中软端 S 原子结合成 $[Pt(SCN)_6]^{2-}$。同理，双齿配体 $SeCN^-$ 与硬酸 $VO^{2+}$ 形成 $[VO(NCSe)_4]^{2-}$，与软酸 $Ag^+$ 却形成 $[Ag(SeCN)_2]^-$。

由于酸碱电子论不能定量，只能定性说明问题，而且水溶液中也难以直接应用酸碱电子论，因为水溶液中的离子不是以原来的离子形式而是以水合离子的形式存在。因此，本章讨论水溶液中酸碱平衡都是以酸碱质子论为基础的。

## 2.2　弱酸、弱碱的解离平衡

### 2.2.1　一元弱酸、弱碱的解离平衡

一元弱酸 HA 的解离平衡式为

$$HA(aq) + H_2O(l) \rightleftharpoons H_3O^+(aq) + A^-(aq)$$

通常可简写为

$$HA \rightleftharpoons H^+ + A^-$$

对弱酸的稀溶液，其标准解离常数 $K_a^{\ominus}$ 的表达式为

$$K_a^{\ominus} = \frac{[H^+][A^-]}{[HA]}$$

若弱酸的起始浓度为 $c$，平衡时有

$$[H^+] = [A^-], [HA] = c - [H^+]$$

将其代入 $K_a^\ominus$ 的表达式，得：

$$K_a^\ominus = \frac{[\text{H}^+]^2}{c-[\text{H}^+]} \tag{2-4}$$

$$[\text{H}^+]^2 + K_a^\ominus[\text{H}^+] - K_a^\ominus c = 0$$

$$[\text{H}^+] = \frac{-K_a^\ominus + \sqrt{(K_a^\ominus)^2 + 4K_a^\ominus c}}{2} \tag{2-5}$$

式(2-5)是计算一元弱酸溶液中 $[\text{H}^+]$ 的近似式（忽略了水本身解离对 $\text{H}^+$ 的贡献）。如果 $[\text{H}^+] \ll c$，则 $c - [\text{H}^+] \approx c$，式(2-4)变成

$$K_a^\ominus = \frac{[\text{H}^+]^2}{c}$$

$$[\text{H}^+] = \sqrt{K_a^\ominus c} \tag{2-6}$$

式(2-6)是计算一元弱酸溶液中 $[\text{H}^+]$ 的最简式。

计算一元弱酸溶液中 $[\text{H}^+]$ 时，采用式(2-5)还是式(2-6)取决于 $c - [\text{H}^+] \approx c$ 是否成立。一般认为，如果 $[\text{H}^+] < 5\%c$，可认为 $c - [\text{H}^+] \approx c$ 成立。将 $[\text{H}^+] < 5\%c$ 代入式(2-4)，可得 $c/K_a^\ominus > 380$。所以可用 $c/K_a^\ominus > 380$ 还是 $c/K_a^\ominus < 380$ 来判断采用式(2-6)还是式(2-5)。

一元弱碱（如 $\text{NH}_3 \cdot \text{H}_2\text{O}$）的解离平衡简式为

$$\text{NH}_3 \cdot \text{H}_2\text{O} \rightleftharpoons \text{NH}_4^+ + \text{OH}^-$$

$$K_b^\ominus = \frac{[\text{NH}_4^+][\text{OH}^-]}{[\text{NH}_3 \cdot \text{H}_2\text{O}]}$$

同理，当 $c/K_b^\ominus > 380$ 时

$$[\text{OH}^-] = \sqrt{K_b^\ominus c} \tag{2-7}$$

当 $c/K_b^\ominus < 380$ 时

$$[\text{OH}^-] = \frac{-K_b^\ominus + \sqrt{(K_b^\ominus)^2 + 4K_b^\ominus c}}{2} \tag{2-8}$$

弱酸或弱碱在水中的解离程度常用解离度 $\alpha$ 表示。$\alpha$ 为已解离的浓度与总浓度之比。例如，浓度为 $c$ 的弱酸 HA 的解离度 $\alpha$ 的近似式为

$$\alpha = \frac{[\text{H}^+]}{c} = \frac{\sqrt{K_a^\ominus c}}{c} = \sqrt{\frac{K_a^\ominus}{c}} \tag{2-9}$$

可见弱酸或弱碱的浓度越稀，解离度越大。

**例 2-2** 计算 $0.010\,\text{mol} \cdot \text{L}^{-1}$ HF 溶液的 $[\text{H}^+]$ 和 $\alpha$。

**解**：$c/K_a^\ominus = 0.01/(3.5 \times 10^{-4}) = 29 < 380$

$$[\text{H}^+] = \frac{-3.5 \times 10^{-4} + \sqrt{(3.5 \times 10^{-4})^2 + 4 \times 3.5 \times 10^{-4} \times 0.01}}{2}\,\text{mol} \cdot \text{L}^{-1}$$

$$= 1.7 \times 10^{-3}\,\text{mol} \cdot \text{L}^{-1}$$

$$\alpha = \frac{[\text{H}^+]}{c} = \frac{1.7 \times 10^{-3}}{0.01} = 0.17$$

**例 2-3** 计算 $0.10\,\text{mol} \cdot \text{L}^{-1}$ NaAc 溶液的 pH。

**解**：NaAc 为强电解质，在水溶液中全部解离为 $\text{Na}^+$ 和 $\text{Ac}^-$。其中 $\text{Na}^+$ 不参与水溶液中

酸碱平衡，决定溶液酸度的是 $Ac^-$。按酸碱质子论，$Ac^-$ 是碱，其平衡式为

$$Ac^- + H_2O \rightleftharpoons HAc + OH^-$$

$$K_b^\ominus = \frac{K_w^\ominus}{K_a^\ominus(HAc)} = \frac{1.0 \times 10^{-14}}{1.8 \times 10^{-5}} = 5.6 \times 10^{-10}$$

因为 $c/K_b^\ominus = 0.10/(5.6 \times 10^{-10}) > 380$

所以 $[OH^-] = \sqrt{K_b^\ominus c} = \sqrt{5.6 \times 10^{-10} \times 0.10}\ mol \cdot L^{-1} = 7.5 \times 10^{-6}\ mol \cdot L^{-1}$

$$pH = 14.00 - pOH = 14.00 - [-\lg(7.5 \times 10^{-6})] = 8.88$$

### 2.2.2 多元弱酸、弱碱的解离平衡

含有一个以上可置换的氢原子的酸叫多元酸。多元酸的解离是分步进行的。例如：

$$H_2S \rightleftharpoons H^+ + HS^- \qquad K_{a1}^\ominus = \frac{[H^+][HS^-]}{[H_2S]} = 1.1 \times 10^{-7}$$

$$HS^- \rightleftharpoons H^+ + S^{2-} \qquad K_{a2}^\ominus = \frac{[H^+][S^{2-}]}{[HS^-]} = 1.0 \times 10^{-14}$$

$K_{a1}^\ominus$ 和 $K_{a2}^\ominus$ 分别称 $H_2S$ 的一级和二级标准解离常数。一般情况下，无机多元酸 $K_{a1}^\ominus \gg K_{a2}^\ominus \gg K_{a3}^\ominus \cdots$，彼此相差约 $10^5$ 倍。多元弱酸在水中解离时，第二步解离远比第一步困难，第三步又远比第二步困难，而且第一步解离出来的 $H^+$ 对下面几步解离产生同离子效应，所以，计算多元弱酸溶液中 $[H^+]$ 时，只需考虑第一级解离平衡。计算酸根浓度，如二元弱酸 $H_2A$ 中的 $[A^{2-}]$，当然还应考虑第二级解离平衡。计算二元弱酸 $H_2A$ 溶液中 $[A^{2-}]$ 时，也可直接应用如下公式

$$K_{a1}^\ominus K_{a2}^\ominus = \frac{[H^+]^2 [A^{2-}]}{[H_2A]} \tag{2-10}$$

因为 $K_{a1}^\ominus = \dfrac{[H^+][HA^-]}{[H_2A]} \qquad K_{a2}^\ominus = \dfrac{[H^+][A^{2-}]}{[HA^-]}$

所以 $K_{a1}^\ominus K_{a2}^\ominus = \dfrac{[H^+][HA^-]}{[H_2A]} \times \dfrac{[H^+][A^{2-}]}{[HA^-]} = \dfrac{[H^+]^2 [A^{2-}]}{[H_2A]}$

在二元弱酸溶液中若已知 $[H^+]$，用式(2-10) 计算 $[A^{2-}]$ 较为方便。

**例 2-4** 在常温、常压下，$CO_2$ 在水中的饱和溶液 $H_2CO_3$ 的浓度为 $0.040\ mol \cdot L^{-1}$。计算溶液中 $[H^+]$、$[HCO_3^-]$ 和 $[CO_3^{2-}]$。

**解**：$H_2CO_3$ 在水中分两步解离：

$$H_2CO_3 \rightleftharpoons H^+ + HCO_3^- \qquad K_{a1}^\ominus = \frac{[H^+][HCO_3^-]}{[H_2CO_3]} = 4.3 \times 10^{-7}$$

$$HCO_3^- \rightleftharpoons H^+ + CO_3^{2-} \qquad K_{a2}^\ominus = \frac{[H^+][CO_3^{2-}]}{[HCO_3^-]} = 5.6 \times 10^{-11}$$

因为 $K_{a1}^\ominus \gg K_{a2}^\ominus$，溶液中 $H^+$ 主要来自第一步解离，又 $c/K_{a1}^\ominus = 0.040/(4.3 \times 10^{-7}) > 380$，所以

$$[H^+] = [HCO_3^-] = \sqrt{K_{a1}^\ominus c} = \sqrt{4.3 \times 10^{-7} \times 0.040}\ mol \cdot L^{-1} = 1.3 \times 10^{-4}\ mol \cdot L^{-1}$$

$[CO_3^{2-}]$ 则需要从第二级解离平衡中求算：

$$[CO_3^{2-}] = K_{a2}^\ominus \frac{[HCO_3^-]}{[H^+]} = K_{a2}^\ominus = 5.6 \times 10^{-11}$$

**例 2-5** 计算 $0.10\,\text{mol}\cdot\text{L}^{-1}$ $\text{Na}_2\text{CO}_3$ 溶液中 $[\text{OH}^-]$、$\text{HCO}_3^-$ 和 $[\text{H}_2\text{CO}_3]$。

**解**：$\text{Na}_2\text{CO}_3$ 为强电解质，在水溶液中全部解离。$\text{Na}^+$ 不参与酸碱平衡，按酸碱质子论，$\text{CO}_3^{2-}$ 为二元弱碱。

$$\text{CO}_3^{2-} + \text{H}_2\text{O} \rightleftharpoons \text{OH}^- + \text{HCO}_3^-$$

$$K_{b1}^{\ominus} = \frac{[\text{OH}^-][\text{HCO}_3^-]}{[\text{CO}_3^{2-}]} = \frac{K_w^{\ominus}}{K_{a2}^{\ominus}} = \frac{1.0\times 10^{-14}}{5.6\times 10^{-11}} = 1.8\times 10^{-4}$$

$$\text{HCO}_3^- + \text{H}_2\text{O} \rightleftharpoons \text{OH}^- + \text{H}_2\text{CO}_3$$

$$K_{b2}^{\ominus} = \frac{[\text{OH}^-][\text{H}_2\text{CO}_3]}{[\text{HCO}_3^-]} = \frac{K_w^{\ominus}}{K_{a1}^{\ominus}} = \frac{1.0\times 10^{-14}}{4.3\times 10^{-7}} = 2.3\times 10^{-8}$$

因为 $\qquad c/K_{b1}^{\ominus} = 0.10/(1.8\times 10^{-4}) > 380$

所以

$$[\text{OH}^-] = [\text{HCO}_3^-] = \sqrt{K_{b1}^{\ominus}c} = \sqrt{1.8\times 10^{-4}\times 0.10}\ \text{mol}\cdot\text{L}^{-1} = 4.2\times 10^{-3}\,\text{mol}\cdot\text{L}^{-1}$$

$$[\text{H}_2\text{CO}_3] = K_{b2}^{\ominus}\frac{[\text{HCO}_3^-]}{[\text{OH}^-]} = K_{b2}^{\ominus} = 2.3\times 10^{-8}\,\text{mol}\cdot\text{L}^{-1}$$

由以上讨论可见，多元弱酸、弱碱溶液的解离平衡比一元弱酸、弱碱复杂。处理这类溶液的平衡时应注意以下几点：

(1) 多元弱酸 $K_{a1}^{\ominus} \gg K_{a2}^{\ominus} \gg K_{a3}^{\ominus}$，计算溶液中 $[\text{H}^+]$ 时，可作一元弱酸处理，其酸的强度也由 $K_{a1}^{\ominus}$ 来衡量。

(2) 多元酸碱溶液中，同时存在几级平衡。如 $\text{H}_2\text{S}$ 溶液中有 $K_{a1}^{\ominus} = \frac{[\text{H}^+][\text{HS}^-]}{[\text{H}_2\text{S}]}$，$K_{a2}^{\ominus} = \frac{[\text{H}^+][\text{S}^{2-}]}{[\text{HS}^-]}$，但绝对不能把 $K_{a1}^{\ominus}$ 和 $K_{a2}^{\ominus}$ 关系式中的 $\text{H}^+$ 分别理解为第一步和第二步解离出来的 $\text{H}^+$。一份溶液中只有一种 $[\text{H}^+]$，即溶液中 $\text{H}^+$ 的总浓度。严格来说，$\text{H}_2\text{S}$ 溶液中的 $\text{H}^+$ 来自于三方面：$\text{H}_2\text{S}$ 第一步解离、$\text{HS}^-$ 的解离和 $\text{H}_2\text{O}$ 的解离，因为前者比后两者贡献大得多，故 $K_{a1}^{\ominus}$ 和 $K_{a2}^{\ominus}$ 关系式中的 $\text{H}^+$ 都可看作由 $\text{H}_2\text{S}$ 第一步解离出来的。

(3) 单一的二元酸溶液中，$[\text{A}^{2-}] = K_{a2}^{\ominus}$，$[\text{A}^{2-}]$ 与原始二元酸浓度基本上无关。但是如果在 $\text{H}_2\text{A}$ 溶液中还含有其他酸碱，因 $[\text{H}^+] \neq [\text{HA}^-]$，则 $[\text{A}^{2-}] \neq K_{a2}^{\ominus}$。

(4) 离子形式的弱酸、弱碱，其 $K_a^{\ominus}$、$K_b^{\ominus}$ 值一般不能直接查到，可通过共轭酸碱对公式 $K_a^{\ominus}K_b^{\ominus} = K_w^{\ominus}$ 算得。但对多元酸碱来说，要特别注意什么是 $K_a^{\ominus}$，什么是 $K_b^{\ominus}$。例如，对共轭酸碱对 $\text{H}_2\text{CO}_3/\text{HCO}_3^-$ 来说，$K_a^{\ominus}$ 为 $\text{H}_2\text{CO}_3$ 的 $K_{a1}^{\ominus}$，$K_b^{\ominus}$ 为 $\text{HCO}_3^-$ 作碱用时的碱解离常数，即 $\text{CO}_3^{2-}$ 的 $K_{b2}^{\ominus}$；对共轭酸碱对 $\text{HCO}_3^-/\text{CO}_3^{2-}$ 来说，$K_a^{\ominus}$ 为 $\text{HCO}_3^-$ 作酸用时的解离常数，即 $\text{H}_2\text{CO}_3$ 的 $K_{a2}^{\ominus}$，$K_b^{\ominus}$ 为 $\text{CO}_3^{2-}$ 的 $K_{b1}^{\ominus}$。故对二元酸及其对应的二元碱来说，$K_{a1}^{\ominus}K_{b2}^{\ominus} = K_w^{\ominus}$，$K_{a2}^{\ominus}K_{b1}^{\ominus} = K_w^{\ominus}$。

## 2.2.3 两性物质的解离平衡

既可给出质子又可接受质子的物质称为两性物质。酸式盐、弱酸弱碱盐和氨基酸等都是两性物质。两性物质在水溶液中的解离平衡较为复杂，这里只介绍近似处理方法。

$\text{NaHCO}_3$ 是两性物质，$\text{HCO}_3^-$ 在溶液中存在如下两种平衡：

(1) $\text{HCO}_3^- \rightleftharpoons \text{H}^+ + \text{CO}_3^{2-}$

(2) $HCO_3^- + H_2O \rightleftharpoons OH^- + H_2CO_3$

由于反应（1）生成的 $H^+$ 与反应（2）生成的 $OH^-$ 相互中和，从而促进两反应都强烈地向右移动，使溶液中生成较多的 $CO_3^{2-}$ 和 $H_2CO_3$，并造成两者浓度近似相等，即 $[CO_3^{2-}] \approx [H_2CO_3]$。将此代入式(2-10)，可得

$$K_{a1}^\ominus K_{a2}^\ominus = \frac{[H^+]^2[CO_3^{2-}]}{[H_2CO_3]} = [H^+]^2$$

即
$$[H^+] = \sqrt{K_{a1}^\ominus K_{a2}^\ominus} \tag{2-11}$$

推广至一般情况，上式可写成

$$[H^+] = \sqrt{K_a^\ominus K_a^{\ominus\prime}} \tag{2-12}$$

式中，$K_a^\ominus$ 为两性物质作为酸用时的酸解离常数[相当于式(2-11) 中的 $K_{a2}^\ominus$]，$K_a^{\ominus\prime}$ 为两性物质作为碱用时其共轭酸的酸解离常数[相当于式(2-11) 中的 $K_{a1}^\ominus$]。

**例 2-6** 计算 $0.10 \text{mol} \cdot L^{-1}$ $NH_4CN$ 溶液的 $[H^+]$。

**解**：在 $NH_4CN$ 中：

$NH_4^+$ 为酸 $\quad K_a^\ominus = \dfrac{K_w^\ominus}{K_b^\ominus(NH_3)}$

$CN^-$ 为碱 $\quad K_a^{\ominus\prime} = K_a^\ominus(HCN)$

所以
$$[H^+] = \sqrt{K_a^\ominus K_a^{\ominus\prime}} = \sqrt{\frac{K_w^\ominus}{K_b^\ominus(NH_3)} K_a^\ominus(HCN)}$$
$$= \sqrt{\frac{1.0 \times 10^{-14}}{1.8 \times 10^{-5}} \times 7.2 \times 10^{-10}} \text{ mol} \cdot L^{-1}$$
$$= 6.3 \times 10^{-10} \text{ mol} \cdot L^{-1}$$

**例 2-7** 甘氨酸的结构式为 $H_3\overset{+}{N}-CH_2-COO^-$，其中 $-\overset{+}{N}H_3$ 部分可释放 $H^+$ 显酸性，$COO^-$ 部分可结合 $H^+$ 显碱性，所以甘氨酸为两性物质。其解离平衡式为

$$H_3\overset{+}{N}CH_2COOH \underset{+H^+}{\overset{-H^+}{\rightleftharpoons}} \overset{K_{a1}^\ominus}{} H_3\overset{+}{N}CH_2COO^- \underset{+H^+}{\overset{-H^+}{\rightleftharpoons}} \overset{K_{a2}^\ominus}{} H_2NCH_2COO^-$$

已知 $K_{a1}^\ominus = 4.5 \times 10^{-3}$，$K_{a2}^\ominus = 2.5 \times 10^{-10}$，试计算甘氨酸溶液的 $[H^+]$。

**解**：$[H^+] = \sqrt{K_a^\ominus K_a^{\ominus\prime}} = \sqrt{K_{a1}^\ominus K_{a2}^\ominus}$
$$= \sqrt{2.5 \times 10^{-10} \times 4.5 \times 10^{-3}} = 1.1 \times 10^{-6} \text{ mol} \cdot L^{-1}$$

### 2.2.4 同离子效应和盐效应

以上讨论的都是单一的弱酸、弱碱溶液。如果在弱酸、弱碱溶液中加入一些其他物质，例如，在 HAc 溶液中加入一些 NaAc，对 HAc 的解离平衡有何影响？

NaAc 是强电解质，它在溶液中全部解离，由于溶液中 $Ac^-$ 浓度大大增加，促使 HAc 的解离平衡向左移动，从而降低了 HAc 的解离度。

$$HAc \rightleftharpoons H^+ + Ac^-$$
$$\longleftarrow \text{平衡移动方向}$$

这种由于在弱电解质溶液中加入含有相同离子的强电解质，而使弱电解质解离度降低的效应

称为同离子效应。

**例 2-8** 试比较下面两溶液的 $[H^+]$ 和 HAc 的 $\alpha$：(1) $0.10 \text{mol} \cdot L^{-1}$ HAc 溶液；(2) 1.0L $0.10 \text{mol} \cdot L^{-1}$ HAc 溶液中加入 0.10mol 固体 NaAc。

**解**：(1) $0.10 \text{mol} \cdot L^{-1}$ HAc 溶液

$$c/K_a^{\ominus} = \frac{0.10}{1.76 \times 10^{-5}} > 380$$

$$[H^+] = \sqrt{1.76 \times 10^{-5} \times 0.10}\ \text{mol} \cdot L^{-1} = 1.3 \times 10^{-3}\ \text{mol} \cdot L^{-1}$$

$$\alpha = \frac{[H^+]}{c} = \frac{1.3 \times 10^{-3}}{0.10} = 0.013$$

(2) 1.0L $0.10 \text{mol} \cdot L^{-1}$ HAc 溶液中加入 0.10mol 固体 NaAc

|  | HAc | $\rightleftharpoons$ | $H^+$ | + | $Ac^-$ |
|---|---|---|---|---|---|
| 起始浓度/$\text{mol} \cdot L^{-1}$ | 0.10 |  |  |  | 0.10 |
| 平衡浓度/$\text{mol} \cdot L^{-1}$ | $0.10-x$ |  |  |  | $0.10+x$ |

HAc 的解离度原来就小，再加上加入 NaAc 后的同离子效应的影响，$x \ll 0.10$，所以

$$0.10 - x \approx 0.10, 0.10 + x \approx 0.10$$

$$K_a^{\ominus} = \frac{[H^+][Ac^-]}{[HAc]} = \frac{x \times 0.10}{0.10} = x$$

$$[H^+] = x = 1.8 \times 10^{-5}\ \text{mol} \cdot L^{-1}$$

$$\alpha = \frac{[H^+]}{c} = \frac{1.8 \times 10^{-5}}{0.10} = 1.8 \times 10^{-4}$$

以上计算说明，在 HAc 溶液中加入 NaAc 后，$[H^+]$ 和 $\alpha$ 都降低为原来的 1/72，同离子效应强烈地影响弱电解质的解离平衡。

如果在弱电解质溶液中，加入不含相同离子的强电解质，如在 HAc 溶液中加入一些 NaCl，对 HAc 解离度是否有影响？实验证明在 1L $0.10 \text{mol} \cdot L^{-1}$ HAc 中加入 0.10mol NaCl，会使 HAc 的解离度由原来的 0.013 上升至 0.017。这种在弱电解质溶液中加入不含相同离子的强电解质，使弱电解质的解离度稍稍增大的效应称盐效应。其实在 HAc 溶液中加入 NaAc，既有同离子效应又有盐效应。因前一效应比后一效应大得多，故一般只考虑前者而忽略后者。盐效应升高弱电解质解离度的原因见下节。

# 2.3 强电解质溶液

## 2.3.1 离子氛概念

强电解质在水溶液中应该是全部解离的，其解离度 $\alpha$ 应等于 1。因此强电解质溶液的离子浓度照理说是很容易推算的。例如，$0.1 \text{mol} \cdot L^{-1}$ NaCl 溶液中离子浓度为 $[Na^+] = [Cl^-] = 0.1 \text{mol} \cdot L^{-1}$；$0.1 \text{mol} \cdot L^{-1}$ $FeCl_3$ 溶液中离子浓度为 $[Fe^{3+}] = 0.1 \text{mol} \cdot L^{-1}$，$[Cl^-] = 0.3 \text{mol} \cdot L^{-1}$。但是，当强电解质溶液浓度不是很低时，如此推算与实验事实不符。有人用凝固点下降实验测得 $0.100 \text{mol} \cdot L^{-1}$ NaCl 的凝固点为 $-0.349 ℃$，据此算得溶液中质点的总浓度为 $0.188 \text{mol} \cdot \text{kg}^{-1}$。

如果 NaCl 溶液全部解离，溶液质点的总浓度应该为 $0.200 \text{mol} \cdot \text{kg}^{-1}$。由质点浓度变低，可算得 NaCl 溶液在实验中表现出来的"解离度"$\alpha$。

|  | NaCl | $\rightleftharpoons$ | $Na^+$ | $+$ | $Cl^-$ |
|---|---|---|---|---|---|
| 起始浓度/$\text{mol} \cdot \text{kg}^{-1}$ | 0.100 | | 0 | | 0 |
| 平衡浓度/$\text{mol} \cdot \text{kg}^{-1}$ | $0.100-0.100\alpha$ | | $0.100\alpha$ | | $0.100\alpha$ |

因为 $b = 0.100 - 0.100\alpha + 0.100\alpha + 0.100\alpha = 0.100 + 0.100\alpha$

所以 $0.188 = 0.100 + 0.100\alpha, \alpha = 0.88$

强电解质溶液的解离度应等于 1，但实验测得值却小于 1，这个矛盾可由 1923 年德拜和休克尔提出的强电解质溶液理论得到初步解释。该理论认为强电解质在水溶液中是完全解离的，因此，在强电解质溶液中离子浓度较大，离子间平均距离较小。由于静电力相互作用，正离子周围的负离子数目大于正离子数目；负离子周围正相反，正离子数目大于负离子数目。在每一离子周围形成了一个带相反电荷的"离子氛"。由于离子氛的存在，离子的运动受到了牵制，故表现出来的离子浓度小于强电解质全部解离时应有的浓度。由实验测得的强电解质溶液的"解离度"并非真正的解离度，常称为表观解离度。

## 2.3.2 活度和活度系数

严格来说，粗略地把电解质溶液中离子实际表现出来的"浓度"称为活度是不合适的，活度 $a$ 与浓度之间的关系为

$$a = \gamma(b/b^\ominus) \tag{2-13}$$

式中，$b$ 为质量摩尔浓度；$b^\ominus$ 为 $1 \text{mol} \cdot \text{kg}^{-1}$；$\gamma$ 为活度系数。若浓度用物质的量浓度表示，可得

$$a = \gamma(c/c^\ominus) \tag{2-14}$$

活度系数 $\gamma$ 的大小直接反映溶液中离子的自由程度。离子浓度越大，离子所带的电荷越高，离子间相互牵制作用就越大，$\gamma$ 就越小。当溶液极稀时，离子间相互作用极小，$\gamma$ 接近 1，这时活度和浓度在数值上几乎相等。

$\gamma$ 既与溶液中离子浓度有关，又与离子的电荷数有关，为了统一描述这两个物理量对 $\gamma$ 的影响，提出了离子强度的概念。其定义为

$$I = \frac{1}{2}\sum_i b_i z_i^2 \tag{2-15}$$

式中，$z_i$ 为溶液中 $i$ 离子的电荷数。溶液浓度较稀时，也可用物质的量浓度 $c$ 代替质量摩尔浓度 $b$ 进行计算。

**例 2-9** 计算 $0.050 \text{mol} \cdot \text{kg}^{-1}$ $AlCl_3$ 溶液的离子强度。

**解：**
$$I = \frac{1}{2}\sum_i b_i z_i^2$$
$$= \frac{1}{2}[(0.05 \text{mol} \cdot \text{kg}^{-1}) \times 3^2 + 3 \times (0.05 \text{mol} \cdot \text{kg}^{-1}) \times 1^2]$$
$$= 0.3 \text{mol} \cdot \text{kg}^{-1}$$

溶液的离子强度越大，活度系数就越小。但是两者之间至今尚未找到一个令人满意的关系式，一般列表备查。

需要指出，在电解质溶液的各种平衡计算中，严格说都应该用活度，只有在很稀的离子

溶液中才允许用浓度代替活度，否则误差较大。

上节讨论的盐效应会影响解离度，可用活度和活度系数的概念予以解释。HAc 解离平衡关系式严格说应该是

$$HAc \rightleftharpoons H^+ + Ac^-$$

$$K_a^\ominus = \frac{a(H^+)a(Ac^-)}{a(HAc)} = \frac{\gamma_+[H^+]\gamma_-[Ac^-]}{[HAc]}$$

加 NaCl 后，随着 $I$ 值升高，$\gamma_+$ 和 $\gamma_-$ 值下降（HAc 为中性分子，浓度较稀时，$\gamma \approx 1$），因为 $K_a^\ominus$ 值不变，为了使上述等式成立，平衡只有向右移动，促使 $[H^+]$ 和 $[Ac^-]$ 增大，故引起 $\alpha$ 上升。

# 2.4 缓冲溶液

一般水溶液常易因外加少量酸、碱而改变其 pH，但也有一类溶液的 pH 并不因此而明显改变。例如，在 1L NaCl 或 $KNO_3$ 溶液中加 0.001mol NaOH 时，溶液的 pH 将从 7 升至 11，pH 升高 4 个单位；但在 1L 浓度皆为 $0.1mol \cdot L^{-1}$ 的 HAc 和 NaAc 混合溶液中加 0.001mol NaOH 时，溶液的 pH 从 4.75 升高至 4.76，pH 仅升高 0.01 个单位。后一种溶液的这种能对抗外来少量强酸、强碱或水的稀释而保持其 pH 基本不变的作用称为缓冲作用。具有缓冲作用的溶液称为缓冲溶液。

## 2.4.1 缓冲作用原理和计算公式

缓冲溶液为什么具有对抗外来少量酸碱而保持其 pH 基本不变的性能呢？从酸碱质子论来看，缓冲溶液都是由弱酸及其共轭碱组成的混合溶液。例如 HAc-NaAc、$NH_4Cl$-$NH_3$ 以及 $NaH_2PO_4$-$Na_2HPO_4$ 等都可配制成缓冲溶液。如果弱酸以 HA 表示，其共轭碱以 $A^-$ 表示，它们在溶液中存在如下平衡：

$$HA \rightleftharpoons H^+ + A^-$$

因为

$$K_a^\ominus = \frac{[H^+][A^-]}{[HA]}$$

所以

$$[H^+] = K_a^\ominus \frac{[HA]}{[A^-]} \tag{2-16}$$

由此可见，缓冲溶液能保持 $[H^+]$ 基本不变，其实是加入少量强酸、强碱后仍能保持 $\frac{[HA]}{[A^-]}$ 的值基本不变。在缓冲溶液中，HA 和 $A^-$ 的起始浓度都是比较大的，由于同离子效应，HA 的解离度很小，故 $[H^+]$ 很小而 $[HA]$ 和 $[A^-]$ 均较大。当加入少量强酸时，由于 $H^+$ 浓度增加，上述平衡向生成 HA 的方向移动。在这一过程中 $[A^-]$ 略有减小，$[HA]$ 略有增加，其 $\frac{[HA]}{[A^-]}$ 值变化不大。在这里，$A^-$ 称为缓冲溶液的抗酸成分。

当缓冲溶液中加入少量强碱时，此时溶液中的 $H^+$ 即与加入的碱结合。随着 $H^+$ 浓度下降，上述平衡向生成 $A^-$ 的方向移动。在这一过程中 $[A^-]$ 略有增加，$[HA]$ 略有减小，其 $\frac{[HA]}{[A^-]}$ 值也变化不大。在这里，HA 称为缓冲溶液的抗碱成分。

缓冲溶液加水稀释时保持溶液 [H⁺] 不变，是因为稀释时 [HA] 和 [A⁻] 差不多都按同样倍数降低，其 $\frac{[HA]}{[A^-]}$ 值显然不变。

缓冲溶液的计算公式推导如下。

若以 $c(HA)$ 和 $c(A^-)$ 分别代表组成缓冲溶液的弱酸 HA 及其共轭碱 $A^-$ 的起始浓度，弱酸 HA 的解离度本来就不大，加上同离子效应，解离度变得更小，故 [H⁺] 极小，则

$$[HA] = c(HA) - [H^+] \approx c(HA)$$
$$[A^-] = c(A^-) + [H^+] \approx c(A^-)$$

将此代入式(2-16)，得

$$[H^+] = K_a^\ominus \frac{c(HA)}{c(A^-)}$$

写成一般式

$$[H^+] = K_a^\ominus \frac{c(弱酸)}{c(共轭碱)} \tag{2-17}$$

等式两边取负对数

$$pH = pK_a^\ominus + \lg \frac{c(共轭碱)}{c(弱酸)} \tag{2-18}$$

若以 $V$ 代表缓冲溶液的体积，$c(弱酸)V = n(弱酸)$，$c(共轭碱)V = n(共轭碱)$，将此代入式(2-18)，可得

$$pH = pK_a^\ominus + \lg \frac{n(共轭碱)}{n(弱酸)} \tag{2-19}$$

式(2-17)、式(2-18)和式(2-19)都是计算缓冲溶液酸度的基本公式。

**例 2-10** 一缓冲溶液由 $0.10 \text{mol} \cdot L^{-1}$ $NaH_2PO_4$ 和 $0.10 \text{mol} \cdot L^{-1}$ $Na_2HPO_4$ 组成。试计算：

(1) 该缓冲溶液的 pH；

(2) 在 1.0L 该缓冲溶液中分别加入 10mL $1.0 \text{mol} \cdot L^{-1}$ HCl 和 10mL $1.0 \text{mol} \cdot L^{-1}$ NaOH 后溶液的 pH。

**解：**(1) $H_2PO_4^- - HPO_4^{2-}$ 组成的缓冲对中，$H_2PO_4^-$ 为弱酸，$HPO_4^{2-}$ 为其共轭碱，又 $H_2PO_4^-$ 的 $K_a^\ominus$ 为 $H_3PO_4$ 的 $K_{a2}^\ominus$。将此代入式(2-18)，得

$$pH = pK_{a2}^\ominus + \lg \frac{c(HPO_4^{2-})}{c(H_2PO_4^-)}$$
$$= 7.21 + \lg \frac{0.10}{0.10}$$
$$= 7.21$$

(2) 加入 10mL $1.0 \text{mol} \cdot L^{-1}$ HCl 后，溶液的体积改变会引起浓度的变化，改用式(2-19)计算较为方便。因为加入 HCl 后，HCl 可全部与 $HPO_4^{2-}$ 反应生成 $H_2PO_4^-$（溶液中有大量的 $H_2PO_4^-$），所以反应后 $H_2PO_4^-$ 和 $HPO_4^{2-}$ 的物质的量分别为

$$n(H_2PO_4^-) = 1.0L \times 0.10 \text{mol} \cdot L^{-1} + 0.010L \times 1.0 \text{mol} \cdot L^{-1} = 0.11 \text{mol}$$
$$n(HPO_4^{2-}) = 1.0L \times 0.10 \text{mol} \cdot L^{-1} - 0.010L \times 1.0 \text{mol} \cdot L^{-1} = 0.09 \text{mol}$$

$$pH = pK_{a2}^{\ominus} + \lg \frac{n(HPO_4^{2-})}{n(H_2PO_4^-)}$$
$$= 7.21 + \lg \frac{0.09}{0.11}$$
$$= 7.12$$

同理，加入 10mL 1.0mol·L$^{-1}$ NaOH 后

$$pH = 7.21 + \lg \frac{1.0 \times 0.10 + 0.010 \times 1.0}{1.0 \times 0.10 - 0.010 \times 1.0} = 7.30$$

## 2.4.2 缓冲容量和缓冲范围

前面提到缓冲溶液之所以有缓冲能力就在于外加少量酸、碱后仍能保持其 $\frac{c(共轭碱)}{c(弱酸)}$ 的值基本不变。如果缓冲溶液的浓度太小或加入酸碱的量太大，会使 $\frac{c(共轭碱)}{c(弱酸)}$ 的值变化很大，以致失去缓冲作用。所以，缓冲溶液的缓冲能力是有一定限度的。缓冲能力的大小可用缓冲容量 $\beta$ 来衡量。$\beta$ 的数学定义为

$$\beta = \frac{dn_B}{dpH} = -\frac{dn_A}{dpH} \tag{2-20}$$

其意义是 1L 溶液的 pH 增加 d pH 单位时所需强碱的物质的量（d$n_B$），或降低 d pH 单位时所需强酸的物质的量（d$n_A$）。加酸使 pH 降低，故在 $\frac{dn_A}{dpH}$ 前加 "—" 号以使 $\beta$ 为正值。显然 $\beta$ 值越大，缓冲能力越大。那么缓冲容量又与什么因素有关呢？

**1. 缓冲容量与缓冲溶液总浓度的关系**

下面通过计算来说明两者的关系。假设有四份体积都是 1.0L 的 HAc-NaAc 缓冲溶液，其中 HAc 和 NaAc 浓度彼此相等，即 $\frac{c(Ac^-)}{c(HAc)} = 1$，只是它们的总浓度不同，依次为 1.0mol·L$^{-1}$、0.40mol·L$^{-1}$、0.20mol·L$^{-1}$ 和 0.10mol·L$^{-1}$。表 2-3 列出这四份溶液分别加入 0.02mol NaOH 后，pH 变化的情况。由此可见，总浓度越大，加碱后 pH 变化越小，即缓冲容量越大。但是在实际应用时，只要缓冲溶液能达到对 pH 控制的要求，缓冲溶液的总浓度不宜太大，这样不仅可以节约试剂，还可以减少高浓度对研究体系带来的不利影响。通常总浓度控制在 0.01~1.0mol·L$^{-1}$。

表 2-3 总浓度与缓冲容量的关系

| 编号 | 1 | 2 | 3 | 4 |
|---|---|---|---|---|
| $c$(总)/mol·L$^{-1}$ | 1.0 | 0.40 | 0.20 | 0.10 |
| $c$(Ac$^-$)/$c$(HAc) | 0.50/0.50 | 0.20/0.20 | 0.10/0.10 | 0.05/0.05 |
| 加 NaOH 前 pH | 4.75 | 4.75 | 4.75 | 4.75 |
| 加 NaOH 后 pH | 4.78 | 4.84 | 4.93 | 5.12 |
| ΔpH | 0.03 | 0.09 | 0.18 | 0.37 |

**2. 缓冲容量与缓冲比的关系**

同样也可通过计算来说明这种关系。假设有四份体积都是 1.0L 的 HAc-NaAc 缓冲溶

液，而且 $c(HAc)$ 和 $c(Ac^-)$ 之和都等于 $1.0 mol \cdot L^{-1}$，但 $c(Ac^-)/c(HAc)$ 的值不同，依次为 1、9、19 和 32。表 2-4 列出这四份溶液分别加入 0.02mol NaOH 后 pH 改变的情况，由此可见，$c(Ac^-)/c(HAc)$ 的值越接近 1，加碱后 pH 变化越小，即缓冲容量越大。当缓冲对两种成分浓度正好相等即缓冲比为 1 时，则

$$pH = pK_a^\ominus + \lg\frac{c(共轭碱)}{c(弱酸)} = pK_a^\ominus$$

**表 2-4 缓冲比与缓冲容量的关系**

|  | 1 | 2 | 3 | 4 |
|---|---|---|---|---|
| $c(总)/(mol \cdot L^{-1})$ | 1.0 | 1.0 | 1.0 | 1.0 |
| $c(Ac^-)/c(HAc)$ | 0.50/0.50=1 | 0.90/0.10=9 | 0.95/0.05=19 | 0.97/0.03=32 |
| 加 NaOH 前 pH | 4.75 | 5.70 | 6.03 | 6.26 |
| 加 NaOH 后 pH | 4.78 | 5.81 | 6.26 | 6.75 |
| ΔpH | 0.03 | 0.11 | 0.23 | 0.49 |

由此可知，为了获得最大的缓冲容量，选择的缓冲对中弱酸的 $pK_a^\ominus$ 应正好等于所要求配制的 pH。但是这样的缓冲对往往不易找到。一般说，当 $c(共轭碱)/c(弱酸)$ 之值在 0.1～10 时，缓冲溶液的缓冲容量不会太小。所以，缓冲溶液的有效缓冲范围应该为 $pH = pK_a^\ominus \pm 1$。例如，要配制 pH=5 的缓冲溶液，可选择 HAc-NaAc 缓冲对（HAc 的 $pK_a^\ominus = 4.75$）；要配制 pH=7 的缓冲溶液，可选择 $NaH_2PO_4$-$Na_2HPO_4$ 缓冲对（$H_2PO_4^-$ 的 $pK_a^\ominus = 7.21$）；要配制 pH=9 的缓冲溶液，可选择 $NH_4Cl$-$NH_3$ 缓冲对（$NH_4^+$ 的 $pK_a^\ominus = 9.25$）。一些常用缓冲溶液的 pH 范围见附录二。

**例 2-11** 用 $1.0 mol \cdot L^{-1}$ 氨水和固体 $NH_4Cl$ 为原料，如何配制 1.0L pH 为 9.00，其中氨水浓度为 $0.10 mol \cdot L^{-1}$ 的缓冲溶液？

**解：** 本题的缓冲对是 $NH_4Cl$-$NH_3$，其中弱酸 $NH_4^+$ 的 $K_a^\ominus$ 为

$$K_a^\ominus = \frac{K_w^\ominus}{K_b^\ominus(NH_3)} = \frac{1.0 \times 10^{-14}}{1.77 \times 10^{-5}} = 5.6 \times 10^{-10}$$

$$pK_a^\ominus = -\lg(5.6 \times 10^{-10}) = 9.25$$

将此代入式（2-18）

$$9.00 = 9.25 + \lg\frac{c(共轭碱)}{c(弱酸)}$$

$$\lg\frac{c(共轭碱)}{c(弱酸)} = -0.25$$

$$\frac{c(共轭碱)}{c(弱酸)} = 0.56$$

$$c(弱酸) = \frac{0.10 mol \cdot L^{-1}}{0.56} = 0.18 mol \cdot L^{-1}$$

所以需 $NH_4Cl$ 的质量

$$m = 0.18 mol \cdot L^{-1} \times 1.0L \times 53.5 g \cdot mol^{-1} = 9.6 g$$

需氨水体积

$$V = \frac{0.10 mol \cdot L^{-1} \times 1.0L}{1.0 mol \cdot L^{-1}} = 0.10L$$

配制时，先将 9.6g $NH_4Cl$ 溶于少量水中，然后加入 $1.0 mol \cdot L^{-1}$ 氨水 0.10L，最后用

水稀释至 1.0L。

缓冲溶液在工业、农业以及生物、医学、化学等方面都有重要意义。例如，土壤中含有 $H_2CO_3$-$NaHCO_3$、$NaH_2PO_4$-$Na_2HPO_4$ 以及腐殖质酸及其盐等组成的多种缓冲对，所以能使土壤维持在一定的 pH 范围内，从而保证了植物的正常生长。在动植物体内也都有复杂的缓冲系统在维持体液的 pH，以保证生命的正常活动。人体的血液含有许多缓冲对，主要有 $H_2CO_3$-$NaHCO_3$、$NaH_2PO_4$-$Na_2HPO_4$、血浆蛋白-血浆蛋白盐、血红朊-血红朊盐等，其中以 $H_2CO_3$-$NaHCO_3$ 缓冲对起主要作用。当人体新陈代谢过程中产生的酸（如磷酸、乳酸等）进入血液时，$HCO_3^-$ 便与其结合生成 $H_2CO_3$，后者被血液带至肺部并以 $CO_2$ 形式排出体外；当来源于食物的碱性物质（如柠檬酸钠、钾盐、磷酸氢二钠、碳酸氢钠等）进入血液时，血液中的 $H^+$ 便与它结合，$H^+$ 的消耗由 $H_2CO_3$ 来补充。血液中的几个缓冲对相互制约，使血液 pH 维持在 7.40±0.03 范围内。超过这个范围就会导致"酸中毒"或"碱中毒"，若改变量超过 0.4pH 单位，就有生命危险。

缓冲溶液在化学上也有广泛应用。例如，用氨水分离 $Al^{3+}$ 和 $Mg^{2+}$ 时，如果 [$OH^-$] 过高，$Al(OH)_3$ 沉淀不完全，部分生成 $Al(OH)_4^-$，而 $Mg^{2+}$ 也有少量沉淀；如果 [$OH^-$] 过低，$Al^{3+}$ 沉淀不完全。若用 $NH_4^+$-$NH_3$ 缓冲溶液来维持 pH 在 9 左右，则可保证 $Al^{3+}$ 沉淀完全而 $Mg^{2+}$ 不沉淀。

## 习 题

1. 下列说法是否正确？说明理由。
（1）凡是盐都是强电解质。
（2）$BaSO_4$、AgCl 难溶于水，水溶液导电不显著，故为弱电解质。
（3）氨水稀释一倍，溶液中 [$OH^-$] 就减为原来的 1/2。
（4）由公式 $\alpha = \sqrt{K_a^{\ominus}/c}$ 可推得，溶液越稀，$\alpha$ 就越大，即解离出来的离子浓度就越大。

2. 指出下列碱的共轭酸：$SO_4^{2-}$，$S^{2-}$，$H_2PO_4^-$，$HSO_4^-$，$NH_3$；指出下列酸的共轭碱：$NH_4^+$，HCl，$HClO_4$，HCN，$H_2O_2$。

3. 用酸碱质子论判断下列物质哪些是酸？哪些是碱？哪些既是酸又是碱？

[$Al(H_2O)_6$]$^{3+}$   $HS^-$   $CO_3^{2-}$   $H_2PO_4^-$   $NH_3$   $HSO_4^-$   $NO_3^-$   $Ac^-$   $OH^-$   $H_2O$   HCl

4. 氨基酸是重要的生物化学物质，最简单的为甘氨酸（$H_2N$—$CH_2$—COOH）。每个甘氨酸中有一个弱酸基—COOH 和一个弱碱基—$NH_2$，且 $K_a^{\ominus}$ 和 $K_b^{\ominus}$ 几乎相等。试用酸碱质子理论判断在强酸性溶液中甘氨酸将变成何种离子？在强碱性溶液中它将变成什么离子？在纯水溶液中将存在怎样的两性离子？

5. 0.010 mol·$L^{-1}$ HAc 溶液的解离度为 0.042，求 HAc 的解离常数和该溶液的 [$H^+$]。

6. 求算 0.050 mol·$L^{-1}$ HClO 溶液中的 [$ClO^-$]、[$H^+$] 及解离度。

7. 奶油腐败后的分解产物之一为丁酸（$C_3H_7COOH$），有恶臭。今有一含 0.20 mol 丁酸的 0.40L 溶液，pH 为 2.50。求丁酸的 $K_a^{\ominus}$。

8. 对于下列溶液：0.1 mol·$L^{-1}$ HCl，0.01 mol·$L^{-1}$ HCl，0.1 mol·$L^{-1}$ HF，0.01 mol·$L^{-1}$ HF。问：
（1）哪一种溶液具有最高的 [$H^+$]；

(2) 哪一种溶液具有最低的 $[H^+]$；

(3) 哪一种溶液具有最低的解离度；

(4) 哪两种溶液具有相似的解离度。

9. $0.1\text{mol} \cdot \text{L}^{-1}$ NaOH 溶液中和 pH 为 2 的 HCl 和 HAc 各 20mL，所消耗 NaOH 溶液体积是否相同？为什么？若用此 NaOH 溶液中和 $0.1\text{mol} \cdot \text{L}^{-1}$ HCl 和 HAc 各 20mL，所消耗 NaOH 溶液的体积是否相同？为什么？

10. 已知 $0.30\text{mol} \cdot \text{L}^{-1}$ NaA 溶液的 pH 为 9.50，计算弱酸 HA 的 $K_a^{\ominus}$。

11. 计算 $0.10\text{mol} \cdot \text{L}^{-1}$ $H_2C_2O_4$ 溶液的 $[H^+]$、$[HC_2O_4^-]$ 和 $[C_2O_4^{2-}]$。

12. 计算 $0.10\text{mol} \cdot \text{L}^{-1}$ $H_2S$ 溶液的 $[H^+]$ 和 $[S^{2-}]$。

13. 按照酸碱质子论，$HC_2O_4^-$ 既可作为酸又可作为碱，试求其 $K_a^{\ominus}$ 和 $K_b^{\ominus}$。

14. 按照酸性、中性、碱性，将下列盐分类：

$K_2CO_3$    $CuCl_2$    $Na_2S$    $NH_4NO_3$    $Na_3PO_4$

$KNO_3$    $NaHCO_3$    $NaH_2PO_4$    $NH_4CN$    $NH_4Ac$

15. 求下列盐溶液的 pH：

(1) $0.20\text{mol} \cdot \text{L}^{-1}$ NaAc；

(2) $0.20\text{mol} \cdot \text{L}^{-1}$ $NH_4Cl$；

(3) $0.20\text{mol} \cdot \text{L}^{-1}$ $Na_2CO_3$；

(4) $0.20\text{mol} \cdot \text{L}^{-1}$ $NH_4Ac$。

16. 一种 NaAc 溶液的 pH 为 5.82，求 1.0L 此溶液中含多少无水 NaAc？

17. 将 0.20mol NaOH 和 0.20mol $NH_4NO_3$ 配成 1.0L 混合溶液，求此混合溶液的 pH。

18. 在 1.0L $0.20\text{mol} \cdot \text{L}^{-1}$ HAc 溶液中，加多少固体 NaAc 才能使 $[H^+]$ 为 $6.5 \times 10^{-5}\text{mol} \cdot \text{L}^{-1}$。

19. 计算 $0.40\text{mol} \cdot \text{L}^{-1}$ $H_2SO_4$ 溶液中各离子浓度。

20. 欲配制 250mL pH 为 5.00 的缓冲溶液，问在 125mL $1.0\text{mol} \cdot \text{L}^{-1}$ NaAc 溶液中应加多少 $6.0\text{mol} \cdot \text{L}^{-1}$ HAC 和多少水？

21. 欲配制 pH 为 9.50 的缓冲溶液，问需取多少固体 $NH_4Cl$ 溶解在 500mL $0.20\text{mol} \cdot \text{L}^{-1}$ $NH_3 \cdot H_2O$ 中？

22. 今有三种酸（$(CH_3)_2AsO_2H$、$ClCH_2COOH$、$CH_3COOH$），它们的标准解离常数分别为 $6.4 \times 10^{-7}$、$1.4 \times 10^{-5}$、$1.76 \times 10^{-5}$。试问：

(1) 欲配制 pH 为 6.50 的缓冲溶液，用哪种酸最好？

(2) 需要多少克这种酸和多少克 NaOH 以配制 1.00L 缓冲溶液？（其中酸和它的共轭碱总浓度为 $1.00\text{mol} \cdot \text{L}^{-1}$。）

23. 100mL $0.20\text{mol} \cdot \text{L}^{-1}$ HCl 溶液和 100mL $0.50\text{mol} \cdot \text{L}^{-1}$ NaAc 溶液混合后，计算：

(1) 溶液的 pH；

(2) 在混合溶液中加入 10mL $0.50\text{mol} \cdot \text{L}^{-1}$ NaOH 后，溶液的 pH；

(3) 在混合溶液中加入 10mL $0.50\text{mol} \cdot \text{L}^{-1}$ HCl 后，溶液的 pH。

# 第 3 章 沉淀溶解平衡

**学习要求**

1. 理解难溶电解质沉淀溶解平衡的特点,掌握标准溶度积常数及其与溶解度之间的关系和有关计算;
2. 掌握溶度积规则,能用溶度积规则判断沉淀的生成和溶解以及相关的计算;
3. 了解分步沉淀和两种沉淀间的转化及有关计算。

水溶液中的酸碱平衡是均相反应,除此之外,另一类重要的离子反应是难溶电解质在水中的溶解,即在含有固体难溶电解质的饱和溶液中,存在着电解质与由它解离产生的离子之间的平衡,叫做沉淀-溶解平衡。这是一种多相离子平衡。在这一章中,将对沉淀溶解平衡进行定量讨论。

## 3.1 溶度积和溶度积规则

### 3.1.1 溶度积

物质的溶解度只有大小之分,没有在水中绝对不溶解的物质。通常把溶解度小于 $0.01\text{g} \cdot (100\text{g H}_2\text{O})^{-1}$ 的物质称为难溶物(亦称不溶物)。当把难溶物如 AgCl 投入水中,晶体表面上的 $\text{Ag}^+$ 和 $\text{Cl}^-$ 受水分子的作用,有部分离开晶体表面而进入水中,这一过程称为溶解;与此同时,在水中不断运动着的部分 $\text{Ag}^+$ 和 $\text{Cl}^-$ 碰撞到晶体表面,受到晶体表面的正、负离子吸引,重新返回晶体表面,这一过程称为沉淀。在一定温度下,当溶解和沉淀速率相同时,溶液成为 AgCl 饱和溶液,建立了沉淀溶解平衡。

$$\text{AgCl(s)} \rightleftharpoons \text{Ag}^+(\text{aq}) + \text{Cl}^-(\text{aq})$$

$$K^{\ominus} = \frac{a(\text{Ag}^+) a(\text{Cl}^-)}{a(\text{AgCl})}$$

因 $a(\text{AgCl})=1$,且 AgCl 溶液中离子浓度极小,$\gamma(\text{Ag}^+) = \gamma(\text{Cl}^-) \approx 1$,上式按弱电解质平衡常数表达式相似的方式处理,可简化为

$$K^{\ominus} = K_{\text{sp}}^{\ominus} = [\text{Ag}^+][\text{Cl}^-]$$

对于难溶电解质的解离平衡,其平衡常数 $K^{\ominus}$ 称为溶度积常数,简称溶度积,记为 $K_{\text{sp}}^{\ominus}$。

对于一般的沉淀反应来说：

$$A_nB_m(s) \rightleftharpoons nA^{m+}(aq) + mB^{n-}(aq)$$

则 $K_{sp}^{\ominus}$ 表达式为

$$K_{sp}^{\ominus} = [A^{m+}]^n[B^{n-}]^m \tag{3-1}$$

式(3-1)表明：在一定温度下，难溶电解质在其饱和溶液中各离子浓度幂的乘积为一常数。一些常见难溶电解质的 $K_{sp}^{\ominus}$ 见附录三。$K_{sp}^{\ominus}$ 值在稀溶液中不受其他离子存在的影响，只取决于温度。升高温度，多数难溶化合物的溶度积增大。要特别指出的是，在多相离子平衡系统中，必须有未溶解的固相存在，否则就不能保证系统处于平衡状态。

溶度积和溶解度都反映了难溶电解质的溶解能力，它们之间既有联系，又有区别。从相互联系考虑，它们之间可以相互换算，即可以从溶解度求得溶度积，也可以从溶度积求得溶解度。它们之间的区别在于：溶度积是未溶解的固相与溶液中相应离子达到平衡时的离子浓度幂的乘积，只与温度有关；溶解度不仅与温度有关，还与系统的组成、pH 值的改变、配合物的生成等因素有关。这里先通过例 3-1 和例 3-2 讨论两者的相互换算。

**例 3-1** 在 25℃时，$Ag_2CrO_4$ 的溶解度 $s$ 为 $2.1 \times 10^{-3} g \cdot (100g\ H_2O)^{-1}$，求该温度下 $Ag_2CrO_4$ 的 $K_{sp}^{\ominus}$。

**解**：先将 $Ag_2CrO_4$ 溶解度的单位换算成 $mol \cdot L^{-1}$，因为溶液极稀，可以认为溶液的密度 $\rho = 1.0 g \cdot mL^{-1}$。

$$s = \frac{2.1 \times 10^{-3} g}{100g} \times 1.0 \times 10^3 g \cdot L^{-1} \times \frac{1}{331.7 g \cdot mol^{-1}} = 6.3 \times 10^{-5} mol \cdot L^{-1}$$

$$Ag_2CrO_4(s) \rightleftharpoons 2Ag^+(aq) + CrO_4^-(aq)$$

平衡浓度/$mol \cdot L^{-1}$                       $2s$       $s$

$$K_{sp}^{\ominus} = [Ag^+]^2[CrO_4^-] = (2s)^2 s = 4s^3$$
$$= 4 \times (6.3 \times 10^{-5})^3$$
$$= 1.0 \times 10^{-12}$$

**例 3-2** 25℃ 时 $Mg(OH)_2$ 的 $K_{sp}^{\ominus}$ 为 $1.2 \times 10^{-11}$，求其溶解度 $s$（以 $mol \cdot L^{-1}$ 表示）。

**解**：

$$Mg(OH)_2(s) \rightleftharpoons Mg^{2+}(aq) + 2OH^-(aq)$$

平衡浓度/$mol \cdot L^{-1}$                      $s$        $2s$

$$s \cdot (2s)^2 = K_{sp}^{\ominus}$$
$$4s^3 = K_{sp}^{\ominus}$$
$$s = \sqrt[3]{\frac{K_{sp}^{\ominus}}{4}} = \sqrt[3]{\frac{1.2 \times 10^{-11}}{4}}\ mol \cdot L^{-1} = 1.4 \times 10^{-4}\ mol \cdot L^{-1}$$

必须指出，以上这种简单的换算关系对有些难溶电解质来说并不适用。因为进行这样换算必须具备如下两条件：

(1) 难溶电解质的离子在溶液中不发生任何副反应。有些离子在水溶液中会发生解离、聚合、配位等反应。例如，从 $CaCO_3$ 溶解下来的 $CO_3^{2-}$ 会发生解离反应：

$$CO_3^{2-} + H_2O \rightleftharpoons HCO_3^- + OH^-$$

从而使 $CaCO_3$ 实际溶解度大于由 $K_{sp}^{\ominus}$ 计算得到的溶解度。

(2) 难溶电解质要一步完全解离。有些难溶电解质，如 HgS，先以分子形式溶解，然后再部分解离为离子。

$$HgS(s) \rightleftharpoons HgS(aq) \rightleftharpoons Hg^{2+}(aq) + S^{2-}(aq)$$

也有些难溶电解质，如 $Fe(OH)_3$，在水中是分步解离的。这些情况都会使它们实际溶解度变大。

### 3.1.2 溶度积规则

对于难溶电解质的多相离子平衡来说：

$$A_nB_m(s) \rightleftharpoons nA^{m+}(aq) + mB^{n-}(aq)$$

其反应商（又称难溶电解质的离子积）$Q$ 的表达式可写作

$$Q = [A^{m+}]^n[B^{n-}]^m$$

依据平衡移动原理，将 $Q$ 与 $K_{sp}^{\ominus}$ 比较，可以得出以下结论：

$Q < K_{sp}^{\ominus}$　　不饱和溶液，若已有沉淀存在时，沉淀将会溶解
$Q = K_{sp}^{\ominus}$　　饱和溶液，达平衡状态
$Q > K_{sp}^{\ominus}$　　过饱和溶液，将有沉淀析出

以上规则称为溶度积规则，它可用来判断沉淀的生成和溶解。

## 3.2　沉淀的生成和溶解

### 3.2.1 沉淀的生成

根据溶度积规则，要从溶液中沉淀出某一离子时，需加入一种沉淀剂，使其离子积 $Q$ 大于 $K_{sp}^{\ominus}$，该离子便会从溶液中沉淀出来。

在定性分析中，溶液中残留离子的浓度不超过 $10^{-5}$ mol·$L^{-1}$ 时可认为沉淀完全；在定量分析中，溶液中残留离子的浓度不超过 $10^{-6}$ mol·$L^{-1}$ 时可认为沉淀完全。离子从溶液中沉淀下来的完全程度主要取决于生成难溶盐的 $K_{sp}^{\ominus}$ 值。对同类型难溶盐（如都是 AB 型或都是 $AB_2$ 型）来说，$K_{sp}^{\ominus}$ 越小，沉淀后溶液中残留的离子浓度越低，亦即离子沉淀越完全。例如，欲沉淀溶液中 $Ca^{2+}$，在沉淀剂 $Na_2SO_4$ 和 $Na_2C_2O_4$ 中应选择 $Na_2C_2O_4$，因为 $CaC_2O_4$ 的 $K_{sp}^{\ominus}$（$2.6 \times 10^{-9}$）比 $CaSO_4$ 的 $K_{sp}^{\ominus}$（$2.5 \times 10^{-5}$）小。此外，沉淀剂加入量也影响沉淀完全程度。下面通过计算来说明这一影响。

**例 3-3**　计算在 100mL 0.20mol·$L^{-1}$ $CaCl_2$ 溶液中，分别加入下列溶液后残留的 $Ca^{2+}$ 浓度各为多少？（1）100mL 0.20mol·$L^{-1}$ $Na_2C_2O_4$ 溶液；（2）150mL 0.20mol·$L^{-1}$ $Na_2C_2O_4$ 溶液。

**解**：（1）100mL $CaCl_2$ 溶液和 100mL $Na_2C_2O_4$ 溶液混合

$$c(Ca^{2+}) = c(C_2O_4^{2-}) = 0.10 \text{mol} \cdot L^{-1}$$

反应后，设残留 $Ca^{2+}$ 浓度为 $x$ mol·$L^{-1}$，则

$$K_{sp}^{\ominus} = [Ca^{2+}][C_2O_4^{2-}] = x^2$$

$$x = \sqrt{K_{sp}^{\ominus}} = \sqrt{2.57 \times 10^{-9}} = 5.1 \times 10^{-5}$$

沉淀后 $Ca^{2+}$ 残留浓度为 $5.1×10^{-5}$ mol·$L^{-1}$。

(2) 100mL $CaCl_2$ 溶液和 150mL $Na_2C_2O_4$ 溶液混合

$$c(Ca^{2+})=\frac{100×0.20}{250} \text{mol·}L^{-1}=0.080\text{mol·}L^{-1}$$

$$c(C_2O_4^{2-})=\frac{150×0.20}{250} \text{mol·}L^{-1}=0.12\text{mol·}L^{-1}$$

|  | $CaC_2O_4(s)$ ⇌ | $Ca^{2+}(aq)$ | + $C_2O_4^{2-}(aq)$ |
|---|---|---|---|
| 起始浓度/mol·$L^{-1}$ |  | 0.080 | 0.12 |
| 完全反应时浓度/mol·$L^{-1}$ |  | 0 | 0.040 |
| 平衡浓度/mol·$L^{-1}$ |  | $x$ | $0.040+x$ |

$$K_{sp}^{\ominus}=[Ca^{2+}][C_2O_4^{2-}]=x×(0.040+x)$$

因为 $x \ll 0.040, 0.040+x \approx 0.040$

所以 $2.57×10^{-9}=x×0.040$

$$x=6.4×10^{-8}$$

沉淀后 $Ca^{2+}$ 残留浓度为 $6.4×10^{-8}$ mol·$L^{-1}$。

由例 3-3 可见，在 $Ca^{2+}$ 溶液中加入等物质的量沉淀剂 $C_2O_4^{2-}$ 时，$Ca^{2+}$ 沉淀不太完全；若加入过量沉淀剂，由于过量的 $C_2O_4^{2-}$ 产生同离子效应，$Ca^{2+}$ 沉淀就很完全了。在难溶电解质饱和溶液中加入含有相同离子的易溶电解质，因而降低难溶电解质溶解度的效应称为同离子效应。

根据同离子效应，为了使溶液中某一离子尽可能地沉淀下来，沉淀剂必须过量。但也不是沉淀剂越多越好。太多的沉淀剂往往会导致其他副反应，反而会增大沉淀的溶解度。例如，用浓 HCl 沉淀 $Ag^+$ 时，最后因生成 $[AgCl_2]^-$ 配离子而使 AgCl 溶解。一般来说，沉淀剂过量 20%～50% 为宜。

### 3.2.2 沉淀的溶解

根据溶度积规则，只要设法降低溶液中离子浓度，使 $Q<K_{sp}^{\ominus}$，则沉淀就会溶解。降低离子浓度常用的方法有以下几种。

(1) 生成弱电解质　许多难溶的弱酸盐（如碳酸盐、草酸盐、磷酸盐、硫化物等）可溶于强酸就是因为 $H^+$ 与弱酸根结合生成难解离的弱酸，从而降低溶液中弱酸根浓度，促使沉淀溶解。例如，$CaCO_3$ 溶于 HCl 溶液的反应为

$$CaCO_3(s) \rightleftharpoons Ca^{2+}(aq)+CO_3^{2-}(aq)$$
$$\downarrow H^+$$
$$HCO_3^- \xrightarrow{H^+} H_2CO_3$$

HCl 的作用是降低 $CO_3^{2-}$ 的浓度，促使反应向沉淀溶解的方向移动。又如 $Mg(OH)_2$ 可溶于 $NH_4Cl$ 溶液，也是因为 $NH_4^+$ 可降低 $OH^-$ 的浓度。

$$Mg(OH)_2(s) \rightleftharpoons Mg^{2+}(aq)+2OH^-(aq)$$
$$\downarrow NH_4^+$$
$$NH_3·H_2O$$

必须指出，并不是所有弱酸盐都可溶于强酸。这是因为在一些 $K_{sp}^{\ominus}$ 很小的弱酸盐溶液中加入

$H^+$，尚不足以引起沉淀溶解平衡明显地移动，具体请参见例 3-4。

**例 3-4** 欲使各为 0.10mol 的 FeS 和 CuS 分别溶于 1.0L 盐酸中，问各需盐酸的最低浓度为多少？

**解**：1）
$$FeS(s) + 2H^+(aq) \rightleftharpoons Fe^{2+}(aq) + H_2S(aq)$$

$$K^{\ominus} = \frac{[Fe^{2+}][H_2S]}{[H^+]^2} \times \frac{[S^{2-}]}{[S^{2-}]} = \frac{K_{sp}^{\ominus}(FeS)}{K_{a1}^{\ominus}(H_2S)K_{a2}^{\ominus}(H_2S)}$$

所以

$$[H^+] = \sqrt{\frac{[Fe^{2+}][H_2S]K_{a1}^{\ominus}K_{a2}^{\ominus}}{K_{sp}^{\ominus}(FeS)}}$$

$$= \sqrt{\frac{0.10 \times 0.10 \times 1.1 \times 10^{-7} \times 1.0 \times 10^{-14}}{3.7 \times 10^{-19}}} \, mol \cdot L^{-1}$$

$$= 5.4 \times 10^{-3} \, mol \cdot L^{-1}$$

溶解 0.10mol FeS 需盐酸最低浓度为

$$(0.10 \times 2 + 5.4 \times 10^{-3}) \, mol \cdot L^{-1} = 0.21 \, mol \cdot L^{-1}$$

2）同理，可推导出溶解 CuS 所需盐酸最低浓度

$$[H^+] = \sqrt{\frac{[Cu^{2+}][H_2S]K_{a1}^{\ominus}K_{a2}^{\ominus}}{K_{sp}^{\ominus}(CuS)}}$$

$$= \sqrt{\frac{0.10 \times 0.10 \times 1.1 \times 10^{-7} \times 1.0 \times 10^{-14}}{8.5 \times 10^{-45}}} \, mol \cdot L^{-1}$$

$$= 3.6 \times 10^{10} \, mol \cdot L^{-1}$$

由此可见，$K_{sp}^{\ominus}$ 较大的 FeS 可溶于稀盐酸中，但 $K_{sp}^{\ominus}$ 很小的 CuS，即使用浓盐酸（12mol·$L^{-1}$）也不能溶解它。

（2）通过氧化还原反应 CuS 虽不能溶于盐酸，但可溶于硝酸。硝酸可以通过氧化还原反应大大地降低溶液中 $S^{2-}$ 浓度。

$$CuS(s) \rightleftharpoons Cu^{2+}(aq) + S^{2-}(aq)$$
$$3S^{2-}(aq) + 8H^+(aq) + 2NO_3^-(aq) \rightleftharpoons 3S(s) + 2NO(g) + 4H_2O(l)$$

（3）生成配合物 AgCl 不溶于硝酸，但可溶于氨水。氨水的作用是因形成 $[Ag(NH_3)_2]^+$ 而降低溶液中 AgCl 浓度。

$$AgCl(s) \rightleftharpoons Ag^+(aq) + Cl^-(aq)$$
$$\downarrow NH_3$$
$$[Ag(NH_3)_2]^+$$

对于 $K_{sp}^{\ominus}$ 极小的沉淀，单一的溶解手段往往不能奏效，需同时降低正、负离子浓度才能使沉淀溶解。例如，HgS（$K_{sp}^{\ominus}$ 为 $4 \times 10^{-53}$）可溶于王水，就是利用硝酸来降低 $S^{2-}$ 浓度，盐酸来降低 $Hg^{2+}$ 浓度，如此双管齐下，HgS 便溶解了。

$$HgS(s) \rightleftharpoons Hg^{2+}(aq) + S^{2-}(aq)$$
$$\downarrow Cl^- \qquad \downarrow H^+ + NO_3^-$$
$$[HgCl_4]^{2-} \qquad S$$

总反应

$$3HgS(s) + 2NO_3^-(aq) + 12Cl^-(aq) + 8H^+(aq) \rightleftharpoons 3[HgCl_4]^{2-}(aq) + 2NO(g) + 3S(s) + 4H_2O(l)$$

**例 3-5** 将 100mL 0.20mol·L$^{-1}$ MgCl$_2$ 溶液和等体积、等浓度的氨水混合，有无沉淀生成？欲阻止沉淀生成需加多少克固体 NH$_4$Cl？

**解：**（1）混合后 $c(NH_3·H_2O) = 0.10$ mol·L$^{-1}$，$c(Mg^{2+}) = 0.10$ mol·L$^{-1}$

$$[OH^-] = \sqrt{K_b^\ominus c} = \sqrt{1.8 \times 10^{-5} \times 0.10} \text{ mol·L}^{-1} = 1.3 \times 10^{-3} \text{ mol·L}^{-1}$$

$$[Mg^{2+}][OH^-]^2 = 0.10 \times (1.3 \times 10^{-3})^2 = 1.7 \times 10^{-7} > K_{sp}^\ominus[Mg(OH)_2]$$

所以混合后有 Mg(OH)$_2$ 沉淀生成。

（2）  $Mg(OH)_2(s) + 2NH_4^+(aq) \rightleftharpoons Mg^{2+}(aq) + 2NH_3·H_2O(aq)$

$$K^\ominus = \frac{[Mg^{2+}][NH_3·H_2O]^2}{[NH_4^+]^2} \times \frac{[OH^-]^2}{[OH^-]^2} = \frac{K_{sp}^\ominus[Mg(OH)_2]}{[K_b^\ominus(NH_3)]^2}$$

$$[NH_4^+] = \sqrt{\frac{[Mg^{2+}][NH_3·H_2O]^2}{K_{sp}^\ominus[Mg(OH)_2]/[K_b^\ominus(NH_3)]^2}}$$

$$= \sqrt{\frac{0.10 \times 0.10^2 \times (1.8 \times 10^{-5})^2}{1.2 \times 10^{-11}}}$$

$$= 0.16 \text{ mol·L}^{-1}$$

所以需加入 NH$_4$Cl 的质量为

$$0.16 \text{ mol·L}^{-1} \times 0.20L \times 53.5 \text{ g·mol}^{-1} = 1.7 \text{ g}$$

## 3.3 分步沉淀和沉淀的转化

如果在含有 Cl$^-$ 和 I$^-$ 的混合溶液中，滴加 AgNO$_3$ 溶液，将会发现先有黄色的 AgI 沉淀生成，然后才生成白色的 AgCl 沉淀。这种先后沉淀的现象称为分步沉淀。为什么会出现分步沉淀呢？请看例 3-6。

**例 3-6** 在浓度均为 0.010mol·L$^{-1}$ K$_2$CrO$_4$ 和 KCl 的混合溶液中，逐滴加入 AgNO$_3$ 溶液。问：

(1) CrO$_4^{2-}$ 和 Cl$^-$ 哪个先沉淀？

(2) Ag$_2$CrO$_4$ 开始沉淀时，溶液中 Cl$^-$ 浓度为多少？

**解：**（1）AgCl 开始沉淀时所需 Ag$^+$ 浓度为

$$[Ag^+] = \frac{K_{sp}^\ominus(AgCl)}{[Cl^-]} = \frac{1.6 \times 10^{-10}}{0.010} \text{ mol·L}^{-1} = 1.6 \times 10^{-8} \text{ mol·L}^{-1}$$

Ag$_2$CrO$_4$ 开始沉淀时所需 Ag$^+$ 浓度为

$$[Ag^+] = \sqrt{\frac{K_{sp}^\ominus(Ag_2CrO_4)}{[CrO_4^{2-}]}} = \sqrt{\frac{1.2 \times 10^{-12}}{0.010}} \text{ mol·L}^{-1} = 1.1 \times 10^{-5} \text{ mol·L}^{-1}$$

AgCl 开始沉淀所需 Ag$^+$ 浓度低，所以 AgCl 先沉淀。

（2）Ag$_2$CrO$_4$ 开始沉淀时，溶液中残留的 Cl$^-$ 浓度为

$$[Cl^-] = \frac{K_{sp}^\ominus(AgCl)}{[Ag^+]} = \frac{1.6 \times 10^{-10}}{1.1 \times 10^{-5}} \text{ mol·L}^{-1} = 1.5 \times 10^{-5} \text{ mol·L}^{-1}$$

计算结果说明 $CrO_4^{2-}$ 开始沉淀时，$Cl^-$ 已基本上沉淀完全。利用分步沉淀可将两者分离。

一种沉淀转化为另一种沉淀的现象称为沉淀的转化。比如在锅炉中板结的锅垢，可以用 $Na_2CO_3$ 溶液处理，使其中的 $CaSO_4$ 转化为疏松的可溶于酸的 $CaCO_3$，以达到清除锅垢的目的。其转化反应为

$$CaSO_4(s) + CO_3^{2-}(aq) \rightleftharpoons CaCO_3(s) + SO_4^{2-}(aq)$$

$$K^\ominus = \frac{[SO_4^{2-}]}{[CO_3^{2-}]} = \frac{[SO_4^{2-}][Ca^{2+}]}{[CO_3^{2-}][Ca^{2+}]} = \frac{K_{sp}^\ominus(CaSO_4)}{K_{sp}^\ominus(CaCO_3)}$$

$$= \frac{2.45 \times 10^{-5}}{8.7 \times 10^{-9}} = 2.8 \times 10^3$$

$K^\ominus$ 值很大，表示此沉淀转化进行得相当完全。由此可见，对同一类型沉淀来说，溶度积较大的沉淀易于转化为溶度积较小的沉淀。反过来，溶度积小的沉淀能否转化为溶度积大的沉淀呢？先看例 3-7 的计算。

**例 3-7** $BaSO_4$ 不溶于强酸，为了溶解它，一种方法是先将其转化为 $BaCO_3$，然后用酸溶解。今欲用 1.0L $Na_2CO_3$ 溶液将 0.01mol $BaSO_4$ 转化为 $BaCO_3$，问 $Na_2CO_3$ 最低浓度为多少？

**解：**
$$BaSO_4(s) + CO_3^{2-}(aq) \rightleftharpoons BaCO_3(s) + SO_4^{2-}(aq)$$

$$K^\ominus = \frac{[SO_4^{2-}]}{[CO_3^{2-}]} = \frac{[SO_4^{2-}][Ba^{2+}]}{[CO_3^{2-}][Ba^{2+}]} = \frac{K_{sp}^\ominus(BaSO_4)}{K_{sp}^\ominus(BaCO_3)}$$

$$= \frac{1.08 \times 10^{-10}}{8.1 \times 10^{-9}} = 1.3 \times 10^{-2}$$

$$[CO_3^{2-}] = \frac{[SO_4^{2-}]}{K^\ominus} = \frac{0.010}{1.3 \times 10^{-2}} = 0.77 \text{mol} \cdot L^{-1}$$

$BaSO_4$ 转化时还需消耗 0.010mol $Na_2CO_3$，所以需 $Na_2CO_3$ 的最低浓度为 0.78mol·L$^{-1}$。

由此可见，虽然 $K_{sp}^\ominus(BaSO_4)$ 小于 $K_{sp}^\ominus(BaCO_3)$，但是只要两者溶度积不是相差太大，在一定条件下实现这种转化还是有可能的。

对不同类型的难溶盐来说，沉淀转化的方向是溶解度（以 mol·L$^{-1}$ 表示）大的易转化为溶解度小的。例如，在砖红色 $Ag_2CrO_4$ 沉淀（$K_{sp}^\ominus$ 为 $1.2 \times 10^{-12}$）中加入 KCl 溶液，$Ag_2CrO_4$ 沉淀会转化为白色 AgCl 沉淀（$K_{sp}^\ominus$ 为 $1.6 \times 10^{-10}$）。虽然 $K_{sp}^\ominus(Ag_2CrO_4)$ 小于 $K_{sp}^\ominus(AgCl)$，但 $Ag_2CrO_4$ 的溶解度（$6.5 \times 10^{-5}$ mol·L$^{-1}$）大于 AgCl 的溶解度（$1.2 \times 10^{-5}$ mol·L$^{-1}$），所以此转化也易进行。

## 习 题

1. $BaSO_4$ 在 25℃ 时的 $K_{sp}^\ominus$ 为 $1.3 \times 10^{-10}$，试求 $BaSO_4$ 饱和溶液的质量浓度（g·L$^{-1}$）。

2. 取 0.1mol·L$^{-1}$ $BaCl_2$ 溶液 5mL，稀释至 1000mL，加入 0.1mol·L$^{-1}$ $K_2SO_4$ 溶液 0.5mL，有无沉淀析出？

3. 在 1.0L AgBr 饱和溶液中加入 0.119g KBr，有多少 AgBr 沉淀出来？

4. 在 100mL 0.20mol·L$^{-1}$ $AgNO_3$ 溶液中加入 100mL 0.20mol·L$^{-1}$ HAc 溶液。问：
(1) 是否有 AgAc 沉淀生成？
(2) 若在上述溶液中再加入 1.7g NaAc，有何现象（忽略 NaAc 加入对溶液体积的影

响)？（已知 AgAc 的 $K_{sp}^{\ominus}$ 为 $4.4\times10^{-3}$。）

5. 假设 $Mg(OH)_2$ 在饱和溶液中完全解离，试计算：

(1) $Mg(OH)_2$ 在水中的溶解度（$mol\cdot L^{-1}$）；

(2) $Mg(OH)_2$ 饱和溶液中 $[Mg^{2+}]$；

(3) $Mg(OH)_2$ 饱和溶液中 $[OH^-]$；

(4) $Mg(OH)_2$ 在 $0.010 mol\cdot L^{-1}$ NaOH 饱和溶液中 $[Mg^{2+}]$；

(5) $Mg(OH)_2$ 在 $0.010 mol\cdot L^{-1}$ $MgCl_2$ 溶液中的溶解度（$mol\cdot L^{-1}$）。

6. 在 $0.10 mol\cdot L^{-1}$ $FeCl_2$ 溶液中通 $H_2S$，欲使 $Fe^{2+}$ 不生成 FeS 沉淀，溶液的 pH 最高为多少？（已知在常温、常压下，$H_2S$ 饱和溶液浓度为 $0.10 mol\cdot L^{-1}$。）

7. 某溶液中 $BaCl_2$ 和 $SrCl_2$ 的浓度各为 $0.010 mol\cdot L^{-1}$，将 $Na_2SO_4$ 溶液滴入时何种离子先沉淀出来？当第二种离子开始沉淀时，第一种离子浓度为多少？

8. 有一 $Mn^{2+}$ 和 $Fe^{3+}$ 的混合溶液，两者浓度均为 $0.10 mol\cdot L^{-1}$，欲用控制酸度的方法使两者分离，试求应控制的 pH 范围（设离子沉淀完全的浓度$\leqslant 1.0\times10^{-5} mol\cdot L^{-1}$。）

9. 有 $0.10 mol$ $BaSO_4$ 沉淀，每次用 1.0L 饱和 $NaCO_3$ 溶液（浓度为 $1.6 mol\cdot L^{-1}$）处理，若使 $BaSO_4$ 沉淀中的 $SO_4^{2-}$ 全部转移到溶液中去，需要反复处理多少次？

10. 计算下列反应的 $K^{\ominus}$，并讨论反应进行的方向。

(1) $2Ag^+(aq)+H_2S(aq)\rightleftharpoons Ag_2S(s)+2H^+(aq)$

(2) $2AgI(s)+S^{2-}(aq)\rightleftharpoons Ag_2S(s)+2I^-(aq)$

(3) $PbS(s)+2HAc(aq)\rightleftharpoons Pb^{2+}(aq)+2Ac^-(aq)+H_2S(aq)$

# 第 4 章
# 氧化还原反应

## 学习要求

1. 掌握氧化还原反应的基本概念。能配平氧化还原反应式；
2. 理解电极电势的概念。能用能斯特（Nernst）方程进行有关的计算；
3. 掌握电极电势在有关方面的应用；
4. 了解原电池电动势与吉布斯自由能变的关系；
5. 掌握元素电势图及其应用。

化学反应可以分为两大类：一类是在反应过程中，反应物之间没有发生电子的转移，如酸碱反应、沉淀反应和配位反应等；另一类是在反应过程中，反应物之间发生了电子的转移，这一类反应就是本章要讨论的氧化还原反应。

氧化还原反应对生物体具有重大意义。因为生命活动过程中，能量是直接依靠营养物质的氧化而获得的。例如，从葡萄糖到最终产物 $CO_2$ 的代谢过程为

$$C_6H_{12}O_6(s) + 6O_2(g) \rightleftharpoons 6CO_2(g) + 6H_2O(l) \qquad \Delta_r H_m^{\ominus} = -2870 \text{kJ} \cdot \text{mol}^{-1}$$

但是体内这个代谢过程是很复杂的，是在一系列酶催化作用下，分成许多连续步骤循序进行的。可见在营养物质代谢的机理和酶的研究工作中，离不开氧化还原反应。

## 4.1 氧化还原反应的基本概念

### 4.1.1 氧化和还原

还原是物质获得电子的作用；氧化是物质失去电子的作用。例如：

还原作用　　$Cu^{2+} + 2e^- \longrightarrow Cu$
氧化作用　　$Zn \longrightarrow Zn^{2+} + 2e^-$

以上两式皆为半反应，因为电子有得者必有失者。因此，还原作用和氧化作用这两种半反应必须联系在一起才能进行。如果将以上两式合并，就成为全反应：

$$Zn + Cu^{2+} \rightleftharpoons Zn^{2+} + Cu$$

这类全反应称为氧化还原反应。

在氧化还原反应中，得电子者为氧化剂（如 $Cu^{2+}$），氧化剂自身被还原；失电子者

为还原剂（如 Zn），还原剂自身被氧化。氧化剂得到的电子数必等于还原剂失去的电子数。

在上述的例子中，氧化剂得电子和还原剂失电子都很明显。然而，客观事物是复杂的。例如反应：

$$H_2(g) + Cl_2(g) = 2HCl(g)$$

在氯化氢分子里，氢并不失电子，氯也不得电子，仅由于氯的电负性大于氢，它们之间的一对共用电子偏向氯。此类反应也属于氧化还原反应。由此可见，氧化还原反应的本质在于电子的得失或偏移。

### 4.1.2 氧化数

氧化数是指某元素一个原子的表观电荷数。这种表观电荷数是假设把共用电子指定给电负性较大的原子而求得的。例如，在 HCl 中，由于氯的电负性大，成键电子划归给氯，所以氯的氧化数为 $-1$，氢为 $+1$。但是用这种方法确定原子的氧化数有时会遇到困难。因为有一些化合物，特别是一些结构复杂的化合物，它们的电子结构式本身就不易给出，更谈不上电子的划分了。为了避开这些困难，人们从经验中总结出一套规则，可方便地用来确定氧化数。它包括以下四条：

(1) 在单质（如 Cu、$O_2$ 等）中，原子的氧化数为零。

(2) 在中性分子中，所有原子的氧化数代数和应等于零。

(3) 在复杂离子中，所有原子的氧化数代数和应等于离子的电荷数。单原子离子的氧化数等于它所带的电荷数。

(4) 若干关键元素的原子在化合物中的氧化数有定值。氢原子的氧化数为 $+1$；氧原子的氧化数为 $-2$；卤素原子在卤化物中的氧化数为 $-1$；硫在硫化物中的氧化数为 $-2$。这里有少数例外，如活泼金属氢化物（NaH、$CaH_2$ 等）中氢原子的氧化数为 $-1$；在过氧化物中氧原子的氧化数为 $-1$。

根据这些规则，就可确定化合物中其他元素原子的氧化数。例如，在 $H_2SO_4$ 中，S 的氧化数 $x$ 可由下式求得

$$(+1) \times 2 + x + (-2) \times 4 = 0$$
$$x = 6$$

又如在 $MnO_4^-$ 中，Mn 的氧化数 $y$ 为

$$y + (-2) \times 4 = -1$$
$$y = +7$$

在许多离子化合物中，原子的氧化数与化合价（电价）往往相同，但在共价化合物中，两者并不一致。共价数是指形成共价键时共用电子对的对数（不分正负）。例如，在 $CH_4$、$CH_3Cl$、$CH_2Cl_2$、$CHCl_3$ 和 $CCl_4$ 中，C 的氧化数依次为 $-4$、$-2$、$0$、$+2$ 和 $+4$，而 C 的化合价（共价）皆为 4。此外，化合价总是整数，但氧化数可以是分数。如连四硫酸钠 $Na_2S_4O_6$ 中 S 的氧化数为 $+\frac{5}{2}$，$Fe_3O_4$ 中 Fe 的氧化数为 $+\frac{8}{3}$。所以，氧化数与化合价虽有一定联系，但又是互不相同的两个概念。

根据氧化数的概念，氧化数降低的过程称为还原；氧化数升高的过程称为氧化。氧化数升高的物质是还原剂；氧化数降低的物质是氧化剂。

## 4.2 氧化还原方程式配平

氧化还原反应往往比较复杂，参加反应的物质也比较多，配平这类反应方程式不像其他反应那样容易，所以，有必要介绍一下氧化还原方程式的配平方法。

配平氧化还原方程式的常用方法有两种：氧化数法和离子电子法。氧化数法比较简便，人们乐于选用，但离子电子法却能更清楚地反映水溶液中氧化还原反应的本质。

### 4.2.1 氧化数法

氧化数法就是中学化学介绍的化合价法。这一节可根据自己的情况选读。下面以 HClO 把 $Br_2$ 氧化成 $HBrO_3$ 而本身被还原成 HCl 为例，说明氧化数法配平的步骤。

（1）在箭号左边写反应物的化学式，右边写生成物的化学式。

$$HClO + Br_2 \longrightarrow HBrO_3 + HCl$$

（2）计算氧化剂中原子氧化数的降低值及还原剂中原子氧化数的升高值，并根据氧化数降低总值和升高总值必须相等的原则，找出氧化剂和还原剂的化学计量数。

$$\begin{array}{l} Cl: \ +1 \longrightarrow -1 \quad \text{氧化数降低}\ 2(\downarrow 2) \ \Big| \ \times 5 \\ 2Br: \ 2(0 \rightarrow +5) \quad \text{氧化数升高}\ 10(\uparrow 10) \ \Big| \ \times 1 \end{array}$$

（3）配平除氢和氧元素外各种原子的原子数（先配平氧化数有变化的元素的原子数，后配平氧化数没有变化的元素的原子数）。

$$5HClO + Br_2 \longrightarrow 2HBrO_3 + 5HCl$$

（4）配平氢，并找出参加反应（或生成）水的分子数。

$$5HClO + Br_2 + H_2O === 2HBrO_3 + 5HCl$$

（5）最后核对氧，确定该方程式是否配平。

等号两边都有 6 个氧原子，证明上面的方程式确已配平。

**例 4-1** 配平下列反应式

$$Cu_2S + HNO_3 \longrightarrow Cu(NO_3)_2 + H_2SO_4 + NO$$

**解：**

$$\left.\begin{array}{l} 2Cu: \ 2(+1 \rightarrow +2) \quad \uparrow 2 \\ S: \quad -2 \rightarrow +6 \quad \uparrow 8 \end{array}\right\} \uparrow 10 \ \Big| \ \times 3$$

$$N: +5 \rightarrow +2 \qquad \downarrow 3 \ \Big| \ \times 10$$

$$3Cu_2S + 10HNO_3 \longrightarrow 6Cu(NO_3)_2 + 3H_2SO_4 + 10NO$$

上面方程式中元素 Cu 和 S 的原子数都已配平，对于 N 原子，发现生成 6 个 $Cu(NO_3)_2$，还需消耗 12 个 $HNO_3$，于是 $HNO_3$ 的系数变为 22。

$$3Cu_2S + 22HNO_3 \longrightarrow 6Cu(NO_3)_2 + 3H_2SO_4 + 10NO$$

配平 H，找出 $H_2O$ 的分子数。

$$3Cu_2S + 22HNO_3 === 6Cu(NO_3)_2 + 3H_2SO_4 + 10NO + 8H_2O$$

最后核对方程式两边氧原子数，可知方程式确已配平。

**例 4-2** 配平下列反应式

$$Cl_2 + KOH \longrightarrow KClO_3 + KCl$$

**解**：从反应式可以看出，$Cl_2$ 中一部分氯原子氧化数升高，一部分氯原子氧化数降低，即 $Cl_2$ 在同一反应中既作氧化剂又作还原剂。这类反应称为歧化反应。对于这类反应，确定氧化数的变化后，从逆反应着手配平较为方便。

$$\begin{array}{l} Cl(KClO_3): \quad +5 \rightarrow 0 \quad \downarrow 5 \mid \times 1 \\ Cl(KCl): \quad -1 \rightarrow 0 \quad \uparrow 1 \mid \times 5 \end{array}$$

$$Cl_2 + KOH \longrightarrow KClO_3 + 5KCl$$

配平 Cl，K：

$$3Cl_2 + 6KOH \longrightarrow KClO_3 + 5KCl$$

配平 H：

$$3Cl_2 + 6KOH = KClO_3 + 5KCl + 3H_2O$$

核对 O：每边都有 6 个氧原子，证明反应式已配平。

### 4.2.2 离子电子法

现以在稀 $H_2SO_4$ 溶液中，$KMnO_4$ 氧化 $H_2C_2O_4$ 为例，说明离子电子法配平步骤。

（1）把氧化剂中起氧化作用的离子及其还原产物，还原剂中起还原作用的离子及其氧化产物，分别写成两个未配平的离子方程式。

$$MnO_4^- \longrightarrow Mn^{2+}$$
$$C_2O_4^{2-} \longrightarrow CO_2$$

（2）将原子数配平。关键在于氧原子数的配平。根据反应式左右两边氧原子数目和溶液酸碱性的不同，应采取不同的配平方法，具体见下表：

| 介质 | 反应式左边比右边多一个氧原子 | 反应式左边比右边少一个氧原子 |
|---|---|---|
| 酸性 | $2H^+ + "O^{2-}" \longrightarrow H_2O$ | $H_2O \longrightarrow "O^{2-}" + 2H^+$ |
| 碱性 | $H_2O + "O^{2-}" \longrightarrow 2OH^-$ | $2OH^- \longrightarrow "O^{2-}" + H_2O$ |
| 中性 | $H_2O + "O^{2-}" \longrightarrow 2OH^-$ | $H_2O \longrightarrow "O^{2-}" + 2H^+$ |

因此可得

$$MnO_4^- + 8H^+ \longrightarrow Mn^{2+} + 4H_2O$$
$$C_2O_4^{2-} \longrightarrow 2CO_2$$

（3）将电荷数配平。反应式两边的电荷总数如不相等，可在反应式左边或右边加若干个电子。

$$MnO_4^- + 8H^+ + 5e^- \longrightarrow Mn^{2+} + 4H_2O$$
$$C_2O_4^{2-} \longrightarrow 2CO_2 + 2e^-$$

这种配平了的半反应式常称为离子电子式。

（4）两离子电子式各乘以适当系数，使得失电子数相等，将两式相加，消去电子，必要时消去重复项，即得到配平的离子反应式。

$$2\times(MnO_4^- + 8H^+ + 5e^- \longrightarrow Mn^{2+} + 4H_2O)$$
$$+) \quad 5\times(C_2O_4^{2-} \longrightarrow 2CO_2 + 2e^-)$$
$$\overline{2MnO_4^- + 16H^+ + 5C_2O_4^{2-} \Longrightarrow 2Mn^{2+} + 8H_2O + 10CO_2}$$

(5) 检查所得反应式两边的各种原子数及电荷数是否相等。

两边各种原子数都相等，且电荷数均为 +4，故上式已配平。如果需要，再写成分子反应方程式：

$$2KMnO_4 + 5H_2C_2O_4 + 3H_2SO_4 \Longrightarrow 2MnSO_4 + K_2SO_4 + 10CO_2 + 8H_2O$$

**例 4-3** 用离子电子法配平下列反应式（在碱性介质中）

$$ClO^- + CrO_2^- \longrightarrow Cl^- + CrO_4^{2-}$$

**解：**（1）
$$ClO^- \longrightarrow Cl^-$$
$$CrO_2^- \longrightarrow CrO_4^{2-}$$

（2）
$$ClO^- + H_2O \longrightarrow Cl^- + 2OH^-$$
$$CrO_2^- + 4OH^- \longrightarrow CrO_4^{2-} + 2H_2O$$

（3）
$$ClO^- + H_2O + 2e^- \longrightarrow Cl^- + 2OH^-$$
$$CrO_2^- + 4OH^- \longrightarrow CrO_4^{2-} + 2H_2O + 3e^-$$

（4）
$$3\times(ClO^- + H_2O + 2e^- \longrightarrow Cl^- + 2OH^-)$$
$$+) \quad 2\times(CrO_2^- + 4OH^- \longrightarrow CrO_4^{2-} + 2H_2O + 3e^-)$$
$$\overline{3ClO^- + 3H_2O + 2CrO_2^- + 8OH^- \longrightarrow 3Cl^- + 6OH^- + 2CrO_4^{2-} + 4H_2O}$$

消去重复项：

$$3ClO^- + 2CrO_2^- + 2OH^- \Longrightarrow 3Cl^- + 2CrO_4^{2-} + H_2O$$

以上两种配平方法中可任选一种来配平氧化还原方程式。但是其中的离子电子式必须掌握，因为在以后的学习中经常会用到它。

**例 4-4** 写出下列半反应分别在酸性介质和碱性介质中的离子电子式。

(1) $ClO^- \longrightarrow Cl^-$

(2) $SO_3^{2-} \longrightarrow SO_4^{2-}$

**解：**（1）

酸性介质 $\quad ClO^- + 2H^+ + 2e^- \longrightarrow Cl^- + H_2O$

碱性介质 $\quad ClO^- + H_2O + 2e^- \longrightarrow Cl^- + 2OH^-$

（2）

酸性介质 $\quad SO_3^{2-} + H_2O \longrightarrow SO_4^{2-} + 2H^+ + 2e^-$

碱性介质 $\quad SO_3^{2-} + 2OH^- \longrightarrow SO_4^{2-} + H_2O + 2e^-$

在酸性介质中配平时，在箭头的两边用 $H^+$ 和 $H_2O$ 来配平（不允许出现 $OH^-$）；在碱性介质中，在箭头的两边用 $OH^-$ 和 $H_2O$ 来配平（不允许出现 $H^+$）。

## 4.3 电极电势

### 4.3.1 原电池

Zn 和 $CuSO_4$ 的置换反应为

$$Zn + Cu^{2+} \rightleftharpoons Zn^{2+} + Cu$$

反应的实质是 Zn 失去电子变成 $Zn^{2+}$，$Cu^{2+}$ 得到电子变成 Cu。电子从 Zn 流向 $Cu^{2+}$。反应中有电子流动，通过图 4-1 的装置，可以利用产生的电能来做功。

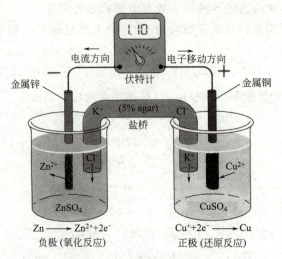

图 4-1 铜锌原电池示意图

如图 4-1 所示，在容器（a）中注入 $ZnSO_4$ 溶液，其中插入 Zn 棒作电极；在容器（b）中注入 $CuSO_4$ 溶液，插入 Cu 棒作电极，两种溶液用作为盐桥的 U 形管连接起来。这时 Zn 和 $CuSO_4$ 分隔在两个容器中，互不接触，当然不发生反应。但如用导线将 Zn 和 Cu 棒相连接，反应立即发生，Zn 逐渐溶解，Cu 棒上有 Cu 析出。如果在导线上接一个检流计，指针就会偏转，证明导线中有电流通过。从指针偏转的方向，可以断定电流是从 Cu 极流向 Zn 极（电子从 Zn 极流向 Cu 极）。因此，Zn 是负极，发生氧化反应

$$Zn \longrightarrow Zn^{2+} + 2e^-$$

Cu 是正极，发生还原反应

$$Cu^{2+} + 2e^- \longrightarrow Cu$$

而铜锌原电池的总反应为

$$Zn + Cu^{2+} \rightleftharpoons Cu + Zn^{2+}$$

这类使化学能直接变为电能的装置叫原电池。

为了简明起见，通常采用下列符号表示铜锌原电池：

$$(-)Zn|Zn^{2+}(c_1) \| Cu^{2+}(c_2)|Cu(+)$$

习惯上把负极写在左边，正极写在右边。用"∥"表示盐桥，"∣"表示有一界面，并注明电解质溶液的相应浓度。

原电池由两个半电池组成。每一半电池由还原态物质和氧化态物质组成，如 Zn-$Zn^{2+}$、Cu-$Cu^{2+}$，常称之为电对，以 $Zn^{2+}/Zn$ 或 $Cu^{2+}/Cu$（氧化态在上，还原态在下）表示。电对不一定由金属和金属离子组成，同一金属不同氧化态的离子（如 $Fe^{3+}/Fe^{2+}$、$MnO_4^-/Mn^{2+}$ 等）或非金属与相应的离子（$H^+/H_2$、$Cl_2/Cl^-$、$O_2/OH^-$）都可组成电对。

### 4.3.2 电极电势

连接原电池两极的导线有电流通过，说明两电极之间有电势差存在。这电势差是怎样产

生的呢？金属晶体由金属原子、金属离子和一定数量的自由电子组成。当把金属棒插入它的盐溶液中，金属表面上的金属离子受到极性水分子的吸引，有溶解到溶液中形成水合离子的倾向。金属越活泼，盐溶液浓度越小，这种倾向越大。同时，溶液中的水合离子有从金属表面获得电子，沉积在金属表面上的倾向。金属越不活泼，溶液越浓，这种倾向越大。因此，在金属（M）及其盐溶液之间存在如下平衡：

$$M(s) \underset{沉积}{\overset{溶解}{\rightleftharpoons}} M^{z+}(aq) + ze^-$$

如果溶解的倾向大于沉积的倾向，金属带负电，溶液带正电［如图 4-2(a) 所示］，反之，金属带正电，溶液带负电［如图 4-2(b) 所示］。不论何种情况，金属与其盐溶液间都会形成双电层。由于双电层的存在，金属与其盐溶液之间产生了电势差，这个电势差叫做该金属的电极电势。

金属电极电势的高低主要取决于金属的本性、金属离子的浓度和溶液的温度。在指定温度（通常为 298K）下，金属同该金属离子浓度为 $1mol \cdot L^{-1}$（严格说是单位活度）的溶液所产生的电势称为该金属的标准电极电势，常用符号 $\varphi^{\ominus}$ 表示。目前电极电势的绝对值还没有办法测定。但可人为地规定一个相对标准来测定它的相对值。这就像把海平面的高度定为零，以测定各山峰相对高度一样。用来测定电极电势的相对标准是标准氢电极。

标准氢电极如图 4-3 所示。将铂片镀上层疏松的铂（称铂黑，它具有很强的吸附 $H_2$ 的能力），并插在 $H^+$ 浓度为 $1mol \cdot L^{-1}$ 的 $H_2SO_4$ 溶液中，在指定温度下不断地通入压力为 100kPa 的纯氢气流冲击铂片，使它吸附氢气并达到饱和。吸附在铂黑上的氢气和溶液中的 $H^+$ 间存在着下式所表示的平衡：

$$2H^+(aq) + 2e^- \rightleftharpoons H_2(g)$$

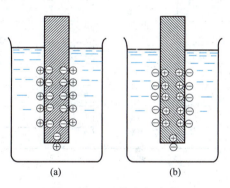

图 4-2 金属的电极电势

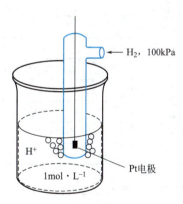

图 4-3 标准氢电极

这就是氢电极的电极反应。国际上规定，标准氢电极的电极电势为零，即

$$\varphi^{\ominus}(H^+/H_2) = 0$$

有了标准氢电极作为基准，就可测量其他电极的电极电势。例如，欲测量 Zn 电极的标准电极电势，只要把 Zn 棒插在 $1mol \cdot L^{-1}$ $ZnSO_4$ 溶液中组成标准锌电极，把它与标准氢电极用盐桥连接起来组成原电池。在 298K 时用电位计测量该电池的电动势（$E^{\ominus}$）时发现，氢电极为正极，锌电极为负极，电池电动势为 0.763V。锌电极在 298K 时的标准电极电势［$\varphi^{\ominus}(Zn^{2+}/Zn)$］可由下式求得

$$E^{\ominus} = \varphi^{\ominus}_{正} - \varphi^{\ominus}_{负} \tag{4-1}$$

$$E^{\ominus}=\varphi^{\ominus}(H^+/H_2)-\varphi^{\ominus}(Zn^{2+}/Zn)$$
$$0.763V=0V-\varphi^{\ominus}(Zn^{2+}/Zn)$$

所以
$$\varphi^{\ominus}(Zn^{2+}/Zn)=-0.763V$$

如果要测定铜电极的标准电极电势，同样可用盐桥把标准铜电极和标准氢电极连接起来，组成铜氢原电池。测量结果发现铜为正极、氢为负极，电动势为0.337V。则

$$E^{\ominus}=\varphi^{\ominus}(Cu^{2+}/Cu)-\varphi^{\ominus}(H^+/H_2)$$
$$0.337V=\varphi^{\ominus}(Cu^{2+}/Cu)-0V$$
$$\varphi^{\ominus}(Cu^{2+}/Cu)=0.337V$$

表4-1列出了一些物质在298K酸性溶液中的标准电极电势。详细的标准电极电势见附录四。

**表4-1 标准电极电势（298K）**

| | 电极反应 | | $\varphi^{\ominus}$/V |
|---|---|---|---|
| | 氧化态+电子数⟶还原态 | | |
| 弱氧化剂　氧化能力依次增强　强氧化剂 | $Li^+ + e^- \longrightarrow Li$ | 强还原剂　还原能力依次增强　弱还原剂 | −3.045 |
| | $Zn^{2+} + 2e^- \longrightarrow Zn$ | | −0.763 |
| | $Fe^{2+} + 2e^- \longrightarrow Fe$ | | −0.440 |
| | $Sn^{2+} + 2e^- \longrightarrow Sn$ | | −0.136 |
| | $Pb^{2+} + 2e^- \longrightarrow Pb$ | | −0.126 |
| | $2H^+ + 2e^- \longrightarrow H_2$ | | 0.000 |
| | $Sn^{4+} + 2e^- \longrightarrow Sn^{2+}$ | | 0.154 |
| | $Cu^{2+} + 2e^- \longrightarrow Cu$ | | 0.337 |
| | $I_2 + 2e^- \longrightarrow 2I^-$ | | 0.5345 |
| | $Fe^{3+} + e^- \longrightarrow Fe^{2+}$ | | 0.771 |
| | $Br_2(l) + 2e^- \longrightarrow 2Br^-$ | | 1.065 |
| | $Cr_2O_7^{2-} + 14H^+ + 6e^- \longrightarrow 2Cr^{3+} + 7H_2O$ | | 1.33 |
| | $Cl_2 + 2e^- \longrightarrow 2Cl^-$ | | 1.36 |
| | $MnO_4^- + 8H^+ + 5e^- \longrightarrow Mn^{2+} + 4H_2O$ | | 1.51 |
| | $F_2 + 2e^- \longrightarrow 2F^-$ | | 2.87 |

对表4-1作几点说明：

（1）该表是按照$\varphi^{\ominus}$代数值从小到大顺序编排的。$\varphi^{\ominus}$越小，表明电对的还原态越易给出电子，即该还原态就是越强的还原剂；$\varphi^{\ominus}$值越大，表明电对的氧化态越易得到电子，即该氧化态就是越强的氧化剂。因此，电势表左边的氧化态物质的氧化能力从上到下逐渐增强；右边的还原态物质的还原能力从下到上逐渐增强。

（2）$\varphi^{\ominus}$值反映物质得失电子倾向的大小，它具有强度性质，与物质的数量无关。因此，电极反应式乘以任何常数时，$\varphi^{\ominus}$值不变。另外，电对的氧化态和还原态不会因电极反应进行的方向改变而改变，因此，将电极反应颠倒过来写，$\varphi^{\ominus}$值也不变。例如：

$$Zn^{2+} + 2e^- \rightleftharpoons Zn \qquad \varphi^{\ominus}=-0.763V$$
$$2Zn^{2+} + 4e^- \rightleftharpoons 2Zn \qquad \varphi^{\ominus}=-0.763V$$
$$Zn \rightleftharpoons Zn^{2+} + 2e^- \qquad \varphi^{\ominus}=-0.763V$$

(3) 为了便于查阅，在附录四中把电极电势分排成两个表：酸表和碱表。如电极反应在酸性溶液中进行，则在酸表中查阅；如电极反应在碱性溶液中进行，则在碱表中查阅。有些电极反应与溶液的酸度无关，如 $Cl_2 + 2e^- \rightleftharpoons 2Cl^-$，也列在酸表中。

### 4.3.3 能斯特方程

标准电极电势是在标准态及温度通常为298K时测得的。如果浓度和温度改变了，电极电势也就跟着改变。电极电势 $\varphi$ 与浓度、温度间的定量关系可由能斯特方程给出。对电极反应：

$$氧化态 + 电子数 \rightleftharpoons 还原态$$

能斯特方程为

$$\varphi = \varphi^\ominus - \frac{RT}{zF} \ln \frac{a(还原态)}{a(氧化态)} \tag{4-2}$$

或

$$\varphi = \varphi^\ominus - \frac{2.303RT}{zF} \lg \frac{a(还原态)}{a(氧化态)} \tag{4-3}$$

式中，$R$ 为摩尔气体常数；$F$ 为法拉第常数，96485C·mol$^{-1}$；$T$ 为热力学温度；$z$ 为电极反应得失的电子数；$a$(还原态)和 $a$(氧化态)分别表示电极反应式中还原态物质和氧化态物质的活度。如果是稀溶液，$a = c/c^\ominus$（因 $c^\ominus = 1$mol·L$^{-1}$，它不会影响计算值，为了便于计算，在能斯特方程中可不必列入）；如果是压力较低的气体，$a = p/p^\ominus$；如果是固体或纯液体，$a = 1$。另外，活度的方次应等于该物质在电极反应式中的化学计量数。

当温度为298K时，将各常数值代入式(4-3)，可得

$$\varphi = \varphi^\ominus - \frac{0.0592\text{V}}{z} \lg \frac{a(还原态)}{a(氧化态)} \tag{4-4}$$

**例 4-5** 列出下列电极反应在298K时的电极电势计算式。

(1) $I_2 + 2e^- \rightleftharpoons 2I^-$      $\varphi^\ominus = 0.5345$V

(2) $Cr_2O_7^{2-} + 14H^+ + 6e^- \rightleftharpoons 2Cr^{3+} + 7H_2O$      $\varphi^\ominus = 1.33$V

(3) $PCl_2(s) + 2e^- \rightleftharpoons Pb + 2Cl^-$      $\varphi^\ominus = -0.268$V

(4) $O_2(g) + 4H^+ + 4e^- \rightleftharpoons 2H_2O$      $\varphi^\ominus = 1.229$V

**解**：由式(4-4)可得

(1) $$\varphi_1 = 0.5345\text{V} - \frac{0.0592\text{V}}{2} \lg c^2(I^-)$$

(2) $$\varphi_2 = 1.33\text{V} - \frac{0.0592\text{V}}{6} \lg \frac{c^2(Cr^{3+})}{c(Cr_2O_7^{2-}) c^{14}(H^+)}$$

(3) $$\varphi_3 = -0.268\text{V} - \frac{0.0592\text{V}}{2} \lg c^2(Cl^-)$$

(4) $$\varphi_4 = 1.229\text{V} - \frac{0.0592\text{V}}{4} \lg \frac{1}{[p(O_2)/p^\ominus] c^4(H^+)}$$

**例 4-6** 已知电极反应

$$NO_3^- + 4H^+ + 3e^- \rightleftharpoons NO + 2H_2O$$

$\varphi^\ominus(NO_3^-/NO) = 0.96$V。求 $c(NO_3^-) = 1.0$mol·L$^{-1}$；$p(NO) = 100$kPa，$c(H^+) = 1.0 \times 10^{-7}$mol·L$^{-1}$ 时的 $\varphi(NO_3^-/NO)$。

**解：**
$$\varphi(NO_3^-/NO) = \varphi^{\ominus}(NO_3^-/NO) - \frac{0.0592V}{3}\lg\frac{p(NO)/p^{\ominus}}{c(NO_3^-)c^4(H^+)}$$
$$= 0.96V - \frac{0.0592V}{3}\lg\frac{100/100}{1.0\times(1.0\times10^{-7})^4}$$
$$= 0.96V - 0.55V = 0.41V$$

可见，$NO_3^-$ 的氧化能力随酸度的降低而降低。所以浓 $HNO_3$ 氧化能力很强，而中性的硝酸盐（如 $KNO_3$）溶液氧化能力很弱。但是，对于没有 $H^+$（或 $OH^-$）参加的电极反应（如 $I_2 + 2e^- \rightleftharpoons 2I^-$），溶液的酸度就不会影响其电极电势。

## 4.3.4 原电池的电动势与 $\Delta_r G$ 的关系

在等温等压过程中，系统吉布斯自由能的减少等于系统对外所做的最大有用功。对电池反应来说，就是指最大电功（$W_E$），则
$$-\Delta_r G = W_E$$

$W_E$ 等于电池的电动势 $E$ 乘以所通过的电荷量 $Q$，即
$$W_E = QE$$

如果 $z$ mol 电子通过外电路，其电荷量为
$$Q = zF$$

$F$ 为法拉第常数。所以
$$-\Delta_r G = W_E = QE = zFE$$

或
$$\Delta_r G = -zFE \tag{4-5}$$

若反应处于标准态，则得
$$\Delta_r G^{\ominus} = -zFE^{\ominus} \tag{4-6}$$

式(4-5)和式(4-6)将反应的吉布斯自由能变和电池电动势联系起来，因此可进行它们之间的相互换算。

**例 4-7** 若把下列反应排成电池，求电池的 $E^{\ominus}$ 及反应的 $\Delta_r G^{\ominus}$。
$$Cr_2O_7^{2-} + 6Cl^- + 14H^+ \rightleftharpoons 2Cr^{3+} + 3Cl_2 + 7H_2O$$

**解：** 正极电极反应
$$Cr_2O_7^{2-} + 14H^+ + 6e^- \longrightarrow 2Cr^{3+} + 7H_2O \quad \varphi^{\ominus} = 1.33V$$

负极电极反应
$$Cl_2 + 2e^- \rightleftharpoons 2Cl^- \quad \varphi^{\ominus} = 1.36V$$
$$E^{\ominus} = \varphi_{正}^{\ominus} - \varphi_{负}^{\ominus} = 1.33V - 1.36V = -0.03V$$
$$\Delta_r G^{\ominus} = -zFE^{\ominus} = -6 \times 96485 C \cdot mol^{-1} \times (-0.03V)$$
$$= 1.74 \times 10^4 J \cdot mol^{-1}$$

**例 4-8** 利用热力学函数数据计算 $\varphi^{\ominus}(Zn^{2+}/Zn)$ 的值。

**解：** 可以利用式(4-6)求算 $\varphi^{\ominus}(Zn^{2+}/Zn)$。为此，必须把电对 $Zn^{2+}/Zn$ 与另一电对（最好选择 $H^+/H_2$）组成原电池。电池反应式为
$$Zn + 2H^+ \longrightarrow Zn^{2+} + H_2$$

各物质的 $\Delta_f G_m^{\ominus}$ 值

$$\begin{array}{cccc} & Zn & H^+ & Zn^{2+} & H_2 \\ \Delta_f G_m^{\ominus}/kJ \cdot mol^{-1} & 0 & 0 & -147 & 0 \end{array}$$

$$\Delta_r G^{\ominus} = -147 \text{kJ} \cdot \text{mol}^{-1}$$

$$E^{\ominus} = \frac{\Delta_r G^{\ominus}}{-zF} = \frac{(-147 \times 10^3) \text{J} \cdot \text{mol}^{-1}}{-2 \times 96485 \text{C} \cdot \text{mol}^{-1}} = 0.762 \text{V}$$

又

$$E^{\ominus} = \varphi_{正}^{\ominus} - \varphi_{负}^{\ominus} = \varphi^{\ominus}(H^+/H_2) - \varphi^{\ominus}(Zn^{2+}/Zn) = 0.762 \text{V}$$

所以

$$\varphi^{\ominus}(Zn^{2+}/Zn) = -0.762 \text{V}$$

可见电极电势可利用热力学函数求得，并非一定要用测量原电池电动势的方法得到。

## 4.4 电极电势的应用

电极电势应用很广，除上一节介绍的用来测定氧化还原反应的 $\Delta G$ 外，它还用于以下几个方面。

### 4.4.1 计算原电池的电动势

应用标准电极电势表和能斯特方程，可算出原电池的电动势，并由此推出电池反应式。

**例 4-9** 计算下列原电池在 298K 时的电动势，并标明正负极，写出电池反应式。

$$Cd|Cd^{2+}(0.10\text{mol} \cdot L^{-1}) \| Sn^{4+}(0.10\text{mol} \cdot L^{-1}), Sn^{2+}(0.0010\text{mol} \cdot L^{-1})|Pt$$

**解**：与该原电池有关的电极反应及其标准电极电势为

$$Cd^{2+} + 2e^- \rightleftharpoons Cd \qquad \varphi^{\ominus}(Cd^{2+}/Cd) = -0.403 \text{V}$$
$$Sn^{4+} + 2e^- \rightleftharpoons Sn^{2+} \qquad \varphi^{\ominus}(Sn^{4+}/Sn^{2+}) = 0.154 \text{V}$$

将各物质相应的浓度代入能斯特方程：

$$\varphi(Cd^{2+}/Cd) = \varphi^{\ominus}(Cd^{2+}/Cd) - \frac{0.0592 \text{V}}{2} \lg \frac{1}{c(Cd^{2+})}$$

$$= -0.403 \text{V} - \frac{0.0592 \text{V}}{2} \lg \frac{1}{0.10}$$

$$= -0.433 \text{V}$$

$$\varphi(Sn^{4+}/Sn^{2+}) = \varphi^{\ominus}(Sn^{4+}/Sn^{2+}) - \frac{0.0592 \text{V}}{2} \lg \frac{c(Sn^{2+})}{c(Sn^{4+})}$$

$$= 0.154 \text{V} - \frac{0.0592 \text{V}}{2} \lg \frac{0.0010}{0.10}$$

$$= 0.213 \text{V}$$

由于 $\varphi(Sn^{4+}/Sn^{2+}) > \varphi(Cd^{2+}/Cd)$，所以电对 $Sn^{4+}/Sn^{2+}$ 为正极，电对 $Cd^{2+}/Cd$ 为负极。电池电动势 $E$ 为

$$E = \varphi_{正} - \varphi_{负} = 0.213 \text{V} - (-0.433 \text{V}) = 0.646 \text{V}$$

正极发生还原反应： $Sn^{4+} + 2e^- \rightleftharpoons Sn^{2+}$

负极发生氧化反应： $Cd \rightleftharpoons Cd^{2+} + 2e^-$

两电极反应相加，消去电子，即得电池反应：

$$Sn^{4+} + Cd \longrightarrow Sn^{2+} + Cd^{2+}$$

电池电动势也可直接利用下式求得

$$E = E^{\ominus} - \frac{0.0592\text{V}}{z}\lg Q \qquad (4\text{-}7)$$

该式推导如下：

因为
$$\Delta_r G = \Delta_r G^{\ominus} + RT\ln Q$$

将式(4-5)和式(4-6)代入上式，得

$$-zFE = -zFE^{\ominus} + RT\ln Q$$

$$E = E^{\ominus} - \frac{RT}{zF}\ln Q$$

将有关常数及 $T$ 为 298K 代入上式，即得式(4-7)。若用该式来计算例 4-9 电池的电动势，则为

$$E = [0.154 - (-0.403)]\text{V} - \frac{0.0592\text{V}}{2}\lg\frac{c(Sn^{2+})c(Cd^{2+})}{c(Sn^{4+})}$$

$$= 0.557\text{V} - \frac{0.0592\text{V}}{2}\lg\frac{0.0010 \times 0.10}{0.10}$$

$$= 0.557\text{V} - \frac{0.0592\text{V}}{2} \times (-3)$$

$$= 0.646\text{V}$$

**例 4-10** 把下列反应排成原电池，并计算该原电池的电动势。

$$2Fe^{3+}(0.10\text{mol}\cdot L^{-1}) + Sn^{2+}(0.010\text{mol}\cdot L^{-1}) \longrightarrow 2Fe^{2+}(0.10\text{mol}\cdot L^{-1}) + Sn^{4+}(0.20\text{mol}\cdot L^{-1})$$

**解：**

$$E = E^{\ominus} - \frac{0.0592\text{V}}{2}\lg\frac{c^2(Fe^{2+})c(Sn^{4+})}{c^2(Fe^{3+})c(Sn^{2+})}$$

$$= (0.771 - 0.154)\text{V} - \frac{0.0592\text{V}}{2}\lg\frac{0.10^2 \times 0.20}{0.10^2 \times 0.010}$$

$$= 0.617\text{V} - 0.039\text{V}$$

$$= 0.578\text{V}$$

电池符号为

$(-)Pt|Sn^{2+}(0.010\text{mol}\cdot L^{-1}), Sn^{4+}(0.20\text{mol}\cdot L^{-1}) \| Fe^{3+}(0.10\text{mol}\cdot L^{-1}), Fe^{2+}(0.10\text{mol}\cdot L^{-1})|Pt(+)$

## 4.4.2 判断氧化还原反应进行的方向

例 4-10 其实已经为判断氧化还原反应进行的方向提供了方法。这就是把氧化还原反应排成原电池，并计算原电池的电动势。如果 $E>0$，说明该氧化还原反应可以按原指定的方向进行；如果 $E<0$，说明该氧化还原反应不能按原指定方向进行（而是按逆方向进行）。

实际上用氧化剂和还原剂相对强弱来判断氧化还原反应的方向更为方便。例如，欲判断例 4-10 的反应能否自发地自左向右进行，只要比较它们有关的电极电势，因为 $\varphi(Fe^{3+}/Fe^{2+}) > \varphi(Sn^{4+}/Sn^{2+})$，这说明在该反应系统中作为氧化剂的 $Fe^{3+}$ 和 $Sn^{4+}$ 中，$Fe^{3+}$ 是较强的氧化剂；作为还原剂的 $Fe^{2+}$ 和 $Sn^{2+}$ 中，$Sn^{2+}$ 是较强的还原剂。在氧化还原反应中，总是较强的氧化剂和较强的还原剂相互作用，生成较弱的氧化剂和较弱的还原剂。所以，在该反

应中是 $Sn^{2+}$ 给出电子，而 $Fe^{3+}$ 接受电子，故上述反应能自发地自左向右进行。

由于电势表是按 $\varphi^{\ominus}$ 值由低到高依次排列的，如果在电势表上找出任意两电对，并令它们 $\varphi^{\ominus}$ 值高低排列的次序与电势表一致：

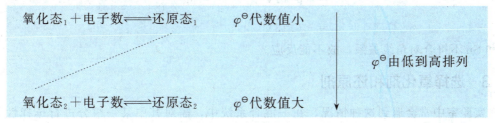

则可发现，凡是符合虚线所标示的对角关系的物质之间反应都能自发进行。因此，可以得出这样的结论：如果反应系统各物质都处于标准态时，从热力学上讲电势表左下方的物质（相对地讲，是较强的氧化剂）能和右上方的物质（相对地讲，是较强的还原剂）发生反应，亦即在表中凡符合上述对角线关系的物质都能互相发生反应。不符合此对角线关系的物质就不能自发地反应。

**例 4-11** 判断下列反应能否在标准态下进行。
$$I_2 + 2Fe^{2+} \rightleftharpoons 2Fe^{3+} + 2I^-$$

**解**：从电势表上查出电对 $Fe^{3+}/Fe^{2+}$ 和 $I_2/I^-$ 的 $\varphi^{\ominus}$ 值。并由小到大排列如下：

$$I_2 + 2e^- \rightleftharpoons 2I^- \qquad \varphi^{\ominus} = 0.54V$$
$$Fe^{3+} + e^- \rightleftharpoons Fe^{2+} \qquad \varphi^{\ominus} = 0.77V$$

$\varphi^{\ominus}$ 由低到高排列

可见 $I_2$ 和 $Fe^{2+}$ 不符合对角线关系，上述反应不能自发进行。但是 $Fe^{3+}$ 和 $I^-$ 符合对角线关系，则说明其逆反应可自发进行。

上例反应的方向是用 $\varphi^{\ominus}$ 去判断的，但 $\varphi^{\ominus}$ 只适用于标准态。实际上大部分的反应条件是非标准态，因此严格地说，应该用 $\varphi$ 而不是 $\varphi^{\ominus}$ 去判断反应的方向。不过，浓度对 $\varphi$ 的影响是很小的，因浓度取对数后，再乘上一个很小的系数 $(0.0592/z)$ 才影响 $\varphi$ 值。所以，当两标准电极电势差大于 0.2V 时，就可直接用 $\varphi^{\ominus}$ 值去判断，只有当差值小于 0.2V 时，才需考虑浓度的影响。但应注意，如果电极反应中还包含 $H^+$ 或 $OH^-$ 时，介质的酸碱性对 $\varphi$ 值影响很显著（见例 4-6），这时，应当用 $\varphi$ 而不能用 $\varphi^{\ominus}$ 去判断反应的方向。

**例 4-12** 判断反应 $Pb^{2+} + Sn \rightleftharpoons Pb + Sn^{2+}$ 能否在下列条件下进行。
(1) $c(Pb^{2+}) = c(Sn^{2+}) = 1.0 \text{mol} \cdot L^{-1}$
(2) $c(Pb^{2+}) = 0.10 \text{mol} \cdot L^{-1}; c(Sn^{2+}) = 2.0 \text{mol} \cdot L^{-1}$

**解**：(1)
$$Sn^{2+} + 2e^- \rightleftharpoons Sn \qquad \varphi^{\ominus} = -0.14V$$
$$Pb^{2+} + 2e^- \rightleftharpoons Pb \qquad \varphi^{\ominus} = -0.13V$$

因 Sn 和 $Pb^{2+}$ 符合对角线关系，所以上述反应可自发进行。

(2)
$$\varphi(Pb^{2+}/Pb) = \varphi^{\ominus}(Pb^{2+}/Pb) - \frac{0.0592V}{2}\lg\frac{1}{c(Pb^{2+})}$$
$$= -0.13V - \frac{0.0592V}{2}\lg\frac{1}{0.10}$$
$$= -0.16V$$

$$\varphi(\mathrm{Sn^{2+}/Sn}) = \varphi^{\ominus}(\mathrm{Sn^{2+}/Sn}) - \frac{0.0592\mathrm{V}}{2}\lg\frac{1}{c(\mathrm{Sn^{2+}})}$$

$$= -0.14\mathrm{V} - \frac{0.0592\mathrm{V}}{2}\lg\frac{1}{2.0}$$

$$= -0.13\mathrm{V}$$

$\mathrm{Pb^{2+}}$ 和 Sn 不符合对角线关系，故不能反应。

### 4.4.3 选择氧化剂和还原剂

在实验室中常会遇到这种情况，在一混合系统中，需对其中某一组分进行选择性氧化（或还原），而要求不氧化（或还原）其他组分，这时只有选择适当的氧化剂（或还原剂）才能达到目的。

例如，在标准态下，什么氧化剂可以氧化 $\mathrm{I^-}$，而不氧化 $\mathrm{Br^-}$ 和 $\mathrm{Cl^-}$？

从电极电势表中查得有关电对的电极电势：

$$\varphi^{\ominus}(\mathrm{I_2/I^-}) = 0.54\mathrm{V}$$
$$\varphi^{\ominus}(\mathrm{Br_2/Br^-}) = 1.07\mathrm{V}$$
$$\varphi^{\ominus}(\mathrm{Cl_2/Cl^-}) = 1.36\mathrm{V}$$

如果要使某一氧化剂，只能氧化 $\mathrm{I^-}$，而不能氧化 $\mathrm{Cl^-}$ 和 $\mathrm{Br^-}$，则该氧化剂的电极电势必须为 $0.54\sim1.07\mathrm{V}$。如果小于 $0.54\mathrm{V}$，则不仅不能氧化 $\mathrm{Br^-}$ 和 $\mathrm{Cl^-}$，而且也不能氧化 $\mathrm{I^-}$；如果大于 $1.07\mathrm{V}$，则 $\mathrm{Br^-}$ 也会被氧化；如果大于 $1.36\mathrm{V}$，则 $\mathrm{Br^-}$ 和 $\mathrm{Cl^-}$ 都会被氧化。电极电势为 $0.54\sim1.07\mathrm{V}$ 的氧化剂有 $\mathrm{Fe^{3+}}$ $[\varphi^{\ominus}(\mathrm{Fe^{3+}/Fe^{2+}}) = 0.77\mathrm{V}]$、$\mathrm{HNO_2}$ $[\varphi^{\ominus}(\mathrm{HNO_2/NO}) = 1.00\mathrm{V}]$ 等。实际上在实验室里，$\mathrm{I^-}$、$\mathrm{Cl^-}$ 和 $\mathrm{Br^-}$ 同时存在时，氧化 $\mathrm{I^-}$ 常选用 $\mathrm{Fe_2(SO_4)_3}$ 或 $\mathrm{NaNO_2}$ 加酸作为氧化剂。

**例 4-13** 已知 $\varphi^{\ominus}(\mathrm{MnO_4^-/Mn^{2+}}) = 1.51\mathrm{V}$，$\varphi^{\ominus}(\mathrm{Br_2/Br^-}) = 1.07\mathrm{V}$，$\varphi^{\ominus}(\mathrm{Cl_2/Cl^-}) = 1.36\mathrm{V}$。欲使 $\mathrm{Br^-}$ 和 $\mathrm{Cl^-}$ 混合液中 $\mathrm{Br^-}$ 被 $\mathrm{MnO_4^-}$ 氧化，而 $\mathrm{Cl^-}$ 不被氧化，溶液 pH 应控制在什么范围（假定系统中除 $\mathrm{H^+}$ 外，其他物质均处于标准态）？

**解**：$\mathrm{MnO_4^-}$ 的电极反应为

$$\mathrm{MnO_4^- + 8H^+ + 5e^- \rightleftharpoons Mn^{2+} + 4H_2O}$$

所以它的 $\varphi$ 与 $c(\mathrm{H^+})$ 的关系为

$$\varphi(\mathrm{MnO_4^-/Mn^{2+}}) = \varphi^{\ominus}(\mathrm{MnO_4^-/Mn^{2+}}) - \frac{0.0592\mathrm{V}}{z}\lg\frac{c(\mathrm{Mn^{2+}})}{c(\mathrm{MnO_4^-})c^8(\mathrm{H^+})}$$

$$= 1.51\mathrm{V} + \frac{0.0592\mathrm{V}\times 8}{5}\lg c(\mathrm{H^+})$$

$\mathrm{MnO_4^-}$ 氧化 $\mathrm{Br^-}$，要求 $\varphi(\mathrm{MnO_4^-/Mn^{2+}}) > 1.07\mathrm{V}$

即

$$1.51\mathrm{V} + \frac{0.0592\mathrm{V}\times 8}{5}\lg c(\mathrm{H^+}) > 1.07\mathrm{V}$$

$$\lg c(\mathrm{H^+}) > -4.54 \qquad \mathrm{pH} < 4.54$$

$\mathrm{MnO_4^-}$ 不氧化 $\mathrm{Cl^-}$，要求 $\varphi(\mathrm{MnO_4^-/Mn^{2+}}) < 1.36\mathrm{V}$

同理可得

$$\mathrm{pH} > 1.58$$

所以，应控制 pH 为 $1.58\sim4.54$。

## 4.4.4 判断氧化还原反应进行的次序

从实验中知道 $I^-$ 和 $Br^-$ 都能被 $Cl_2$ 氧化。假如逐滴加氯水于含有 $I^-$ 和 $Br^-$ 的混合液中，哪种先被氧化？实验事实告诉我们：$Cl_2$ 先氧化 $I^-$，后氧化 $Br^-$。查电极电势表可得

$$\varphi^{\ominus}(I_2/I^-) = 0.54\text{V}$$
$$\varphi^{\ominus}(Br_2/Br^-) = 1.07\text{V}$$
$$\varphi^{\ominus}(Cl_2/Cl^-) = 1.36\text{V}$$

对照它们的电极电势差可知，差值越大，越先被氧化。所以，一种氧化剂可以氧化几种还原剂时，首先氧化最强的还原剂。同理，还原剂首先还原最强的氧化剂。必须指出，上述判断只有在有关的氧化还原反应速率足够快的情况下才正确。这也就是说，当氧化还原反应的产物是由化学平衡而不是由反应速率控制的情况下，才能作出这样的判断。

## 4.4.5 判断氧化还原反应进行的程度

水溶液中的氧化还原反应都是可逆反应，反应进行到一定程度就可达到平衡。例如反应：

$$Zn + Cu^{2+} \rightleftharpoons Cu + Zn^{2+}$$

在达到平衡时，生成物的浓度和反应物的浓度存在如下关系：

$$\frac{[Zn^{2+}]}{[Cu^{2+}]} = K^{\ominus}$$

$K^{\ominus}$ 为氧化还原反应的标准平衡常数。它可由相应原电池的标准电动势算得。因为

$$\Delta_r G^{\ominus} = -RT\ln K^{\ominus} = -2.303RT\lg K^{\ominus}$$
$$\Delta_r G^{\ominus} = -zFE^{\ominus}$$

两式合并，得

$$-zFE^{\ominus} = -2.303RT\lg K^{\ominus}$$
$$\lg K^{\ominus} = \frac{zFE^{\ominus}}{2.303RT} \tag{4-8}$$

若反应在 298K 时进行，并把有关常数代入，可得

$$\lg K^{\ominus} = \frac{zE^{\ominus}}{0.0592\text{V}} \tag{4-9}$$

求得氧化还原反应的平衡常数，就可判断氧化还原反应进行的程度。

**例 4-14** 在 $0.10\text{mol}\cdot\text{L}^{-1}$ $CuSO_4$ 溶液中投入 Zn 粒，求反应达平衡后溶液中 $Cu^{2+}$ 的浓度。

**解：** 反应

$$Zn + Cu^{2+} \rightleftharpoons Cu + Zn^{2+}$$

由于 $\varphi^{\ominus}(Cu^{2+}/Cu) = 0.337\text{V}$，为正极；$\varphi^{\ominus}(Zn^{2+}/Zn) = -0.763\text{V}$，为负极。所以

$$E^{\ominus} = \varphi^{\ominus}_{正} - \varphi^{\ominus}_{负} = 0.337\text{V} - (-0.763\text{V}) = 1.100\text{V}$$
$$\lg K^{\ominus} = \frac{zE^{\ominus}}{0.0592\text{V}} = \frac{2 \times 1.100\text{V}}{0.0592\text{V}} = 37.2$$
$$K^{\ominus} = 1.58 \times 10^{37}$$

$K^{\ominus}$ 值如此之大，说明该反应进行得很完全，在平衡时 $[Zn^{2+}] = 0.10\text{mol}\cdot\text{L}^{-1}$。因为

$$K^{\ominus} = \frac{[Zn^{2+}]}{[Cu^{2+}]} = 1.58 \times 10^{37}$$

所以
$$[Cu^{2+}] = \frac{0.10 \text{mol} \cdot \text{L}^{-1}}{1.58 \times 10^{37}} = 6.33 \times 10^{-39} \text{mol} \cdot \text{L}^{-1}$$

### 4.4.6 测定某些化学常数

沉淀、弱电解质、配合物等的形成，会造成溶液中某些离子浓度降低。若将此离子与它对应的还原态或氧化态组成电对，测定其电极电势，即可计算出溶液中该离子的浓度，从而可进一步算出难溶电解质的溶度积常数、弱酸或弱碱的解离常数、配合物的稳定常数等。

**例 4-15** 为了测定 AgCl 的 $K_{sp}^{\ominus}$，有人设计了如下原电池：

$$(-)\text{Ag, AgCl}|\text{Cl}^-(0.010\text{mol} \cdot \text{L}^{-1}) \parallel \text{Ag}^+(0.010\text{mol} \cdot \text{L}^{-1})|\text{Ag}(+)$$

并测得其 $E$ 为 0.34V。试计算 AgCl 的 $K_{sp}^{\ominus}$。

**解**：设负极中与 AgCl 和 Cl$^-$ 处于平衡状态的 Ag$^+$ 浓度为 $x \text{mol} \cdot \text{L}^{-1}$，则

$$0.34\text{V} = \varphi_{\text{正}} - \varphi_{\text{负}}$$
$$= \left[\varphi^{\ominus}(\text{Ag}^+/\text{Ag}) - 0.0592\text{V}\lg\frac{1}{0.010}\right] - \left[\varphi^{\ominus}(\text{Ag}^+/\text{Ag}) - 0.0592\text{V}\lg\frac{1}{x}\right]$$
$$= 0.0592\text{V}\lg\frac{0.010}{x}$$

$$x = 1.8 \times 10^{-8}$$

所以
$$K_{sp}^{\ominus} = [\text{Ag}^+][\text{Cl}^-] = 1.8 \times 10^{-8} \times 0.010 = 1.8 \times 10^{-10}$$

**例 4-16** 25℃时，实验测得由 $0.10\text{mol} \cdot \text{L}^{-1}$ 弱酸 HA 组成的氢电极（$p_{\text{H}_2} = 100\text{kPa}$）和饱和甘汞电极所组成的原电池的电动势为 0.452V。试计算 HA 的解离常数 $K_a^{\ominus}$。已知 25℃饱和甘汞电极的电极电势为 0.241V。

**解**：
$$0.452\text{V} = 0.241\text{V} - \left(0\text{V} - \frac{0.0592\text{V}}{2}\lg\frac{1}{[\text{H}^+]^2}\right)$$

$$\lg[\text{H}^+] = \frac{0.241\text{V} - 0.452\text{V}}{0.0592\text{V}} = -3.56$$

$$[\text{H}^+] = 2.7 \times 10^{-4} \text{mol} \cdot \text{L}^{-1}$$

$$K_a^{\ominus} = \frac{[\text{H}^+][\text{A}^-]}{[\text{HA}]} = \frac{(2.75 \times 10^{-4})^2}{0.10} = 7.4 \times 10^{-7}$$

## 4.5 元素电势图及其应用

如果一种元素具有多种氧化态就可形成多对氧化还原电对。例如，铁有 0、+2 和 +3 等氧化态，因此，有下列一些电对及相应的电极电势：

$$\text{Fe}^{2+} + 2\text{e}^- \rightleftharpoons \text{Fe} \qquad \varphi^{\ominus} = -0.440\text{V}$$
$$\text{Fe}^{3+} + \text{e}^- \rightleftharpoons \text{Fe}^{2+} \qquad \varphi^{\ominus} = 0.771\text{V}$$
$$\text{Fe}^{3+} + 3\text{e}^- \rightleftharpoons \text{Fe} \qquad \varphi^{\ominus} = -0.0363\text{V}$$

为了便于比较各种氧化态的氧化还原性质，可以把它们的 $\varphi^{\ominus}$ 从高氧化态到低氧化态以图解的方式表示出来：

$$Fe^{3+} \xrightarrow{0.771} Fe^{2+} \xrightarrow{-0.440} Fe$$
$$\xrightarrow{-0.0363}$$

横线上的数字是电对 $\varphi^{\ominus}$ 值，横线左端是电对的氧化态，右端是电对的还原态。这种表明元素各种氧化态之间标准电极电势的图叫做元素电势图。

根据溶液酸碱性不同，元素电势图可分为：酸性介质（$[H^+]=1mol·L^{-1}$）电势图 $\varphi_A^{\ominus}$（下标 A 代表酸性介质）和碱性介质（$[OH^-]=1mol·L^{-1}$）电势图 $\varphi_B^{\ominus}$（下标 B 代表碱性介质）两类。例如，锰元素在酸、碱性介质中的电势图为

酸性介质（$\varphi_A^{\ominus}/V$）

$$MnO_4^- \xrightarrow{0.56} MnO_4^{2-} \xrightarrow{2.26} MnO_2 \xrightarrow{0.95} Mn^{3+} \xrightarrow{1.51} Mn^{2+} \xrightarrow{-1.18} Mn$$

其中 $MnO_4^- \xrightarrow{1.51} MnO_2$，$MnO_4^- \xrightarrow{1.695} MnO_2$，$MnO_2 \xrightarrow{1.23} Mn^{2+}$

碱性介质（$\varphi_B^{\ominus}/V$）

$$MnO_4^- \xrightarrow{0.56} MnO_4^{2-} \xrightarrow{0.60} MnO_2 \xrightarrow{-0.2} Mn(OH)_3 \xrightarrow{0.1} Mn(OH)_2 \xrightarrow{-1.55} Mn$$

其中 $MnO_4^- \xrightarrow{0.59} MnO_2$，$MnO_2 \xrightarrow{-0.05} Mn(OH)_2$

元素电势图在无机化学中的主要应用有如下几方面：

(1) 比较元素各氧化态的氧化还原能力。例如，从锰电势图可见，在酸性介质中，$MnO_4^-$、$MnO_4^{2-}$、$MnO_2$、$Mn^{3+}$ 都是较强的氧化剂。因为它们作为电对的氧化态时，$\varphi^{\ominus}$ 值都较大，但在碱性介质中，它们的 $\varphi^{\ominus}$ 值都较小，表明它们在碱性溶液中的氧化能力都较弱。在酸性介质中，电对氧化态以 $MnO_4^{2-}$ 的 $\varphi^{\ominus}$ 值最大（2.26V），是最强的氧化剂；电对还原态以 Mn 的 $\varphi^{\ominus}$ 值最小（$-1.18V$），是最强的还原剂。

(2) 判断元素某氧化态能否发生歧化反应。设电势图上某氧化态 B 右边的电极电势为 $\varphi_{右}^{\ominus}$，左边的电极电势为 $\varphi_{左}^{\ominus}$，即

$$A \xrightarrow{\varphi_{左}^{\ominus}} B \xrightarrow{\varphi_{右}^{\ominus}} C$$

如果 $\varphi_{右}^{\ominus} > \varphi_{左}^{\ominus}$，则氧化态 B 在水溶液中会发生歧化反应：

$$B \longrightarrow A + C$$

如果 $\varphi_{右}^{\ominus} < \varphi_{左}^{\ominus}$，则会发生反歧化反应（亦称同化反应）：

$$A + C \longrightarrow B$$

例如，在酸性介质中，$MnO_4^{2-}$ 的 $\varphi_{右}^{\ominus}$ 和 $\varphi_{左}^{\ominus}$ 分别为 2.26V 和 0.56V，$\varphi_{右}^{\ominus} > \varphi_{左}^{\ominus}$，所以，它会发生如下的歧化反应：

$$3MnO_4^{2-} + 4H^+ \rightleftharpoons 2MnO_4^- + MnO_2 + 2H_2O$$

为什么 $\varphi_{右}^{\ominus} > \varphi_{左}^{\ominus}$ 就会发生歧化反应？这可从下面有关电极反应的对角线关系中看出：

$$MnO_4^- + e^- \rightleftharpoons MnO_4^{2-} \qquad \varphi^{\ominus} = 0.56V$$
$$MnO_4^{2-} + 4H^+ + 2e^- \rightleftharpoons MnO_2 + 2H_2O \qquad \varphi^{\ominus} = 2.26V$$

根据 $\varphi_{右}^{\ominus} > \varphi_{左}^{\ominus}$ 这条规则，还可断定在酸性介质中的 $Mn^{3+}$，在碱性介质中的 $MnO_4^{2-}$ 和 $Mn(OH)_3$ 都可发生歧化反应。

(3) 用来从几个相邻电对已知的 $\varphi^{\ominus}$，求算电对未知的 $\varphi^{\ominus}$。例如，从电势图

$$MnO_4^- \xrightarrow{0.56} MnO_4^{2-} \xrightarrow{2.26} MnO_2$$

求电对 $MnO_4^-/MnO_2$ 的 $\varphi^{\ominus}$。

这三电对的电极反应及其标准电极电势分别为

$$MnO_4^- + e^- \rightleftharpoons MnO_4^{2-} \qquad \varphi^{\ominus} = 0.56V$$

$$MnO_4^{2-} + 4H^+ + 2e^- \rightleftharpoons MnO_2 + 2H_2O \qquad \varphi^{\ominus} = 2.26V$$

$$MnO_4^- + 4H^+ + 3e^- \rightleftharpoons MnO_2 + 2H_2O \qquad \varphi^{\ominus} = ?$$

将该三电对分别与标准氢电极组成原电池，这三个电池反应及相应的电动势分别为

(1) $$MnO_4^- + \frac{1}{2}H_2 \longrightarrow MnO_4^{2-} + H^+$$

$$E_1^{\ominus} = \varphi^{\ominus}(MnO_4^-/MnO_4^{2-}) - \varphi^{\ominus}(H^+/H_2) = \varphi^{\ominus}(MnO_4^-/MnO_4^{2-}) = 0.56V$$

(2) $$MnO_4^{2-} + 2H^+ + H_2 \longrightarrow MnO_2 + 2H_2O$$

$$E_2^{\ominus} = \varphi^{\ominus}(MnO_4^{2-}/MnO_2) - \varphi^{\ominus}(H^+/H_2) = \varphi^{\ominus}(MnO_4^{2-}/MnO_2) = 2.26V$$

(3) $$MnO_4^- + H^+ + \frac{3}{2}H_2 \longrightarrow MnO_2 + 2H_2O$$

$$E_3^{\ominus} = \varphi^{\ominus}(MnO_4^-/MnO_2) - \varphi^{\ominus}(H^+/H_2) = \varphi^{\ominus}(MnO_4^-/MnO_2)$$

设这三个电池反应的标准吉布斯自由能变分别 $\Delta_r G_1^{\ominus}$，$\Delta_r G_2^{\ominus}$，$\Delta_r G_3^{\ominus}$，因为

反应(3)=反应(1)+反应(2)

$$\Delta_r G_3^{\ominus} = \Delta_r G_1^{\ominus} + \Delta_r G_2^{\ominus}$$

$$-z_3 F E_3^{\ominus} = -z_1 F E_1^{\ominus} - z_2 F E_2^{\ominus}$$

所以

$$E_3^{\ominus} = \frac{z_1 E_1^{\ominus} + z_2 E_2^{\ominus}}{z_3}$$

将 $E_1^{\ominus} = 0.56V$，$E_2^{\ominus} = 2.26V$，$E_3^{\ominus} = \varphi^{\ominus}(MnO_4^-/MnO_2)$，$z_3 = z_1 + z_2 = 1 + 2$ 代入上式，得

$$\varphi^{\ominus}(MnO_4^-/MnO_2) = \frac{1 \times 0.56V + 2 \times 2.26V}{1+2} = 1.69V$$

由此可得如下的电势图：

$$MnO_4^- \xrightarrow{0.56} MnO_4^{2-} \xrightarrow{2.26} MnO_2$$
$$\underset{1.69}{\longleftrightarrow}$$

若将以上的算式推广至一般，可得如下通式：

$$\varphi^{\ominus} = \frac{z_1 \varphi_1^{\ominus} + z_2 \varphi_2^{\ominus} + z_3 \varphi_3^{\ominus} + \cdots}{z_1 + z_2 + z_3} \qquad (4\text{-}10)$$

式中，$\varphi_1^{\ominus}$，$\varphi_2^{\ominus}$，$\varphi_3^{\ominus}$，…依次代表相邻电对的标准电极电势；$z_1$，$z_2$，$z_3$，…依次代表相邻电对转移的电子数，$\varphi^{\ominus}$ 代表两端物质组成的电对的标准电极电势。

**例 4-17** 已知氯在酸性介质中电势图 ($\varphi_A^{\ominus}/V$) 为

$$ClO_4^- \xrightarrow{1.23} ClO_3^- \xrightarrow{1.21} HClO_2 \xrightarrow{1.64} HClO \xrightarrow{1.63} Cl_2 \xrightarrow{1.36} Cl^-$$
$$\varphi_1^{\ominus}$$
$$\varphi_2^{\ominus}$$

求：(1) $\varphi_1^{\ominus}$ 和 $\varphi_2^{\ominus}$；

(2) 哪些氧化态能发生歧化？

**解：**(1)
$$\varphi_1^\ominus = \frac{2 \times 1.21\text{V} + 2 \times 1.64\text{V}}{2+2} = 1.43\text{V}$$

$$\varphi_2^\ominus = \frac{4 \times 1.43\text{V} + 1 \times 1.63\text{V}}{4+1} = 1.47\text{V}$$

(2) 能发生歧化反应的有 $HClO_2$、$ClO_3^-$ 和 $HClO$。

## 习 题

1. 写出下列电对在酸性介质中的电极反应及各电极反应的能斯特方程。
$PbO_2/Pb$，$NO_3^-/NO$，$O_2/H_2O_2$，$H_2O_2/H_2O$，$SO_4^{2-}/H_2SO_3$

2. 写出下列电对在碱性介质中的电极反应及各电极反应的能斯特方程。
$Cr(OH)_3/Cr$，$CrO_4^{2-}/CrO_2^-$，$CN^-/NCO^-$，$HO_2^-/OH^-$，$H_2O/H_2$，$O_2/HO_2^-$，$NH_2OH/N_2$

3. 配平下列酸性介质中的反应式。

(1) $I^- + HClO \longrightarrow IO_3^- + Cl^-$

(2) $PbO_2 + Mn^{2+} + SO_4^{2-} \longrightarrow PbSO_4 + MnO_4^-$

(3) $ClO_3^- + Fe^{2+} \longrightarrow Cl^- + Fe^{3+}$

(4) $MnO_4^- + C_3H_7OH \longrightarrow Mn^{2+} + C_2H_5COOH$

(5) $XeF_4 + H_2O \longrightarrow XeO_3 + Xe + O_2 + HF$

4. 配平下列碱性介质中的反应式。

(1) $Br_2 + OH^- \longrightarrow Br^- + BrO_3^- + H_2O$

(2) $Cr(OH)_4^- + H_2O_2 \longrightarrow CrO_4^{2-} + H_2O$

(3) $N_2H_4 + Cu(OH)_2 \longrightarrow N_2 + Cu$

(4) $Ag_2S + CN^- + O_2 \longrightarrow SO_2 + [Ag(CN)_2]^-$

(5) $MnO_2(s) + KOH(s) + KClO_3 \xrightarrow{\triangle} K_2MnO_4 + KCl + H_2O$

5. 写出下列电池反应的电池符号，并计算电池的标准电动势。

(1) $2Fe^{2+}(aq) + Br_2(l) \Longrightarrow 2Fe^{3+}(aq) + 2Br^-(aq)$

(2) $2Co^{3+}(aq) + Sn^{2+}(aq) \Longrightarrow 2Co^{2+}(aq) + Sn^{4+}(aq)$

已知 $\varphi^\ominus(Fe^{3+}/Fe^{2+}) = 0.77\text{V}$，$\varphi^\ominus(Br_2/Br^-) = 1.07\text{V}$，$\varphi^\ominus(Co^{3+}/Co^{2+}) = 1.92\text{V}$，$\varphi^\ominus(Sn^{4+}/Sn^{2+}) = 0.151\text{V}$。

6. 将氧化还原反应

$$Cu^{2+} + Cu + 2Cl^- \Longrightarrow 2CuCl$$

设计成原电池，并写出电极反应和电池符号。

7. 已知 $\varphi^\ominus(Zn^{2+}/Zn) = -0.76\text{V}$，$K_f^\ominus[Zn(CN)_4^{2-}] = 7.7 \times 10^{16}$，求下列电极反应的 $\varphi^\ominus$。

$$[Zn(CN)_4]^{2-} + 2e^- \Longrightarrow Zn + 4CN^-$$

8. 已知在 298K、100kPa 时，电极反应 $O_2 + 4H^+ + 4e^- \Longrightarrow 2H_2O$ 的 $\varphi^\ominus = 1.229\text{ V}$。计算电极反应 $O_2 + 2H_2O + 4e^- \Longrightarrow 4OH^-$ 的 $\varphi^\ominus$。

9. 已知

$Mg(OH)_2 + 2e^- \Longrightarrow Mg + 2OH^-$ $\quad\varphi^\ominus[Mg(OH)_2/Mg] = -2.67\text{ V}$

$Mg^{2+} + 2e^- \Longrightarrow Mg$ $\quad\varphi^\ominus(Mg^{2+}/Mg) = -2.37\text{V}$

求 $Mg(OH)_2$ 的 $K_{sp}^{\ominus}$。

10. 已知

$Cu^{2+} + 2e^- \rightleftharpoons Cu$                          $\varphi^{\ominus}(Cu^{2+}/Cu) = 0.337 V$

$Cu^{2+} + e^- \rightleftharpoons Cu^+$                          $\varphi^{\ominus}(Cu^{2+}/Cu^+) = 0.159 V$

$K_{sp}^{\ominus}(CuCl) = 1.2 \times 10^{-6}$。

(1) 计算反应 $Cu + Cu^{2+} \rightleftharpoons 2Cu^+$ 的平衡常数；

(2) 计算反应 $Cu + Cu^{2+} + 2Cl^- \rightleftharpoons 2CuCl$ 的平衡常数。

11. 已知

$Zn^{2+} + 2e^- \rightleftharpoons Zn$                          $\varphi^{\ominus} = -0.76 V$

$ZnO_2^{2-} + 2H_2O + 2e^- \rightleftharpoons Zn + 4OH^-$      $\varphi^{\ominus} = -1.22 V$

试通过计算说明锌在标准状态下，既能从酸中又能从碱中置换放出氢气。

12. 饱和甘汞电极为正极，与氢电极组成原电池。氢电极溶液为 $HA-A^-$ 缓冲溶液，已知 $[HA] = 1.0 \text{ mol} \cdot L^{-1}$，$[A^-] = 0.10 \text{ mol} \cdot L^{-1}$，测得电池的电动势为 $0.4780 V$。

(1) 写出电池符号及电池反应方程式；

(2) 求弱酸 HA 的解离常数 [已知 $\varphi^{\ominus}(Hg_2Cl_2/Hg)$(饱和) $= 0.2415 V$]。

13. 已知

$Co(OH)_3 + e^- \rightleftharpoons Co(OH)_2 + OH^-$     $\varphi^{\ominus} = 0.17 V$

$Co^{3+} + e^- \rightleftharpoons Co^{2+}$                             $\varphi^{\ominus} = 1.82 V$

试判断 $Co(OH)_3$ 的 $K_{sp}^{\ominus}$ 和 $Co(OH)_2$ 的 $K_{sp}^{\ominus}$ 哪个大，简述理由。

14. 在实验室中通常用下列反应制取氯气：

$$MnO_2 + 4HCl \rightleftharpoons MnCl_2 + Cl_2 + 2H_2O$$

试通过计算回答，为什么必须使用浓盐酸？

已知 $\varphi^{\ominus}(MnO_2/Mn^{2+}) = 1.22 \text{ V}$，$\varphi^{\ominus}(Cl_2/Cl^-) = 1.36 \text{ V}$。

15. 下面是氧的元素电势图。根据此图回答下列问题：

$$\varphi_A^{\ominus}/V \quad O_2 \xrightarrow{0.695V} H_2O_2 \longrightarrow H_2O$$
$$\underline{\qquad\qquad 1.23V \qquad\qquad}$$

$$\varphi_B^{\ominus}/V \quad O_2 \longrightarrow HO_2^- \xrightarrow{0.88V} OH^-$$
$$\underline{\qquad\qquad 0.40V \qquad\qquad}$$

(1) 计算后说明 $H_2O_2$ 在酸性介质中的氧化性的强弱，在碱性介质中的还原性的强弱；

(2) 计算后说明 $H_2O_2$ 在酸性介质中和碱性介质中的稳定性的强弱；

(3) 计算 $H_2O$ 的离子积常数 $K_w^{\ominus}$。

# 第 5 章
# 配位化合物

**学习要求**

1. 掌握配位化合物的组成、定义、类型和结构特点；
2. 熟悉配位化合物的重要性质：几何异构和旋光异构现象；
3. 理解价键理论和晶体场理论的主要论点，并能用以解释一些实例；
4. 理解配位解离平衡的意义及有关计算。

1798 年，法国化学家塔赦特观察到钴盐在氯化铵和氨水溶液中转变为 [$CoCl_3$·$6NH_3$]，引起许多无机化学家的兴趣。但是大家一直不明白为什么像 $CoCl_3$、$NH_4Cl$ 等一些原子价饱和的无机物还会进一步结合而形成新的化合物，而这些新化合物的结构又是怎样的呢？直到 1893 年维尔纳在德国《无机化学学报》上，发表了题为"对于无机化合物结构的贡献"一文，创立了配位学说以后，才逐步弄清这些问题。在配位学说创立 100 多年后的今天，由研究配位化合物而形成的无机化学分支——配位化学，其内容实际上已打破了传统的无机化学、有机化学、物理化学和生物化学的界限，进而成为各分支化学的交叉点。当前，这门新兴的化学学科不仅是国际上十分活跃的前沿学科，且在国民经济和人民生活各个方面，在生命科学、新材料、尖端科技等重要领域已有了广泛的应用。

## 5.1 配位化合物的组成和定义

上述化学组成为 $CoCl_3$·$6NH_3$ 的化合物为配位化合物，简称配合物（旧称络合物），它在结构上是六个 $NH_3$ 和一个 $Co^{3+}$ 牢固地结合着，形成 [$Co(NH_3)_6$]$^{3+}$，而整个化合物为 [$Co(NH_3)_6$]$Cl_3$。又如亚铁氰化钾 $K_4$[$Fe(CN)_6$]，从其成分看，好像是由四个 $KCN$ 和一个 $Fe(CN)_2$ 所组成，但在它的晶体中，除 $K^+$ 外，仅有 [$Fe(CN)_6$]$^{4-}$ 存在，在水溶液中也是如此，几乎没有 $Fe^{2+}$ 和 $CN^-$，故 $K_4$[$Fe(CN)_6$] 也是配合物。

可见，配合物的主要特征是用方括号（[ ]）所标示的这一部分，称为配位个体。中心离子 $Co^{3+}$ 和配体 $NH_3$ 以配位键相连接。配位个体又称内界。内界部分 [$Co(NH_3)_6$]$^{3+}$ 和三个 $Cl^-$ 是以离子键相连接的，$Cl^-$ 称为外界。内界中的数字 6 为与 $Co^{3+}$ 相连接的配体数目，右上角 3+ 为配离子的电荷。

上述配离子 $[Co(NH_3)_6]^{3+}$ 或 $[Fe(CN)_6]^{4-}$ 是由简单金属离子（$Co^{3+}$ 和 $Fe^{2+}$）和一定数目的中性分子或负离子（如 $NH_3$ 和 $CN^-$）所组成的。中心离子和配体两者缺一不可，否则不能形成配离子。

对中心原子而言，几乎所有元素的原子都可以作为中心，但常见的是金属原子，最常见的是过渡元素，例如 Fe、Co 和 Cu 等。非金属元素也可以作为中心，如 B 和 Si 形成 $[BF_4]^-$、$[SiF_6]^{2-}$ 等配离子。

对配体而言，它以一定的数目和中心相结合。在配体中直接和中心连接的原子叫做配位原子。一个中心所结合的配位原子的总数称为该中心原子的配位数。如 $[Cu(NH_3)_4]^{2+}$ 中 $Cu^{2+}$ 的配位数为 4，配体 $NH_3$ 只有一个配位原子 N。又如 $[Cu(en)_2]^{2+}$（en 为 $NH_2CH_2CH_2NH_2$ 的简写）中 $Cu^{2+}$ 的配位数也为 4，因每个 en 有两个配位原子 N。中心原子的配位数一般有 2、4、6 和 8，最常见的是 4 和 6。配位数的多少取决于配合物中的中心原子和配体的体积大小、电荷多少、彼此间的极化作用、配合物生成时的外界条件（浓度、温度）等。通常的配位原子有 14 种。除 H 和 C 外，有周期表中ⅤA族的 N、P、As 和 Sb；ⅥA族的 O、S、Se 和 Te；ⅦA族的 F、Cl、Br 和 I。配位数是容纳在中心原子或中心离子周围的电子对的数目，故不受周期表族次的限制，而取决于元素的周期数。中心原子的最高配位数第一周期为 2，第二周期为 4，第三、四周期为 6，第五周期为 8。一般来说，中心原子的半径越大，则周围能结合的配体就越多，配位数就越大。例如 $Al^{3+}$ 和 $F^-$ 形成了 $[AlF_6]^{3-}$，而体积较小的 B(Ⅲ) 就只能与 $F^-$ 形成 $[BF_4]^-$。中心原子的体积越大，它和配体间的吸引力就越弱，这就使它达不到最高配位数。对于同一中心原子来说，配位数随着配体半径的增加而减小。如 $Al^{3+}$ 和 $F^-$ 可形成配位数为 6 的 $[AlF_6]^{3-}$，而 $Al^{3+}$ 和半径较大的 $Cl^-$ 和 $I^-$ 只能形成配位数为 4 的 $[AlX_4]^-$。但中心原子和配体的体积关系并非决定配位数的唯一因素。中心原子的电荷增加，有利于配位数较高的配离子的形成。例如 $Ag^+$、$Cu^{2+}$ 和 $Co^{3+}$ 的体积依次减小，它们和 $NH_3$ 形成的配离子 $[Ag(NH_3)_2]^+$、$[Cu(NH_3)_4]^{2+}$ 和 $[Co(NH_3)_6]^{3+}$ 的配位数依次增加。在配体为离子时，配体电荷增加，它们之间的斥力也增大，配位数就会相应地减小。因此，中心原子电荷增加或配体电荷的减少，均有利于配位数的增加。

配离子的电荷等于组成它的简单粒子电荷的代数和。当然，作为独立存在的配合物，应该是电中性的。例如有 $[Cu(NH_3)_4]^{2+}$ 还必须有相应的负离子，如 $SO_4^{2-}$，于是就有 $[Cu(NH_3)_4]SO_4$ 配合物的存在。可见配合物和配离子在概念上有所不同，不过有时中心原子和配体的电荷的代数和为零，则其本身就是不带电荷的配合物。例如 $[Pt(NH_3)_2Cl_2]$、$[Fe(CO)_5]$（羰基合铁）等即是如此。至此，可以将配合物定义为：以具有接受电子对的空轨道的原子或离子为中心（统称为中心原子），一定数目可以给出电子对的离子或分子为配体，两者按一定的组成和空间构型形成以配位个体为特征的化合物，叫做配（位化）合物。

电中性的配位个体本身就是配合物，如 $[Ni(CO)_4]$ 等。带电荷的配位个体称为配离子；带正电荷的配离子称为配阳离子，如 $[Co(NH_3)_6]^{3+}$ 等；带负电荷的配离子称为配阴离子，如 $[Fe(CN)_6]^{3-}$ 等。

## 5.2 配位化合物的类型和命名

### 5.2.1 配合物的类型

配合物有多种分类法：按中心离子数，可分单核配合物和多核配合物；按配体种类，可分为水合配合物、卤合配合物、氨合配合物、氰合配合物和羰基配合物等；按成键类型，可分经典配合物（σ配键）、簇状配合物（金属-金属键），还有烯烃不饱和配体配合物、夹心配合物及穴状配合物（均为不定域键）。本教材从配合物的整体考虑，将它们分为简单配合物、螯合物和特殊配合物三种。

**1. 简单配合物**

只含有一个配位原子的配体称为单齿配体，由单齿配体（如 $NH_3$、$H_2O$、$CN^-$、卤素等）和中心原子所形成的配合物为简单配合物。例如：$[Ag(NH_3)_2]Cl$、$[Cu(NH_3)_4]SO_4$、$[Cu(H_2O)_4]SO_4 \cdot H_2O$、$K_3[Fe(CN)_6]$、$K_2[PtCl_4]$ 和 $Na_3[AlF_6]$ 等。

**2. 螯合物**

将乙二胺 $NH_2CH_2CH_2NH_2$ 或氨基乙酸 $NH_2-CH_2-COOH$ 分别与铜盐化合，生成二乙二胺合铜（Ⅱ）或二氨基乙酸根合铜（Ⅱ），反应式如下：

$$2NH_2CH_2CH_2NH_2 + Cu^{2+} \rightleftharpoons \left( \begin{array}{c} CH_2H_2N \\ | \\ CH_2H_2N \end{array} Cu \begin{array}{c} NH_2CH_2 \\ | \\ NH_2CH_2 \end{array} \right)^{2+}$$

或

$$2NH_2-CH_2-\overset{O}{\underset{}{C}}-OH + Cu^{2+} \rightleftharpoons \begin{array}{c} O=C-O \quad O-C=O \\ | \quad\quad Cu \quad\quad | \\ H_2C-H_2N \quad NH_2-CH_2 \end{array} + 2H^+$$

乙二胺含有两个相同的配位原子 N，氨基乙酸含有两个不同的配位原子 N、O，均能和 $Cu^{2+}$ 形成两个五原子环的配合物。在结构式中常以"→"表示金属离子与不带电荷原子间的配位键，以"—"表示金属离子与带电荷原子间的配位键。

一个配体以两个或两个以上的配位原子（即多齿配体）和同一中心原子配位而形成一种环状结构的配合物，称为螯合物。这个名称是因为同配体的双齿，好像一对蟹钳螯住中心原子的缘故。环状结构是螯合物的特点。

**3. 特殊配合物**

除了以上两类配合物外，现介绍几种特殊配合物。

（1）金属羰基配合物　为金属原子与一氧化碳结合的产物。这种配合物中金属原子的氧化态都很低，有的甚至等于零，如 $Ni(CO)_4$；有的呈负氧化态，如 $Na[Co(CO)_4]$；有的呈正氧化态，如 $[Mn(CO)_5Br]$。这些都是单个中心原子的，为单核配合物。还有两个和两个以上中心原子的金属羰基配合物，如 $Fe_2(CO)_9$ 和 $Fe_3(CO)_{12}$ 等为多核配合物。

（2）簇状配合物（簇合物）　含有至少两个金属，并含有金属-金属键的配合物，如 $Co_4(C_5H_5)_4H_4$ 和 $(W_6Cl_8)Cl_6$ 等。生成簇合物的金属原子主要是过渡金属，它们生成的趋势与该金属在周期表中的位置、氧化态以及配体性质等条件有关。第二、第三过渡系金属比第一过渡系金属生成簇合物的能力强。在同种元素中，低氧化态容易形成簇合物。

(3) 有机金属配合物或称金属有机配合物　为有机基团与金属原子之间生成碳-金属键的化合物。这种配合物有如下几种。

① 金属与碳直接以 σ 键合的配合物，包括烷基金属[如$(CH_3)_6Al_2$]、芳基金属（如$C_6H_5HgCl$）、乙炔基金属（如 HC≡CAg）等。除有机配体外，还可含有 CO、$CN^-$、$PR_3$（R 为烷基）等配体的配合物。

② 金属与碳形成不定域配键的配合物，包括烯烃、炔烃、芳烃、环戊二烯等配合物，如蔡斯盐阴离子[$PtCl_3(C_2H_4)$]$^-$，在 Pt 和 $CH_2$=$CH_2$ 之间有这种不定域键。二茂铁[$Fe(C_5H_5)_2$]，金属原子 Fe 被夹在两个平行的碳环之间，为夹心配合物（图 5-1）。二苯铬[$Cr(C_6H_6)_2$]也属夹心配合物。

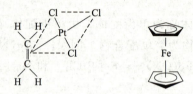

图 5-1　[$PtCl_3(C_2H_4)$]$^-$ 和 [$Fe(C_5H_5)_2$] 的结构

(4) 大环配合物　一类在配合物的环的骨架上含有 O、N、S、P 或 As 等多个配位原子的多齿配体所生成的环状配合物。其配体结构和性质非常特殊，有环状的冠醚、三维空间的穴醚、不同孔径的球醚等。有些大环配合物还具有光能等转换功能，有些对光、电、热很敏感，分别具有识别、选择性传输和催化等功能，可作为分子、电子器件和敏感元件。大环配合物在元素分离、分析、污染处理及医疗卫生等方面也有应用前景，它是目前配位化学的几个前沿领域之一。

### 5.2.2　配合物的命名

配合物的名称有少数用习惯名称，如 $K_4[Fe(CN)_6]$ 叫做黄血盐或亚铁氰化钾，$K_3[Fe(CN)_6]$ 叫做红血盐或铁氰化钾等，这些都不符合配合物的系统命名法。

对于配合物的配位个体可按下列顺序命名：[阴离子配体·中性分子配体-合-中心原子（用罗马数字标明可变的中心原子的氧化数）]。不同配体名称间以圆点分开。配体个数用倍数词头二、三、四等数字表示。较复杂的配体名称，配体要加括号以免混淆。

现举三类不同例子予以命名：

**1. 配阴离子配合物**

$K_2[SiF_6]$　　　　　　　　六氟合硅酸钾

$K[PtCl_5(NH_3)]$　　　　　　五氯·氨合铂（Ⅳ）酸钾

$Na[Co(CO)_4]$　　　　　　四羰基合钴（-Ⅰ）酸钠

**2. 配阳离子配合物**

$[Zn(NH_3)_4]Cl_2$　　　　　　二氯化四氨合锌

$[Co(ONO)(NH_3)_5]SO_4$　　硫酸亚硝酸根·五氨合钴（Ⅲ）

$[Fe(en)_3]Cl_3$　　　　　　三氯化三（乙二胺）合铁（Ⅲ）

**3. 中性配合物**

[PtCl$_2$(NH$_3$)$_2$]　　　　　　二氯·二氨合铂（Ⅱ）

[Co(NO$_2$)$_3$(NH$_3$)$_3$]　　　　三硝基·三氨合钴（Ⅲ）

## 5.3　配位化合物的异构现象

配合物的异构现象是配合物的重要性质之一。它是指配合物的化学组成完全相同，但原子间的空间排列方式或连接方式不同而引起的结构和性质不同的一些现象。异构现象不仅影响配合物的物理和化学性质，且与其稳定性和键性质也有密切的关系。配合物的异构现象可分为两大类：立体异构现象和结构异构现象。

### 5.3.1　立体异构现象

配合物的立体异构是指配合物的中心离子（或原子）相同、配体相同、内外界相同，只是配体在中心体周围空间排列方式不同的一些配合物。它们可分为几何异构体和旋光异构体，后者又称为对映体异构体。

**1. 几何异构**

几何异构体主要发生在配位数为 4 的平面正方形配合物和配位数为 6 的正八面体配合物中，在配位数为 2、3 或 4（正四面体）的配合物中是不可能存在的。这类配合物的配体围绕中心体可以占据不同的位置。常分为顺式（*cis-*）和反式（*trans-*）两种异构体。

在平面正方形配合物中，研究得最多的是 Pt(Ⅱ) 和 Pd(Ⅱ) 配合物，因为它们性质稳定，反应速率很慢。例如，二氯二氨合铂（Ⅱ）有顺式和反式两种异构体，前者俗称顺铂，是一种著名抗癌药。

对于平面正方形配合物异构体的数目：MA$_2$B$_2$，MA$_2$BC 均为 2 个，MABCD 为 3 个（M 为金属原子，A、B、C、D 为不同配体）。

在正八面体配合物 [MA$_6$] 中，若单齿配体 A 被别的单齿配体 B 顺序取代时，则所生成的配合物异构体的种类见图 5-2。

从图 5-2 可知，在 [MA$_4$B$_2$]、[MA$_3$B$_3$] 和 [MA$_2$B$_4$] 中各生成两种几何异构体。[MA$_4$B$_2$] 和 [MA$_2$B$_4$] 实际上是同样的情况，两种异构体根据配位位置：顺式是 1,2-异构体，反式是 1,6-异构体。而 [MA$_3$B$_3$] 的两种异构体，如果 3 个 A 和 3 个 B 各占八面体的一个三角形面的顶点，称为面式（*fac-*）或顺-顺式。3 个 A 和 3 个 B 各占八面体的位置分布形如地球的经纬线，称为经式（*mer-*）或顺-反式。下面举 [CrCl$_2$(NH$_3$)$_4$]$^+$ 和 [RhCl$_3$(Py)$_3$] 两个实例予以说明。

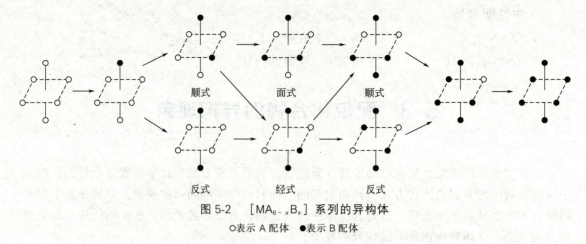

图 5-2 $[MA_{6-x}B_x]$ 系列的异构体

○表示 A 配体  ●表示 B 配体

$[CrCl_2(NH_3)_4]^+$ 的顺、反异构体

$[RhCl_3(Py)_3]$ 的面式、经式异构体

对于正八面体异构体的数目：$[MA_4B_2]$、$[MA_3B_3]$、$[MA_4BC]$ 均为 2 个，$[MA_2BC_3]$ 为 3 个，$[MA_2B_2C_2]$ 为 5 个。

## 2. 旋光异构

旋光异构体是指两个异构体的对称关系类似人的左、右手，它们是互成镜像的对映体。

在 d 区元素中，简单的旋光异构体例子是金属离子和三个二齿配体，例如草酸根所形成的配合物。

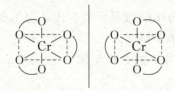

镜面

$[Cr(C_2O_4)_3]^{3-}$ 的旋光异构体（互成镜像）

旋光异构体的物理和化学性质完全相同，可是两者使平面偏振光发生的方向有相反的偏转，分别称为右旋体（符号 $d$ 表示）和左旋体（符号 $l$ 表示）。

许多药物也存在着旋光异构现象，且往往只有一种异构体有效，而另一种无效，甚至有害。故如能分离这些药物中的旋光异构体，则可能减少药物的毒副作用和用药量。

## 5.3.2 结构异构现象

结构异构是指配合物的实验式相同,但成键原子的连接方式不同而形成的异构体。通常有如下几种类型。

**1. 解离异构**

由于配合物中的阴离子在内、外界的位置不同,因而它们在水溶液中解离出的离子也不相同。例如,

$$[Co(NH_3)_5Br]SO_4 \rightleftharpoons [Co(NH_3)_5Br]^{2+} + SO_4^{2-}$$
紫色
$$[Co(NH_3)_5SO_4]Br \rightleftharpoons [Co(NH_3)_5SO_4]^+ + Br^-$$
红色

**2. 水合异构**

在解离异构体中,若变化位置的配体为不带电荷的 $H_2O$ 分子,称其为水合异构。例如:$[Cr(H_2O)_6]Cl_3$(紫色),$[Cr(H_2O)_5Cl]Cl_2 \cdot H_2O$(绿色),$[Cr(H_2O)_4Cl_2]Cl \cdot 2H_2O$(绿色)。

**3. 配体异构**

如果有两个配体互为异构体,则其生成相应的配合物也就互为配体异构体。

例如,$H_2N-CH_2-CH(NH_2)-CH_3$(1,2-二氨基丙烷,记为 L)和 $H_2N-CH_2-CH_2-CH_2-NH_2$(1,3-二氨基丙烷,记为 L')互为异构体,故它们与 Co(Ⅲ)形成的 $[CoCl_2L]Cl$ 和 $[CoCl_2L']Cl$ 也互为异构体。

**4. 键合异构**

有些配体能用两种或多种方式与中心体键合,这种配合物称为键合异构体。实例为 $[Co(NH_3)_5NO_2]^{3+}$(内为硝基)和 $[Co(NH_3)_5ONO]^+$(内为亚硝酸根)。

**5. 配位异构**

配位异构是指在配合物中阳离子和阴离子两者都是配离子,但其中配体的分配可以改变,因而产生不同的异构体。例如 $[Co(NH_3)_6][Cr(CN)_6]$ 和 $[Cr(NH_3)_6][Co(CN)_6]$;$[Pt(Ⅱ)(NH_3)_4][Pt(Ⅳ)Cl_6]$ 和 $[Pt(Ⅳ)(NH_3)_4][Pt(Ⅱ)Cl_6]$ 等。

# 5.4 配位化合物的化学键本性

用来解释配合物中化学键的本性,配合物结构和稳定性,以及一般性质(如磁性、光谱等)的理论主要有价键理论、晶体场理论和分子轨道理论。

最早提出并且最简单的理论是静电理论。正离子中心原子与负离子或极性分子配体的成键就是由于正负电荷的静电相吸引。配位键的强弱和配位数的多少取决于中心离子的电荷和体积以及配体的电荷、偶极矩、极化性和体积。已知这些数值,中心离子和配体的键能就可以计算出来。但根据该理论,配位键应无方向性,因而不能说明为什么配位数为 4 的金属配合物有的是正四面体,有的是平面正方形,也不能说明不带电荷的中心原子和配体如何形成

像［$Ni(CO)_4$］和［$Cr(C_6H_6)_2$］之类的特殊配合物。后来静电理论经过晶体场理论修改，又与分子轨道理论相结合，发展成为配体场论。

价键理论是 20 世纪 30 年代发展起来的，它简单明了又能说明一定的问题，颇受人们的欢迎。但它不能解释较复杂的现象，如没有考虑激发态，也不能说明配合物的光谱等，故有其局限性。下面对价键理论和晶体场理论的基本内容作简要的介绍。

## 5.4.1 价键理论

### 1. σ 配键和 π 配键

在配合物中，化学键的本性是配位键。故若形成 σ 键的一对电子由配体一方提供时，叫做 σ 配键。σ 配键数实际上就是配合物中心原子的配位数，或说是其可以容纳电子对的空轨道数。若配体与金属中心离子除生成 σ 键外，配位原子中未成键的 π 轨道中有电子对（如 $O^{2-}$、$Cl^-$ 等），能够和金属离子中合适的 π 轨道生成配体金属 π 键，称为给予 π 配键。这种键减少了金属离子的正电荷，对形成配合物有利，并可稳定金属离子的较高氧化态。如［$CrO_4$］$^{2-}$ 等酸根负离子中就有这种 π 配键。另一种 π 配键在化合物中极为重要。如中心原子和配体已形成稳定的 σ 键，而中心原子有自由的 d 电子对，配体也有空的 p 或 d 轨道，则这时可形成反馈键。它的形成使负电荷从中心原子上减少，而使形成的配合物更加稳定。

### 2. 内轨型和外轨型配合物

配合物的配位键是一种极性共价键，因而具有一定的方向性和饱和性。以［$Zn(NH_3)_4$］$^{2+}$ 为例，$Zn^{2+}$ 的外围电子层结构为 $3s^2 3p^6 3d^{10}$，它的 4s 和 4p 轨道是空的。而配体 $NH_3$ 的电子结构为

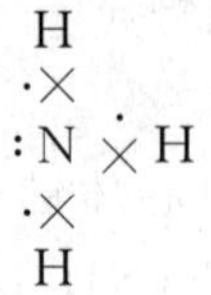

$$\begin{array}{c} H \\ \cdot \times \\ :N \stackrel{\cdot}{\times} H \\ \cdot \times \\ H \end{array}$$

其中 N 原子上有孤对电子。在中心原子和配体相互作用时配体的孤对电子就进入中心原子的空轨道，以配位键的形式使两者结合起来（下图以 ↑ 表示中心原子的电子，以 · 表示配体的电子）。

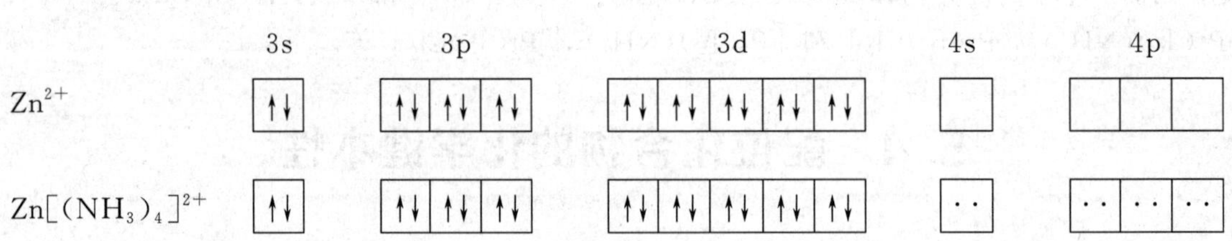

|  | 3s | 3p | 3d | 4s | 4p |
|---|---|---|---|---|---|
| $Zn^{2+}$ | ↑↓ | ↑↓ ↑↓ ↑↓ | ↑↓ ↑↓ ↑↓ ↑↓ ↑↓ | | |
| $Zn[(NH_3)_4]^{2+}$ | ↑↓ | ↑↓ ↑↓ ↑↓ | ↑↓ ↑↓ ↑↓ ↑↓ ↑↓ | ·· | ·· ·· ·· |

$Zn^{2+}$ 是以 $sp^3$ 杂化轨道和四个氨分子相结合的，几何构型为四面体，结构式为

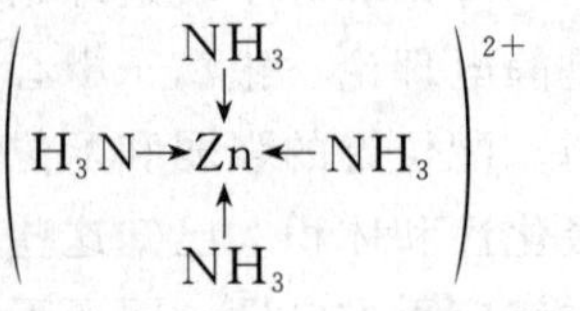

$$\left( \begin{array}{c} NH_3 \\ \downarrow \\ H_3N \rightarrow Zn \leftarrow NH_3 \\ \uparrow \\ NH_3 \end{array} \right)^{2+}$$

若中心金属离子 d 轨道未充满电子，如 $Fe^{2+}$，则形成配合物时的情况就比较复杂。$Fe^{2+}$ 的

3d能级上有6个电子，d电子分布服从洪特规则，即在等价轨道中，自旋单电子数越多，状态就越稳定。在形成 $[Fe(H_2O)_6]^{2+}$ 配离子时，中心离子的电子层不受配体影响。$H_2O$ 中配位原子氧的孤对电子进入 $Fe^{2+}$ 的 4s、4p 和 4d 空轨道，形成 $sp^3d^2$ 杂化轨道，几何构型为八面体。

这种中心离子仍保持自由离子状态的电子结构，配体的孤对电子仅进入外层空轨道而形成 sp、$sp^2$、$sp^3$ 或 $sp^3d^2$ 等外层杂化轨道的配离子，称为外轨型配离子。$[Fe(H_2O)_6]^{2+}$ 和 $[Zn(NH_3)_4]^{2+}$ 都是外轨型离子，它们的配合物称为外轨型配合物。

在形成 $[Fe(CN)_6]^{4-}$ 配离子时，配体 $CN^-$ 的电子式如下：

$$[:C\equiv N:]^-$$

$CN^-$ 对中心离子d电子的作用特别强，能将 $Fe^{2+}$ 的电子"挤成"只占3个d轨道并均自旋配对，使2个d轨道空出来。6个 $CN^-$ 中配位原子碳的孤对电子进入 $Fe^{2+}$ 的 3d、4s 和 4p 空轨道形成 $d^2sp^3$ 杂化轨道，几何构型为八面体。单电子数为零，磁性也没有了。像 $dsp^2$、$d^2sp^3$ 等内层杂化轨道的形成，是由于中心离子的电子结构改变，未成对的电子重新配对，从而在内层腾出空轨道来。用这种键型结合的配离子称为内轨型配离子，如 $[Fe(CN)_6]^{4-}$，它的配合物称为内轨型配合物。

以上关于 $[Fe(H_2O)_6]^{2+}$ 和 $[Fe(CN)_6]^{2-}$ 配离子键型结构的叙述可以示意如下：

实验表明：中心离子与配位原子电负性相差很大时，易生成外轨型配合物；电负性相差较小时，则生成内轨型配合物。如配位原子 $F^-$、$H_2O$ 常生成外轨型；$CN^-$、$NO_2^-$ 等生成内轨型；$NH_3$、$Cl^-$、$RNH_2$ 等有时为外轨型，有时为内轨型（如 $[Co(NH_3)_6]^{2+}$ 为外轨型，$[Co(NH_3)_6]^{3+}$ 为内轨型）。增加中心离子电荷，有利于形成内轨型。

一般可以用磁性实验来确定是内轨型还是外轨型。因为物质的磁性与组成物质的原子（或分子）中的电子运动有关。磁性可用磁天平测出。磁矩与原子或离子中未成对电子数有关，可用近似的关系式表示为

$$\mu/\mu_B \approx \sqrt{n(n+2)}$$

式中，$\mu$ 为磁矩，$A\cdot m^2$；$\mu_B$ 为玻尔磁子，$9.274\times 10^{-24} A\cdot m^2$；$n$ 为未成对电子数。利用这个关系式得到的计算值和实验值基本相符（见表5-1）。因此，测定配合物的磁矩就可以了解中心离子的电子结构，如果为外轨型配合物，电子结构没有发生变化，未成对电子数就不变。而形成内轨型配合物时，中心离子的电子结构大多会发生变化，未成对的电子数也发生改变。例如 $[Fe(H_2O)_6]^{2+}$ 的 $\mu(实验)/\mu_B=5.0$，可知 $n=4$，因为 $\mu(计算)/\mu_B=4.90$。又 $[Fe(CN)_6]^{4-}$ 的 $\mu(实验)/\mu_B=0$，可知 $n=0$。

表 5-1　若干金属离子的磁矩

| 金属离子 | d电子数 | 未成对电子数 | $\mu$(计算)$/\mu_B$ | $\mu$(实验)$/\mu_B$ |
|---|---|---|---|---|
| $K^+$, $Ca^{2+}$ | 0 | 0 | 0.00 | 0.00 |
| $Ti^{3+}$ | 1 | 1 | 1.73 | 1.77~1.79 |
| $Ti^{2+}$ | 2 | 2 | 2.83 | 2.76~2.85 |
| $Cr^{3+}$ | 3 | 3 | 3.88 | 3.68~4.00 |
| $Mn^{3+}$, $Cr^{2+}$ | 4 | 4 | 4.90 | 4.80~5.06 |
| $Mn^{2+}$, $Fe^{3+}$ | 5 | 5 | 5.92 | 5.2~6.0 |
| $Fe^{2+}$, $Co^{3+}$ | 6 | 4 | 4.90 | 5.0~5.5 |

上述关系式不适用于稀土元素，因为稀土元素的未成对电子位于4f轨道上，实验值和计算值差距极大。

现将配合物原子轨道杂化和分子几何构型在表 5-2 列出。

表 5-2　配合物原子轨道杂化和分子几何构型

| 配位数 | 轨道 | 几何构型 | 配离子类型 | 例子 |
|---|---|---|---|---|
| 2 | sp | 直线形 | 外轨型 | $[Ag(CN)_2]^-$ |
| 3 | $sp^2$ | 三角形 | 外轨型 | $[HgI_3]^-$ |
| 4 | $sp^3$ | 正四面体 | 外轨型 | $[Zn(NH_3)_4]^{2+}$ |
| 4 | $dsp^2$ | 平面正方形 | 内轨型 | $[PtCl_4]^{2-}$ |
| 6 | $sp^3d^2$ | 正八面体 | 外轨型 | $[Fe(H_2O)_6]^{2+}$ |
| 6 | $d^2sp^3$ | 正八面体 | 内轨型 | $[Fe(CN)_6]^{4-}$ |

## 5.4.2　晶体场理论

晶体场理论把配体看作点电荷（或偶极子），重点考虑配体静电场对金属 d 轨道能量的影响，即主要讨论中心原子的 d 电子在配体作用下的效应。晶体场理论能较合理地解释配合物的磁性质和光谱，是研究配合物的重要理论。但由于只考虑中心原子的电子结构，未考虑配体的结构，故不能适用于烯烃配合物和零价金属配合物。

**1. 简并态 d 轨道的分裂**

晶体场理论认为，过渡金属离子（原子）与配体的结合完全依靠静电作用，这种作用是纯粹的静电排斥和吸引，不交换电子，即不形成任何共价键。最初，未受外电场影响的自由金属离子（原子）的五个 d 轨道能量相等（简并态），在配体作用下，d 轨道能量都增高了。若配体引起的电场是球形对称的，d 轨道仍为简并态，若在配体非球对称电场作用下，d 轨道就发生分裂，有的能量升高，有的能量降低（见图 5-3）。

在正八面体配合物中，六个配体所造成的晶体场叫做正八面体场。如图 5-4 所示，六个配体（以黑圆点●表示）沿 $x$、$y$、$z$ 三个坐标轴的正负 6 个方向分布，以形成八面体场。当六个配体分别沿 $\pm x$、$\pm y$、$\pm z$ 方向向金属中心离子靠近时，这时的 $d_{z^2}$ 和 $d_{x^2-y^2}$ 轨道与配体处于迎头相顶状态。这些轨道上的电子受配体静电场排斥作用，因而能量比八面体场的

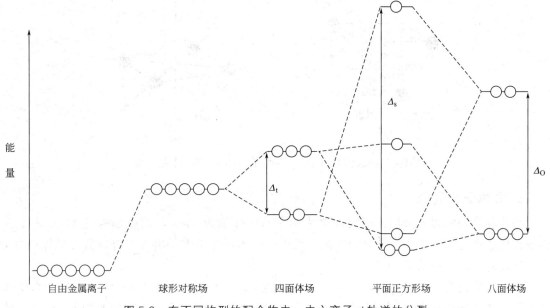

图 5-3　在不同构型的配合物中，中心离子 d 轨道的分裂

平均能量高。而 $d_{xy}$、$d_{yz}$、$d_{xz}$ 三个轨道却正好插在配体空隙中间，因而能量比八面体场的平均能量低。这样原来五个简并态 d 轨道分裂成两组：一组是能量较高的 $d_{z^2}$ 和 $d_{x^2-y^2}$ 轨道，称为 $d_\gamma$ 或 $e_g$ 轨道；另一组是能量较低的 $d_{xy}$、$d_{yz}$、$d_{xz}$ 轨道，称为 $d_\varepsilon$ 或 $t_{2g}$ 轨道，如图 5-5 所示。

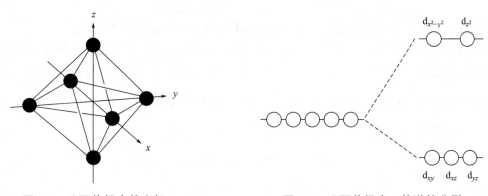

图 5-4　八面体场中的坐标　　　　图 5-5　八面体场中 d 轨道的分裂

在正四面体配合物中，四个配体位于正六面体不相邻的 4 个顶点上形成正四面体，如图 5-6(a) 所示。当四个配体靠近金属中心离子时，它们和中心离子 $d_{xy}$、$d_{yz}$、$d_{xz}$ 轨道靠得较近，而与 $d_{z^2}$、$d_{x^2-y^2}$ 轨道离得较远。因此，中心离子的 $d_{xy}$、$d_{yz}$、$d_{xz}$ 轨道的能量比四面体场的平均能量高，而 $d_{z^2}$ 和 $d_{x^2-y^2}$ 轨道的能量比平均能量低。这和八面体场中 d 轨道的分裂情况正好相反。

再如平面正方形配合物的四个配体分别沿 $\pm x$ 和 $\pm y$ 的方向向金属中心离子接近，如图 5-6(b) 所示。$d_{x^2-y^2}$ 迎头相顶，能量最高，$d_{xy}$ 次之，$d_{z^2}$ 又次之，$d_{yz}$ 和 $d_{xz}$ 能量最低。

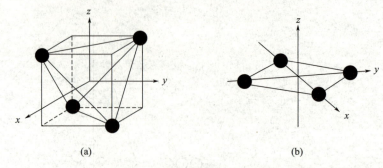

图 5-6 四面体场（a）和平面正方形场（b）中的坐标

## 2. 晶体场分裂能

晶体场分裂的程度可用分裂能 $\Delta$ 来表示（八面体场为 $\Delta_O$，四面体场为 $\Delta_t$），$\Delta$ 表示高能级和低能级之差。这个数值可由配离子的吸收光谱计算出来，因为配合物的可见光谱是 d 电子在能级中跃迁的结果。

正八面体只有一个参变数，$d_\gamma$ 和 $d_\varepsilon$ 的能量差 $\Delta_O = E(d_\gamma) - E(d_\varepsilon) = 10Dq$。量子力学原理指出，在外场作用下，d 轨道在分裂过程中应保持总能量不变。设在未分裂时，对应于球形对称场，d 轨道能量为零。$d_\gamma$ 两个轨道共 4 个电子，$d_\varepsilon$ 三个轨道共六个电子，因此有下列方程组：

$$E(d_\gamma) - E(d_\varepsilon) = 10Dq$$
$$4E(d_\gamma) + 6E(d_\varepsilon) = 0$$

解得
$$E(d_\gamma) = +6Dq$$
$$E(d_\varepsilon) = -4Dq$$

可见在八面体场中，d 轨道分裂结果是 $d_\gamma$ 能量升高 6Dq，$d_\varepsilon$ 能量降低 4Dq。

正四面体配体进攻的方向和八面体场中的位置不同，故 d 轨道受到配体的排斥作用不像八面体场那样强烈。根据计算，在同种配体和配体接近中心离子的距离相同时，正四面体场中 d 轨道分裂能 $\Delta_t$ 仅是八面体场 $\Delta_O$ 的 $\frac{4}{9}$。四面体中 $d_\gamma$ 和 $d_\varepsilon$ 轨道能量升降刚好和八面体场相反，故有下列方程组：

$$E(d_\gamma) - E(d_\varepsilon) = \frac{4}{9} \times 10Dq$$
$$6E(d_\varepsilon) + 4E(d_\gamma) = 0$$

解得
$$E(d_\gamma) = -2.67Dq$$
$$E(d_\varepsilon) = +1.78Dq$$

可见在四面体场中，d 轨道分裂结果 $d_\varepsilon$ 能量升高了 1.78Dq，$d_\gamma$ 能量下降了 2.67Dq。现将在不同对称性晶体场中 d 轨道能级相对值（Dq 值）列于表 5-3。

表 5-3 在不同对称性晶体场中 d 轨道能级相对值（Dq）

| 配位数 | 场对称性 | $d_{z^2}$ | $d_{x^2-y^2}$ | $d_{xy}$ | $d_{xz}$ | $d_{yz}$ |
|---|---|---|---|---|---|---|
| 1 | 直线形* | -3.14 | 5.14 | -3.14 | 0.57 | 0.57 |
| 2 | 直线形* | -6.28 | 10.28 | -6.28 | 1.14 | 1.14 |

续表

| 配位数 | 场对称性 | $d_{x^2-y^2}$ | $d_{z^2}$ | $d_{xy}$ | $d_{yz}$ | $d_{xz}$ |
|---|---|---|---|---|---|---|
| 3 | 三角形** | 5.46 | −3.21 | 5.46 | −3.86 | −3.86 |
| 4 | 正四面体 | −2.67 | −2.67 | 1.78 | 1.78 | 1.78 |
| 4 | 平面正方形** | 12.28 | −4.28 | 2.28 | −5.14 | −5.14 |
| 6 | 正八面体 | 6.00 | 6.00 | −4.00 | −4.00 | −4.00 |

注：\* 配体沿 $z$ 轴方向。

\*\* 配体在 $xy$ 平面。

八面体分裂能 $\Delta_0$ 值取决于下列因素：

(1) 配体的晶场分裂能力　金属离子生成构型相同的配合物，其分裂能值随配体的晶体场分裂能力强弱不同而不同。根据正常价态的金属离子的八面体配合物的光谱数据，可知配体的分裂能力按下列次序增加：

$I^-<Br^-(0.76)<Cl^-(0.80)\sim SCN^-$（N 配位）$<F^-(0.9)\sim$ 尿素 $\sim OH^-\sim HCOO^-$ $<C_2O_4^{2-}(0.98)\sim H_2O(1.00)<$ 吡啶 $(1.25)\sim EDTA\sim NH_3<$ en（乙二胺，1.3）$<NO_2$（硝基，1.5）$<CN^-$ (1.7)。

这个次序叫做"分光化学序"，括号中的数字表示该配合物相对于水合物的 $\Delta_0$ 值。例如 $[MF_6]^{(6-z)-}$ 和 $[M(NH_3)_6]^{z+}$ 分别为 $[M(H_2O)_6]^{z+}$ 的 0.9 倍和 1.25 倍。当然，仅从静电作用是不能说明这种次序的。例如，无法解释 $F^-<H_2O$ 及 $H_2O\ll CN^-$。

(2) 配体相同时，$\Delta_0$ 值取决于中心离子的价态。中心离子价态越高，则 $\Delta_0$ 值越大。价态为 3 的金属离子比价态为 2 的 $\Delta_0$ 值约大 40%～60%。

**3. 晶体场稳定化能和磁矩**

对相同金属离子而言，由于晶体场强度不同，可分为弱场和强场两种。前者由于晶体场排斥作用较弱，中心离子的电子结构前后没有变化，未成对的单电子数不变，总的自旋平行电子数较多，可称为高自旋配合物。后者由于晶体场排斥作用强，一般 d 电子多已自旋成对，总的自旋平行电子数较少，故可称为低自旋配合物。

由于晶体场的作用，d 电子进入分裂轨道后比在未分裂轨道前总能量降低的值，称为晶体场的稳定化能。这种能量越大，该配合物越稳定。例如，$Fe^{3+}$ 的 5 个 d 电子在正八面体弱场（高自旋）的电子排布是 3 个电子在 $d_\varepsilon$，2 个电子在 $d_\gamma$。故稳定化能 $E=(-4Dq)\times 3+(6Dq)\times 2=0Dq$。如在强场（低自旋），5 个电子完全排在 $d_\varepsilon$，$E=-4Dq\times 5=-20Dq$。这表示分裂前后总能量减少，配合物稳定。通过类似计算，配离子的稳定化能列于表 5-4。

表 5-4　晶体场中过渡金属离子的稳定化能 (−Dq)

| $d^n$ | 弱场 | | | 强场 | | |
|---|---|---|---|---|---|---|
| | 八面体 | 四面体 | 平面正方形 | 八面体 | 四面体 | 平面正方形 |
| $d^0$ | 0 | 0 | 0 | 0 | 0 | 0 |
| $d^1$ | 4 | 2.67 | 5.14 | 4 | 2.67 | 5.14 |
| $d^2$ | 8 | 5.34 | 10.28 | 8 | 5.34 | 10.28 |
| $d^3$ | 12 | 3.56 | 14.56 | 12 | 8.01 | 14.56 |
| $d^4$ | 6 | 1.78 | 12.28 | 16 | 10.68 | 19.70 |
| $d^5$ | 0 | 0 | 0 | 20 | 8.90 | 24.84 |

续表

| \ | 弱场 | | | 强场 | | |
| --- | --- | --- | --- | --- | --- | --- |
| $d^n$ | 八面体 | 四面体 | 平面正方形 | 八面体 | 四面体 | 平面正方形 |
| $d^6$ | 4 | 2.67 | 5.34 | 24 | 6.12 | 29.12 |
| $d^7$ | 8 | 5.34 | 10.28 | 18 | 5.34 | 26.84 |
| $d^8$ | 12 | 3.56 | 14.56 | 12 | 3.56 | 24.56 |
| $d^9$ | 6 | 1.78 | 12.28 | 6 | 1.78 | 12.28 |
| $d^{10}$ | 0 | 0 | 0 | 0 | 0 | 0 |

配离子中单电子可以决定磁矩的大小。但是到底如何决定这个配合物是高自旋还是低自旋呢？

自由金属离子的 5 个 d 轨道的能量是相等的。按洪特规则，电子进入 d 轨道尽可能占据 d 空轨道而自旋平行。如果要迫使两个电子处于同一轨道而自旋相反，库仑斥力就增加，要消耗一定的成对能（用 $P$ 表示）。气态自由金属离子的 $P$ 值可由理论计算，在配离子中由于晶体场的影响，$P$ 值降低 10%～20%，表 5-5 的数值按气体自由金属离子的 $P$ 值乘以 85% 算出。

表 5-5　若干金属离子的 $P$ 值和 $\Delta_O$ 值

| $d^n$ | 金属离子 | $P/\text{cm}^{-1}$ | $\Delta_O/\text{cm}^{-1}$ | | | | |
| --- | --- | --- | --- | --- | --- | --- | --- |
| | | | 6F | 6H$_2$O | 6NH$_3$ | 3-乙二胺 | 6CN |
| $3d^4$ | $Cr^{2+}$ | 20000 | — | 13900 | — | — | — |
| | $Mn^{3+}$ | 23800 | — | 21000 | — | — | — |
| $3d^5$ | $Mn^{2+}$ | 21700 | — | 7800 | 9100 | — | — |
| | $Fe^{3+}$ | 26500 | — | 13700 | — | — | — |
| $3d^6$ | $Fe^{2+}$ | 15000 | — | 10400 | — | — | 33000 |
| | $Co^{3+}$ | 17800 | 13000 | 18600 | 23000 | 23300 | 34000 |
| $3d^7$ | $Co^{2+}$ | 19100 | — | 9300 | 10100 | 11000 | — |

注：* $P$ 或 $\Delta_O$ 以波数（$\text{cm}^{-1}$）为单位，$1\text{cm}^{-1}=1.23977\times10^{-4}\text{eV}=11.96\text{J}\cdot\text{mol}^{-1}$。

对于配合物的磁矩，晶体场理论的解释可以 $Fe^{2+}$ 配合物为例。$Fe^{2+}$ 中 6 个 d 电子除 2 个成对外，另外有 4 个单电子。在配体场中，d 轨道分裂为 $d_\gamma$ 和 $d_\varepsilon$ 两组，d 电子的排列受 $\Delta_O$ 和 $P$ 两个因素的影响：$\Delta_O$ 使 d 电子先排满能量较低轨道；$P$ 使 d 电子尽量占空轨道且自旋平行。从表 5-5 中可见，在 $[Fe(H_2O)_6]^{2+}$ 中 $\Delta_O(10400\text{cm}^{-1})<P(15000\text{cm}^{-1})$，为弱场，电子排布和自由金属离子的排布相同，属于高自旋配合物，故为顺磁性。在 $[Fe(CN)_6]^{4-}$ 中，$\Delta_O(33000\text{cm}^{-1})>P(15000\text{cm}^{-1})$，为强场，6 个电子全挤入 $d_\varepsilon$ 而成对，属于低自旋配合物，故为反磁性。由此可见，配合物的高自旋或低自旋的规律是：①凡 $P>\Delta_O$，为高自旋，凡 $P<\Delta_O$ 为低自旋；②$F^-$ 的配合物总是 $P>\Delta_O$ 为高自旋；③所有金属水合物离子，除 $[Co(H_2O)_6]^{3+}$ 外，皆为 $P>\Delta_O$，故为高自旋；④有反馈 π 键的配体（如 $CN^-$）的配合物，$P<\Delta_O$，都是低自旋的。

了解电子排布情况不仅可计算磁矩，而且也和稳定化能的计算有关。

**4. 晶体场理论的应用举例**

(1) 配合物的稳定性 $Co^{3+}$ 半径 63pm，$Fe^{3+}$ 半径 64pm，两者电荷也相同，为何 $Co^{3+}$ 配合物总比 $Fe^{3+}$ 配合物稳定？

由表 5-4 可见，在八面体场中 $Co^{3+}(d^6)$ 的稳定化能在弱场和强场中分别为 4Dq 和 24Dq。而 $Fe^{3+}(d^5)$ 的稳定化能分别为 0Dq 和 20Dq。故不论弱场和强场，稳定化能总是 $Co^{3+}>Fe^{3+}$，因此，$Co^{3+}$ 配合物总比 $Fe^{3+}$ 配合物稳定。

(2) 说明配合物的颜色 由于晶体场的影响，d 轨道发生分裂，d 电子吸收能量后从低能级跳到高能级去，吸收的能量等于分裂能 $\Delta_O$。例如，在水溶液中，实验测得 $[Ti(H_2O)_6]^{3+}$ 在波长极大值 492.7nm 区域内有一个强吸收带，它吸收了蓝黄色，呈现紫红色（图 5-7）。因为这时在 $t_{2g}$ 上一个电子跃迁到 $e_g$ 轨道（图 5-8）。

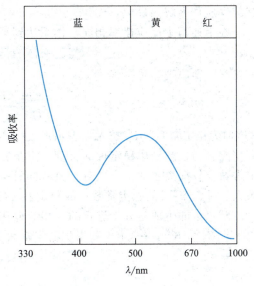

图 5-7 $[Ti(H_2O)_6]^{3+}$ 的吸收光谱

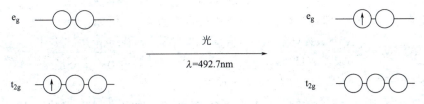

图 5-8 d-d 电子跃迁使 $[Ti(H_2O)_6]^{3+}$ 呈紫红色

(3) 说明配合物的磁性 $Ni^{2+}$ 和 $NH_3$ 生成 $[Ni(NH_3)_6]^{2+}$，为顺磁性；$Ni^{2+}$ 和 $CN^-$ 生成 $Ni[(CN)_4]^{2-}$，为反磁性。这可由图 5-3 予以解释。前者为八面体，$Ni^{2+}$ 的单电子分别占据一个 $d_{x^2-y^2}$ 和一个 $d_{z^2}$，故为顺磁性。而后者为平面正方形，$d_{x^2-y^2}$ 能量高，$CN^-$ 的配体场强，故 $Ni^{2+}$ 的电子只能在 $d_{xy}$ 中成对，没有单电子，为反磁性。

## 5.5 配位解离平衡

### 5.5.1 配位解离平衡和平衡常数

将氨水加到硫酸铜溶液中有 $[Cu(NH_3)_4]^{2+}$ 生成，其反应式为

$$Cu^{2+}+4NH_3 \longrightarrow [Cu(NH_3)_4]^{2+}$$

这类反应称为配位反应。

在 $[Cu(NH_3)_4]^{2+}$ 溶液中加入 $Na_2S$ 溶液，即有黑色 CuS 沉淀生成。这说明 $[Cu(NH_3)_4]^{2+}$ 发生了下列反应：

$$[Cu(NH_3)_4]^{2+} \longrightarrow Cu^{2+}+4NH_3$$

这类反应称为解离反应。

在上述两个反应速率相同，体系达到平衡状态时，称为配位解离平衡。

$$Cu^{2+} + 4NH_3 \rightleftharpoons [Cu(NH_3)_4]^{2+}$$

由化学平衡原理，可得到

$$\frac{[Cu(NH_3)_4]^{2+}}{[Cu^{2+}][NH_3]^4} = K_f^{\ominus}$$

$K_f^{\ominus}$ 称为稳定常数。$K_f^{\ominus}$ 越大，表示形成配离子的倾向越大，此配合物越稳定，故稳定常数是衡量配合物在溶液中稳定性的尺度。附录五所列的稳定常数都是用实验方法求得的。在用稳定常数比较配离子的稳定性时，只有同种类型配离子才能直接比较，如 $[CuY]^{2-}$ 的稳定常数大于 $[CaY]^{2-}$ 的稳定常数，故稳定性 $[CuY]^{2-} > [CaY]^{2-}$。

配离子的生成是分步进行的，相应地在溶液中有一系列的配位平衡及相应的逐级稳定常数 $K_1^{\ominus}, K_2^{\ominus}, K_3^{\ominus}, \cdots, K_n^{\ominus}$ 和累积稳定常数 $\beta_1^{\ominus}, \beta_2^{\ominus}, \beta_3^{\ominus}, \cdots, \beta_n^{\ominus}$。例如：

$$Ag^+ + NH_3 \rightleftharpoons [Ag(NH_3)]^+$$

$$K_1^{\ominus} = \frac{[Ag(NH_3)^+]}{[Ag^+][NH_3]}$$

$$[Ag(NH_3)]^+ + NH_3 \rightleftharpoons [Ag(NH_3)_2]^+$$

$$K_2^{\ominus} = \frac{[Ag(NH_3)_2^+]}{[Ag(NH_3)^+][NH_3]}$$

各逐级稳定常数的乘积，即为该配离子的累积稳定常数 $\beta_n^{\ominus}$。例如：

$$K_1^{\ominus} K_2^{\ominus} = \frac{[Ag(NH_3)^+]}{[Ag^+][NH_3]} \times \frac{[Ag(NH_3)_2^+]}{[Ag(NH_3)^+][NH_3]} = \frac{[Ag(NH_3)_2^+]}{[Ag^+][NH_3]^2} = \beta_2^{\ominus}$$

由此可见 $K_1^{\ominus} = \beta_1^{\ominus}$，$K_1^{\ominus} K_2^{\ominus} = \beta_2^{\ominus}$，$K_1^{\ominus} K_2^{\ominus} \cdots K_n^{\ominus} = \beta_n^{\ominus}$。

**例 5-1** 在 1.0mL 0.040mol·L$^{-1}$ AgNO$_3$ 溶液中，加入 1.0mL 2.0mol·L$^{-1}$ 氨水溶液，计算在平衡后溶液中的 Ag$^+$ 浓度。

**解**：由于溶液的体积增加一倍，浓度减少了一半，AgNO$_3$ 溶液为 0.020mol·L$^{-1}$，氨水溶液为 1.0mol·L$^{-1}$，NH$_3$ 大大过量，故可认为全部 Ag$^+$ 都已生成 [Ag(NH$_3$)$_2$]$^+$。

设平衡后 $[Ag^+] = x$ mol·L$^{-1}$，$[Ag(NH_3)_2]^+ = (0.020-x)$ mol·L$^{-1}$，总 NH$_3$ 浓度为 1.0mol·L$^{-1}$，在 [Ag(NH$_3$)$_2$]$^+$ 中氨为 $2(0.020-x)$ mol·L$^{-1}$。

平衡时，$[NH_3] = [1 - 2(0.020-x)]$ mol·L$^{-1}$ = $(0.96+2x)$ mol·L$^{-1}$

$$K_f^{\ominus} = \frac{[Ag(NH_3)_2^+]}{[Ag^+][NH_3]^2} = 1.62 \times 10^7$$

$$[Ag^+] = \frac{[Ag(NH_3)_2^+]}{[NH_3]^2 \times 1.62 \times 10^7} = \frac{0.020-x}{(0.96+2x)^2 \times 1.62 \times 10^7} = \frac{0.020}{(0.96)^2 \times 1.62 \times 10^7}$$

$$[Ag^+] = 1.34 \times 10^{-9} \text{ mol·L}^{-1}$$

（因 $0.020-x \approx 0.020$，$0.96+2x \approx 0.96$）

若将此结果（$[Ag^+] = 1.34 \times 10^{-9}$ mol·L$^{-1}$）与 NH$_3$ 不过量的情况加以比较（计算结果 $[Ag^+] \approx 3.4 \times 10^{-4}$ mol·L$^{-1}$），可看出过量 NH$_3$ 存在时，$[Ag^+]$ 大大地减少了。

### 5.5.2 配位解离平衡的移动

若在某一个配位解离平衡的体系中加入某种化学试剂（如酸、碱、沉淀剂或氧化还原剂等），会导致该平衡的移动，也即原平衡的各组分的浓度发生了改变。如果在同一溶液中具有多重平衡关系，且各种平衡是同时发生的，其浓度必须同时满足几个平衡条件，这样溶液中一种组分浓度的变化，就会引起配位解离平衡的移动。

**1. 配位解离平衡和酸碱平衡**

若在含有 $[Fe(C_2O_4)_3]^{3-}$ 的水溶液中加盐酸，则发生下列反应：

$$[Fe(C_2O_4)_3]^{3-} \Longleftrightarrow Fe^{3+} + 3C_2O_4^{2-}$$
$$+$$
$$6H^+ \longrightarrow 3H_2C_2O_4$$

合并写成 $[Fe(C_2O_4)_3]^{3-} + 6H^+ \Longleftrightarrow Fe^{3+} + 3H_2C_2O_4$，也即 $[Fe(C_2O_4)_3]^{3-}$ 被破坏，生成了难解离的弱电解质草酸（$H_2C_2O_4$），配位解离平衡为弱电解质的解离平衡所取代。

**2. 配位解离平衡和氧化还原平衡**

在某个氧化还原平衡中，若加入某种配位剂，由于配离子的形成，很可能影响甚至改变化学反应的方向。

**例 5-2** 在反应 $2Fe^{3+} + 2I^- \longrightarrow 2Fe^{2+} + I_2$ 中，若加入 $CN^-$，问新的反应：
$$2[Fe(CN)_6]^{3-} + 2I^- \longrightarrow 2[Fe(CN)_6]^{4-} + I_2$$
能否进行？

**解**：已知 $\varphi^{\ominus}(I_2/I^-)$ 为 0.54V，$\varphi^{\ominus}(Fe^{3+}/Fe^{2+})$ 为 0.77V，因为 $\varphi^{\ominus}(Fe^{3+}/Fe^{2+}) > \varphi^{\ominus}(I_2/I^-)$，所以从标准电极电势判断，反应 $2Fe^{3+} + 2I^- \longrightarrow 2Fe^{2+} + I_2$ 可以正向进行。又已知：

$$Fe^{3+} + 6CN^- \Longleftrightarrow [Fe(CN)_6]^{3-}$$
$$K_f^{\ominus} = \frac{[Fe(CN)_6^{3-}]}{[Fe^{3+}][CN^-]^6} = 10^{31}$$
$$Fe^{2+} + 6CN^- \Longleftrightarrow [Fe(CN)_6]^{4-}$$
$$K_f^{\ominus} = \frac{[Fe(CN)_6^{4-}]}{[Fe^{2+}][CN^-]^6} = 10^{24}$$
$$[Fe(CN)_6]^{3-} + e^- \longrightarrow [Fe(CN)_6]^{4-}$$
$$\varphi^{\ominus}([Fe(CN)_6]^{3-}/[Fe(CN)_6]^{4-}) = 0.77V - \frac{0.0592V}{1}\lg\frac{[Fe^{2+}]}{[Fe^{3+}]}$$

因为
$$[Fe^{3+}] = \frac{[Fe(CN)_6^{3-}]}{10^{31} \times [CN^-]^6} \qquad [Fe^{2+}] = \frac{[Fe(CN)_6^{4-}]}{10^{24} \times [CN^-]^6}$$

所以
$$\varphi^{\ominus}([Fe(CN)_6]^{3-}/[Fe(CN)_6]^{4-}) = 0.77V - 0.0592V\lg\frac{10^{31}}{10^{24}}$$
$$= 0.77V - 0.41V = 0.36V$$

因为
$$\varphi^{\ominus}([Fe(CN)_6]^{3-}/[Fe(CN)_6]^{4-}) < \varphi^{\ominus}(I_2/I^-)$$

所以反应
$$2[Fe(CN)_6]^{3-} + 2I^- \longrightarrow 2[Fe(CN)_6]^{4-} + I_2$$

不能正向进行，只能逆向进行。

**3. 配位解离平衡和沉淀溶解平衡**

如果将 $AgNO_3$ 和 $NaCl$ 两种溶液相混合，则有白色的 $AgCl$ 沉淀产生。加浓氨水后，

AgCl 沉淀消失，有 $[Ag(NH_3)_2]^+$ 生成。然后加入 KBr 溶液，则又有沉淀产生，这时得到的是淡黄色 AgBr 沉淀。接着加入 $Na_2S_2O_3$ 溶液，则 AgBr 被溶解，生成 $[Ag(S_2O_3)_2]^{3-}$。再加入 KI 溶液，则有黄色 AgI 沉淀产生。加入 KCN 溶液，AgI 便消失，生成 $[Ag(CN)_2]^-$。最后加入 $Na_2S$ 溶液，则有黑色 $Ag_2S$ 沉淀产生。这些化学反应可以简单地表示如下（同时注出它们的 $K_{sp}^{\ominus}$ 和 $K_f^{\ominus}$）：

$$AgNO_3 \xrightarrow{NaCl} AgCl\downarrow \xrightarrow{NH_3 \cdot H_2O} [Ag(NH_3)_2]^+ \xrightarrow{KBr} AgBr\downarrow \xrightarrow{Na_2S_2O_3}$$

白色 　　　　　　　　　　　　　　　　　淡黄色

$(K_{sp}^{\ominus}=1.56\times 10^{-10})$ 　$(K_f^{\ominus}=1.67\times 10^7)$ 　$(K_{sp}^{\ominus}=7.7\times 10^{-13})$

$$[Ag(S_2O_3)_2]^{3-} \xrightarrow{KI} AgI\downarrow \xrightarrow{KCN} [Ag(CN)_2]^- \xrightarrow{Na_2S} Ag_2S\downarrow$$

　　　　　　　　　　　黄色 　　　　　　　　　　　　　　　　黑色

$(K_f^{\ominus}=2.38\times 10^{13})$ 　$(K_{sp}^{\ominus}=1.5\times 10^{-16})$ 　$(K_f^{\ominus}=1.3\times 10^{21})$ 　$(K_{sp}^{\ominus}=1.6\times 10^{-49})$

**例 5-3** 在室温下，如在 100mL 的 $0.10\text{mol}\cdot L^{-1}$ $AgNO_3$ 溶液中，加入等体积、同浓度的 NaCl，即有 AgCl 沉淀析出。要阻止沉淀析出或使沉淀溶解，问需加入氨水的最低总浓度为多少？这时溶液中 $[Ag^+]$ 为多少？

**解：**可不考虑 $NH_3$ 与 $H_2O$ 间的质子转移反应，并认为由于大量 $NH_3$ 存在，AgCl 溶于氨水后几乎全部生成 $[Ag(NH_3)_2]^+$。

设平衡时 $NH_3$ 的平衡浓度为 $x\,\text{mol}\cdot L^{-1}$，则有

$$AgCl(s) + 2NH_3(aq) \rightleftharpoons [Ag(NH_3)_2]^+(aq) + Cl^-(aq)$$

平衡浓度 $/\text{mol}\cdot L^{-1}$ 　　　　$x$ 　　$\dfrac{0.10\times 100}{200}=0.050$ 　　$0.050$

该反应的平衡常数为

$$K^{\ominus} = \frac{[Ag(NH_3)_2^+][Cl^-]}{[NH_3]^2} = \beta_2^{\ominus} K_{sp}^{\ominus} = 1.62\times 10^7 \times 1.56\times 10^{-10} = 2.53\times 10^{-3}$$

$$\frac{0.050\times 0.050}{x^2} = 2.53\times 10^{-3} \qquad x = 0.99$$

即 $NH_3$ 的平衡浓度为 $0.99\,\text{mol}\cdot L^{-1}$。

$$\text{总}[NH_3] = 0.99\,\text{mol}\cdot L^{-1} + 2\times 0.050\,\text{mol}\cdot L^{-1} = 1.09\,\text{mol}\cdot L^{-1}$$

又

$$\frac{[Ag(NH_3)_2^+]}{[Ag^+][NH_3]^2} = 1.62\times 10^7$$

$$\frac{0.050}{[Ag^+]\times 0.99^2} = 1.62\times 10^7$$

$$[Ag^+] = 3.1\times 10^{-9}\,\text{mol}\cdot L^{-1}$$

如果溶液中加入 $KBr(Br^-)$，假定其浓度是 $0.050\,\text{mol}\cdot L^{-1}$（体积不变），$[Ag^+]$ 和 $[Br^-]$ 的乘积大于 AgBr 溶度积（$K_{sp}^{\ominus}$ 为 $7.7\times 10^{-13}$），故必然会有 AgBr 沉淀析出。总之，究竟发生配位反应还是沉淀反应，取决于配位剂和沉淀剂的能力大小以及它们的浓度。它们能力的大小主要看稳定常数和溶度积。如果配位剂的配位能力大于沉淀剂的沉淀能力，则沉淀消失或不析出沉淀，而生成配离子，例如，AgCl 沉淀溶解于氨水中，就生成了 $[Ag(NH_3)_2]^+$。反之，如果沉淀剂的沉淀能力大于配位剂的配位能力，则配离子被破坏，而有新的沉淀产生，例如，在 $[Ag(NH_3)_2]^+$ 中加 $Br^-$，AgBr 沉淀析出。

## 5.6 配体对中心原子的影响和配体反应性

$Cu^{2+}$ 是没有颜色的，它被 $H_2O$ 配位形成 $[Cu(H_2O)_4]^{2+}$，显出蓝色，这是配体影响中心原子所呈现出的颜色。$Ag^+$ 和 $Cl^-$ 生成白色 $AgCl$ 沉淀，在水中溶解度很小，但加入氨水，难溶的 $AgCl$ 变成可溶的 $[Ag(NH_3)_2]Cl$，这是因为配体影响了盐类的溶解度。铅的 +4 氧化态很不稳定，表现在 $PbO_2$ 和浓 $HCl$ 反应后，产物是 $PbCl_2$ 和 $Cl_2$，若使它变成 $[PbCl_6]^{2-}$，+4 氧化态的铅就能保持不变。同样，三价钴盐除 $CoF_3$ 外很难存在，若使之形成 $[Co(NH_3)_6]^{3+}$，钴的 +3 氧化态就相当稳定。这些就是配体对中心金属原子氧化还原性质的影响。总之，以上事例都反映了配体对中心原子的影响。

中心原子对配体反应性质的影响称为配体反应性。

一些金属的水合离子，例如 $[Al(H_2O)_6]^{3+}$，由于 $Al^{3+}$ 电荷较高，半径又小，能吸引配位水分子中氧的电子云，使得水分子中的 O—H 键容易断裂，放出 $H^+$，使溶液显酸性：

$$[(H_2O)_5Al(OH_2)]^{3+} \longrightarrow [(H_2O)_5Al(OH)]^{2+} + H^+$$

其平衡常数 $K_a^\ominus = 1.3 \times 10^{-3}$。这个反应并不到此为止，还能继续进行，并聚合成多核配合物。若干高价水合离子也有这种显酸性的作用，如 $[Fe(H_2O)_6]^{3+}$，$pK_a^\ominus = 2.12$（酸度相当于 $H_3PO_4$）；$[Cr(H_2O)_6]^{3+}$，$pK_a^\ominus = 3.45$（酸度近于 HF）等。

氰化物的毒性常因与之结合的金属不同而不同，钠和钾的氰化物剧毒，Fe(Ⅱ)、Co(Ⅲ)、Pt(Ⅳ) 等的氰化物是毒性小或无毒的。

$KMnO_4$ 与 EDTA 反应快，当加入 $Cr^{3+}$ 或 $Bi^{3+}$ 以后，由于金属离子和 EDTA 形成了稳定的螯合物，$KMnO_4$ 就不容易和 EDTA 作用，反应就变慢了。

由上可见，在配合物中，中心原子对配体反应性质的影响十分明显。若是有机配体，则影响更显著。现在国际上对配体反应性的研究十分重视，因为它在配位催化、有机合成和药物化学等方面的实际应用上，越来越显示出其重要作用。

## 5.7 配合物在生物、医药等方面的应用

在生物体内，和呼吸作用密切相关的血红素是一种铁的配合物。植物光合作用中作为催化剂的叶绿素是一种镁的配合物。对人体有重要作用的维生素 B2 是钴的配合物。生物体内的高效、高选择性生物催化剂——金属酶，它们有比一般催化剂高出千万倍的催化效能。例如，固氮酶中含两个容易分开的金属蛋白成分，即以铁和以钼为中心的复杂配合物——相对分子质量约 5 万的铁蛋白和约 27 万的钼蛋白。它们是固氮酶在常温常压下将氮转化为氨的催化过程中起决定性作用的生物配合物。目前地球上植物生长所需的氮肥，约 88% 由自然界固氮酶的作用而生成。生物金属酶的研究，对现代化学工业和粮食生产都有重要意义。

配合物在医药上的应用相当广泛。配位剂能与细菌生存所需的金属离子结合成稳定的配合物，使细菌不能繁殖和生存。肾上腺素、维生素 C 等药物，在有微量金属离子存在时容

易变质，可用氨羧配位剂除去这些微量金属。二巯基丙醇（BAL）是一种很好的解毒药，因它可和砷、汞以及一些重金属形成稳定配合物而解毒。D青霉胺毒性小，它有O、N、S三种配位原子，是Hg、Pb和重金属的有效解毒剂。枸橼酸钠可和$Pb^{2+}$形成稳定配合物，它是防治职业性铅中毒的有效药物，有迅速减轻症状和促进体内铅排出的作用，并能改善贫血，有助于恢复健康。医学上也曾用$[Ca(EDTA)]^{2-}$治疗职业性铅中毒，因$[Pb(EDTA)]^{2-}$比$[Ca(EDTA)]^{2-}$更稳定，故在$Ca^{2+}$被$Pb^{2+}$取代成为无毒的可溶性配合物后，可经肾脏排出体外。枸橼酸钠可与血液中$Ca^{2+}$配位，避免血液的凝结，这是常用的一种血液抗凝剂。此外，给缺铁病人补铁的枸橼酸铁铵、治疗血吸虫病的酒石酸锑钾、治疗糖尿病的锌的生物配合物胰岛素等药物都是配合物。又如古老而经典的配位化合物顺式二氯二氨合铂（Ⅱ），能有选择性地结合于脱氧核糖核酸（DNA），阻碍癌细胞分裂，表现出良好的抗癌活性。其他铂族元素如铑、钯的某些配合物以及铁茂、钛茂的某些配合物也有较好的抗肿瘤活性。此外，人们发现镉在体内的积聚是患肾性高血压的重要原因；体内缺铬和缺铜与患动脉粥样硬化有关。所以，合成高效配合物药物将是治疗高血压、心血管症等常见病、多发病的有效途径之一。

在工业上，如染料、颜料、湿法冶金、电镀、金属防腐、过渡金属催化剂、元素分析和分离、硬水软化等方面；在农业上，如化肥、农药等许多方面都涉及配合物的应用。尤其是在国防工业和高新、尖端科学技术等方面的需要，使配合物的应用范围日益扩大。

## 习 题

1. 命名下列配位化合物
(1) $K_3[Co(NO_2)_6]$；
(2) $K_2[Co(SCN)_4]$；
(3) $[Cr(H_2O)_5Cl]Cl_2·H_2O$；
(4) $[Ni(en)_3]Cl_2$；
(5) $[Cu(NH_3)_4][PtCl_4]$；
(6) $K_3[Fe(C_2O_4)_3]·3H_2O$；
(7) $[Pt(py)_4][PtCl_4]$；
(8) $[Fe(NO)(H_2O)_5]SO_4$；
(9) $[Co(ONO)(NH_3)_5]Cl_2$；
(10) $trans-[Pt(NH_3)_2Cl_2]$。

2. 根据下列配位化合物的名称写出其化学式。
(1) 氯化二异硫氰酸根·四氨合铬（Ⅲ）；
(2) 三氯·氨合铂（Ⅱ）酸钾；
(3) 氯·水·草酸根·乙二胺合铬（Ⅲ）；
(4) 四氯·二氨合铂（Ⅳ）；
(5) 二氯化二氨·二（乙二胺）合镍（Ⅱ）；
(6) 硫酸硝基·五氨合钴（Ⅲ）。

3. 指出下列配位化合物中配位单元的空间结构，并画出可能存在的几何异构体。
(1) $[Cr(NH_3)_3(H_2O)_3]Cl_3$；
(2) $[Co(NH_3)_2(en)_2]Cl_3$；
(3) $[Cr(H_2O)_4Cl_2]Cl·2H_2O$；
(4) $[Pt(NH_3)_2(OH)_2Cl_2]$；
(5) $[Co(NH_3)(en)Cl_3]$；
(6) $[Pt(NH_3)_2ClBr]$。

4. 指出下列配位化合物哪些属于内轨型？哪些是外轨型？
(1) $[Cr(H_2O)_6]Cl_3$；
(2) $K_3[Cr(CN)_6]$；
(3) $K_2[PtCl_4]$；
(4) $K_2[Ni(CN)_4]$；
(5) $K_4[Mn(CN)_6]$；
(6) $K_3[Fe(C_2O_4)_3]$。

5. 计算下列配位化合物的磁矩。

(1) $[Co(NH_3)_6]Cl_2$；　　　　　(2) $[Fe(NO)(H_2O)_5]SO_4$；

(3) $K_4[Co(CN)_6]$；　　　　　　(4) $K_3[Fe(C_2O_4)_3]$；

(5) $Na[Co(CO)_4]$；　　　　　　(6) $[Ni(NH_3)_6]SO_4$。

6. 已知下列配位化合物的磁矩，根据配位化合物价键理论给出中心的轨道杂化方式、中心的价层电子排布、配位单元的几何构型。

(1) $[Co(NH_3)_6]^{2+}$　　$\mu=3.9\mu_B$；(2) $[Pt(CN)_4]^{2-}$　　$\mu=0\mu_B$；

(3) $[Mn(SCN)_6]^{4-}$　$\mu=6.1\mu_B$；(4) $[Co(NO_2)_6]^{4-}$　$\mu=1.8\mu_B$。

7. 已知下列两个配位单元的分裂能和成对能：

|  | $[Co(NH_3)_6]^{3+}$ | $[Fe(H_2O)_6]^{2+}$ |
| --- | --- | --- |
| $\Delta/cm^{-1}$ | 23000 | 10400 |
| $P/cm^{-1}$ | 21000 | 15000 |

(1) 用价键理论及晶体场理论解释 $[Fe(H_2O)_6]^{2+}$ 是外轨型的高自旋的，$[Co(NH_3)_6]^{3+}$ 是内轨型的、低自旋的；

(2) 计算出两种配离子的晶体场稳定化能。

8. $[CoCl_4]^{2-}$ 和 $[NiCl_4]^{2-}$ 为四面体结构，而 $[CuCl_4]^{2-}$ 和 $[PtCl_4]^{2-}$ 却为平面四边形结构。试说明其原因。

9. 向 $Fe_2(SO_4)_3$ 溶液依次加入饱和 $(NH_4)_2C_2O_4$ 溶液、少量 KSCN 溶液、少量盐酸、过量 $NH_4F$ 溶液，溶液的颜色如何变化？

已知：

$[Fe(C_2O_4)_3]^{3-}$ 为黄绿色，其 $K_f^\ominus=1.6\times10^{20}$，$H_2C_2O_4$ 的 $K_{a1}^\ominus=5.4\times10^{-2}$；

$[Fe(SCN)_5]^{2-}$ 为红色，其 $K_f^\ominus=2.5\times10^6$，HSCN 为强酸；

$[FeF_5]^{2-}$ 为无色，其 $K_f^\ominus=5.9\times10^{15}$。

10. 溶液中 $Cu^{2+}$ 与 $NH_3\cdot H_2O$ 的初始浓度分别为 $0.20mol\cdot L^{-1}$ 和 $1.0mol\cdot L^{-1}$，已知 $[Cu(NH_3)_4]^{2+}$ 的 $K_f^\ominus=2.1\times10^{13}$，试计算平衡时溶液中残留的 $Cu^{2+}$ 的浓度。

11. 已知 $Cu^{2+}+2e^-\rightleftharpoons Cu$ 的 $\varphi^\ominus=0.34V$，$[Cu(NH_3)_4]^{2+}$ 的 $K_f^\ominus=2.1\times10^{13}$。求电对 $[Cu(NH_3)_4]^{2+}/Cu$ 的 $\varphi^\ominus$ 值。

12. 已知：

$Fe^{3+}+e^-\rightleftharpoons Fe^{2+}$　　　　　　　　$\varphi^\ominus=0.771V$

$[Fe(CN)_6]^{3-}+e^-\rightleftharpoons[Fe(CN)_6]^{4-}$　$\varphi^\ominus=0.358V$

$Fe^{3+}+6CN^-\rightleftharpoons[Fe(CN)_6]^{3-}$　　$K_f^\ominus=1.00\times10^{42}$

求反应 $Fe^{2+}+6CN^-\rightleftharpoons[Fe(CN)_6]^{4-}$ 的 $K_f^\ominus$。

13. 求在 100L 浓度为 $10mol\cdot L^{-1}$ 的氨水中能溶解多少克 AgCl 固体？已知 $[Ag(NH_3)_2]^+$ 的 $K_f^\ominus=1.1\times10^7$，AgCl 的 $K_{sp}^\ominus=1.8\times10^{-10}$。

14. 将 $0.20mol\cdot L^{-1}$ $AgNO_3$ 溶液 0.50L 和 $6.0mol\cdot L^{-1}$ $NH_3$ 溶液 0.50L 混合后，加入 1.19g KBr 固体。通过计算说明是否有沉淀生成。

已知：$[Ag(NH_3)_2]^+$ 的 $K_f^\ominus=1.1\times10^7$，AgBr 的 $K_{sp}^\ominus=5.4\times10^{-13}$。

# 第 6 章 原子结构

## 学习要求

1. 了解核外电子运动的特殊性——波粒二象性;
2. 能理解波函数角度分布图、电子云角度分布图和电子云径向分布图;
3. 掌握四个量子数的量子化条件及其物理意义;掌握电子层、电子亚层、能级和轨道等的含义;
4. 能运用泡利不相容原理、能量最低原理和洪特规则写出一般元素的原子核外电子排布式和价电子构型;
5. 理解原子结构和元素周期表的关系,元素若干基本性质(原子半径、电离能、电子亲和能和电负性)与原子结构的关系。

迄今为止,已发现了 118 种元素。正是这些元素的原子组成了千千万万种具有不同性质的物质。物质的物理性质和化学性质都取决于物质的组成和结构。物质进行化学反应的基本微粒是原子。因此,要研究物质的性质、化学反应以及性质与物质结构之间的关系,必须首先研究原子的内部结构。众所周知,原子是由带正电荷的原子核和带负电荷的电子所组成的。在化学变化中,原子核并不发生变化,只和核外电子的数目及运动状态有关。因此,研究原子结构,主要是研究核外电子的运动状态。

## 6.1 微观粒子的波粒二象性

### 6.1.1 氢光谱和玻尔理论

近代原子结构理论的建立是从研究氢原子光谱开始的。一只充有低压氢气的放电管,通过高压电流,氢原子受激发后发出的光经过三棱镜,就得到了氢原子光谱(即氢光谱)。氢光谱由系列不连续的光谱线所组成,在可见光区(波长 $\lambda = 400 \sim 760 \text{nm}$)可得到四条比较明显的谱线:$H_\alpha$、$H_\beta$、$H_\gamma$、$H_\delta$(图 6-1)。它们的波长 $\lambda$ 分别为 656.2nm、486.1nm、434.0nm、410.2nm。1885 年瑞士物理学家巴尔麦指出这些谱线的波长服从如下公式:

$$\frac{1}{\lambda} = R_\infty \left( \frac{1}{2^2} - \frac{1}{n^2} \right)$$

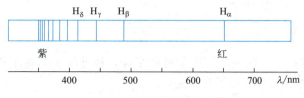

图 6-1 氢原子可见光光谱

式中，$R_\infty$ 为里德堡常数，其值为 $1.097373 \times 10^7 \text{m}^{-1}$；$n$ 为大于 2 的正整数。当 $n$ 分别为 3、4、5、6 时，即分别得 $H_\alpha$、$H_\beta$、$H_\gamma$、$H_\delta$ 谱线的波长。随后，在紫外区和红外区又发现了氢光谱的若干组谱线。1913 年瑞典物理学家里德堡提出了适用于所有氢光谱的通式：

$$\frac{1}{\lambda} = R_\infty \left( \frac{1}{n_1^2} - \frac{1}{n_2^2} \right) \tag{6-1}$$

式中，$n_1$ 和 $n_2$ 为正整数，且 $n_2 > n_1$，并指出巴尔麦公式只是其中 $n_1 = 2$ 的一个特例。

对于氢原子光谱为线状光谱的实验事实，经典物理学以电子绕核做圆周运动为原子结构模型无法解释。圆周运动是有加速度的运动（$a = v^2/r$，$v$ 为速度，$r$ 为半径），电子在运动速度有变化时，要发射电磁波，原子光谱应为连续光谱。电子发出电磁波后本身能量逐渐降低，就会不断地向核靠拢，最后坠入原子核，即原子湮灭了。但事实上，原子稳定存在，而且原子光谱是线状光谱并有一定规律性，这些都是经典物理学无法解释的。

氢光谱与经典物理学的尖锐矛盾，直至 1913 年玻尔提出了原子结构理论才得到解决。玻尔理论是在普朗克的量子论和爱因斯坦的光子学说基础上建立的。量子论认为：物质吸收和发射能量是不连续的，即量子化的。这就是说物质只能以一最小单位一份一份的方式吸收或发射能量，能量最小的单位是光量子［简称量子］。

爱因斯坦应用量子论的概念，提出了光子学说。他认为光既是一种波，又有粒子性（光量子）。爱因斯坦用两个公式把光的波动性和粒子性联系起来：

$$E = h\nu \tag{6-2}$$

$$p = \frac{h}{\lambda} \tag{6-3}$$

式中，$E$ 和 $p$ 为光量子的能量和动量；$\nu$ 和 $\lambda$ 为光的频率和波长；$h$ 为普朗克常数，其值为 $6.6262 \times 10^{-34} \text{J} \cdot \text{s}$。两公式把表征波动性的物理量（$\lambda$ 和 $\nu$）和表征粒子性的物理量（$E$ 和 $p$）定量地联系起来了。

玻尔理论的主要内容是以下两点假设：

(1) 原子中的电子仅能在某些特定的轨道上运动，这些轨道上电子的角动量 $M$ 必须是 $\frac{h}{2\pi}$ 的整数倍，即

$$M = n \frac{h}{2\pi}$$

式中，$n$ 称量子数，其值为 1，2，3，…

(2) 在一定轨道中运动的电子具有一定的能量，称定态。其中能量最低的称基态，其余称激发态。处于定态的电子既不吸收能量，也不发射能量。电子从一个定态跳到另一个定态时，要放出或吸收辐射能。辐射能的频率与两定态间能量差 $\Delta E$ 的关系为

$$\nu = \Delta E / h$$

根据以上假设，通过简单的数学运算，就可得到氢原子各定态轨道半径 $r$ 和能量 $E$：

$$r = Bn^2 \tag{6-4}$$

$$E = -A\frac{1}{n^2} \tag{6-5}$$

式中，$n$ 为量子数；$B=52.9\text{pm}$（$B$ 是玻尔半径，核外电子离核距离的基本单位）；$A=2.179\times10^{-18}\text{J}=13.6\text{eV}$（$A$ 为氢原子基态能量）。

当 $n=1$ 时，$r=52.9\text{pm}$，$E_1=-2.179\times10^{-18}\text{J}$；

当 $n=2$ 时，$r_2=4\times52.9\text{pm}$，$E_2=-\frac{1}{4}\times2.179\times10^{-18}\text{J}$；

当 $n=3$ 时，$r_3=9\times52.9\text{pm}$，$E_3=-\frac{1}{9}\times2.179\times10^{-18}\text{J}$。

……

当电子从高能量轨道跃迁至低能量轨道时，其辐射能的频率 $\nu$ 为

$$\nu = \frac{\left(-A\frac{1}{n_2^2}\right)-\left(-A\frac{1}{n_1^2}\right)}{h} = \frac{A}{h}\left(\frac{1}{n_1^2}-\frac{1}{n_2^2}\right)$$

以 $\nu=\frac{c}{\lambda}$ 代入（$c$ 为光速），得

$$\frac{1}{\lambda} = \frac{A}{hc}\left(\frac{1}{n_1^2}-\frac{1}{n_2^2}\right) = 1.097\times10^7\text{m}^{-1}\left(\frac{1}{n_1^2}-\frac{1}{n_2^2}\right)$$

由此可见，由玻尔理论推导得到的公式与由实验得到的式(6-1)是非常一致的。

玻尔理论虽然成功地解释了氢光谱，但是它却不能解释多电子原子光谱，甚至也不能解释氢光谱的精细结构（氢光谱的每条谱线实际上由若干条很靠近的谱线组成）。因为玻尔理论虽人为地引进了经典物理中所没有的量子化概念，但它的基础仍然建筑在经典物理学之上。微观粒子运动有其特殊性——波粒二象性，其运动规律不服从经典力学，而只能用量子力学来描述。

### 6.1.2 微观粒子的波粒二象性

1924 年，德布罗意在光的波粒二象性的启发下，大胆地提出电子等微观粒子也具有波粒二象性的假设。他认为既然光不仅是一种波，而且具有粒子性，那么微观粒子在一定条件下，也可能呈现波的性质。他预言，与质量 $m$、运动速度 $v$ 的粒子相应的波长 $\lambda$ 为

$$\lambda = \frac{h}{p} = \frac{h}{mv} \tag{6-6}$$

德布罗意的假设在 1927 年由电子衍射实验得到了证实。实验中将一束高速运动的电子流通过晶体粉末，经晶格的狭缝射到荧光屏上。结果出现与光的衍射一样的现象：在屏上得到一系列明暗交替的环纹。而且根据电子衍射图计算得到的波长与由式(6-6)计算得到的波长完全一致。电子衍射实验证明了德布罗意关于微观粒子波粒二象性假设的正确性。

### 6.1.3 不确定原理

对宏观物体可同时测出它的运动速度和位置。对具有波粒二象性的微观粒子，是否也可精确地测出它们的速度和位置呢？1927 年德国物理学家海森堡推出如下的不确定原理关系式：

$$\Delta x \Delta p_x \geq \frac{h}{2\pi} \tag{6-7}$$

式中，$\Delta x$ 表示粒子位置的不确定度；$\Delta p_x$ 表示粒子在 $x$ 方向上动量的不确定度。式 (6-7) 表明，具有波动性的微观粒子和宏观物体有着完全不同的运动特点，它不能同时有确定的位置和动量。它的坐标被确定得越准确，则相应的动量就越不准确。反之亦然。

不确定原理表明，核外电子不可能沿着一条如玻尔理论所指的固定轨道运动。核外电子的运动规律，只能用统计的方法，指出它在核外某处出现的可能性——概率的大小。

对于不确定原理，不能错误地认为微观粒子运动规律"不可知"了。实际上，不确定原理反映微观粒子有波动性，只是表明它不服从由宏观物体运动规律所总结出来的经典力学。这不等于没有规律，相反，它说明微观粒子的运动是遵循着更深刻的一种规律——量子力学。不确定原理是微观粒子运动状态的特殊表现，它表明了微观粒子与宏观物体运动的不一致性。

## 6.2 氢原子核外电子的运动状态

### 6.2.1 波函数和薛定谔方程

由于电子运动具有波动性，量子力学用波函数 $\psi$ 来描述原子中电子的运动。那么 $\psi$ 是如何得到的？它有什么物理意义？氢原子有哪些波函数？下面分别来讨论这几个问题。

**1. $\psi$ 是如何得到的？**

由于微观粒子的运动具有波粒二象性，其运动规律必须用量子力学来描述。量子力学的基本方程是薛定谔方程，它是奥地利物理学家薛定谔在 1926 年提出来的一个二阶偏微分方程：

$$\frac{\partial^2 \psi}{\partial x^2} + \frac{\partial^2 \psi}{\partial y^2} + \frac{\partial^2 \psi}{\partial z^2} + \frac{8\pi^2 m}{h^2}(E-V)\psi = 0 \tag{6-8}$$

式中，$\psi$ 是波函数，$\psi(x,y,z)$ 是定向坐标 $x$、$y$、$z$ 的函数，它是描述原子核外电子运动状态的一种数学表达式；$E$ 是体系的总能量；$V$ 是势能；$m$ 是实物粒子的质量；$h$ 是普朗克常数；$\pi$ 是常数。

有了薛定谔方程，原则上讲，任何体系的电子运动状态都可求解了。这就是把该体系的势能 $V$ 表达式找出，代入薛定谔方程中，求解方程即可得到相应的波函数 $\psi$ 及对应的能量 $E$。但遗憾的是，薛定谔方程是很难解的，至今只能精确求解单电子体系（如 H、$He^+$、$Li^{2+}$ 等）的薛定谔方程，稍复杂一些的体系只能求近似解。即使对单电子体系，解薛定谔方程也很复杂，需要较深的数学知识，这不是本门课的任务。这里只要求了解量子力学处理原子结构问题的大概思路以及解薛定谔方程所得到的重要结论。

**2. $\psi$ 的物理意义**

从薛定谔方程解得的波函数是包括空间坐标 $x$、$y$、$z$ 的函数式，常记为 $\psi(x, y, z)$。如果把空间上某一点的坐标值代入 $\psi$ 中，可求得某一数值，但该数值代表空间上这一点的什么性质呢？意义是不明确的，因此 $\psi$ 本身并没有明确的物理意义。只能说 $\psi$ 是描述核外电子运动状态的数学表达式，它描述了电子运动的方式和规律，但它和系统的各种性质都有联系，对了解系统的各种性质和运动规律都十分重要。波函数绝对值的平方 $|\psi|^2$ 却有明确的物理意义，它代表空间上某一点电子出现的概率密度。何谓概率密度？量子力学指出：在空间某点 $(x, y, z)$ 附近体积元 $d\tau$ 内电子出现的概率 $dp$ 为

$$dp = |\psi(x,y,z)|^2 d\tau$$

即
$$|\psi(x,y,z)|^2 = \frac{dp}{d\tau}$$

所以，$|\psi|^2$ 表示原子空间上某点附近单位微体积内电子出现的概率，称为概率密度。

如果要知道电子在核外运动的状态，只要把核外空间每点的坐标代入 $\psi$ 函数中，即可求得各点的 $\psi$ 值，该值的平方即为电子在该点上出现的概率密度，所以电子在核外运动状态也就掌握了。

### 3. 氢原子有哪些波函数？

氢原子是最简单的原子，它的薛定谔方程有精确解。在解方程过程中，有两点需要说明一下：

(1) 为了便于求解薛定谔方程，需要进行坐标变换，把直角坐标变换成球坐标，两坐标的关系如图 6-2 所示。因此，解得的波函数应表示为 $\psi(r, \theta, \varphi)$。

(2) 在解薛定谔方程中，为了得到有意义的合理解，波函数中自然而然地必须引入三个常数项 $n$、$l$、$m$ 而且它们的取值有如下的限制：

$$n = 1, 2, 3, \cdots, \infty$$
$$l = 0, 1, 2, \cdots, n-1$$
$$m = 0, \pm 1, \pm 2, \cdots, \pm l$$

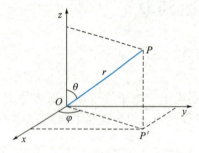

图 6-2 球坐标与直角坐标关系

$n$，$l$，$m$ 分别称为主量子数、角量子数和磁量子数。凡是符合这些取值限制的 $\psi$ 都是薛定谔方程的合理解。例如 $n=1$ 时，$l$ 只可取 0，$m$ 也只可取 0，所以 $n=1$ 只能得到一种波函数 $\psi(1,0,0)$；$n=2$ 时，$l$ 可取 0 或 1，当 $l=0$ 时，$m$ 只能取 0；当 $l=1$ 时，$m$ 可取 $+1, 0, 1$ 三个数值，所以 $n=2$ 时可得 $\psi(2,0,0)$、$\psi(2,1,1)$、$\psi(2,1,0)$ 和 $\psi(2,1,-1)$ 四种波函数；其余类推。每种波函数对应于电子的一种运动状态。为了通俗起见，常把一种波函数称为一个原子轨道。注意，这里的原子轨道是波函数的同义词，绝无电子沿着固定轨道运动的含义。在光谱学上把 $l$ 为 0，1，2，3，…分别称为 s，p，d，f，…态，因此，将 $\psi(1,0,0)$ 称为 1s 轨道，$\psi(2,0,0)$ 称为 2s 轨道，$\psi(2,1,1)$、$\psi(2,1,0)$ 和 $\psi(2,1,-1)$ 称为 2p 轨道。氢原子轨道和三个量子数的关系见表 6-1。

表 6-1 氢原子轨道与三个量子数的关系

| $n$ | $l$ | $m$ | 轨道名称 | 轨道数 | |
|---|---|---|---|---|---|
| 1 | 0 | 0 | 1s | | 1 |
| 2 | 0 | 0 | 2s | 4 | 1 |
| 2 | 1 | $-1, 0, +1$ | 2p | | 3 |
| 3 | 0 | 0 | 3s | | 1 |
| 3 | 1 | $-1, 0, +1$ | 3p | 9 | 3 |
| 3 | 2 | $-2, -1, 0, +1, +2$ | 3d | | 5 |
| 4 | 0 | 0 | 4s | | 1 |
| 4 | 1 | $-1, 0, +1$ | 4p | 16 | 3 |
| 4 | 2 | $-2, -1, 0, +1, +2$ | 4d | | 5 |
| 4 | 3 | $-3, -2, -1, 0, +1, +2, +3$ | 4f | | 7 |

解薛定谔方程还可得到电子在各轨道中运动的能量公式：

$$E = -13.6 \times \frac{z^2}{n^2} \text{ eV} \tag{6-9}$$

式中，$z$ 为核电荷数，氢原子 $z=1$。所以对氢原子而言，各轨道能量的关系是

$$E_{1s} < E_{2s} = E_{2p} < E_{3s} = E_{3p} = E_{3d}$$

## 6.2.2 波函数和电子云图形

在处理化学问题时，用一个很复杂的函数式来表示原子轨道是很不方便的，因此，希望把它的图形画出来，由图形直观地解决化学问题。波函数图形是 $\psi$ 随 $r$、$\theta$、$\varphi$ 变化的图形；电子云图形是 $|\psi|^2$ 随 $r$、$\theta$、$\varphi$ 变化的图形。由于这些图形共有四个变量 $(r, \theta, \varphi, \psi)$，很难在平面上用适当的图形将 $\psi$ 或 $|\psi|^2$ 随 $r$、$\theta$、$\varphi$ 变化的情况表示清楚。另外，又由于氢原子的波函数可以分离为波函数径向部分 $R(r)$ 和波函数角度部分 $Y(\theta, \varphi)$ 的乘积：

$$\psi(r, \theta, \varphi) = R(r) \cdot Y(\theta, \varphi)$$

$R(r)$ 表示该函数只随距离 $r$ 而变，$Y(\theta, \varphi)$ 表示该函数只随角度 $\theta$、$\varphi$ 而变。因此可采用分离的方法，分别画出 $R(r)$ 随 $r$ 变化和 $Y(\theta, \varphi)$ 随 $\theta$、$\varphi$ 变化的图形。这些图形不仅比较简单，而且能满足讨论原子不同化学行为时的需要。表 6-2 列出了若干氢原子的波函数及其径向部分和角度部分的函数。

**表 6-2　氢原子波函数**（$a_0$ 为玻尔半径 52.9pm）

| 轨道 | 波函数 $\psi(r, \theta, \varphi)$ | $R(r)$ | $Y(\theta, \varphi)$ |
|---|---|---|---|
| 1s | $\sqrt{\dfrac{1}{\pi a_0^3}} e^{-r/a_0}$ | $2\sqrt{\dfrac{1}{a_0^3}} e^{-r/a_0}$ | $\sqrt{\dfrac{1}{4\pi}}$ |
| 2s | $\dfrac{1}{4}\sqrt{\dfrac{1}{2\pi a_0^3}} \left(2 - \dfrac{r}{a_0}\right) e^{-r/2a_0}$ | $\sqrt{\dfrac{1}{8a_0^3}} \left(2 - \dfrac{r}{a_0}\right) e^{-r/2a_0}$ | $\sqrt{\dfrac{1}{4\pi}}$ |
| $2p_z$ | $\dfrac{1}{4}\sqrt{\dfrac{1}{2\pi a_0^3}} \left(\dfrac{r}{a_0}\right) e^{-r/2a_0} \cos\theta$ | $\sqrt{\dfrac{1}{24 a_0^3}} \left(\dfrac{r}{a_0}\right) e^{-r/2a_0}$ | $\sqrt{\dfrac{3}{4\pi}} \cos\theta$ |
| $2p_x$ | $\dfrac{1}{4}\sqrt{\dfrac{1}{2\pi a_0^3}} \left(\dfrac{r}{a_0}\right) e^{-r/2a_0} \sin\theta\cos\varphi$ | $\sqrt{\dfrac{1}{24 a_0^3}} \left(\dfrac{r}{a_0}\right) e^{-r/2a_0}$ | $\sqrt{\dfrac{3}{4\pi}} \sin\theta\cos\varphi$ |
| $2p_y$ | $\dfrac{1}{4}\sqrt{\dfrac{1}{2\pi a_0^3}} \left(\dfrac{r}{a_0}\right) e^{-r/2a_0} \sin\theta\sin\varphi$ | $\sqrt{\dfrac{1}{24 a_0^3}} \left(\dfrac{r}{a_0}\right) e^{-r/2a_0}$ | $\sqrt{\dfrac{3}{4\pi}} \sin\theta\sin\varphi$ |

有关电子云波函数和电子云的图形多种多样，下面仅介绍其中三种比较重要的图形。

**1. 波函数角度分布图**

波函数角度分布图又称原子轨道角度分布图。它就是表现 $Y$ 值随 $\theta$，$\varphi$ 变化的图像。其具体作法是：从坐标原点（原子核位置）出发，引出不同 $\theta$、$\varphi$ 角度的直线，使其长度等于该角度的 $Y$ 值。连接这些线段的端点，在空间构成的曲面即为原子轨道角度分布图。曲面上每点到原点的距离代表这个角度 $(\theta, \varphi)$ 上 $Y$ 值的大小。因为 $Y$ 函数只与角量子数 $l$ 和磁量子数 $m$ 有关，与主量子数 $n$ 无关，所以只要量子数 $l$，$m$ 相同，原子轨道角度分布图就相同。如 $\psi(2,1,0)$、$\psi(3,1,0)$、$\psi(4,1,0)$ 的波函数角度分布图完全相同，并统称 $p_z$ 轨道的角度分布图。下面以 $p_z$ 轨道为例，说明原子轨道角度分布图的作法。由表 6-2 可知：

$$Y_{p_z} = \sqrt{\frac{3}{4\pi}} \cos\theta \qquad (6\text{-}10)$$

$Y_{p_z}$ 函数比较简单，它只与 $\theta$ 有关，而与 $\varphi$ 无关。表 6-3 列出不同 $\theta$ 值的 Y 值，由此作图，得图 6-3。因为 $Y_{p_z}$ 中不包括 $\varphi$，说明 $Y_{p_z}$ 值不随 $\varphi$ 而变，所以将该 8 字形曲线绕 z 轴旋转一周，即得立体图。图中正、负号表示 $Y_{p_z}$ 在这个区域中是正值还是负值。这些正负号以及 Y 的极大值空间取向将对原子之间能否成键，以及成键的方向起着重要作用。部分原子轨道角度分布图及其正负号见图 6-4。

表 6-3　不同 $\theta$ 角的 Y 值（令 $\sqrt{\dfrac{3}{4\pi}}=c$）

| $\theta$ | 0° | 30° | 60° | 90° | 120° | 150° | 180° |
|---|---|---|---|---|---|---|---|
| $\cos\theta$ | 1 | $\dfrac{\sqrt{3}}{2}$ | $\dfrac{1}{2}$ | 0 | $-\dfrac{1}{2}$ | $-\dfrac{\sqrt{3}}{2}$ | $-1$ |
| Y | 1.00c | 0.87c | 0.50c | 0 | $-0.50c$ | $-0.87c$ | $-1.00c$ |

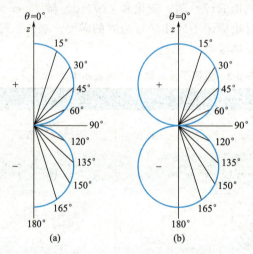

图 6-3　$p_z$ 轨道角度分布图

由图 6-4 可以看出，s 态、p 态和 d 态电子波函数的角度分布，它们依次有 1、3、5 种形式。

**2. 电子云角度分布图**

电子云角度分布图是表现 $Y^2$ 值随 $\theta$、$\varphi$ 变化的图像。作图法与原子轨道角度分布图类似，不同的是以 $Y^2$ 代替 Y。图 6-5 给出一些轨道的电子云角度分布图。该图表示在曲面上任一点到原点的距离代表这个角度 $(\theta,\varphi)$ 上 $Y^2$ 值的大小，也可把它理解为在这个角度方向上电子出现的概率密度（即电子云）的相对大小。

比较图 6-4 和图 6-5，发现两组图形有些相似，但有两点区别：①原子轨道角度分布图有正负号之分，而电子云角度分布图都是正值，因 Y 值平方后总是正值；②电子云角度分布图比原子轨道角度分布图要"瘦"一些，因为 Y 值小于 1，$Y^2$ 值将变得更小。

**3. 电子云径向分布图**

波函数径向部分 R 本身没有明确的物理意义，但 $r^2 R^2$ 有明确的物理意义。它表示电子

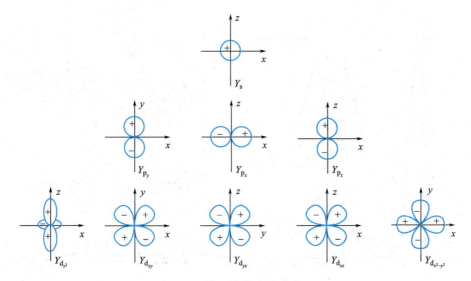

图 6-4　波函数的角度分布图

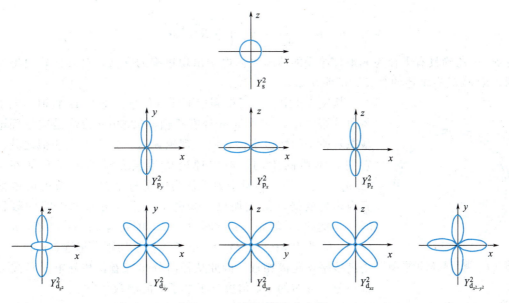

图 6-5　电子云角度分布图

在离核半径为 $r$ 单位厚度的薄球壳内出现的概率。若令 $D(r)=r^2R^2$，以 $D(r)$ 对 $r$ 作图即为电子云径向分布图。图 6-6 为氢原子一些轨道的电子云径向分布图。为什么电子云径向分布图有上述的意义？现以最简单的 s 轨道为例子以说明。

在原子中，离核半径为 $r$，厚度为 d$r$ 的薄球壳内（图 6-7）电子出现的概率 $p$ 应该是

$$p=|\psi|^2\mathrm{d}\tau$$

式中，d$\tau$ 为薄球壳的体积，其值为 $4\pi r^2\mathrm{d}r$，又 $|\psi|^2=R^2\cdot Y^2$，且 s 轨道的 $Y=\sqrt{\dfrac{1}{4\pi}}$，将这些代入上式：

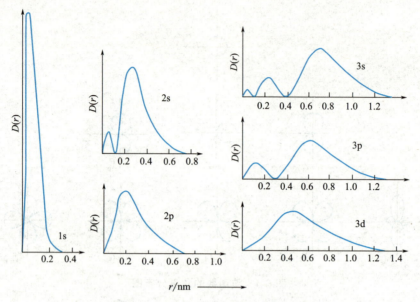

图 6-6 氢原子电子云径向分布图

$$p = R^2 \cdot \frac{1}{4\pi} \cdot 4\pi r^2 \mathrm{d}r = R^2 r^2 \mathrm{d}r$$

可见 $R^2 r^2$ 的确具有半径为 $r$ 单位厚度的薄球壳内电子出现概率的含义。对其他轨道也不难证明，$R^2 r^2$ 具有上述的含义。证明从略。

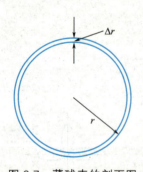

图 6-7 薄球壳的剖面图

从图 6-6 中，还可得到如下几点信息：①对 1s 轨道，电子云径向分布图在 $r = 52.9\text{pm}$ 处有峰值，52.9pm 恰恰是玻尔理论中基态氢原子的轨道半径，两个理论在这一点上虽有相似之处，但它们有本质的不同，玻尔理论认为氢原子的电子只能在 $r = 52.9\text{pm}$ 处运动，而量子力学认为电子只是在 $r = 52.9\text{pm}$ 的薄球壳内出现的概率最大而已；②电子云径向分布图中峰的数目为 $n - l$，例如 3d 轨道，$n = 3$，$l = 2$，峰数为 1；4s 轨道，$n = 4$，$l = 0$，峰数为 4；③ $n$ 越大，电子离核平均距离越远；$n$ 相同，电子离核平均距离相近。因此从径向分布来看，核外电子是按 $n$ 值大小分层分布的。$n$ 值决定了电子层的层数。

有关波函数和电子云的图形，除了上述三种外，还有相应可以说明电子在原子核外运动的其他形式，应用时须注意它们的适用范围及不同处理方式所能解决的问题，在此基础上来综合认识原子核外电子的运动及解释原子与原子相互作用的过程。

### 6.2.3 四个量子数

**1. 主量子数 $n$**

主量子数 $n$ 的取值为 1，2，3，…，∞。它表示电子离核的远近。$n$ 越大，电子离核平均距离越远。电子离核越远，能量越高，所以 $n$ 也是决定电子能量高低的主要因素。从式 (6-9) 可知氢原子电子的能量为

$$E = -13.6 \times \frac{1}{n^2} \text{ eV}$$

将 $n$ 相同的电子归并在一起组成电子层，常用大写字母 K，L，M，N…对应地表示 $n = 1, 2, 3, 4$…电子层。

### 2. 角量子数 $l$

角量子数 $l$ 的取值为 $0, 1, 2, \cdots, n-1$。它反映了电子在空间不同角度的分布情况，或者说，它决定了原子轨道或电子云角度部分的形状。不同 $l$ 值的电子，用不同的符号来代表

$$l = 0, \quad 1, \quad 2, \quad 3, \quad 4$$
光谱符号 $\quad$ s, $\quad$ p, $\quad$ d, $\quad$ f, $\quad$ g

在同一电子层中 $l$ 值相同的电子归为一个亚层，如 L 电子层中有 2s、2p 两个亚层。

### 3. 磁量子数 $m$

磁量子数 $m$ 取值为 $0, \pm 1, \pm 2, \cdots, \pm l$。它反映了原子轨道或电子云的空间取向。一种 $l$ 值下有 $2l+1$ 种不同的 $m$ 取值，因此有 $2l+1$ 种取向。例如：

$l=0$ 时，s 轨道只有唯一的一种取向。

$l=1$ 时，p 轨道有三种不同取向，有 3 个 p 原子轨道，即 $p_x$，$p_y$，$p_z$。

$l=2$ 时，d 轨道有五种不同取向，有 5 个 d 原子轨道，即 $d_{xy}$，$d_{xz}$，$d_{yz}$，$d_{x^2-y^2}$，$d_{z^2}$。

### 4. 自旋量子数 $m_s$

自旋量子数不能从解薛定谔方程中得到，它是后来实验和理论进一步研究中引入的。$m_s$ 的取值为 $+\frac{1}{2}$ 和 $-\frac{1}{2}$，表征电子两种不同的"自旋"状态。

## 6.3 多电子原子核外电子的运动状态

除氢原子外，其他元素的原子核外都不是一个电子，这些原子统称为多电子原子。对于多电子原子来说，其核外电子遵守什么运动规律？原子的电子层结构和周期表有什么关系？这是两个需要讨论的问题。

### 6.3.1 屏蔽效应和钻穿效应

#### 1. 屏蔽效应

多电子原子的薛定谔方程无法求得精确解。有一种称为中心力场模型的近似处理方法，它把多电子原子中其余电子对指定的某电子的作用近似地看作抵消一部分核电荷对该指定电子的吸引。即核电荷由原来的 $z$ 变成 $(z-\sigma)$，$\sigma$ 称屏蔽常数，$(z-\sigma)$ 称有效核电荷，用 $z^*$ 表示

$$z^* = z - \sigma$$

这种由核外其余电子抵消部分核电荷对指定电子吸引的作用称为屏蔽效应。在以上假设的基础上，解氢原子薛定谔方程所得的结果都可用于多电子原子体系，只要把相应的 $z$ 改成 $z^*$ 即可。例如多电子原子的能量公式为

$$E = -13.6 \times \frac{(z-\sigma)^2}{n^2} \text{ eV}$$

$\sigma$ 值可根据斯莱特提出的如下规则进行近似计算:

(1) 将原子中的电子分成如下几组 (1s) (2s, 2p) (3s, 3p) (3d) (4s, 4p) (4d) (4f) (5s, 5p)。

(2) 位于被屏蔽电子右边的各组电子,对被屏蔽电子的 $\sigma=0$。

(3) 1s 轨道电子间的 $\sigma=0.30$,其余各组组内电子之间 $\sigma=0.35$。

(4) 被屏蔽电子为 $n$s 或 $n$p 时,主量子数为 $(n-1)$ 的各电子对它的 $\sigma=0.85$,主量子数为 $(n-2)$ 及更小的各电子的 $\sigma=1.00$。

(5) 被屏蔽电子为 $n$d 或 $n$f 时,位于它左边各组电子对它的 $\sigma=1.00$。

**例 6-1** Sc($z=21$) 核外电子排布为 $1s^2 2s^2 2p^6 3s^2 3p^6 3d^1 4s^2$。试分别计算处于 3p 和 3d 轨道上电子的有效核电荷。

**解:** 3p 电子 $z^* = 21 - (0.35 \times 7 + 0.85 \times 8 + 1.00 \times 2) = 9.75$

3d 电子 $z^* = 21 - 18 \times 1.00 = 3$

应该看到斯莱特经验规则是很粗略的,它用于 $n \leqslant 4$ 的轨道准确性稍好,$n>4$ 误差就较大。$\sigma$ 值除与主量子数有关外,也与角量子数有关。为什么 $\sigma$ 值与 $l$ 有关?这可用钻穿效应来解释。

**2. 钻穿效应**

从电子云径向分布图(图 6-6)可见,$n$ 值较大的电子在离核较远的地方出现概率大,但在较近的地方也有出现的概率。这种外层电子向内层钻穿的效应称为钻穿效应。钻穿效应主要表现在穿入内层的小峰上,峰的数目越多[峰的数目为 $(n-l)$],钻穿效应越大。如果钻穿效应大,电子云深入内层,内层对它的屏蔽效应变小,即 $\sigma$ 值变小,$z^*$ 变大,能量降低。所以对多电子原子而言,$n$ 值相同、$l$ 值不同的电子亚层,其能量高低的次序为

$$E_{ns} < E_{np} < E_{nd} < E_{nf}$$

### 6.3.2 原子核外电子排布

原子核外电子排布见表 6-4,它是根据光谱数据所确定的。人们从中总结出电子排布基本上遵循以下三个原则。

**表 6-4 元素基态电子构型**

| 原子序数 | 元素 | 电子构型 |
|---|---|---|
| 1 | H | $1s^1$ |
| 2 | He | $1s^2$ |
| 3 | Li | [He]$2s^1$ |
| 4 | Be | [He]$2s^2$ |
| 5 | B | [He]$2s^2 2p^1$ |
| 6 | C | [He]$2s^2 2p^2$ |
| 7 | N | [He]$2s^2 2p^3$ |
| 8 | O | [He]$2s^2 2p^4$ |
| 9 | F | [He]$2s^2 2p^5$ |

续表

| 原子序数 | 元素 | 电子构型 |
|---|---|---|
| 10 | Ne | [He]$2s^2 2p^6$ |
| 11 | Na | [Ne]$3s^1$ |
| 12 | Mg | [Ne]$3s^2$ |
| 13 | Al | [Ne]$3s^2 3p^1$ |
| 14 | Si | [Ne]$3s^2 3p^2$ |
| 15 | P | [Ne]$3s^2 3p^3$ |
| 16 | S | [Ne]$3s^2 3p^4$ |
| 17 | Cl | [Ne]$3s^2 3p^5$ |
| 18 | Ar | [Ne]$3s^2 3p^6$ |
| 19 | K | [Ar]$4s^1$ |
| 20 | Ca | [Ar]$4s^2$ |
| 21 | Sc | [Ar]$3d^1 4s^2$ |
| 22 | Ti | [Ar]$3d^2 4s^2$ |
| 23 | V | [Ar]$3d^3 4s^2$ |
| 24 | Cr | [Ar]$3d^4 4s^2$ |
| 25 | Mn | [Ar]$3d^5 4s^2$ |
| 26 | Fe | [Ar]$3d^6 4s^2$ |
| 27 | Co | [Ar]$3d^7 4s^2$ |
| 28 | Ni | [Ar]$3d^8 4s^2$ |
| 29 | Cu | [Ar]$3d^{10} 4s^1$ |
| 30 | Zn | [Ar]$3d^{10} 4s^2$ |
| 31 | Ga | [Ar]$3d^{10} 4s^2 4p^1$ |
| 32 | Ge | [Ar]$3d^{10} 4s^2 4p^2$ |
| 33 | As | [Ar]$3d^{10} 4s^2 4p^3$ |
| 34 | Se | [Ar]$3d^{10} 4s^2 4p^4$ |
| 35 | Br | [Ar]$3d^{10} 4s^2 4p^5$ |
| 36 | Kr | [Ar]$3d^{10} 4s^2 4p^6$ |
| 37 | Rb | [Kr]$5s^1$ |
| 38 | Sr | [Kr]$5s^2$ |
| 39 | Y | [Kr]$4d^1 5s^2$ |
| 40 | Zr | [Kr]$4d^2 5s^2$ |
| 41 | Nb | [Kr]$4d^4 5s^1$ |
| 42 | Mo | [Kr]$4d^5 5s^1$ |
| 43 | Tc | [Kr]$4d^5 5s^2$ |
| 44 | Ru | [Kr]$4d^7 5s^1$ |
| 45 | Rh | [Kr]$4d^8 5s^1$ |
| 46 | Pd | [Kr]$4d^{10}$ |

续表

| 原子序数 | 元素 | 电子构型 |
|---|---|---|
| 47 | Ag | $[Kr]4d^{10}5s^1$ |
| 48 | Cd | $[Kr]4d^{10}5s^2$ |
| 49 | In | $[Kr]4d^{10}5s^25p^1$ |
| 50 | Sn | $[Kr]4d^{10}5s^25p^2$ |
| 51 | Sb | $[Kr]4d^{10}5s^25p^3$ |
| 52 | Te | $[Kr]4d^{10}5s^25p^4$ |
| 53 | I | $[Kr]4d^{10}5s^25p^5$ |
| 54 | Xe | $[Kr]4d^{10}5s^25p^6$ |
| 55 | Cs | $[Xe]6s^1$ |
| 56 | Ba | $[Xe]6s^2$ |
| 57 | La | $[Xe]5d^16s^2$ |
| 58 | Ce | $[Xe]4f^15d^16s^2$ |
| 59 | Pr | $[Xe]4f^36s^2$ |
| 60 | Nd | $[Xe]4f^46s^2$ |
| 61 | Pm | $[Xe]4f^56s^2$ |
| 62 | Sm | $[Xe]4f^66s^2$ |
| 63 | Eu | $[Xe]4f^76s^2$ |
| 64 | Gd | $[Xe]4f^75d^16s^2$ |
| 65 | Tb | $[Xe]4f^96s^2$ |
| 66 | Dy | $[Xe]4f^{10}6s^2$ |
| 67 | Ho | $[Xe]4f^{11}6s^2$ |
| 68 | Er | $[Xe]4f^{12}6s^2$ |
| 69 | Tm | $[Xe]4f^{13}6s^2$ |
| 70 | Yb | $[Xe]4f^{14}6s^2$ |
| 71 | Lu | $[Xe]4f^{14}5d^16s^2$ |
| 72 | Hf | $[Xe]4f^{14}5d^26s^2$ |
| 73 | Ta | $[Xe]4f^{14}5d^36s^2$ |
| 74 | W | $[Xe]4f^{14}5d^46s^2$ |
| 75 | Re | $[Xe]4f^{14}5d^56s^2$ |
| 76 | Os | $[Xe]4f^{14}5d^66s^2$ |
| 77 | Ir | $[Xe]4f^{14}5d^76s^2$ |
| 78 | Pt | $[Xe]4f^{14}5d^96s^1$ |
| 79 | Au | $[Xe]4f^{14}5d^{10}6s^1$ |
| 80 | Hg | $[Xe]4f^{14}5d^{10}6s^2$ |
| 81 | Tl | $[Xe]4f^{14}5d^{10}6s^26p^1$ |
| 82 | Pb | $[Xe]4f^{14}5d^{10}6s^26p^2$ |
| 83 | Bi | $[Xe]4f^{14}5d^{10}6s^26p^3$ |

续表

| 原子序数 | 元素 | 电子构型 |
|---|---|---|
| 84 | Po | $[Xe]4f^{14}5d^{10}6s^26p^4$ |
| 85 | At | $[Xe]4f^{14}5d^{10}6s^26p^5$ |
| 86 | Rn | $[Xe]4f^{14}5d^{10}6s^26p^6$ |
| 87 | Fr | $[Rn]7s^1$ |
| 88 | Ra | $[Rn]7s^2$ |
| 89 | Ac | $[Rn]6d^17s^2$ |
| 90 | Th | $[Rn]6d^27s^2$ |
| 91 | Pa | $[Rn]5f^26d^17s^2$ |
| 92 | U | $[Rn]5f^36d^17s^2$ |
| 93 | Np | $[Rn]5f^46d^17s^2$ |
| 94 | Pu | $[Rn]5f^67s^2$ |
| 95 | Am | $[Rn]5f^77s^2$ |
| 96 | Cm | $[Rn]5f^76d^17s^2$ |
| 97 | Bk | $[Rn]5f^97s^2$ |
| 98 | Cf | $[Rn]5f^{10}7s^2$ |
| 99 | Es | $[Rn]5f^{11}7s^2$ |
| 100 | Fm | $[Rn]5f^{12}7s^2$ |
| 101 | Md | $[Rn]5f^{13}7s^2$ |
| 102 | No | $[Rn]5f^{14}7s^2$ |
| 103 | Lr | $[Rn]5f^{14}6d^17s^2$ |
| 104 | Rf | $[Rn]5f^{14}6d^27s^2$ |
| 105 | Db | $[Rn]5f^{14}6d^37s^2$ |
| 106 | Sg | $[Rn]5f^{14}6d^47s^2$ |
| 107 | Bh | $[Rn]5f^{14}6d^57s^2$ |
| 108 | Hs | $[Rn]5f^{14}6d^67s^2$ |
| 109 | Mt | $[Rn]5f^{14}6d^77s^2$ |
| 110 | Ds | $[Rn]5f^{14}6d^87s^2$ |
| 111 | Rg | $[Rn]5f^{14}6d^{10}7s^1$ |
| 112 | Cn | $[Rn]5f^{14}6d^{10}7s^2$ |
| 113 | Nh | $[Rn]7s^27p^1$ |
| 114 | Fl | $[Rn]7s^27p^2$ |
| 115 | Mc | $[Rn]7s^27p^3$ |
| 116 | Lv | $[Rn]7s^27p^4$ |
| 117 | Ts | $[Rn]7s^27p^5$ |
| 118 | Og | $[Rn]7s^27p^6$ |

## 1. 泡利不相容原理

泡利不相容原理有几种表述方式：
(1) 在同一原子中，不可能存在所处状态完全相同的电子。

(2) 在同原子中，不可能存在四个量子数完全相同的电子。

(3) 每一轨道只能容纳自旋方向相反的两个电子。

这几种说法都是等效的，从一种说法可推证出其他的说法。

**2. 能量最低原理**

在不违背泡利不相容原理的前提下，电子在各轨道上的排布方式应使整个原子能量处于最低状态。这就是能量最低原理。原子能量的高低除取决于轨道能量外，还与电子之间相互作用有关。综合考虑这些因素后，我国化学家徐光宪提出用 $(n+0.7l)$ 的数值来判断原子能量的高低。例如，K 原子的最后一个电子填充在 3d 还是 4s 轨道使原子能量较低呢？因为 $(3+0.7×2)>(4+0.7×0)$，所以电子填充在 4s 轨道。根据这一公式，可以推出在目前已发现的元素中随原子序数的增加，电子在轨道中填充的顺序为

1s，2s，2p，3s，3p，4s，3d，4p，5s，4d，5p，6s，4f，5d，6p，7s，5f⋯

图 6-8 是鲍林（Pauling L C）提出的电子填充顺序图。图中圆圈代表轨道。随原子序数的增加，电子也是按照该图能量从低到高的顺序填充的。

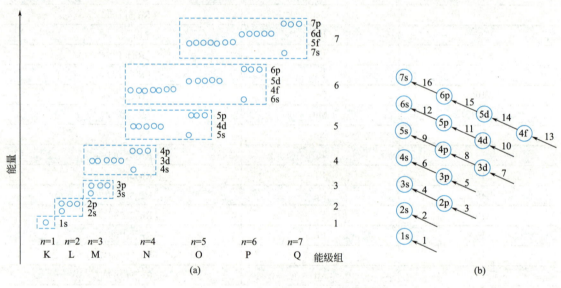

图 6-8 鲍林的原子轨道近似能级图

**3. 洪特规则**

能量相同的轨道（如 3 种 p 轨道，5 种 d 轨道）称为简并轨道。洪特规则指出：在简并轨道上排布电子时，总是尽量占据不同轨道，且自旋平行，例如 $_6$C 按泡利不相容原理和能量最低原理，电子排布式为 $1s^22s^22p^2$。根据洪特规则，则 2p 轨道上两个电子应该是 ↑↑○ 而不是 ↑↓○○。

作为洪特规则的特例，简并轨道处于全满（$p^6$，$d^{10}$，$f^{14}$）或半满（$p^3$，$d^5$，$f^7$）的状态时，能量较低，比较稳定。

有了以上三条规则，绝大部分元素的原子核外电子排布式（亦称原子的电子层结构或电子组态）就可写出来。例如 $_{21}$Sc，有 21 个电子，按能量最低原理可得如下排布式：$1s^22s^22p^63s^23p^64s^23d^1$。但正确的书写格式应该是 $1s^22s^22p^63s^23p^63d^14s^2$，即应该按电子层从内层到外层逐层书写。又如 $_{29}$Cu，核外电子排布式是 $1s^22s^22p^63s^23p^63d^{10}4s^1$ 而不是

$1s^2 2s^2 2p^6 3s^2 3p^6 3d^9 4s^2$，这是由于 3d 轨道全充满比较稳定。

几点说明：

(1) 必须指出，有些元素的原子核外电子排布比较特殊，如 $_{44}Ru$，按三原则推断为 $1s^2 2s^2 2p^6 3s^2 3p^6 3d^{10} 4s^2 4p^6 4d^6 5s^2$，但实验测定结果是 $1s^2 2s^2 2p^6 3s^2 3p^6 3d^{10} 4s^2 4p^6 4d^7 5s^1$。像这样电子排布"特殊"的元素还有 Nb、Rh、Pd、W、Pt 及 La 系和 Ac 系一些元素。这说明用三原则来描述核外电子排布还是不充分的，除此以外，还有其他因素影响着电子排布。

(2) 书写原子序数较大的原子核外电子排布式时，往往要写一大串，相当麻烦。而且内层电子在化学反应中基本不变，决定元素化学性质的主要是原子的外层电子。所以为了简便，常常只写出原子的价电子排布。所谓价电子排布是指主族元素只写出最外层 $ns$、$np$ 轨道的电子排布；副族元素只写出 $(n-1)d$、$ns$ 轨道的电子排布。例如，K：$4s^1$；Sc：$3d^1 4s^2$，Cu：$3d^{10} 4s^1$。

(3) 原子失电子后变成为离子，离子的电子排布取决于电子从何轨道中失去。实验和理论都证明，原子轨道失电子的次序是 $np$、$ns$、$(n-1)d$、$(n-2)f$，即最外层的 $np$ 电子最先失去，$np$ 电子全失去后才失 $ns$ 电子，其余类推。例如，$Cu^{2+}$ 核外电子排布式为 $1s^2 2s^2 2p^6 3s^2 3p^6 3d^9$，$As^{3+}$ 为 $1s^2 2s^2 2p^6 3s^2 3p^6 3d^{10} 4s^2$。

## 6.4 原子结构和元素周期律

### 6.4.1 核外电子排布和周期表的关系

元素周期律是指元素的性质随着核电荷的递增而呈现周期性变化的规律。周期律产生的基础是随核电荷的递增，原子最外层电子排布呈现周期性变化，即最外层电子构型重复着从 $ns^1$ 开始到 $ns^2 np^6$ 结束这一周期性变化。周期表是周期律的表现形式。现从几个方面讨论周期表与核外电子排布的关系。

**1. 各周期元素的数目**

周期表中有一个特短周期（2 种元素）、两个短周期（8 种元素）、两个长周期（18 种元素），两个特长周期（32 种元素）。各周期元素数目等于 $ns^1$ 开始到 $ns^2 np^6$ 结束各轨道所能容纳的电子总数。由于能级交错的存在，产生以上各长短周期的分布（见表 6-5）。

表 6-5 各周期元素的数目与原子结构的关系

| 周期 | 元素数目 | 相应的轨道 | | | | 容纳电子总数 |
|---|---|---|---|---|---|---|
| 1 | 2 | 1s | | | | 2 |
| 2 | 8 | 2s | | | 2p | 8 |
| 3 | 8 | 3s | | | 3p | 8 |
| 4 | 18 | 4s | | 3d | 4p | 18 |
| 5 | 18 | 5s | | 4d | 5p | 18 |
| 6 | 32 | 6s | 4f | 5d | 6p | 32 |
| 7 | 32 | 7s | 5f | 6d | 7p | 32 |

## 2. 周期和族

元素在周期表中所处的位置与原子结构的关系为

$$周期数 = 电子层层数$$

因为每增加一个电子层，就开始一个新的周期。

$$主族元素的族数 = 最外电子层的电子数$$

副族元素的族数 =（最外电子层的电子数）+（次外层 d 电子数）（除ⅠB、ⅡB 和Ⅷ族外）

同一族元素中，虽然它们的电子层数不同，但有相同的价电子构型，因此有相似的化学性质。

## 3. 元素分区

根据元素原子的价电子构型，可把周期表中的元素分成五个区：

(1) s 区价电子构型为 $ns^{1\sim2}$

(2) p 区价电子构型为 $ns^2np^{1\sim6}$

(3) d 区价电子构型为 $(n-1)d^{1\sim10}ns^{0\sim2}$

(4) ds 区价电子构型为 $(n-1)d^{10}ns^{1\sim2}$

(5) f 区价电子构型为 $(n-2)f^{0\sim14}(n-1)d^{0\sim2}ns^2$

### 6.4.2 原子结构与元素基本性质

元素的基本性质，如原子半径、电离能、电子亲和能和电负性等都与原子结构密切相关，因而也呈现显著的周期性变化规律。

## 1. 原子半径

因电子在核外各处都有出现的可能性，仅概率不同而已，所以对单个原子来讲并不存在明确的界面。所谓原子半径，是根据相邻原子的核间距测出的。由于相邻原子间成键的情况不同，可给出不同类型的原子半径。同种元素的两个原子以共价单键连接时，其核间距的一半叫做该原子的共价半径。例如 $Cl_2$ 中氯原子间以共价单键相连，其核间距为 198.8pm。所以氯原子的共价半径为 99.4pm。金属晶格中金属原子核间距的一半，叫做金属半径。同种元素的共价半径和金属半径数值不同，后者一般比前者大 10%～15%。各元素的原子半径见附录六。

原子半径在周期表中的变化规律可归纳为如下：

(1) 同一主族自上而下半径增大，这是因为电子层数逐渐增加。同一副族自上而下半径一般也增大，但增幅不大，特别是第五和第六周期的副族元素，它们的原子半径十分接近，这是由镧系收缩造成的。

(2) 同一周期从左到右，原子半径逐渐减小，但主族元素比副族元素减小的幅度大得多。这是因为主族元素从左到右，新增加的电子都填充在最外层，它对处于同一层的电子屏蔽作用较小（$\sigma=0.35$），故每向右移动一元素，有效核电荷可增加 0.65。副族元素从左到右新增加的电子填充在次外层 d 轨道上，它对外层电子屏蔽作用较大（$\sigma=0.85$），故有效核电荷只增加 0.15。所以副族元素比主族元素半径减小缓慢得多。

## 2. 电离能

气态原子失去一个电子成为气态+1 价离子所需的能量，称为该元素的第一电离能（$I_1$）。从气态+1 价离子再失去一个电子，成为+2 价离子所需的能量，称为第二电离能

($I_2$)，余类推。显然 $I_1 < I_2 < I_3 \cdots$，因为原子失去一个电子后成为带正电荷的阳离子，若再失去电子就更困难了。通常所讲的电离能是指第一电离能。各元素的第一电离能列于附录七。

电离能的大小主要取决于原子核电荷数、原子半径和电子构型。在主族元素中，同一周期从左到右，总的趋势是第一电离能逐渐增大。这是由于同一周期从左到右，元素的有效核电荷增加，原子半径减小，对电子吸引力增大。在同一主族中，从上到下随着原子半径的增大，外层电子离核越来越远，故第一电离能逐渐减小。这是一般规律，但是有反常现象。以第二周期为例，这种反常出现在 B 和 O 两元素。B 在 Be 后，B 的第一电离能反而比 Be 小；O 在 N 后，O 的第一电离能也比 N 小。这种现象可用原子结构理论来解释。出现第一个反常是因为 Li 和 Be 失去的是 2s 电子，从 B 开始失去的是 2p 电子，2p 电子能量比 2s 高，易失去。第二个转折是由于 N 的 2p 轨道已半满，从 O 开始增加的电子要填入 2p 轨道，必然要受到原来已占据该轨道的那个电子排斥，要额外消耗电子的成对能，故电子能量高，易失去。另外，出现这两个反常还与它们失电子后达到稳定的电子构型有关。B 和 O 失去一个电子后电子构型分别为 $2s^2 2p^0$ 和 $2s^2 2p^3$，即 p 轨道分别达到全空和半满的稳定结构。

在副族元素中，由于最后的电子是填入内层，屏蔽效应大，抵消了核电荷增加所产生的影响，另外它们的半径也都很接近，因此它们的第一电离能变化不大。

### 3. 电子亲和能

气态原子获得一个电子形成气态 $-1$ 价离子所释放的能量，称为该元素的（第一）电子亲和能 $E$。电子亲和能正负号的规定与焓的正负号规定相反，即放热为正，吸热为负。电子亲和能越大，表示该元素的原子越易获得电子。主族元素的电子亲和能列于附录八。

在周期表中，电子亲和能变化规律与电离能变化规律基本上相同，即同一周期从左到右总趋势是逐渐增加，同一主族从上到下总趋势是逐渐减小。但都有例外。例如，同主族元素中，电子亲和能最大的不是第二周期元素而是第三周期元素。这是因为第二周期元素原子半径特别小，电子间斥力很强，以致加合一个电子时，释放的能量减小。而第三周期元素的原子半径较大，电子间斥力显著减小，因而加合电子时，释放的能量相应增大。

### 4. 电负性

电离能和电子亲和能都各自从某一方面反映了原子争夺电子的能力。当然，在全面地衡量原子争夺电子的能力时，只看电离能或电子亲和能都是片面的，因此提出电负性的概念。所谓电负性，是指分子内原子吸引电子的能力。元素电负性大，原子在分子内吸引电子能力强。

电负性目前还无法直接测定，只能用间接的方法来标度。至今已提出多种标度电负性的方法，虽然它们依据的原理完全不同，但计算的结果还是相当接近的。

1934 年密立根提出用电离能和电子亲和能之和来标度电负性 $\chi$

$$\chi = 0.0019(I + E) \tag{6-11}$$

式中，$I$ 为电离能；$E$ 为电子亲和能；0.0019 为比例常数。但因为电子亲和能的数据有限且不太准确，故限制了该法的应用。目前较为通用的是鲍林电负性标度。它是根据键的解离能的数据计算得到的，他提出电负性与键的解离能关系式为

$$D(A-B) = [D(A-A) \times D(B-B)]^{\frac{1}{2}} + 96.5(\chi_B - \chi_A)^2 \tag{6-12}$$

式中，$D(A-B)$、$D(A-A)$ 和 $D(B-B)$ 分别表示化学键 A—B、A—A 和 B—B 的解

离能；$\chi_A$ 和 $\chi_B$ 分别为元素 A 和 B 的电负性。并规定元素 F 的电负性为 4.0，由此可求出其他元素的电负性。附录九是鲍林电负性值。元素电负性在周期表中变化的规律与电离能、电子亲和能相同，即同一周期从左到右，电负性递增，同一主族从上到下，电负性递减。副族元素电负性变化规律不明显。根据元素电负性的大小，可判断元素的金属性或非金属性的强弱。一般来说，元素电负性在 2.0 以上为非金属元素，而在 2.0 以下为金属元素。但不能把电负性 2.0 作为划分金属和非金属的绝对界限。最后必须指出，同一元素所处的氧化态不同，其电负性也不同。例如，Fe（Ⅱ）和 Fe（Ⅲ）的电负性分别为 1.7 和 1.8，Cr（Ⅲ）和 Cr（Ⅵ）的电负性分别为 1.6 和 2.4，因为价态高的吸引电子能力比价态低的强些。附录九所列的电负性，实际上是该元素最稳定的氧化态的电负性。

## 习 题

1. 利用玻尔理论推得的轨道能量公式，计算氢原子的电子从第五能级跃迁到第二能级所释放的能量及谱线的波长。

2. 利用德布罗意关系式计算
   (1) 质量为 $9.1 \times 10^{-31}$ kg，速度为 $6.0 \times 10^{6}$ m·s$^{-1}$ 的电子，其波长为多少？
   (2) 质量为 $1.0 \times 10^{-2}$ kg，速度为 $1.0 \times 10^{3}$ m·s$^{-1}$ 的子弹，其波长为多少？
   此两小题的计算结果说明什么问题？

3. 原子中电子运动有什么特点？概率和概率密度有何区别？

4. 定性地画出：$3d_{xy}$ 轨道的原子轨道角度分布图，$4d_{x^2-y^2}$ 轨道的电子云角度分布图，4p 轨道的电子云径向分布图。

5. 简单说明四个量子数的物理意义及量子化条件。

6. 下列各组量子数哪些是不合理的，为什么？
   (1) $n=2$    $l=1$    $m=0$
   (2) $n=2$    $l=2$    $m=-1$
   (3) $n=3$    $l=0$    $m=0$
   (4) $n=3$    $l=1$    $m=+1$
   (5) $n=2$    $l=0$    $m=-1$
   (6) $n=2$    $l=3$    $m=+2$

7. 氮原子中有 7 个电子，写出各电子的四个量子数。

8. 用原子轨道符号表示下列各组量子数
   (1) $n=2$    $l=1$    $m=-1$
   (2) $n=4$    $l=0$    $m=0$
   (3) $n=5$    $l=2$    $m=-2$
   (4) $n=6$    $l=3$    $m=0$

9. 用斯莱特规则分别计算 Na 原子的 1s、2s 和 3s 电子的有效核电荷。

10. 对多电子原子来说，当主量子数 $n=4$ 时，有几个能级？各能级有几个轨道？最多能容纳几个电子？

11. 在氢原子中，4s 和 3d 哪一种状态能量高？在 19 号元素钾中，4s 和 3d 哪一种状态能量高？为什么？

12. 写出原子序数分别为 25、49、79、86 的四种元素原子的电子排布式，并判断它们在周期表中的位置。

13. 判断下列说法是否正确？为什么？

(1) s电子轨道是绕核旋转的一个圆圈，而p电子是走8字形。

(2) 在N电子层中，有4s、4p、4d、4f共4个原子轨道。主量子数为1时，有自旋相反的两条轨道。

(3) 氢原子中原子轨道能量由主量子数 $n$ 来决定。

(4) 氢原子的核电荷数和有效核电荷不相等。

14. 根据下列各元素的价电子构型，指出它们在周期表中所处的周期和族，是主族还是副族？

$3s^1$      $4s^2 4p^3$

$3d^2 4s^2$      $3d^5 4s^1$

$3d^{10} 4s^2$      $4s^2 4p^6$

15. 完成下列表格

| 原子序数 | 电子排布式 | 价电子构型 | 周期 | 族 | 元素分区 |
|---|---|---|---|---|---|
| 24 | | | | | |
| | $1s^2 2s^2 2p^6 3s^2 3d^{10} 4s^2 4p^5$ | | | | |
| | | $4d^{10} 5s^2$ | | | |
| | | | 六 | ⅡA | |

16. 写出下列离子的电子排布式：

$Cu^{2+}$ , $Ti^{3+}$ , $Fe^{3+}$ , $Pb^{2+}$ , $S^{2-}$

17. 价电子构型分别满足下列条件的是哪一类或哪一种元素？

(1) 具有2个p电子。

(2) 有2个 $n=4$，$l=0$ 的电子和6个 $n=3$，$l=2$ 的电子。

(3) 3d为全满，4s只有一个电子。

18. 某一元素的原子序数为24，问

(1) 该元素原子的电子总数是多少？

(2) 它的电子排布式是怎样的？

(3) 价电子构型是怎样的？

(4) 它属第几周期第几族？主族还是副族？最高氧化物的化学式是什么？

19. 为什么原子的最外层上最多只能有8个电子；次外层上最多只能有18个电子？（提示：从能级交错上去考虑。）

20. 有A、B、C、D四种元素，其最外层电子依次1、2、2、7；其原子序数按B、C、D、A次序增大。已知A与B的次外层电子数为8，而C，D的次外层电子数为18。试问：

(1) 哪些是金属元素？

(2) D与A的简单离子是什么？

(3) 哪一元素的氢氧化物的碱性最强？

(4) B与D两元素间能形成何种化合物？写出化学式。

21. 试根据原子结构理论预测：

(1) 第8周期将包括多少种元素？

(2) 原子核外出现第一个 5g（$l=4$）电子的元素的原子序数是多少？

(3) 第 114 号元素属于哪一周期？哪一族？试写出其电子排布式。

22. 试比较下列各对原子或离子半径的大小（不查表）：

$$Sc \text{ 和 } Ca \quad Sr \text{ 和 } Ba \quad K \text{ 和 } Ag$$
$$Fe^{2+} \text{ 和 } Fe^{3+} \quad Pb \text{ 和 } Pb^{2+} \quad S \text{ 和 } S^{2-}$$

23. 试比较下列各对原子电离能的高低（不查表）：

$$O \text{ 和 } N \quad Al \text{ 和 } Mg \quad Sr \text{ 和 } Rb$$
$$Cu \text{ 和 } Zn \quad Cs \text{ 和 } Au \quad Br \text{ 和 } Kr$$

24. 试用原子结构理论解释：

(1) 稀有气体在每周期元素中具有最高的电离能

(2) 电离能：P＞S

(3) 电子亲和能：S＞O

(4) 电子亲和能：C＞N

25. 判断常温下，以下气相反应能否自发进行？

(1) Na（g）＋Rb$^+$（g）⟶Na$^+$（g）＋Rb（g）

(2) F$^-$（g）＋Cl（g）⟶Cl$^-$（g）＋F（g）

26. 将下列原子按电负性降低的次序排列（不查表）：

$$Ga \quad S \quad F \quad As \quad Sr \quad Cs$$

27. 指出具有下列性质的元素（不查表，且稀有气体除外）：

(1) 原子半径最大和最小。

(2) 电离能最大和最小。

(3) 电负性最大和最小。

(4) 电子亲和能最大。

28. A、B 两元素，A 原子的 M 层和 N 层电子数分别比 B 原子的 M 层和 N 层的电子数多 8 个和 3 个。写出 A、B 原子的电子排布式和元素符号，并写出推理过程。

# 第7章 分子结构

**学习要求**

1. 掌握离子键理论的基本要点，理解决定离子化合物性质的因素及离子化合物的特征；
2. 掌握电子配对法及共价键的特征；
3. 能用杂化轨道理论来解释一般分子的构型；
4. 能用价层电子对互斥理论来预言一般主族元素分子的构型；
5. 掌握分子轨道理论的基本要点，会用该理论处理第一、第二周期同核双原子分子；
6. 了解离子极化和分子间力的概念。了解金属键和氢键的形成和特征；
7. 了解各类晶体的内部结构和特征。

分子是物质能独立存在并保持其化学特性的最小微粒。物质的化学性质主要取决于分子性质，而分子的性质又是由分子的内部结构所决定的。分子中将原子结合在一起的强烈相互作用通常称为化学键。化学键一般可分为离子键、共价键和金属键，广义而言，化学键还包括分子间的相互作用。化学键相关理论是当代化学的重要中心问题之一。因为参与化学变化的基本单元是分子，而分子的性质是由其内部结构所决定的。因此，研究分子内部的结构，对探索物质的性质、结构和功能等具有重要的意义。

本章除着重介绍化学键外，也讨论分子间力、离子极化和晶体结构等问题。

## 7.1 离子键

### 7.1.1 离子键理论的基本要点

离子键理论认为：当活泼金属原子和活泼非金属原子在一定反应条件下互相接近时，活泼金属原子可失去最外层电子，形成稳定电子结构的带正电的离子；而活泼非金属原子可得到电子，形成稳定电子结构的带负电的离子。正负离子之间由于静电引力而相互吸引，当它们充分接触时，离子的外电子层之间又产生排斥力，当吸引力和排斥力相平衡时，体系能量最低，正负离子间便形成稳定的结合体。这种靠正负离子的静电引力而形成的化学键叫做离子键。具有离子键的物质称为离子化合物。

离子键的主要特征是没有方向性和饱和性。离子是带电体，它的电荷分布是球形对称的，所以它对各个方向的吸引力是一样的（没有方向性），只要空间许可，一个离子可以同时和几个电荷相反的离子相吸引（没有饱和性）。当然，这并不意味着一个离子周围排列的相反电荷离子数目可以是任意的。实际上，在离子晶体中，每一离子周围排列电荷相反离子的数目都是固定的，例如，在 NaCl 晶体中，每个 $Na^+$ 周围有 6 个 $Cl^-$，每个 $Cl^-$ 周围有 6 个 $Na^+$。在 CsCl 中，每个 $Cs^+$ 周围有 8 个 $Cl^-$，每个 $Cl^-$ 周围有 8 个 $Cs^+$，一个离子周围排列电荷相反离子的数目主要取决于正离子和负离子的半径比（$r^+/r^-$）。比值越大，周围排列离子数目越多。

基于离子键的以上特点，在离子晶体中无法分辨出一个个独立的"分子"，例如，在 NaCl 晶体中，不存在 NaCl 分子，所以 NaCl 是氯化钠的化学式，而不是分子式。

## 7.1.2 决定离子化合物性质的因素——离子的特征

离子化合物是由离子构成的，因此离子的性质必定在很大程度上决定离子化合物的性质。

下面对离子的几种特征分别作简要的介绍。

### 1. 离子半径

与原子一样，单个离子也不存在明确的界面。所谓离子半径，是根据晶体中相邻正、负离子的核间距（$d$）测出的，并假设 $d = r_+ + r_-$，$r_+$ 和 $r_-$ 分别代表正、负离子半径。推算各种离子半径是一项比较复杂的工作。它必须解决核间距如何划分为两个离子半径的问题，至今已提出多种推算离子半径的方法。例如，1927 年艾德施密特利用前人以光折射法所得的 $F^-$（133pm）和 $O^{2-}$（132pm）离子半径数据为基准，求得近百种离子半径（常称之为艾德施密特离子半径）。同年鲍林从有效核电荷推出一套离子半径数据（常称之为鲍林离子半径）。附录十中列出了鲍林离子半径的数据。

从原子结构的观点不难得出离子半径变化的一些规律：

(1) 同族元素离子半径从上而下递增。例如：

$$r(Li^+) < r(Na^+) < r(K^+) < r(Rb^+) < r(Cs^+)$$
$$r(F^-) < r(Cl^-) < r(Br^-) < r(I^-)$$

(2) 同一周期的正离子半径随离子电荷增加而减小，而负离子半径随电荷增加而增大。例如：

$$r(Na^+) > r(Mg^{2+}) > r(Al^{3+}) \qquad r(F^-) < r(O^{2-})$$

(3) 同一元素负离子半径大于原子半径，正离子半径小于原子半径，且正电荷越高，半径越小。例如：

$$r(S^{2-}) > r(S) \qquad r(Fe^{3+}) < r(Fe^{2+}) < r(Fe)$$

离子半径是决定离子化合物中正、负离子之间吸引力的重要因素。一般来讲，离子半径越小，离子间吸引力越大，相应化合物的熔点也越高。表 7-1 明显地反映出这种变化关系。

表 7-1 几种离子化合物的熔点和离子半径

| 离子化合物 | NaF | KF | RbF | CsF |
|---|---|---|---|---|
| 熔点/℃ | 995 | 856 | — | — |
| 正离子半径/pm | 95 | 133 | 148 | 169 |

**2. 离子的电荷**

离子电荷是影响离子化合物性质的重要因素。离子电荷高,对相反电荷的离子静电引力强。因而化合物的熔点也高。如 CaO 的熔点(2590℃)比 KF(856℃)高。

**3. 离子的电子构型**

简单负离子(如 $F^-$、$Cl^-$、$S^{2-}$ 等)的外电子层都是稳定的稀有气体结构,因最外层有 8 个电子,故称为 8 电子构型,但正离子的情况比较复杂,其电子构型有如下几种:

(1) 2 电子构型,如 $Li^+$、$Be^{2+}$ 等;

(2) 8 电子构型,如 $Na^+$、$Al^{3+}$ 等;

(3) 18 电子构型,如 $Ag^+$、$Hg^{2+}$ 等;

(4) 18+2 电子构型(次外层为 18 个电子,最外层为 2 个电子),如 $Sn^{2+}$、$Pb^{2+}$ 等;

(5) 9~17 电子构型,又称为不饱和电子构型,如上 $Fe^{3+}$、$Mn^{2+}$ 等。

离子的电子构型对化合物性质有一定的影响。例如,$Na^+$ 和 $Cu^+$ 的离子电荷相同,离子半径几乎相等(近似为 95pm),但 NaCl 易溶于水,CuCl 不易溶于水。显然,这是由于 $Na^+$ 和 $Cu^+$ 具有不同的电子构型。

### 7.1.3 晶格能

晶格能 $U$ 是气态正离子和气态负离子结合成 1mol 离子晶体时所释放的能量。例如,对 NaF 晶体来说,$U$ 就是下列反应的焓变:

$$Na^+(g) + F^-(g) \longrightarrow NaF(s)$$

由于上述反应的 $\Delta H$ 不能直接测量,玻恩-哈伯设计了一个热化学循环,由此间接地求算晶格能。

$$\begin{array}{c} Na(s)+\frac{1}{2}F_2(g) \xrightarrow{\Delta H} NaCl(s) \\ \downarrow S \quad\quad \downarrow \frac{1}{2}D \quad\quad \uparrow U \\ Na(g) \quad\quad F(g) \\ \downarrow I \quad\quad \downarrow E \\ Na^+(g)+F^-(g) \end{array}$$

式中,$S$ 为 Na 的升华能,$108.8 kJ \cdot mol^{-1}$;$I$ 为 Na 的电离能,$502.3 kJ \cdot mol^{-1}$;$D$ 为 $F_2$ 的解离能,$153.2 kJ \cdot mol^{-1}$;$E$ 为 F 的电子亲和能,$-349.5 kJ \cdot mol^{-1}$;$\Delta H$ 为 NaF 的生成焓,$-569.3 kJ \cdot mol^{-1}$;$U$ 为 NaF 的晶格能。

由盖斯定律可得

$$\Delta H = S + I + \frac{1}{2}D + E + U$$

晶格能也可以从理论计算得到。理论处理的模型是把离子看作点电荷,然后计算这些点电荷之间的库仑作用能,其总和即为晶格能。对 NaF 晶体理论算得的晶格能为 $-902.1 kJ \cdot mol^{-1}$,玻恩-哈伯循环法求得的结果甚为吻合。这表明用离子键的理论处理离子晶体是正确的。晶格能的大小常用来比较离子键的强度和晶体的牢固程度,离子化合物的晶格能越大,表示正、负离子间结合力越强,晶体越牢固,因此晶体的熔点越高,硬度越大。

## 7.2 共价键

离子键理论能很好地说明离子化合物的形成和特性,但不能说明相同原子如何形成单质分子(如 $H_2$、$O_2$、$N_2$ 等),也不能说明电负性相近的元素原子如何形成化合物分子(如 HCl、$H_2O$ 等)。为了描述这类分子形成的本质和特性,提出了另一化学键理论——共价键理论。目前采用的共价键理论有两种:价键理论和分子轨道理论。

### 7.2.1 价键理论

1916 年路易斯提出了经典共价键理论。他认为:分子中的原子可以通过电子对使每一个原子达到稳定的稀有气体电子结构。原子通过共用电子对而形成的化学键称为共价键。例如,$H_2$、$N_2$ 的电子配对等情况可表示成

$$H:H \qquad :N:::N:$$

但是经典共价键理论没有阐明共价键的本质。例如,带负电荷的电子为什么不相互排斥,反而配对能使两原子牢固结合?直到 1927 年海特勒-伦敦等用量子力学处理了氢分子结构,共价键的本质才得到理论上的阐明。

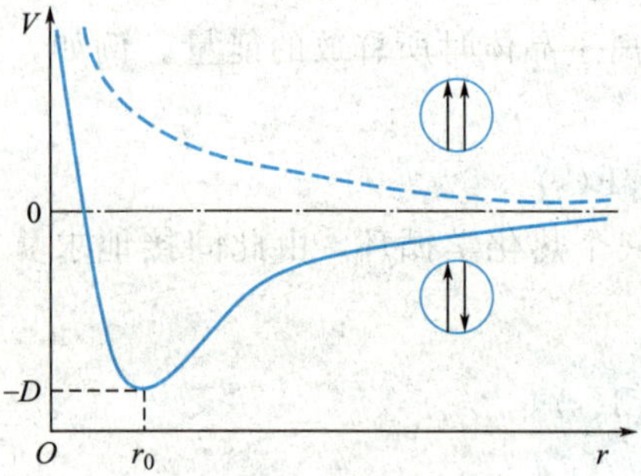

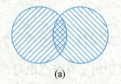

图 7-1 分子形成过程能量随核间距变化示意图

用量子力学处理两个氢原子所组成的体系时发现,当两个氢原子从远处相互接近时,两氢原子相互作用出现两种情况:如果两电子自旋相反,随着两原子距离 $r$ 变小,体系能量逐渐降低,当 $r=r_0$ 时,出现能量最低值 $D$(图 7-1);如果两电子自旋相同,随着 $r$ 变小,体系能量逐渐升高。由此可见,电子自旋相反的两个氢原子以距离 $r_0$ 相结合,比两个远离氢原子能量低(降低值 $D$ 约 $458 kJ \cdot mol^{-1}$),所以两氢原子可以形成稳定的 $H_2$。而自旋相同的两氢原子,因体系能量升高,无法成键。

量子力学原理指出,第一种情况就是两氢原子波函数同号叠加,使两核间的 $\varphi$ 值增加,即该区域电子云密集[图 7-2(a)]。这一方面降低了两核间的排斥,另一方面增大了两个核对电子云密集区域的吸引。这两方面都有利于体系势能的降低,形成稳定的化学键。第二种情况就是两氢原子波函数异号叠加,使两核间出现一个 $\varphi=0$ 区域[图 7-2(b)],故体系能量升高,不能成键。

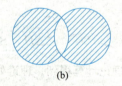

(a)      (b)

图 7-2 两个氢原子相互靠近时,两种电子云分布情况

将量子力学对氢原子的处理推广到其他体系,发展成价键理论(又称电子配对法或 VB 法)。该理论的基本要点如下:

(1) 具有自旋相反的单电子的原子相互接近时,单电子可以配对构成共价键;
(2) 成键的原子轨道重叠越多,形成的共价键越稳定,这称为原子轨道最大重叠原理。

### 7.2.2 共价键的特性

**1. 共价键的饱和性**

原子在构成共价分子时,所形成的共价键数目取决于它所具有的未成对电子数。这种性质称为共价键饱和性。例如,H、O、N 的未成对电子数分别为 1、2、3 个,所以它们形成分子时,共价键的键数分别为 1、2、3。

**2. 共价键的方向性**

根据原子轨道最大重叠原理,在形成共价键时,原子间总是尽可能沿着原子轨道最大重叠方向成键。例如,氢原子的 1s 电子与氯原子的一个未成对电子(设处于 $2p_x$ 轨道)成键时,只有沿着 $x$ 轴的方向才能达到最大程度的重叠,如图 7-3(a)中所示的方向,而图 7-3(b)中所示的方向不能达到最大的重叠。这就是共价键的方向性。

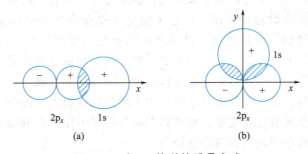

图 7-3 s 与 $p_x$ 轨道的重叠方式

**3. 共价键的类型**

按原子轨道重叠方式不同,可将共价键分为 σ 键和 π 键两种类型。如果原子轨道按"头碰头"的方式发生重叠,轨道重叠结果对于键轴(即成键原子核间连线)呈圆柱形对称,这种键称为 σ 键[图 7-4(a)]。如果原子轨道按"肩并肩"的方式发生重叠,即轨道在键轴两侧发生重叠而形成的键称为 π 键[图 7-4(b)]。一般来说,π 键的重合程度小于 σ 键,因而键能也小于 σ 键。

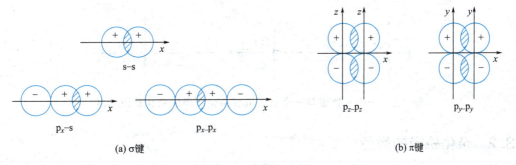

图 7-4 σ 键和 π 键

按共用电子对提供的方式不同,又将共价键分为正常共价键和配位共价键两种类型。如果共价键的共用电子对是由成键原子双方各提供一个电子所组成的,称为正常共价键;如果共用电子对是由一方单独提供的，称为配位共价键，简称配位键。提供电子对的原子称为给予体，接受电子对的原子称为接受体。例如：

$$\begin{array}{c} F\phantom{-B}\phantom{+}H \\ |\phantom{-B}\phantom{+}| \\ F-B\ +\ :N-H \\ |\phantom{-B}\phantom{+}| \\ F\phantom{-B}\phantom{+}H \end{array} \Longleftrightarrow \begin{array}{c} F\phantom{-B}\phantom{\leftarrow}H \\ |\phantom{-B}\phantom{\leftarrow}| \\ F-B\leftarrow N-H \\ |\phantom{-B}\phantom{\leftarrow}| \\ F\phantom{-B}\phantom{\leftarrow}H \end{array}$$

通常用"→"表示配位键，箭头方向由给予体指向接受体。但应该注意，正常共价键和配位键的区别，仅存在于键的形成过程中，在键形成以后，两者就没有差别了。

## 7.3 杂化轨道理论

### 7.3.1 杂化轨道理论的基本要点

价键理论成功地阐明共价键的本质及特性，但是对分子结构中的不少实验事实却无法解释。例如，甲烷分子按价键理论推断，C 原子的电子排布为 $1s^2 2s^2 2p_x^1 2p_y^1$，只有 2 个单电子，只能形成两个共价键，而且键角（键轴之间的夹角）应该为 90°左右。但经实验测定，四个 C—H 键的键角均为 109.5°，理论和实验不符。为了解决这些矛盾，鲍林在价键理论基础上，提出了杂化轨道理论，可以把它看作价键理论的补充和发展。

杂化轨道理论认为：原子在形成分子时，为了增强成键能力，使分子稳定性增加，趋向于同类型的原子轨道重新组合成能量、形状和方向与原来不同的新的原子轨道。这种重新组合称为杂化。杂化后的原子轨道称为杂化轨道。

轨道杂化具有如下特性：

(1) 只有能量相近的轨道才能相互杂化。所以常见的有 $ns\ np$，$ns\ np\ nd$ 和 $(n-1)d\ ns\ np$ 杂化。

(2) 杂化轨道成键能力大于未杂化的轨道，因为杂化轨道的形状变成一头大一头小了（图 7-5 表示一个 s 轨道和一个 p 轨道经杂化所得的杂化轨道的形状）。杂化轨道用大的一头与其他原子的轨道重叠，重叠部分显然比未杂化轨道大得多，故成键能力增强了。

(3) 参加杂化的原子轨道的数目与形成的杂化轨道的数目相同。

(4) 不同类型的杂化，杂化轨道空间取向不同。

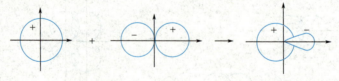

图 7-5 一个 s 轨道与一个 p 轨道经杂化所得的杂化轨道形状

### 7.3.2 杂化轨道的类型

根据参加杂化的原子轨道类型及数目不同，可将杂化轨道分成以下几类：

**1. sp 杂化**

气态的 $BeCl_2$ 分子中 Be 原子属于这种类型的杂化。Be 的电子构型为 $1s^2 2s^2$，无单电子,似乎不能成键。但是 Be 原子中的 1 个 2s 电子可被激发到 2p 轨道,激发电子所需的能量可由形成的 2 个共价键放出的能量所抵消,而且有余。2s 轨道与 1 个 2p 轨道杂化而形成 2 个能量、形状完全等同的 sp 杂化轨道。因 2 个 sp 杂化轨道之间的夹角为 180°(图 7-6),所以 BeCl$_2$ 分子的空间构型为直线形。以上杂化过程可表示为

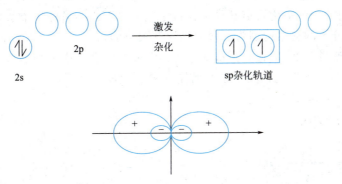

图 7-6　两个 sp 杂化轨道的角度分布图

### 2. sp² 杂化

BF$_3$ 分子形成属于这类型的杂化。它的杂化过程可表示为

3 个 sp² 杂化轨道的夹角为 120°,所以 BF$_3$ 分子的空间构型为平面三角形。

### 3. sp³ 杂化

CCl$_4$ 分子的形成属于这类杂化。它的杂化过程可表示为

4 个 sp³ 杂化轨道的夹角为 109.5°,所以 CCl$_4$ 分子空间构型为正四面体。在 NH$_3$ 分子中,N 原子也形成 sp³ 杂化。但 N 原子比 C 原子多 1 个电子,因此,在 4 个 sp³ 杂化轨道中有 1 个杂化轨道为已成对电子所占据。这一成对电子不参加成键,称为孤对电子,由于孤对电子只受一个核的吸引,电子云比较"肥大",它对键对电子产生较大的斥力,迫使 N—H 键的键角由 109.5°缩小至 107.3°。NH$_3$ 分子的空间构型为三角锥形(图 7-7)。

图 7-7　NH$_3$ 分子构型　　　　　图 7-8　H$_2$O 分子构型

H$_2$O 分子中 O 原子也采取 sp³ 杂化,但有 2 个杂化轨道为孤对电子所占据,2 对孤对电

子产生的斥力更大，迫使 O—H 键的键角缩至 104.5°，H$_2$O 分子的空间构型为角型（图 7-8）。

**4. sp$^3$d 杂化和 sp$^3$d$^2$ 杂化**

PCl$_5$ 属于 sp$^3$d 杂化。P 原子的 1 个 3s 电子激发至 3d 轨道，形成 5 个 sp$^3$d 杂化轨道。这 5 个杂化轨道中的 3 个杂化轨道互成 120°位于一个平面内，另外 2 个杂化轨道垂直于这个平面，所以 PCl$_5$ 分子的空间构型为三角双锥形（图 7-9）。SF$_6$ 分子中 S 原子的 1 个 3s 电子和一个 3p 电子可激发至 3d 轨道，形成 6 个 sp$^3$d$^2$ 杂化轨道。这 6 个 sp$^3$d$^2$ 杂化轨道的夹角为 90°，所以 SF$_6$ 分子的空间构型为正八面体（图 7-10）。

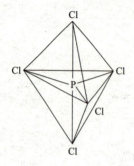

图 7-9　PCl$_5$ 分子构型

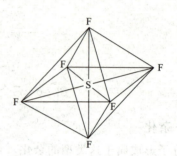

图 7-10　SF$_6$ 分子构型

表 7-2 汇列了以上五种常见的杂化轨道。此外，过渡元素原子 ($n-1$)d 轨道与 $n$s、$n$p 轨道还能形成其他类型的杂化轨道，这些在第 5 章配位化合物中介绍。

表 7-2　杂化轨道

| 类型 | 轨道数目 | 轨道形状 | 实例 |
| --- | --- | --- | --- |
| sp | 2 | 直线 | BeCl$_2$，HgCl$_2$ |
| sp$^2$ | 3 | 平面三角 | BF$_3$ |
| sp$^3$ | 4 | 四面体 | CCl$_4$，NH$_3$，H$_2$O |
| sp$^3$d | 5 | 三角双锥 | PCl$_5$ |
| sp$^3$d$^2$ | 6 | 八面体 | SF$_6$ |

## 7.4　价层电子对互斥理论

价层电子对互斥理论（简称 VSEPR 法）从概念上讲很简单，用它来预测分子的空间构型很有效且方便。

价层电子对互斥理论认为：在共价分子中，中心原子价电子层中电子对的排列方式，应该使它们之间的静电斥力最小，并由此决定了分子的空间构型。

价层电子对互斥理论推断分子或离子的空间构型的步骤如下：

（1）确定中心原子价层电子对数。它可由下式计算得到

价层电子对数＝（中心原子价电子数＋配位原子提供电子数－离子电荷代数值）/ 2

式中配位原子提供电子数的计算方法是：氢和卤素原子均各提供 1 个价电子；氧和硫原

子提供的电子数为零。因为氧和硫的价电子数为 6，它与中心原子成键时，往往从中心原子接受 2 个电子而达到稳定的八隅体结构。

（2）根据中心原子价层电子对数，从表 7-3 中找到相应的电子对排布，因这种排布方式可使电子对之间静电斥力最小。

（3）把配位原子按相应的几何构型排布在中心原子周围，每 1 对电子连接 1 个配位原子，剩下未结合配位原子的电子对便是孤对电子，孤对电子所处的位置不同，往往会影响分子的空间构型，而孤对电子总是处于斥力最小的位置。

表 7-3　静电斥力最小的电子对排布

| 电子对数 | 2 | 3 | 4 | 5 | 6 |
|---|---|---|---|---|---|
| 电子对的排布 | 直线 | 平面三角 | 四面体 | 三角双锥 | 八面体 |

以 $IF_2^-$ 为例，用上述步骤确定其空间构型。

（1）中心原子 I 的价电子数为 7，2 个配位原子 F 各提供 1 个电子，所以

$$价层电子对数 = \frac{7+2-(-1)}{2} = 5$$

（2）查表 7-3 知，5 对电子以三角双锥的方式排布。

（3）因只有 2 个配位原子 F，故 5 对电子中，有 2 对为成键电子对，3 对为孤对电子。由此可得到如图 7-11 所示的三种可能的结构。这三种可能的结构中哪一种电子对间的斥力最小，则它就是 $IF_2^-$ 的稳定构型。在三角双锥中，电子对间的夹角有 90°和 120°两种。夹角越小，斥力越大，所以只需考虑 90°夹角间的斥力。电子对类型不同，斥力不同。因孤对电子比成键电子对"肥大"，所以电子对间斥力大小的次序是

$$孤对-孤对 > 孤对-键对 > 键对-键对$$

由图 7-11 可见，结构（a）中 90°无孤对-孤对排斥作用，而结构（b）、（c）中 90°均存在孤对-孤对的排斥作用，显然结构（a）是一种最稳定的构型，所以 $IF_2^-$ 的构型为直线形。

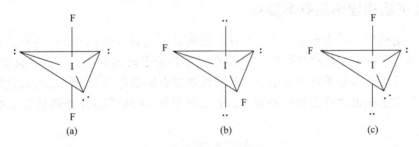

图 7-11　$IF_2^-$ 三种可能的结构

用上述步骤可确定大多数主族元素形成的化合物分子的构型。现把常见分子构型归纳于表 7-4。

表 7-4　分子构型小节

| 价层电子对数 | 分子类型 | 电子对空间构型 | 分子构型 | 实例 |
|---|---|---|---|---|
| 2 | $AX_2$ | 直线形 | 直线形 | $BeCl_2$ |
| 3 | $AX_3$ | 三角形 | 三角形 | $BF_3$ |
|  | $AX_2$ | 三角形 | V 形 | $SnCl_2$ |

第 7 章　分子结构

续表

| 价层电子对数 | 分子类型 | 电子对空间构型 | 分子构型 | 实例 |
|---|---|---|---|---|
| 4 | $AX_4$ | 正四面体 | 正四面体 | $CH_4$ |
| | $AX_3$ | 正四面体 | 三角锥形 | $NH_3$ |
| | $AX_2$ | 正四面体 | V 型 | $H_2O$ |
| 5 | $AX_5$ | 三角双锥 | 三角双锥 | $PCl_5$ |
| | $AX_4$ | 三角双锥 | 变形四面体 | $SF_4$ |
| | $AX_3$ | 三角双锥 | T 型 | $ClF_3$ |
| | $AX_2$ | 三角双锥 | 直线型 | $XeF_2$ |
| 6 | $AX_5$ | 正八面体 | 正八面体 | $SF_6$ |
| | $AX_4$ | 正八面体 | 四角双锥 | $ClF_5$ |
| | $AX_3$ | 正八面体 | 正方形 | $XeF_4$ |

# 7.5 分子轨道理论简介

价键理论能较好地说明共价键的形成,并能预测分子的空间构型,但是它有局限性。例如,对于简单的 $O_2$ 分子来说,按 VB 法处理,其结构应为:Ö::Ö:,无单电子。但磁性测量发现,$O_2$ 有 2 个未成对电子。又如 $H_2^+$ 不存在电子配对,它却能存在。这些都是 VB 法无法解释的。分子轨道理论(简称 MO 法)把分子作为一个整体来处理,较全面地反映分子内电子的运动状态。它可解释一些价键理论无法解释的结构特征。本章对该理论的介绍仅限于第一、第二周期同核双原子分子,借以说明该理论的一些基本概念。

## 7.5.1 分子轨道理论的基本要点

正如原子结构理论认为原子核周围存在一系列波函数 $\psi$(原子轨道)一样,分子轨道理论认为在组成分子的原子核组合体周围也存在一系列分子波函数 $\psi_{MO}$(分子轨道)。作为一种近似处理,可以认为分子轨道是由原子轨道线性组合而成的。分子轨道的数目等于组成分子的各原子的原子轨道数目之和。例如,2 个氢原子的 1s 轨道组合得到氢分子的 2 个分子轨道为

$$\psi_1 = \psi_{1s} + \psi_{1s}$$
$$\psi_2 = \psi_{1s} - \psi_{1s}$$

其中 $\psi_1$ 能量比原 1s 轨道低,称成键轨道;$\psi_2$ 能量比原 1s 轨道能量高,称反键轨道。原子轨道要有效地线性组合成分子轨道,必须遵循以下三条原则。

(1) 对称性匹配  只有对称性匹配的原子轨道才能有效地组合成分子轨道。哪些原子轨道之间对称性匹配呢?图 7-12 表示两原子沿 $x$ 轴相互接近时,s 和 p 轨道的几种重叠情况。图中 (b)、(d)、(e) 属于对称性匹配组合,(a)、(c) 属于对称性不匹配组合。在后一类组合中,各有一半区域是同号重叠,另一半区域是异号重叠,两者正好抵消,净成键效应为零。

(2) 能量相近  只有能量相近的原子轨道才能组合成有效的分子轨道。能量越相近,

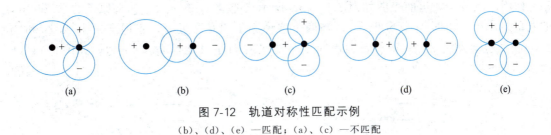

图 7-12 轨道对称性匹配示例

(b)、(d)、(e)—匹配；(a)、(c)—不匹配

组合成的分子轨道越有效。

（3）最大重叠　两原子轨道要有效地组合成分子轨道，必须尽可能地多重叠以使成键的分子轨道能量尽可能降低。

电子在分子轨道上的排布也遵循原子轨道电子排布的三原则——泡利不相容原则、能量最低原理和洪特规则。

## 7.5.2 能级图

按照分子轨道对称性不同，可将分子轨道分为 σ 分子轨道和 π 分子轨道。图 7-13 分别表示 s-s、p-p 轨道组合成分子轨道的情况。其中 $\sigma_s$、$\sigma_{p_x}$ 和 $\pi_{p_y}$ 是成键分子轨道，它们的能量分别比原来的原子轨道能量低；$\sigma_s^*$、$\sigma_{p_x}^*$ 和 $\pi_{p_y}^*$ 为反键分子轨道，它们的能量分别比原来的原子轨道能量高。

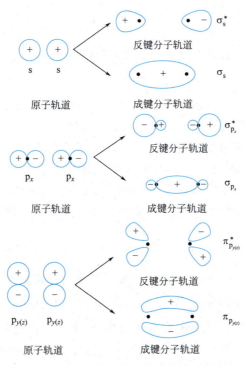

图 7-13　s,p 原子轨道组合的分子轨道

分子轨道的能量高低目前主要是从光谱数据测定的。第一、第二周期元素形成同核双原子分子时，其能级高低顺序有如图 7-14 所示的两种情况。如果原子的 2s 和 2p 轨道能量相差较大（如 O、F、Ne 原子），当两个这种原子相互接近时，不会发生 2s 和 2p 轨道之间的

相互作用，其分子轨道能级图如图 7-14（a）所示（能量 $\pi_{2p} > \sigma_{2p}$）。如果原子的 2s 和 2p 轨道能量差较小（如 B、C、N 原子），当两个这种原子相互靠近时，不但会发生 2s-2s 和 2p-2p 重叠，也会发生 2s-2p 重叠，因而改变了能级的顺序（能量 $\sigma_{2p} > \pi_{2p}$），如图 7-14（b）所示。

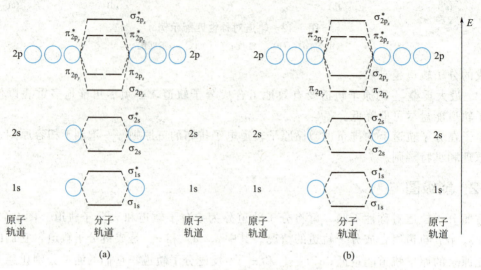

图 7-14　第二周期同核双原子分子轨道的能级次序示意图

### 7.5.3　应用举例

下面通过几个具体例子来说明分子轨道理论的应用。

**1. $He_2$ 分子**

He 原子的电子构型为 $1s^2$。两个 He 原子的 4 个电子在能级图上填充为 $(\sigma_{1s})^2 (\sigma_{1s}^*)^2$。一对电子进入成键轨道降低的能量被另一对电子进入反键轨道升高的能量所抵消。两个 He 原子形成 $He_2$ 分子后，总能量没有降低，因此 $He_2$ 分子实际上是不能存在的。

分子轨道理论中常用键级来说明成键的强度。键级的定义为

$$键级 = (成键电子数 - 反键电子数) / 2$$

键级越大，表示形成分子的原子间键强度越大，分子越稳定。$He_2$ 分子键级为零，故不能存在。

**2. $N_2$ 分子**

$N_2$ 的 14 个电子按图 7-14（b）填充，可知其电子排布式为

$$N_2[KK(\sigma_{2s})^2(\sigma_{2s}^*)^2(\pi_{2p_y})^2(\pi_{2p_z})^2(\sigma_{2p_x})^2]$$

式中，KK 表示两个 N 原子的 K 层电子（即 1s 电子）。这些电子因处于内层，重叠很少，基本上保持原子轨道的状态，对成键无贡献。$(\sigma_{2s})^2$ 和 $(\sigma_{2s}^*)^2$ 的能量也相互抵消。对成键有贡献的主要是 $(\pi_{2p_y})^2$、$(\pi_{2p_z})^2$ 和 $(\sigma_{2p_x})^2$。$N_2$ 的键级为 $(8-2)/2=3$，即 1 个 σ 键和 2 个 π 键，这与价键理论所得的结果相一致。

**3. $O_2$ 分子**

$O_2$ 分子的 16 个电子按图 7-14（a）填充，可得其电子排布式为

$$O_2[KK(\sigma_{2s})^2(\sigma_{2s}^*)^2(\sigma_{2p_x})^2(\pi_{2p_y})^2(\pi_{2p_z})^2(\pi_{2p_y}^*)^1(\pi_{2p_z}^*)^1]$$

按洪特规则，最后 2 个电子应自旋平行地分别填充 $\pi_{2p_y}^*$ 和 $\pi_{2p_z}^*$ 轨道，所以 $O_2$ 有 2 个单电子，为顺磁性。$O_2$ 的键级为 (8－4)/2＝2，与 $O_2$ 的键能实验值 494kJ·mol$^{-1}$ 相符。

从 $O_2$ 的电子排布式可见，对 $O_2$ 成键有贡献的除 $(\sigma_{2p_x})^2$ 外，$(\pi_{2p_y})^2$ 和 $(\pi_{2p_z})^2$ 降低的能量分别被 $(\pi_{2p_y}^*)^1$ 和 $(\pi_{2p_z}^*)^1$ 升高的能量抵消掉一半。$(\pi_{2p_y})^2$ 和 $(\pi_{2p_y}^*)^1$ 一起只相当于半个键，称为三电子 π 键。所以 $O_2$ 的电子式可以简写为

$$:O \stackrel{...}{=\!\!=} O:$$

式中，短线代表 σ 键；三点代表三电子 π 键。

## 7.6 金属键

在 100 多种化学元素中，金属约占 80％。它们有许多共同的性质，如不透明，有金属光泽，有良好的导电、导热性和延展性等。金属的性质是由其内部结构所决定的。

### 7.6.1 金属晶格

X 射线衍射实验证明，金属在形成晶体时倾向于生成紧密的结构。所谓紧密结构，就是如果把金属原子看作一个个等径圆球，则它们将以空间利用率最高的方式排列。金属中常见的结构形式（晶格）有三种：体心立方晶格、面心立方晶格和六方晶格。在后两种晶格中，金属原子的配位数为 12，空间利用率为 74％，是最紧密的堆积，称密堆积结构。体心立方晶格中金属原子的配位数为 8，空间利用率为 68％，不是密堆积结构。一些金属所属的晶格类型如下。

体心立方晶格：K，Rb，Cs，Li，Na，Cr，Mo，W，Fe。
面心立方密堆积晶格：Sr，Ca，Pb，Ag，Au，Al，Cu，Ni。
六方密堆积晶格：La，Y，Mg，Zr，Hg，Cd，Ti，Co。

### 7.6.2 金属键

在金属晶格中，每个原子要被 8 个或 12 个相邻原子所包围，而金属原子只有少数价电子（多数只有 1 个或 2 个价电子）能用于成键，这样少的价电子不足以使金属原子之间形成一般的共价键或离子键。为了说明金属原子之间的连接，目前有两种主要理论：金属键的改性共价键理论和金属键的能带理论。下面只简介金属键的改性共价键理论。

金属键理论认为：金属原子容易失去电子，所以在金属晶格中既有金属原子又有金属离子，在这些原子和离子之间，存在着从原子上脱落下来的电子。这些电子可以自由地在整个金属晶格内运动，常称之为"自由电子"。由于自由电子不停地运动，把金属的原子和离子"粘合"在一起，而形成了金属键。

一般的共价键是二电子二中心键，金属键可看作少电子多中心键。从这个意义上讲，可以认为金属键是改性共价键。但是金属键不具有方向性和饱和性。

金属键理论可较好地解释金属的共性。金属中自由电子可以吸收可见光，然后又把各种波的光大部分发射出去，因而金属一般不透明且呈银白色。金属有良好的导电和导热性也与自由电子的运动有关。金属键不固定于两个质点之间，质点作相对滑动时不破坏金属的密堆

积结构，这就是金属有延展性和良好的机械加工性能的原因。

# 7.7 分子的极性和分子间力

前面讨论了分子或晶体内原子之间强烈的相互作用——化学键的问题，这一节开始将讨论分子与分子之间弱的相互作用——分子间力。分子间力虽然较弱（只有化学键的十分之一到百分之一）。但对物质的许多性质都能产生较大的影响。这种作用力的大小与分子的结构有关，也与分子的极性有关。

## 7.7.1 分子的极性

分子有无极性取决于整个分子的正、负电荷中心是否重合。如果分子的正、负电荷中心重合，则为非极性分子，反之，则为极性分子。

分子是由原子通过化学键结合而组成的。分子有无极性显然与键的极性有关。在双原子分子中，分子的极性和键的极性是一致的。但在多原子分子中，例如 $CH_4$，虽然每个 C—H 键都是极性键，但由于四个氢原子位于四面体的四个顶角，因此整个分子正、负电荷中心还是重合的，$CH_4$ 是非极性分子。而在 $H_2O$ 中，两个氢原子位于氧原子的同侧，所以正、负电荷中心不重合。$H_2O$ 为极性分子。由此可见，多原子分子是否有极性不仅要看键是否有极性，还要考虑到分子的空间构型。

分子的极性常用偶极矩 $\mu$ 来衡量。$\mu$ 的定义为：极性分子正电荷中心（或负电荷中心）的电荷 $q$ 乘以两中心的距离 $d$ 所得的积，即 $\mu = q \cdot d$。

$\mu$ 是一个矢量，方向从正到负，单位为 C·m（库·米）。若分子的 $\mu = 0$，则该分子为非极性分子，$\mu$ 越大，分子的极性越强。表 7-5 列出一些物质的偶极矩。

表 7-5 一些物质的偶极矩（$10^{-30}$ C·m）

| 物质 | 偶极矩 | 物质 | 偶极矩 |
| --- | --- | --- | --- |
| $H_2$ | 0 | $H_2O$ | 6.16 |
| $N_2$ | 0 | HCl | 3.43 |
| $CO_2$ | 0 | HBr | 2.63 |
| $CS_2$ | 0 | HI | 1.27 |
| $H_2S$ | 3.66 | CO | 0.40 |
| $SO_2$ | 5.33 | HCN | 6.99 |

## 7.7.2 分子间力

分子间力也称范德华力。气体能凝结成液体，固体表面有吸附现象，毛细管内的液面会上升，粉末可压成薄片等现象都证明范德华力的存在，范德华力一般包括下面三个部分：

（1）定向力 它产生于极性分子之间。当两个极性分子充分接近时，同极相斥，异极相吸，使分子偶极定向排列而产生的静电作用力叫做定向力（图 7-15）。显然，分子偶极矩越大，定向力越大。

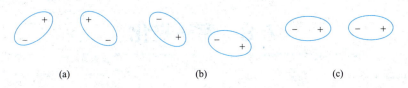

图 7-15 两个极性分子相互作用示意图

(2) 诱导力 当极性分子与非极性分子充分接近时,极性分子使非极性分子变形而产生的偶极称诱导偶极,诱导偶极与固有偶极间的作用力叫做诱导力(图 7-16)。极性分子偶极矩越大,非极性分子变形性越大,诱导力越大,当然,在极性分子之间也存在诱导力。

图 7-16 极性分子与非极性分子相互作用示意图

(3) 色散力 非极性分子之间也有相互作用,这种力与前两种力不一样,必须根据量子力学原理才能正确理解它。从量子力学导出这种力的理论公式与光色散公式相似,因此称为色散力。色散力可看作分子的瞬时偶极矩之间的相互作用。由于电子的运动和核的振动,经常可使电子云和原子核之间发生瞬间的相对位移,由此产生瞬时偶极。这种瞬时偶极会使相邻分子也产生与它相对应的瞬时诱导偶极。这些瞬时偶极与瞬时诱导偶极之间的相互作用便产生了色散力。虽然瞬时偶极存在的时间极短,但在不断地重复着,使得分子之间始终存在这种作用力,色散力的大小主要与分子的变形性有关。一般来说,分子的体积越大,其变形性越大,则色散力也越大。色散力也存在极性分子之间。

分子间力具有以下特性:
(1) 作用能量一般是几千焦每摩尔到几十千焦每摩尔,约比化学键小 1~2 个数量级。
(2) 是近距离的、没有方向性和饱和性的作用力,作用范围约几百 pm。
(3) 三种力中,色散力是主要的,定向力只有在极性很大的分子中才占较大的比重(见表 7-6)。

表 7-6 分子间力的分配

| 作用力的类型 | 分子 | | | | | | |
| --- | --- | --- | --- | --- | --- | --- | --- |
| | Ar | CO | HI | HBr | HCl | $NH_3$ | $H_2O$ |
| 定向力/$kJ \cdot mol^{-1}$ | 0 | 0.0029 | 0.025 | 0.687 | 3.31 | 13.31 | 36.39 |
| 诱导力/$kJ \cdot mol^{-1}$ | 0 | 0.0084 | 0.113 | 0.502 | 1.01 | 1.55 | 1.93 |
| 色散力/$kJ \cdot mol^{-1}$ | 8.50 | 8.75 | 25.87 | 21.94 | 16.83 | 14.95 | 9.00 |
| 总计/$kJ \cdot mol^{-1}$ | 8.50 | 8.76 | 26.02 | 23.13 | 21.25 | 29.81 | 47.32 |

分子间力对物质的物理化学性质,如熔点、沸点、熔化热、气化热、溶解度和黏度等有较大影响。例如卤素 $F_2$、$Cl_2$、$Br_2$ 和 $I_2$ 的熔点、沸点随相对分子质量的增大而依次升高,是因为色散力随相对分子质量增大(即分子体积增大)而增强。

## 7.8 离子极化

离子是带电体，它可以产生电场。在该电场作用下，周围带异号电荷的离子的电子云发生变形，这一现象称为离子的极化。离子极化的强弱取决于离子的两方面性质：离子的极化力和离子的变形性。

极化力是指离子产生电场强度的大小。离子产生的电场强度越大，极化力越大。离子极化力大小主要取决于以下几个因素：

(1) 离子的半径　半径越小，极化力越大。

(2) 离子的电荷　电荷越高，极化力越大。

(3) 离子的电子构型　在半径和电荷相近时，离子的电子构型也影响极化力，其大小次序是 18，18+2 电子构型 > 9~17 电子构型 > 8 电子构型。

离子的变形性是指离子在电场作用下，电子云发生变形的难易程度。变形性大小主要取决于以下几个因素：

(1) 离子半径　半径越大，变形性越大。

(2) 离子的电荷　负离子电荷越高，变形性越大；正离子电荷越高，变形性越小。

(3) 电子构型　18 电子构型，9~17 电子构型 > 8 电子构型。

一般来说，正离子半径小，负离子半径大，所以正离子极化力大、变形性小；而负离子正相反，变形性大、极化力小。考虑离子相互极化时，一般只考虑在正离子产生的电场下，负离子发生变形，即正离子使负离子极化。如果正离子也有一定的变形性（如半径较大且 18 电子构型的 $Ag^+$、$Hg^{2+}$ 等），它也可被负离子极化，极化后的正离子又反过来增强了对负离子的极化作用。这种加强了的极化作用称为附加极化。随着极化作用的增强，负离子电子云明显地向正离子方向移动，原子轨道重叠的部分增加，即离子键向共价键过渡。

离子极化会影响化合物的性质。例如：

(1) 熔、沸点　在 $NaCl$、$MgCl_2$、$AlCl_3$ 化合物中，极化力 $Al^{3+}$ > $Mg^{2+}$ > $Na^+$，$NaCl$ 为典型的离子化合物，而 $AlCl_3$ 接近于共价化合物，所以它们的熔点分别为 801 ℃、714 ℃ 和 192 ℃（$AlCl_3$ 在 230 kPa 压力下）。

(2) 溶解度　在卤化银中，溶解度按 AgF、AgCl、AgBr 和 AgI 依次递减。这是由于 $Ag^+$ 极化力较强，而 $F^-$ 半径小，不易发生变形，AgF 仍保持离子化合物性质，故在水中易溶，随 $Cl^- \longrightarrow Br^- \longrightarrow I^-$ 半径依次增大，变形性也随之增大，所以这三种卤化银的共价性依次增加，溶解度依次降低。

(3) 颜色　在一般情况下，如果组成化合物的正、负离子都无色，该化合物也无色；若其中一个离子有色，则该化合物就呈现该离子的颜色，例如，$K^+$ 无色，$CrO_4^{2-}$ 黄色，所以 $K_2CrO_4$ 也呈黄色。但是 $Ag^+$ 无色，$AgCrO_4$ 却呈棕红色，而不呈黄色。又如 $Ag^+$、$I^-$ 均无色，AgI 却呈黄色。这些显然与 Ag 具有较强的极化作用有关。影响无机物显色的因素很多，离子极化只是其中一个因素。

离子极化在许多方面影响着无机化合物的性质，可把它看作离子键理论的重要补充。但离子极化理论还很不完善，尚需进一步研究。

## 7.9 氢键

氢键是指分子中与高电负性原子 X 以共价键相连的 H 原子，和另一个高电负性原子 Y 之间所形成的一种弱键：

$$X—H\cdots\cdots Y$$

式中，"—"表示共价键；"……"表示氢键。X、Y 均是电负性高、半径小的原子，主要是指 F、O、N 原子。当 H 原子与 X 原子以共价键连接时，共用电子对强烈地偏向 X 原子，使 H 原子成为几乎没有电子云的原子核，因其半径很小，电荷密度大，它可与另一个电负性大的 Y 原子的孤对电子，借静电力相吸引而形成氢键。图 7-17 分别表示 HF 分子之间和邻硝基苯酚分子内部形成的氢键。前者称为分子间氢键，后者称为分子内氢键。

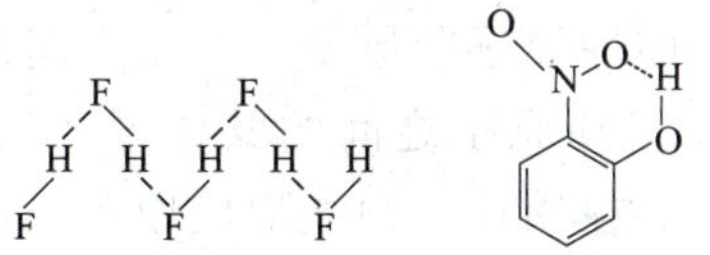

图 7-17　HF 和邻硝基苯酚形成的氢键

氢键具有如下两个特性。

(1) 氢键是一种很弱的键　键能一般在 40 kJ·mol$^{-1}$ 以下，比一般化学键弱 1~2 个数量级，但比范德华力稍强。氢键的键能与元素的电负性及原子半径有关。元素的电负性越大、原子半径越小，形成的氢键越强。氢键的强弱次序如下：

$$F—H\cdots\cdots F > O—H\cdots\cdots O > N—H\cdots\cdots F > N—H\cdots\cdots O > N—H\cdots\cdots N$$

(2) 氢键具有方向性和饱和性　氢键中 X、H、Y 三原子一般在一条直线上，即键角多为 180°，因 H 原子体积很小，为了减小 X、Y 原子负电荷之间的斥力，它们应尽量远离，这就是氢键的方向性。又由于氢原子的体积小，当它与一个 Y 原子形成氢键后，另一个 Y 原子就难以再与它靠近，这就是氢键的饱和性。氢键的形成对物质的性质有一定的影响。例如，HCl、HBr、HI 的熔沸点依次升高，这是由于色散力依次增加。但 HF 例外，它的熔沸点反而比 HCl 高，这是由于 HF 分子间可形成氢键，熔化或气化需消耗一定能量来破坏部分氢键。又如，$C_2H_5OH$ 在水中溶解度比 $CH_3—O—CH_3$ 大得多，显然这也与前者可与 $H_2O$ 形成分子间氢键有关。需要指出，分子间氢键和分子内氢键对化合物性质的影响往往不同。例如，对位和邻位硝基苯酚的沸点分别为 110 ℃ 和 45 ℃，这是由于前者只能生成分子间氢键，而后者可生成分子内氢键，气化时不需破坏分子内氢键，因而邻硝基苯酚沸点较低。又如对硝基苯酚在水中的溶解度大于邻硝基苯酚，而在苯中的溶解度却相反，邻硝基苯酚大于对硝基苯酚。这是由于分子内氢键的形成使分子内电性"中和"，根据相似相溶原理，它容易溶于非极性的苯中。

## 7.10　晶体的内部结构

固体物质可分为晶体和非晶体两大类。它们的区别主要表现在：

(1) 晶体有规则的几何外形，而非晶体没有一定的外形；

(2) 晶体有固定的熔点，而非晶体则没有；

(3) 晶体显各向异性，而非晶体则显各向同性。

晶体的这些宏观特征是晶体内部微观结构的反映，用 x 射线衍射实验研究晶体结构表明：构成晶体的质点（离子、原子或分子）在三维空间作有规则的排列。如果把晶体中的每一个质点抽象为一个点，把这些点连成一条条直线，便构成了空间格子，这些空间格子称为晶格。所以也可以说，晶体就是具有晶格结构的固体。

按晶格上质点间作用力不同，可将晶体分为金属晶体、离子晶体、分子晶体和原子晶体四大类。金属晶体和离子晶体前面已作了介绍，下面简要介绍分子晶体和原子晶体。

在分子晶体中，晶体质点是共价分子。质点之间的作用力一般比分子内的共价键要弱得多。在非极性分子的晶体中，质点之间的作用力主要是范德华力。在某些极性分子的晶体中，除范德华力外，还有氢键存在（如 $NH_3$、$HF$、$H_2O$ 等）。由于分子间力是弱的，因此分子晶体的硬度小，熔沸点低。

在原子晶体中，晶格质点是中性原子。原子与原子之间以共价键相结合，构成一个包含无数个原子的巨大分子。由于原子和原子之间的共价键比较牢固，因此这类晶体往往熔点高、硬度大、不溶于水和不导电。在周期表中能形成原子晶体的元素为数不多，只有那些价电子数接近4、原子半径小的元素。例如金刚石、硅、锗、碳化硅（$SiC$）、石英（$SiO_2$）、碳化硼（$B_4C$）、砷化镓（$GaAs$）和氮化硼（$BN$）等。

作为总结，表 7-7 归纳了四类晶体结构及其特性。

表 7-7 各类晶体的结构和特性

| 晶体类型 | 结构质点 | 质点间作用力 | 晶体特性 | 实例 |
| --- | --- | --- | --- | --- |
| 原子晶体 | 原子 | 共价键 | 硬度大,熔点很高,多数溶剂中不溶,导电性差 | 金刚石,SiC |
| 离子晶体 | 正离子<br>负离子 | 离子键 | 硬而脆,熔沸点高,大多溶于极性溶剂中,熔融态及其水溶液能导电 | $NaCl, CaF_2, BaO$ |
| 分子晶体 | 分子 | 分子间力<br>氢键 | 硬度小,熔沸点低 | $NH_3, CO_2, O_2$ |
| 金属晶体 | 中性原子和正离子 | 金属键 | 硬度不一,有可塑性及金属光泽,不溶于多数溶剂,熔沸点有高有低 | Na,Au,W |

## 习 题

1. 指出下列离子分别属于何种电子构型：

$Ti^{4+}$　$Be^{2+}$　$Cr^{3+}$　$Fe^{2+}$　$Ag^+$　$Cu^{2+}$

$Zn^{2+}$　$Sn^{4+}$　$Pb^{2+}$　$Tl^+$　$S^{2-}$　$Br^-$

2. 已知 KI 的晶格能（$U$）为 $-631.9 kJ \cdot mol^{-1}$，钾的升华热 [$S(K)$] 为 $90.0 kJ \cdot mol^{-1}$，钾的电离能（$I$）为 $418.9 kJ \cdot mol^{-1}$，碘的升华热 [$S(I_2)$] 为 $62.4 kJ \cdot mol^{-1}$，碘的解离能（$D$）为 $151 kJ \cdot mol^{-1}$，碘的电子亲和能（$E$）为 $-310.5 kJ \cdot mol^{-1}$。求碘化钾的生成热（$\Delta_f H$）。

3. 根据价键理论画出下列分子的电子结构式(可用一根短线表示一对共用电子)。

$$BCl_3 \quad PH_3 \quad CS_2 \quad HCN \quad OF_2$$
$$H_2O_2 \quad N_2H_2 \quad AsCl_5 \quad SeF_6$$

4. 试用杂化轨道理论说明 $BF_3$ 是平面三角形，而 $NF_3$ 却是三角锥形。

5. 指出下列化合物的中心原子可能采取的杂化类型，并预测其分子的几何构型。

$$BBr_3 \quad SiH_4 \quad PH_3 \quad SeF_6$$

6. 将下列分子按键角从大到小排列：

$$BF_3 \quad BeCl_2 \quad SiH_4 \quad H_2S \quad PH_3 \quad SF_6$$

7. 用价层电子对互斥理论预言下列分子和离子的几何构型。

$$CS_2 \quad NO_2 \quad ClO_2^- \quad NO_3^- \quad BrF_3$$
$$PCl_4^+ \quad BrF^- \quad PF_5 \quad BrF_5 \quad [AlF_6]^{3-}$$

8. 根据分子轨道理论比较 $N_2$ 和 $N_2^+$ 键能的大小。

9. 根据分子轨道理论判断 $O_2^+$、$O_2$、$O_2^-$、$O_2^{2-}$ 的键级和单电子数。

10. 用分子轨道理论解释：

(1) 氢分子离子 $H_2^+$ 可以存在。

(2) $B_2$ 为顺磁性物质。

(3) $Ne_2$ 分子不存在。

11. 试问下列分子中哪些是极性的？哪些是非极性的？为什么？

$$CH_4 \quad CHCl_3 \quad BCl_3 \quad NCl_3 \quad H_2S \quad CS_2$$

12. 比较下列各对分子偶极矩的大小：

(1) $CO_2$ 和 $SO_2$

(2) $CCl_4$ 和 $CH_4$

(3) $PH_3$ 和 $NH_3$

(4) $BF_3$ 和 $NF_3$

(5) $H_2O$ 和 $H_2S$

13. 将下列化合物按熔点从高到低的顺序排列：

$$NaF \quad NaCl \quad NaBr \quad NaI \quad SiF_4 \quad SiCl_4 \quad SiBr_4 \quad SiI_4$$

14. 试用离子极化观点解释：

(1) $KCl$ 的熔点高于 $GeCl_4$。

(2) $ZnCl_2$ 的熔点低于 $CaCl_2$。

(3) $FeCl_3$ 的熔点低于 $FeCl_2$。

15. 下列说法是否正确？为什么？

(1) 分子中的化学键为极性键，则分子也为极性分子。

(2) $Mn_2O_7$ 中 $Mn(\text{VII})$ 正电荷高、半径小，所以该化合物的熔点比 $MnO$ 高。

(3) 色散力仅存在于非极性分子间。

(4) 3 电子 $\pi$ 键比 2 电子 $\pi$ 键的键能大。

16. 指出下列各对分子之间存在的分子间作用力的类型（取向力、诱导力、色散力和氢键）：

(1) 苯和 $CCl_4$

(2) 甲醇和 $H_2O$

(3) $CO_2$ 和 $H_2O$

（4）HBr 和 HI

17. 下列化合物中哪些化合物自身能形成氢键？

$C_2H_6$　$H_2O_2$　$C_2H_5OH$　$CH_3CHO$　$H_3BO_3$　$H_2SO_4$　$(CH_3)_2O$

18. 回答下列问题：

（1）乙醇（$CH_3CH_2OH$）和二甲醚（$CH_3OCH_3$）组成相同，但前者的沸点为 78.5 ℃，后者的沸点为 $-23$ ℃，为什么？

（2）对羟基苯甲醛和邻羟基苯甲醛组成也相同，但前者的熔点为 118℃，后者的熔点为 $-7$℃，这又是为什么？

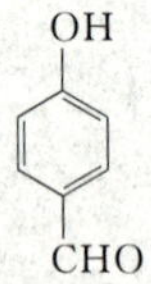

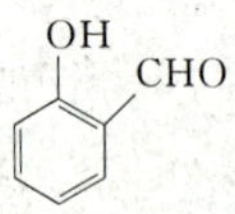

19. 比较下列各组中两种物质的熔点高低，并简单说明原因。

（1）$NH_3$ 和 $PH_3$

（2）$PH_3$ 和 $SbH_3$

（3）$Br_2$ 和 $ICl$

（4）$MgO$ 和 $Na_2O$

（5）$SiO_2$ 和 $SO_2$

（6）$SnCl_2$ 和 $SnCl_4$

20. 填充下表

| 物质 | 晶格上质点 | 质点间作用力 | 晶体类型 | 熔点高或低 |
|---|---|---|---|---|
| MgO | | | | |
| $SiO_2$ | | | | |
| $Br_2$ | | | | |
| $NH_3$ | | | | |
| Cu | | | | |

21. 由 $N_2$ 和 $H_2$ 每生成 1mol $NH_3$ 放热 46.02kJ，而生成 1mol $NH_2-NH_2$ 却吸热 96.26kJ。又知 H—H 键能为 $436 kJ\cdot mol^{-1}$，N≡N 三键键能为 $945 kJ\cdot mol^{-1}$。求：

（1）N—H 键的键能；

（2）N—N 单键的键能。

# 第二篇

# 分析化学

# 第 8 章
# 定量分析化学概论

**学习要求**

1. 了解分析化学的任务和作用；
2. 了解定量分析方法的分类；
3. 了解分析化学发展的趋势。

## 8.1 分析化学的任务和作用

### 8.1.1 分析化学的任务

分析化学（analytical chemistry）是研究物质化学组成的表征和测量的科学，主要任务是鉴定物质的化学组成、结构和测量有关组分的含量。它是化学学科的一个重要分支，分析化学对化学各学科的发展起着非常重要的作用，是进行科学研究的基础，许多化学定律和理论的确立都离不开分析的手段。分析化学学科水平已成为衡量一个国家科学技术水平的重要标志之一。

定量分析化学是分析化学的一部分，主要是测量样品中待测组分的含量。

### 8.1.2 分析化学的作用

**1. 分析化学是研究物质及其变化的重要方法之一**

如 19 世纪化学基本定律：质量守恒定律、定比定律、倍比定律的发现，原子论、分子论的创立，相对原子质量的测定、元素周期表的建立等，都与分析化学的贡献分不开。

**2. 分析化学在工农业生产中起着重要的作用**

与化学有关的科学领域，如矿物学、地质学、海洋学、生物学、医药学、农业科学、天文学、考古学、环境科学、材料科学、生命科学等，分析化学都起着重要的作用。

工业方面的应用：矿物的勘探，产品的质量检查，工艺过程质量控制，商品检验等。

农业方面的应用：环境检测，水、土成分调查，农药、化肥、残留物、营养分析。

其他方面的应用：国防、公安、航天、医药、食品、材料、能源、环保等都离不开分析化学。

## 8.2 定量分析方法的分类

定量分析可根据不同标准进行分类，一般主要有以下几种。

（1）化学分析法

以物质的化学反应为基础的分析方法称为化学分析法（chemical analysis）。在定量分析中，主要有重量分析、滴定分析等方法。这些方法历史悠久，是分析化学的基础，所以又称为经典化学分析法。

（2）仪器分析法

以被测物质的某种物理性质或物理化学性质为基础的分析方法称为仪器分析法（instrumental analysis）。仪器分析主要有光学分析法、电化学分析法、色谱分析法、质谱分析法和放射化学分析法等，种类很多，而且新的方法正在不断地出现。

（3）常量分析、半微量分析和微量分析

定量分析工作中所用试样量的多少以及被测组分含量的高低，也是分析方法分类的重要标准。根据试样量及被测组分含量将分析方法分为常量分析、半微量分析、微量分析、痕量分析，如表 8-1 所示。

表 8-1 分析方法分类（一）

| 分析方法 | 试样用量 | 试液体积 |
| --- | --- | --- |
| 常量分析（constant analysis） | >0.1g | >10mL |
| 半微量分析（semi-micro analysis） | 0.01~0.1g | 1~10mL |
| 微量分析（micro analysis） | 0.1~10mg | 0.01~1mL |
| 痕量分析（trace analysis） | <0.1mg | <0.1mL |

根据被分析的组分在试样中的相对含量将分析方法分为常量组分分析、微量组分分析和痕量组分分析，如表 8-2 所示。

表 8-2 分析方法分类（二）

| 分析方法 | 被测组分含量 |
| --- | --- |
| 常量组分分析 | >1% |
| 微量组分分析 | 0.01%~1% |
| 痕量组分分析 | <0.01% |

## 8.3 分析化学的发展趋势

分析化学学科的发展经历了三次巨大变革。第一次是在 20 世纪初，借助物理化学溶液理论的发展，建立了分析化学理论体系，使分析化学从一门技术发展成为一门科学。第二次变革是在 20 世纪 40 年代以后，物理学和电子学的发展促进了分析化学中物理方法的发展，各种仪器分析方法相继建立，改变了经典的化学分析法为主的局面。21 世纪开始，分析化学处于第三次大变革时期，主要是计算机、无线通信技术在测量仪器上的应用，使部分测量仪器实现自动化、智能化。

分析化学将来发展的方向为：灵敏、准确、快速、简便、自动化、智能化。

# 第 9 章
# 定量分析误差和分析数据的处理

**学习要求**

1. 掌握误差的基本概念；
2. 掌握系统误差和偶然误差产生的原因；
3. 了解偶然误差的正态分布，掌握偶然误差的区间概率；
4. 掌握 $t$ 分布规律、显著性检验和可疑测定值的取舍；
5. 掌握有效数字及其运算规则。

定量分析（quantitative analysis）的任务是准确测定试样组分的含量，因此必须使分析结果具有一定的准确度。不准确的分析结果可以导致生产上的损失、资源的浪费、科学上的错误结论。

在定量分析中，受分析方法、测量仪器、所用试剂和分析工作者主观条件等方面的限制，测得的结果不可能和真实含量完全一致；即使是很熟练的分析工作者，用最完善的分析方法和最精密的仪器，对同一样品进行多次测定，其结果也不会完全一样。这说明客观上存在着难于避免的误差。

## 9.1 误差的基本概念

### 9.1.1 准确度与误差

误差（error）愈小，表示分析结果的准确度（accuracy）愈高，反之，误差愈大，准确度就愈低。所以，误差的大小是衡量准确度高低的尺度。误差又分为绝对误差（absolute error）和相对误差（relative error）。其表示方法如下：

绝对误差＝测定值－真实值

$$E_a = x - T$$

相对误差＝（绝对误差/真实值）×100%

$$E_r = \frac{E_a}{T} \times 100\%$$

相对误差表示误差在测定结果中所占的分数。分析结果的准确度常用相对误差表示。绝对误差和相对误差都有正值和负值。正值表示分析结果偏高，负值表示分析结果偏低。

## 9.1.2 精密度与偏差

精密度（precision）是指在相同条件下多次测定结果相互吻合的程度，表现了测定结果的重现性。精密度用偏差（deviation）来表示。偏差越小，说明分析结果的精密度越高。所以偏差的大小是衡量精密度高低的尺度。偏差也分为绝对偏差和相对偏差。

**1. 绝对偏差、平均偏差和相对平均偏差**

对同一种试样进行了 $n$ 次测定，若其测得的结果分别为：$x_1, x_2, x_3, \cdots, x_n$，则它们的平均值、绝对偏差、平均偏差、相对平均偏差分别可由以下各式计算：

平均值计算式如下：
$$\bar{x} = \frac{x_1 + x_2 + x_3 + \cdots + x_n}{n} = \frac{\sum x_i}{n} \tag{9-1}$$

绝对偏差定义为：绝对偏差＝个别测定值－测定平均值
其数学表达式为：
$$d_i = x_i - \bar{x} \tag{9-2}$$

平均偏差的计算式为：
$$\bar{d} = \frac{|d_1| + |d_2| + |d_3| + \cdots + |d_n|}{n} = \frac{\sum d_i}{n} \tag{9-3}$$

相对平均偏差计算式为：
$$\bar{d_r} = \frac{\bar{d}}{\bar{x}} \times 100\% \tag{9-4}$$

值得注意的是：平均偏差没有正负号，而绝对偏差有正负号。

使用平均偏差表示精密度比较简单，但这个表示方法有不足之处，因为在一系列的测定中，小偏差的测定总是占多数，而大偏差的测定总是占少数，按总的测定次数去求平均偏差所得的结果偏小，大偏差得不到充分的反映。所以，用平均偏差表示精密度的方法在数理统计上一般不采用。

**2. 标准偏差和相对标准偏差**

在定量分析化学中，人们广泛采用数理统计方法来处理各种测定数据。在数理统计中，人们常把所研究对象的全体称为总体；自总体中偶然抽出的一部分样品称为样本；样本中所含测量值的数目称为样本容量。例如，我们对某一批煤中硫的含量进行分析，首先按照有关部门的规定进行取样、粉碎、缩分，最后制备成一定数量的分析试样，这就是供分析用的总体。如果我们从中称取 10 份煤样进行平行测定，得到 10 个测定值，则这一组测定结果就是该试样总体的一个偶然样本，样本容量为 10。

若样本容量为 $n$，平行测定次数分别为 $x_1, x_2, x_3, \cdots, x_n$，则其样本平均值为：
$$\lim_{n \to \infty} \bar{x} = \mu \tag{9-5}$$

当测定次数无限增多，既 $n \to \infty$ 时，样本平均值即为总体平均值 $\mu$；

若没有系统误差，且测定次数无限多（或 $n > 30$ 次）时，则总体平均值 $\mu$ 就是真实值 $T$。此时，用 $\sigma$ 代表总体标准偏差（standard deviation），其数学表示式为：
$$\sigma = \sqrt{\frac{\sum(x_i - \mu)^2}{n}} \tag{9-6}$$

但是，在分析化学中测定次数一般不多（$n<30$），而总体平均值又不知道，故只好用样本的标准偏差 $S$ 来衡量该组数据的集中程度。样本标准偏差的数学表达式为：

$$S = \sqrt{\frac{\sum(x_i - \overline{x})^2}{n-1}} \tag{9-7}$$

式中，$n-1$ 称为自由度，以 $f$ 表示。它是指在 $n$ 次测量中，只有 $n-1$ 个可变的偏差。这里引入（$n-1$）主要是为了校正 $\overline{x}$ 以代替 $\mu$ 所引起的误差。很明显，当测定次数非常多时，测定次数 $n$ 与自由度（$n-1$）的区别就变得很小，$\sigma \to \mu$。即

$$\lim_{n \to \infty} \frac{\sum(x_i - \overline{x})^2}{n-1} \approx \frac{\sum(x_i - \mu)^2}{n} \tag{9-8}$$

此时，$S \to \sigma$。

另外，在许多情况下也使用相对标准偏差（亦称变异系数 coefficient of variation）来说明数据的精密度，他代表单次测定标准偏差（$S$）对测定平均值的相对值，其数学表达式为：

$$CV(\%) = S_r = \frac{S}{\overline{x}} \times 100\% \tag{9-9}$$

### 3. 平均值的标准偏差

从同一总体中偶然抽出容量相同的数个样本，由此可以得到一系列样本的平均值。实践证明，这些样本的平均值也并非完全一致，它们的精密度可以用平均值的标准偏差来衡量。显然，与上述任一样本的各单次测定值相比，这些平均值之间的波动性更小，即平均值的精密度较单次测定值的更高。

因此，在实际工作中，常用样本的平均值对总体平均值 $\mu$ 进行估计。统计学证明，平均值的标准偏差与单次测定值的标准偏差 $\sigma$ 之间有下述关系。

$$\sigma_{\overline{x}} = \frac{\sigma}{\sqrt{n}} \quad (n \to \infty) \tag{9-10}$$

对于有限次的测定则有：

$$s_{\overline{x}} = \frac{s}{\sqrt{n}} \tag{9-11}$$

式中，$s_{\overline{x}}$ 为样本平均值的标准偏差。由以上两式可以看出，平均值的标准偏差与测定次数的平方根成反比。因此增加测定次数可以减小偶然误差的影响，提高测定的精密度。

### 4. 准确度和精密度的关系

从以上的讨论可知，误差影响分析结果的准确度（accuracy）；偏差影响分析结果的精密度（precision）。测量数据具有良好的精密度并不能说明准确度就高（只有消除了系统误差之后，精密度好，准确度才高）。

如图 9-1 中分析者 1 分析结果的精密度高，但平均值与真实值相差很大，准确度很差；分析者 2 分析结果的精密度很高，准确度也很高；分析者 3 分析结果的精密度很差，准确度也很差；分析者 4 分析结果的精密度很差，但平均值与真实值相符合，这是偶然的巧合。根据以上分析，我们可以知道：准确度高一定需要精密度好，但精密度好不一定准确度高。若精密度很差，说明所测结果不可靠，虽然由于测定的次数多可能使正负偏差相互抵消，但已失去衡量准确度的前提。因此，我们在评价分析结果的时候，必须将系统误差和偶然误差的

影响结合起来考虑，以提高分析结果的准确度。

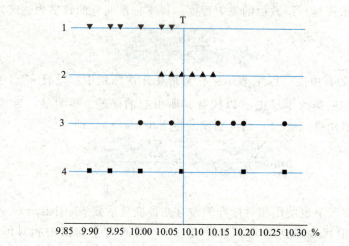

图 9-1　定量分析结果的准确度与精密度之间的关系示意图

## 9.1.3　系统误差和偶然误差

根据误差的性质与产生的原因，可将误差分为系统误差（system error）和偶然误差（accidental error）两类。

**1. 系统误差**

系统误差也叫可测误差。它是由分析过程中某些确定的、经常的因素造成的，对分析结果的影响比较固定。系统误差的特点是具有重现性、单一性和可测性。即在同一条件下，重复测定时，它会重复出现；使测定结果系统偏高或系统偏低，其数值大小也有一定的规律；如果能找出产生误差的原因，并设法测出其大小，那么系统误差可以通过校正的方法予以减小或消除。系统误差产生的主要原因如下所述：

（1）方法误差　这种误差是由分析方法本身所造成的。例如：在重量分析中，沉淀的溶解损失或吸附某些杂质而产生的误差；在滴定分析中，反应进行地不完全、干扰离子的影响、滴定终点和等当点的不符合以及其他副反应的发生等，都会系统地影响测定结果。

（2）仪器误差　主要是由仪器本身不够准确或未经校准所引起的。如天平、砝码和量器刻度不够准确等，在使用过程中就会使测定结果产生误差。

（3）试剂误差　由试剂不纯或蒸馏水中含有微量杂质所引起。

（4）操作误差　主要是指在正常操作情况下，由分析工作者掌握操作规程与正确控制条件稍有出入而引起的。例如，在读取滴定剂的体积时，有的人读数偏高，有的人读数偏低；在判断滴定终点颜色时，有的人对某种颜色的变化辨别不够敏锐，偏深或偏浅等所造成的误差。

**2. 偶然误差**

偶然误差也叫不可测误差，产生的原因与系统误差不同，它是由某些偶然的因素（如测定时环境的温度、湿度和气压的微小波动，仪器性能的微小变化等）所引起的，其影响有时大，有时小，有时正，有时负。偶然误差难以察觉，也难以控制。但是消除系统误差后，在同样条件下进行多次测定，则可发现偶然误差的分布完全服从一般的统计规律：

(1) 大小相等的正、负误差出现的概率相等；

(2) 小误差出现的机会多，大误差出现的机会少，特别大的正、负误差出现的概率非常小，故偶然误差出现的概率与其大小有关。

## 9.2 偶然误差的正态分布

### 9.2.1 正态分布的数学表达式

$$y = f(x) = \frac{1}{\sigma\sqrt{2\pi}} e^{-\frac{(x-\mu)^2}{2\sigma^2}} \tag{9-12}$$

图 9-2 中曲线的最高点，它对应的横坐标值 $\mu$ 即为总体平均值，这就说明了在等精密度的许多测定值中，平均值是出现概率最大的值。

式 (9-12) 中的 $\sigma$ 为总体标准偏差，标准偏差较小的曲线陡峭，表明测定值位于 $\mu$ 附近的概率较大，即测定的精密度高。与此相反，具有较大标准偏差的曲线平坦，表明测定值位于 $\mu$ 附近的概率较小，即测定的精密度低。

### 9.2.2 正态分布曲线的讨论

如图 9-3 所示，正态分布曲线关于直线 $x = \mu$ 呈钟形对称，且具有以下特点：

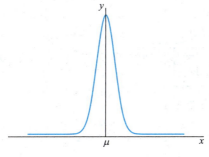

图 9-2 误差的正态分布曲线

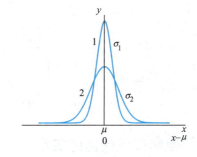

图 9-3 正态分布曲线（$\mu$ 相同，$\sigma_2 > \sigma_1$）

(1) 对称性　绝对值大小相等的正负误差出现的概率相等，因此它们常可能部分或完全相互抵消。

(2) 单峰性　峰形曲线最高点对应的横坐标 $x - \mu$ 值等于 0，表明偶然误差为 0 的测定值出现的概率最大。

(3) 有界性　一般认为，误差大于 $\pm 3\sigma$ 的测定值并非是由偶然误差所引起的。也就是说，偶然误差的分布具有有限的范围，其值大小是有界的。

综上所述，一旦 $\mu$ 和 $\sigma$ 确定后，正态分布曲线的位置和形状也就确定，因此 $\mu$ 和 $\sigma$ 是正态分布的两个基本参数，这种正态分布用 $N(\mu, \sigma^2)$ 表示。

### 9.2.3 标准正态分布

由于 $\mu$ 和 $\sigma$ 不同时就有不同的正态分布，曲线的形状也随之而变化。为了使用方便，将正态分布曲线的横坐标改用 $u$ 来表示，并定义

$$u = \frac{x-\mu}{\sigma}$$

代入式(9-12) 中得：$y = f(x) = \frac{1}{\sqrt{2\pi}} e^{-\frac{u^2}{2}}$

由于 $dx = \sigma du$

故 $f(x)dx = \frac{1}{\sqrt{2\pi}} e^{-\frac{u^2}{2}} du = \Phi(u) du$

$u$ 称为标准正态变量。此时式(9-12) 就转化成只有变量 $u$ 的函数表达式：

$$y = \Phi(u) = \frac{1}{\sqrt{2\pi}} e^{-\frac{u^2}{2}} \tag{9-13}$$

经过上述变换，总体平均值为 $\mu$ 的任一正态分布均可化为 $\mu = 0$，$\sigma^2 = 1$ 的标准正态分布，以 $N(0, 1)$ 表示。标准正态分布曲线如图 9-4 所示，曲线的形状与 $\mu$ 和 $\sigma$ 的大小无关。

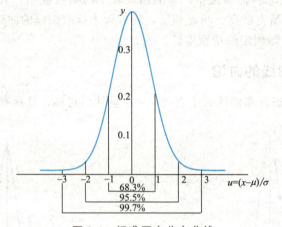

图 9-4 标准正态分布曲线

## 9.2.4 偶然误差的区间概率

正态分布曲线与横坐标之间所夹的总面积，就等于概率密度函数从 $-\infty$ 至 $+\infty$ 的积分值。它表示来自同一总体的全部测定值或偶然误差在上述区间出现概率 (interval probability) 的总和为 100%，即为 1。

$$\int_{-\infty}^{+\infty} \Phi(u) du = \frac{1}{\sqrt{2\pi}} \int_{-\infty}^{+\infty} e^{-\frac{u^2}{2}} du = 1$$

欲求测定值或偶然误差在某区间出现的概率 $P$，可取不同的 $u$ 值对式(9-13)积分求面积而得到。例如偶然误差在 $\pm\sigma$ 区间 ($u = \pm 1$)，即测定值在 $\mu \pm \sigma$ 区间出现的概率是：

$$P(-1 \leq u \leq 1) = \frac{1}{\sqrt{2\pi}} \int_{-1}^{+1} e^{-\frac{u^2}{2}} du = 0.683$$

按此法求出不同 $u$ 值时的积分面积，制成相应的概率积分表可供直接查用。

表 9-1 中列出的面积对应于图中的阴影部分。若区间为 $\pm|u|$ 值，则应将所查得的值乘以 2。例如：

| 偶然误差出现的区间 | 测定值出现的区间 | 概率 |
|---|---|---|
| u=±1 | x=μ±σ | 0.3413×2=0.6826 |
| u=±2 | x=μ±2σ | 0.4773×2=0.9546 |
| u=±3 | x=μ±3σ | 0.4987×2=0.9974 |

概率在图上的标注见图 9-5。以上概率值表明，对于测定值总体而言，偶然误差在 $\pm 2\sigma$ 范围以外的测定值出现的概率小于 0.045，即 20 次测定中只有 1 次机会。偶然误差超出 $\pm 3\sigma$ 的测定值出现的概率更小，平均 1000 次测定中只有 3 次机会。通常测定仅有几次，不可能出现具有这样大误差的测定值。

$$概率 = 面积 = \frac{1}{\sqrt{2\pi}} \int_0^u e^{-\frac{u^2}{2}} du$$

$$|u| = \frac{|x-\mu|}{\sigma}$$

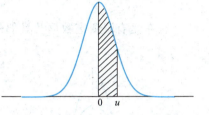

图 9-5 误差正态分布曲线

表 9-1 正态分布概率积分表

| \|u\| | 面积 | \|u\| | 面积 | \|u\| | 面积 |
|---|---|---|---|---|---|
| 0.0 | 0.0000 | 1.1 | 0.3643 | 2.1 | 0.4821 |
| 0.1 | 0.0398 | 1.2 | 0.3849 | 2.2 | 0.4861 |
| 0.2 | 0.0793 | 1.3 | 0.4032 | 2.3 | 0.4893 |
| 0.3 | 0.1179 | 1.4 | 0.4192 | 2.4 | 0.4918 |
| 0.4 | 0.1554 | 1.5 | 0.4332 | 2.5 | 0.4938 |
| 0.5 | 0.1915 | 1.6 | 0.4452 | 2.58 | 0.4951 |
| 0.6 | 0.2258 | 1.7 | 0.4554 | 2.6 | 0.4953 |
| 0.7 | 0.2580 | 1.8 | 0.4641 | 2.7 | 0.4965 |
| 0.8 | 0.2881 | 1.9 | 0.4713 | 2.8 | 0.4974 |
| 0.9 | 0.3159 | 1.96 | 0.4950 | 3.0 | 0.4987 |
| 1.0 | 0.3413 | 2.0 | 0.4773 | ∞ | 0.5000 |

概率积分面积表的另一用途是由概率确定误差界限。例如要保证测定值出现的概率为 0.95，那么偶然误差界限应为 $\pm 1.96\sigma$。

**例 9-1** 经过无数次测定并在消除了系统误差的情况下，测得某钢样中磷的质量分数为 0.099%。已知 $\sigma=0.002\%$，问测定值落在区间 0.095%~0.103% 的概率是多少？

解：根据得 $u = \frac{|x-\mu|}{\sigma}$

$$u_1 = \frac{0.103-0.099}{0.002} = 2 \quad u_2 = \frac{0.095-0.099}{0.002} = -2$$

$|u|=2$，由表 9-1 查得相应的概率为 0.4773，则

$$P(0.095\% \leqslant x \leqslant 0.103\%) = 0.4773 \times 2 = 0.955$$

## 9.3 有限测定数据的统计处理

### 9.3.1 t 分布曲线

t 值的定义：

$$t_{P,f} = \frac{x-\mu}{s}$$

t 分布是有限测定数据及其偶然误差的分布规律。t 分布曲线见图 9-6，其中纵坐标仍然表示概率密度值，横坐标则用统计量 t 值来表示。显然，在置信度相同时，t 分布曲线的形状随 f（f=n-1）而变化，反映了 t 分布与测定次数有关。由图 9-5 可知，随着测定次数增多，t 分布曲线愈来愈陡峭，测定值的集中趋势亦更加明显。当 f→∞时，t 分布曲线就与正态分布曲线合为一体，因此可以认为正态分布就是 t 的极限。

与正态分布曲线一样，t 分布曲线下面某区间的面积也表示偶然误差在此区间的概率。但 t 值与标准正态分布中的 u 值不同，它不仅与概率有关，还与测定次数有关。不同置信度和自由度所对应的 t 值见表 9-2 中。

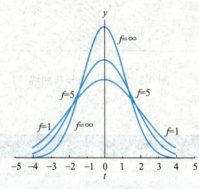

图 9-6 t 分布曲线

表 9-2 $t_{P,f}$ 值表（双边）

| $t_{P,f}$ | 90% | 95% | 99% |
|---|---|---|---|
| 1 | 6.31 | 12.71 | 63.66 |
| 2 | 2.92 | 4.30 | 9.92 |
| 3 | 2.35 | 3.18 | 5.84 |
| 4 | 2.13 | 2.78 | 4.60 |
| 5 | 2.02 | 2.57 | 4.03 |
| 6 | 1.94 | 2.45 | 3.71 |
| 7 | 1.90 | 2.36 | 3.50 |
| 8 | 1.86 | 2.31 | 3.35 |
| 9 | 1.83 | 2.26 | 3.25 |
| 10 | 1.81 | 2.23 | 3.17 |
| 20 | 1.72 | 2.09 | 2.84 |
| 30 | 1.70 | 2.04 | 2.75 |
| 60 | 1.67 | 2.00 | 2.66 |
| 120 | 1.66 | 1.98 | 2.62 |
| ∞ | 1.64 | 1.96 | 2.58 |

## 9.3.2 平均值的置信区间

日常分析中测定次数是很有限的,总体平均值自然不为人所知。但是偶然误差的分布规律表明,测定值总是在以 $\mu$ 为中心的一定范围内波动,并有着向 $\mu$ 集中的趋势。因此,如何根据有限的测定结果来估计 $\mu$ 可能存在的范围(称之为置信区间,confidence interval)是有实际意义的。该范围愈小,说明测定值与 $\mu$ 愈接近,即测定的准确度愈高。但由于测定次数毕竟较少,由此计算出的置信区间也不可能以百分之百的把握将 $\mu$ 包含在内,只能以一定的概率进行判断。

(1) 已知总体标准偏差 $\sigma$ 时

对于经常进行测定的某种试样,由于已经积累了大量的测定数据,可以认为 $\sigma$ 是已知的。根据公式并考虑 $u$ 的符号可得:

$$x = \mu \pm u\sigma$$

由偶然误差的区间概率可知,测定值出现的概率由 $u$ 决定。例如,当 $u=\pm 1.96$ 时,$x$ 在 $\mu-1.96\sigma$ 至 $\mu+1.96\sigma$ 区间出现的概率为 0.95。如果希望用单次测定值 $x$ 来估计 $\mu$ 可能存在的范围,则可以认为区间 $x\pm 1.96\sigma$ 能以 0.95 的概率将真值包含在内。即有

$$\mu = x \pm u\sigma \tag{9-14}$$

由于平均值较单次测定值的精密度更高,因此常用样本平均值来估计真值所在的范围。此时有

$$\mu = \bar{x} \pm u\sigma_{\bar{x}} = \bar{x} \pm u\frac{\sigma}{\sqrt{n}} \tag{9-15}$$

式(9-14)和式(9-15)分别表示在一定的置信度时,以单次测定值 $x$ 或以平均值为中心的包含真值的取值范围,即 $\mu$ 的置信区间。在置信区间内包含 $\mu$ 的概率称为置信度,它表明了人们对所作的判断有把握的程度,用 $P$ 表示。$u$ 值可由表 9-1 中查到,它与一定的置信度相对应。

在对真值进行区间估计时,置信度的高低要定得恰当,一般以 95% 或 90% 的把握即可。

(2) 已知样本标准偏差 $S$ 时

在实际工作中,通过有限次的测定是无法得知 $\mu$ 和 $\sigma$ 的,只能求出 $\bar{x}$ 和 $S$。而且当测定次数较少时,测定值或偶然误差也不呈正态分布,这就给少量测定数据的统计处理带来了困难。此时若用 $S$ 代替 $\sigma$ 从而对 $\mu$ 作出估计必然会引起偏离,而且测定次数越少,偏离就越大。如果采用另一新统计量 $t_{P,f}$ 取代 $u$,上述偏离即可得到修正。

由表 9-2 中的数据可知,随着自由度的增加,$t$ 值逐渐减小并与 $u$ 值接近。当 $f=20$ 时,$t$ 与 $u$ 已经比较接近。当 $f\to\infty$ 时,$t\to u$,$S\to\sigma$。在引用 $t$ 值时,一般取 0.95 置信度。

根据样本的单次测定值 $x$ 或平均值分别表示 $\mu$ 的置信区间时,根据 $t$ 分布则可以得出以下的关系:

$$\mu = x \pm t_{P,f}s \tag{9-16}$$

$$\mu = \bar{x} \pm t_{P,f}s_{\bar{x}} = \bar{x} \pm t_{P,f}\frac{s}{\sqrt{n}} \tag{9-17}$$

式(9-16)和式(9-17)的意义在于,真值虽然不为所知($\sigma$ 也未知),但可以期望由有限的测定值计算出一个范围,它将以一定的置信度将真值包含在内。该范围越小,测定的准确度越高。式(9-17)是计算置信区间通常使用的关系式。由该式可知,当 $P$ 一定时,置信区间的大

小与 $t_{P,f}$、$S$、$n$ 均有关，而且 $t_{P,f}$ 与 $S$ 实际也都受 $n$ 的影响，即 $n$ 值越大，置信区间越小。

### 9.3.3 显著性检验

用统计的方法检验测定值之间是否存在显著性差异，以此推断它们之间是否存在系统误差，从而判断测定结果或分析方法的可靠性，这一过程称为显著性检验（significance test）。定量分析中常用的有 $t$ 检验法。

$t$ 检验法用来检验样本平均值或两组数据的平均值之间是否存在显著性差异，从而对分析方法的准确度作出评价。

当检验一种分析方法的准确度时，采用该方法对某标准样品进行数次测定，再将测定标准样品的平均值与标准值 $T$ 进行比较，则置信区间的定义可知，经过 $n$ 次测定后，如果以平均值为中心的某区间已经按指定的置信度将真值 $T$ 包含在内，那么它们之间就不存在显著性差异，根据 $t$ 分布，这种差异是仅由偶然误差引起的。$t$ 可由下式计算：

$$t = \frac{|\bar{x} - T|}{s_{\bar{x}}} \tag{9-18}$$

若 $t > t_{P,f}$，说明与 $T$ 之差已超出偶然误差的界限，就可以按照相应的置信度判断它们之间存在显著性差异。

在显著性检验中，将具有显著性差异的测定值在偶然误差分布中出现的概率称为显著性水平，用 $\alpha$ 表示，即这些测定值位于一定置信度所对应的偶然误差界限之外。如置信度 $P = 0.95$，则显著性水平 $\alpha = 0.05$，即 $\alpha = 1 - P$。

### 9.3.4 可疑测定值的取舍

平行测定的数据中，有时会出现一个偏差较大的测定值，称为可疑值或异常值。

对可疑值的取舍实质是区分可疑值与其他测定值之间的差异到底是由过失还是偶然误差引起的。如果已经确证测定中发生过失，则无论此数据是否异常，都应舍去；而在原因不明的情况下，就必须按照一定的统计方法进行检验，然后再作出判断。根据偶然误差分布规律，在为数不多的测定值中，出现大偏差的概率是极小的，因此通常就认为这样的可疑值是由过失所引起的，而应将其舍去，否则就予以保留。

可疑值的取舍常用 $Q$ 检验法。该方法先将测定值由小至大按顺序排列，其中可疑值为 $x_1$ 或 $x_n$。

求出可疑值与其最邻近值之差 $x_n - x_{n-1}$ 或 $x_2 - x_1$，然后用它除以 $x_n - x_1$，计算出统计量 $Q$：

$$Q = \frac{x_n - x_{n-1}}{x_n - x_1} \quad \text{或} \quad Q = \frac{x_2 - x_1}{x_n - x_1}$$

$Q$ 值越大，说明离群越远，远至一定程度时则应将其舍去。故 $Q$ 称为舍弃商。

根据测定次数 $n$ 和所要求的置信度 $P$ 查 $Q_{P,n}$ 值表 9-3。若 $Q > Q_{P,n}$，则以一定的置信度弃去可疑值，反之则保留，分析化学中通常取 0.90 的置信度。

表 9-3  $Q_{P,n}$ 值表

| $Q_{P,n}$ | 3 | 4 | 5 | 6 | 7 | 8 | 9 | 10 |
| --- | --- | --- | --- | --- | --- | --- | --- | --- |
| $Q_{0.9}$ | 0.94 | 0.76 | 0.64 | 0.56 | 0.51 | 0.47 | 0.44 | 0.41 |
| $Q_{0.95}$ | 0.97 | 0.84 | 0.73 | 0.64 | 0.59 | 0.54 | 0.51 | 0.49 |

## 9.4 提高分析结果准确度的方法

### 9.4.1 选择适当的分析方法

在生产实践和一般科研工作中,对测定结果要求的准确度常与试样的组成、性质和待测组分的相对含量有关。化学分析的灵敏度虽然不高,但对于常量组分的测定能得到较准确的结果,一般相对误差不超过千分之几。仪器分析具有较高的灵敏度,用于微量或痕量组分含量的测定,对测定结果允许有较大的相对误差。

### 9.4.2 减小测量的相对误差

(1) 减小测定误差

仪器和量器的测量误差也是产生系统误差的因素之一。分析天平的绝对误差一般为 ±0.0001g,如欲称量的相对误差不大于 0.1%,那么应称量的最小质量不小于 0.2g。

在滴定分析中,滴定管的读数误差一般为 ±0.01mL。为使读数的相对误差不大于 0.1%,那么滴剂的体积就应不小于 20mL。

(2) 增加平行测定次数,减小偶然误差

根据偶然误差的特点和统计规律,测量次数越多,偶然误差就越小。但在实际工作中,不可能测量很多次,一般情况下,定量分析测量次数不得少于 3 次。

(3) 消除测定过程中的系统误差

1) 系统误差的检验

对照实验和回收试验是用于检验和消除方法误差的有效方法,下面简要介绍一下。

① 用标准样品进行对照试验

用标准样品进行对照试验是用标准样品代替试样,测定条件和操作方法与测定试样完全相同时进行的试验。通过此法来判断测定方法是否存在误差。

② 用标准方法进行对照试验

用标准方法进行对照试验是用标准样品代替试样,完全在标准方法使用的条件下进行的试验。通过此法来判断测定方法是否存在误差。

③ 采用回收法进行试验

采用回收法进行试验是在测定的样品中加入一定量的标准物质,测定条件和操作方法完全与测定样品实验相同时进行的试验。通过计算回收率来判断测定方法是否存在误差。

2) 系统误差的消除

① 空白试验

空白试验是在不加试样的情况下,按照与试样测定完全相同的条件和操作方法进行试验。所得的结果称为空白值,从试样测定结果中扣除空白值就起到了校正误差的作用。空白试验的作用是检验和消除由试剂、溶剂和分析仪器中某些杂质引起的系统误差。

② 校准仪器和量器

允许测定结果的相对误差大于 0.1% 时,一般不必校准仪器。对误差要求严格时,必须对天平、量器进行校准。校准方法不再赘述。

## 9.5 有效数字及其运算规则

在科学实验中,为了得到准确的测量结果,不仅要准确地测定各种数据,还要正确地记录和计算。分析结果的数值不仅表示试样中被测成分含量的多少,而且反映了测定的准确程度。例如用重量法测定硅酸盐中的 $SiO_2$ 时,若称取试样 0.4538 g,经过一系列处理后,灼烧得到 $SiO_2$ 沉淀 0.1374g,则其百分含量为:

$$SiO_2\% = (0.1374/0.4538) \times 100\% = 30.2776553548\%$$

上述分析结果共有 12 位数字,从运算来讲,并无错误,但实际上用这样多位数的数字来表示上述分析结果是错误的,它没有反映客观事实,因为所用的分析方法和测量仪器不可能准确到这种程度。

### 9.5.1 有效数字

有效数字(effective number)是指在分析工作中实际上能测量到的数字。记录数据和计算结果时究竟应该保留几位数字,须根据测定方法和使用仪器的准确程度来决定。在记录数据和计算结果时,所保留的有效数字中,只有最后一位是可疑的数字。

例如:坩埚重 18.5734g      六位有效数字
   标准溶液体积 24.41mL    四位有效数字

由于万分之一的分析天平能称准至 $\pm 0.0001$ g,滴定管的读数能读准至 $\pm 0.01$ mL。在分析工作中应当使测定的数值只有最后一位是可疑的。

有效数字的位数,直接与测定的相对误差有关。例如称得某物 0.5180g,它表示该物实际质量是 $0.5180g \pm 0.0001g$,其相对误差为:

$$(\pm 0.0001/0.5180) \times 100\% = \pm 0.02\%$$

如果少取一位有效数字,则表示该物实际质量是 $0.518g \pm 0.001$ g,其相对误差为:

$$(\pm 0.001/0.518) \times 100\% = \pm 0.2\%$$

表明测量的准确度,后者比前者低 10 倍。所以在测量准确度的范围内,有效数字位数越多,测量也越准确。但超过测量准确度的范围,过多的位数是毫无意义的。

必须指出,如果数据中有"0"时,应分析具体情况,然后才能肯定哪些数据中的"0"是有效数字,哪些数据中的"0"不是有效数字。

例如:

| | |
|---|---|
| 1.0005 | 五位有效数字 |
| 0.5000;31.05%;$6.023 \times 10^2$ | 四位有效数字 |
| 0.0540;$1.86 \times 10^{-5}$ | 三位有效数字 |
| 0.0054;0.40% | 两位有效数字 |
| 0.5;0.002% | 一位有效数字 |

在 1.0005 克中的三个"0",0.5000 中的后三个"0",都是有效数字;在 0.0054 中的"0"只起定位作用,不是有效数字;在 0.0540 中,前面的"0"起定位作用,最后一位"0"是有效数字。同样,这些数值的最后一位数字,都是可疑数字。

因此,在记录测量数据和计算结果时,应根据所使用的仪器的准确度,只保留最后一位数是"可疑数字"的有效数字。例如,用感量为百分之一的台秤称物体的质量,由于仪器本身能准确称到±0.01g,所以物体的质量如果是10.4 g,就应写成10.40g,不能写成10.4g。

分析化学中还经常遇到pH和lgK等对数值,其有效数字的位数仅取决于小数部分数字的位数,因整数部分只说明该数的方次。例如,pH=12.68,即$[H^+]$=2.1×10$^{-13}$mol·L$^{-1}$,其有效数字为两位,而不是四位。

对于非测量所得的数字,如倍数、分数、π、e等,它们没有不确定性,其有效数字可视为无限多位,根据具体情况来确定。

另外,如果在有效数字运算时,若有效位数的首位数是"8"或"9"时,则这个有效数字的位数应在原来的位数的基础上多加一位。

### 9.5.2 数字修约规则

采用"四舍六入五留双"的规则进行修约。

具体的做法是,当尾数≤4时将其舍去;尾数≥6时就进一位;如果尾数为5而后面的数为0时则看前一位:前一位为奇数就进位,前一位为偶数则舍去;当"5"后面还有非0的数时,须向前进一位,而无论前一位是奇还是偶数,"0"则以偶数论。

0.53664→0.5366  0.58346→0.5835  10.2750→10.28  16.4050→16.40  27.1850→27.18  18.06501→18.07

必须注意:进行数字修约时只能一次修约到指定的位数,不能数次修约,否则会得出错误的结果。

### 9.5.3 有效数字的运算规则

(1) 加减法

当几个数据相加或相减时,它们的和或差的有效数字的保留,应以小数点后位效最少,即绝对误差最大的数据为依据。例如0.0121、25.64及1.05782三数相加,若各数最后一位为可疑数字,则25.64中的4已是可疑数字。因此,三数相加后,小数后只能保留两位小数。

$$0.0121+25.64+1.05782=26.71$$

(2) 乘除法

几个数据相乘除时,积或商的有效数字的保留,应以其中相对误差最大的那个数,即有效数字位数最少的那个数为依据。

例如求0.0121、25.64和1.05782三数相乘之积。设此三数的最后一位数字为可疑数字,且最后一位数字都有±1的绝对误差,则它们的相对误差分别为:

$$0.0121: \pm 1/121 \times 1000‰ = \pm 8‰$$
$$25.64: \pm 1/2564 \times 1000‰ = \pm 0.4‰$$
$$1.05782: \pm 1/105782 \times 1000‰ = \pm 0.009‰$$

第一个数是三位有效数字,其相对误差最大,以此数据为依据。

$$0.0121 \times 25.64 \times 1.05782 = 0.328$$

(3) 有效数字的运算规则在分析化学实验中的应用

1) 根据分析仪器和分析方法的准确度正确读出和记录测定值,且只保留一位可疑数字。

2) 在计算结果时,先根据运算方法进行计算(因目前计算器很普及,计算很方便),然后按照数字修约规则对计算结果进行修约,即先计算,后修约。

3) 分析化学中的计算主要有两大类。一类是各种化学平衡中有关浓度的计算。另一类是计算测定结果，确定其有效数字位数与待测组分在试样中的相对含量有关，一般具体要求如下：对高含量组分（>10%）的测定，四位有效数字；对中含量组分（1%~10%），三位有效数字；对微量组分（<1%），两位有效数字。

## 习 题

1. 下列数据各包括了几位有效数字？
   (1) 0.0083    (2) 27.160    (3) 700.0    (4) $7.80\times10^{-5}$    (5) $pK_a=4.74$
   (6) pH=10.00

2. 下列计算式的结果应为几位有效数字？
   (1) $\dfrac{3.30\times4.62\times10.88}{5.69}$    (2) $\dfrac{4.30\times5.26\times3.99}{0.01050}$
   (3) $\dfrac{1.23\times4.078\times10.88}{5.69\times10^2}$    (4) $\dfrac{0.04330\times4.62\times10.88}{0.0569}$

3. 测定某铜矿试样，其中铜的质量分数为24.87%、24.93%和24.69%，真值为25.06%，计算：(1) 测定结果的平均值；(2) 绝对误差；(3) 相对误差。

4. 有一分析天平的称量误差为±0.2mg，如称取试样为0.2000g，其相对误差为多少？如称取试样为2.0000g，其相对误差为多少？它说明了什么问题？

5. 如果分析天平的称量误差为±0.2mg，拟分别称取试样0.1g和1g左右，称量的相对误差各为多少？这些结果说明了什么问题？

6. 滴定管的读数误差为±0.02mL。如果滴定中用去标准溶液的体积分别为2mL和20mL左右，读数的相对误差各是多少？相对误差的大小说明了什么问题？

7. 用HCl标准溶液标定NaOH浓度时，经5次滴定，所用HCl溶液的体积（单位均为mL）分别为：27.34、27.36、27.35、27.37和27.40。请计算分析结果：(1) 平均值；(2) 平均偏差和相对平均偏差；(3) 标准偏差和相对标准偏差。

8. 测定试样中蛋白质的质量分数（%），5次测定结果的平均值为：34.92、35.11、35.01、35.19和34.98。(1) 经统计处理后的测定结果应如何表示（报告$n$、$\bar{x}$和$S$）？(2) 计算$P=0.95$时$\mu$的置信区间。

9. 有一甘氨酸试样，需分析其中氮的质量分数，分送至5个单位，所得分析结果$w$(N)为0.1844、0.1851、0.1872、0.1880和0.1882。请计算分析结果：(1) 平均值；(2) 平均偏差；(3) 标准偏差；(4) 置信水平为95%的置信区间。

10. 标定NaOH溶液的浓度时获得以下结果（单位$mol\cdot L^{-1}$）：0.1021、0.1022、0.1023和0.1030。问：
    (1) 对于最后一个分析结果0.1030，按$Q$检验法是否可以弃舍？
    (2) 溶液准确浓度应该怎样表示？
    (3) 计算置信水平为95%的置信区间。

# 第 10 章

# 重量分析法

## 学习要求

1. 了解重量分析法的概念；
2. 掌握活度积、溶度积和条件溶度积的概念；
3. 了解沉淀过程；
4. 了解晶形沉淀和非晶形沉淀的条件；
5. 了解有机沉淀剂的类型和应用；
6. 掌握换算因数和重量分析结果的计算。

## 10.1 重量分析法概述

重量分析（gravimetric analysis）是定量分析方法之一。它是根据生成物的质量来确定被测物质组分含量的方法。在重量分析中一般先使被测组分从试样中分离出来，转化为一定的称量形式，然后用称量的方法测定该成分的含量。

根据被测成分与试样中共存成分分离的不同途径，通常应用的重量分析法分为沉淀法、气化法、提取法和电解法。

1）沉淀法　利用沉淀反应使被测成分生成溶解度很小的沉淀，将沉淀过滤，洗涤后，烘干或灼烧成为组成一定的物质，然后称其质量，再计算被测成分的含量。这是重量分析的主要方法。

2）气化法　用加热或其他方法使试样中被测成分气化逸出，然后根据气体逸出前后试样质量之差来计算被测成分的含量。例如，试样中湿存水或结晶水的测定。有时，也可以在该组分逸出后，用某种吸收剂来吸收它，这时可以根据吸收剂质量的增加来计算含量。例如，试样中 $CO_2$ 的测定，以碱石灰为吸收剂。此法只适用于可挥发性物质的测定。

3）提取法　利用被测组分在两种互不相溶的溶剂中分配比的不同，加入某种提取剂使被测组分从原来的溶剂定量地转入提取剂中，称量剩余物的质量，或将提出液中的溶剂蒸发除去，称量剩下的质量，以计算被测组分的含量。

4）电解法　利用电解的原理，控制适当的电位，使被测金属离子在电极上析出，称重后即可计算出被测金属离子的含量。

往试液中加入适当的沉淀剂，使被测组分沉淀出来，所得的沉淀称为沉淀形式。沉淀经过滤、洗涤、烘干或灼烧之后，得到称量形式，然后再由称量形式的化学组成和质量，便可算出被测组分的含量。沉淀形式与称量形式可以相同，也可以不相同，例如测定$Cl^-$时，加入沉淀剂$AgNO_3$以得到$AgCl$沉淀，此时沉淀形式和称量形式相同。但测定$Mg^{2+}$时，沉淀形式为$MgNH_4PO_4$，经灼烧后得到的称量形式为$Mg_2P_2O_7$，则沉淀形式与称量形式不同。

### 10.1.1 对沉淀形式的要求

（1）沉淀的溶解度要小。

沉淀的溶解度必须很小，才能使被测组分沉淀完全。根据一般分析结果的误差要求，沉淀的溶解损失不应超过分析天平的称量误差，即0.2 mg。

（2）沉淀应易于过滤和洗涤。

（3）沉淀必须纯净。

沉淀应该是纯净的，不应混杂质沉淀剂或其他杂质，否则不能获得准确的分析结果。

（4）应易于转变为称量形式。

### 10.1.2 对称量形式的要求

（1）必须组成固定。

称量形式必须符合一定的化学式，才能根据化学式进行结果的计算。

（2）要有足够的化学稳定性。

沉淀的称量形式不应受空气中的$CO_2$、$O_2$的影响而发生变化，本身也不应分解或变质。

（3）应具有尽可能大的分子量。

称量形式的分子量大，则被测组分在称量形式中的含量小，称量误差也小，可以提高分析结果的准确度。

例如，测定铝时，称量形式可以是$Al_2O_3$（$M=101.96\text{g}\cdot\text{mol}^{-1}$）或8-羟基喹啉铝（$M=459.44\text{g}\cdot\text{mol}^{-1}$）。如果在操作过程中损失沉淀1mg，以$Al_2O_3$为称量形式时铝的损失量：

$$Al_2O_3 : 2Al = 1 : x$$
$$x = 0.5\text{mg}$$

以8-羟基喹啉铝为称量形式时铝的损失量：

$$Al(C_9H_6NO)_3 : Al = 1 : x$$
$$x = 0.06\text{mg}$$

## 10.2 沉淀的溶解度及其影响因素

在利用沉淀反应进行重量分析时，人们总是希望被测组分沉淀越完全越好。但是，绝对不溶解的物质是没有的，所以在重量分析中要求沉淀的溶解损失不超过称量误差0.2mg，即可认为沉淀完全，而一般沉淀却很少能达到这一要求。因此，如何减少沉淀的溶解损失，以保证重量分析结果的准确度是重量分析的一个重要问题。为此，下边将对沉淀的溶解原理以及影响沉淀溶解度（solubility）的主要因素进行较详细的讨论。

## 10.2.1 沉淀的溶解度

**1. 溶解度和固有溶解度**

当水中存在难溶化合物 MA 时，则 MA 将有部分溶解，当其达到饱和状态时，即建立如下平衡关系：

$$MA_{固} \rightleftharpoons MA_{水} \rightleftharpoons M^+ + A^-$$

上式表明，固体 MA 的溶解部分，以 $M^+$、$A^-$ 状态和 MA 分子状态存在。例如 AgCl 在水溶液中除了存在 $Ag^+$ 和 $Cl^-$ 以外，还有少量未离解的 AgCl 分子。$M^+$ 和 $A^-$ 之间也可能由于静电引力的作用，互相缔合成为 $M^+A^-$ 的离子对状态而存在。例如 $CaSO_4$ 在水溶液中，除存在 $Ca^{2+}$ 和 $SO_4^{2-}$ 之外，还存在着 $Ca^{2+}$-$SO_4^{2-}$ 的离子对。

根据沉淀平衡：

$$K_1 = a_{MA_{水}} / a_{MA_{固}}$$

由于 $a_{MA_{固}} = 1$，且中性分子的活度系数近似为 1，则 $a_{MA_{水}} = [MA]_{水} = K_1 = S^0$

$S^0$ 称为物质的分子溶解度或固有溶解度。

当溶解达到平衡时，则 MA 的溶解度 $S$ 等于：

$$S = S^0 + [M^+] = S^0 + [A^-]$$

各种难溶化合物的固有溶解度（$S^0$）相差很大。例如 $HgCl_2$ 在室温下的固有溶解度约为 $0.25 mol \cdot L^{-1}$；AgCl 的固有溶解度在 $1.0 \times 10^{-7} \sim 6.2 \times 10^{-7} mol \cdot L^{-1}$ 之间；丁二酮肟镍和 8-羟基喹啉铝等金属螯合物的固有溶解度约在 $10^{-6} \sim 10^{-9} mol \cdot L^{-1}$ 之间。所以当难溶化合物的固有溶解度较大（即 $MA_{水}$ 的离解度较小）时，计算溶解度必须加以考虑。如果 $MA_{水}$ 接近完全离解，则在计算溶解度时，可以忽略不计。如 AgBr、AgI 和 AgSCN 的固有溶解度约占总溶解度的 $0.1\% \sim 1\%$；许多氢氧化物［如 $Fe(OH)_3$、$Zn(OH)_2$、$Ni(OH)_2$ 等］和硫化物（如 HgS、CdS、CuS 等）的固有溶解度很小。由于许多沉淀的固有溶解度比较小，所以计算溶解度时，一般可以忽略固有溶解度的影响。

$$S = [M^+] = [A^-]$$

**2. 活度积和溶度积**

根据 MA 在水溶液中的平衡关系，可推导出难溶化合物的活度积、溶度积和溶解度之间的关系：

$$a_{M^+} a_{A^-} / a_{MA_{水}} = K_2$$

因此，$a_{M^+} a_{A^-} = K_2 S^0 = K_{ap}$

$K_{ap}$ 称为活度积常数，简称活度积（activity product）。

$$a_{M^+} a_{A^-} = \gamma_{M^+} [M^+] \gamma_{A^-} [A^-] = K_{ap}$$

$$[M^+][A^-] = K_{ap} / (\gamma_{M^+} \gamma_{A^-}) = K_{sp}$$

$K_{sp}$ 称为溶度积常数，简称溶度积（solubility product），它的大小随着溶液中离子强度的变化而变化。如果溶液中电解质的浓度增大，则离子强度增大，活度系数减小，于是溶度积便增大，因而沉淀的溶解度也会增大。沉淀的溶解度等于：

$$s = [M^+] = [A^-] = \sqrt{\frac{K_{sp}}{\gamma_{M^+} \gamma_{A^-}}} = \sqrt{K_{sp}}$$

在纯水中 MA 的溶解度很小，如果其他电解质的浓度不大，则可以不考虑离子强度引起的活度系数的减小。由各种难溶化合物的溶度积值，可以计算出它们的溶解度。溶解度的大小是选择适宜沉淀剂的重要依据。

对于其他类型 $M_mA_n$ 的沉淀：

$$S = \sqrt[m+n]{\frac{K_{sp}}{m^m n^n}}$$

### 3. 条件溶度积

上述公式只有在构晶离子无任何副反应时才适用。当伴随副反应发生时，构晶离子可能以多种型体存在，假设其各型体的总浓度分别为 [M′] 及 [A′]，则有：

$$K_{sp} = [M][A] = \{[M']/\alpha_M\}\{[A']/\alpha_A\}$$
$$K'_{sp} = [M'][A'] = K_{sp}\alpha_M\alpha_A$$

$K'_{sp}$ 称为条件溶度积（conditional solubility product）。因为 $\alpha_M$、$\alpha_A$ 为副反应系数（详见络合滴定），均大于 1，故 $K'_{sp} > K_{sp}$。

$$S = [M'] = [A'] = \sqrt{K'_{sp}} > S_{理论}$$
$$= [M] = [A] = \sqrt{K_{sp}}$$

## 10.2.2 影响沉淀溶解度的因素

影响沉淀溶解度的因素有同离子效应、盐效应、酸效应和络合效应。另外，温度、溶剂、晶体颗粒的大小等对溶解度也有影响。现分别讨论于下。

1) 同离子效应

为了减少溶解损失，当沉淀反应达到平衡后，应加入过量的沉淀剂，以增大构晶离子（与沉淀组成相同的离子）浓度，从而减小沉淀的溶解度。这一效应称为同离子效应。

2) 盐效应

如前所述，过量太多的沉淀剂，除了同离子效应外，还会产生不利于沉淀完全的其他效应，盐效应就是其中之一。

产生盐效应的原因：当强电解质的浓度增大时，离子强度增大，由于离子强度增大，而使活度系数减小。在一定温度下 $K_{sp}$ 是一个常数，活度系数增大时，沉淀的溶解度增大。显然，造成沉淀溶解度增大的基本原因是强电解质盐类的存在。

如果在溶液中存在着非共同离子的其他盐类，盐效应的影响必定更为显著。

3) 酸效应

溶液的酸度给沉淀溶解度带来的影响，称为酸效应。当酸度增大时，组成沉淀的阴离子与 $H^+$ 结合，降低了阴离子的浓度，使沉淀的溶解度增大。当酸度减小时，则组成沉淀的金属离子可能发生水解，形成带电荷的氢氧络合物如 $Fe(OH)^{2+}$、$Al(OH)^{2+}$ 降低了阳离子的浓度，从而增大沉淀的溶解度。

4) 络合效应

由于沉淀的构晶离子参与了络合反应而使沉淀的溶解度增大的现象，称为络合效应。

5) 影响沉淀溶解度的其他因素

① 温度的影响

溶解反应一般是吸热反应，因此，沉淀的溶解度一般随着温度的升高而增大。所以对于溶解度不太小的晶形沉淀，如 $MgNH_4PO_4$，应在室温下进行过滤和洗涤。如果沉淀的溶解度很小［如 $Fe(OH)_3$、$Al(OH)_3$ 和其他氢氧化物］，或者受温度的影响很小，为了过滤快些，也可以趁热过滤和洗涤。

② 溶剂的影响

无机物沉淀多为离子型晶体，所以它们在极性较强的水中的溶解度大，而在有机溶剂中的溶解度小。有机物沉淀则相反。

③ 沉淀颗粒大小的影响

同一种沉淀，其颗粒越小，则溶解度越大。可由奥斯特瓦尔德-弗仑德里希（Ostwald-Freundlich）方程式表示：

$$\ln \frac{c_2}{c_1} = \frac{2\sigma M}{RT}\left(\frac{1}{r_2} - \frac{1}{r_1}\right)$$

式中，$r_1$、$r_2$ 为颗粒的半径；$c_1$、$c_2$ 是半径为 $r_1$、$r_2$ 颗粒的溶解度；$\sigma$ 为固相和液相界面的表面张力；$M$ 为沉淀的摩尔质量。因此，在沉淀时，总是希望得到粗大的颗粒沉淀。

④ 沉淀结构的影响

许多沉淀在初生成时的亚稳态型溶解度较大，经过放置之后转变成为稳定晶型的结构，溶解度大为降低。例如初生成的亚稳定型草酸钙的组成为 $CaC_2O_4 \cdot 3H_2O$ 或 $CaC_2O_4 \cdot 2H_2O$，经过放置后则变成稳定的 $CaC_2O_4 \cdot H_2O$。

## 10.3 沉淀的类型与沉淀的形成机理

在重量分析中所希望获得的是粗大的晶形沉淀。而生成的沉淀是什么类型主要取决于沉淀物质的本性，但与沉淀进行的条件也有密切的关系。因此，必须了解沉淀形成的过程和沉淀条件对颗粒大小的影响，以便控制适宜的条件得到符合重量分析要求的沉淀。

### 10.3.1 沉淀的类型

根据其物理性质不同可分为三类，即晶形沉淀、凝乳状沉淀和无定形沉淀。它们的主要区别是颗粒的大小。

直径 $0.1 \sim 1 \mu m$ 的颗粒为晶形沉淀。沉淀内部，离子按晶体结构有规则地排列，结构紧密，容易沉降于容器底部。

直径 $0.02 \sim 0.1 \mu m$ 的颗粒为凝乳状沉淀。

直径在 $0.02 \mu m$ 以下的颗粒则为无定形沉淀。沉淀内部离子排列杂乱无章，结构疏松，难以沉降。

### 10.3.2 沉淀的形成过程

沉淀的形成过程，包括晶核的生成和沉淀颗粒的生长两个过程，现分别讨论于下。

**1. 晶核的生成过程——均相和异相**

一般认为，溶质的分子在溶液中可以互相聚集而形成分子群。如果溶质是以水合离子状态存在的，则由于静电引力作用，在脱水之后互相缔合为离子对，并进一步形成离子聚集体。同时分子群或离子聚集体又可以分解成分子或离子状态。这种聚集和分解处于动态平衡状态之中。当溶液处于过饱和时，则聚集的倾向大于分解的倾向，聚集体逐步长大，形成晶核。

晶核中粒子数目的多少与物质的性质有关。如 $BaSO_4$ 的晶核由 7~8 个构晶离子组成，$CaF_2$ 的晶核由 9 个构晶离子组成，$Ag_2CrO_4$ 和 AgCl 的晶核由 6 个构晶离子组成。

按上述情况形成的晶核，称为均相成核作用。如果溶液中存在外来悬浮颗粒，则能促进晶核的生成，此种现象称为异相成核作用。一般情况下，使用的玻璃容器壁上总附有一些很小的固体微粒，所用的溶剂和试剂中难免含有一些微溶性物质颗粒，因此，异相成核作用总是存在。

**2. 沉淀颗粒的成长过程——定向和聚集**

晶核形成之后，溶液中的构晶离子仍在向晶核表面扩散，并且进入晶格，逐渐形成晶体（即沉淀微粒）。

### 10.3.3　沉淀条件对沉淀类型的影响

冯·韦曼（van Weimarn）曾以 $BaSO_4$ 沉淀为对象，对沉淀颗粒大小与溶液浓度的关系做过研究。结果发现，沉淀颗粒的大小与形成沉淀的初速度（即开始形成沉淀的进度）有关，而初速度又与溶液的相对过饱和度成正比。

$$形成沉淀的初速率 V = K(Q-S)/S$$

式中，$Q$ 为溶液中混合反应物瞬时产生的物质总浓度；$S$ 为沉淀的溶解度；$Q-S$ 为沉淀开始时的过饱和程度，此数值越大，生成晶核的数目就越多；$K$ 为常数，它与沉淀的性质、介质、温度等因素有关。

沉淀的形状，还可以根据哈伯（Haber）的聚集速度与定向速度之间的相对大小来解释。在沉淀形成的过程中，离子之间由于互相碰撞聚集成微小的晶核，晶核再逐渐长大成为沉淀的微粒，这些沉淀微粒可以聚集为更大的聚集体。这种聚集过程进行得快慢，称为聚集速度。发生聚集过程的同种构晶离子按一定的晶格排列形成晶体的快慢，称为定向速度。如果聚集速度大于定向速度，离子很快聚集而成沉淀微粒，却来不及按一定的顺序排列于晶格内，这时得到的是无定形沉淀。反之，如果定向速度大于聚集速度，即离子缓慢地聚集成沉淀微粒时，仍有足够的时间按一定的顺序排列于晶格内，可以得到晶形沉淀。

影响沉淀聚集速度的另一个因素为沉淀物质的浓度，如溶液浓度不太大，则溶液的过饱和度小，聚集速度也较小，有利于生成晶形沉淀。例如 $Al(OH)_3$ 一般为无定形沉淀，但在含 $AlCl_3$ 的溶液中，加入稍过量的 NaOH 使 $Al^{3+}$ 以 $AlO_2^-$ 形式存在，然后通入 $CO_2$ 使溶液的碱性逐渐减小，最后可以得到较好的晶形 $Al(OH)_3$ 沉淀。

## 10.4　影响沉淀的纯度的因素

重量分析不仅要求沉淀的溶解度要小，而且应当是纯净的。但是当沉淀自溶液中析出时，总有一些可溶性物质随之一起沉淀下来，影响沉淀的纯度。

### 10.4.1　共沉淀现象

在进行沉淀反应时，某些可溶性杂质同时沉淀下来的现象，叫做共沉淀现象。产生共沉淀现象的原因是表面吸附、吸留和生成混晶。

(1) 表面吸附

表面吸附是在沉淀的表面上吸附了杂质，是由晶体表面上离子电荷的不完全等衡所引起的。例如在测定含有 $Ba^{2+}$、$Fe^{3+}$ 溶液中的 $Ba^{2+}$ 时，加入沉淀剂稀 $H_2SO_4$，则生成 $BaSO_4$ 晶形沉淀。

从静电引力的作用来说，在溶液中任何带相反电荷的离子都同样有被吸附的可能性。但是，实际上表面吸附是有选择性的，选择吸附的规律如下：

① 第一吸附层吸附的选择性：构晶离子首先被吸附，例如 AgCl 沉淀容易吸附 $Ag^+$ 和 $Cl^-$。其次，与构晶离子大小相近、电荷相同的离子容易被吸附，例如 $BaSO_4$ 沉淀比较容易地吸附 $Pb^{2+}$。

② 第二吸附层吸附的选择性：吸附离子的电荷数越高，越容易被吸附，如 $Fe^{3+}$ 比 $Fe^{2+}$ 容易被吸附。与构晶离子生成难溶化合物或离解度较小的化合物的离子也容易被吸附。例如在沉淀 $BaSO_4$ 时，溶液中除 $Ba^{2+}$ 外还含有 $NO_3^-$、$Cl^-$、$Na^+$ 和 $H^+$，当加入沉淀剂稀硫酸的量不足时，则 $BaSO_4$ 沉淀首先吸附 $Ba^{2+}$ 而带正电荷，然后吸附 $NO_3^-$ 而不易吸附 $Cl^-$，因为 $Ba(NO_3)_2$ 的溶解度小于 $BaCl_2$。如果加入的稀 $H_2SO_4$ 过量，则 $BaSO_4$ 沉淀先吸附 $SO_4^{2-}$ 而带负电荷，然后吸附 $Na^+$ 而不易吸附 $H^+$，因为 $Na_2SO_4$ 的溶解度比 $H_2SO_4$ 小。

(2) 吸留与包夹

在沉淀过程中，当沉淀剂的浓度比较大、加入比较快时沉淀迅速长大，则先被吸附在沉淀表面的杂质离子来不及离开沉淀，于是就陷入沉淀晶体内部，这种现象称为吸留。若留在沉淀内部的是母液，则称为包夹。这种现象造成的沉淀不纯是无法洗去的，因此，在进行沉淀时应尽量避免此种现象的发生。

(3) 生成混晶

每种晶形沉淀，都具有一定的晶体结构，如果杂质离子与构晶离子的半径相近，电子层结构相同，而且所形成的晶体结构也相同，则它们能生成混晶体。常见的混晶体有 $BaSO_4$ 和 $PbSO_4$，AgCl 和 AgBr，$MgNH_4PO_4 \cdot 6H_2O$ 和 $MgNH_4AsO_4 \cdot 6H_2O$ 等。

## 10.4.2 后沉淀现象

当沉淀析出后，在放置的过程中，溶液中的杂质离子慢慢沉淀到原沉淀上的现象，称为后沉淀现象。例如，在含有 $Cu^{2+}$、$Zn^{2+}$ 等离子的酸性溶液中，通入 $H_2S$ 时最初得到的 CuS 沉淀中并不夹杂 ZnS。但是如果沉淀与溶液长时间地接触，则由于 CuS 沉淀表面上从溶液中吸附了 $S^{2-}$，而使沉淀表面上 $S^{2-}$ 浓度大大增加，致使 $S^{2-}$ 浓度与 $Zn^{2+}$ 浓度的乘积大于 $Zn^{2+}$ 的溶度积常数，于是在 CuS 沉淀的表面上，就析出 ZnS 沉淀。

## 10.4.3 提高沉淀纯度的措施

为了得到纯净的沉淀，应针对上述造成沉淀不纯的原因，采取下列各种措施。

(1) 选择适当的分析程序

例如在分析试液中，被测组分含量较少，而杂质含量较多时，则应使少量被测组分首先沉淀下来。如果先分离杂质，则由于大量沉淀的生成就会使少量被测组分随之共沉淀，从而引起分析结果不准确。

(2) 选择合适的沉淀剂

（3）改变杂质离子的存在状态

由于吸附作用具有选择性，所以在实际分析工作中，应尽量不使易被吸附的杂质离子存在或设法降低其浓度以减少吸附共沉淀。例如沉淀 $BaSO_4$ 时，如溶液中含有易被吸附的 $Fe^{3+}$ 时，可将 $Fe^{3+}$ 预先还原成不易被吸附的 $Fe^{2+}$，或加酒石酸（或柠檬酸）使之生成稳定的络合物，以减少共沉淀。

（4）选择适当的洗涤剂进行洗涤

由于吸附作用是一种可逆过程，因此，洗涤可使沉淀上吸附的杂质进入洗涤液，从而达到提高沉淀纯度的目的。当然，所选择的洗涤剂必须是在灼烧或烘干时容易挥发除去的物质。

（5）沉淀要及时进行过滤分离

这样可以减少后沉淀。

（6）进行再沉淀

将沉淀过滤洗涤之后，再重新溶解，使沉淀中残留的杂质进入溶液，然后第二次进行沉淀，这种操作叫做再沉淀。再沉淀对于除去吸留的杂质特别有效。

（7）改善沉淀条件

沉淀的吸附作用与沉淀颗粒的大小、沉淀的类型、温度和陈化过程等都有关系。因此，要获得纯净的沉淀，则应根据沉淀的具体情况，选择适宜的沉淀条件。

## 10.5　沉淀条件的选择

为了获得纯净、易于过滤和洗涤的沉淀，对于不同类型的沉淀，应当采取不同的沉淀条件。

### 10.5.1　晶形沉淀的沉淀条件

对于晶形沉淀来说，主要考虑的是如何获得较大的沉淀颗粒，以便使沉淀纯净并易于过滤和洗涤。但是，晶形沉淀的溶解度一般都比较大，因此还应注意沉淀的溶解损失。

（1）沉淀作用应在适当的稀溶液中进行，并加入沉淀剂的稀溶液。这样在沉淀作用开始时，溶液的过饱和程度不致太大，但又能保持一定的过饱和程度，晶核生成不太多而且又有机会长大。但是溶液如果过稀，则沉淀溶解较多，也会造成溶解损失。

（2）在不断搅拌下，逐滴地加入沉淀剂。这样可以防止溶液中局部过浓，以免生成大量的晶核。

（3）沉淀作用应该在热溶液中进行，使沉淀的溶解度略有增加，这样可以降低溶液的相对过饱和度，以利于生成少而大的结晶颗粒，同时，还可以减少杂质的吸附作用。为了防止沉淀在热溶液中的溶解损失，应当在沉淀作用完毕后，将溶液放冷，然后进行过滤。

（4）沉淀作用完毕后，如果让沉淀和溶液在一起放置一段时间，就可以使沉淀晶形完整、纯净，同时还可以使微小晶体溶解，粗大晶体长大。这个过程叫做陈化，这是由于微小结晶与粗大结晶相比，有较多的棱和角，从而使小粒结晶具有较大的溶解度。大粒结晶的饱和溶液对小粒结晶来说，却是未饱和的，所以小粒结晶就被溶解。结果，溶液对于大粒结晶就成了过饱和状态。因此已经溶解的小颗粒结晶又沉积在大粒结晶而成为不饱和溶液，小粒结晶又继续不断地溶解。如此继续进行，就能得到比较大的沉淀颗粒。

## 10.5.2 无定形沉淀的沉淀条件

无定形沉淀，颗粒微小，体积庞大，不仅吸收杂质多，而且难以过滤和洗涤，甚至能够形成胶体溶液，无法沉淀出来。因此，对于无定形沉淀来说，主要考虑的是：加速沉淀微粒凝聚，获得紧密沉淀，减少杂质吸附和防止形成胶体溶液。

（1）沉淀作用应在比较浓的溶液中进行，加入沉淀剂的速度也可以适当加快。因为溶液浓度大，则离子的水合程度小，得到的沉淀比较紧密。但也要考虑到此时吸附杂质多，所以在沉淀作用完毕后，立刻加入大量的热水稀释并搅拌，使被吸附的一部分杂质转入溶液。

（2）沉淀作用应在热溶液中进行。这样可以防止胶体生成，减少杂质的吸附作用，并可使生成的沉淀紧密些。

（3）溶液中加入适当的电解质，以防止胶体溶液的生成。但加入的应是可挥发性的盐类如铵盐等。

（4）不必陈化。沉淀作用完毕后，静置数分钟，让沉淀下沉后立即过滤。这是由于这类沉淀一经放置，将会失去水分而聚集得十分紧密，不易洗涤除去所吸附的杂质。

（5）必要时进行再沉淀。无定形沉淀一般含杂质的量较多，如果准确度要求较高，应当进行再沉淀。

## 10.5.3 均匀沉淀法

在进行沉淀的过程中，尽管沉淀剂的加入是在不断搅拌下进行的，可是在刚加入沉淀剂时，局部过浓现象总是难免的。为了消除这种现象可改用均匀沉淀法。先控制一定的条件，使加入的沉淀剂不能立刻与被检测离子生成沉淀，而是通过一种化学反应，使沉淀剂从溶液中缓慢地、均匀地产生出来，从而使沉淀在整个溶液中缓慢地、均匀地析出。这样就可避免局部过浓的现象，获得的沉淀是颗粒较大、吸附杂质少、易于过滤和洗涤的晶形沉淀。

例如测定 $Ca^{2+}$ 时，在中性或碱性溶液中加入沉淀剂 $(NH_4)_2C_2O_4$，产生的 $CaC_2O_4$ 是细晶形沉淀。如果先将溶液酸化之后再加入 $(NH_4)_2C_2O_4$，则溶液中的草酸根主要以 $HC_2O_4^-$ 和 $H_2C_2O_4$ 形式存在，不会产生沉淀。混合均匀后，再加入尿素，加热煮沸。尿素逐渐水解，生成 $NH_3$：

$$CO(NH_2)_2 + H_2O \Longrightarrow CO_2\uparrow + 2NH_3$$

生成的 $NH_3$ 中和溶液中的 $H^+$，酸度渐渐降低，$C_2O_4^{2-}$ 的浓度渐渐增大，最后均匀而缓慢地析出 $CaC_2O_4$ 沉淀。这样得到的 $CaC_2O_4$ 沉淀，便是粗大的晶形沉淀。

# 10.6 有机沉淀剂

有机沉淀剂主要是生成螯合物和缔合物沉淀的沉淀剂。

## 10.6.1 生成螯合物的沉淀剂

能形成螯合物沉淀的有机沉淀剂，它们至少应具有下列两种官能团：一种是酸性官能团，如：—COOH、—OH、=NOH、—SH、—SO$_3$H 等，这些官能团中的 $H^+$ 可被金属离子置换；另一种是碱性官能团，如—$NH_2$、=NH、≡N—、=C=O、=C=S 等，这些官能团具有未被共用的电子对，可以与金属离子形成配位键而络合。

## 10.6.2 生成缔合物沉淀剂

阴离子和阳离子以较强的静电引力相结合而形成的化合物，叫做缔合物。某些有机沉淀剂在水溶液中能够电离出大体积的离子，这种离子能与被测离子结合成溶解度很小的缔合物沉淀。例如四苯硼酸阴离子与 $K^+$ 的反应：

$$K^+ + B(C_6H_5)_4^- \Longleftrightarrow KB(C_6H_5)_4 \downarrow$$

$KB(C_6H_5)_4$ 的溶解度很小，组成恒定，烘干后即可直接称量，所以 $NaB(C_6H_5)_4$ 是测定 $K^+$ 的较好沉淀剂。

此外，还常用苦杏仁酸在盐酸溶液中沉淀锆，铜铁试剂沉淀 $Cu^{2+}$、$Fe^{3+}$、$Ti^{4+}$，α-亚硝基-β-萘酚沉淀 $Co^{2+}$、$Pd^{2+}$ 等。

# 10.7 重量分析结果的计算

换算因数（$F$）：将沉淀称量形式的质量换算成被测组分的质量时，所需要的换算系数。

$$F = \frac{a \times 被测组分的摩尔质量}{b \times 沉淀称量形式的摩尔质量}$$

式中，$a$、$b$ 是使分子和分母中所含主体元素的原子个数相等时需乘的系数。若待测组分为 Fe，称量形式为 $Fe_2O_3$，则有：

$$\frac{m_{Fe}}{M_{Fe}} \Big/ \frac{m_{Fe_2O_3}}{M_{Fe_2O_3}} = 2/1, \quad m_{Fe} = \frac{2M_{Fe}}{M_{Fe_2O_3}} \times m_{Fe_2O_3}$$

**例 10-1** 称取试样 0.5000g，经一系列步骤处理后，得到纯 NaCl 和 KCl 共 0.1803g。将此混合氯化物溶于水后，加入 $AgNO_3$ 沉淀剂，得 AgCl 0.3904g，计算试样中 $Na_2O$ 的质量分数。

解：设 NaCl 的质量为 $x$，则 KCl 的质量为 0.1803g$-x$。于是

$$(M_{AgCl}/M_{NaCl})x + (M_{AgCl}/M_{KCl})(0.1803g - x) = 0.3904g$$
$$x = 0.0828g$$
$$w_{Na_2O} = x(M_{Na_2O}/2M_{NaCl})/m_s \times 100\% = 8.78\%$$

## 习 题

1. 重量分析对沉淀的要求是什么？
2. 活度积、溶度积、条件溶度积有何区别？
3. 影响沉淀纯度的因素有哪些？如何提高沉淀的纯度？
4. 简要说明晶形沉淀和无定形沉淀的沉淀条件。
5. 均匀沉淀法有何优点？
6. 计算下列各组的换算因数。

　　　　称量形式　　　　测定组分
(1)　　$Mg_2P_2O_7$　　$P_2O_5$，$MgSO_4 \cdot 7H_2O$
(2)　　$Fe_2O_3$　　$(NH_4)_2Fe(SO_4)_2 \cdot 6H_2O$
(3)　　$BaSO_4$　　　　$SO_3$，S

7. 今有纯 CaO 和 BaO 的混合物 2.212g，转化为混合硫酸盐后其质量为 5.023g，计算原混合物中 CaO 和 BaO 的质量分数。

8. 灼烧过的 $BaSO_4$ 沉淀为 0.5013g，其中有少量 BaS，用 $H_2SO_4$ 润湿，除去过量的 $H_2SO_4$，再灼烧后称得沉淀的质量为 0.5021，求 $BaSO_4$ 中 BaS 的质量分数。

# 第 11 章
# 滴定分析法

**学习要求**

1. 理解酸碱质子理论对酸碱的定义；
2. 掌握共轭酸碱对之间 $K_a$ 与 $K_b$ 的关系；
3. 掌握 MBE、CBE 和 PBE 的正确书写；
4. 掌握水溶液中 $H^+$ 浓度的计算；
5. 掌握酸碱指示剂的变色原理；
6. 理解滴定曲线、滴定突跃和滴定过程中指示剂的选择；
7. 了解酸碱滴定法的应用；
8. 了解 EDTA 络合物的特点；
9. 掌握副反应系数和条件稳定常数的计算；
10. 理解金属指示剂的工作原理；
11. 掌握络合滴定方式及应用；
12. 理解条件电位的概念及影响因素；
13. 了解氧化还原滴定预处理的方法；
14. 掌握氧化还原滴定中使用的指示剂；
15. 掌握 $KMnO_4$ 法、$K_2Cr_2O_7$ 法和碘量法及其应用；
16. 掌握莫尔法、佛尔哈德法和法扬斯法使用的条件和指示剂的选择。

滴定分析（titration analysis）是分析化学定量分析的重要方法之一，主要包括酸碱滴定法、络合滴定法、氧化还原滴定法和沉淀滴定法。

用滴定分析法进行定量分析时，是将被测定物质的溶液置于一定的容器（通常为锥形瓶）中，并加入少量适当的指示剂，然后用一种标准溶液通过滴定管逐滴地加到容器里。这样的操作过程称为"滴定"。当滴入的标准溶液与被测定的物质定量反应完全时，也就是两者的物质的量正好符合化学反应式所表示的化学计量关系时，称反应达到了化学计量点（亦称计量点，以 sp 表示）。计量点一般根据指示剂的变色来确定。实际上滴定是进行到溶液里的指示剂变色时停止的，停止滴定这一点称为"滴定终点"或简称"终点（以 ep 表示）"。

# 11.1 酸碱滴定法

酸碱滴定法（acid-base titration）是以质子传递反应为基础的滴定分析方法，是滴定分析中重要的方法之一。

一般的酸、碱以及能与酸、碱直接或间接发生质子传递反应的物质几乎都可以利用酸碱滴定法进行测定，所以，酸碱滴定法应用广泛。

## 11.1.1 酸碱质子理论

**1. 基本概念**

根据布朗斯特的酸碱理论——质子理论，酸是能给出质子（$H^+$）的物质，碱是能够接受质子的物质。一种碱 B 接受质子后其生成物（$HB^+$）便成为酸；同理，一种酸给出质子后剩余的部分便成为碱。酸与碱的这种关系可表示如下：

$$B + H^+ \rightleftharpoons HB^+$$
$$\text{碱} \qquad\qquad \text{酸}$$

由此可见，酸与碱彼此是不可分的，而是处于一种相互依存的关系，即 $HB^+$ 与 B 是共轭的，$HB^+$ 是 B 的共轭酸，B 是 $HB^+$ 的共轭碱，$HB^+$-B 称为共轭酸碱对。

酸给出质子形成共轭碱或碱接受质子形成共轭酸的反应称为酸碱半反应。下面是一些酸或碱的半反应：

$$\text{酸} \qquad \text{质子} \quad \text{碱}$$
$$HAc \rightleftharpoons H^+ + Ac^-$$
$$NH_4^+ \rightleftharpoons H^+ + NH_3$$
$$Fe(H_2O)_6^{3+} \rightleftharpoons H^+ + Fe(H_2O)_5(OH)^{2+}$$

从上述酸碱的半反应可知，质子理论的酸碱概念较电离理论的酸碱概念具有更为广泛的含义，即酸或碱可以是中性分子，也可以是阳离子或阴离子。另外，质子理论的酸碱概念还具有相对性。例如在下列两个酸碱半反应中，

$$H^+ + HPO_4^{2-} \rightleftharpoons H_2PO_4^-$$
$$HPO_4^{2-} \rightleftharpoons H^+ + PO_4^{3-}$$

同一 $HPO_4^{2-}$ 在 $H_2PO_4^-$-$HPO_4^{2-}$ 共轭酸碱对中为碱，而在 $HPO_4^{2-}$-$PO_4^{3-}$ 共轭酸碱对中为酸，这类物质为酸或碱，取决于它们对质子的亲和力的相对大小和存在的条件。因此，同一物质在不同的环境（介质或溶剂）中，常会引起其酸碱性的改变。如 $HNO_3$ 在水中为强酸，在冰醋酸中其酸性大大减弱，而在浓 $H_2SO_4$ 中它就表现为碱性。

酸碱反应的实质是酸与碱之间的质子转移作用，是两个共轭酸碱对共同作用的结果。例如 HCl 在水中的离解，便是 HCl 分子与水分子之间的质子转移作用，是由 HCl-$Cl^-$ 与 $H_3O^+$-$H_2O$ 两个共轭酸碱对共同作用的结果。即

$$HCl + H_2O \rightleftharpoons H_3O^+ + Cl^-$$

作为溶剂的水分子同时起着碱的作用，否则 HCl 就无法实现其在水中的离解。质子（$H^+$）在水中不能单独存在，而是以水合质子状态存在，常写为 $H_3O^+$。为了书写方便，通常将

$H_3O^+$ 简写成 $H^+$。于是上述反应式可写成如下形式：

$$HCl \rightleftharpoons H^+ + Cl^-$$

上述反应式虽经简化，但不可忘记溶剂水分子所起的作用，它所代表的仍是一个完整的酸碱反应。

$NH_3$ 与水的反应也是一种酸碱反应，不同的是作为溶剂的水分子起着酸的作用。

$$NH_3 + H_2O \rightleftharpoons NH_4^+ + OH^-$$

其他酸碱反应依此类准。

在水分子之间，也可以发生质子的转移作用：

$$H_2O + H_2O \rightleftharpoons H_3O^+ + OH^-$$

这种仅在溶剂分子之间发生的质子传递作用，称为溶剂的质子自递反应。

电离理论中盐的水解反应也是质子转移反应：

$$A^- + H_2O \rightleftharpoons HA + OH^-$$
$$HB^+ + H_2O \rightleftharpoons B + H_3O^+$$

## 2. 酸碱反应的平衡常数

酸碱反应进行的程度可以用相应平衡常数大小来衡量。如弱酸弱碱在水溶液中的反应为：

$$HA + H_2O \rightleftharpoons H_3O^+ + A^-$$
$$A^- + H_2O \rightleftharpoons HA + OH^-$$

反应的平衡常数分别为：

$$K_a = \frac{a_{H^+} a_{A^-}}{a_{HA}} \quad K_b = \frac{a_{HA} a_{OH^-}}{a_{A^-}}$$

在稀溶液中，通常将溶剂的活度视为1。

在水的质子自递反应中，反应的平衡常数称为溶剂的质子自递常数（$K_S$）。水的质子自递常数又称为水的离子积（$K_w$），即

$$[H_3O^+][OH^-] = K_w = 1.0 \times 10^{-14}$$
$$pK_w = 14.00$$

活度是溶液中离子强度等于0时的浓度，在稀溶液中，溶质的活度与浓度的关系是：

$$a = \gamma c$$

活度常数与浓度常数之间的关系为：

$$K_a^c = \frac{[H^+][A^-]}{[HA]} = \frac{a_{H^+} a_{A^-}}{a_{HA}} \cdot \frac{\gamma_{HA}}{\gamma_{H^+} \gamma_{A^-}} = \frac{K_a}{\gamma_{H^+} \gamma_{A^-}}$$

## 3. 共轭酸碱对 $K_a$ 与 $K_b$ 的关系

酸与碱既然是共轭的，$K_a$ 与 $K_b$ 之间必然有一定的关系，现以 $NH_4^+$-$NH_3$ 为例说明它们之间存在怎样的关系。

$$NH_3 + H_2O \rightleftharpoons NH_4^+ + OH^-$$
$$NH_4^+ + H_2O \rightleftharpoons NH_3 + H_3O^+$$
$$K_b = [NH_4^+][OH^-]/[NH_3]$$
$$K_a = [H_3O^+][NH_3]/[NH_4^+]$$

于是 $K_b=[NH_4^+][H_3O^+][OH^-]/\{[NH_3][H_3O^+]\}=K_w/K_a$

或 $pK_a+pK_b=pK_w$

对于其他溶剂, $K_aK_b=K_s$

上面讨论的是一元共轭酸碱对的 $K_a$ 与 $K_b$ 之间的关系。对于多元酸（碱），由于其在水溶液中是分级离解的，存在着多个共轭酸碱对，这些共轭酸碱对的 $K_a$ 和 $K_b$ 之间也存在一定的关系，但情况较一元酸碱复杂些。

例如 $H_3PO_4$ 共有三个共轭酸碱对：$H_3PO_4$-$H_2PO_4^-$；$H_2PO_4^-$-$HPO_4^{2-}$；$HPO_4^{2-}$-$PO_4^{3-}$。于是，$K_{a1}K_{b3}=K_{a2}K_{b2}=K_{a3}K_{b1}=K_w$

注意以下几点：

(1) 只有共轭酸碱对之间的 $K_a$ 与 $K_b$ 才有关系；

(2) 对一元弱酸碱共轭酸碱对，$K_a$ 与 $K_b$ 之间的关系为：$pK_a+pK_b=pK_w$；

(3) 对二元弱酸碱共轭酸碱对，$K_a$ 与 $K_b$ 之间的关系为：$pK_{a1}+pK_{b2}=pK_{a2}+pK_{b1}=pK_w$；

(4) 对三元弱酸碱共轭酸碱对，$K_a$ 与 $K_b$ 之间的关系为：$pK_{a1}+pK_{b3}=pK_{a2}+pK_{b2}=pK_{a3}+pK_{b1}=pK_w$；

(5) 对 $n$ 元弱酸碱共轭酸碱对，$K_a$ 与 $K_b$ 之间的关系为：$pK_{a1}+pK_{bn}=pK_{a2}+pK_{b(n-1)}=pK_{a3}+pK_{b(n-2)}=\cdots=pK_{an}+pK_{b1}=pK_w$。

## 11.1.2 水溶液中弱酸（碱）各型体分布

**1. 处理水溶液中酸碱平衡的方法**

(1) 分析浓度与平衡浓度

分析浓度（analysis concentration）是指在一定体积（或质量）的溶液中所含溶质的量，亦称总浓度或物质的量浓度。通常以摩尔/升（$mol \cdot L^{-1}$ 或 $mol/L$）为单位，用 $c$ 表示。

平衡浓度（equilibrium concentration）是指平衡状态时，在溶液中存在的每种型体的浓度，用符号 [ ] 表示，其单位同上。

(2) 物料平衡

在反应前后，某物质在溶液中可能离解成多种型体，或者因化学反应而生成多种型体的产物。在平衡状态时，物质各型体的平衡浓度之和，必然等于其分析浓度。物质在化学反应中所遵守的这一规律，称为物料平衡（material balance）。它的数学表达式叫做物料等衡式（MBE）。

例如，$NaHCO_3$（$0.10\ mol \cdot L^{-1}$）在溶液中存在如下的平衡关系：

$$NaHCO_3 \longrightarrow Na^+ + HCO_3^-$$
$$HCO_3^- + H_2O \longrightarrow H_2CO_3 + OH^-$$
$$HCO_3^- \longrightarrow H^+ + CO_3^{2-}$$

可见，溶质在溶液中除了以 $Na^+$ 和 $HCO_3^-$ 两种型体存在外，还有 $H_2CO_3$、$CO_3^{2-}$ 两种型体存在，根据物料平衡规律，平衡时则有如下关系：

$$[Na^+]=0.10\ mol \cdot L^{-1}$$
$$[HCO_3^-]+[H_2CO_3]+[CO_3^{2-}]=0.10\ mol \cdot L^{-1}$$

(3) 电荷平衡

化合物溶于水时，产生带正电荷和负电荷的离子，无论这些离子是否发生化学反应而生成另外的离子或分子，但当反应处于平衡状态时，溶液中正电荷的总浓度必等于负电荷的总浓度，即溶液总是电中性的。这一规律称为电荷平衡（charge balance），它的数学表达式叫电荷等衡式(CBE)。

现以 HAc 溶液为例予以说明，在溶液中存在如下离解平衡：

$$HAc + H_2O \rightleftharpoons H_3O^+ + Ac^-$$
$$H_2O + H_2O \rightleftharpoons H_3O^+ + OH^-$$

溶液中带正电荷的离子只有 $H_3O^+$，电荷数为 1，带负电荷的离子有 $OH^-$ 和 $Ac^-$，它们的电荷数均为 1。设平衡时这三种离子的浓度分别为 $[H_3O^+]$、$[OH^-]$、$[Ac^-]$，根据电荷平衡规律，则 HAc 溶液的电荷等衡式为：

$$[H_3O^+] = [OH^-] + [Ac^-]$$

由上例可知，中性分子不包含在电荷等衡式中。一个体系的物料平衡和电荷平衡是在反应达到平衡时，同时存在的。

(4) 质子平衡

酸碱反应达到平衡时，酸失去的质子数应等于碱得到的质子数，酸碱之间质子转移的这种等衡关系称为质子平衡（proton balance，PBE）。酸碱得失质子数以物质的量表示时，某种酸失去的质子数等于它的共轭碱的平衡浓度乘以该酸在反应中失去的质子数；同理，某种碱得到的质子数等于它的共轭酸的平衡浓度乘以该碱在反应中得到的质子数。

根据质子条件，对于 HAc 溶液来说，HAc 的离解和一部分水自递反应所失去的质子数，应等于另一部分水得到的质子数，即

$$[H_3O^+] = [OH^-] + [Ac^-]$$

或

$$[H^+] = [OH^-] + [Ac^-]$$

此式为 HAc 溶液的质子平衡式（PBE），它表明平衡时溶液中 $[H^+]$ 浓度等于 $[OH^-]$ 和 $[Ac^-]$ 的平衡浓度之和。该式既考虑了 HAc 的离解，又考虑了水的离解作用。可见，质子平衡式反映了酸碱平衡体系中最严密的数量关系，它是定量处理酸碱平衡的依据。

简单酸碱平衡体系，如 HAc 溶液等，其电荷平衡式就是质子平衡式。复杂酸碱平衡体系的质子平衡式，可通过其电荷平衡式和物料平衡式而求得。

质子平衡式也可根据酸碱平衡体系的组成直接书写出来，这种方法的要点如下所述：

① 在酸碱平衡体系中选取质子基准态物质，这种物质是参与质子转移的酸碱组分，或起始物，或反应的产物。

② 以质子基准态物质为基准，将体系中其他酸或碱与之比较，哪些是得质子的，哪些是失质子的，然后绘出得失质子示意图。

③ 根据得失质子平衡原理写出质子平衡式。

例 11-1  写出 $NaHN_4HPO_4$ 溶液的 PBE。

解：

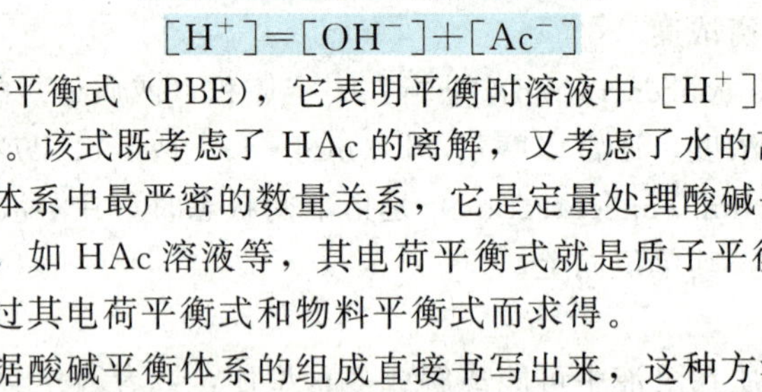

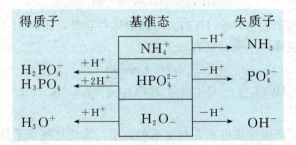

PBE: $[H^+]+[H_2PO_4^-]+2[H_3PO_4]=[NH_3]+[PO_4^{3-}]+[OH^-]$

**2. 酸度对弱酸（碱）各型体分布的影响**

在弱酸（或弱碱）溶液中，酸（碱）以各种形式（型体）存在的平衡浓度与其分析浓度的比例称为分布系数，通常以 $\delta$ 表示。酸（或碱）各型体的分布系数取决于酸（或碱）的性质，它只是溶液酸度（或碱度）的函数，而与分析浓度的大小无关；酸（或碱）溶液中各种存在型体的分布系数之和等于1。

（1）一元弱酸（碱）的分布系数

例如，一元弱酸 HAc，它在溶液中只能以 HAc 和 $Ac^-$ 两种型体存在。设其总浓度为 $c\,mol\cdot L^{-1}$

$$\delta_{HAc}=\frac{[HAc]}{c_{HAc}}=\frac{[H^+]}{[H^+]+K_a} \qquad \delta_{Ac^-}=\frac{[Ac^-]}{c_{HAc}}=\frac{K_a}{[H^+]+K_a}$$

显然
$$\delta_{HAc}+\delta_{Ac^-}=1$$

由上式可以看出，对于某种酸（碱）$K_a$（或 $K_b$）是一定的，则 $\delta$ 值只是 $H^+$ 浓度的函数。因此，当我们已知酸或碱溶液的 pH 值后，便可计算出 $\delta$ 值。之后再根据酸碱的分析浓度进一步求得酸碱溶液中各种存在型体的平衡浓度。HAc 溶液中各型体分布分数与 pH 值之间的关系，即分布系数图见图 11-1。

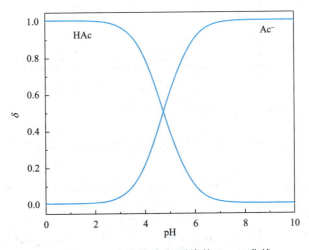

图 11-1　HAc 水溶液中各型体的 $\delta_i$-pH 曲线

（2）多元弱酸（或碱）溶液的分布系数

先以二元弱酸 $H_2C_2O_4$ 为例予以讨论。

在 $H_2C_2O_4$ 溶液中存在 $H_2C_2O_4$、$HC_2O_4^-$ 和 $C_2O_4^{2-}$ 三种型体，设其总浓度为 $c_{H_2C_2O_4}$ $mol\cdot L^{-1}$，则 $[H_2C_2O_4]+[HC_2O_4^-]+[C_2O_4^{2-}]=c_{H_2C_2O_4}$

三种型体的分布系数分别为

$$\delta_{H_2C_2O_4}=[H_2C_2O_4]/c_{H_2C_2O_4}$$
$$=1/(1+[HC_2O_4^-]/[H_2C_2O_4]+[C_2O_4^{2-}]/[H_2C_2O_4])$$

由平衡常数关系式：
$$[HC_2O_4^-]/[H_2C_2O_4]=K_{a1}/[H^+],$$
$$[C_2O_4^{2-}]/[H_2C_2O_4]=K_{a1}K_{a2}/[H^+]^2$$

得

$$\delta_{H_2C_2O_4} = [H^+]^2/([H^+]^2 + K_{a1}[H^+] + K_{a1}K_{a2})$$

同理求得

$$\delta_{HC_2O_4^-} = K_{a1}[H^+]/([H^+]^2 + K_{a1}[H^+] + K_{a1}K_{a2})$$

$$\delta_{C_2O_4^{2-}} = K_{a1}K_{a2}/([H^+]^2 + K_{a1}[H^+] + K_{a1}K_{a2})$$

且

$$\delta_{H_2C_2O_4} + \delta_{HC_2O_4^-} + \delta_{C_2O_4^{2-}} = 1$$

可以看出多元酸的 $\delta$ 值也只是溶液酸度的函数，也就是说，$\delta$ 值的大小与溶液的酸度有关。因此，也可以像 HAc 那样求算出不同 pH 值时的 $\delta$ 值，即可得出 $H_2C_2O_4$、$HC_2O_4^-$ 和 $C_2O_4^{2-}$ 三种型体的分布曲线如图 11-2 所示。

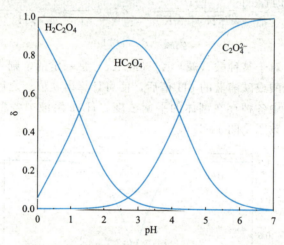

图 11-2 $H_2CO_4$ 水溶液中各型体的 $\delta_i$-pH 曲线

又如，二元碱 $Na_2CO_3$ 溶液，假定其分析浓度为 $c_{Na_2CO_3}$，可采用类似的方法得到各型体的 $\delta$ 值。

$$\delta_{CO_3^{2-}} = [CO_3^{2-}]/c_{Na_2CO_3} = [OH^-]^2/([OH^-]^2 + K_{b1}[OH^-] + K_{b1}K_{b2})$$
$$= K_{a1}K_{a2}/([H^+]^2 + K_{a1}[H^+] + K_{a1}K_{a2})$$
$$\delta_{HCO_3^-} = [HCO_3^-]/c_{Na_2CO_3} = K_{b1}[OH^-]/([OH^-]^2 + K_{b1}[OH^-] + K_{b1}K_{b2})$$
$$= K_{a1}[H^+]/([H^+]^2 + K_{a1}[H^+] + K_{a1}K_{a2})$$
$$\delta_{H_2CO_3} = [H_2CO_3]/c_{Na_2CO_3} = K_{b1}K_{b2}/([OH^-]^2 + K_{b1}[OH^-] + K_{b1}K_{b2})$$
$$= [H^+]^2/([H^+]^2 + K_{a1}[H^+] + K_{a1}K_{a2})$$

对于其他多元弱酸（碱），溶液中存在 $n+1$ 个型体，亦可采用类似的办法推导。

## 11.1.3 酸碱溶液中氢离子浓度的计算

(1) 强酸（碱）溶液 $H^+$ 浓度的计算

1) 一元强酸溶液 pH 的计算

现以 HCl 为例讨论。

在 HCl 溶液中存在以下离解作用：

$$HCl \Longrightarrow H^+ + Cl^- \qquad H_2O \Longrightarrow H^+ + OH^-$$

该溶液体系的 PBE 式为：

$$[H^+]=[OH^-]+[Cl^-]=c+K_w/[H^+]$$

$$[H^+]=\frac{c+\sqrt{c^2+4K_w}}{2} \tag{11-1}$$

一般只要 HCl 溶液的浓度 $c \geqslant 10^{-6}$ mol·L$^{-1}$，可近似求解。

$$[H^+]=[OH^-]+[Cl^-]\approx[Cl^-]=c$$
$$pH=-\lg c$$

式(11-1) 即为 H$^+$ 的精确计算式。

2) 一元强碱溶液 pH 的计算

同样对于 NaOH 溶液也按上述方法处理。即

$$c \geqslant 10^{-6} \text{mol·L}^{-1} \quad [OH^-]\approx c \quad pOH=-\lg c$$
$$c<10^{-6}\text{mol·L}^{-1}$$

$$[OH^-]=\frac{c+\sqrt{c^2+4K_w}}{2} \tag{11-2}$$

**例 11-2** 求 0.050 mol·L$^{-1}$ 和 $1.0\times10^{-7}$ mol·L$^{-1}$ HCl 溶液的 pH。

**解**：因 $c=0.050>10^{-6}$ mol·L$^{-1}$，故采用最简式进行计算：

$$[H^+]=0.050 \text{mol·L}^{-1} \quad pH=1.30$$

$c=1.0\times10^{-7}$ mol·L$^{-1}<10^{-6}$ mol·L$^{-1}$，须用精确式进行计算：

$$[H^+]=\frac{c+\sqrt{c^2+4K_w}}{2}$$

$$=\frac{1.0\times10^{-7}+\sqrt{(1.0\times10^{-7})^2+4\times1.0\times10^{-14}}}{2}$$

$$=1.6\times10^{-7}(\text{mol·L}^{-1})$$

$$pH=6.80$$

(2) 一元弱酸碱溶液 pH 的计算

1) 一元弱酸溶液

以一元弱酸 HA 为例，其 PBE 为：

$$[H^+]=[A^-]+[OH^-]=\frac{cK_a}{[H^+]+K_a}+[OH^-] \tag{11-3}$$

上式中，
$$c=[HA]+[A^-]$$

上式整理得：$[H^+]^3+K_a[H^+]^2+(K_w c_A+K_w)[H^+]-K_a K_w=0 \tag{11-4}$

式(11-4) 为考虑水的离解时，计算一元弱酸 HA 的精确公式。

讨论：

① 当 $cK_a \geqslant 20K_w$，即 $K_a$ 和 $c$ 不是很小，一元弱酸溶液的浓度不是很稀，在这种情况下，弱酸的离解是溶液中 H$^+$ 的主要来源，水离解的影响较小，可以忽略（$K_w/[H^+] \approx 0$）。此时，对式(11-3) 求解可得：

$$[H^+]=\frac{-K_a+\sqrt{K_a^2+4cK_a}}{2} \tag{11-5}$$

② 当 $cK_a \geqslant 20K_w$，$c/K_a \geqslant 400$，即 $K_a$ 和 $c$ 不是很小，且 $c \gg K_a$ 时，不仅水的离解可

以忽略，而且弱酸的离解对其总浓度的影响可以忽略（$K_w/[H^+] \approx 0$，$[HA] = c - [H^+] \approx c$，即 $[H^+] + K_a \approx [H^+]$）。

此时，对式(11-3)求解可得：

$$[H^+] = \sqrt{cK_a} \tag{11-6}$$

③ 当 $cK_a < 20K_w$，$c/K_a \geqslant 400$，即酸极弱或溶液极稀时，水的离解不能忽略，但 $[H^+] + K_a \approx [H^+]$。

此时，对式(11-3)求解可得：

$$[H^+] = \sqrt{cK_a + K_w} \tag{11-7}$$

**例 11-3** 计算 $0.10 \text{mol} \cdot L^{-1}$ HF 溶液的 pH，已知 HF 的 $K_a = 7.2 \times 10^{-4}$。

解：因 $cK_a = 0.10 \times 7.2 \times 10^{-4} > 20K_w$，$c/K_a = 0.1/(7.2 \times 10^{-4}) < 400$，故

$$[H^+] = \frac{-K_a + \sqrt{K_a^2 + 4cK_a}}{2}$$

$$= \frac{-7.2 \times 10^{-4} + \sqrt{(7.2 \times 10^{-4})^2 + 4 \times 0.10 \times 7.2 \times 10^{-4}}}{2}$$

$$= 8.2 \times 10^{-3} \text{mol} \cdot L^{-1}$$

$$\text{pH} = 2.09$$

2）一元弱碱（B）溶液

一元弱碱（B）的 PBE 为：$[HB^+] + [H^+] = [OH^-]$

同理：① 当 $cK_b \geqslant 20K_w$，$c/K_b < 400$ 时

$$[OH^-] = \frac{-K_b + \sqrt{K_b^2 + 4cK_b}}{2} \tag{11-8}$$

② 当 $cK_b \geqslant 20K_w$，$c/K_b \geqslant 400$ 时

$$[OH^-] = \sqrt{cK_b} \tag{11-9}$$

③ 当 $cK_b < 20K_w$，$c_b/K_b \geqslant 400$ 时

$$[OH^-] = \sqrt{cK_b + K_w} \tag{11-10}$$

(3) 多元酸碱溶液 pH 的计算

1）多元弱酸溶液

以二元弱酸（$H_2A$）为例。该溶液的 PBE 为：

$$[H^+] = [OH^-] + [HA^-] + 2[A^{2-}]$$

由于溶液为酸性，所以 $[OH^-]$ 可忽略不计，由平衡关系：

$$[H^+] = K_{a1}[H_2A]/[H^+] + 2K_{a1}K_{a2}[H_2A]/[H^+]^2$$

或 $$[H^+] = K_{a1}[H_2A](1 + 2K_{a2}/[H^+])/[H^+]$$

通常二元酸 $K_{a1} \gg K_{a2}$，即第二步电离可忽略，而且 $[H_2A] = c - [H^+]$，于是上式可以写为：$[H^+]^2 + K_{a1}[H^+] - cK_{a1} = 0$

求解：

$$[H^+] = \frac{-K_{a1} + \sqrt{K_{a1}^2 + 4cK_{a1}}}{2} \tag{11-11}$$

与一元弱酸相似。

① 当 $cK_{a1} \geqslant 20K_w$，$c/K_{a1} < 400$ 时

$$[H^+] = \frac{-K_{a1} + \sqrt{K_{a1}^2 + 4cK_{a1}}}{2} \tag{11-12}$$

② $cK_{a1} \geqslant 20K_w$，$c/K_{a1} \geqslant 400$ 时

$$[H^+] = \sqrt{cK_{a1}} \tag{11-13}$$

2）多元弱碱溶液

多元弱碱溶液中[$OH^-$]浓度的计算与多元弱酸溶液中[$H^+$]浓度的计算相似，只是将多元弱酸溶液[$H^+$]浓度计算式中的[$H^+$]改为[$OH^-$]、$K_a$ 改为 $K_b$ 即可。

（4）两性物质溶液 pH 的计算

1）多元弱酸式盐

以酸式盐 NaHA 为例。设其溶液的浓度为 $c$，PBE 为：

$$[H^+] = [A^{2-}] - [H_2A] + [OH^-]$$

由平衡关系，上式可转化为：

$$[H^+] = \frac{K_{a2}[HA^-]}{[H^+]} - \frac{[H^+][HA^-]}{K_{a1}} + \frac{K_w}{[H^+]}$$

对上式整理可得：

$$[H^+] = \sqrt{\frac{K_{a1}(K_{a2}[HA^-] + K_w)}{[HA^-] + K_{a1}}} \tag{11-14}$$

一般情况下，$K_{a1}$、$K_{a2}$ 都较小，故溶液中[$HA^-$] $\approx c$。式(11-14)可简化为：

$$[H^+] = \sqrt{\frac{K_{a1}(cK_{a2} + K_w)}{c + K_{a1}}} \tag{11-15}$$

① 若 $cK_{a2} \geqslant 20K_w$，$c < 20K_{a1}$，即水的电离可忽略，式(11-15)可简化为：

$$[H^+] = \sqrt{\frac{cK_{a1}K_{a2}}{c + K_{a1}}} \tag{11-16}$$

② 若 $cK_{a2} \geqslant 20K_w$，$c \geqslant 20K_{a1}$，式(11-16)可进一步简化为：

$$[H^+] = \sqrt{K_{a1}K_{a2}} \tag{11-17}$$

2）弱酸弱碱盐

以 $NH_4Ac$ 为例，其 PBE 为：

$$[H^+] = [NH_3] + [OH^-] - [HAc]$$

根据平衡关系：

$$[H^+] = \frac{K_a'[NH_4^+]}{[H^+]} - \frac{[H^+][Ac^-]}{K_a} + \frac{K_w}{[H^+]}$$

对上式整理可得：

$$[H^+] = \sqrt{\frac{K_a(K_a'[NH_4^+] + K_w)}{[Ac^-] + K_a}} \tag{11-18}$$

注：$K_a'$、$K_b'$ 为 $NH_4^+$、$Ac^-$ 的离解常数，$K_a$、$K_b$ 为 HAc、$NH_3$ 的离解常数。

由于 $K_a'$、$K_b'$ 都较小，可认为[$NH_4^+$] $\approx c$，[$Ac^-$] $\approx c$，代入式(11-18)，可得：

即

$$[H^+] = \sqrt{\frac{K_a(cK_a' + K_w)}{c + K_a}} \tag{11-19}$$

① 当 $cK_a' > 20K_w$ 时，式(11-19)可简化为：

$$[H^+] = \sqrt{\frac{cK_aK_a'}{c+K_a}} \quad (11\text{-}20)$$

② 当 $cK_a' > 20K_w$，$c > 20K_a$ 时，式(11-20)可简化为：

$$[H^+] = \sqrt{K_aK_a'} \quad (11\text{-}21)$$

3) 氨基酸

氨基酸在水溶液中以偶极离子的形式存在，具有酸、碱两种作用，为两性物质。例如氨基乙酸：

$$^+H_3N-CH_2-COOH \underset{+H^+, K_{b1}}{\overset{-H^+, K_{a1}}{\rightleftharpoons}} {}^+H_3N-CH_2-COO^- \underset{+H^+, K_{b2}}{\overset{-H^+, K_{a2}}{\rightleftharpoons}} H_2N-CH_2-COO^-$$

质子化氨基乙酸阳离子　　　　　氨基乙酸偶极离子　　　　　氨基乙酸阴离子

其溶液 pH 值的计算与上述方法相同。

(5) 强酸与弱酸的混合溶液

浓度为 $c_1$ 的强酸与浓度为 $c_2$ 的弱酸（HA）的混合溶液，其 PBE 为：

$$[H^+] = c_1 + [A^-] + [OH^-]$$

解此式可得：

$$[H^+] = \frac{(c_1-K_a) + \sqrt{(c_1-K_a)^2 + 4(c_1+c_2)K_a}}{2} \quad (11\text{-}22)$$

由于溶液呈酸性，故忽略水的解离，将上式简化为：

$$[H^+] = c_1 + [A^-]$$

若 $c_1 > 20[A^-]$，上式可简化为：

$$[H^+] \approx c_1$$

二元强酸 $H_2SO_4$ 溶液中存在如下离解平衡：

$$H_2SO_4 \longrightarrow H^+ + HSO_4^- \qquad K_{a1} \gg 1$$

$$HSO_4^- \rightleftharpoons H^+ + SO_4^{2-} \qquad K_{a2} = 1.2 \times 10^{-2}$$

由硫酸的离解常数可知，其第一级离解很完全，相当于一元强酸，第二级离解不甚完全，相当于一元弱酸，若 $H_2SO_4$ 的浓度为 $c$ mol·L$^{-1}$，则式(11-21)中的 $c_1 = c_2 = c$，代入式(11-21)整理可得：

$$[H^+] = \frac{(c-K_{a2}) + \sqrt{(c-K_{a2})^2 + 8cK_{a2}}}{2} \quad (11\text{-}23)$$

式(11-23)为计算硫酸溶液氢离子浓度的公式。

**例 11-4** 计算 0.10 mol·L$^{-1}$ HAc 和 0.010 mol·L$^{-1}$ HCl 混合溶液的 pH。

解：先按最简式计算：

$$[H^+] \approx 1.0 \times 10^{-2} \text{ mol·L}^{-1}$$

$$[Ac^-] = cK_a/([H^+]+K_a) = 0.10 \times 1.8 \times 10^{-5}/(1.0 \times 10^{-2} + 1.8 \times 10^{-5})$$

$$= 1.8 \times 10^{-4} \text{ mol·L}^{-1}$$

由于 $[H^+] > 20[Ac^-]$，故采用最简式是合理的。

故

$$[H^+] = 1.0 \times 10^{-2} \text{ mol·L}^{-1}$$

$$pH = 2.00$$

### 11.1.4 酸碱缓冲溶液

缓冲溶液（buffer solution）是指对体系的某种组分或性质起稳定作用的溶液。酸碱缓冲溶液对溶液的酸度起稳定的作用。

酸碱缓冲溶液在分析化学中的应用是多方面的，就其作用可分为两类：一类是用于控制溶液酸度的一般酸碱缓冲溶液，这类缓冲溶液大多是由一定浓度的共轭酸碱对所组成的。另一类是标准酸碱缓冲溶液，它是由规定浓度的某些逐级离解常数相差较小的单一两性物质，或由不同型体的两性物质所组成。

(1) 缓冲溶液 pH 的计算

1) 一般缓冲溶液

现以一元弱酸及其共轭碱缓冲体系为例来讨论。

设弱酸（HA）的浓度为 $c_a$ mol·L$^{-1}$，共轭碱（NaA）的浓度为 $c_b$ mol·L$^{-1}$。其 MBE 和 CBE 分别为：

MBE：
$$[Na^+]=c_b \tag{1}$$
$$[HA]+[A^-]=c_a+c_b \tag{2}$$

CBE：
$$[Na^+]+[H^+]=[A^-]+[OH^-] \tag{3}$$

将式(1) 代入式(3) 中得：$[A^-]=c_b+[H^+]-[OH^-]$  (4)

将式(4) 代入式(2) 中得：$[HA]=c_a-[H^+]+[OH^-]$  (5)

再将式(4) 和式(5) 代入 $K_a=[H^+][A^-]/[HA]$ 得：
$$[H^+]=K_a(c_a-[H^+]+[OH^-])/(c_b+[H^+]-[OH^-]) \tag{11-24}$$

式(11-24) 是计算一元弱酸及其共轭碱或一元弱碱及其共轭酸缓冲体系 pH 值的通式，即精确公式。上式展开后是一个含 $[H^+]$ 的三次方程式，在一般情况下使用时常作近似处理。

① 如果缓冲体系在酸性范围内（pH＜6）起缓冲作用（如 HAc-NaAc 等），溶液中 $[H^+] \gg [OH^-]$。

则 $[H^+]=K_a(c_a-[H^+])/(c_b+[H^+])$

或 $pH=pK_a+\lg(c_b+[H^+])/(c_a-[H^+])$ (11-25)

② 如果缓冲体系在碱性范围内（pH＞8）起缓冲作用（如 NH$_3$-NH$_4$Cl 等），溶液中 $[OH^-] \gg [H^+]$，可忽略 $[H^+]$。

则 $[H^+]=K_a'(c_a+[OH^-])/(c_b-[OH^-])$

或 $pH=pK_a'+\lg(c_b-[OH^-])/(c_a+[OH^-])$ (11-26)

③ 若 $c_a$、$c_b$ 远较溶液中 $[H^+]$ 和 $[OH^-]$ 大时，既可忽略水的离解，又可在考虑总浓度时忽略弱酸和共轭碱（或弱碱与共轭酸）的离解，此时
$$[H^+]=K_a c_a/c_b$$
$$pH=pK_a+\lg(c_b/c_a) \tag{11-27}$$

2) 标准缓冲溶液

前面曾讲到，标准缓冲溶液的 pH 值是经过实验准确地确定的，即测得的是 H$^+$ 的活

度。因此，若用有关公式进行理论计算时，应该校正离子强度的影响，否则理论计算值与实验值不相符。例如由 $0.025\text{mol}\cdot\text{L}^{-1}\text{Na}_2\text{HPO}_4$ 和 $0.025\text{mol}\cdot\text{L}^{-1}\text{KH}_2\text{PO}_4$ 所组成的缓冲溶液，经精确测定，pH 值为 6.86。

若不考虑离子强度的影响，按一般方法计算则得：

$$\text{pH}=\text{p}K_{a2}+\lg(c_b/c_a)=7.20+\lg(0.025/0.025)=7.20$$

此计算结果与实验值相差较大。在标准缓冲溶液 pH 值的理论计算中，必须校正离子强度的影响。几种常用的标准缓冲溶液列于表 11-1。

表 11-1 几种常用的标准缓冲溶液

| 标准缓冲溶液 | pH(25℃时的标准值) |
| --- | --- |
| 饱和酒石酸氢钾($0.034\text{mol}\cdot\text{L}^{-1}$) | 3.557 |
| $0.05\text{mol}\cdot\text{L}^{-1}$ 邻苯二甲酸氢钾 | 4.008 |
| $0.025\text{mol}\cdot\text{L}^{-1}\text{KH}_2\text{PO}_4+0.025\text{mol}\cdot\text{L}^{-1}\text{Na}_2\text{HPO}_4$ | 6.865 |
| $0.01\text{mol}\cdot\text{L}^{-1}$ 硼砂 | 9.180 |

(2) 缓冲容量和缓冲范围

缓冲溶液是一种能对溶液酸度起稳定（缓冲）作用的溶液，如果向溶液加入少量强酸或强碱，或者将其稍加稀释时，缓冲溶液能使溶液的 pH 值基本上保持不变。

1922 年范斯莱克提出以缓冲容量作为衡量溶液缓冲能力的尺度。其定义可用数学式表示为：

$$\beta=\text{d}b/\text{dpH}=-\text{d}a/\text{dpH}$$

式中，$\beta$ 为缓冲容量；$\text{d}b$、$\text{d}a$ 为强碱和强酸的物质的量；$\text{dpH}$ 为 pH 的改变值。本公式的物理意义：为使缓冲溶液的 pH 值增加（或减小）1 个单位所需加入强碱（酸）的物质的量。$\beta$ 越大，溶液的缓冲能力越大。可以证明：

$$\beta=2.3c\delta_{\text{HA}}\delta_{\text{A}^-}=2.3c\delta_{\text{HA}}(1-\delta_{\text{HA}}) \tag{11-28}$$

$$\beta_{\max}=2.3\times 0.5\times 0.5c=0.575c \tag{11-29}$$

缓冲容量的影响因素：缓冲容量的大小与缓冲溶液的总浓度及组分比有关。总浓度愈大，缓冲容量愈大；总浓度一定时，缓冲组分的浓度比愈接近于 1:1，缓冲容量愈大。缓冲组分的浓度比越小，缓冲容量也越小，甚至失去缓冲作用。因此，任何缓冲溶液的缓冲作用都有一个有效的缓冲范围。缓冲作用的有效 pH 范围叫做缓冲范围。这个范围大概在 $\text{p}K_a$（或 $\text{p}K_a'$）两侧各一个 pH 单位之内。即

$$\text{pH}=\text{p}K_a\pm 1 \tag{11-30}$$

(3) 缓冲溶液的选择和配制

在选择缓冲溶液时，除要求缓冲溶液对分析反应没有干扰、有足够的缓冲容量外，其 pH 值应在所要求的稳定的酸度范围以内。为此，组成缓冲溶液的酸（或碱）的 $\text{p}K_a$ 应等于或接近于所需的 pH 值；或组成缓冲溶液的碱的 $\text{p}K_b$ 应等于或接近于所需的 pOH 值。若分析反应要求溶液的酸度稳定在 pH=0~2，或 pH=12~14 的范围内，则可用强酸或强碱控制溶液的酸度。

在许多缓冲体系中，都只有一个 $\text{p}K_a$（或 $\text{p}K_b$）在起作用，其缓冲范围一般都比较窄。如果要求的 pH 值超出这个范围，就会降低缓冲容量。因此，为使同一缓冲体系能在较广泛

的 pH 范围内起缓冲作用。例如，由柠檬酸（$pK_{a1}=3.13$，$pK_{a2}=4.76$，$pK_{a3}=6.40$）和磷酸氢二钠（$H_3PO_4$ 的 $pK_{a1}=2.12$，$pK_{a2}=7.20$，$pK_{a3}=12.36$）两种溶液按不同比例混合，可得到 pH 为 2.0，2.2，…，8.0 等一系列缓冲溶液。

一些常用的缓冲溶液体系列于表 11-2。

表 11-2 常用的缓冲溶液体系

| 缓冲体系 | 酸的存在形式 | 碱的存在形式 | $pK_a$ |
|---|---|---|---|
| 氨基乙酸-HCl | $^+NH_3CH_2COOH$ | $^+NH_3CH_2COO^-$ | 2.35 $pK_{a1}$ |
| 一氯乙酸-NaOH | $CH_2ClCOOH$ | $CH_2ClCOO^-$ | 2.86 |
| KHP* | $H_2P$ | $HP^-$ | 2.95 $pK_{a1}$ |
| 甲酸-NaOH | $HCOOH$ | $HCOO^-$ | 3.76 |
| HAc-NaAc | $HAc$ | $Ac^-$ | 4.76 |
| 六亚甲基四胺-HCl | $(CH_2)_6N_4H^+$ | $(CH_2)_6N_4$ | 5.15 |
| $NaH_2PO_4$-$Na_2HPO_4$ | $H_2PO_4^-$ | $HPO_4^{2-}$ | 7.20 $pK_{a2}$ |
| HCl-三乙醇胺 | $^+HN(CH_2CH_2OH)_3$ | $N(CH_2CH_2OH)_3$ | 7.76 |
| HCl-Tris** | $^+NH_3(CH_2OH)_3$ | $NH_2(CH_2OH)_3$ | 8.21 |
| $Na_2B_4O_7$-NaOH | $H_3BO_3$ | $H_2BO_3^-$ | 9.24 $pK_{a1}$ |
| $NH_3$-$NH_4Cl$ | $NH_4^+$ | $NH_3$ | 9.26 |
| 乙醇胺-HCl | $^+NH_3CH_2CH_2OH$ | $NH_2CH_2CH_2OH$ | 9.50 |
| 氨基乙酸-NaOH | $^+NH_3CH_2COO^-$ | $NH_2CH_2COO^-$ | 9.60 $pK_{a2}$ |
| $NaHCO_3$-$Na_2CO_3$ | $HCO_3^-$ | $CO_3^{2-}$ | 10.25 $pK_{a2}$ |

注：*KHP—邻苯二甲酸氢钾，**Tris—三（羟甲基）氨基甲烷。

**例 11-5** 欲配制 pH=5.00 的缓冲溶液 500mL，已用去 $6.0\text{mol}\cdot L^{-1}$ HAc 34.0mL，问需要 $NaAc\cdot 3H_2O$ 多少克？

解：$c_{HAc}=6.0\times 34.0/500=0.41\text{ mol}\cdot L^{-1}$

由 $[H^+]=[HAc]K_a/[Ac^-]$ 得：

$[Ac^-]=[HAc]K_a/[H^+]=0.41\times 1.8\times 10^{-5}\div 1.0\times 10^{-5}=0.74\text{ mol}\cdot L^{-1}$

在 500mL 溶液中需要 $NaAc\cdot 3H_2O$ 的质量为：

$$136.1\times 0.74\times 500\div 1000=50\text{g}$$

## 11.1.5 酸碱指示剂

(1) 指示剂的作用原理

酸碱滴定过程本身不发生任何外观的变化，故常借助酸碱指示剂（acid-base indicator）的颜色变化来指示滴定的计量点。酸碱指示剂自身是弱的有机酸或有机碱，其共轭酸碱对具有不同的结构，且颜色不同。当溶液的 pH 值改变时，共轭酸碱对相互发生转变，从而导致溶液的颜色发生变化。

例如，酚酞（PP）指示剂是弱的有机酸，它在水溶液中发生离解作用和颜色变化。

酸型,无色        碱型,红色

当溶液酸性减小，平衡向右移动，由无色变成红色；反之，在酸性溶液中，由红色转变成无色。酚酞的碱型是不稳定的，在浓碱溶液中它会转变成羧酸盐式的无色三价离子。

使用时，酚酞一般配成酒精溶液。

又如，甲基橙（MO）是一种双色指示剂，它在溶液中发生如下的离解，在碱性溶液中，平衡向右移动，由红色转变成黄色；反之，由黄色转变成红色。

酸型,红色        碱型,黄色

使用时，甲基橙常配成 $0.1\,\mathrm{mol\cdot L^{-1}}$ 的水溶液。

综上所述，指示剂颜色的改变，是由于在不同 pH 的溶液中，指示剂的分子结构发生了变化，因而显示出不同的颜色。但是否溶液的 pH 值稍有改变，我们就能看到它的颜色变化呢？事实并不是这样，必须是溶液的 pH 值改变到一定的范围，我们才能看得出指示剂的颜色变化。也就是说，指示剂的变色，其 pH 值是有一定范围的，只有超过这个范围我们才能明显地观察到指示剂的颜色变化。下面我们就来讨论这个问题——指示剂的变色范围。

(2) 指示剂的 pH 变色范围

指示剂的变色范围，可由指示剂在溶液中的离解平衡过程来解释。现以弱酸型指示剂 (HIn) 为例来讨论。HIn 在溶液中的离解平衡为：

$$\mathrm{HIn} \rightleftharpoons \mathrm{H}^+ + \mathrm{In}^-$$
（酸式色）     （碱式色）

$$K_{\mathrm{HIn}} = \frac{[\mathrm{H}^+][\mathrm{In}^-]}{[\mathrm{HIn}]}$$

式中，$K_{\mathrm{HIn}}$ 为指示剂的离解常数；$[\mathrm{In}^-]$ 和 $[\mathrm{HIn}]$ 分别为指示剂的碱式色和酸式色的浓度。由上式可知，溶液的颜色是由 $[\mathrm{In}^-]/[\mathrm{HIn}]$ 的比值来决定的，而此比值又与 $[\mathrm{H}^+]$ 及 $K_{\mathrm{HIn}}$ 有关。在一定温度下，$K_{\mathrm{HIn}}$ 是一个常数，比值 $[\mathrm{In}^-]/[\mathrm{HIn}]$ 仅为 $[\mathrm{H}^+]$ 的函数，当 $[\mathrm{H}^+]$ 发生改变，$[\mathrm{In}^-]/[\mathrm{HIn}]$ 比值随之发生改变，溶液的颜色也逐渐发生改变。需要指出的是，不是 $[\mathrm{In}^-]/[\mathrm{HIn}]$ 比值发生任何微小的改变都能使人观察到溶液颜色的变化，因为人眼辨别颜色的能力是有限的。当 $[\mathrm{In}^-]/[\mathrm{HIn}] \leqslant 1/10$ 时，只能观察出酸式 (HIn) 颜色；当 $[\mathrm{In}^-]/[\mathrm{HIn}] \geqslant 10$ 时，观察到的是指示剂的碱式色；$10 > [\mathrm{In}^-]/[\mathrm{HIn}] > 1/10$ 时，观察到酸式色和碱式色的混合颜色；当指示剂的 $[\mathrm{In}^-] = [\mathrm{HIn}]$ 时，则 $\mathrm{pH} = \mathrm{p}K_{\mathrm{HIn}}$，人们称此 pH 值为指示剂的理论变色点。理想的情况是滴定的终点与指示剂的变色点的 pH 值完全一致，实际上这是有困难的。

根据上述理论推算，指示剂的变色范围为：

$$\mathrm{pH} = \mathrm{p}K_a \pm 1 \tag{11-31}$$

例如，甲基橙的 $\mathrm{p}K_{\mathrm{HIn}} = 3.4$，理论变色范围应为 2.4～4.4 而实测变色范围是 3.1～4.4。这说明甲基橙要由黄色变成红色，碱式色的浓度 $[\mathrm{In}^-]$ 应是酸式色浓度 $[\mathrm{HIn}]$ 的

10倍；而酸式色的浓度只要大于碱式色浓度的2倍，就能观察出酸式色（红色）。产生这种差异性的原因是人眼对红的颜色较之对黄的颜色更为敏感，所以甲基橙的变色范围在pH值小的一端就短一些（对理论变色范围而言）。

指示剂的变色范围越窄越好，因为pH值稍有改变，指示剂就可立即由一种颜色变成另一种颜色，即指示剂变色敏锐，有利于提高测定结果的准确度。人们观察指示剂颜色的变化约为0.2~0.5pH单位的误差。

常用的酸碱指示剂列于表11-3中。

表11-3 常用的酸碱指示剂

| 指示剂 | 变色范围pH | 颜色变化 | $pK_{HIn}$ | 浓度 |
|---|---|---|---|---|
| 百里酚蓝 | 1.2~2.8 | 红~黄 | 1.7 | 0.1%的20%乙醇溶液 |
|  | 8.0~9.6 | 黄~蓝 | 8.9 | 0.1%的20%乙醇溶液 |
| 甲基黄 | 2.9~4.0 | 红~黄 | 3.3 | 0.1%的90%乙醇溶液 |
| 甲基橙 | 3.1~4.4 | 红~黄 | 3.4 | 0.05%的水溶液 |
| 溴酚蓝 | 3.0~4.6 | 黄~紫 | 4.1 | 0.1%的20%乙醇溶液（或其钠盐水溶液） |
| 溴甲酚绿 | 4.0~5.6 | 黄~蓝 | 5.0 | 0.1%的20%乙醇溶液（或其钠盐水溶液） |
| 甲基红 | 4.4~6.2 | 红~黄 | 5.0 | 0.1%的60%乙醇溶液（或其钠盐水溶液） |
| 溴百里酚蓝 | 6.2~7.6 | 黄~蓝 | 7.3 | 0.1%的20%乙醇溶液（或其钠盐水溶液） |
| 中性红 | 6.8~8.0 | 红~橙黄 | 7.4 | 0.1%的60%乙醇溶液 |
| 酚酞 | 8.0~9.8 | 无~红 | 9.1 | 0.1%的90%乙醇溶液 |
| 百里酚酞 | 9.4~10.6 | 无~蓝 | 10.0 | 0.1%的90%乙醇溶液 |

（3）影响指示剂变色范围的因素

1）指示剂的用量

指示剂用量的影响也可分为两个方面。一是指示剂用量过多（或浓度过大）会使终点颜色变化不明显，且指示剂本身也会多消耗一些滴定剂，从而带来误差。这种影响无论是对单色指示剂还是对双色指示剂来说都是共同的。因此在不影响指示剂变色灵敏度的条件下，一般以用量少一点为佳。二是指示剂用量的改变，会引起单色指示剂变色范围的移动。下面以酚酞为例来说明。酚酞在溶液中存在如下离解平衡：

$$HIn \Longleftrightarrow In^- + H^+$$
$$无色 \quad 红色$$

在一定体积的溶液中，人眼感觉到酚酞的$In^-$颜色的最低浓度为一定值。设酚酞浓度为$c_{HIn}$，$In^-$的最低值为$[In^-]$，则

$$[In^-] = \delta_{In^-} c_{HIn} = c_{HIn} K_{HIn}/([H^+] + K_{HIn}) \tag{11-32}$$

如果使酚酞的浓度降低，由上式可知，这时若将HIn滴定至$In^-$的最低浓度$[In^-]$，则$\delta_{In^-}$就得减小，$K_{HIn}$是个常数，$\delta_{In^-}$减小，即意味着$[H^+]$要增大，指示剂将在pH较低时变色。也就是说，单色指示剂用量过多时，其变色范围向pH低的方向发生移动。例如在50~100mL溶液中加入2~3滴$0.1mol \cdot L^{-1}$酚酞，pH=9时出现红色，而在相同条件下加入10~15滴酚酞，则在pH=8时出现红色。

2）温度

温度的变化会引起指示剂离解常数的变化，因此指示剂的变色范围也随之变动。例如，

18℃时，甲基橙的变色范围为 3.1～4.4；而 100℃时，则为 2.5～3.7。

3) 中性电解质

盐类的存在对指示剂的影响有两个方面：一是影响指示剂颜色的深度，这是由盐类具有吸收不同波长光的性质所引起的，指示剂颜色深度的改变，势必影响指示剂变色的敏锐性；二是影响指示剂的离解常数，从而使指示剂的变色范围发生移动。

4) 溶剂

指示剂在不同的溶剂中，其 $pK_{HIn}$ 值是不同的，这样指示剂的变色范围就会发生变化。

## 11.1.6 强酸（碱）和一元弱酸（碱）的滴定

既然碱指示剂只是在一定的 pH 范围内才发生颜色的变化，那么，为了在某一酸碱滴定中选择一种适宜的指示剂，就必须了解滴定过程中，尤其是化学计量点前后±0.1％相对误差范围内溶液 pH 值的变化情况。下面分别讨论强酸（碱）和一元弱酸（碱）的滴定及其指示剂的选择。

（1）强碱（酸）滴定强酸（碱）

现以强碱（NaOH）滴定强酸（HCl）为例来讨论。设 HCl 的浓度 $c_a$ 为 $0.1000 \text{mol} \cdot \text{L}^{-1}$，体积 $V_a$ 为 20.00mL；NaOH 的浓度 $c_b$ 为 $0.1000 \text{mol} \cdot \text{L}^{-1}$，滴定时加入的体积为 $V_b$，整个滴定过程可分为四个阶段来考虑：滴定前、滴定开始至计量点前、计量点时、计量点后。

1) 滴定前（$V_b = 0$）

$$[H^+] = c_a = 0.1000 \text{mol} \cdot \text{L}^{-1}, pH = 1.00$$

2) 滴定开始至计量点前（$V_a > V_b$）

$$[H^+] = (V_a - V_b)c_a/(V_a + V_b)$$

若 $V_b = 19.98 \text{mL}$（-0.1％相对误差）

$$[H^+] = 5.00 \times 10^{-5} \text{mol} \cdot \text{L}^{-1}, \quad pH = 4.30$$

3) 计量点时（$V_a = V_b$）

$$[H^+] = 1.0 \times 10^{-7} \text{mol} \cdot \text{L}^{-1}, \quad pH = 7.00$$

4) 计量点后（$V_b > V_a$）

计量点之后，NaOH 再继续滴入便过量了，溶液的酸度取决于过量的 NaOH 的浓度。

$$[OH^-] = (V_b - V_a)c_b/(V_a + V_b)$$

若 $V_b = 20.02 \text{mL}$ （+0.1％相对误差）

$$[OH^-] = 5.00 \times 10^{-5} \text{mol} \cdot \text{L}^{-1}$$
$$pH = 9.70$$

按此逐一计算，并将计算结果列于表 11-4 中。

**表 11-4 NaOH 滴定 HCl 溶液的 pH**

($c_{NaOH} = c_{HCl} = 0.1000 \text{mol} \cdot \text{L}^{-1}$, $V_{HCl} = 20.00 \text{mL}$)

| 加入 NaOH/mL | 剩余 HCl/mL | 剩余 NaOH/mL | pH |
| --- | --- | --- | --- |
| 0.00 | 20.00 | | 1.00 |
| 18.00 | 2.00 | | 2.28 |
| 19.80 | 0.20 | | 3.30 |
| 19.96 | 0.04 | | 4.00 |

续表

| 加入 NaOH/mL | 剩余 HCl/mL | 剩余 NaOH/mL | pH |
|---|---|---|---|
| 19.98 | 0.02 | | 4.30 |
| 20.00 | 0.00 | | 7.00 |
| 20.02 | | 0.02 | 9.70 |
| 20.04 | | 0.04 | 10.00 |
| 20.20 | | 0.20 | 10.70 |
| 22.00 | | 2.00 | 11.70 |
| 40.00 | | 20.00 | 12.50 |

以 NaOH 加入量为横坐标，以其对应的溶液 pH 为纵坐标作图，就得到强碱滴定强酸的滴定曲线，如图 11-3 中实线所示。

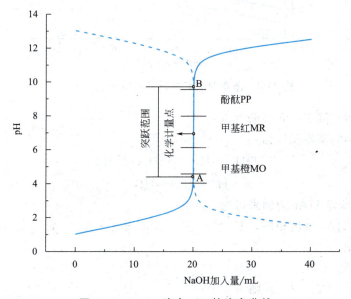

图 11-3　NaOH 滴定 HCl 的滴定曲线

对于 0.1000mol·L$^{-1}$ NaOH 滴定 20.00mL 0.1000mol·L$^{-1}$ HCl 来说，凡在突跃范围（pH＝4.30～9.70）以内能引起变色的指示剂（即指示剂的变色范围全部或一部分落在滴定的突跃范围之内），都可作为该滴定的指示剂，如酚酞（pH＝8.0～9.8）、甲基橙（pH＝3.1～4.4）和甲基红（pH＝4.4～6.2）等。只要滴定在突跃范围内停止，则测定结果的误差均小于±0.1%。

反之，若用 HCl 滴定 NaOH（条件与前相同），滴定曲线正好相反，滴定曲线见图 4.3 虚线部分。滴定的突跃范围是 pH＝9.70～4.30，可选择酚酞、甲基红和甲基橙作为指示剂。如果用甲基橙作为指示剂，只应滴至橙色（pH＝4.0），若滴至红色（pH＝3.1），将产生＋0.2%以上的误差。为消除这种误差，可进行指示剂校正，即取 40mL 0.05mol·L$^{-1}$ NaCl 溶液，加入与滴定时相同量的甲基橙，再以 0.1000mol·L$^{-1}$ HCl 溶液滴定至溶液的颜色恰好与被滴定的溶液颜色相同为止，记下 HCl 的用量（称为校正值）。滴定 NaOH 所消耗的 HCl 用量减去此校正值即 HCl 真正的用量。

滴定的突跃范围，随滴定剂和被滴定物浓度的改变而改变，指示剂的选择也应视具体情况而定。NaOH 滴定 HCl 滴定突跃的变化见图 11-4。从图 11-4 可以看出，滴定突跃随酸、碱浓度的增大而增大。

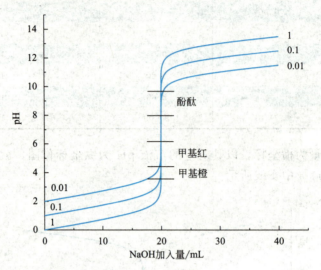

图 11-4　浓度对滴定突跃的影响　$c_{NaOH} = c_{HCl}$

（2）强碱（酸）滴定一元弱酸（碱）

这一类型滴定的基本反应为：

$$OH^- + HA \longrightarrow H_2O + A^-$$

或

$$H^+ + B \longrightarrow HB^+$$

现以 NaOH 滴定 HAc 为例来讨论。

若 NaOH 和 HAc 浓度相同，且 $c_a = c_b = 0.1000 \text{mol} \cdot \text{L}^{-1}$，$V_a = 20.00 \text{mL}$，同前例分四个阶段进行讨论。

1）滴定前（$V_b = 0$）

$cK_a > 20K_w$，$c/K_a > 400$，则

$$[H^+] = (cK_a)^{1/2} = (1.8 \times 10^{-5} \times 0.1000)^{1/2} = 1.3 \times 10^{-3} \text{mol} \cdot \text{L}^{-1}$$
$$pH = 2.89$$

2）滴定开始至计量点前（$V_a > V_b$）

因 NaOH 的滴入溶液为缓冲体系，其 pH 值可按下式计算：$pH = pK_a + \lg(c_b/c_a)$

即

$$pH = pK_a + \lg([Ac^-]/[HAc])$$

[Ac$^-$] 及 [HAc] 的计算：

由

$$OH^- + HA \longrightarrow H_2O + A^-$$

$$[Ac^-] = c_b V_b / (V_a + V_b),$$
$$[HAc] = (c_a V_a - c_b V_b)/(V_a + V_b)$$

将 [Ac$^-$] 及 [HAc] 代入缓冲溶液计算式得：

$$pH = pK_a + \lg[c_b V_b/(c_a V_a - c_b V_b)] = pK_a + \lg[V_b/(V_a - V_b)]$$

若　$V_b = 19.98 \text{mL}$　（$-0.1\%$ 相对误差）

$$pH = 7.74$$

3) 计量点时

NaOH 与 HAc 完全反应生成 NaAc，即溶液为一元弱碱的溶液，此时 [NaAc] = 0.05000 mol·L$^{-1}$。

由于 $c_b K_b > 20 K_w$，$c_b / K_b > 400$，

$$[OH^-] = (c_b K_b)^{1/2} = 5.3 \times 10^{-6} \text{ mol·L}^{-1}$$
$$pH = 8.72$$

4) 计量点后

因 NaOH 滴入过量，抑制了 Ac$^-$ 的水解，溶液的酸度取决于过量的 NaOH 用量，其计算方法与强碱滴定强酸相同。NaOH 和 HAc 的数据如表 11-5 所示，滴定曲线见图 11-5。

**表 11-5　NaOH 滴定 HAc 溶液的 pH**

| 加入 NaOH/mL | 剩余 HCl/mL | 剩余 NaOH/mL | pH |
| --- | --- | --- | --- |
| 0.00 | 20.00 | | 2.89 |
| 10.00 | 10.00 | | 4.70 |
| 18.00 | 2.00 | | 5.70 |
| 19.80 | 0.20 | | 6.74 |
| 19.98 | 0.02 | | 7.74 |
| 20.00 | 0.00 | | 8.72 |
| 20.02 | | 0.02 | 9.70 |
| 20.20 | | 0.20 | 10.70 |
| 22.00 | | 2.00 | 11.70 |
| 40.00 | | 20.00 | 12.50 |

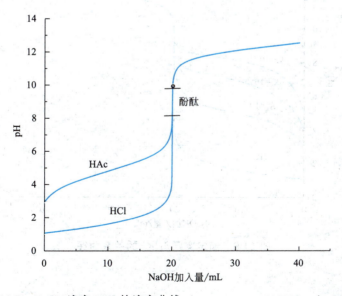

图 11-5　NaOH 滴定 HAc 的滴定曲线（$c_{NaOH} = c_{HAc} = 0.1000$ mol·L$^{-1}$）

NaOH-HAc 滴定曲线具有以下几个特点：

① NaOH-HAc 滴定曲线起点的 pH 值比 NaOH-HCl 滴定曲线高近 2 个 pH 单位。这是因为 HAc 的强度较 HCl 弱。

② 滴定开始至约 10%HAc 被滴定和 90%HAc 被滴定之后，NaOH-HAc 滴定曲线的斜率比 NaOH-HCl 的大。而在上述范围之间滴定曲线上升缓慢，这是因为滴定开始后有 NaAc 生成，形成了 HAc-NaAc 缓冲溶液。

③ 在计量点时，由于滴定产物的解离作用，溶液已呈碱性。pH=8.72。

④ NaOH-HAc 滴定曲线的突跃范围（pH=7.72~9.70）较 NaOH-HCl 的突跃范围小得多，这与反应的完全程度较低是一致的。突跃范围在碱性范围内，所以只有酚酞、百里酚酞等指示剂，才可用于该滴定。而在酸性范围内变色的指示剂，如甲基橙和甲基红等已不能使用。

⑤ 计量点后为 NaAc 和 NaOH 的混合溶液，由于 $Ac^-$ 的解离受到过量滴定剂 $OH^-$ 的抑制，故滴定曲线的变化趋势与 NaOH 滴定 HCl 溶液时基本相同。

(3) 直接准确滴定一元弱酸（碱）的可行性判据

滴定反应的完全程度是能否准确滴定的首要条件。当浓度一定时，$K_a$ 值愈大，突跃范围愈大。当浓度为 $0.1\,mol \cdot L^{-1}$，$K_a \leqslant 10^{-9}$ 时已无明显的突跃。

实践证明，人眼借助指示剂准确判断终点，滴定的 pH 突跃必须在 0.2 单位以上。在这个条件下，分析结果的相对误差 $\leqslant \pm 0.1\%$。只有弱酸的 $c_a K_a \geqslant 10^{-7.7}$ 或 $c_{sp} K_a \geqslant 10^{-8}$（$c_{sp}$ 为化学计量点时的弱酸的浓度）才能满足这一要求。因此，通常将 $c_a K_a \geqslant 10^{-7.7}$ 或 $c_{sp} K_a \geqslant 10^{-8}$ 作为判断弱酸能否滴定的依据。图 11-6 显示了弱酸 $K_a$ 的大小影响计量点和计量点之前的曲线部分。图 11-7 表明，对于解离常数为 $K_a$ 的某一元弱酸，滴定突跃随其浓度的增大而增大，且浓度主要影响计量点和计量点之后的曲线部分。

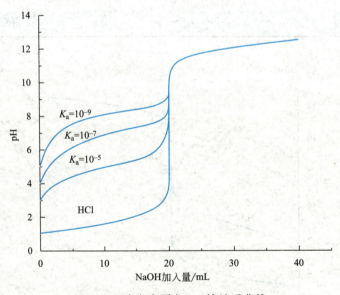

图 11-6 滴定突跃与 $K_a$ 的关系曲线

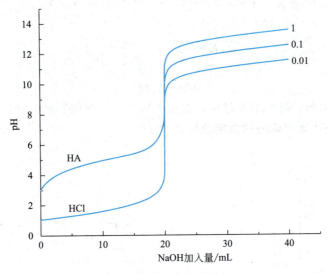

图 11-7　弱酸 HA 的浓度对滴定突跃的影响（$c_{NaOH}=c_{HA}$）

## 11.1.7　多元酸（碱）的滴定

（1）多元酸碱分步滴定的可行性判据

多元弱酸滴定时要考虑：①多元弱酸分步离解出来的 $H^+$ 是否均可被测定；②若均可被滴定，会形成几个明显的 pH 突跃；③如何选择指示剂。

由一元弱酸准确滴定的条件，即 $c_aK_a \geqslant 10^{-7.7}$ 或 $c_{sp}K_a \geqslant 10^{-8}$ 可知，只要 $c_{sp1}K_{a1} \geqslant 10^{-8}$、$c_{sp2}K_{a2} \geqslant 10^{-8}$、$c_{sp3}K_{a3} \geqslant 10^{-8}$，多元弱酸分步离解的 $H^+$ 均可测定，反之不能准确滴定。

是否可以分步滴定，取决于 $K_{a1}/K_{a2}$ 比值以及对准确度的要求。一般说来，若 $|E_t| \leqslant 0.3\%$，滴定突跃应不小于 0.4 个 pH 单位，则要求 $K_{a1}/K_{a2} \geqslant 10^5$ 才能满足分步滴定的要求。二元弱酸滴定的情况如下：

① 若 $K_{a1}/K_{a2} \geqslant 10^5$，且 $c_{sp1}K_{a1} \geqslant 10^{-8}$，$c_{sp2}K_{a2} \geqslant 10^{-8}$，则二元酸可准确分步滴定，即形成两个 pH 突跃，可分别选择指示剂指示终点。

② 若 $K_{a1}/K_{a2} \geqslant 10^5$，$c_{sp1}K_{a1} \geqslant 10^{-8}$、$c_{sp2}K_{a2} < 10^{-8}$，第一级离解的 $H^+$ 可准确滴定，按第一个计量点的 pH 值选择指示剂，第二级不能准确滴定。

③ 若 $K_{a1}/K_{a2} < 10^5$，$c_{sp1}K_{a1} \geqslant 10^{-8}$、$c_{sp2}K_{a2} \geqslant 10^{-8}$，不能分步滴定，二元酸离解的 $H^+$ 只能一次被准确滴定。

④ 若 $K_{a1}/K_{a2} < 10^5$，$c_{sp1}K_{a1} \geqslant 10^{-8}$，$c_{sp2}K_{a2} < 10^{-8}$，该二元酸不能被准确滴定。

（2）多元酸的滴定

1）磷酸的滴定

用 $0.10 \text{mol} \cdot L^{-1}$ NaOH 标准溶液滴定 $0.10 \text{mol} \cdot L^{-1}$ $H_3PO_4$。$K_{a1}=7.6\times10^{-3}$，$K_{a2}=6.3\times10^{-8}$，$K_{a3}=4.4\times10^{-13}$。

第一计量点时：$c_{sp}=0.10/2=0.050 \text{mol} \cdot L^{-1}$

$$[H^+]=\sqrt{\frac{cK_{a1}K_{a2}}{c+K_{a1}}}=2.0\times10^{-5} \text{mol} \cdot L^{-1}$$

$$pH=4.70$$

选择甲基橙作为指示剂,并采用同浓度的 $NaH_2PO_4$ 溶液作为参比。

第二计量点时:$c_{sp}=0.10/3=0.033\,mol\cdot L^{-1}$

$$[H^+]=\sqrt{\frac{K_{a2}(cK_{a3}+K_w)}{c}}=2.2\times10^{-10}\,mol\cdot L^{-1}$$

$$pH=9.66$$

若用酚酞为指示剂,终点出现过早,有较大的误差。选用百里酚酞作为指示剂时,误差约为+0.5%。NaOH 滴定磷酸的滴定曲线见图 11-8。

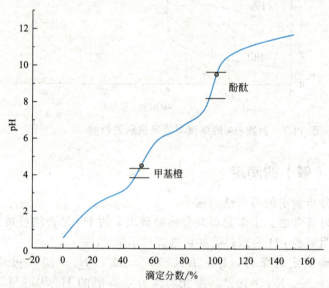

图 11-8　NaOH 滴定磷酸的滴定曲线 $c_{NaOH}=c_{H_3PO_4}$

2) 有机酸的滴定

用 $0.1000\,mol\cdot L^{-1}$ NaOH 标准溶液滴定 $0.1000\,mol\cdot L^{-1}$ $H_2C_2O_4$。$K_{a1}=5.9\times10^{-3}$,$K_{a2}=6.4\times10^{-5}$。按照多元酸一次被滴定,若选用酚酞为指示剂,终点误差约为+0.1%。

3) 多元碱的滴定

多元弱碱用强酸滴定时,情况与多元酸的滴定相似。例如用 $0.10\,mol\cdot L^{-1}$ HCl 滴定 $0.10\,mol\cdot L^{-1}$ $Na_2CO_3$ 溶液。$c_{sp1}K_{b1}=0.050\times1.8\times10^{-4}>10^{-8}$,$c_{sp2}K_{b2}=0.10\div3\times2.4\times10^{-8}=0.08\times10^{-8}$,$K_{b1}/K_{b2}\approx10^4$。

第一级离解的 $OH^-$ 能准确滴定。第一化学计量点时:

$$[OH^-]=\sqrt{K_{b1}K_{b2}}$$

$$pOH=5.68\quad pH=8.32$$

可用酚酞作为指示剂,并采用同浓度的 $NaHCO_3$ 溶液作为参比。

第二化学计量点时,溶液 $CO_2$ 的饱和溶液,$H_2CO_3$ 的浓度为 $0.040\,moL\cdot L^{-1}$

$$[H^+]=(cK_{a1})^{1/2}=1.3\times10^{-4}\,moL\cdot L^{-1}$$

$$pH=3.89$$

可选用甲基橙作为指示剂。HCl 滴定碳酸钠的滴定曲线见图 11-9。

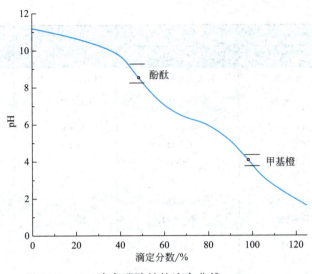

图 11-9　HCl 滴定碳酸钠的滴定曲线 $c_{HCl}=c_{Na_2CO_3}$

## 11.1.8 酸碱滴定法的应用

（1）标准溶液的配制和浓度的标定

1）直接配制法

准确称取一定质量的物质，溶解于适量水后转移到容量瓶，用水稀释至刻度，然后根据称取物质的质量和体积即可算出该标准溶液的准确浓度。

许多化学试剂由于不纯和不易提纯，或在空气中不稳定（如易吸收水分）等，不能用直接配制法配制标准溶液，只有具备下列条件的化学试剂，才能用直接配制法。

① 在空气中要稳定。例如加热干燥时不分解，称量时不吸湿，不吸收空气中的 $CO_2$，不被空气氧化等。

② 纯度足够高。一般要求纯度在 99.9% 以上，杂质含量不影响滴定反应的进行。

③ 实际组成应与化学式完全符合。若含结晶水时，如硼砂 $Na_2B_4O_7 \cdot 10H_2O$，其结晶水的含量也应与化学式符合。

④ 试剂最好具有较大的摩尔质量。因为摩尔质量越大，称取的量就越多，称量误差就可相应减少。

凡是符合上述条件的物质，在分析化学上称为"基准物质（reference substance）"或称"基准试剂"。凡是基准试剂，都可以用来直接配成标准溶液。滴定分析常用基准物质见表 11-6。

表 11-6　滴定分析常用基准物质

| 标定对象 | 基准物质 | | 干燥后组成 | 干燥条件/℃ |
| --- | --- | --- | --- | --- |
| | 名称 | 化学式 | | |
| 酸 | 碳酸氢钠 | $NaHCO_3$ | $Na_2CO_3$ | 270~300 |
| | 十水碳酸钠 | $Na_2CO_3 \cdot 10H_2O$ | $Na_2CO_3$ | 270~300 |
| | 无水碳酸钠 | $Na_2CO_3$ | $Na_2CO_3$ | 270~300 |
| | 碳酸钾 | $K_2CO_3$ | $K_2CO_3$ | 270~300 |
| | 硼砂 | $Na_2B_4O_7 \cdot 10H_2O$ | $Na_2B_4O_7 \cdot 10H_2O$ | 放在装有 NaCl 和蔗糖饱和溶液的干燥器中 |

续表

| 标定对象 | 基准物质 | | 干燥后组成 | 干燥条件/℃ |
| --- | --- | --- | --- | --- |
| | 名称 | 化学式 | | |
| $KMnO_4$ | 二水草酸 | $H_2C_2O_4 \cdot 2H_2O$ | $H_2C_2O_4 \cdot 2H_2O$ | 室温空气干燥 |
| 碱 | 邻苯二甲酸氢钾 | $KHC_8H_4O_4$ | $KHC_8H_4O_4$ | 105~110 |
| 还原剂 | 重铬酸钾 | $K_2Cr_2O_7$ | $K_2Cr_2O_7$ | 120 |
| | 溴酸钾 | $KBrO_3$ | $KBrO_3$ | 180 |
| | 碘酸钾 | $KIO_3$ | $KIO_3$ | 180 |
| | 铜 | Cu | Cu | 室温干燥器中保存 |
| 氧化剂 | 三氧化二砷 | $As_2O_3$ | $As_2O_3$ | 硫酸干燥器中保存 |
| | 草酸钠 | $Na_2C_2O_4$ | $Na_2C_2O_4$ | 105 |
| EDTA | 碳酸钙 | $CaCO_3$ | $CaCO_3$ | 110 |
| | 锌 | Zn | Zn | 室温干燥器中保存 |
| | 氧化锌 | ZnO | ZnO | 800 |
| $AgNO_3$ | 氯化钠 | NaCl | NaCl | 500~550 |
| | 氯化钾 | KCl | KCl | 500~550 |
| 氯化物 | 硝酸银 | $AgNO_3$ | $AgNO_3$ | 硫酸干燥器中保存 |

2) 间接配制法

间接配制法也叫标定法。许多化学试剂是不符合上述条件的，如 NaOH，它很容易吸收空气中的 $CO_2$ 和水分，因此称得的质量不能代表纯 NaOH 的质量；盐酸（除恒沸溶液外），也很难知道其中 HCl 的准确含量；$KMnO_4$、$Na_2S_2O_3$ 等均不易提纯，且见光易分解，均不宜用直接法配成标准溶液，而要用标定法。

间接配制法是先配成接近所需浓度的溶液，然后再用基准物质或用另一种物质的标准溶液来测定它的准确浓度。这种利用基准物质（或用已知准确浓度的溶液）来确定标准溶液浓度的操作过程，称为"标定"。标定标准溶液的方法有以下两种。

① 用基准物质标定

称取一定量的基准物质，溶解后用待标定的溶液滴定，然后根据基准物质的质量及待标定溶液所消耗的体积，即可算出该溶液的准确浓度。大多数标准溶液是通过标定的方法测定其准确浓度的。

② 与标准溶液进行比较

准确吸取一定量的待标定溶液，用已知准确浓度的标准溶液滴定；或者准确吸取一定量的已知准确浓度的标准溶液，用待标定溶液滴定。根据两种溶液所消耗的体积及标准溶液的浓度，就可计算出待标定溶液的准确浓度。这种用标准溶液来测定待标定溶液准确浓度的操作过程称为"比较"。显然，这种方法不及直接标定的方法好，因为标准溶液的浓度不准确就会直接影响待标定溶液浓度的准确性。因此，标定时应尽量采用直接标定法。

(2) 混合碱的分析

1) 烧碱中 NaOH 和 $Na_2CO_3$ 含量的测定

烧碱（氢氧化钠）在生产和贮藏过程中，因吸收空气中的 $CO_2$ 而产生部分 $Na_2CO_3$。在测定烧碱中 NaOH 含量时，常常要测定 $Na_2CO_3$ 的含量，故称为混合碱的分析。分析方法有以下两种。

① 双指示剂法

所谓双指示剂法，就是利用两种指示剂在不同计量点的颜色变化，得到两个终点，分别根据各终点时所消耗的酸标准溶液的体积，计算各成分的含量。

烧碱中 NaOH 和 $Na_2CO_3$ 含量的测定，可用甲基橙和酚酞两种指示剂，以酸标准溶液连续滴定。具体做法是：在烧碱溶液中，先加酚酞指示剂、用酸（如 HCl）标准溶液滴定至酚酞红色刚好褪去。此时，溶液中 NaOH 已全部被滴定，$Na_2CO_3$ 只被滴定成 $NaHCO_3$（即恰好滴定了一半），设消耗 HCl 为 $V_1$。然后加入甲基橙指示剂，继续以 HCl 滴定至溶液由黄色变成橙色，这时 $NaHCO_3$ 已全部被滴定，记下 HCl 的用量，设为 $V_2$。整个滴定过程所消耗 HCl 的体积关系可图解如下：

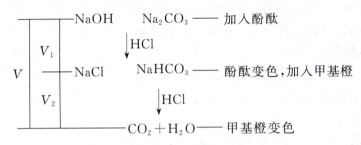

试样中 NaOH 和 $Na_2CO_3$ 含量的计算式如下：

$$w_{NaOH} = \{[c(V_1-V_2)]_{HCl} \times 10^{-3} \times 40.00\}/m_s$$

$$w_{Na_2CO_3} = [(cV_2)_{HCl} \times 10^{-3} \times 105.99]/m_s$$

双指示剂法操作简单，但因滴定至第一计量点时，终点观察不明显，有 1% 左右的误差。若要求测定结果较准确，可用氯化钡法测定。

② 氯化钡法

先取 1 份试样溶液，以甲基橙作为指示剂，用 HCl 标准溶液滴定至橙色。此时混合碱中 NaOH 和 $Na_2CO_3$ 均被滴定，设消耗 HCl 体积为 $V_1$ mL。

另取相同体积上述试样溶液，加入过量 $BaCl_2$ 溶液，使其中的 $Na_2CO_3$ 变成 $Ba_2CO_3$ 沉淀析出。然后以酚酞作为指示剂，用 HCl 标准溶液滴定至酚酞红色刚好褪去，设消耗 HCl 体积 $V_2$ mL，此时只有混合碱中的 NaOH 被滴定。于是

$$w_{NaOH} = [(cV_2)_{HCl} \times 10^{-3} \times 40.00]/m_s$$

$$w_{Na_2CO_3} = [c(V_1-V_2)_{HCl} \times 10^{-3} \times 105.99]/(2m_s)$$

2）纯碱中 $Na_2CO_3$ 和 $NaHCO_3$ 含量的测定

① 用双指示剂法

整个滴定过程所消耗 HCl 的体积关系可图解如下：

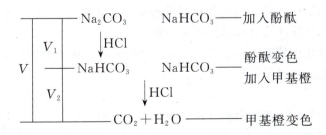

根据滴定的体积关系,则

$$w_{Na_2CO_3} = [(cV_1)_{HCl} \times 10^{-3} \times 105.99]/m_s$$

$$w_{NaHCO_3} = [c(V_2 - V_1)_{HCl} \times 10^{-3} \times 84.01]/\times m_s$$

② 氯化钡法

测定时操作与烧碱的分析稍有不同,即往试液中加入 $BaCl_2$ 之前,加入过量 NaOH 标准溶液,将试液中 $NaHCO_3$ 转变成 $Na_2CO_3$。然后用 $BaCl_2$ 沉淀 $Na_2CO_3$,再以酚酞作为指示剂,用 HCl 标准溶液滴定过剩的 NaOH。

设 $c_1$, $V_1$ 和 $c_2$, $V_2$ 分别为 HCl 和 NaOH 的浓度及体积,则

$$w_{NaHCO_3} = [(c_2V_2)_{NaOH} - (c_1V_1)_{HCl}] \times 10^{-3} \times 84.01]/\times m_s$$

另取相同等份的纯碱试样溶液,以甲基橙作为指示剂,用 HCl 标准溶液滴定至终点,设消耗 HCl 的体积为 $V$,则

$$w_{Na_2CO_3} = [(c_1V)_{HCl} - [(c_2V_2)_{NaOH} - (c_1V_1)_{HCl}] \times 10^{-3} \times 105.99]/(2 \times m_s)$$

双指示剂法不仅用于混合碱的定量分析,还可用于未知试样(碱)的定性分析。如下所示:

| $V_1$ 和 $V_2$ 的变化 | 试样组成 |
|---|---|
| $V_1 \neq 0, V_2 = 0$ | $OH^-$ |
| $V_1 = 0, V_2 \neq 0$ | $HCO_3^-$ |
| $V_1 = V_2 \neq 0$ | $CO_3^{2-}$ |
| $V_1 > V_2 > 0$ | $OH^- + CO_3^{2-}$ |
| $V_2 > V_1 > 0$ | $CO_3^{2-} + HCO_3^-$ |

(3) 铵盐中氮的测定

常用下列两种方法间接测定铵盐中的含氮量。

1) 蒸馏法

往铵盐[如 $NH_4Cl$、$(NH_4)_2SO_4$ 等]试样溶液中加入过量的浓碱溶液,并加热使 $NH_3$ 释放出来:

$$NH_4^+ + OH^- \longrightarrow NH_3 \uparrow + H_2O$$

释放出来的 $NH_3$ 吸收于 $H_3BO_3$ 溶液中,然后用酸标准溶液滴定 $H_3BO_3$ 吸收液:

$$NH_3 + H_3BO_3 \longrightarrow NH_4BO_2 + H_2O$$

$$HCl + NH_4BO_2 + H_2O \longrightarrow NH_4Cl + H_3BO_3$$

$H_3BO_3$ 是极弱的酸,它并不影响滴定。该滴定用甲基红和溴甲酚绿混合指示剂,终点为粉红色。根据 HCl 的浓度和消耗的体积,按下式计算氮的含量:

$$w_N = [(c_{HCl} \times V_{HCl}/1000) \times 14.01]/m_s$$

除用 $H_3BO_3$ 吸收 $NH_3$ 外,还可用过量的酸标准溶液吸收 $NH_3$,然后以甲基红或甲基橙作为指示剂,再用碱标准溶液返滴定剩余的酸。

土壤和有机化合物中的氮,不能直接测定,须经一定的化学处理,使各种氮化合物转变成铵盐后,再按上述方法进行测定。

2) 甲醛法

利用甲醛与铵盐作用,释放出相当量的酸(质子化的六亚甲基四胺和 $H^+$):

$$4NH_4^+ + 6HCHO \longrightarrow (CH_2)_6N_4H^+ + 3H^+ + 6H_2O \quad 六亚甲基四胺酸的 K_a = 7.1 \times 10^{-6}$$

然后以酚酞作为指示剂，用 NaOH 标准溶液滴定至溶液呈微红色，由 NaOH 的浓度和消耗的体积，按下式计算氮的含量。

$$w_N = [(c_{NaOH} \times V_{NaOH}/1000) \times 14.01]/m_s$$

如果试样中含有游离酸，事先以甲基红作为指示剂，用碱中和。甲醛法较蒸馏法快速、简便。

(4) 极弱酸的滴定

$H_3BO_3$ 是极弱的酸（$K_a = 5.8 \times 10^{-10}$），不能用强碱直接滴定，但它与甘油生成络合酸（$K_a \approx 10^{-6}$），可使其酸强化，故可用碱标准溶液直接滴定。

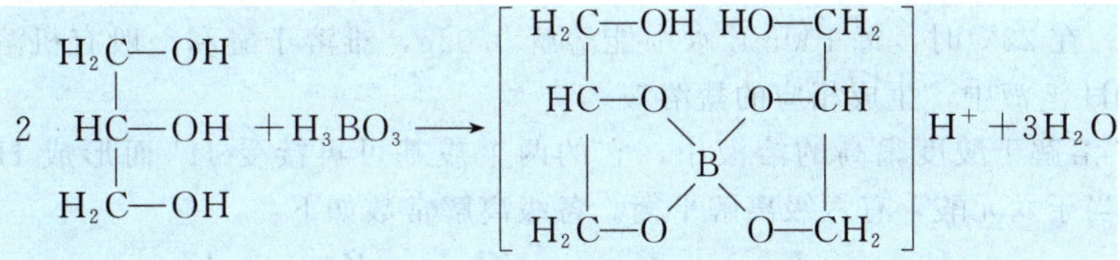

$$2 \begin{array}{c} H_2C-OH \\ HC-OH \\ H_2C-OH \end{array} + H_3BO_3 \longrightarrow \begin{bmatrix} H_2C-OH \quad HO-CH_2 \\ HC-O \quad O-CH \\ \quad \diagdown B \diagup \\ H_2C-O \quad O-CH_2 \end{bmatrix}^- H^+ + 3H_2O$$

甘油　　　　　　　　　　　　甘油硼酸

## 11.2　络合滴定法

### 11.2.1　概述

(1) 络合滴定中的滴定剂

利用形成络合物的反应进行滴定分析的方法，称为络合滴定法（也称配位滴定法 complexometric titration）。例如，用 $AgNO_3$ 标准溶液滴定氰化物时，$Ag^+$ 与 $CN^-$ 络合，形成难离解的 $[Ag(CN)_2]^-$ 络离子（$K_{形} = 10^{21}$）的反应，就可用于络合滴定。反应如下：

$$Ag^+ + 2CN^- \Longrightarrow [Ag(CN)_2]^-$$

当滴定达到计量点时，稍过量的 $Ag^+$ 就与 $[Ag(CN)_2]^-$ 反应生成白色的 $Ag[Ag(CN)_2]$ 沉淀，使溶液变浑浊，从而指示终点。

$$Ag^+ + [Ag(CN)_2]^- = Ag[Ag(CN)_2]$$

能够形成无机络合物的反应是很多的，但能用于络合滴定的并不多，这是由于大多数无机络合物的稳定性不高，而且还存在分步络合等缺点。在分析化学中，无机络合剂主要用于干扰物质的掩蔽剂和防止金属离子水解的辅助络合剂等。

20 世纪 40 年代，随着生产的不断发展和科学技术水平的提高，有机络合剂在分析化学中得到了日益广泛的应用，从而推动了络合滴定的迅速发展。氨羧络合剂，是一类含有氨基二乙酸 $HOOCH_2C-\overset{|}{N}-CH_2COOH$ 基团的有机化合物。其分子中含有氨氮和羧氧两种络合能力很强的络合原子，可以和许多金属离子形成环状结构的络合物。

在络合滴定中常遇到的氨羧络合剂有以下几种：①氨三乙酸，②乙二胺四乙酸，③环己烷二胺四乙酸，④二胺四丙酸，⑤乙二醇二乙醚二胺四乙酸，⑥三乙四胺七乙酸。

目前应用最为广泛的有机络合剂是乙二胺四乙酸（Ethytlene Diamine Tetraacetic Acid, EDTA）。

（2）乙二胺四乙酸（EDTA）及其钠盐

乙二胺四乙酸是含有羧基和氨基的螯合剂，它在水溶液中的结构式为：

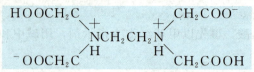

能与许多金属离子形成稳定的螯合物。在化学分析中，它除了用于络合滴定以外，在各种分离、测定方法中，还广泛地用作掩蔽剂。

乙二胺四乙酸简称 EDTA 或 EDTA 酸，常用 $H_4Y$ 表示。白色晶体，无毒，不吸潮。在水中难溶。在 22℃时，每 100mL 水中能溶解 0.02g，难溶于醚和一般有机溶剂，易溶于氨水和 NaOH 溶液中，生成相应的盐溶液。

当 $H_4Y$ 溶解于酸度很高的溶液中，它的两个羧基可再接受 $H^+$ 而形成 $H_6Y^{2+}$，这样 EDTA 就相当于六元酸，有六级离解平衡。各级离解常数如下：

$$K_{a1} \quad K_{a2} \quad K_{a3} \quad K_{a4} \quad K_{a5} \quad K_{a6}$$
$$10^{-0.90} \quad 10^{-1.60} \quad 10^{-2.00} \quad 10^{-2.67} \quad 10^{-6.16} \quad 10^{-10.26}$$

由于 EDTA 酸在水中的溶解度小，通常将其制成二钠盐，一般也称 EDTA 或 EDTA 二钠盐，常以 $Na_2H_2Y \cdot 2H_2O$ 形式表示。

EDTA 二钠盐的溶解度较大，在 22℃时，每 100mL 水中可溶解 11.1g，此溶液的浓度约为 $0.3 mol \cdot L^{-1}$。由于 EDTA 二钠盐水溶液中主要是 $H_2Y^{2-}$，所以溶液的 pH 值接近于 $(pK_{a4}+pK_{a5})/2=4.42$。

在任何水溶液中，EDTA 总是以 $H_6Y^{2+}$、$H_5Y^+$、$H_4Y$、$H_3Y^-$、$H_2Y^{2-}$、$HY^{3-}$ 和 $Y^{4-}$ 等 7 种型体存在。它们的分布系数与溶液 pH 的关系如图 11-10 所示。

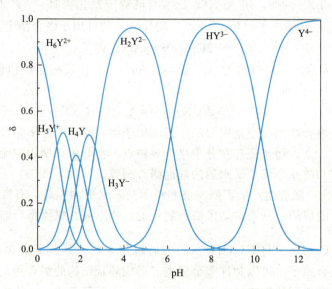

图 11-10　EDTA 各型体的 $\delta_i$-pH 曲线

从图 11-10 可以看出，在不同 pH 值时，EDTA 的主要存在型体如下：

pH　　　主要存在型体
<0.9　　　$H_6Y^{2+}$

| | |
|---|---|
| 0.9~1.6 | $H_5Y^+$ |
| 1.6~2.16 | $H_4Y$ |
| 2.16~2.67 | $H_3Y^-$ |
| 2.67~6.16 | $H_2Y^{2-}$ |
| 6.16~10.2 | $HY^{3-}$ |
| >10.2 | 主要 $Y^{4-}$ |
| >12 | 几乎全部 $Y^{4-}$ |

在这七种型体中，只有 $Y^{4-}$ 能与金属离子直接络合，溶液的酸度越低，$Y^{4-}$ 的分布系数就越大。因此，EDTA 在碱性溶液中络合能力较强。

（3）金属离子-EDTA 络合物的特点

由于 EDTA 的阴离子 $Y^{4-}$ 具有两个氨基和四个羧基，所以它既可作为四基配位体，也可作为六基配位体。因此，在周期表中绝大多数金属离子均能与 EDTA 形成多个五元环，所以比较稳定，在一般情况下，这些螯合物多是 1∶1 络合物，只有 Zr(Ⅳ) 和 Mo(Ⅴ) 与之形成 2∶1 的络合物。EDTA-Co(Ⅲ) 螯合物的立体结构如图 11-11 所示。

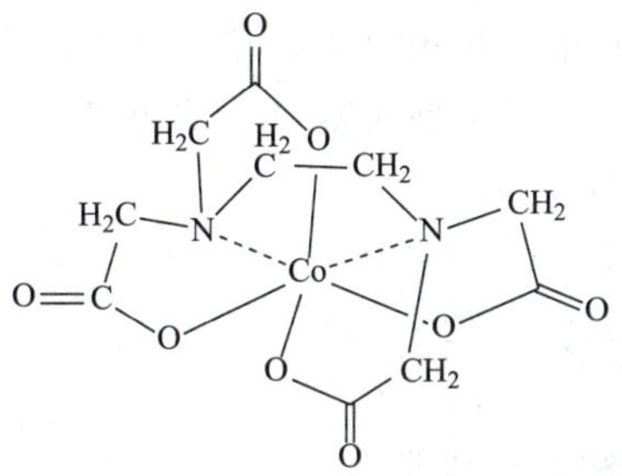

图 11-11 EDTA-Co(Ⅲ) 螯合物的立体结构

EDTA 与金属离子形成的络合物具有下列特点：
① 配位能力强，络合广泛。
② 配比较简单，多为 1∶1。
③ 络合物大多带电荷，水溶性较好。
④ 络合物的颜色主要取决于金属离子的颜色。

即无色的金属离子与 EDTA 络合，则形成无色的螯合物，有色的金属离子与 EDTA 络合时，一般形成颜色更深的螯合物。如：

| $NiY^{2-}$ | $CuY^{2-}$ | $CoY^{2-}$ | $MnY^{2-}$ | $CrY^-$ | $FeY^-$ |
|---|---|---|---|---|---|
| 蓝色 | 深蓝 | 紫红 | 紫红 | 深紫 | 黄 |

## 11.2.2 溶液中各级络合物型体的分布

（1）络合物的形成常数

在络合反应中，络合物的形成和离解处于相对的平衡状态中，其平衡常数以形成常数或稳定常数来表示。

1) ML 型（1∶1）络合物

$$M+L \rightleftharpoons ML$$

$$K_形 = [ML]/\{[M][L]\} \tag{11-33}$$

$$K_{离解} = 1/K_{形} \quad (11\text{-}34)$$

$K_{形}$ 越大，络合物越稳定；$K_{离解}$ 越大，络合物越不稳定。

2) $ML_4$ 型（1:4）络合物

① 络合物的逐级形成常数与逐级离解常数

现以 $Cu^{2+}$ 与 $NH_3$ 的络合反应为例。由于 $NH_3$ 是单基配体，所以它与 $Cu^{2+}$ 反应生成的络合物 $[Cu(NH_3)_4]^+$ 是逐级形成的.

$$Cu^{2+} + NH_3 \Longleftrightarrow [Cu(NH_3)]^{2+}$$

第一级形成常数：$K_1 = [Cu(NH_3)^{2+}]/\{[Cu^{2+}][NH_3]\} = 1.4 \times 10^4$

$$[Cu(NH_3)]^{2+} + NH_3 \Longleftrightarrow [Cu(NH_3)_2]^{2+}$$

第二级形成常数：$K_2 = [Cu(NH_3)_2^{2+}]/\{[Cu(NH_3)^{2+}][NH_3]\} = 3.1 \times 10^3$

$$[Cu(NH_3)_2]^{2+} + NH_3 \Longleftrightarrow [Cu(NH_3)_3]^{2+}$$

第三级形成常数：$K_3 = [Cu(NH_3)_3^{2+}]/\{[Cu(NH_3)_2^{2+}][NH_3]\} = 7.8 \times 10^2$

$$[Cu(NH_3)_3]^{2+} + NH_3 \Longleftrightarrow [Cu(NH_3)_4]^{2+}$$

第四级形成常数：$K_4 = [Cu(NH_3)_4^{2+}]/\{[Cu(NH_3)_3^{2+}][NH_3]\} = 1.4 \times 10^2$

络合物的形成常数（对 $ML_4$ 型来讲），其一般规律是 $K_1 > K_2 > K_3 > K_4$，其原因为随着络合物数目的增多，配体间的排斥作用增强，稳定性下降。

如果从络合物的离解来考虑，其平衡常数称为离解常数。

第一级离解常数：$K_1' = 1/K_4 = 7.4 \times 10^{-3}$

第二级离解常数：$K_2' = 1/K_3 = 1.3 \times 10^{-3}$

第三级离解常数：$K_3' = 1/K_2 = 3.2 \times 10^{-4}$

第四级离解常数：$K_4' = 1/K_1 = 7.1 \times 10^{-5}$

② 络合物的累积形成常数和总形成常数

络合物逐级形成常数的乘积称为累积形成常数，用符号 $\beta_i$ 表示。

第一级累积形成常数：$\beta_1 = K_1$

第二级累积形成常数：$\beta_2 = K_1 \times K_2$

第三级累积形成常数：$\beta_3 = K_1 \times K_2 \times K_3$

第四级累积形成常数：$\beta_4 = K_1 \times K_2 \times K_3 \times K_4$

最后一级累积形成常数又叫总形成常数，最后一级累积离解常数又叫总离解常数。对上述 1:4 型如 $[Cu(NH_3)_4]^{2+}$ 的络合物，$K_{形}^{总} = \beta_4$；总形成常数与总离解常数互为倒数关系，即

$$K_{离}^{总} = 1/K_{形}^{总}$$

运用累积形成常数，可以方便地计算溶液中各级络合物型体的平衡浓度：

$$[ML] = \beta_1 [M][L]$$
$$[ML_2] = \beta_2 [M][L]^2$$
$$\vdots$$
$$[ML_n] = \beta_n [M][L]^n$$

③ 络合剂的质子化常数

络合剂不仅可与金属离子络合，也可与 $H^+$ 结合，称之为络合剂的酸效应，把络合剂与质子之间反应的形成常数称为质子化常数（$K^H$），如

$$NH_3 + H^+ \Longleftrightarrow NH_4^+$$

非常明显，$K^H = 1/K_a = K_b/K_w$
显然，$K^H$ 与 $K_a$ 互为倒数关系。

对 EDTA，络合剂 Y 也能与溶液中的 $H^+$ 结合，从而形成 HY，$H_2Y$，…，$H_6Y$（为了书写方便省略了离子的电荷）等产物。其逐级质子化反应和相应的逐级质子化常数、累积质子化常数为：

$$Y + H^+ \rightleftharpoons HY \quad K_1^H = [HY]/([Y][H^+]) = 1/K_{a_6} \quad \beta_1^H = K_1^H$$
$$HY + H^+ \rightleftharpoons H_2Y \quad K_2^H = [H_2Y]/([HY][H^+]) = 1/K_{a_5} \quad \beta_2^H = K_1^H K_2^H$$
$$\vdots$$
$$H_5Y + H^+ \rightleftharpoons H_6Y \quad K_6^H = [H_6Y]/([H_5Y][H^+]) = 1/K_{a_1} \quad \beta_6^H = K_1^H K_2^H \cdots K_6^H$$

由各级累积质子化常数，可方便计算溶液中 EDTA 各型体的平衡浓度：

$$[HY] = \beta_1^H [Y][H^+]$$
$$[H_2Y] = \beta_2^H [Y][H^+]^2$$
$$\vdots$$
$$[H_6Y] = \beta_6^H [Y][H^+]^6$$

（2）溶液中各级络合物型体的分布

前面已经指出，当金属离子与单基配体络合时，由于各级形成常数的差别不大，因此，在同一溶液中其各级形成的络合物，往往是同时存在的，而且其各型体存在的比值与游离络合剂的浓度有关。当我们知道了溶液中金属离子的浓度、游离络合剂的浓度及其相关络合物的累积形成常数值时，即可计算出溶液中各种型体的浓度。铜氨络合物各型体的 $\delta_i$-$p_{NH_3}$ 曲线如图 11-12。现以 $Cu^{2+}$-$NH_3$ 溶液中各型体的分布系数 $\delta_i$（$i$ 为各型体中含 $NH_3$ 分子的个数）来进行讨论。$Cu^{2+}$ 在溶液中的分布系数 $\delta_0$ 为：

$$\begin{aligned}\delta_0 &= [Cu^{2+}]/([Cu^{2+}] + [Cu(NH_3)^{2+}] + [Cu(NH_3)_2^{2+}] + [Cu(NH_3)_3^{2+}] + [Cu(NH_3)_4^{2+}]) \\ &= [Cu^{2+}]/([Cu^{2+}] + \beta_1[Cu^{2+}][NH_3] + \beta_2[Cu^{2+}][NH_3]^2 + \beta_3[Cu^{2+}][NH_3]^3 + \beta_4[Cu^{2+}][NH_3]^4) \\ &= 1/(1 + \beta_1[NH_3] + \beta_2[NH_3]^2 + \beta_3[NH_3]^3 + \beta_4[NH_3]^4) \\ &= 1/\sum_{i=1}^{4}\beta_i[NH_3]^i\end{aligned}$$

$Cu(NH_3)^{2+}$ 在溶液中的分布系数 $\delta_1$ 为：

$$\begin{aligned}\delta_1 &= [Cu(NH_3)^{2+}]/([Cu^{2+}] + [Cu(NH_3)^{2+}] + [Cu(NH_3)_2^{2+}] + [Cu(NH_3)_3^{2+}] + [Cu(NH_3)_4^{2+}]) \\ &= \beta_1[Cu^{2+}][NH_3]/([Cu^{2+}] + \beta_1[Cu^{2+}][NH_3] + \beta_2[Cu^{2+}][NH_3]^2 + \beta_3[Cu^{2+}][NH_3]^3 + \beta_4[Cu^{2+}][NH_3]^4) \\ &= \beta_1[NH_3]\delta_0\end{aligned}$$

同理可得 $[Cu(NH_3)_2]^{2+}$、$[Cu(NH_3)_3]^{2+}$、$[Cu(NH_3)_4]^{2+}$ 在溶液中的分布系数 $\delta_2$、$\delta_3$、$\delta_4$ 分别为：

$$\delta_2 = \beta_2[NH_3]^2\delta_0$$
$$\delta_3 = \beta_2[NH_3]^3\delta_0$$
$$\delta_4 = \beta_2[NH_3]^4\delta_0$$

以此计算溶液中各型体的分布系数,并以 $p_{NH_3}$ 为横坐标,分布系数 $\delta_i$ 为纵坐标作图,即为分布系数图。$Cu^{2+}$-$NH_3$ 溶液的分布系数图如图 11-12 所示。

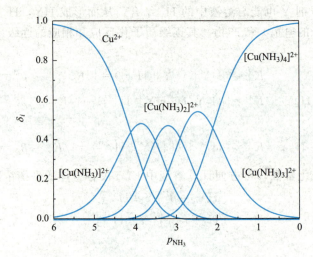

图 11-12　铜氨络合物各型体的 $\delta_i$-$p_{NH_3}$ 曲线

从图 11-12 可以看出,随溶液中 $[NH_3]$ 浓度的变化,溶液中 $Cu^{2+}$、$[Cu(NH_3)]^{2+}$、$[Cu(NH_3)_2]^{2+}$、$[Cu(NH_3)_3]^{2+}$、$[Cu(NH_3)_4]^{2+}$ 的分布系数也逐渐发生变化。变化关系与弱酸溶液中各型体的分布随 pH 值的变化关系相似。

### 11.2.3　络合滴定中的副反应和条件形成常数

以上讨论了简单络合物平衡体系中有关各型体浓度的计算。实际上,在络合滴定过程中,遇到的是比较复杂的络合平衡体系,在一定条件和一定反应组分比下,络合平衡不仅要受到温度和该溶液离子强度的影响,而且与某些离子和分子的存在有关,这些离子和分子往往干扰主反应,从而使反应物和反应产物的平衡浓度降低。

(1) 络合滴定中的副反应和副反应系数

能引起副反应(除主反应以外的反应)的物质有:$H^+$、$OH^-$、待测试样中共存的其他金属离子,以及为控制 pH 值或掩蔽某些干扰组分而加入的掩蔽剂或其他辅助络合剂等,由于它们的存在,必然会伴随一系列副反应发生。其中 M 及 Y 的各种副反应不利于主反应的进行,而生成 MY 的副反应则有利于主反应的进行。

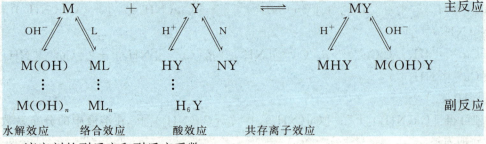

1) 滴定剂的副反应和副反应系数

① EDTA 酸效应和酸效应系数

$H^+$ 与 Y 的副反应对主反应的影响,或由于 $H^+$ 的存在,使配体 Y 参加主反应能力降低的现象称为酸效应,也叫质子化效应。在一定情况下,酸效应不一定是有害的因素。提高酸度使干扰离子与 Y 的络合能力降至很低，从而提高滴定的选择性，此时酸效应就成为有利的因素。

如果用 [Y'] 表示有酸效应存在时，未与 M 络合的 EDTA 各种型体的浓度之和，那么 [Y'] 与游离 Y 的溶液 [Y] 之比即为酸效应系数：

$$\begin{aligned}\alpha_{Y(H)} &= [Y']/[Y] = ([Y]+[HY]+[H_2Y]+\cdots[H_6Y])/[Y] \\ &= ([Y]+\beta_1^H[Y][H^+]+\beta_2^H[Y][H^+]^2+\cdots+\beta_6^H[Y][H^+]^6)/[Y] \\ &= 1+\beta_1^H[H^+]+\beta_2^H[H^+]^2+\cdots+\beta_6^H[H^+]^6 \\ &= 1+\sum_{i=1}^{6}\beta_i[H^+]^i \end{aligned}$$ (11-35)

**例 11-6** 计算 pH 等于 5.00 时 EDTA 的酸效应系数 $\alpha_{Y(H)}$ 和 $\lg\alpha_{Y(H)}$。

**解：**已知 EDTA 的各累积质子化常数 $\lg\beta_1^H \sim \lg\beta_6^H$ 分别为：10.26、16.42、19.09、21.09、22.69 和 23.59，

$[H^+] = 10^{-5.00} \text{mol} \cdot \text{L}^{-1}$，将有关数据代入式(11-35)

$\alpha_{Y(H)} = 1+\beta_1^H[H^+]+\beta_2^H[H^+]^2+\cdots+\beta_6^H[H^+]^6$ 得

$\alpha_{Y(H)} = 1+10^{10.26}\times10^{-5.00}+10^{16.42}\times10^{-10.00}+10^{19.09}\times10^{-15.00}+10^{21.09}\times10^{-20.00}+10^{22.69}\times10^{-25.00}+10^{23.59}\times10^{-30.00} = 1+10^{5.26}+10^{6.42}+10^{4.09}+10^{1.09}+10^{-2.31}+10^{-6.41} = 10^{6.45}$

所以 $\lg\alpha_{Y(H)} = 6.45$

② EDTA 与共存离子的副反应——共存离子效应

若溶液中同时存在可与 EDTA 发生络合反应的其他金属离子 N，则 MN 与 EDTA 之间将会发生竞争，N 将影响 M 与 EDTA 的络合作用。

若不考虑其他因素，则

$$\begin{aligned}\alpha_{Y(N)} &= ([Y]+[NY])/[Y] \\ &= 1+K_{NY}[N]\end{aligned}$$ (11-36)

③ EDTA 的总副反应系数

若两种因素同时存在，则

$$\begin{aligned}\alpha_Y &= ([Y]+[HY]+[H_2Y]+[H_3Y]+\cdots+[H_6Y]+[NY])/[Y] \\ &= \{([Y]+[HY]+[H_2Y]+[H_3Y]+\cdots+[H_6Y])+([Y]+[NY]-[Y])\}/[Y] \\ &= ([Y]+[HY]+[H_2Y]+[H_3Y]+\cdots+[H_6Y])/[Y] + ([Y]+[NY])/[Y]-[Y]/[Y] \\ &= \alpha_{Y(H)}+\alpha_{Y(N)}-1\end{aligned}$$

(11-37)

2) 金属离子 M 的副反应和副反应系数

① M 的络合效应和络合效应系数

另一种络合剂与 M 的副反应对主反应的影响称为络合效应。采取与酸效应类似的处理办法，可求得络合效应系数 $\alpha_{M(L)}$ 为：

$$\alpha_{M(L)} = 1+\sum_{i=1}^{n}\beta_i[L]^i$$ (11-38)

② M 的水解效应

同理可得：

$$\alpha_{M(L)} = 1+\sum_{i=1}^{n}\beta_i[OH]^i$$ (11-39)

③ M 的总副反应系数

若两种离子同时存在，即 M 与络合剂 L 和 $OH^-$ 均发生了副反应，则其总副反应系数为：

$$\alpha_M = \alpha_{M(L)} + \alpha_{M(OH)} - 1 \tag{11-40}$$

**例 11-7** 在 $0.10\ mol \cdot L^{-1}\ NH_3$-$0.18\ mol \cdot L^{-1}$（均为平衡浓度）$NH_4^+$ 溶液中，总副反应系数 $\alpha_{Zn}$ 为多少？锌的主要型体是哪几种？如将溶液的 pH 调到 10.0，$\alpha_{Zn}$ 又等于多少（不考虑溶液体积的变化）？

**解**：已知锌氨络合物的累积形成常数 $\lg\beta_1 \sim \lg\beta_4$ 分别为 2.27，4.61，7.01，和 9.06；$[NH_3] = 10^{-1.00}\ mol \cdot L^{-1}$，$pK_a(NH_4^+) = 9.26$。

因为 $pH = pK_a + \lg([NH_3]/[NH_4^+]) = 9.26 + \lg(0.10/0.18) = 9.00$

查附录二十二可知，pH = 9.0 时，$\lg\alpha_{Zn(OH)} = 0.2$。

$$\begin{aligned}\alpha_{Zn(NH_3)} &= 1 + \beta_1[NH_3] + \beta_2[NH_3]^2 + \beta_3[NH_3]^3 + \beta_4[NH_3]^4 \\ &= 1 + 10^{2.27} \times 10^{-1.00} + 10^{4.61} \times 10^{-2.00} + 10^{7.01} \times 10^{-3.00} + 10^{9.06} \times 10^{-4.00} \\ &= 10^{5.10}\end{aligned}$$

由于 $\beta_3[NH_3]^3$ 和 $\beta_4[NH_3]^4$ 中这两项数值较大，因此可知锌在此溶液中主要型体是 $[Zn(NH_3)_3]^{2+}$ 和 $[Zn(NH_3)_4]^{2+}$。所以

$$\alpha_{Zn} = \alpha_{Zn(NH_3)} + \alpha_{Zn(OH)} - 1 \approx 10^{5.10}$$

所以 $\lg\alpha_{Zn} = 5.10$

当溶液的 pH = 10.0 时，查表 $\lg\alpha_{Zn(OH)} = 2.4$，$NH_3$ 的质子化常数 $K^H = 10^{9.26}$。因为

$$c_{NH_3} = [NH_3] + [NH_4^+] = 0.10 + 0.18 = 0.28 = 10^{-0.55}\ mol \cdot L^{-1}$$

由分布系数可得：

$$[NH_3] = c_{NH_3} K_a / ([H^+] + K_a) = 10^{-0.62}\ mol \cdot L^{-1}$$

$$\alpha_{Zn(NH_3)} = 1 + 10^{2.27} \times 10^{-0.62} + 10^{4.61} \times 10^{-1.24} + 10^{7.01} \times 10^{-1.86} + 10^{9.06} \times 10^{-2.48} = 10^{6.60}$$

此时

$$\alpha_{Zn} \approx \alpha_{Zn(NH_3)} = 10^{6.60}$$

计算结果表明，当 $c_{NH_3}$ 一定时，随着溶液酸度的降低，$[NH_3]$ 有所增大，使 $NH_3$ 对 $Zn^{2+}$ 的络合效应亦有所增大。同时也可以看出，由于辅助络合剂的作用，此时 $Zn^{2+}$ 的水解反应可以忽略不计，$\alpha_{Zn} \approx \alpha_{Zn(NH_3)}$。

3) 络合物 MY 的副反应和副反应系数

pH < 3 时，形成酸式络合物，MHY；pH > 6 时，形成碱式络合物，MOHY。由于这两种络合物对主反应有利，且不稳定，一般情况下，可忽略不计。

(2) MY 络合物的条件形成常数

条件形成常数亦叫表观稳定常数，它是将酸效应和络合效应两个主要影响因素考虑进去以后的实际稳定常数。

在无副反应发生的情况下，M 与 Y 反应达到平衡时的形成常数 $K_{MY}$，称为绝对形成常数。$K_{MY} = [MY]/([M][Y])$

对有副反应发生的滴定反应：

$$[M] = c_M/\alpha_M, \quad [Y] = c_Y/\alpha_Y, \quad [MY] = c_{MY}/\alpha_{MY}$$

代入 $K_{MY}$ 定义式：

$$K_{MY} = [c_{MY}/(c_M c_Y)] \cdot [\alpha_M \alpha_Y/\alpha_{MY}]$$

或

$$K_{MY}\alpha_{MY}/(\alpha_M \alpha_Y) = c_{MY}/(c_M c_Y)$$

令

$$K'_{MY} = K_{MY}\alpha_{MY}/(\alpha_M \alpha_Y)$$

则

$$K'_{MY} = c_{MY}/(c_M c_Y) \tag{11-41}$$

$K'_{MY}$ 称为表观形成常数或条件稳定常数，而 $c_M$、$c_Y$、$c_{MY}$ 则称表观浓度。$K'_{MY}$ 表示在有副反应的情况下，络合反应进行的程度。式(11-41)两边取对数得：

$$\lg K'_{MY} = \lg K_{MY} - \lg \alpha_M - \lg \alpha_Y + \lg \alpha_{MY} \tag{11-42}$$

在多数情况下，MHY 和 MOHY 可以忽视，即

$$\alpha_{MY} = 0。$$

代入式(11-42)得：

$$\lg K'_{MY} = \lg K_{MY} - \lg \alpha_M - \lg \alpha_Y \tag{11-43}$$

此式为计算络合物表观形成常数的重要公式。

当溶液中无其他配离子存在时，式(11-43)可简化为：

$$\lg K'_{MY} = \lg K_{MY} - \lg \alpha_{Y(H)} \tag{11-44}$$

若 pH>12.0，$\lg \alpha_{Y(H)} = 0$

$$\lg K'_{MY} = \lg K_{MY}$$

即：$K'_{MY} = K_{MY}$

由式(11-42)可知，表观形成常数总是比相应的绝对形成常数小，只有当 pH>12，$\alpha_{Y(H)} = 0$ 时的表观形成常数等于绝对形成常数。表观形成常数的大小说明络合物 MY 在一定条件下的实际稳定程度。表观形成常数愈大，络合物 MY 愈稳定。

### 11.2.4 EDTA 滴定曲线及其影响因素

EDTA 能与大多数金属离子形成 1:1 的络合物，它们之间的定量关系是：

$$(cV)_{EDTA} = (cV)_M$$

(1) 滴定曲线的绘制

酸碱滴定法将滴定过程分为四个阶段，即滴定前、滴定开始至计量点前、计量点时、计量点后四个阶段，计算溶液的 pH 值及其变化规律；对络合滴定可以采取类似的办法，分同样四个阶段计算溶液中金属离子的浓度变化，并绘制滴定曲线。

以 $0.02000\, \text{mol} \cdot \text{L}^{-1}$ EDTA 滴定 $20.00\, \text{mL}\ 0.02000\, \text{mol} \cdot \text{L}^{-1}\ Zn^{2+}$，滴定是在 pH=9.0 的 $NH_3\text{-}NH_4^+$ 的缓冲溶液中进行，并含有 $0.10\, \text{mol} \cdot \text{L}^{-1}$ 游离氨。$\lg K_{ZnY} = 16.50$。

1) $K'_{ZnY}$ 表观形成常数的计算

由例 11-7 查知，$\lg \alpha_{Zn} = 5.10$，查附录二十可知，$\lg \alpha_Y = \lg \alpha_{Y(H)} = 1.28$，故

$$\lg K'_{ZnY} = \lg K_{ZnY} - \lg \alpha_{Zn} - \lg \alpha_Y = 16.50 - 5.10 - 1.28 = 10.12$$

2) 滴定曲线

① 滴定前  $[Zn'] = c_{Zn} = 0.020\, \text{mol} \cdot \text{L}^{-1}$  （$[Zn']$ 表示 $Zn^{2+}$ 的总浓度）

$$pZn' = 1.70$$

② 滴定开始至计量点前

$$[Zn'] = c_{Zn}[(V_{Zn} - V_Y)/(V_{Zn} + V_Y)]$$

若 $V_Y = 19.98\, \text{mL}$，则 $[Zn'] = 1.0 \times 10^{-5}\, \text{mol} \cdot \text{L}^{-1}$

$$pZn' = 5.00$$

③ 计量点时

$$[ZnY]_{sp} = c_{Zn,sp} - [Zn']_{sp} \approx c_{Zn,sp} = c_{Zn}/2$$

根据计量点时的平衡关系：

$$K'_{ZnY} = [ZnY]/\{[Zn'][Y']\} = c_{Zn,sp}/[Zn']_{sp}^2$$

$$pZn'_{sp} = (pc_{Zn,sp} + \lg K'_{ZnY})/2 = (2.00 + 10.12)/2 = 6.06$$

④ 计量点之后

由于过量的 EDTA 抑制了 $ZnY^{2-}$ 的离解，溶液中 $pZn'$ 与 EDTA 的浓度有关。

$$[ZnY] = c_{Zn}V_{Zn}/(V_{Zn}+V_Y)$$

$$[Y'] = c_Y(V_Y-V_{Zn})/(V_{Zn}+V_Y)$$

$$c_{Zn} = c_Y$$

将上式代入平衡关系式可得：

$$[Zn'] = \{[ZnY]/[Y']\}K'_{ZnY} = \{V_{Zn}/(V_Y-V_{Zn})\}K'_{ZnY}$$

$$pZn' = \lg K'_{ZnY} - \lg[V_{Zn}/(V_Y-V_{Zn})]$$

若加入 20.02mL EDTA 标准溶液，则

$$pZn' = 7.12$$

逐一计算结果，列于表 11-7 中。

表 11-7 EDTA 滴定 $Zn^{2+}$ 的 $pZn'$

| EDTA 加入量 V/mL | 被滴定的 $Zn^{2+}$/% | 过量的 EDTA/% | $pZn'$ |
|---|---|---|---|
| 0.00 | | | 1.70 |
| 10.00 | 50.00 | | 2.18 |
| 18.00 | 90.00 | | 2.98 |
| 19.80 | 99.00 | | 4.00 |
| 19.98 | 99.90 | | 5.00 |
| 20.00 | 100.0 | | 6.06 |
| 20.02 | 100.1 | 0.1 | 7.12 |
| 20.20 | 101.0 | 1.00 | 8.12 |
| 22.00 | 110.0 | 10.00 | 9.12 |
| 40.00 | 200 | 100.0 | 10.12 |

从表 11-7 可见，在计量点前后相对误差为 ±0.1% 的范围内，$\Delta pM'$ ($\Delta pM$) 发生突跃，称为络合滴定的突跃范围（本例为 5.00~7.12）。

(2) 影响滴定突跃的主要因素

由图 11-13 及图 11-14 可以看出，滴定曲线下限起点的高低，取决于金属离子的原始浓度 $c_M$；曲线上限的高低，取决于络合物的 $\lg K'_{MY}$ 值。也就是说，滴定曲线突跃范围的长短，取决于络合物的条件形成常数及被滴定金属离子的浓度。

1) 条件形成常数 $K'_{MY}$ 的影响

图 11-13 表示用 $0.010 mol \cdot L^{-1}$ EDTA 滴定 $0.010 mol \cdot L^{-1}$ M 所得到的突跃曲线。由图可见 $K'_{MY}$ 值越大，突跃上限的位置越高，滴定突跃越大。

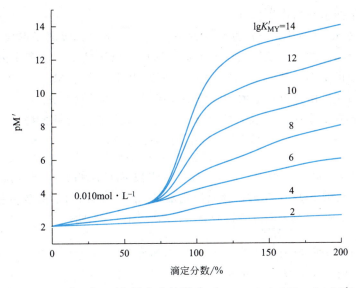

图 11-13　$K'_{MY}$ 对 pM' 突跃大小的影响（$c_Y = c_M = 0.010 \text{mol} \cdot \text{L}^{-1}$）

2）金属离子的浓度 $c_M$ 的影响

图 11-14 表明，$c_M$ 越大，即 pM 越小，滴定突跃的下限越低，滴定突跃越大。曲线的起点越高，滴定曲线的突跃部分就越短。因此，我们可以得出这样的推论：若溶液中有能与被测定的金属离子起络合作用的络合剂，包括缓冲溶液及掩蔽剂，就会降低金属离子的浓度，提高滴定曲线的起点，致使突跃部分缩短。

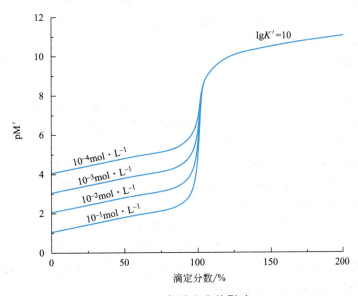

图 11-14　$c_M$ 对 pM' 突跃大小的影响（$c_Y = c_M$）

## 11.2.5　络合滴定指示剂

络合滴定和其他滴定方法一样，判断终点的方法有多种，如电化学方法（电位滴定、安培滴定或电导滴定）、光化学方法（光度滴定）等。络合滴定最常用的还是用指示剂的方法，利用金属指示剂来判断滴定终点。

(1) 金属离子指示剂的作用原理

金属指示剂（metal indicator）也是一种络合剂，它能与金属离子形成与其本身具有显著不同颜色的络合物而指示滴定终点。由于它能够指示出溶液中金属离子浓度的变化情况，故也称为金属离子指示剂，简称金属指示剂。现以 EDTA 滴定 $Mg^{2+}$（在 pH＝10 的条件下），用铬黑 T(EBT) 作为指示剂为例，说明金属指示剂的变色原理。

1）$Mg^{2+}$ 与铬黑 T 反应，形成一种与铬黑 T 本身颜色不同的络合物

$$Mg^{2+} + \underset{\text{蓝色}}{EBT} \Longrightarrow \underset{\text{鲜红色}}{Mg\text{-}EBT}$$

2）当滴入 EDTA 时，溶液中游离的 $Mg^{2+}$ 逐步被 EDTA 络合，当达到计量点时，已与 EBT 络合的 $Mg^{2+}$ 也被 EDTA 夺出，释放出指示剂 EBT，因而引起溶液颜色的变化。

$$\underset{\text{鲜红色}}{Mg\text{-}EBT} + EDTA \Longrightarrow Mg\text{-}EDTA + \underset{\text{蓝色}}{EBT}$$

应该指出，许多金属指示剂不仅具有络合剂的性质，而且本身常是多元弱酸或多元弱碱，能随溶液 pH 值变化而显示不同的颜色。例如铬黑 T，它是一个三元酸，第一级离解极容易，第二级和第三级离解则较难（$pK_{a2}=6.3$，$pK_{a3}=11.6$），在溶液中有下列平衡：

$$\underset{\substack{\text{红色}\\ \text{pH}<6}}{H_2In^-} \Longrightarrow \underset{\substack{\text{蓝色}\\ \text{pH}=8\sim11}}{HIn^{2-}} \Longrightarrow \underset{\substack{\text{橙色}\\ \text{pH}>12}}{In^{3-}}$$

铬黑 T 能与许多金属离子，如 $Ca^{2+}$、$Mg^{2+}$、$Zn^{2+}$、$Cd^{2+}$ 等形成红色的络合物。显然，铬黑 T 在 pH＜6 或 pH＞12 时，游离指示剂的颜色与形成的金属离子络合物颜色没有显著的差别。只有在 pH＝8～11 时进行滴定，终点由金属离子络合物的红色变成游离指示剂的蓝色，颜色变化才显著。因此，使用金属指示剂，必须注意选用合适的 pH 范围。

金属指示剂必须具备如下条件：

① 在滴定的 pH 范围内，指示剂本身的颜色与其金属离子结合物的颜色应有显著的区别。这样，终点时的颜色变化才明显。

② 金属离子与指示剂所形成的有色络合物应该足够稳定，在金属离子浓度很小时，仍能呈现明显的颜色，如果它们的稳定性差而离解程度大，则在到达计量点前，就会显示出指示剂本身的颜色，使终点提前出现，颜色变化也不敏锐。

③ "M-指示剂"络合物的稳定性，应小于"M-EDTA"络合物的稳定性，二者的稳定常数应相差在 100 倍左右，即 $\lg K'_{MY} - \lg K'_{MIn} \approx 2$，这样才能使 EDTA 滴定到计量点时，将指示剂从"M-指示剂"络合物中取代出来。

④ 指示剂应具有一定的选择性，即在一定条件下，只对其一种（或某几种）离子发生显色反应。在符合上述要求的前提下，指示剂的颜色反应最好又有一定的广泛性，既改变了滴定条件，又能作为其他离子滴定的指示剂。这样就能在连续滴定两种（或两种以上）离子时，避免加入多种指示剂而发生颜色干扰。

此外，金属指示剂应比较稳定，便于贮存和使用。

(2) 金属指示剂在使用中存在的问题

1）指示剂的封闭现象

有时某些指示剂能与某些金属离子生成极为稳定的络合物，这些络合物较对应的 MY 络合物更稳定，以至于到达计量点时滴入过量 EDTA，也不能夺取指示剂络合物（MIn）中的金属离子，指示剂不能释放出来，看不到颜色的变化，这种现象叫指示剂的封闭现象。

如果封闭现象是由被滴定离子本身所引起的，一般可用返滴定法予以消除。如 $Al^{3+}$ 对二甲酚橙（XO）有封闭作用，测定 $Al^{3+}$ 时可先加入过量的 EDTA 标准溶液，于 pH=3.5 时煮沸，使 $Al^{3+}$ 与 EDTA 完全络合后，再调节溶液 pH 值为 5~6，加入 XO，用 $Zn^{2+}$ 或 $Pb^{2+}$ 标准溶液返滴定，即可克服 $Al^{3+}$ 对 XO 的封闭现象。

2）指示剂的僵化现象

有些金属指示剂本身与金属离子形成的络合物的溶解度很小，使终点的颜色变化不明显；还有些金属指示剂与金属离子所形成的络合物的稳定性只稍差于对应的 EDTA 络合物，因而使 EDTA 与 MIn 之间的反应缓慢，使终点拖长，这种现象叫做指示剂的僵化。

解决这种现象可加入适当的有机溶剂或加热，以增大其溶解度。例如，用吡啶偶氮萘酚（PAN）作为指示剂时，可加入少量甲醇或乙醇，也可以将溶液适当加热，以加快置换速度，使指示剂的变色较明显。又如，用磺基水杨酸（SSA）作为指示剂，以 EDTA 标准溶液滴定 $Fe^{3+}$ 时，可先将溶液加热到 50~70℃后，再进行滴定。

3）指示剂的氧化变质现象

金属指示剂大多数是具有许多双键的有色化合物，易被日光氧化、空气所分解。有些指示剂在水溶液中不稳定，日久会变质。如铬黑 T 的水溶液易氧化变质，所以常配成固体混合物或用具有还原性的溶液来配制溶液。分解变质的速度与试剂的纯度也有关。一般纯度较高时，保存时间长一些。另外，有些金属离子对指示剂的氧化分解起催化作用。如铬黑 T 在 Mn(Ⅳ) 或 $Ce^{4+}$ 存在下，仅数秒钟就分解褪色。为此，在配制铬黑 T 时，应加入盐酸羟胺等还原剂。

(3) 常用金属指示剂简介

金属指示剂很多。现将几种常用的金属指示剂介绍如下。

1）铬黑 T（EBT）

铬黑 T 属 O,O'-二羟基偶氮类染料，简称 EBT 或 BT，其化学名称是：1-(1-羟基-2-萘偶氮)-6-硝基-2-萘酚-4-磺酸钠。

铬黑 T 的钠盐为黑褐色粉末，带有金属光泽，使用时最适宜的 pH 范围是 9~11，在此条件下，可用 EDTA 直接滴定 $Mg^{2+}$、$Zn^{2+}$、$Cd^{2+}$、$Pb^{2+}$、$Hg^{2+}$ 等离子。

铬黑 T 常与 NaCl 或 $KNO_3$ 等中性盐制成固体混合物（1∶100）使用。

2）二甲酚橙（XO）

二甲酚橙属于三苯甲烷类显色剂，其化学名称为：3,3'-双[N,N-二(羧甲基)-氨甲基]-邻甲酚磺酞。常用的是二甲酚橙的四钠盐，为紫色结晶，易溶于水，pH>6.3 时呈红色，pH<6.3 时呈黄色。它与金属离子络合呈红紫色。因此，它只能在 pH<6.3 的酸性溶液中使用。通常配成 0.5% 水溶液。

许多金属离子可用二甲酚橙作为指示剂直接滴定，如 $ZrO^{2+}$（pH<1）、$Bi^{3+}$（pH=1~2）、$Th^{4+}$（pH=2.5~3.5）、$Sc^{3+}$（pH=3~5）、$Pb^{2+}$、$Zn^{2+}$、$Cd^{2+}$、$Hg^{2+}$ 和 $Tl^{3+}$ 等离子和稀土元素的离子（pH5~6）都可以用 EDTA 直接滴定。终点时溶液由红色变为亮黄色，很敏锐。$Fe^{3+}$、$Al^{3+}$、$Ni^{2+}$、$Cu^{2+}$ 等离子，也可以先加入过量 EDTA 后用 $Zn^{2+}$ 标准溶液返滴定。

$Fe^{3+}$、$Al^{3+}$、$Ni^{2+}$ 和 $Ti^{4+}$ 等离子，能封闭二甲酚橙指示剂，一般可用氟化物掩蔽 $Al^{3+}$；用抗坏血酸掩蔽 $Fe^{3+}$ 和 $Ti^{4+}$，用邻二氮菲掩蔽 $Ni^{2+}$。

3）磺基水杨酸（SSA）

无色晶体，可溶于水。在 pH=1.5~2.5 时与 $Fe^{3+}$ 形成紫红色络合物 $FeSSA^+$，作为滴

定 $Fe^{3+}$ 的指示剂,终点由红色变为亮黄色。

(4) 终点误差和准确滴定的条件

1) 终点误差

滴定的准确度可用终点误差(TE)来定量描述。终点误差是指滴定终点与化学计量点不一致所引起的误差,用 $E_t$ 表示。

$E_t$ = 滴定剂 Y 过量或不足的物质的量/金属离子的物质的量

$$E_t = (c_{Y,ep}V_{ep} - c_{M,ep}V_{ep})/c_{M,ep}V_e \tag{11-45}$$

若 $[Y']_{ep} - [M']_{ep} > 0$,滴定剂过量,误差为正;

$[Y']_{ep} - [M']_{ep} < 0$,滴定剂不足,误差为负;

$[Y']_{ep} - [M']_{ep} = 0$,误差为零。

设终点的 $pM'_{ep}$ 与计量点的 $pM'_{sp}$ 之差为 $\Delta pM'$,则

$$\Delta pM' = pM'_{ep} - pM'_{sp} = \lg([M']_{sp}/[M']_{ep})$$

或:
$$[M']_{sp}/[M']_{ep} = 10^{\Delta pM'}$$

$$[M']_{ep} = [M']_{sp} 10^{-\Delta pM'} \tag{11-46}$$

同理可得:

$$[Y']_{ep} = [Y']_{sp} 10^{-\Delta pY'} \tag{11-47}$$

在计量点附近:$c_{M,ep} \approx c_{M,sp}$

因为用于滴定分析的反应,一般都进行得比较完全,所以在化学计量点时:

$$[M']_{sp} = [Y']_{sp} = \sqrt{c_M^{ep}/K'_{MY}} \tag{11-48}$$

将式(11-46)、式(11-47)、式(11-48)代入终点误差表达式(11-45),则得:

$$E_t = \frac{10^{-\Delta pY} - 10^{-\Delta pM}}{\sqrt{c_{M,sp}K'_{MY}}}$$

再由计量点时的 $K'_{MY}$ 与终点时的 $K'_{MY}$ 值近似相等,可得:$\Delta pM' = -\Delta pY'$

故:
$$E_t = \frac{10^{\Delta pM} - 10^{-\Delta pM}}{\sqrt{c_{M,sp}K'_{MY}}} \tag{11-49}$$

此式就是林邦终点误差公式。

2) 直接准确滴定金属离子的条件

当 $\Delta pM = 0.2$ 单位,误差为 $\pm 0.1\%$,代入式(11-49),则得:

$$\lg c_{M,sp}K'_{MY} \geqslant 6 \tag{11-50}$$

式(11-50)为准确滴定的判别式。

一般被测定金属离子的浓度约为 $0.020 \text{mol} \cdot L^{-1}$,终点时浓度为 $0.010 \text{mol} \cdot L^{-1}$。

故:
$$\lg K'_{MY} \geqslant 8$$

(5) 络合滴定中酸度的选择和控制

根据前面的讨论可知,金属离子被准确滴定的条件之一是应有足够大的 $K'_{MY}$ 值。但是 $K'_{MY}$ 除了由绝对形成常数决定外,还受溶液中酸度、辅助络合剂等条件的限制,所以当有副反应存在时,$c_M = 0.01 \text{mol} \cdot L^{-1}$ 条件下的判别式应为:

$$\lg K'_{MY} = (\lg K_{MY} - \lg \alpha_Y - \lg \alpha_M) \geqslant 8$$

这些副反应越严重,$\lg \alpha_Y$ 和 $\lg \alpha_M$ 值越大,$\lg K'_{MY}$ 值就越小,小到 $\lg K'_{MY} < 8$ 时就不能再准确滴定。因此,要准确进行滴定,必须对滴定条件予以控制。

设不存在副反应，只考虑酸效应，则：

$$\lg\alpha_{Y(H)}(\max) = \lg K_{MY} - \lg K'_{MY}(\min)$$

为此，对溶液酸度要有一定控制，酸度高于这个限度就不能准确进行滴定，这一限度就是络合滴定所允许的最高酸度（最低 pH 值）。

滴定金属离子的最低 pH 值，可按下式，

$$\lg\alpha_{Y(H)}(\max) = \lg K_{MY} - 8$$

先算出各种金属离子的 $\lg\alpha_{Y(H)}$ 值，再查出其相应的 pH 值。这个 pH 值即为滴定某一金属离子的最低 pH 值。

根据最低 pH 值对 $\lg K_{MY}$ 作图，即可给出 EDTA 滴定一些金属离子所允许的最低 pH 值，如图 11-15 所示。此曲线称"林邦曲线"，或"酸效应曲线"。这条曲线可以说明以下几个问题。

① 从曲线上可以找出进行各离子滴定时的最低 pH 值。如果小于该 pH 值，就不能络合或络合不完全，滴定就不可能定量地进行。

② 从曲线可以看出，在一定 pH 值范围内，哪些离子被滴定，哪些离子有干扰。

③ 从曲线还可以看出，利用控制溶液酸度的方法，有可能在同一溶液中连续滴定几种离子。例如，当溶液中含有 $Bi^{3+}$、$Zn^{2+}$ 及 $Mg^{2+}$，在 pH=1.0 时，用 EDTA 滴定 $Bi^{3+}$，然后在 pH=5.0～6.0 时，连续滴定 $Zn^{2+}$，最后在 pH=0.0～11.0 时，滴定 $Mg^{2+}$。

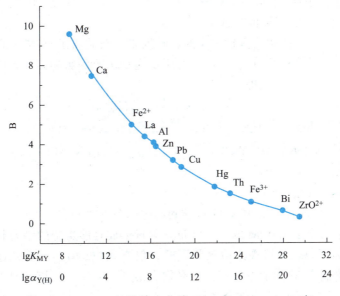

图 11-15 EDTA 的酸效应曲线（$c_M = 0.010\,mol\cdot L^{-1}$）

必须指出，滴定时实际上所采用的 pH 值，要比允许的最低 pH 值高一些，这样可以使金属离子络合得更完全些。但是，过高的 pH 值会引起金属离子的水解，而生成 $M(OH)_m^{n-m}$ 型的羟基络合物，从而降低金属离子与 EDTA 络合的能力，甚至会生成 $M(OH)_n$ 沉淀，妨碍 MY 络合物的形成。因此，根据 $M(OH)_n$ 沉淀的 $K_{sp}$ 可以计算该金属滴定的最低酸度（最高 pH）。

最高酸度和最低酸度之间的酸度范围称为络合滴定的"适合酸度范围"，络合滴定必须在此酸度范围内进行，才能确保其准确度。

## 11.2.6 提高络合滴定选择性的方法

由于 EDTA 具有相当强的络合能力，所以它能与多种金属离子形成络合物，这是它能广泛应用的主要原因。但是，实际分析对象经常是多种元素同时存在，往往互相干扰。因此，如何提高络合滴定的选择性，便成为络合滴定中要解决的重要问题。提高络合滴定的选择性就是要设法消除共存金属离子（N）的干扰，以便准确地进行待测金属离子（M）的滴定。

当用目视法检测滴定终点时，干扰离子可能带来两方面的干扰：一是对滴定反应的干扰，即在 M 被滴定的过程中，干扰离子也发生反应，多消耗滴定剂造成滴定误差；二是对滴定终点颜色的干扰，即在某些条件下，虽然干扰离子的浓度 $c_N$ 及其与 EDTA 的络合物稳定性都足够小，在 M 被滴定到化学计量点附近时，N 还基本上没有络合，不干扰滴定反应。为此，要实现混合离子的分步滴定，一是要设法降低 N 与 EDTA 络合物的稳定性，二是降低 N 与指示剂（In）络合物的稳定性，即通过减小 $c_N$、$\lg K'_{NY}$ 及 $\lg K'_{NIn}$ 来消除干扰。

（1）分步滴定的可行性分析判据

前面已经讨论过，当用 EDTA 标准溶液滴定单独一种金属离子时，如果满足 $\lg c_M K'_{MY} \geqslant 6$（或 $\lg K'_{MY} \geqslant 8$），就可以准确滴定，误差 $\leqslant 0.1\%$。但当溶液中有两种以上的金属离子共存时，情况就比较复杂，干扰的情况与两者的 $K'$ 值和浓度 $c$ 有关。被测定的金属离子的浓度 $c_M$ 越大，干扰离子的浓度 $c_N$ 越小，被测离子络合物的 $K'_{MY}$ 越大，干扰离子络合物的 $K'_{NY}$ 越小，则滴定 M 时，N 的干扰也就越小。

酸度较高时，EDTA 的酸效应是主要的影响因素，杂质离子 N 与 EDTA 的副反应可以忽略。酸度较低时，杂质离子 N 与 EDTA 的副反应是主要的影响因素，EDTA 的酸效应可以忽略。此时，$\alpha_{Y(N)} \geqslant \alpha_{Y(H)}$，即

$$\alpha_Y \approx \alpha_{Y(N)} \approx c_{N,sp} K_{NY}$$

$$\lg K'_{MY} = \lg K_{MY} - \lg K_{NY} - \lg c_{N,sp} = \Delta \lg K - \lg c_{N,sp}$$

而
$$\lg(c_{M,sp} K'_{MY}) = \Delta \lg K + \lg(c_{M,sp}/c_{N,sp}) = \Delta \lg K + \lg(c_M/c_N) \tag{11-51}$$

若 $c_M = c_N$，则 $\Delta \lg K = \lg(c_{M,sp} K'_{MY}) \geqslant 6$

若 $c_M = 10 c_N$，则 $\Delta \lg K = \lg(c_{M,sp} K'_{MY}) \geqslant 5$

式(11-51)为判别混合溶液中 M 能否准确滴定的条件之一。

当干扰离子 N 与指示剂在 M 的化学计量点附近形成足够稳定的络合物 NIn 时，就会干扰 M 终点的检测，所以，用目视法检测终点时，仅有式(11-51) 判别式还不能正确选择消除 N 的干扰、准确滴定 M 的适宜条件，还必须有第三个条件——指示剂条件。

根据指示剂与干扰离子 N 的络合平衡：

$$N + In \rightleftharpoons NIn \quad K_{NIn} = [NIn]/([N][In])$$

因为在 M 的化学计量点附近，N 被络合得很少，所以 $[N] \approx c_N$，故

$$c_N K_{NIn} = [NIn]/[In]$$

一般情况下，当 $[NIn]/[In] \leqslant 1/10$ 时，可以明显地看到游离指示剂 In 的颜色，而不致干扰终点的络合物 NIn 的颜色，因此不干扰终点的确定，这时

$$\lg(c_N K_{NIn}) \leqslant -1 \tag{11-52}$$

式(11-52)是金属指示剂与 N 不产生干扰颜色的判别式。

在用指示剂检测终点的络合滴定中，要实现混合离子的分步准确滴定，必须同时满足如

下三条件：

① $\lg(c_M K'_{MY}) \geq 6$（M 准确滴定的条件）

② $\Delta \lg K \geq 6$（N 不干扰 M 准确滴定的条件）

③ $\lg(c_N K'_{NIn}) \leq -1$（N 与 In 不产生干扰颜色的条件）

(2) 控制酸度进行混合离子的选择滴定

由于 MY 的形成常数不同，所以在滴定时允许的最小 pH 值也不同。溶液中同时有两种或两种以上的离子时，若控制溶液的酸度，致使只有一种离子形成稳定配合物，而其他离子不易络合，这样就避免了干扰。

例如，在烧结铁矿石的溶液中，常含有 $Fe^{3+}$、$Al^{3+}$、$Ca^{2+}$ 和 $Mg^{2+}$ 四种离子，如果控制溶液的酸度，使 pH=2（这是滴定 $Fe^{3+}$ 的允许最小 pH 值），它远远小于 $Al^{3+}$、$Mg^{2+}$、$Ca^{2+}$ 的允许最小 pH 值，这时，用 EDTA 滴定 $Fe^{3+}$，其他三种离子就不会发生干扰。

(3) 使用掩蔽剂提高络合滴定的选择性

常用的掩蔽方法有络合掩蔽法、沉淀掩蔽法和氧化还原掩蔽法。

1) 络合掩蔽法

利用络合反应降低干扰离子的浓度以消除干扰的方法，称为络合掩蔽法。这是滴定分析中用得最广泛的一种方法。

例如，用 EDTA 测定水中的 $Ca^{2+}$、$Mg^{2+}$ 时，$Fe^{3+}$、$Al^{3+}$ 等离子的存在对测定有干扰，可加入三乙醇胺作为掩蔽剂。三乙醇胺能与 $Fe^{3+}$、$Al^{3+}$ 等离子形成稳定的络合物，而且不与 $Ca^{2+}$、$Mg^{2+}$ 作用，这样就可以消除 $Fe^{3+}$ 和 $Al^{3+}$ 的干扰。

2) 沉淀掩蔽法

利用沉淀反应降低干扰离子的浓度，以消除干扰离子的方法，称为沉淀掩蔽法。

例如，在 $Ca^{2+}$、$Mg^{2+}$ 共存的溶液中，加入 NaOH 使溶液的 pH>12，$Mg^{2+}$ 形成 $Mg(OH)_2$ 沉淀，不干扰 $Ca^{2+}$ 的滴定。

3) 氧化还原掩蔽法

利用氧化还原反应，来改变干扰离子的价态以消除其干扰的方法，称为氧化还原掩蔽法。

例如，$\lg K_{FeY^-} = 25.1$，$\lg K_{FeY^{2-}} = 14.33$，这说明 $Fe^{3+}$ 与 EDTA 形成的络合物比 $Fe^{2+}$ 与 EDTA 形成的络合物要稳定得多。

在 pH=1 时，用 EDTA 滴定 $Bi^{3+}$、$Zr^{4+}$、$Th^{4+}$ 等离子时，如有 $Fe^{3+}$ 存在，就会干扰滴定。此时，如果用羟胺或抗坏血酸（维生素 C）等还原剂将 $Fe^{3+}$ 还原为 $Fe^{2+}$，可以消除 $Fe^{3+}$ 的干扰。

有些高价离子，在溶液中以酸根形式存在时，有时不干扰某些组分的滴定，则可将低价氧化为高价状态，以消除其干扰。如 $Cr^{3+} \longrightarrow CrO_4^{2-}$，$VO^{2+} \longrightarrow VO_3^-$。

4) 解蔽作用

在金属离子络合物的溶液中，加入一种试剂（解蔽剂），将已被 EDTA 或掩蔽剂络合的金属离子释放出来的过程，称为解蔽。例如，用络合滴定法测定铜合金中的 $Zn^{2+}$ 和 $Pb^{2+}$，试液用氨水中和，加 KCN 掩蔽 $Cu^{2+}$、$Zn^{2+}$，此时 $Pb^{2+}$ 不能被 KCN 掩蔽，故可在 pH=10 时，以铬黑 T 为指示剂，用 EDTA 标准溶液滴定 Pb。

在滴定 $Pb^{2+}$ 后的溶液中，加入甲醛或三氯乙醛破坏 $[Zn(CN)_4]^{2-}$，释放出来的 $Zn^{2+}$ 可用 EDTA 继续滴定，$[Cu(CN)_3]^{2-}$ 比较稳定，用甲醛或三氯乙醛难以解蔽。但是，要注意甲醛的用量（通常 1∶8 甲醛溶液加 5mL），否则，$[Cu(CN)_3]^{2-}$ 也可能有部分被破坏，影响 $Zn^{2+}$ 的测定结果。

### 11.2.7 络合滴定的方式和应用

在络合滴定中，采用不同的滴定方式不但可以扩大络合滴定的应用范围，也可以提高络合滴定的选择性。常用的方式有以下四种。

(1) 直接滴定法

这是络合滴定中最基本的方法。将被测物质处理成溶液后，调节酸度，加入指示剂（有时还需要加入适当的辅助络合剂及掩蔽剂），直接用 EDTA 标准溶液进行滴定，然后根据消耗的 EDTA 标准溶液的体积，计算试样中被测组分的含量。

采用直接滴定法，必须符合以下几个条件：

① 被测组分与 EDTA 的络合速度快，且满足 $\lg c_M K'_{MY} \geq 6$ 的要求。

② 在选用的滴定条件下，必须有变色敏锐的指示剂，且不受共存离子的影响而发生"封闭"作用。

③ 在选用的滴定条件下，被测组分不发生水解和沉淀反应，必要时可加辅助络合剂来防止这些反应。

直接滴定法可用于以下几种情况：

pH=1 时，滴定 $Zr^{4+}$；

pH=2～3 时，滴定 $Fe^{3+}$、$Bi^{3+}$、$Th^{4+}$、$Ti^{4+}$、$Hg^{2+}$；

pH=5～6 时、滴定 $Zn^{2+}$、$Pb^{2+}$、$Cd^{2+}$、$Cu^{2+}$ 及稀土；

pH=10 时，滴定 $Mg^{2+}$、$Co^{2+}$、$Ni^{2+}$、$Zn^{2+}$、$Cd^{2+}$；

pH=12 时，滴定 $Ca^{2+}$ 等。

(2) 返滴定法

返滴定法，就是将被测物质制成溶液，调好酸度，加入过量的 EDTA 标准溶液（总量 $c_1V_1$），再用另一种标准金属离子溶液，返滴定过量的 EDTA（$c_2V_2$），算出两者的差值，即是与被测离子结合的 EDTA 的量，由此就可以算出被测物质的含量。

这种滴定方法，适用于无适当指示剂或与 EDTA 不能迅速络合的金属离子的测定。

(3) 置换滴定法

在一定酸度下，往被测试液中加入过量的 EDTA、用金属离子滴定过量的 EDTA，然后再加入另一种络合剂，使其与被测定离子生成一种络合物，这种络合物比被测离子与 EDTA 生成的络合物更稳定，从而把 EDTA 释放（置换）出来，最后再用金属离子标准溶液滴定释放出来的 EDTA。根据金属离子标准溶液的用量和浓度，计算出被测离子的含量。这种方法适用于多种金属离子存在下测定其中一种金属离子。

1) 置换出金属离子

如被测定的离子 M 与 EDTA 反应不完全或所形成的络合物不稳定，这时可让 M 置换出另一种络合物 NL 中等物质的量的 N，用 EDTA 溶液滴定 N，从而可求得 M 的含量。

例如 $Ag^+$ 与 EDTA 的络合物不够稳定（$\lg K_{AgY}=7.32$），不能用 EDTA 直接滴定。若在含 $Ag^+$ 的试液中加入过量的 $[Ni(CN)_4]^{2-}$，反应定量转换出 $Ni^{2+}$，在 pH=10 的氨性缓冲溶液，以紫脲酸铵为指示剂，用 EDTA 标准溶液滴定转换出来的 $Ni^{2+}$。反应为：

$$Ag^+ + [Ni(CN)_4]^{2-} \Longrightarrow 2[Ag(CN)_2]^- + Ni^{2+}$$

2）置换出 EDTA

将被测定的金属离子 M 与干扰离子全部用 EDTA 络合，加入选择性高的络合剂 L 以夺取 M，并释放出 EDTA：

$$MY + L \rightleftharpoons ML + Y$$

反应完全后，释放出与 M 等物质的量的 EDTA，然后再用金属盐类标准溶液滴定释放出来的 EDTA，即可求得 M 的含量。例如测定锡青铜中的锡，先在试液中加入一定量且过量的 EDTA，使四价锡和试样中共存的铅、钙、锌等离子与 EDTA 络合。再用锌标准溶液返滴定过量的 EDTA 后，加入氟化铵，此时发生如下反应，并定量转换出 EDTA。用锌标准溶液滴定后即可得锡的含量。

$$SnY + 6F^- \rightleftharpoons [SnF_6]^- + Y^{4-}$$
$$Zn^{2+} + Y^{4-} \rightleftharpoons [ZnY]^{2-}$$

（4）间接滴定法

有些金属离子（如 $Li^+$、$Na^+$、$K^+$、$Rb^+$、$Cs^+$、$W^{6+}$、$Ta^{5+}$ 等），和一些非金属离子（如 $SO_4^{2-}$、$PO_4^{3-}$ 等），由于不能和 EDTA 络合或与 EDTA 生成的络合物不稳定，不便用络合滴定，这时可采用间接滴定的方法进行测定。

例如 $PO_4^{3-}$ 的测定，在一定条件下，可将 $PO_4^{3-}$ 沉淀为 $MgNH_4PO_4$，然后过滤，将沉淀溶解，调节溶液的 pH=10，用铬黑 T 作为指示剂，以 EDTA 标准溶液来滴定沉淀中的 $Mg^{2+}$，由 $Mg^{2+}$ 的含量间接计算出磷的含量。

## 11.3　氧化还原滴定法

氧化还原滴定法（oxidation-reduction titration）是滴定分析中应用最广泛的方法之一。它是以溶液中氧化剂与还原剂之间的电子转移为基础的一种滴定分析方法。

可以用来进行氧化还原滴定的反应很多。根据所用的氧化剂和还原剂，可将氧化还原滴定法分为：高锰酸钾法、重铬酸钾法、碘量法等。

利用氧化还原滴定法，不仅可以测定具有氧化性或还原性的物质，而且可以测定能与氧化剂或还原剂定量反应形成沉淀的物质。因此，氧化还原滴定法的应用范围很广泛。

氧化还原反应与酸碱反应和络合反应不同。酸碱反应和络合反应都是基于离子或分子的相互结合，反应简单，一般瞬时即可完成。氧化还原反应是基于电子转移的反应，比较复杂，反应常是分步进行的，需要一定时间才能完成。因此，必须注意反应速度，特别是在应用氧化还原反应进行滴定时，更应注意滴定速度与反应速度相适应。

氧化还原反应，除了发生主反应外，常常可能发生副反应或因条件不同而生成不同产物。因此，要考虑创造适当的条件，使它符合分析的基本要求。

### 11.3.1　氧化还原平衡

（1）条件电位

氧化剂和还原剂的强弱，可以用有关电对的标准电极电位（简称标准电位）来衡量。电对的标准电位越高，其氧化型的氧化能力就越强；反之电对的标准电位越低，则其还原型的还原能力就越强。因此，作为一种还原剂，它可以还原电位比它高的氧化剂。根据电对的标准电位，可以判断氧化还原反应进行的方向、次序和反应进行的程度。

但是，标准电极电位（$E^{\ominus}$）是在特定条件下测得的，其条件是，温度25℃，有关离子浓度（严格来讲应该是活度）都是 $1\text{mol}\cdot\text{L}^{-1}$（或其比值为1），气体压力为 $1.013\times10^5\text{Pa}$。如果反应条件（主要是离子浓度和酸度）改变时，电位就会发生相应的变化，对于下述氧化还原半电池反应：

$$\text{Ox} + ne^- \rightleftharpoons \text{Red}$$

$$E = E^{\ominus}_{\text{Ox/Red}} + \frac{0.0592}{n}\lg\frac{[\text{Ox}]}{[\text{Red}]} \tag{11-53}$$

当 $[\text{Ox}]=[\text{Red}]=1\text{mol}\cdot\text{L}^{-1}$ 时，$\lg([\text{OX}]/[\text{Red}])=0$，在此情况下，$E=E^{\ominus}$，因此，标准电极电位是氧化型和还原型的浓度相等时，相对于标准氢电极的电位。

考虑到离子强度，式(11-53)应写成下式：

$$E = E^{\ominus}_{\text{Ox/Red}} + \frac{0.0592}{n}\lg\frac{a_{\text{Ox}}}{a_{\text{Red}}} \tag{11-54}$$

式中，$a_{\text{Ox}}$、$a_{\text{Red}}$ 分别代表氧化型和还原型的活度；$n$ 为半电池中1mol氧化剂或还原剂电子的转移数。由式(11-54)可见，电对的电极电位与存在于溶液中的氧化型和还原型的活度有关。

应用能斯特方程式时应注意下述两个因素：首先，我们通常知道的是溶液中的浓度而不是活度，为简化起见，往往将溶液中离子强度的影响加以忽略；其次，当溶液组成改变时，电对的氧化型和还原型的存在形式也往往随之改变，从而引起电极电位的改变。因此，当我们利用能斯特方程式计算有关电对的电极电位时，如果采用该电对的标准电极电位，不考虑离子强度及氧化型和还原型的存在形式，则计算结果与实际情况就会相差较大。

对于一般反应式，考虑活度和副反应可写成：

$$E = E^{\ominus}_{\text{Ox/Red}} + \frac{0.0592}{n}\lg\frac{\gamma_{\text{Ox}}c_{\text{Ox}}\alpha_{\text{Red}}}{\gamma_{\text{Red}}c_{\text{Red}}\alpha_{\text{Ox}}} \tag{11-55}$$

若

$$E^{\ominus'}_{\text{Ox/Red}} = E^{\ominus}_{\text{Ox/Red}} + \frac{0.0592}{n}\lg\frac{\gamma_{\text{Ox}}\alpha_{\text{Red}}}{\gamma_{\text{Red}}\alpha_{\text{Ox}}} \tag{11-56}$$

则：

$$E = E^{\ominus'}_{\text{Ox/Red}} + \frac{0.0592}{n}\lg\frac{c_{\text{Ox}}}{c_{\text{Red}}} \tag{11-57}$$

式(11-56)即为条件电位（conditional potential）的定义式，它表示特定条件下，氧化型与还原型的浓度均为 $1\text{mol}\cdot\text{L}^{-1}$ 时，校正了各种影响因素后的实际电极电位，在条件不变时，为一常量。

标准电极电位与条件电位的关系，与络合反应中绝对形成常数 $K$ 和条件形成常数 $K'$ 的关系相似。

可是，到目前为止，还有许多体系的条件电位没有测量出来。当缺少相同条件下的条件电位值时，可采用条件相近的条件电位值。但是，对于尚无条件电位数据的氧化还原电对，只好采用标准电位来作粗略的近似计算。

(2) 影响条件电位的因素

当外界（如温度、酸度、浓度等）发生变化时，氧化还原电对的电位将受到影响，因而有可能影响氧化还原反应进行的方向。

在氧化还原反应中，氧化剂和还原剂的浓度不同，电位也就不同。因此，改变氧化剂或还原剂的浓度，可能改变氧化还原反应的方向。

例如，已知 $E^{\ominus}_{Sn^{2+}/Sn} = -0.14V$，$E^{\ominus}_{Pb^{2+}/Pb} = -0.13V$。当 $[Sn^{2+}] = [Pb^{2+}] = 1mol \cdot L^{-1}$ 时，$Pb^{2+}$ 能氧化 Sn，即下列反应从左向右进行：$Pb^{2+} + Sn \longrightarrow Sn^{2+} + Pb$

如果 $[Sn^{2+}] = 1.0mol \cdot L^{-1}$，$[Pb^{2+}] = 0.10mol \cdot L^{-1}$，根据能斯特方程式得：

$$E_{Sn^{2+}/Sn} = -0.14 + (0.0592/2)\lg 1 = -0.14V$$

$$E_{Pb^{2+}/Pb} = -0.13 + (0.0592/2)\lg 0.1 = -0.16V$$

此时，$E_{Sn^{2+}/Sn} > E_{Pb^{2+}/Pb}$，所以，$Sn^{2+}$ 能氧化 Pb，即反应按下列方向进行：

$$Sn^{2+} + Pb \longrightarrow Pb^{2+} + Sn$$

应该指出，只有当两电对的标准电极电位 $E^{\ominus}$（或条件电位 $E^{\ominus'}$）相差很小时，才能比较容易地通过改变氧化剂或还原剂的浓度来改变反应的方向。如果两个电对的 $E^{\ominus}$（或 $E^{\ominus'}$）相差较大时，则难以通过改变物质的浓度的方法来改变反应的方向。

例如 Sn 能使 $Cu^{2+}$ 还原为 Cu 的反应：

$$Cu^{2+} + Sn \longrightarrow Cu + Sn^{2+}$$

由于 $E^{\ominus}_{Cu^{2+}/Cu} = +0.34V$，$E^{\ominus}_{Sn^{2+}/Sn} = -0.14V$，两者相差 0.48V。通过计算求得 $Cu^{2+}$ 浓度需降低至约 $1.0 \times 10^{-17} mol \cdot L^{-1}$ 时，才能使反应向相反的方向进行，这在实际上是没有意义的。

通常，利用沉淀或络合反应，可以使电对中的某一组分生成沉淀或络合物，降低其浓度，从而引起反应方向的改变。

影响条件电位的因素如下。

① 离子强度　由条件电位的定义式，对同一电对，离子强度不同，条件电位也不同。但在实际计算中，由于活度系数不易计算，可近似认为等于1。

② 沉淀的生成　如果在氧化还原反应平衡中，加入一种可与氧化型或还原型形成沉淀的沉淀剂时，将会改变体系的标准电位或条件电位，就有可能影响反应进行的方向。例如在某一电对中加入一种沉淀剂，则可能会使氧化型或还原型的浓度发生改变，从而使电极电位发生变化。如碘量法测定 $Cu^{2+}$ 的含量的实验所基于的反应是：

$$Cu^{2+} + 4I^{-} \rightleftharpoons 2CuI\downarrow + I_2$$

从标准电极电位判断，$E^{\ominus}_{Cu^{2+}/Cu^{+}} = 0.16V < E^{\ominus}_{I_2/I^{-}} = 0.54V$，似乎应当是 $I_2$ 氧化 $Cu^{+}$，而事实上是 $Cu^{2+}$ 氧化 $I^{-}$。原因是 $Cu^{+}$ 生成了溶解度很小的 CuI 沉淀，从而使铜电对的电位显著提高。

③ 络合物的形成　络合物的形成，同样能影响氧化还原反应的方向。因为它能改变平衡体系中某种离子的浓度，所以也能改变有关氧化还原电对的标准电位（或 $E$）。因此，在氧化还原反应中，加入能与氧化型或还原型生成络合物的络合剂时，由于氧化型或还原型的相对浓度发生了变化，从而改变了该体系的标准电位或条件电位。所以，也必然引起氧化还原反应方向的改变。

④ 溶液的酸度　有些氧化剂的氧化作用必须在酸性溶液中才能发生，而且酸度越大，其氧化能力越强。例如 $KMnO_4$、$K_2Cr_2O_7$ 和 $(NH_4)_2S_2O_8$ 等。

酸度对氧化还原反应方向的影响，大体可分为两种类型，即 $H^{+}$ 直接参加反应的影响及 $H^{+}$ 与氧化型或还原型结合成难离解的化合物的影响。

(3) 氧化还原反应进行的程度

氧化还原反应的平衡常数 $K$，可以根据能斯特方程式，从两电对的标准电位或条件电位来求得。

一般氧化还原反应：$a\mathrm{Ox_1} + b\mathrm{Red_2} \rightleftharpoons c\mathrm{Red_1} + d\mathrm{Ox_2}$

$$\lg K' = \lg \frac{c_{\mathrm{Red1}}^c c_{\mathrm{Ox2}}^d}{c_{\mathrm{Ox1}}^a c_{\mathrm{Red2}}^b} = \frac{n(E_1^{\ominus'} - E_2^{\ominus'})}{0.0592}$$

式中，$E_1^{\ominus'}$、$E_2^{\ominus'}$ 为氧化剂、还原剂电对的条件电位；$n$ 为两电对转移电子数的最小公倍数。

氧化还原反应的条件平衡常数 $K'$ 值的大小是直接由氧化剂和还原剂两电对的条件电位之差决定的。一般讲 $E_1^{\ominus'}$、$E_2^{\ominus'}$ 之差越大，$K'$ 值也越大，反应进行得越完全。如 $E_1^{\ominus'}$ 和 $E_2^{\ominus'}$ 相差不大，则反应进行较不完全。那么 $K'$ 值达到多大时，反应才能进行完全呢？现在以氧化剂 $\mathrm{Ox_1}$ 滴定还原剂 $\mathrm{Red_2}$ 的反应进行讨论。

$$a\mathrm{Ox_1} + b\mathrm{Red_2} \rightleftharpoons c\mathrm{Red_1} + d\mathrm{Ox_2}$$

由于滴定分析的允许误差为 0.1%，在终点时反应产物的浓度必须大于或等于反应物原始浓度的 99.9%，即

$$[\mathrm{Ox_2}] \geqslant 99.9\% c_{\mathrm{Red2}}, [\mathrm{Red_1}] \geqslant 99.9\% c_{\mathrm{Ox1}}$$

而剩下来的物质必须小于或等于原始浓度的 0.1% 即

$$[\mathrm{Red_2}] \leqslant 0.1\% c_{\mathrm{Red2}}, [\mathrm{Ox_1}] \leqslant 0.1\% c_{\mathrm{Ox1}}$$

此时：$\lg K' \geqslant \lg (10^3)^{a+b}$

即 $n\Delta E'/0.0592 \geqslant 3(a+b)$    $\Delta E' \geqslant 3(a+b) \cdot 0.0592/n$

若 $n_1 = n_2 = 1$，则，$a = b = 1$，$n = 1$，$\lg K' \geqslant 6$，$\Delta E' \geqslant 0.35\mathrm{V}$

若 $n_1 = 2$，$n_2 = 1$，则，$a = 1$，$b = 2$，$n = 2$，$\lg K' \geqslant 9$，$\Delta E' \geqslant 0.27\mathrm{V}$

若 $n_1 = 1$，$n_2 = 3$，则，$a = 3$，$b = 1$，$n = 3$，$\lg K' \geqslant 12$，$\Delta E' \geqslant 0.24\mathrm{V}$

若 $n_1 = n_2 = 2$，则，$a = b = 1$，$n = 2$，$\lg K' \geqslant 6$，$\Delta E' \geqslant 0.18\mathrm{V}$

若 $n_1 = 2$，$n_2 = 3$，则，$a = 3$，$b = 2$，$n = 6$，$\lg K' \geqslant 15$，$\Delta E' \geqslant 0.15\mathrm{V}$

即两电对的条件电位之差，一般应大于 0.4V，这样的氧化还原反应，可以用于滴定分析。

## 11.3.2 氧化还原反应的速率

氧化还原平衡常数 $K$ 值的大小，只能表示氧化还原反应的完全程度，不能说明氧化还原反应的速度。例如 $H_2$ 和 $O_2$ 反应生成水，$K$ 值为 $10^{41}$。但是，在常温常压下，几乎察觉不到反应的进行，只有在点火或有催化剂存在的条件下，反应才能很快进行，甚至发生爆炸。因此，在讨论氧化还原滴定时，对影响反应速度的因素（浓度、酸度、温度和催化剂等）必须有一定的了解。

例如，$H_2O_2$ 氧化 $I^-$ 的反应式为：

$$H_2O_2 + I^- + 2H^+ \rightleftharpoons I_2 + 2H_2O \tag{1}$$

式(1) 只能表示反应的最初状态和最终状态，不能说明反应进行的真实情况，实际上这个反应并不是按上述反应式一步完成，而是经历了一系列中间步骤，即反应是分步进行的。根据研究的结果，推测 (1) 是按三步进行的：

$$H_2O_2 + I^- \rightleftharpoons IO^- + H_2O \text{（慢）} \tag{2}$$

$$IO^- + H^+ \rightleftharpoons HIO \text{（快）} \tag{3}$$

$$HIO + H^+ + I^- \rightleftharpoons I_2 + H_2O \text{（快）} \tag{4}$$

又如，$Cr_2O_7^{2-}$ 与 $Fe^{2+}$ 的反应：

$$Cr_2O_7^{2-} + 6Fe^{2+} + 14H^+ = 2Cr^{3+} + 6Fe^{2+} + 7H_2O \tag{5}$$

反应的过程可能是：

$$Cr(\text{Ⅵ}) + Fe(\text{Ⅱ}) \longrightarrow Cr(\text{Ⅴ}) + Fe(\text{Ⅲ}) \quad (\text{快}) \tag{6}$$

$$Cr(\text{Ⅴ}) + Fe(\text{Ⅱ}) \longrightarrow Cr(\text{Ⅳ}) + Fe(\text{Ⅲ}) \quad (\text{慢}) \tag{7}$$

$$Cr(\text{Ⅳ}) + Fe(\text{Ⅱ}) \longrightarrow Cr(\text{Ⅲ}) + Fe(\text{Ⅲ}) \quad (\text{快}) \tag{8}$$

其中，式(7) 决定总反应（5）的反应速度。

总之，氧化还原反应的历程是比较复杂的，而且许多反应的真正历程到现在还未弄清楚，有待进一步研究。

影响氧化还原反应速度的因素如下所述。

1）反应物的浓度

一般来说，在大多数情况下，增加反应物质的浓度，可以提高氧化还原反应的速度。但是当反应机理比较复杂时，就不能简单地从总的氧化还原反应方程式来判断反应物浓度对反应速度的影响程度，而与每个反应进行的历程有关。但是总体来说，反应物浓度越大，反应速度越快。

2）温度

实验证明，一般温度升高 10℃，反应速度可增加 2～4 倍。如高锰酸钾氧化草酸，在室温下，该反应较慢，不利于滴定，可以加热到 70～80℃ 来提高反应速率。

由于不同反应物所需的温度各不相同，必须根据具体情况确定反应的适宜温度。

### 11.3.3 氧化还原滴定曲线

在酸碱滴定过程中，我们研究的是溶液中 pH 值的改变。而在氧化还原滴定过程中，要研究的则是由氧化剂和还原剂所引起的电极电位的改变，这种电位改变的情况，可以用与其他滴定法相似的滴定曲线来表示。

（1）可逆氧化还原体系滴定曲线的计算

以 $0.1000\text{mol} \cdot L^{-1} Ce(SO_4)_2$ 标准溶液滴定 $20.00\text{mL}\ 0.1000\text{mol} \cdot L^{-1}\ Fe^{2+}$ 溶液为例，说明滴定过程中电极电位的计算方法。设溶液的酸度为 $1\text{mol} \cdot L^{-1}\ H_2SO_4$。此时，

$$Fe^{3+} + e^- = Fe^{2+} \qquad E^{\ominus'}_{Fe^{3+}/Fe^{2+}} = 0.68V$$

$$Ce^{4+} + e^- = Ce^{3+} \qquad E^{\ominus'}_{Ce^{4+}/Ce^{3+}} = 1.44V$$

$Ce^{4+}$ 滴定 $Fe^{2+}$ 的反应式为：

$$Ce^{4+} + Fe^{2+} = Ce^{3+} + Fe^{3+}$$

滴定过程中电位的变化可计算如下：

① 滴定前

滴定前虽然是 $0.1000\text{mol} \cdot L^{-1}\ Fe^{2+}$ 溶液，但是由于空气中氧的氧化作用，不可避免地会有痕量 $Fe^{3+}$ 存在，组成 $Fe^{3+}/Fe^{2+}$ 电对。但是由于 $Fe^{3+}$ 的浓度不能确定，所以此时的电位也就无法计算。

② 化学计量点前

在化学计量点前，溶液中存在 $Fe^{3+}/Fe^{2+}$ 和 $Ce^{4+}/Ce^{3+}$ 两个电对。此时，

$$E = E^{\ominus'}_{Fe^{3+}/Fe^{2+}} + 0.0592\lg\frac{c_{Fe^{3+}}}{c_{Fe^{2+}}} \qquad E = E^{\ominus'}_{Ce^{4+}/Ce^{3+}} + 0.0592\lg\frac{c_{Ce^{4+}}}{c_{Ce^{3+}}}$$

达到平衡时,溶液中 $Ce^{4+}$ 很小,且不能直接确定,因此此时可利用 $Fe^{3+}/Fe^{2+}$ 的电对计算 $E$ 值。

当加入 $Ce^{4+}$ 10.00mL 时,

$$c_{Ce^{3+}} = c_{Fe^{3+}} = 0.1 \times 10.00/(20.00+10.00)$$
$$c_{Ce^{4+}} = c_{Fe^{2+}} = 0.1 \times 10.00/(20.00+10.00)$$

则:$E = 0.68V$

当加入 $Ce^{4+}$ 19.98mL 时,$E = 0.86V$

③ 化学计量点时

化学计量点时,已加入 20.00mL 0.10mol·L$^{-1}$ $Ce^{4+}$ 标准溶液,达到了计量点,两电对的电位相等,即

$$E_{Fe^{3+}/Fe^{2+}} = E_{Ce^{4+}/Ce^{3+}} = E_{sp}$$

$$E_{sp} = 0.68 + 0.0592 \lg \frac{c_{Fe^{3+}}}{c_{Fe^{2+}}} \qquad E_{sp} = 1.44 + 0.0592 \lg \frac{c_{Ce^{4+}}}{c_{Ce^{3+}}}$$

将两式相加,得:

$$2E_{sp} = 2.12 + 0.0592 \lg \frac{c_{Fe^{3+}}}{c_{Fe^{2+}}} + 0.0592 \lg \frac{c_{Ce^{4+}}}{c_{Ce^{3+}}}$$

再根据反应式可以看出,计量点溶液中:

$$c_{Ce^{4+}} = c_{Fe^{2+}} ; c_{Ce^{3+}} = c_{Fe^{3+}}$$

将以上有关浓度代入上式后,得:

$$E_{sp} = 1.06V$$

④ 计量点后

计量点后的滴定中,溶液电极电位的变化,可用 $Ce^{4+}/Ce^{3+}$ 电对进行计算。将计算结果列入表 11-8。

表 11-8 $Ce^{4+}$ 滴定 $Fe^{2+}$ 过程电位

| 加入 $Ce^{4+}$ 溶液的体积/mL | 体系的电极电位/V |
| --- | --- |
| 1.00 | 0.60 |
| 10.00 | 0.68 |
| 18.00 | 0.74 |
| 19.80 | 0.80 |
| 19.98 | 0.86 |
| 20.00 | 1.06 |
| 20.02 | 1.26 |
| 22.00 | 1.32 |
| 30.00 | 1.42 |
| 40.00 | 1.44 |

从图 11-16 可以看出,从化学计量点前 $Fe^{2+}$ 剩余 0.1% 到化学计量点后 $Ce^{4+}$ 过量 0.1%,电位增加了 $1.26 \sim 0.86 = 0.40V$,有一个相当大的突跃范围。

氧化还原滴定曲线突跃的长短和氧化剂与还原剂两电对的条件电位(或标准电位)相差的

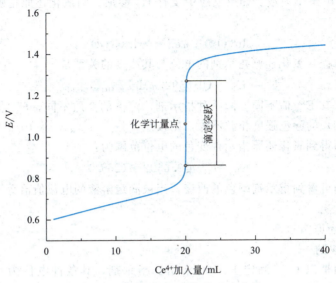

图 11-16　$Ce^{4+}$ 滴定 $Fe^{2+}$ 的滴定曲线

0.1000mol·$L^{-1}$ $Ce^{4+}$ 滴定 20.00mL 0.1000mol·$L^{-1}$ $Fe^{2+}$（1mol·$L^{-1}$ $H_2SO_4$）

大小有关。电位差较大，滴定突跃较长，电位差较小，滴定突跃较短。

$Ce^{4+}$ 滴定 $Fe^{2+}$ 是两电对的氧化型和还原型在反应式中系数都相等的简单情况，$E_{sp}$ 只由两电对的条件电位（或标准电位）和转移电子数所决定，而与浓度无关。

应当注意，在氧化剂和还原剂两个半电池反应中，若转移的电子数相等，即 $n_1=n_2$，则等当点应为滴定突跃的中点。若 $n_1 \neq n_2$，则化学计量点偏向电子转移数较多（即 $n$ 值较大）的电对一方；$n_1$ 和 $n_2$ 相差越大，计量点越偏向电子转移数较多的电对一方。在选择指示剂时，应该注意化学计量点在确定突跃中的位置。

（2）化学计量点电位的计算通式

对于一般的氧化还原滴定反应，如

$$n_2 Ox_1 + n_1 Red_2 \rightleftharpoons n_2 Red_1 + n_1 Ox_2$$

化学计量点时的电位可按下式计算：

$$E_{sp} = \frac{n_1 E_1^{\ominus'} + n_2 E_2^{\ominus'}}{n_1 + n_2} \qquad (11\text{-}58)$$

式中，$E_1^{\ominus'}$、$E_2^{\ominus'}$ 分别为氧化剂电对和还原剂电对的条件电位；$n_1$、$n_2$ 分别为氧化剂和还原剂得失的电子数。当条件电位查不到时，可用标准电极电位（$E^{\ominus}$）代替。

若以化学计量点前后±0.1‰误差时电位的变化作为突跃范围，则滴定突跃为：

$$\Delta E = E_1^{\ominus'} - E_2^{\ominus'} - \frac{3 \times 0.0592(n_1 + n_2)}{n_1 n_2} \qquad (11\text{-}59)$$

（3）氧化还原滴定法指示剂

在氧化还原滴定法中，除了用电位法确定终点外，还可以根据所使用的标准溶液的不同，选用不同类型的指示剂来确定滴定的终点。

1）氧化还原指示剂

氧化还原指示剂是一些复杂的有机化合物，它们本身具有氧化还原性质。它的氧化型和还原型具有不同的颜色。通常以 In(Ox) 代表指示剂的氧化型，In(Red) 代表指示剂的还原型，$n$ 代表反应中电子得失数。如果反应中没有 $H^+$ 参加，则氧化还原指示剂的半反应可用下式表示：

$$In(Ox) + ne^- \rightleftharpoons In(Red)$$

根据能斯特方程，氧化还原指示剂的电位与其浓度的关系是

$$E_{In} = E_{In}^{\ominus'} + (0.0592/n)\lg c_{In(Ox)}/c_{In(Red)} \tag{1}$$

指示剂不同，其 $E_{In}^{\ominus'}$ 值不同。同一种指示剂，溶液的介质不同，$E_{In}^{\ominus'}$ 值也有差别。如果 $In(Ox)$ 和 $In(Red)$ 的颜色强度相差不大，则按照 $c_{In(Ox)}/c_{In(Red)}$ 从 10/1 变到 1/10 的关系，代入式(1)中，则得到氧化还原指示剂变色的电位范围为：

$$E_{In} = E_{In}^{\ominus'} \pm 0.0592/n \quad (25℃) \tag{2}$$

在此范围两侧可看到指示剂颜色的改变，当被滴定溶液的电位值恰等于 $E_{In}^{\ominus'}$ 时，指示剂显中间颜色。

2）常用氧化还原指示剂

① 二苯胺磺酸钠

二苯胺磺酸钠是以 $Ce^{4+}$ 滴定 $Fe^{2+}$ 时常用的指示剂，其条件电位为 0.85V（在 $H^+$ = 1mol·L$^{-1}$ 时）。在酸性溶液中，主要以二苯胺磺酸的形式存在。当二苯胺磺酸遇到氧化剂 $Ce^{4+}$ 时，它首先被氧化为无色的二苯联胺磺酸（不可逆），再进一步被氧化为二苯联苯胺磺酸紫（可逆）的紫色化合物，显示出颜色变化。

其变色时的电位范围为：

$$E_{In} = 0.85 \pm 0.0592/2 = 0.85 \pm 0.03V$$

即二苯胺磺酸钠变色时的电位范围是在 0.82~0.88V 之间。

② 邻二氮菲-Fe(Ⅱ)

邻二氮菲亦称邻菲罗啉，其分子式为 $C_{12}H_8N_2$，易溶于亚铁盐溶液形成红色的 $[Fe(C_{12}H_8N_2)_3]^{2+}$ 配离子，遇到氧化剂时改变颜色，其反应式如下：

$$Fe(C_{12}H_8N_2)_3^{2+} - e^- \rightleftharpoons [Fe(C_{12}H_8N_2)_3]^{3+}$$
$$\text{深红色} \qquad\qquad\qquad \text{浅蓝色}$$

氧化产物为浅蓝色的 $[Fe(C_{12}H_8N_2)_3]^{3+}$ 配离子，在 1mol·L$^{-1}$ $H_2SO_4$ 溶液中，它的条件电位 $E_{In}^{\ominus'} = 1.06V$。在以 $Ce^{4+}$ 滴定 $Fe^{2+}$ 时，用邻二氮菲-Fe(Ⅱ)作为指示剂最为合适，终点时溶液由红色变为极浅的蓝色。

③ 其他指示剂

a. 专属指示剂

某种试剂如果能与标准溶液或被滴定物产生显色反应，就可以利用该试剂作为指示剂。例如，在碘量法中，用淀粉作为指示剂。淀粉遇碘（碘在溶液中以 $I_3^-$ 形式存在）生成蓝色络合物（$I_2$ 的浓度可小至 $2 \times 10^{-5}$ mol·L$^{-1}$）。借此蓝色的出现或消失，表示终点的到达。

b. 自身指示剂

在氧化还原滴定中，利用标准溶液本身的颜色变化以指示终点的叫做自身指示剂。例如，用 $KMnO_4$ 作为标准溶液时，当滴定达到化学计量点后，只要有微过量的 $MnO_4^-$ 存在，就可使溶液呈粉红色，这就是滴定的终点。肉眼能被觉察的 $KMnO_4$ 最低浓度约为 $2 \times 10^{-6}$ mol·L$^{-1}$。

## 11.3.4 氧化还原法滴定前的预处理

为了能成功地完成氧化还原滴定，在滴定之前往往需要将被测组分处理成能与滴定剂迅

速、完全并按照一定化学计量起反应的状态,或者处理成高价态后用还原剂进行滴定,或者处理成低价态后用氧化剂滴定。滴定前使被测组分转变为一定价态的步骤称为滴定前的预处理。预处理时,所用的氧化剂或还原剂应符合:①反应进行完全而且速度要快;②过量的氧化剂或还原剂易于除去;③反应具有一定的选择性。常用的预氧化还原剂如表 11-9 所示。

表 11-9 常用的预氧化还原剂

| 氧化剂 | 反应条件 | 主要应用 | 过量试剂除去方法 |
|---|---|---|---|
| $(NH_4)_2S_2O_8$ | 酸性 | $Mn^{2+} \longrightarrow MnO_4^-$<br>$Cr^{3+} \longrightarrow Cr_2O_7^{2-}$<br>$VO^{2+} \longrightarrow VO_3^-$ | 煮沸分解 |
| $NaBiO_3$ | | $Mn^{2+} \longrightarrow MnO_4^-$<br>$Cr^{3+} \longrightarrow Cr_2O_7^{2-}$<br>$VO^{2+} \longrightarrow VO_3^-$ | 过滤 |
| $H_2O_2$ | 碱性 | $Cr^{3+} \longrightarrow CrO_4^{2-}$ | 煮沸分解 |
| $Cl_2$、$Br_2$ 液 | 碱性或中性 | $I^- \longrightarrow IO_3^-$ | 煮沸或通空气 |
| 还原剂 | 反应条件 | 主要应用 | 过量试剂除去方法 |
| $SnCl_2$ | 酸性加热 | $Fe^{3+} \longrightarrow Fe^{2+}$<br>$As(Ⅳ) \longrightarrow As(Ⅲ)$ | 加 $HgCl_2$ 氧化 |
| $TiCl_3$ | 酸性 | $Fe^{3+} \longrightarrow Fe^{2+}$ | 水稀释,$Cu^{2+}$ 催化空气氧化 |
| 联胺 | | $As(Ⅳ) \longrightarrow As(Ⅲ)$ | 加浓 $H_2SO_4$ 煮沸 |

## 11.3.5 常用的氧化还原滴定方法

(1)$KMnO_4$ 法

1)方法简介

高锰酸钾是一种较强的氧化剂,在强酸性溶液中与还原剂作用,其半电池反应是:

$$MnO_4^- + 8H^+ + 5e^- \Longrightarrow Mn^{2+} + 4H_2O \qquad E^\ominus = 1.51V$$

在弱酸性、中性或碱性溶液中与还原剂作用,生成褐色的水合二氧化锰($MnO_2 \cdot H_2O$)沉淀。妨碍滴定终点的观察,所以用 $KMnO_4$ 标准溶液进行滴定时,一般都是在强酸性溶液中进行的。所用的强酸通常是 $H_2SO_4$,避免使用 HCl 或 $HNO_3$。因为 $Cl^-$ 具有还原性,也能与 $MnO_2$ 作用;而 $HNO_3$ 具有氧化性,它可能氧化某些被滴定的物质。

用 $KMnO_4$ 溶液作为滴定剂时,根据被测物质的性质,可采用不同的滴定方式:

① 直接滴定法

许多还原性物质,如 $FeSO_4$、$H_2C_2O_4$、$H_2O_2$、$Sn^{2+}$、$Ti(Ⅲ)$、$Sb(Ⅲ)$、$As(Ⅲ)$、$NO_2^-$ 等,可用 $KMnO_4$ 标准溶液直接滴定。

② 返滴定法

有些氧化性物质,如不能用 $KMnO_4$ 标准溶液直接滴定就可用返滴定法进行滴定。

例如,测定软锰矿中 $MnO_2$ 的含量时,可在 $H_2SO_4$ 溶液存在下,加入准确而过量的

$Na_2C_2O_4$（固体）或 $Na_2C_2O_4$ 标准溶液，加热，待 $MnO_2$ 与 $C_2O_4^{2-}$ 作用完毕后，再用 $KMnO_4$ 标准溶液滴定剩余的 $C_2O_4^{2-}$。由总量减去剩余量，就可以算出与 $MnO_2$ 作用所消耗去的 $Na_2C_2O_4$ 的量，从而求得软锰矿中 $MnO_2$ 的百分含量。

③ 间接滴定法

有些非氧化性或非还原性的物质，不能用 $KMnO_4$ 标准溶直接滴定或返滴定，就只好采用间接滴定法进行滴定。如测定 $Ca^{2+}$ 时，首先将 $Ca^{2+}$ 沉淀为 $CaC_2O_4$，过滤，再用稀 $H_2SO_4$ 将所得的 $CaC_2O_4$ 沉淀溶解，然后用 $KMnO_4$ 标准溶液滴定溶液中的 $C_2O_4^{2-}$，间接求得 $Ca^{2+}$ 的百分含量。

2) 应用实例

① $H_2O_2$ 的测定

可用 $KMnO_4$ 标准溶液在酸性溶液中直接滴定 $H_2O_2$ 溶液，反应如下：

$$MnO_4^- + 5H_2O_2 + 6H^+ = 2Mn^{2+} + 5O_2\uparrow + 8H_2O$$

反应开始较慢，随着 $Mn^{2+}$ 的增加，反应速度加快。可预先加入少量 $Mn^{2+}$ 作为催化剂。许多还原性物质，如 $FeSO_4$、$As(\mathrm{III})$、$Sb(\mathrm{III})$、$H_2C_2O_4$、$Sn^{2+}$ 和 $NO_3^{2-}$ 等，都可用直接法测定。

② 钙的测定

先将样品处理成溶液后，使 $Ca^{2+}$ 进入溶液中，然后利用 $Ca^{2+}$ 与 $C_2O_4^{2-}$ 生成微溶性 $CaC_2O_4$ 沉淀。过滤，洗净后再将 $CaC_2O_4$ 沉淀溶于稀 $H_2SO_4$ 中。用 $KMnO_4$ 标准溶液进行滴定，其反应如下：

$$Ca^{2+} + C_2O_4^{2-} = CaC_2O_4\downarrow（白）$$
$$CaC_2O_4 + 2H^+ = Ca^{2+} + H_2C_2O_4$$
$$5H_2C_2O_4 + 2MnO_4^- + 6H^+ = 2Mn^{2+} + 10CO_2\uparrow + 8H_2O$$

凡是能与 $C_2O_4^{2-}$ 定量生成沉淀的金属离子，只要本身不与 $KMnO_4$ 反应，都可用上述间接法滴定。

③ 软锰矿中 $MnO_2$ 含量的测定

软锰矿的主要组成是 $MnO_2$，此外，尚有锰的低价氧化物、氧化铁等。此矿若用作氧化剂时，仅仅只有 $MnO_2$ 具有氧化能力。测定 $MnO_2$ 含量的方法是将矿样在过量还原剂 $Na_2C_2O_4$ 的硫酸溶液中溶解还原，然后，再用 $KMnO_4$ 标准溶液滴定剩余的还原剂 $C_2O_4^{2-}$，其反应为：

$$MnO_2 + C_2O_4^{2-} + 4H^+ = Mn^{2+} + 2CO_2\uparrow + 2H_2O$$

(2) 重铬酸钾法

1) 方法简介

重铬酸钾也是一种较强的氧化剂，在酸性溶液中。$K_2Cr_2O_7$ 与还原剂作用时被还原为 $Cr^{3+}$，半电池反应式为：

$$Cr_2O_7^{2-} + 14H^+ + 6e^- = 2Cr^{3+} + 7H_2O$$

在酸性溶液中，$K_2Cr_2O_7$ 还原时的条件电位值常较其标准电极电位值为小。$K_2Cr_2O_7$ 还原时的标准电极电位（$E^\ominus = 1.33V$）虽然比 $KMnO_4$ 的标准电位（$E^\ominus = 1.51V$）低些，但它与高锰酸钾法比较，具有以下一些优点：

① $K_2Cr_2O_7$ 容易提纯，在 140～150℃时干燥后，可以直接称量，配成标准溶液。

② $K_2Cr_2O_7$ 标准溶液非常稳定，可以长期保存。
③ $K_2Cr_2O_7$ 的氧化能力没有 $KMnO_4$ 强，可在 HCl 溶液中滴定 $Fe^{2+}$。
④ $K_2Cr_2O_7$ 溶液为橘黄色，宜采用二苯胺磺酸钠或邻苯氨基苯甲酸作为指示剂。

2) 应用实例

① 铁矿石中全铁含量的测定

试样一般用浓 HCl 加热分解，在热的浓 HCl 溶液中，用 $SnCl_2$ 将 $Fe(Ⅲ)$ 还原为 $Fe(Ⅱ)$，过量的 $SnCl_2$ 用 $HgCl_2$ 氧化，此时溶液中析出 $Hg_2Cl_2$ 丝状白色沉淀，然后在 1～2mol·$L^{-1}$ $H_2SO_4$-$H_3PO_4$ 混合酸介质中，以二苯胺磺酸钠作为指示剂，用 $K_2Cr_2O_7$ 标准溶液滴定 $Fe(Ⅱ)$。

$$SnCl_2 + 2HgCl_2 = SnCl_4 + 2Hg_2Cl_2\downarrow$$
$$Cr_2O_7^{2-} + 6Fe^{2+} + 14H^+ = 2Cr^{3+} + 6Fe^{3+} + 7H_2O$$

② 化学耗氧量的测定

化学耗氧量（COD），是表示水体受污染程度的重要指标。它是指一定体积的水体中能被强氧化剂氧化的还原性物质的量，以氧化这些有机还原性物质所需消耗的 $O_2$ 的量来表示。

高锰酸钾法适用于地表水、饮用水和生活用水等污染不十分严重的水体，而重铬酸钾法适用于工业废水的分析。

(3) 碘量法

1) 方法简介

碘量法也是常用的氧化还原滴定方法之一。它是以 $I_2$ 的氧化性和 $I^-$ 的还原性为基础的滴定分析法。因此，碘量法的基本反应

$$I_2 + 2e^- = 2I^-, E^\ominus_{I_2/I^-} = 0.535V$$

由 $E^\ominus$ 可知 $I_2$ 是一种较弱的氧化剂，能与较强的还原剂作用；而 $I^-$ 是一种中等强度的还原剂，能与许多氧化剂作用，因此碘量法又可以用直接的和间接的两种方式进行滴定。

① 碘滴定法（也称直接碘量法）

电位比较低的还原性物质，可以直接用 $I_2$ 的标准溶液滴定，如：$S^{2-}$、$SO_3^{2-}$、$Sn^{2+}$、$S_2O_3^{2-}$、$AsO_3^{2-}$、$SbO_3^{3-}$ 等。

② 滴定碘法（间接碘量法）

电位高的氧化性物质，可在一定的条件下，用碘离子来还原，产生相当量的碘，然后用 $Na_2S_2O_3$ 标准溶液来滴定析出的 $I_2$，这种方法叫做间接碘量法或称为滴定碘法。例如 $K_2Cr_2O_7$ 在酸性溶液中与过量的 KI 作用，析出的 $I_2$ 用 $Na_2S_2O_3$ 标准溶液滴定。

$$Cr_2O_7^{2-} + 6I^- + 14H^+ = 2Cr^{3+} + 3I_2 + 7H_2O$$
$$I_2 + 2S_2O_3^{2-} = 2I^- + S_4O_6^{2-}$$

利用这一方法可以测定很多氧化性物质，如 $ClO_3^-$、$ClO^-$、$CrO_4^{2-}$、$IO_3^-$、$BrO_3^-$、$SbO_4^{3-}$、$MnO_4^-$、$MnO_2$、$AsO_4^{3-}$、$NO_3^-$、$NO_2^-$、$Cu^{2+}$、$H_2O_2$ 等，以及能与 $CrO_4^{2-}$ 生成沉淀的阳离子，如 $Pb^{2+}$、$Ba^{2+}$ 等，所以滴定碘法的应用范围相当广泛。

碘量法的主要误差来源：一是 $I_2$ 易挥发；二是 $I^-$ 易被空气中的氧所氧化。

为防止 $I_2$ 挥发，应采取以下措施：

① 加入过量 KI，KI 与 $I_2$ 形成 $I_3^-$，以增大 $I_2$ 的溶解度，降低 $I_2$ 的挥发性，提高淀粉指

示剂的灵敏度。此外，加入过量的 KI，可以加快反应的速度和提高反应的完全程度。

② 反应时溶液的温度不能高，一般在室温下进行。因升高温度增大 $I_2$ 的挥发性，降低淀粉指示剂的灵敏度。保存 $Na_2S_2O_3$ 溶液时，室温升高，增大细菌的活性，会加速 $Na_2S_2O_3$ 的分解。

③ 析出碘的反应最好在带塞的碘量瓶中进行，滴定切勿剧烈摇动。

为防止 $I^-$ 被空气中的氧所氧化，应采取以下措施：

① 避光

光线能催化 $I^-$ 被空气氧化，增加 $Na_2S_2O_3$ 溶液中细菌的活性。

② 溶液 pH 值的影响

$S_2O_3^{2-}$ 与 $I_2$ 之间的反应必须在中性或弱酸性溶液中进行。因为在碱性溶液中，$I_2$ 与 $S_2O_3^{2-}$ 将会发生下述副反应：

$$S_2O_3^{2-} + 4I_2 + 10OH^- = 2SO_4^{2-} + 8I^- + 5H_2O$$

而且，$I_2$ 在碱性溶液中还会发生歧化反应：

$$3I_2 + 6OH^- = IO_3^- + 5I^- + 3H_2O$$

如果在强酸性溶液中，$Na_2S_2O_3$ 溶液会发生分解

$$S_2O_3^{2-} + 2H^+ = SO_2 + S\downarrow + H_2O$$

同时，$I^-$ 在酸性溶液中也容易被空气中的 $O_2$ 氧化

$$4I^- + 4H^+ + O_2 = 2I_2 + 2H_2O$$

③ 在间接碘量法中，当析出碘的反应完成后，应立即用 $Na_2S_2O_3$ 进行滴定（避免 $I_2$ 的挥发和 $I^-$ 被空气氧化）。

2）应用实例

① 铜矿石中铜的测定

矿石经 HCl、$HNO_3$、溴水和尿素处理成溶液后、用 $NH_4HF_2$ 掩蔽试样中的 $Fe^{3+}$，使其形成稳定的 $[FeF_6]^{3-}$ 络合物，并调节溶液的 pH 为 3.5～4.0，加入 KI 与 $Cu^{2+}$ 反应，析出的 $I_2$ 用 $Na_2S_2O_3$ 标准溶液滴定，以淀粉为指示剂，反应式如下：

$$2Cu^{2+} + 4I^- = 2CuI\downarrow + I_2$$
$$I_2 + 2S_2O_3^{2-} = 2I^- + S_4O_6^{2-}$$

② 钡盐中钡的测定

在 HAc-NaAc 缓冲溶液中，$CrO_4^{2-}$ 能将 $Ba^{2+}$ 沉淀为 $BaCrO_4$。沉淀经过滤、洗涤后，用稀 HCl 溶解，加入过量 KI，$Cr_2O_7^{2-}$ 将 $I^-$ 氧化为 $I_2$，析出的 $I_2$，以淀粉为指示剂用 $Na_2S_2O_3$ 标准溶液滴定。反应式如下：

$$Ba^{2+} + CrO_4^{2-} = BaCrO_4\downarrow（黄）$$
$$2BaCrO_4 + 4H^+ = 2Ba^{2+} + H_2Cr_2O_7 + H_2O$$
$$Cr_2O_7^{2-} + 6I^- + 14H^+ = 3I_2 + Cr^{3+} + 7H_2O$$
$$I_2 + 2S_2O_3^{2-} = 2I^- + S_4O_6^{2-}$$

③ 葡萄糖含量的测定

在碱性溶液中，$I_2$ 与 $OH^-$ 反应生成的 $IO^-$ 能将葡萄糖定量氧化：

$$I_2 + 2OH^- = IO^- + I^- + H_2O$$
$$CH_2OH(CHOH)_4CHO + IO^- + OH^- = CH_2OH(CHOH)_4COO^- + I^- + H_2O$$

剩余的 $IO^-$ 在碱性溶液中发生歧化反应：
$$3IO^- = IO_3^- + I^-$$
酸化后上述歧化产物转变成 $I_2$：
$$IO_3^- + 5I^- + 6H^+ = 3I_2 + H_2O$$
最后，再用 $Na_2S_2O_3$ 标准溶液滴定：
$$2S_2O_3 + I_2 = 2S_4O_6^{2-} + 2I^-$$

### 11.3.6 氧化还原滴定结果的计算

**例 11-8** 大桥钢梁的衬漆用红丹作填料，红丹的主要成分为 $Pb_3O_4$。称取红丹试样 0.1000g，加盐酸处理成溶液后，铅全部转化为 $Pb^{2+}$。加入 $K_2CrO_4$ 使 $Pb^{2+}$ 沉淀为 $PbCrO_4$。将沉淀过滤、洗涤后，再溶于酸，并加入过量的 KI。以淀粉为指示剂，用 $0.1000\,mol \cdot L^{-1}\,Na_2S_2O_3$ 标准溶液滴定生成的 $I_2$，用去 13.00mL。求红丹中 $Pb_3O_4$ 的质量分数。

**解**：此例为用间接碘量法测定 $Pb^{2+}$ 含量。有关的反应式为：
$$Pb_3O_4 + 2Cl^- + 8H^+ = 3Pb^{2+} + Cl_2\uparrow + 4H_2O$$
$$Pb^{2+} + CrO_4^{2-} = PbCrO_4$$
$$2PbCrO_4 + 2H^+ = 2Pb^{2+} + Cr_2O_7^{2-} + H_2O$$
$$Cr_2O_7^{2-} + 6I^- + 14H^+ = 2Cr^{3+} + 3I_2 + 7H_2O$$
$$2S_2O_3^{2-} + I_2 = 2I^- + S_4O_6^{2-}$$

各物质之间的计量关系为
$$2Pb_3O_4 \sim 6Pb^{2+} \sim 6CrO_4^{2-} \sim 3Cr_2O_7^{2-} \sim 9I_2 \sim 18S_2O_3^{2-}$$
$$即 \quad Pb_3O_4 \sim 9S_2O_3^{2-}$$

故在试样中的含量为
$$w_{Pb_3O_4} = \frac{\frac{1}{9}(cV)_{Na_2SO_3} M_{Pb_3O_4}}{m_s} \times 100\%$$
$$= [(1/9 \times 0.1000 \times 13.00 \times 10^{-3} \times 685.6)/0.1000] \times 100\% = 99.03\%$$

**例 11-9** 取 25.00mL KI 试液，加入稀 HCl 溶液和 10.00mL $0.0500\,mol \cdot L^{-1}\,KIO_3$ 溶液，析出的 $I_2$ 经煮沸挥发释出。冷却后，加入过量的 KI 与剩余的 $KIO_3$ 反应，析出的 $I_2$ 用 $0.1008\,mol \cdot L^{-1}\,Na_2S_2O_4$ 标准溶液滴定，耗去 21.14mL。试计算试液中的浓度。

**解**：挥发阶段和测定阶段均涉及同一反应：
$$IO_3^- + 5I^- + 6H^+ = 3I_2 + 3H_2O$$
滴定反应为
$$I_2 + 2S_2O_3^{2-} = S_4O_6^{2-} + 2I^-$$
各物质之间的计量关系为
$$IO_3^- \sim 5I^-$$
$$IO_3^- \sim 3I_2 \sim 6S_2O_3^{2-}$$

故真正消耗于 KI 试液的 $KIO_3$ 的物质的量为

即

$$c_{KI} = \frac{[(cV)_{KIO_3} - \frac{1}{6}(cV)_{Na_2SO_3}] \times 5}{V_{KI}}$$

$c_{KI} = [(0.0500 \times 10.00 \times 10^{-3} - 1/6 \times 0.1008 \times 21.14 \times 10^{-3}) \times 5]/25.00 \times 10^{-3} = 0.02896 \text{mol} \cdot \text{L}^{-1}$

## 11.4 沉淀滴定法

### 11.4.1 概述

沉淀滴定法（precipitation titration）是以沉淀反应为基础的一种滴定分析方法。虽然能形成沉淀的反应很多，但是能用于沉淀滴定的反应并不多，因为沉淀滴定法的反应必须满足下列几点要求：

① 反应的完全程度高，反应速率快，不易形成过饱和溶液。
② 沉淀的组成恒定，溶解度小，在沉淀过程中也不易发生共沉淀现象。
③ 有确定化学计量点的简单方法。

目前应用广泛的是生成难溶性银盐的反应，例如

$$Ag^+ + Cl^- \rightleftharpoons AgCl \downarrow$$
$$Ag^+ + SCN^- \rightleftharpoons AgSCN \downarrow$$

利用生成难溶性银盐的反应来进行测定的方法，称为银量法。银量法可以测定 $Cl^-$、$Br^-$、$I^-$、$Ag^+$、$SCN^-$ 等。

### 11.4.2 确定终点的方法

（1）莫尔法

1）原理

在测定 $Cl^-$ 时，滴定反应式为：

$$Ag^+ + Cl^- \rightleftharpoons AgCl \downarrow （白色）$$
$$2Ag^+ + CrO_4^{2-} \rightleftharpoons Ag_2CrO_4 \downarrow （砖红色）$$

根据分步沉淀原理，由于 AgCl 的溶解度（$1.3 \times 10^{-5}$ mol·$L^{-1}$）小于 $Ag_2CrO_4$ 的溶解度（$7.9 \times 10^{-5}$ mol·$L^{-1}$），所以在滴定过程中 AgCl 首先沉淀出来。随着 $AgNO_3$ 溶液的不断加入，AgCl 沉淀不断生成，溶液中的 $Cl^-$ 浓度越来越小，$Ag^+$ 的浓度相应地越来越大，直至 $[Ag^+][CrO_4^{2-}] > K_{sp}(Ag_2CrO_4)$ 时，便出现砖红色的 $Ag_2CrO_4$ 沉淀，借此可以指示滴定的终点。

莫尔法也可用于测定氰化物和溴化物，但是 AgBr 沉淀严重吸附 $Br^-$，使终点提早出现，所以当滴定至终点时必须剧烈摇动。因为 AgI 吸附 $I^-$ 和 AgSCN 吸附 $SCN^-$ 更为严重，所以莫尔法不适用于碘化物和硫氰酸盐的测定。

用莫尔法测定 $Ag^+$ 时，不能直接用 NaCl 标准溶液滴定，因为先生成大量的 $Ag_2CrO_4$ 沉淀之后，再转化 AgCl 的反应进行极慢，使终点出现过迟。因此，如果用莫尔法测 $Ag^+$ 时，必须采用返滴定法，即先加一定体积过量的 NaCl 标准溶液滴定剩余的 $Cl^-$。

2) 滴定条件

① 指示剂用量

指示剂 $CrO_4^{2-}$ 的用量必须合适。太大会使终点提前，而且 $CrO_4^{2-}$ 本身的颜色也会影响终点的观察，若太小又会使终点滞后，影响滴定的准确度。

计量点时：$[Ag^+]_{sp} = [Cl^-]_{sp} = \sqrt{K_{sp}(AgCl)}$

$$[CrO_4^{2-}] = K_{sp}(Ag_2CrO_4)/[Ag^+]_{sp}^2$$
$$= K_{sp}(Ag_2CrO_4)/K_{sp}(AgCl)$$
$$= 1.1 \times 10^{-2} \text{mol} \cdot L^{-1}$$

在实际滴定中，如此高的浓度黄色太深，对观察不利。实验表明，终点时 $CrO_4^{2-}$ 浓度约为 $5 \times 10^{-3}$ mol·$L^{-1}$ 比较合适。

② 溶液的酸度

滴定应在中性或微碱性（pH=6.5～10.5）条件下进行。若溶液为酸性，则 $Ag_2CrO_4$ 溶解：

$$Ag_2CrO_4 + H^+ \Longrightarrow 2Ag^+ + HCrO_4^-$$

如果溶液的碱性太强，则析出 $Ag_2O$ 沉淀：

$$2Ag^+ + 2OH^- \Longrightarrow 2AgOH \downarrow$$
$$\downarrow$$
$$Ag_2O + H_2O$$

滴定液中如果有铵盐存在，则易生成 $[Ag(NH_3)_2]^+$，而使 AgCl 和 $Ag_2CrO_4$ 溶解。如果溶液中有氨存在时，必须用酸中和。当有铵盐存在时，如果溶液的碱性较强，也会增大 $NH_3$ 的浓度。实验证明，当 $c_{NH_4^+} = 0.05$ mol·$L^{-1}$ 时，溶液的 pH 控制在 pH=6.5～7.2。

③ 先产生的 AgCl 沉淀容易吸附溶液中的 $Cl^-$，使溶液中的 $Cl^-$ 浓度降低，导致终点提前而引入误差。因此，滴定时必须剧烈摇动。测定 $Br^-$ 时，AgBr 沉淀吸附 $Br^-$ 更为严重，所以滴定时更要剧烈摇动，否则会引入较大的误差。

④ 凡与 $Ag^+$ 能生成沉淀的阴离子如 $PO_4^{3-}$、$AsO_4^{3-}$、$SO_3^{2-}$、$S^{2-}$、$CO_3^{2-}$、$C_2O_4^{2-}$ 等，与 $CrO_4^{2-}$ 能生成沉淀的阳离子如 $Ba^{2+}$、$Pb^{2+}$ 等，大量的有色离子 $Cu^{2+}$、$Co^{2+}$、$Ni^{2+}$ 等，以及在中性或微碱性溶液中易发生水解的离子如 $Fe^{3+}$、$Al^{3+}$ 等，都干扰测定，应预先分离。

3）应用范围

主要用于以 $AgNO_3$ 标准溶液直接滴定 $Cl^-$、$Br^-$ 和 $CN^-$ 的反应，而不适用于滴定 $I^-$ 和 $SCN^-$。

(2) 佛尔哈德法

1) 原理

这种方法是在酸性溶液中以铁铵矾作为指示剂，分为直接滴定法和返滴定法。

① 直接滴定法

在酸性条件下，以铁铵矾作为指示剂，用 KSCN 或 $NH_4SCN$ 标准溶液滴定含 $Ag^+$ 的溶液，其反应式如下：

$$Ag^+ + SCN^- \Longrightarrow AgSCN \downarrow （白色）$$

当滴定达到计量点附近时，$Ag^+$ 的浓度迅速降低，而 $SCN^-$ 浓度迅速增加，于是微过量的 $SCN^-$ 与 $Fe^{3+}$ 反应生成红色 $[Fe(SCN)]^{2+}$，从而指示计量点的到达：

$$Fe^{3+} + SCN^- \rightleftharpoons [Fe(SCN)]^{2+} \downarrow （红色）$$

$Fe^{3+}$ 的浓度，一般采用 $0.015 mol \cdot L^{-1}$，约为理论值的 1/20。

但是由于 AgSCN 沉淀易吸附溶液中的 $Ag^+$，使计量点前溶液中的 $Ag^+$ 浓度大为降低，以至终点提前出现。所以在滴定时必须剧烈摇动，使吸附的 $Ag^+$ 释放出来。

② 返滴定法

用返滴定法测定卤化物或 $SCN^-$ 时，则应先加入准确过量的 $AgNO_3$ 标准溶液，使卤素离子或 $SCN^-$ 生成银盐沉淀，然后再以铁铵矾作为指示剂，用 $NH_4SCN$ 标准溶液滴定剩余的 $AgNO_3$。

其反应为：

$$X^- + Ag^+ \rightleftharpoons AgX \downarrow$$
$$Ag^+ + SCN^- \rightleftharpoons AgSCN \downarrow$$
$$Fe^{3+} + SCN^- \rightleftharpoons [Fe(SCN)]^{2+}$$

但是必须指出，在测定 $Cl^-$ 时，经摇动之后红色即褪去，终点很难确定。产生这种现象的原因是 AgSCN 的溶解度（$1.0 \times 10^{-6} mol \cdot L^{-1}$）小于 AgCl 的溶解度（$1.3 \times 10^{-5} mol \cdot L^{-1}$），因此，在计量点时，易引起沉淀转化反应：

$$AgCl + SCN^- \rightleftharpoons AgSCN \downarrow + Cl^-$$

为了避免这个现象的发生，可在 AgCl 沉淀后，加少量的硝基苯、苯、四氯化碳、甘油或邻苯二甲酸二丁酯等，用力振摇后，形成表面覆盖，防止转化的进行。

2）滴定条件

① 用铁铵矾作为指示剂的沉淀滴定法，必须在酸性溶液中进行，而不能在中性或碱性溶液中进行。因为在碱性或中性溶液内 $Fe^{3+}$ 将产生 $Fe(OH)_3$ 沉淀，而影响终点的确定。

② 用直接法滴定 $Ag^+$ 时，为防止 AgSCN 对 $Ag^+$ 的吸附，临近终点时必须剧烈摇动，用返滴定法滴定 $Cl^-$ 时，为了避免 AgCl 沉淀发生转化，应轻轻摇动。

③ 强氧化剂、氮的低价氧化物、铜盐、汞盐等能与 $SCN^-$ 一起反应，干扰测定，必须预先除去。

用这种方法可以测定 $Ag^+$、$Cl^-$、$Br^-$、$I^-$ 及 $SCN^-$ 等。该法比莫尔法应用较为广泛。

（3）法扬斯法

1）原理

这是一种利用吸附指示剂确定滴定终点的滴定方法。所谓吸附指示剂，就是有些有机化合物吸附在沉淀表面上以后，其结构发生改变，因而颜色发生变化。例如用 $AgNO_3$ 标准溶液滴定 $Cl^-$ 时，常用荧光黄作为吸附指示剂，荧光黄是一种有机弱酸，可用 HFIn 表示。它的电离式如下：

$$HFIn \rightleftharpoons FIn^- + H^+$$

在计量点以前，溶液中存在着过量的 $Cl^-$，AgCl 沉淀吸附 $Cl^-$ 而带负电荷，形成 $AgCl \cdot Cl^-$，荧光黄阴离子不被吸附，溶液呈黄绿色。当滴定到达计量点时，一滴过量的 $AgNO_3$ 使溶液出现过量的 $Ag^+$，则 AgCl 沉淀便吸附 $Ag^+$ 而带正电荷，形成 $AgCl \cdot Ag^+$。它强烈地吸附 $FIn^-$，荧光黄阴离子被吸附之后，结构发生了变化而呈粉红色。可用下面简式表示。

$$AgCl \cdot Ag^+ + FIn^- \rightleftharpoons AgCl \cdot Ag \cdot FIn$$
（黄绿色）　　　　　　（粉红色）

2) 滴定条件

① 由于吸附指示剂是吸附在沉淀表面上而变色，为了使终点的颜色变得更明显，就必须使沉淀有较大表面，这就需要把 AgCl 沉淀保持溶胶状态。所以滴定时一般先加入糊精或淀粉溶液等胶体保护剂。

② 滴定必须在中性、弱碱性或很弱的酸性（如 HAc）溶液中进行。这是因为酸度较大时，指示剂的阴离子与 $H^+$ 结合，形成不带电荷的荧光黄分子（$K_a = 10^{-7}$）而不被吸附。因此一般滴定是在 pH=7~10 的酸度下滴定。

对于酸性稍强一些的吸附指示剂，溶液的酸性也可以大一些，如二氯荧光黄（$K_a = 10^{-4}$）可在 pH=4~10 范围内进行滴定。曙红（四溴荧光黄，$K_a = 10^{-2}$）的酸性更强些，在 pH=2 时仍可以应用。

③ 因卤化银易感光变灰，影响终点观察，所以应避免在强光下滴定。

④ 不同的指示剂离子被沉淀吸附的能力不同，在滴定时选择指示剂的吸附能力，应小于沉淀对被测离子的吸附能力。否则在计量点之前，指示剂离子即取代了被吸附的被测定离子而改变颜色，使终点提前出现。当然，如果指示剂离子吸附的能力太弱，则终点出现太晚，也会造成误差太大的结果。

3) 应用范围

用于 $Ag^+$、$Cl^-$、$Br^-$、$I^-$ 等离子的测定。

### 11.4.3 沉淀滴定法应用示例

(1) 可溶性氯化物中氯的测定

测定可溶性氯化物中的氯，可按照用 NaCl 标定 $AgNO_3$ 溶液的各种方法进行。当采用莫尔法测定时，必须注意控制溶液的 pH 在 6.5~10.5 范围内。如果试样中含有 $PO_4^{3-}$、$AsO_4^{3-}$ 等离子时，在中性或微碱性条件下，也能和 $Ag^+$ 生成沉淀，干扰测定。因此，只能采用佛尔哈德法进行测定，因为在酸性条件下，这些阴离子都不会与 $Ag^+$ 生成沉淀，从而避免干扰。

测定结果可由试样的质量及滴定用去标准溶液的体积，以计算试样中氯的百分含量。

(2) 银合金中银的测定

将银合金溶于 $HNO_3$ 中，制成溶液

$$Ag + NO_3^- + 2H^+ \rightleftharpoons Ag^+ + NO_2\uparrow + H_2O$$

在溶解试样时，必须煮沸以除去氮的低价氧化物，因为它能与 $SCN^-$ 作用生成红色化合物，而影响终点的观察。

$$HNO_2 + H^+ + SCN^- \rightleftharpoons NOSCN + H_2O$$
$$\text{（红色）}$$

试样溶解之后，加入铁铵矾指示剂，用标准 $NH_4SCN$ 溶液滴定。

根据试样的质量、滴定用去 $NH_4SCN$ 标准溶液的体积，以计算银的百分含量。

## 习　题

1. 计算下列溶液 pH

(1) 50mL 0.10mol·$L^{-1}$ $H_3PO_4$ + 25mL 0.10mol·$L^{-1}$ NaOH

(2) 50mL 0.10mol·$L^{-1}$ $H_3PO_4$ + 75mL 0.10mol·$L^{-1}$ NaOH

2. 计算 $0.010 \text{mol} \cdot \text{L}^{-1}$ $H_3PO_4$ 溶液中 (1) $HPO_4^{2-}$ 的浓度，(2) $PO_4^{3-}$ 的浓度。

3. 某一弱酸 HA 试样 1.250g 用水稀释至 50.00mL，可用 41.20mL $0.09000 \text{mol} \cdot \text{L}^{-1}$ NaOH 滴定至计量点。当加入 8.24mL NaOH 时溶液的 pH=4.30。

(1) 求该弱酸的摩尔质量；(2) 计算弱酸的解离常数 $K_a$ 和计量点的 pH；滴定时应该选择何种指示剂？

4. 某试样中仅含 NaOH 和 $Na_2CO_3$。称取 0.3720g 试样用水溶解后，以酚酞为指示剂，消耗 $0.1500 \text{mol} \cdot \text{L}^{-1}$ HCl 溶液 40.00mL，问还需多少毫升 HCl 溶液达到甲基橙的变色点？

5. 干燥的纯 NaOH 和 $NaHCO_3$ 按 2:1 的质量比混合后溶于水，并用盐酸标准溶液滴定。使用酚酞指示剂时用去盐酸的体积为 $V_1$，继用甲基橙作为指示剂，又用去盐酸的体积为 $V_2$。求 $V_1/V_2$（保留 3 位有效数字）。

6. 已知某样品可能含有 $Na_3PO_4$、$Na_2HPO_4$、$NaH_2PO_4$ 或这些物质的混合物，同时还有惰性杂质。称取该试样 1.000g，用水溶解。试样溶液用甲基橙作为指示剂，以 $0.2500 \text{mol} \cdot \text{L}^{-1}$ HCl 溶液滴定，用去 32.00mL；含同样质量的试样溶液以百里酚酞作为指示剂，需上述 HCl 溶液 12.00mL。求试样成分和含量。(已知 $Na_3PO_4$ 的摩尔质量 $M = 163.94 \text{g} \cdot \text{mol}^{-1}$；$Na_2HPO_4$ 的摩尔质量 $M = 141.96 \text{g} \cdot \text{mol}^{-1}$；$NaH_2PO_4$ 的摩尔质量 $M = 119.96 \text{g} \cdot \text{mol}^{-1}$)

7. 若溶液的 pH=11.00，游离 $CN^-$ 浓度为 $1.0 \times 10^{-2} \text{mol} \cdot \text{L}^{-1}$，计算 HgY 络合物的 $\lg K'_{HgY}$ 值。已知 $Hg^{2+}$-$CN^-$ 络合物的逐级形成常数 $\lg K_1 \sim \lg K_4$ 分别为：18.00、16.70、3.83 和 2.98。

8. 将 20.00mL $0.100 \text{mol} \cdot \text{L}^{-1}$ $AgNO_3$ 溶液加到 20.00mL $0.250 \text{mol} \cdot \text{L}^{-1}$ NaCN 溶液中，所得混合液 pH 为 11.0。计算溶液中 $Ag^+$、$CN^-$、$Ag(CN)_2^-$ 的平衡浓度。已知 $\beta_2 = 1.26 \times 10^{21}$。

9. 称取 0.5000g 铜锌镁合金，溶解后配成 100.0mL 试液。移取 25.00mL 试液调至 pH=6.0，用 PAN 作为指示剂，用 37.30mL $0.05000 \text{mol} \cdot \text{L}^{-1}$ EDTA 滴定 $Cu^{2+}$ 和 $Zn^{2+}$。另取 25.00mL 试液调至 pH=10.0，加 KCN 掩蔽 $Cu^{2+}$ 和 $Zn^{2+}$ 后，用 4.10mL 等浓度的 EDTA 溶液滴定 $Mg^{2+}$。然后再滴加甲醛解蔽 $Zn^{2+}$，又用 13.40mL 上述 EDTA 滴定至终点。计算试样中铜、锌、镁的质量分数。已知 $M_{Mg} = 24.30 \text{g} \cdot \text{mol}^{-1}$、$M_{Zn} = 65.39 \text{g} \cdot \text{mol}^{-1}$、$M_{Cu} = 63.55 \text{g} \cdot \text{mol}^{-1}$。

10. 碘量法的主要误差来源有哪些？为什么碘量法不适宜在高酸度或高碱度介质中进行？

11. 用 30.00mL 某 $KMnO_4$ 标准溶液恰能氧化一定量的 $KHC_2O_4 \cdot H_2O$，同样质量的 $KHC_2O_4 \cdot H_2O$ 又恰能与 25.20mL 浓度为 $0.2012 \text{mol} \cdot \text{L}^{-1}$ 的 KOH 溶液反应。计算此 $KMnO_4$ 溶液的浓度。

12. 仅含有惰性杂质的铅丹（$Pb_3O_4$）试样重 3.500g，加一移液管 $Fe^{2+}$ 标准溶液和足量的稀 $H_2SO_4$ 于此试样中。溶解作用停止以后，过量的 $Fe^{2+}$ 需 3.05mL $0.04000 \text{mol} \cdot \text{L}^{-1}$ $KMnO_4$ 溶液滴定。同样一移液管的上述 $Fe^{2+}$ 标准溶液，在酸性介质中用 $0.04000 \text{mol} \cdot \text{L}^{-1}$ $KMnO_4$ 标准溶液滴定时，需用去 48.05mL。计算铅丹中 $Pb_3O_4$ 的质量分数。已知 $M(Pb_3O_4) = 685.6 \text{g} \cdot \text{mol}^{-1}$。

13. 准确称取软锰矿试样 0.5261g，在酸性介质中加入 0.7049g 纯 $Na_2C_2O_4$。待反应完全后，过量的 $Na_2C_2O_4$ 用 $0.02160 \text{mol} \cdot \text{L}^{-1}$ $KMnO_4$ 标准溶液滴定，用去 30.47mL。计

软锰矿中 $MnO_2$ 的质量分数？已知 $M(MnO_2)=86.94\text{g}\cdot\text{mol}^{-1}$。

14. 用一定体积（mL）的 $KMnO_4$ 溶液恰能氧化一定质量的 $KHC_2O_4\cdot H_2C_2O_4\cdot 2H_2O$，同样质量的 $KHC_2O_4\cdot H_2C_2O_4\cdot 2H_2O$ 恰能被所需 $KMnO_4$ 体积（mL）一半的 $0.2000\text{mol}\cdot\text{L}^{-1}$ NaOH 溶液中和。计算 $KMnO_4$ 溶液的浓度。

15. 称取含 $Pb_3O_4$ 试样 1.234g，用 20.00mL $0.2500\text{mol}\cdot\text{L}^{-1}$ $H_2C_2O_4$ 溶液处理，Pb(Ⅳ) 还原至 Pb(Ⅱ)。调节溶液 pH，使 Pb(Ⅱ) 沉淀为 $PbC_2O_4$。过滤，滤液酸化后，用 $0.04000\text{mol}\cdot\text{L}^{-1}$ $KMnO_4$ 溶液滴定，用去 10.00mL；沉淀用酸溶解后，用同浓度的 $KMnO_4$ 溶液滴定，用去 30.00mL。计算试样中 PbO 和 $PbO_2$ 的含量。已知 $M(PbO_2)=239.2\text{g}\cdot\text{mol}^{-1}$，$M(PbO)=223.2\text{g}\cdot\text{mol}^{-1}$。

16. 将 0.1963g 分析纯 $K_2Cr_2O_7$ 试剂溶于水，酸化后加入过量 KI，析出的 $I_2$ 需用 33.61mL $Na_2S_2O_3$ 溶液滴定。计算 $Na_2S_2O_3$ 溶液的浓度。

17. 写出莫尔法、佛尔哈德法和法扬斯法测定 $Cl^-$ 的主要反应，并指出各种方法选用的指示剂和酸度条件。

18. 称取银合金试样 0.3000g，溶解后加入铁铵矾指示剂，用 $0.1000\text{mol}\cdot\text{L}^{-1}$ $NH_4SCN$ 标准溶液滴定，用去 23.80mL，计算银的质量分数。

19. 称取可溶性氯化物试样 0.2266g 用水溶解后，加入 $0.1121\text{mol}\cdot\text{L}^{-1}$ $AgNO_3$ 标准溶液 30.00mL。过量的 $Ag^+$ 用 $0.1185\text{mol}\cdot\text{L}^{-1}$ $NH_4SCN$ 标准溶液滴定，用去 6.50mL，计算试样中氯的质量分数。

20. 称取一含银废液 2.075g，加适量硝酸，以铁铵矾作指示剂，用 $0.04634\text{mol}\cdot\text{L}^{-1}$ $NH_4SCN$ 溶液滴定，用去 25.00mL。求废液中银的含量。

# 第 12 章 吸光光度法

**学习要求**

1. 了解吸光光度法的特点；
2. 掌握朗伯-比耳定律、桑德尔灵敏度；
3. 掌握吸光光度仪器的基本组成；
4. 了解影响显色反应的因素；
5. 了解吸光光度的测量误差；
6. 了解吸光光度的应用。

吸光光度法（absorption photometry）是一种基于物质对光的选择性吸收而建立起来的一种分析方法。包括可见吸光光度法、紫外-可见吸光光度法等。吸光光度法同滴定分析法、重量分析法相比，有以下一些特点：

① 灵敏度高。吸光光度法测定浓度下限（最低浓度）一般可达 1‰～$10^{-3}$‰ 的微量组分。对固体试样一般可测到 $10^{-4}$‰。如果对被测组分事先加以富集，灵敏度还可以提高 1～2 个数量级。

② 准确度较高。一般吸光光度法的相对误差为 2%～5%，其准确度虽不如滴定分析法及重量法，但对微量成分来说，还是比较满意的，因为在这种情况下，滴定分析法和重量法也不够准确了，甚至无法进行测定。

③ 操作简便，测定速度快。

④ 应用广泛。几乎所有的无机离子和有机化合物都可直接或间接地用吸光光度法进行测定。

## 12.1 吸光光度法基本原理

### 12.1.1 物质对光的选择性吸收

光是电磁波，其波长、频率与速度之间的关系为：

$$E = h\nu = hc/\lambda \qquad \nu = c/\lambda$$

式中，$h$ 为普朗克常数，其值为 $6.63 \times 10^{-34}$ J·s。

(1) 物质对光的选择性吸收

如果我们把具有不同颜色的各种物体放置在黑暗处，则什么颜色也看不到。可见物质呈现的颜色与光有着密切的关系，一种物质呈现何种颜色，与光的组成和物质本身的结构有关。

我们把人眼所能看见有颜色的光叫做可见光，其波长范围大约在 400～760nm 之间。实验证明：白光是由各种不同颜色的光按一定的强度比例混合而成的。如果让一束白光通过三棱镜，就分解为红、橙、黄、绿、青、蓝、紫七种颜色的光，这种现象称为光的色散。每种颜色的光具有一定的波长范围。我们把白光叫做复合光，把只具有单一波长的光，叫做单色光。

实验还证明，如果把适当颜色的两种单色光按一定的强度比例混合，也可以成为白光。这两种单色光就叫做互补色。如绿光和紫光互补、蓝光和黄光互补等。常见互补色如图 12-1 所示，直线两端的两种光互为互补色。

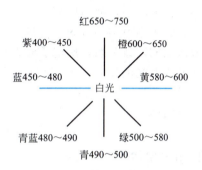

图 12-1 光的互补色示意图（λ/nm）

对固体物质来说，当白光照射到物质上时，物质对不同波长的光线吸收、透过、反射、折射的程度不同而使物质呈现出不同的颜色。如果物质对各种波长的光完全吸收，则呈现黑色；如果完全反射，则呈现白色；如果对各种波长的光吸收程度差不多，则呈现灰色；如果物质选择性地吸收某些波长的光，那么，这种物质的颜色就由它所反射或透过光的颜色来决定。

对溶液来说，溶液呈现不同的颜色，是由溶液中的质点（分子或离子）选择性地吸收某种颜色的光所引起的。如果各种颜色的光透过程度相同，这种物质就是无色透明的。如果只让一部分波长的光透过，其他波长的光被吸收，则溶液就呈现出透过光的颜色，也就是说溶液呈现的是与它吸收的光成互补色的颜色。如硫酸铜溶液因吸收了白光中的黄色光而呈蓝色；高锰酸钾溶液因吸收了白光中的绿色光而呈现紫色。

(2) 吸收曲线

以波长为横坐标，吸光度为纵坐标作图，即可得到一条吸光度随波长变化的曲线，称之为吸收曲线或吸收光谱。图 12-2 是四个不同浓度的 $KMnO_4$ 溶液的光吸收曲线。从图 12-2

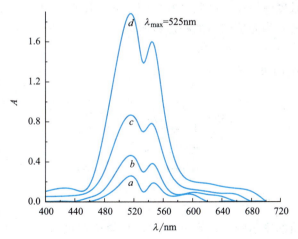

图 12-2 $KMnO_4$ 溶液的吸收曲线（$c_{KMnO_4}$：$a<b<c<d$）

可以看出，在可见光范围内，$KMnO_4$ 溶液对波长 525nm 附近的绿色光有最大吸收，而对紫色和红色光则吸收很少。吸光度最大对应的波长，称为最大吸收波长，常用 $\lambda_{最大}$ 或 $\lambda_{max}$ 表示，任何可见光区内溶液的颜色主要是由 $\lambda_{max}$ 决定。在正常情况下，选用不同浓度的某种溶液，最大吸收波长也是固定不变的，说明光的吸收与溶液中物质的结构有关。

### 12.1.2 朗伯-比耳定律

（1）朗伯-比耳定律的数学表达

当一束平行单色光垂直照射到任何均匀非散射的介质时，吸光物质吸收某一波长的光，光的强度会减弱，减弱的程度与入射光的强度、溶液液层的厚度、溶液浓度成正比。朗伯（Lambert）和比耳（Beer）分别于 1760 年和 1852 年研究了光的吸收与有色溶液层的厚度及溶液浓度的定量关系，奠定了分光光度分析法的理论基础。

若入射光的强度为 $I$，透过光的强度为 $I_0$，则透光率 $T$ 为：

$$T = I/I_0$$

吸光度 $A$ 为：

$$A = \lg(I_0/I) = \lg(1/T) = -\lg T$$

朗伯-比耳定律为：

$$A = Kbc$$

此式为光吸收定律的数学表达式。式中，$A$ 为吸光度；$K$ 为比例常数。

（2）吸收系数和桑德尔灵敏度

① 吸收系数 $a$

当 $c$ 的单位为 $g \cdot L^{-1}$，$b$ 的单位为 cm 时，$K$ 用 $a$ 表示，称为吸收系数，其单位为 $L \cdot g^{-1} \cdot cm^{-1}$，这时朗伯-比耳定律变为：$A = abc$。

② 摩尔吸收系数 $\kappa$

当 $c$ 的单位为 $mol \cdot L^{-1}$，液层厚度的单位为 cm 时，则用另一符号 $\kappa$ 表示，称为摩尔吸收系数，它表示物质的浓度为 $1 mol \cdot L^{-1}$，液层厚度为 1cm 时，溶液的吸光度。其单位为 $L \cdot mol^{-1} \cdot cm^{-1}$。这时朗伯-比耳定律就变为：

$$A = \kappa bc$$

③ 桑德尔灵敏度

吸光光度法的灵敏度除用摩尔吸收系数 $\kappa$ 表示外，还常用桑德尔灵敏度 $S$ 表示。

桑德尔灵敏度定义：当光度仪器的检测极限为 $A = 0.001$ 时，单位截面积光程内所能检出的吸光物质的最低质量（$\mu g \cdot cm^{-2}$）。

由桑德尔灵敏度 $S$ 的定义可得到：

$$A = 0.001 = \kappa bc$$
$$S = \frac{1}{1000} \times bcM \times 10^6$$
$$= bcM \times 10^3$$
$$= \frac{0.001}{\kappa} \times M \times 10^3 = \frac{M}{\kappa}$$

即：$S = M/\kappa$

由此可见，某物质的摩尔吸收系数 $\kappa$ 越大，其桑德尔灵敏度 $S$ 越小，即该测定方法的灵敏度越高。

（3）朗伯-比耳定律的推导

设一束强度为 $I_0$ 的平行光垂直照射到吸光池表面，厚度为 $b$ 时，强度减弱至 $I$，示意图见 12-3。若面积为 $S$，厚度为 $db$ 的载体中有 $dn$ 个吸光质点，每个吸光质点俘获光子的截面积为 $a$。总截面积 $ds = a\,dn$。

$$-\frac{dI}{I} = \frac{dS}{S} = \frac{a\,dn}{S}; \quad -\int_{I_0}^{I}\frac{dI}{I} = \int_{0}^{n}\frac{a\,dn}{S}; \quad -\ln\frac{I}{I_0} = \frac{an}{S}$$

$$V = Sb \quad c = n/V$$

$$\ln\frac{I_0}{I} = abc$$

$$A = \lg\frac{I_0}{I} = 0.434abc = Kbc$$

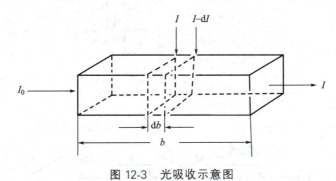

图 12-3　光吸收示意图

## 12.2　吸光光度法的仪器

### 12.2.1　基本部件

吸光光度法的仪器一般由光源、单色器（分光系统）、吸收池、检测系统和信号显示系统等五部分组成。

（1）光源

常用的光源为 6～12V 低压钨丝灯。为了保持光源强度的稳定，以获得准确的测定结果，电压必须稳定。

（2）单色器（分光系统）

单色器的作用是将从光源发出的复合光中分出所需要的单色光。单色器通常用三棱镜或光栅。

（3）吸收池（比色皿）

比色皿是用透明无色的光学玻璃制作的。大多数比色皿为长方体形，一般厚度为 0.5cm、1cm、2cm 和 3cm。

（4）检测系统（又叫光电转化器）

在光度计中，常用的是硒光电池。硒光电池和眼睛相似，对于各种不同波长的光线，灵敏度是不同的。对于波长为 500～600nm 的光线最灵敏。而对紫外线、红外线则不能应用。

光电管和光电倍增管用于较精密的分光光度计中，具有灵敏度高、光敏范围广及不易疲劳等特点。

(5) 信号显示系统

早期使用的是检流计、微安表、电位计、数字电压表等。现代的分光光度计广泛采用数字电压表或计算机记录等。

### 12.2.2 分光光度计的类型

常用的光度计有可见分光光度计、紫外-可见分光光度计。根据仪器的结构,光度计又可分为单光束、双光束两种基本类型,二者的差异如图 12-4 所示。

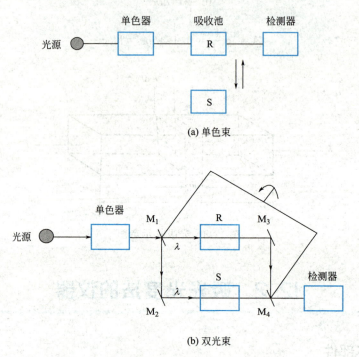

图 12-4 各类分光光度计工作原理示意图

(1) 单光束分光光度计

我国普遍使用的 721、722、723、751 型,其结构示意图见图 12-4(a)。单光束分光光度结构简单、价格低廉,特别适用于固定波长的定量分析。

(2) 双光束分光光度计

双光束分光光度计结构示意图见图 12-4(b)。双光束仪器对透过参比和试液的光强 $I_0$ 和 $I$ 的测量几乎同时进行,消除了因光源和检测系统不稳定造成的影响,具有较高的准确度。

## 12.3 显色反应及其影响因素

### 12.3.1 显色反应和类型及要求

在吸光光度分析中,将试样中被测组分转变成有色化合物的反应叫显色反应(color reaction)。与被测组分化合成有色物质的试剂称为显色剂。显色体系主要有以下三种。

① 混合型络合物显色体系

一种金属与两种不同配体结合成有色络合物的体系，如 $V[(H_2O_2)PAR]$。

② 离子缔合物显色体系

金属离子与配体生成配阴离子或配阳离子，然后与带相反电荷的离子生成离子缔合物的显色体系。

③ 金属离子-配体-表面活性剂显色体系

形成胶束化合物。如稀土元素、XO 和溴化十六烷基吡啶，在 pH=8～9 时反应，生成蓝色络合物，可用于痕量稀土元素总量的测定。

(1) 选择显色反应的一般标准

① 选择性要好。一种显色剂最好只与一种被测组分起显色反应，这样干扰就少。或者干扰离子容易被消除，或者显色剂与被测组分和干扰离子生成的有色化合物的吸收峰相隔较远。

② 灵敏度要高。由于吸光光度法一般是测定微量组分的，灵敏度高的显色反应有利于微量组分的测定。灵敏度的高低可从摩尔吸光系数值的大小来判断，$\kappa$ 值大，灵敏度高，否则灵敏度低。但应注意，灵敏度高的显色反应，并不一定选择性就好，对于高含量的组分不一定要选用灵敏度高的显色反应。

③ 对比度要大。即如果显色剂有颜色，则有色化合物与显色剂的最大吸收波长的差别要大，一般要求在 60nm 以上。

④ 有色化合物的组成要恒定，化学性质要稳定。有色化合物的组成若不确定，测定的再现性就较差。有色化合物若易受空气的氧化、日光的照射而分解，就会引入测量误差。

⑤ 显色反应的条件要易于控制。如果条件要求过于严格，难以控制，测定结果的再现性就差。

(2) 常用显色剂

许多无机试剂能与金属离子形成有色物质，如 $Cu^{2+}$ 与氨水形成深蓝色的络离子 $[Cu(NH_4)_4]^{2+}$，$SCN^-$ 与 $Fe^{3+}$ 形成红色的络合物 $[Fe(SCN)]^{2+}$ 或 $[Fe(SCN)_6]^{3-}$ 等。但是多数无机显色剂的灵敏度和选择性都不高，其中性能较好，目前还有实用价值的有硫氰酸盐、钼酸铵、氨水和过氧化氢等。

有机显色剂与金属离子能形成稳定的螯合物，其灵敏度和选择性都较高，是光度分析中应用最广的一类显色剂，如 4-(2-吡啶偶氮) 间苯二酚 (PAR)、偶氮胂 (Ⅲ)、铬青天 S 等。

## 12.3.2 影响显色反应的因素

显色反应能否完全满足光度法的要求，除了与显色剂的性质有主要关系外，控制好显色反应的条件也是十分重要，如果显色条件不合适，将会影响分析结果的准确度。

(1) 显色剂的用量

显色就是将被测组分转变成有色化合物，可表示为：

$$\underset{\text{(被测组分)}}{M} + \underset{\text{(显色剂)}}{R} = \underset{\text{(有色化合物)}}{MR}$$

反应在一定程度上是可逆的。为了减少反应的可逆性，根据同离子效应，加入过量的显色剂是必要的，但也不能过量太多，否则会引起副反应，对测定反而不利。最好是作一个吸光度 $A$ 对显色剂浓度 $c$ 的曲线，从曲线上可以确定显色剂的浓度应大于图 12-5 中的 $a$，但也不要太大，以节约试剂。

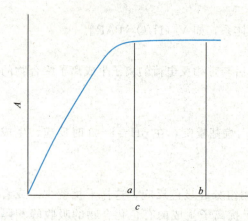

图 12-5 试液吸光度与显色剂浓度的关系曲线

(2) 溶液的酸度

溶液酸度对显色反应的影响很大,这是由于溶液的酸度直接影响着金属离子和显色剂的存在形式以及有色络合物的组成和稳定性。

① 酸度影响被测物质存在状态

大部分高价金属离子都容易水解,当溶液的酸度降低时,会产生一系列羟基络离子或多核羟基络离子,影响显色反应的进行。

② 酸度影响显色剂的平衡浓度和颜色

光度分析中所用的大部分显色剂都是有机弱酸。显色反应进行时,首先是有机弱酸发生离解,其次才是络阴离子与金属离子络合。

$$M + HR \rightleftharpoons MR + H^+$$

从反应式可以看出,溶液的酸度影响着显色剂的离解,并影响着显色反应的完全程度。当然,溶液酸度对显色剂离解程度影响的大小,也与显色剂的离解常数有关,$K_a$ 大时,允许的酸度大,$K_a$ 很小时,允许的酸度就要小。

③ 影响络合物的组成和颜色

对于某些逐级形成络合物的显色反应,在不同的酸度时,生成不同络合比的络合物。例如铁与水杨酸的络合反应,当

$$\text{pH} < 4 \quad [Fe^{3+}(C_7H_4O_3)^{2-}]^+ \quad \text{紫色}$$
$$4 < \text{pH} < 9 \quad [Fe^{3+}(C_7H_4O_3)_2^{2-}]^- \quad \text{红色}$$
$$\text{pH} > 9 \quad [Fe^{3+}(C_7H_4O_3)_3^{2-}]^{3-} \quad \text{黄色}$$

在这种情况下,必须控制合适的酸度,才可获得好的分析结果。

(3) 时间和温度

显色反应的速度有快有慢。有的显色反应速度很快,几乎是瞬间即可完成,并且能保持较长时间的稳定。但大多数显色反应速度较慢,需要一定时间,溶液的颜色才能达到稳定。有些有色化合物放置一段时间后,由于空气的氧化、试剂的分解或挥发、光的照射等原因,使颜色减褪。适宜的显色时间和有色溶液的稳定程度,也必须通过实验来确定。实验方法是配制一份显色溶液,从加入显色剂计算时间、每隔几分钟测定一次吸光度,绘制 $A$-$t$ 曲线,根据曲线来确定适宜的时间。

不同的显色反应需要不同的温度,一般显色反应可在室温下完成。但是有些显色反应需要加热至一定的温度才能完成;也有些有色络合物在较高温度下容易分解。因此,应根据不同的情况选择适当的温度进行显色。温度对光的吸收及颜色的深浅也有一定的影响,故标样和试样的显色温度应保持一样。合适的显色温度也必须通过实验确定,做 $A$-$T$ 曲线即可求出。

(4) 有机溶剂和表面活性剂

溶剂对显色反应的影响表现在下列几方面。

① 溶剂影响络合物的离解度。许多有色化合物在水中的离解度大,而在有机溶剂中的离解度小,如在 $Fe(SCN)_3$ 溶液中加入可与水混溶的有机试剂(如丙酮),由于降低了 $[Fe(SCN)_3]$ 的离解度而使颜色加深,提高了测定的灵敏度。

② 溶剂改变络合物颜色的原因可能是各种溶剂分子的极性不同、介电常数不同,从而

影响到络合物的稳定性，改变了络合物分子内部的状态或者形成不同的溶剂化物的结果。

③ 溶剂影响显色反应的速度。例如当用氯代磺酚 S 测定 Nb 时，在水溶液中显色需几小时，加入丙酮后，仅需 30min。

表面活性剂的加入可以提高显色反应的灵敏度，增加有色化合物的稳定性。其作用原理一方面是胶束增溶，另一方面是可形成含有表面活性剂的多元络合物。

## 12.4 吸光度的测量及误差控制

### 12.4.1 测量波长和参比溶液的选择

(1) 测量波长的选择

由于有色物质对光有选择性吸收，为了使测定结果有较高的灵敏度和准确度，必须选择溶液最大吸收波长的入射光，即"最大吸收原则"。如果有干扰时，则选用灵敏度较低但能避免干扰的入射光，即"吸收最大，干扰最小原则"。就能获得满意的测定结果。

(2) 参比溶液的选择

参比溶液是用来调节仪器工作零点的，若参比溶液选得不适当，则对测量读数准确度的影响较大。选择的办法如下：

① 当试液、试剂、显色剂均无色时，可用蒸馏水作为参比液。

② 试剂和显色剂均无色时，而样品溶液中其他离子有色时，应采用不加显色剂的样品溶液作参比液。

③ 试剂和显色剂均有颜色时，可将一份试液加入适当掩蔽剂，将被测组分掩蔽起来，使之不再与显色剂作用，然后加入显色剂、试剂，以此作为参比溶液，这样可以消除一些共存组分的干扰。

### 12.4.2 朗伯-比耳定律的偏离

(1) 物理因素

① 单色光不纯所引起的偏离

朗伯-比耳定律只适用于单色光。但在实际工作中，我们得到的入射光并非纯的单色光，而是具有一定波长范围的复色光。那么，在这种情况下，吸光度与浓度并不完全呈直线关系，因而导致了对朗伯-比耳定律的偏离。

② 非平行入射光引起的偏离

非平行入射光将导致光束的平均光程 $b'$ 大于吸收池的厚度 $b$，这样主要是由比色皿放得不垂直所致。

③ 介质不均匀性引起的偏离

朗伯-比耳定律是建立在均匀、非散射基础上的一般规律，如果介质不均匀，则入射光除了被吸收之外，还会有反射、散射作用。在这种情况下，物质的吸光度比实际的吸光度大得多，必然要导致对朗伯-比耳定律的偏离。

(2) 化学因素

① 溶液浓度过高引起的偏离

朗伯-比耳定律是建立在吸光质点之间没有相互作用的前提下。但当溶液浓度较高时，吸光物质的分子或离子间的平均距离减小，从而改变物质对光的吸收能力，即改变物质的摩尔吸收系数。浓度增加，相互作用增强，导致在高浓度范围内摩尔吸收系数不恒定而使吸光度与浓度之间的线性关系被破坏。

② 化学反应引起的偏离

溶液中吸光物质常因解离、缔合、形成新的化合物或在光照射下发生互变异构等，从而破坏了平衡浓度与分析浓度之间的正比关系，也就破坏了吸光度 $A$ 与分析浓度之间的线性关系，产生对朗伯-比耳定律的偏离。

### 12.4.3 吸光度测量的误差

光度分析法的误差来源有两方面，一方面是各种化学因素所引入的误差，另一方面是仪器精度不够、测量不准所引入的误差。

(1) 仪器测量误差

任何光度计都有一定的测量误差。光度计的主要仪器测量误差是表头透射比的读数误差。光度计的读数标尺上透光率 $T$ 的刻度是均匀的，故透光率的读数误差 $\Delta T$（绝对误差）与 $T$ 本身的大小无关，一般仪器的 $\Delta T$ 在 0.002~0.01 之间。现在讨论一下读数误差 $\Delta T$ 对测量浓度的影响。

由 $A = -0.434\ln T = \kappa bc$ 可得：

$$c = -\frac{0.434}{\kappa b}\ln T \tag{1}$$

对式(1)微分可得：

$$dc = -\frac{0.434}{\kappa b}\frac{dT}{T} \tag{2}$$

对式(2)再次微分可得：

$$\left(\frac{dc}{c}\right)' = \frac{dT(T\ln T)'}{(T\ln T)^2} = \frac{dT(1+\ln T)}{(T\ln T)^2} \tag{3}$$

式(3) 有极值（见图 12-6），则 $1+\ln T=0$，即 $T=e^{-1}=0.368$，此时 $A=0.434$。这说明在此时，浓度测量误差最小。

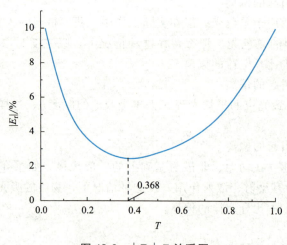

图 12-6　$|E_r|$-T 关系图

(2) 共存组分的干扰类型

共存离子存在时对光度测定的影响有以下几种类型：

① 与试剂生成有色络合物。如用硅钼蓝光度法测定钢中硅时，磷也能与钼酸铵生成络合物，同时被还原为钼蓝，使结果偏高。

② 干扰离子本身有颜色。如 $Co^{2+}$（红色）、$Cr^{3+}$（绿色）、$Cu^{2+}$（蓝色）。

③ 与试剂结合成无色络合物消耗大量试剂而使被测离子络合不完全。如用水杨酸测 $Fe^{3+}$ 时，$Al^{3+}$、$Cu^{2+}$ 等有影响。

④ 与被测离子结合成离解度小的另一化合物。如由于 $F^-$ 的存在，能与 $Fe^{3+}$ 以 $[FeF_6]^{3-}$ 形式存在，$[Fe(SCN)_3]$ 不会生成，因而无法进行测定。

(3) 干扰消除的方法

① 控制酸度

控制显色溶液的酸度，是消除干扰的简便而重要的方法。许多显色剂是有机弱酸，控制溶液的酸度，就可以控制显色剂 R 的浓度，这样就可以使某种金属离子显色，使另外一些金属离子不能生成有色络合物。

② 加入掩蔽剂

在显色溶液里加一种能与干扰离子反应生成无色络合物的试剂，也是消除干扰的有效而常用的方法。例如用硫氰酸盐作为显色剂测定 $Co^{2+}$ 时，$Fe^{3+}$ 有干扰，可加入氟化物，使 $Fe^{3+}$ 与 $F^-$ 结合生成无色而稳定的 $[FeF_6]^{3-}$，就可以消除干扰。

# 12.5　吸光光度分析方法

吸光光度法除了广泛地用于测定微量成分外，也能用于常量组分及多组分的测定。同时，还可以用于研究化学平衡、络合物组成的测定等。下面简要地介绍有关这些方面的应用。

(1) 标准曲线法

配制一系列标准溶液，测定其溶液的吸光度，作 $A$-$c$ 标准曲线，试样在相同的实验条件下显色，测定试样溶液的吸光度，从 $A$-$c$ 标准曲线上查出试样的浓度。这种方法称为标准曲线法。$A$-$c$ 标准曲线如图 12-7 所示。

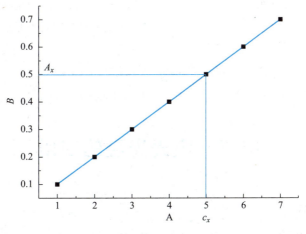

图 12-7　$A$-$c$ 标准曲线

(2) 示差光度法

当被测组分含量高时,常常偏离朗伯-比耳定律。即使不偏离,由于吸光度太大,也超出了准确读数的范围,就是把分析误差控制在 5% 以下,对高含量成分也是不符合要求的。如果采用示差法,就能克服这一缺点,也能使测定误差降到 $\pm 0.5\%$ 以下。

示差法与普通光度法的主要区别在于它采用的参比溶液不同,它不是以 $c=0$ 的试剂空白作为参比,而是以一个浓度比试液 $c_x$ 稍小的标准溶液 $c_s$ 作为参比,然后再测定试液的吸光度。

$$A_s = -\lg T_s = \kappa b c_s \qquad A_x = -\lg T_x = \kappa b c_x$$

实际测得吸光度 $A_f$ 为

$$A_f = A_x - A_s = \kappa b(c_x - c_s) = \kappa b \Delta c$$
$$c_x = c_s + \Delta c$$

示差法相对普通光度法提高测量准确度的原因是扩展了读数标尺。示差光度法标尺扩展原理如图 12-8 所示。

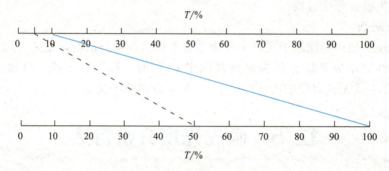

图 12-8 示差光度法标尺扩展原理

从仪器构造上讲,示差光度法需要一个发射强度较大的光源,才能将高浓度参比溶液的吸光度调至零,因此必须采用专门设计的示差分光光度计。

(3) 解联立方程法

利用吸光度具有加合性,即总吸光度为各个组分吸光度的总和。当一混合溶液中有两种相互干扰测定的物质 $x$、$y$ 存在时,我们分别用 $x$、$y$ 纯物质的溶液,在 $x$、$y$ 最大波长处,测定 $x$、$y$ 两种物质的摩尔吸光系数 ($\kappa_{x,\lambda_1}$、$\kappa_{x,\lambda_2}$、$\kappa_{y,\lambda_1}$、$\kappa_{y,\lambda_2}$),然后在 $x$、$y$ 最大波长处,测定混合试样的吸光度 $A_{\lambda_1}$、$A_{\lambda_2}$,建立方程 (1)、(2) 式,通过解联立方程,计算出 $x$、$y$ 两种物质在溶液中的浓度。

$$A_{\lambda_1} = A_{x,\lambda_1} + A_{y,\lambda_1} = \kappa_{x,\lambda_1} b c_x + \kappa_{y,\lambda_1} b c_y \tag{1}$$

$$A_{\lambda_2} = A_{x,\lambda_2} + A_{y,\lambda_2} = \kappa_{x,\lambda_2} b c_x + \kappa_{y,\lambda_2} b c_y \tag{2}$$

## 12.6 吸光光度的应用

### 12.6.1 定量分析

根据吸光光度分析定量方法,可测定许多无机离子、有机物和生化物质。现已广泛应用于临床、食品、药物领域,如葡萄糖、尿素、蛋白质、甘油三酯的测定等。

## 12.6.2 物理化学常数的测定

(1) 弱酸弱碱离解常数的测定

酸和碱的离解常数可用分光光度法测定,离解常数依赖于溶液的 pH 值。设有一元弱酸 HB,按下式离解:

$$HB \rightleftharpoons H^+ + B^- \qquad K_a = [B^-][H^+]/[HB]$$

配制三种分析浓度 $c = [HB] + [B^-]$ 相等,而 pH 不同的溶液。第一种溶液的 pH 在 $pK_a$ 附近,此时溶液中 HB 与 $B^-$ 共存,用 1cm 的吸收池在某一定的波长下,测量其吸光度:

$$A = A_{HB} + A_{B^-} = \kappa_{HB}[HB] + \kappa_{B^-}[B^-]$$

$$A = \kappa_{HB}\frac{[H^+]c}{[H^+]+K_a} + \kappa_{B^-}\frac{K_a c}{[H^+]+K_a} \tag{1}$$

第二种溶液是 pH 比 $pK_a$ 低 2 个以上单位的酸性溶液,此时弱酸几乎全部以 HB 型体存在,在上述波长下测得吸光度

$$A_{HB} = \kappa_{HB}[HB] = \kappa_{HB}c$$
$$\kappa_{HB} = A_{HB}/c \tag{2}$$

第三种溶液是 pH 比 $pK_a$ 高 2 个以上单位的碱性溶液,此时弱酸几乎全部以 B-型体存在,在上述波长下测得吸光度

$$A_B = \kappa_{B^-}[B^-] = \kappa_{B^-}c$$
$$\kappa_{B^-} = A_{B^-}/c \tag{3}$$

将式(1)、式(2)、式(3) 整理得:

$$K_a = \frac{A_{HB} - A}{A - A_{B^-}}[H^+]$$

$$pK_a = pH + \lg\frac{A - A_{B^-}}{A_{HB} - A} \tag{4}$$

式(4) 即为用分度法测定一元弱酸解离常数的基本公式。

(2) 络合物组成的测定

1) 摩尔比法

应用分光光度法可以测定络合物的组成(络合比)和稳定常数。这里简要介绍一下用摩尔比法测定络合物的络合比。

设络合反应为 $M + nR \rightleftharpoons MR_n$

通常固定金属离子 M 的浓度,逐渐增加络合剂的浓度。配位体为 R,显然,R 应是无色的或在选定的波长范围内无显著吸收。然后稀释至同一体积,得到 [R]/[M] 为 1,2,3,…的一系列溶液,配制相应的试剂空白,在一定波长下,测定其吸光度,绘制吸收曲线,如图 12-9 所示,用作图法

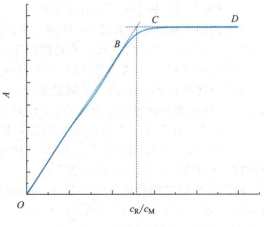

图 12-9 摩尔比法

求得络合比。

曲线前部分表示，络合剂 R 浓度不断增加，生成的络合物不断增多，吸光度逐渐增大。当金属离子 M 全部形成络合物后，络合剂 R 的浓度再增加，吸光度达到最大值而不再变化。曲线峰部分转折不明锐是由络合物有微小离解造成的。曲线两侧切线相交，由相交点向横轴作垂线，交于横轴的一点，这点的比值就是络合物的配合化。

② 等摩尔连续变化法

此法是保持溶液中 $c_M+c_R$ 为常数，连续改变 $c_R/c_M$ 配制出一系列溶液。分别测量系列溶液的吸光度 $A$，以 $A$ 对 $c_M/(c_M+c_R)$ 作图，曲线两侧切线相交对应的 $c_R/c_M$ 值就等于络合比 $n$，如图 12-10 所示。

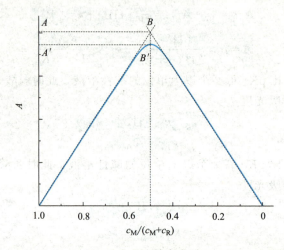

图 12-10　连续变化法

## 习　题

1. 与化学分析法相比，吸光光度法的主要特点是什么？
2. 吸光度和透射比两者的关系如何？
3. 在光度法测定中引起偏离朗伯-比耳定律的主要因素有哪些？
4. 分光光度计的主要部件有哪些？

5 有两种不同浓度的 $KMnO_4$ 溶液，当液层厚度相同时，在 527nm 处的透光度 $T$ 分别为 (1) 65.0%，(2) 41.8%。求它们的吸光度 $A$ 各为多少？若已知溶液 (1) 的浓度为 $6.51\times10^{-4}$ mol·$L^{-1}$，求溶液 (2) 的浓度为多少？

6 有一含有 0.088mg $Fe^{3+}$ 的溶液用 $SCN^-$ 显色后，用水稀释到 50.00mL，以 1.0cm 吸收池在 480nm 处测得吸光度为 0.740，计算 $[Fe(SCN)]^{2+}$ 配合物的摩尔吸收系数。

7. 有 50.00mL 含 $Cd^{2+}$ 5.0μg 的溶液，用 10.0mL 二苯硫腙-氯仿溶液萃取（萃取率为 100%）后，在波长为 518nm 处，用 1cm 比色皿测量得 $T=44.5\%$。求吸收系数 $a$、摩尔吸收系数 $\kappa$ 和桑德尔灵敏度 $S$ 各为多少？

8 设有 X 和 Y 两种组分的混合物，X 组分在波长组分在波长 $\lambda_1$ 和 $\lambda_2$ 处的摩尔吸收系数分别为 $1.98\times10^3$ L·$mol^{-1}$·$cm^{-1}$ 和 $2.80\times10^4$ L·$mol^{-1}$·$cm^{-1}$。Y 组分在波长 $\lambda_1$ 和 $\lambda_2$ 处的摩尔吸收系数分别为 $2.04\times10^4$ L·$mol^{-1}$·$cm^{-1}$ 和 $3.13\times10^2$ L·$mol^{-1}$·$cm^{-1}$。液层厚度相同（都为 1cm），在 $\lambda_1$ 处测得总吸光度为 0.301，在 $\lambda_2$ 处测得的总吸光度为 0.398，

求 X 和 Y 两组分的浓度是多少？

9 钢样 0.500g 溶解后在容量瓶中配成 100mL 溶液。分取 20.00mL 该溶液于 50mL 容量瓶中，其中的 $Mn^{2+}$ 氧化成 $MnO_4^-$ 后，稀释定容。然后在 $\lambda=525nm$ 处，用 $b=2cm$ 的比色皿测得 $A=0.60$。已知 $K_{525}=2.3\times10^3 L\cdot mol^{-1}\cdot cm^{-1}$，计算钢样中 Mn 的质量分数（%）。

10. 某有色溶液在 1cm 比色皿中的 $A=0.400$。将此溶液稀释到原浓度的一半后，转移至 3cm 的比色皿中。计算在相同波长下的 $A$ 和 $T$ 值。

11. 服从朗伯-比耳定律的某有色溶液，当其浓度为 $c$ 时，透射比为 $T$。问当其浓度变化为 $0.5c$、$1.5c$ 和 $3.0c$，且液层的厚度不变时，透光率分别是多少？哪个最大？

# 第三篇

# 物理化学

# 第 13 章
# 化学热力学基础

**学习要求**

1. 了解化学热力学研究内容及其特点；
2. 掌握化学热力学基本概念；
3. 掌握热力学第一定律；
4. 掌握体积功和热的计算；
5. 掌握热力学第二定律；
6. 了解化学平衡主要内容。

## 13.1 化学热力学研究内容及其特点

化学热力学主要研究化学反应以及化学反应所伴随的那些物理过程的方向和限度。化学热力学的第一个特点就是研究对象是宏观的，一般把 $10^{20}$ 以上个分子构成的系统作为研究对象；第二个特点是采用宏观的研究方法，均从宏观的角度去描述物质的性质；第三个特点则是热力学不涉及时间因素。

## 13.2 化学热力学基本概念

### 13.2.1 系统和环境

在科学研究时必须先确定研究对象，把一部分物质与其余分开，这种分离可以是实际的，也可以是想象的。通常研究的热力学对象就称为系统或者体系。在绝大部分情况下，人们所研究的系统是一定量的物质，如现在研究烧杯里面的中和反应，选择烧杯为研究对象，那么这个烧杯里面的这些物质就是系统。

什么是环境呢？广义上讲，除了系统以外的其他自然界就叫环境，换句话说系统加环境就是整个自然界。而在化学中，通常情况下所说的环境是指与系统有联系的那一部分外界，如，研究烧杯里面的中和反应，烧杯里面的物质是系统，那么我们将与系统密切相关、有相互作用或影响所能及的部分作为研究系统对应的环境，如图 13-1 所示。

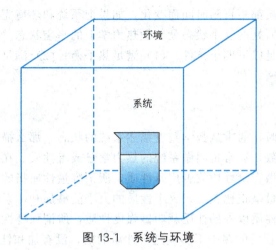

图 13-1 系统与环境

## 13.2.2 敞开系统、封闭系统、孤立系统

热力学是一门宏观的学科,需要对系统进行数学描述,系统不同,它们的特点不同,它们遵守的规律也不同,那么对于不同的系统,它的数学描述的方法也不同,使用热力学处理问题时,首先要解决的就是确定系统是什么,研究对象是什么,而系统的选择是人为的。通常根据系统与环境的不同关系进行系统分类,在热力学中,通常把系统分为3类,分别是敞开系统、封闭系统、孤立系统。

敞开系统是指系统与环境之间既可以交换能量也可以交换物质,系统对环境来说是完全敞开的,能量可以从系统流入或流出,物质同样可以从系统流入或流出,如图 13-2(a) 所示;封闭系统是指系统和环境之间只能交换能量,不能交换物质,如图 13-2(b) 所示,在化工中研究最多的对象就是封闭系统,因此我们在热力学中重点研究的也应该是封闭系统;孤立系统是指系统与环境之间既不可以交换能量也不可以交换物质,环境不能以任何方式对系统进行干预,如图 13-2(c) 所示。

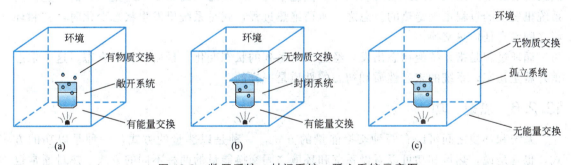

图 13-2 敞开系统、封闭系统、孤立系统示意图

## 13.2.3 热力学平衡状态

我们知道状态和系统的性质是分不开的,一个系统有很多性质,最熟悉的就是 $p$、$V$、$T$,当然还有密度、质量、物质的量、折射率等,这些都是它的性质。什么是系统的状态?系统所有性质的组合就叫状态,也就是说,如果一个系统的所有的性质都有确定的值,我们就说现在这个系统处在一个确定的状态,但是热力学里所研究的状态都是指达到热力学平衡

的状态。系统的所有性质都不再随时间而变化,如果把系统和环境完全隔离开,那么系统就会保持这个状态,系统所处的这个状态就叫做热力学上的平衡状态。一个系统处于热力学平衡状态,它肯定同时满足以下四个条件:(1)满足热平衡;(2)满足力学平衡;(3)满足相平衡;(4)满足化学平衡。

### 13.2.4 状态函数

在研究热力学系统时,通常从数学角度描述系统的状态,那么描述系统状态的那些所有宏观性质都叫做状态函数,通常也叫做系统的热力学量或者性质。在热力学里面把状态函数一般分为两类。一类叫做容量性质或者广延性质,所谓容量性质指的是它的值的大小与系统里面所含物质的物质的量呈正比关系,这个性质的大小能够加和,系统的质量、热容、体积等都是容量性质。容量性质以外的性质就叫做强度性质,所谓强度性质指的是这个性质的大小与物质的量 $n$ 无关,物质的多少不影响这个性质的值,没有加和性。

系统的容量性质和强度性质有两个主要特点:(1)性质之间相互关联,系统的一个性质改变,往往会引起其他部分性质的改变;(2)状态函数的变化只取决于初始状态和最终的状态,与系统中间经历的途径无关。

### 13.2.5 等温过程、等压过程、绝热过程、循环过程

通常根据从初态到末态的过程本身特点,将热力学系统经历的过程分为等温过程、等压过程、绝热过程、循环过程等。

等温过程是指系统初态的温度等于末态的温度,都等于环境的温度,而且环境的温度在这个过程中保持不变。

等压过程指的是系统的初、末态压力相等,都等于环境的压力,而且在这个过程中,环境的压力保持不变。

绝热过程指的是系统和环境之间没有热交换,一般分为两种情况:一种是系统和环境之间是由绝热材料隔开的,但从严格意义上讲,绝对的绝热材料是不存在的;另一种情况,虽然系统与环境之间没有用绝热材料隔开,但是系统和环境之间的温度永远是一样的,这样的系统里发生的过程也是绝热的。总之,所谓绝热过程,就是系统里发生状态变化时,它和环境之间没有任何热交换。

循环过程是指系统经初态出发,经过了一系列的状态变化,最后回到了末态,这个末态正好就是初态,系统的末态性质和初态的性质是一样的。

### 13.2.6 热量、功

系统和环境之间可以有两种交换能量的方式,一种是以热量的方式,一种是以功的方式,也就是说,热量和功可以看做系统和环境之间交换能量的两种不同的方式。热量通常也简称为热,指的是由于温度不同而在系统和环境之间所传递的那一部分能量,我们就称它为热量,用符号 $Q$ 来表示,这里要强调的是热量不是系统里面含有多少热量,热量不是系统的性质,而是系统和环境之间传递了一部分能量,而传递这部分能量的原因则是系统和环境的温度不同,传递或者交换的这一部分能量我们就称为热量。

在热力学里什么叫功呢?除了热量以外,在系统与环境之间所交换的其他能量,都叫做功。用符号 $W$ 来表示。

热和功既然是系统与环境之间交换的能量,交换能量就得有一个方向的问题,譬如说

热，热是由系统传给环境，还是由环境给了系统，这就是两种不同的情况，都叫热。功也是一样，是系统对环境做功，还是环境对系统做功。为了区别这个能量传递的方向，就要给它规定一个符号，对于热而言，通常系统吸热，其值为正，系统放热，其值为负。对于功而言，通常环境对系统做功，其值为正，系统对环境做功，其值为负。

### 13.2.7 内能

热力学能是指系统内部能量的总和，包括分子运动的平动能、分子内的转动能、振动能、电子能、核能以及各种粒子之间的相互作用位能等。热力学能是状态函数，用符号 $U$ 表示，单位为 J，它的绝对值尚无法测定，只能求出它的变化值。人们习惯上把内能描述成温度和体积的函数。人们习惯上把内能描述成温度和体积的函数。

## 13.3 热力学第一定律

热力学第一定律就是普遍的能量守恒与转化定律在热力学体系上的具体形式。能量守恒与转化定律可表述为：自然界的一切物质都具有能量，能量有各种不同形式，能够从一种形式转化为另一种形式，但在转化过程中，能量的总值不变。

设想系统由状态（1）变到状态（2），系统与环境的热交换为 $Q$，功交换为 $W$，则系统的热力学能的变化为：

$$\Delta U = U_2 - U_1 = Q + W \tag{13-1}$$

一个封闭系统发生一个微小的变化，那么这个系统的能量就会发生一个微小的变化，则有：

$$dU = \delta Q + \delta W \tag{13-2}$$

热力学第一定律是能量守恒与转化定律在热现象领域内所具有的特殊形式，说明热力学能、热和功之间可以相互转化，但总的能量不变。也可以表述为：第一类永动机是不可能造成的。热力学第一定律是人类经验的总结，事实证明违背该定律的实验都将以失败告终，这足以证明该定律的正确性。

公式(13-1) 只适用于封闭系统，如果一个系统是敞开的，或者说是开放的，那么就有物质的流入和流出，物质的流入和流出肯定会带走或带入能量，这个能量显然没有考虑进去，所以式(13-1) 和式(13-2) 是人们通常表达封闭系统的热力学第一定律的数学表达式。

## 13.4 功的计算

在热力学里面，一般把功分为两类，一类叫做体积功，一般用符号 $W$ 来表示，一类叫非体积功，一般用符号 $W'$ 来表示。体积功指系统在一个过程中由于体积的变化而克服外力所做的功。在热力学里除体积功之外的其他功都叫做非体积功，比如电功、表面功等。

如图 13-3 所示，有一个系统，体积是 $V$，有一个外力 $p_{外}$ 作用在这个系统上，使系统发生膨胀或者压缩。如果膨胀的体积为 $dV$，换句话说，一个系统原来的体积是 $V$，现在的体积变为 $V+dV$，这个过程的功显然就是体积功，因为这是一个微变过程，所以这个过程的

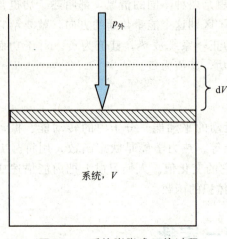

图 13-3　系统膨胀或压缩过程

微功用 $\delta W$ 表示，根据力学原理，很容易推导出这个过程的体积功，如式(13-3)所示。

$$\delta W = -p_{外}\,dV \quad (13\text{-}3)$$

系统体积由 $V_1$ 变成 $V_2$ 时，式(13-3)可写为如下形式：

$$W = -\int_{V_1}^{V_2} p_{外}\,dV \quad (13\text{-}4)$$

通常使用式(13-4)求体积功。使用这个公式时，要注意下面两点：第一点，上述两式中使用的 $p$ 指 $p_{外}$；第二点，这里的体积功 $W$ 和热力学第一定律表达式里的 $W$ 是不一样的，热力学第一定律里的功 $W$ 是除了热以外，系统和环境交换的所有能量，而这个公式里面的 $W$ 却只是指体积功。

对于等压过程，初态的压力与末态的压力都等于环境的压力，其体积功表达式中的外字就可以去掉，可以直接写成 $W=-p\Delta V$，$\Delta V$ 是系统体积的宏观变化，$p$ 是初态或者末态的压力。

对于自由膨胀过程，就是把加在系统上的外压全部撤掉，系统就会突然膨胀，直至膨胀到某一个状态，那么这个过程叫做自由膨胀过程，通常也称作向真空膨胀。显然这是一个恒外压过程，而且这个外压恒定为零，所以被积函数是零，体积功为零。

对于等容过程，没有体积的变化，$dV$ 为零，所以等容过程的体积功也为零。

对于理想气体等温可逆过程，比如理想气体经等温可逆膨胀或者等温可逆压缩后，系统由初态体积 $V_1$ 变为末态体积 $V_2$。所谓可逆过程是指系统经过某一过程从状态（1）变到状态（2）之后，如果能使系统和环境都恢复到原来的状态而未留下任何永久性的变化，可逆过程中的每一步都接近于平衡态，可以向相反的方向进行，从始态到终态，再从终态回到始态，系统和环境都能恢复原状。

理想气体等温可逆过程是理想气体在等温而且保证力学平衡的条件下完成的膨胀或压缩过程，系统内部没有不平衡的力存在，而且系统和环境之间也没有不平衡的力存在，在可逆过程中环境压力和系统之间的绝对差仅为一个无穷小量，所以环境外压就无限近似等于系统压力。由理想气体状态方程，系统的压力 $p=nRT/V$，代入公式(13-3)中，积分后得到体积功 $W=nRT\ln(V_2/V_1)$。

可逆过程的特点：(1) 状态变化时推动力与阻力相差无限小，系统与环境始终无限接近于平衡态；(2) 过程中的任何一个中间态都可以从正、逆两个方向到达；(3) 系统变化一个循环后，系统和环境均恢复至原态，变化过程中无任何耗散效应；(4) 等温可逆过程中，系统对环境做最大功，环境对系统做最小功。

## 13.5　热的计算

热和功都是过程量，自然界的过程很多，下面我们将重点介绍最常见的等容和等压两种过程热的计算。

## 13.5.1 等容热

对于等容且不做非体积功的过程，体积功为零，根据热力学第一定律，等容过程的热就等于系统内能的变化。众所周知，等容过程的热容 $C_V$ 等于等容过程的热量除以温度变化，所以等容过程的热容 $C_V$ 等于系统内能的变化除以温度的变化，而在实验室里等容热容 $C_V$ 很容易测量。所以在已知系统等容热容 $C_V$ 的条件下，即可通过等容热容的定义式得到内能的变化，也就得到了等容热。

## 13.5.2 等压热

在介绍等压热之前需要介绍热力学中一个特别重要的状态函数——焓的概念，定义 $U+pV$ 为焓，其中内能、压力和体积都是状态函数，那么它们的组合焓也是状态函数，而且也是容量性质。

定义了焓就能求等压热，对于等压且不做非体积功的过程，根据热力学第一定律，任意过程的热量都等于内能变化减去过程的功，而等压过程的功 $W=-p\Delta V$，将其代入热力学第一定律数学表达式中，整理后即可得到 $\Delta(U+pV)=Q$，根据焓的定义，即可得到等容过程的热就等于系统焓的变化。

等容过程的热容 $C_p$ 等于等压过程的热量再除以温度变化，所以等压过程的热容 $C_p$ 等于系统焓的变化除以温度的变化。所以在已知系统等压热容 $C_p$ 的条件下，即可通过等压热容的定义式得到焓的变化，也就得到了等压热。

# 13.6 理想气体的热力学能和焓

根据焦耳定律，如式(13-5)所示，物质的量固定的气体在等温条件下，内能不随着体积或者压力而改变。这就意味着理想气体的内能只是温度的函数。

$$\left(\frac{\partial U}{\partial V}\right)_T = 0 \tag{13-5}$$

对任意物质的任意（$pVT$）过程，则有式(13-6)

$$dU = C_V dT + \left(\frac{\partial U}{\partial V}\right)_T dV \tag{13-6}$$

对于理想气体，式(13-6)可写为如下形式：

$$dU = C_V dT \tag{13-7}$$

$$\Delta U = \int_{T_1}^{T_2} C_V dT \tag{13-8}$$

理想气体的焓定义：$H=U+pV$，$pV=nRT$，$U$ 只是温度的函数，$nRT$ 也只是温度的函数，那么显然 $H$ 也只是温度的函数，因此则有

$$\left(\frac{\partial H}{\partial p}\right)_T = 0 \tag{13-9}$$

对任意物质的任意（$pVT$）过程，

$$dH = C_p dT + \left(\frac{\partial H}{\partial p}\right)_T dp \tag{13-10}$$

根据式(13-9)，则对于理想气体的任意过程，它的焓变可用式(13-11)、式(13-12)来求。

$$dH = C_p dT \tag{13-11}$$

$$\Delta H = \int_{T_1}^{T_2} C_p dT \tag{13-12}$$

总之，理想气体等温过程没有 $U$ 和 $H$ 的变化，式(13-8) 和式(13-12)适用于理想气体的任意过程。

## 13.7 热力学第二定律

热力学第一定律告诉人们违反能量守恒的事情不可能发生，那么反过来，不违反能量守恒的事情是不是就一定可以发生呢？

$$H_2(g) + 1/2 O_2(g) \longrightarrow H_2O(l)$$

比如 1mol 氢气和 0.5mol 氧气，反应生成 1mol 液态的水，在 25℃、1atm 下，那么这个反应的热效应是 $-286 \text{kJ} \cdot \text{mol}^{-1}$。这说明在 25℃、1atm 下，该反应每生成 1mol $H_2O$ (l) 就有 286kJ 的能量放出。如果用 286kJ 的热量来加热 1mol 水，无法实现把水分解成氢气和氧气，而只能看到水的气化，热力学第一定律回答不了关于方向的问题。

$$H^+ + OH^- \longrightarrow H_2O$$

另外，在 25℃、1atm 下酸碱中和反应特别容易进行，或者说氢离子和氢氧根离子极易结合生成水分子，这么容易进行的反应，最后仍有极少量的氢离子和氢氧根离子不参与反应，而且这两种离子浓度的乘积是 $10^{-14}$。这说明热力学第一定律同样回答不了关于限度的问题。

此外，热力学第一定律告诉我们自然界能量总值是不变的，恒定的，只能从这种形式变为另外一种形式，而无法回答过程自发进行的方向，也无法回答进行到何种程度为止。这些问题的解决有赖于热力学第二定律。

### 13.7.1 自发过程的方向和限度

通常人们说一个过程的方向指的就是自发过程的方向。在一定的环境条件下，不做非体积功，在系统当中就能自动发生或者自动完成的过程，就叫做自发过程。相反，只有做非体积功以后才能在系统中进行或者发生的过程，就叫做非自发过程。

比如说水流的方向是由高水位流向低水位，其限度为水位相等；气体流动的方向是从高压流向低压，其限度为压力相等达到力学平衡；传热的方向是由高温流向低温，限度是温度处处相等达到热平衡；物质扩散过程的方向是由高浓度流向低浓度，其限度就是两相的浓度相同达到相平衡；而反应也有其自发进行的方向，其限度为化学平衡。

### 13.7.2 热量和功的转换不等价性

人们长期总结以后发现，自然界的任何一个具体的过程最终都和热和功的相互转换有关，因此最根本的问题是热与功的相互转换。

功和热的转换具有不等价性，具体指的是什么呢？我们把从功变成热量看成一个过程，而把热量变成功看成另外一个过程的话，这两个过程不等价。功可以无代价地全部变成热，我们可以到处看到这个现象的发生，比如我们两手摩擦做功，这个功全部变成了热，而且变完了以后没有任何代价，什么叫没有任何代价？自然界没有留下任何的痕迹，只是把功变成了热。而反过来，不可能无代价地把热量全部变成功。

### 13.7.3 自发过程的共同特征

自发过程具有如下三个特点：①任何一个自发过程只能单向进行；②进行自发过程的系统具有做有用功（非体积功）的本领，譬如气体由高压流向低压就是自发过程，进行到一定程度就会自动停止；③所有自发过程都是不可逆的。

### 13.7.4 卡诺定理

自从1769年瓦特发明第一台热机以后，人们做梦都在想如何提高热机效率，提高热机效率的根本途径是什么呢？卡诺定理即式(13-13)告诉我们在 $T_1$ 和 $T_2$ 两个热源之间工作的热机，一切可逆热机的效率都相等，任何一个不可逆热机的效率都不可能超过卡诺热机。卡诺定理为提高热机效率指明了方向，那就是提高高温热源和低温热源的温差。

$$\eta \leqslant 1 - \frac{T_1}{T_2} \tag{13-13}$$

卡诺定理对于热力学第二定律的发展具有重要的理论意义。克劳修斯根据卡诺定理做了一个非常深入的数学分析，定义了熵函数，提出了克劳修斯不等式，如式(13-14)所示。

$$\Delta S \geqslant \sum \frac{\delta Q}{T} \tag{13-14}$$

式中，">"号表示实际过程是不可逆过程，"="表示实际过程是可逆过程。该式可以作为热力学定律的数学表达式，用来判断过程的可逆性。

### 13.7.5 熵增加原理

对于绝热系统，热温商永远为0，根据克劳修斯不等式，则有

$$\Delta S \geqslant 0 \tag{13-15}$$

式(13-15)就是绝热系统或者绝热过程的克劳修斯不等式。其中，熵变大于零，表示这个绝热过程是一个不可逆的绝热过程；熵变等于零，就意味着这个绝热过程是一个可逆的绝热过程，这就是熵增加原理。由熵增加原理，绝热系统的熵永不减少。如果将熵增加原理应用到孤立系统，则熵增加原理可以判断孤立系统中过程真正的方向和限度，人们称作熵判据，利用过程熵变来判断过程的方向和限度，换句话说，孤立系统中，自发过程永远是朝着熵增加的方向进行。

### 13.7.6 Helmholtz 函数判据

等温等容过程和等温等压过程是人们经常在实际的生产和科学研究过程里面遇到最多的过程，所以下面我们就把克劳修斯不等式分别应用到等温等容和等温等压过程，这将会产生了两个新的热力学过程判据，一个叫做 Helmholtz 函数判据，一个叫做 Gibbs 函数判据。

对于封闭系统中的任意过程：

$$\Delta S \geqslant \sum \frac{\delta Q}{T} \tag{13-16}$$

若等温过程，则

$$T\Delta S - Q \geqslant 0 \tag{13-17}$$

根据热力学第一定律，

$$\Delta(TS) - (\Delta U - W) \geqslant 0 \tag{13-18}$$

$$(T_2 S_2 - T_1 S_1) - (U_2 - U_1 - W) \geqslant 0 \tag{13-19}$$

进一步变形后得到

$$(U_2 - T_2 S_2) - (U_1 - T_1 S_1) \leqslant W \tag{13-20}$$

令 $A = U - TS$ 则，

$$\Delta A \leqslant W \tag{13-21}$$

如果这个等温过程同时满足等容且不做非体积功，则

$$\Delta A \leqslant 0 \tag{13-22}$$

式(13-22)中小于号代表等温等容且不做非体积功的条件下自动发生的过程，同时代表过程的方向；而等于零代表过程可逆。显然这个式子是一切等温等容而且没有非体积功条件下系统应该遵守的。这个式子就告诉我们，在等温等容的条件下系统里面自动发生的过程，一定是向着 Helmholtz 函数减少的方向，限度是一直使得 Helmholtz 函数减少到最小，此时 Helmholtz 函数变为零。也可以把这个式子的意义叙述为一个等温等容没有非体积功的条件下不能够发生 Helmholtz 函数增加的任何过程，人们就把这个结论或者说这个式子称作 Helmholtz 函数减少原理。

### 13.7.7　Gibbs 函数判据

在等温条件下，

$$\Delta A \leqslant W$$

若同时满足等压条件，则

$$\Delta A \leqslant (-p\Delta V + W') \tag{13-23}$$

$$\Delta A + \Delta(pV) \leqslant W' \tag{13-24}$$

整理后得到，

$$\Delta(A + pV) \leqslant W' \tag{13-25}$$

令 $G = A + pV$
则

$$\Delta G \leqslant W' \tag{13-26}$$

如果这个等温等压过程同时满足不做非体积功，则

$$\Delta G \leqslant 0 \tag{13-27}$$

式(13-26)中的等号告诉我们一个系统 Gibbs 函数的减少恰好等于这个系统在等温等压情况下所能做的最大非体积功，这也代表了该系统做功的本领。如果非体积功为零，则式(13-27)中的小于号代表过程自发，等于号代表可逆。在等温等压没有非体积功的条件下，系统的 Gibbs 函数只能减少，不能增加，所以人们把它称为 Gibbs 函数减少原理，也有人把它称作 Gibbs 函数判据。

到目前为止，我们介绍了 3 个判据：熵判据、Helmholtz 函数判据和 Gibbs 函数判据，3 个判据是分别把热力学第二定律应用到 3 种特定条件下而产生的结论，熵判据解决了孤立系统当中过程的方向和限度，Helmholtz 函数判据解决了等温等容条件下自发过程的方向和

限度，Gibbs 函数判据解决了等温等压下过程的方向和限度。

## 13.8 化学平衡

众所周知，对于自发进行的化学反应，随着反应进行，产物的浓度增加，反应物的浓度减少，逐渐达到平衡，根据吉布斯函数判据，平衡时吉布斯函数变为零，此时系统的吉布斯函数值最小，这就是化学平衡的热力学本质。

在等温等压条件下，若 $G=f(\xi)$，则有

$$\left(\frac{\partial G}{\partial \xi}\right)_{T,p} = \sum \nu_B \mu_B = \Delta_r G_m \tag{13-28}$$

化学反应吉布斯自由能和反应进度的关系如图 13-4 所示，吉布斯函数存在最低点，切线斜率等于零，即 $\left(\frac{\partial G}{\partial \xi}\right)_{T,p}$ 等于零，该位置即为反应的平衡位置，代表化学反应的限度，在平衡位置的左侧，切线斜率小于零，即 $\left(\frac{\partial G}{\partial \xi}\right)_{T,p}$ 小于零，代表自发反应的方向；而在平衡位置的右侧，切线斜率大于零，即 $\left(\frac{\partial G}{\partial \xi}\right)_{T,p}$ 大于零，代表非自发反应的方向。

描述化学平衡位置的物理量就是平衡常数，在标准状态下称为标准平衡常数，它与标准吉布斯函数变的关系如式(13-29) 所示。

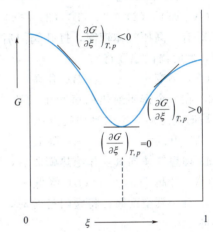

图 13-4 化学反应吉布斯自由能和反应进度的关系

$$\Delta_r G_m^\ominus = -RT \ln K^\ominus \tag{13-29}$$

平衡常数数值越大，说明这个反应的平衡位置越靠近产物，意味着反应进行地就越彻底，对于标准平衡常数，其数值与反应温度有关，与标准状态的选择有关，还与化学方程式的写法有关。所以求一个化学反应的平衡常数的时候，必须先把方程式写出来。

下面重点讨论平衡常数与温度的关系，温度在客观上会影响平衡常数，那么它和温度的关系是什么？或者说温度每升高 1℃，平衡常数变化了多少？范特霍夫根据平衡常数的定义，通过对温度求导数，得出了著名的 Van't Hoff 方程。

$$\frac{d \ln K^\ominus}{dT} = \frac{\Delta_r H_m^\ominus}{RT^2} \tag{13-30}$$

Van't Hoff 方程，明确地指出了反应的平衡常数与反应温度的关系。对于吸热反应，显然导数是正的，此时温度越高，平衡常数越大，意味着反应进行地越彻底，平衡位置就越靠近产物一侧，这说明升高温度对吸热反应有利；相反，对放热反应，这个导数是负的，此时温度越高，平衡常数越小，意味着反应进行地越不彻底，反应达到的平衡位置就越靠近反应物一侧；如果一个化学反应的焓变或者反应热为零，就意味着这个反应的平衡常数不再随温度而变化，但是没有化学反应的反应热为零。

如果反应的焓变或者反应热近似为常数，则式(13-30) 积分后可得

$$\ln\frac{K_2^\ominus}{K_1^\ominus}=\frac{\Delta_r H_m^\ominus}{R}\left(\frac{1}{T_1}-\frac{1}{T_2}\right) \tag{13-31}$$

## 习 题

**一、选择题**

1. 对于理想气体的热力学能，有下列四种理解：
(1) 状态一定，热力学能也一定。
(2) 对应于某一状态的热力学能是可以直接测定的。
(3) 对应于某一状态，热力学能只有一个数值，不可能有两个或两个以上的数值。
(4) 状态改变时，热力学能一定跟着改变。
其中都正确的是 (    )
(A) (1),(2)　　(B) (3),(4)　　(C) (2),(4)　　(D) (1),(3)

2. 有一高压气体钢筒，打开阀门后气体喷出筒外，当筒内压力与筒外压力相等时关闭阀门，此时筒内温度将 (    )
(A) 不变　　(B) 升高　　(C) 降低　　(D) 无法判定

3. 在一个密闭绝热的房间里放置一台冰箱，将冰箱门打开，并接通电源使冰箱工作。过一段时间之后，室内平均气温将 (    )
(A) 升高　　(B) 降低　　(C) 不变　　(D) 不一定

4. 理想气体向真空作绝热膨胀后，它的温度将 (    )
(A) 升高　　(B) 降低　　(C) 不变　　(D) 不一定

5. 有一真空钢筒，将阀门打开时，大气（视为理想气体）冲入瓶内，此时瓶内气体的温度将 (    )
(A) 不变　　(B) 升高　　(C) 降低　　(D) 无法判定

6. 将 1mol 373K、标准压力下的水分别经历：(1) 等温、等压可逆蒸发；(2) 真空蒸发，变成 373K、标准压力下的水蒸气。这两种过程的功和热的关系为 (    )
(A) $W_1<W_2$　$Q_1>Q_2$　　　　(B) $W_1<W_2$　$Q_1<Q_2$
(C) $W_1=W_2$　$Q_1=Q_2$　　　　(D) $W_1<W_2$　$Q_1<Q_2$

7. 在绝热条件下，用大于气缸内的压力迅速推动活塞压缩气体，气体的熵变 (    )
(A) 大于零　　(B) 小于零　　(C) 等于零　　(D) 不能确定

8. $H_2(g)$ 和 $O_2(g)$ 在绝热钢瓶中反应生成 $H_2O(l)$ 的过程 (    )
(A) $\Delta H=0$　　(B) $\Delta U=0$　　(C) $\Delta S=0$　　(D) $\Delta G=0$

9. 298K 时，1mol 理想气体等温可逆膨胀，压力从 1000kPa 变到 100kPa，系统的吉布斯自由能的变化值为 (    )
(A) 0.04kJ　　(B) $-12.4$kJ　　(C) 5.70kJ　　(D) $-5.70$kJ

10. 在封闭系统中，若某过程的 $\Delta A=W_{max}$，应满足的条件是 (    )
(A) 等温、可逆过程　　　　(B) 等容、可逆过程
(C) 等温、等压、可逆过程　　(D) 等温、等容、可逆过程

**二、计算题**

1. 300K 时，有 10mol 理想气体，始态的压力为 1000kPa。计算在等温下，下列三个过程所做的膨胀功：(1) 在 100kPa 压力下体积膨胀 1 倍；(2) 在 100kPa 压力下，气体膨胀

到终态压力也等于 100kPa；（3）等温可逆膨胀到气体的压力等于 100kPa。

2. 1mol 理想气体在 122K 等温的情况下，反抗恒定外压 10.15kPa，从 10dm³ 膨胀到终态体积 100dm³，试计算 $Q$、$W$、$\Delta U$、$\Delta H$。

3. 300K 时，有 4.0g Ar(g)（可视为理想气体，$M = 39.395 \text{g} \cdot \text{mol}^{-1}$），压力为 506.6kPa。今在等温下分别按以下两种过程：（1）等温可逆膨胀；（2）等温、等外压膨胀，膨胀至终态压力为 202.6kPa。分别计算这两种过程的 $Q$、$W$、$\Delta U$、$\Delta H$。

4. 1mol 理想气体，在 273K 等温可逆地从 1000kPa 膨胀到 100kPa，试计算此过程的 $Q$、$W$ 以及气体的 $\Delta U$、$\Delta H$、$\Delta S$、$\Delta G$ 和 $\Delta A$。

5. 在温度为 298K 的恒温浴中，某 2mol 理想气体发生不可逆膨胀过程。该过程系统对环境做功 3.5kJ，到达终态时系统的体积为始态的 10 倍。求此过程的 $Q$、$W$ 以及气体的 $\Delta U$、$\Delta H$、$\Delta S$、$\Delta G$ 和 $\Delta A$。

6. 有一个绝热的刚性容器，中间用隔板将容器分为两个部分，分别充以不同温度的 $N_2$(g) 和 $O_2$(g)，如下所示。$N_2$(g) 和 $O_2$(g) 均可视为理想气体。

| 1mol $N_2$(g) | 1mol $O_2$(g) |
| --- | --- |
| 293K | 283K |

（1）设中间隔板是导热的，并能滑动以保持两边的压力相等。计算整个系统达到系统平衡时的 $\Delta S$。

（2）达到平衡后，将隔板抽去，求混合熵变 $\Delta_{\text{mix}} S$。

# 第 14 章
# 化学动力学基础

**学习要求**

1. 了解化学反应速率与浓度的关系；
2. 了解反应速率方程及反应级数、半衰期的概念；
3. 掌握零级、一级、二级反应及其特点；
4. 了解反应速率与温度的关系；
5. 了解几种典型的复杂反应。

化学热力学研究化学变化的方向、能达到的最大限度以及外界条件对平衡的影响。化学热力学只能预测反应的可能性，但无法预料反应能否发生、反应的速率如何、反应的机理是什么。目前绝大部分的化学反应机理是不清楚的，但是人们迫切希望了解化学反应机理，最终实现对化学反应的人为控制。化学动力学研究化学反应的速率和反应的机理以及温度、压力、催化剂、溶剂和光照等外界因素对反应速率的影响，把热力学的反应可能性变为现实。

近百年来，实验方法和检测手段的日新月异，如核磁共振技术、闪光光解技术等，促进了化学动力学的快速发展，但总体而言，化学动力学理论尚不够完善。19 世纪后半叶被认为是宏观反应动力学阶段，主要成就是质量作用定律和 Arrhenius 公式的确立，提出了活化能的概念；20 世纪前叶被认为是宏观反应动力学向微观反应动力学过渡的阶段；20 世纪 50 年代，被认为是微观反应动力学阶段。对反应速率从理论上进行了探讨，提出了碰撞理论和过渡态理论，建立了势能面。发现了链反应，从总包反应向基元反应过渡。由于分子束和激光技术的发展，开创了分子反应动态学。

## 14.1 化学反应速率

$$d\xi = \frac{dn_B}{\nu_B} \tag{14-1}$$

$$r = \frac{1}{\nu_B}\frac{dn_B}{dt}\frac{1}{V} = \frac{1}{\nu_B}\frac{d(n_B/V)}{dt} \tag{14-2}$$

$$r = \frac{1}{\nu_B}\frac{dc_B}{dt} \tag{14-3}$$

反应速率通常指在单位时间、单位体积中化学反应进度的变化。而反应进度的变化等于参与反应的任何一个物质的物质的量的变化除以这个物质对应的化学计量数，如式(14-1)所示。根据反应速率的定义，则速率表达式也可以表达为式(14-2)。如果是等容反应，显然反应速率就可以用式(14-3)来表示。

化学反应速率与选哪一种物质来表达无关，譬如合成氨反应，选氢气、氮气和氨气，表达的速率是一样的，但与化学反应方程式的写法有关，这是因为化学反应速率定义式里有一个计量系数，计量系数与化学反应方程式的写法有关。

## 14.2 反应速率与浓度的关系

### 14.2.1 基元反应

基元反应也称为元反应，以气相碘化氢合成反应为例，反应机理如下：

总反应： $H_2 + I_2 \longrightarrow 2HI$ (14-4)

基元反应： $I_2 \longrightarrow 2I\cdot$ (14-5)

$2I\cdot \longrightarrow I_2$ (14-6)

$2I\cdot + H_2 \longrightarrow 2HI$ (14-7)

该化学反应是分三步完成的，在机理里的每一步就叫做一个基元反应，所谓基元反应就是粒子之间直接碰撞而发生的化学反应，或者说一步来完成的一个化学反应，所以它的写法是唯一的，化学反应系数是确定的。

### 14.2.2 反应分子数

在一个基元反应中，直接发生碰撞的粒子的个数，就叫做这个基元反应的反应分子数，通常用 $n$ 来表示，如气相碘化氢合成反应的三个基元反应，第一个反应的分子数是 1，第二个反应的分子数是 2，第三个反应的分子数是 3，所以通常人们把第一个反应称为单分子反应，第二个反应称为双分子反应，第三个反应称作三分子反应，到目前为止，人们发现反应分子数最多的就是三分子反应。

### 14.2.3 反应速率方程

一个化学反应的速率与参与反应的物质的浓度之间的关系，就称为反应速率方程，又称为动力学方程，速率方程必须由实验来确定。如碘化氢合成反应的速率，它与碘的浓度和氢气的浓度都呈正比关系，要写成一个方程，就要引入一个系数 $k$，气相碘化氢合成反应的速率方程为 $r = k[H_2][I_2]$。气相氯化氢合成反应的速率与氢气的浓度成正比，与氯气浓度的二分之一次方成正比，所以其反应速率方程为 $r = k[H_2][Cl_2]^{0.5}$。

### 14.2.4 质量作用定律

基元反应速率与各反应物浓度的幂乘积成正比，其中各浓度项的方次即为反应方程式中反应物的计量系数，人们把它称作质量作用定律，所有基元反应均应遵守质量作用定律。

### 14.2.5 反应级数

如果一个反应的速率方程写成 $r = k[A]^\alpha[B]^\beta[C]^\gamma$，即浓度的幂函数的形式，那么这个

速率方程中的 $\alpha$、$\beta$、$\gamma$ 就叫做这个化学反应对物质 A、B、C 的分级数。同时，把 $\alpha$、$\beta$、$\gamma$ 的和写成 $n$，$n$ 就叫做这个反应的级数，显然反应级数 $n$ 和元反应的反应分子数是完全不一样的，它们的物理意义不同，而且数值也不一样。反应分子数只能等于 1、2、3，不能等于其他的，而反应级数是测出来的，可以是正整数，也可以是分数，还可以是零，还可以是负数。

### 14.2.6 速率系数

如果一个反应的速率方程写成 $r=k[A]^{\alpha}[B]^{\beta}[C]^{\gamma}$ 形式，那么这个速率方程中的常数 $k$ 就叫做速率系数，速率系数在数值上相当于影响反应速率的各种物质的浓度都是 1 个单位浓度时的反应速率。

反应速率系数在动力学里面是一个重要的物理量，根据化学反应速率系数的单位，就能判断出这个反应是几级反应。

### 14.2.7 一级反应

如果一个化学反应的速率方程不仅是个幂函数，而且幂的次数之和是 0、1、2 或者 3 等正整数，那么，这样的化学反应就称为具有简单级数的化学反应，分别把它叫做零级反应、一级反应、二级反应、三级反应等。反应速率与反应物浓度的一次方成正比，则该反应称为一级反应，如物质 A 分解成物质 B 和 C 的反应，设在反应开始时，系统中只有反应物 A，它的浓度为 $a$，这个时候没有产物 B 和 C，它们浓度均为零，当反应进行到时刻 $t$ 时，反应物 A 的浓度用 $c_A$ 来表示，根据反应速率的定义，反应速率可以写成

$$-\frac{dc_A}{dt}=kc_A \tag{14-8}$$

其定积分形式为

$$\int_a^{c_A}\frac{dc_A}{c_A}=-\int_0^t k\,dt \tag{14-9}$$

积分后得到

$$\ln\frac{a}{c_A}=kt \tag{14-10}$$

也可写成如下线性方程的形式：

$$\ln c_A = -kt + \ln a \tag{14-11}$$

式(14-11)在文献里面出现得非常多，因为这个形式的速率方程不仅体现了反应的动力学信息，而且告诉了人们如何去处理一些实验数据。

在一个方程里，经常用反应物的消耗百分数来描述一个化学反应进行的程度，令 $y$ 等于反应物 A 的消耗百分数，那么任意时刻 $t$ 时，反应物 A 的浓度显然就变成 $c_A=(1-y)a$，式(14-11)又可以写成式(14-12)的形式，

$$\ln\frac{1}{1-y}=kt \tag{14-12}$$

一级反应速率方程的动力学特点如下所述：

(1) 速率系数 $k$ 的单位为 [时间]$^{-1}$，即 $s^{-1}$、$min^{-1}$、$h^{-1}$、$d^{-1}$、$a^{-1}$；

(2) $\ln c_A \sim t$ 呈直线关系，且斜率等于 $-k$；

（3）半衰期 $t_{1/2} = \dfrac{\ln 2}{k}$，半衰期与初始浓度无关。

**例 14-1** 某金属钚的同位素进行 β 放射，已知该放射符合一级反应特点，14 d 后，同位素活性下降了 6.85%。试求该同位素的：

（1）蜕变常数；（2）半衰期；（3）分解掉 90% 所需时间。

**解：**

（1）$k_1 = \dfrac{1}{t} \ln \dfrac{a}{a-x} = \dfrac{1}{14} \ln \dfrac{100}{100-6.85} = 0.00507 \, \text{d}^{-1}$；

（2）$t_{1/2} = \dfrac{\ln 2}{k_1} = 136.7 \, \text{d}$；

（3）$t = \dfrac{1}{k_1} \ln \dfrac{1}{1-y} = \dfrac{1}{k_1} \ln \dfrac{1}{1-0.9} = 454.2 \, \text{d}$。

## 14.2.8 二级反应

反应速率与反应物浓度的二次方成正比的反应称为二级反应，如乙酸乙酯的皂化烯烃的二聚反应和甲醛的热分解反应等都是二级反应。

设有某二级反应为

$$
\begin{array}{lccc}
 & A & + B & \longrightarrow P \\
t=0 & a & b & 0 \\
t=t & a-x & b-x & x
\end{array}
$$

该反应对 A 和 B 均为一级反应，则反应的速率为

$$\dfrac{\mathrm{d}x}{\mathrm{d}t} = k(a-x)(b-x) \tag{14-13}$$

解这个微分方程，得到这个速率方程的积分形式，然后可以得到它的动力学特征，显然解这个微分方程，要分两种不同的情况，第一种情况，如果投料时反应物的浓度相同，此时 $a=b$。式（14-13）可以写成

$$\dfrac{\mathrm{d}x}{(a-x)^2} = k\,\mathrm{d}t \tag{14-14}$$

对上述微分式进行定积分，

$$\int_0^x \dfrac{\mathrm{d}x}{(a-x)^2} = \int_0^t k\,\mathrm{d}t \tag{14-15}$$

$$-\int_0^x \dfrac{\mathrm{d}(a-x)}{(a-x)^2} = \int_0^t k\,\mathrm{d}t \tag{14-16}$$

积分后可得

$$\dfrac{1}{(a-x)} - \dfrac{1}{a} = kt \tag{14-17}$$

该二级反应的动力学特点如下：

（1）速率系数的单位显然是浓度的倒数除以时间，即 [浓度]$^{-1}$ · [时间]$^{-1}$，比如 $\text{m}^3 \cdot \text{mol}^{-1} \cdot \text{s}^{-1}$；

（2）$1/c_A \sim t$ 呈直线关系，且斜率 $=k$；

（3）半衰期与初始浓度成反比，即 $t_{1/2} = \dfrac{1}{ka}$。

第二种情况，对于 $a \neq b$ 的二级反应，根据微分式(14-13)进行不定积分和定积分，求得浓度与时间的线性关系和对应的定积分式分别为

$$\ln \frac{(a-x)}{(b-x)} = (a-b)kt + \ln \frac{a}{b} \tag{14-18}$$

该二级反应的动力学特点如下：

(1) 它的速率系数的单位显然是浓度的倒数除以时间，即 [浓度]$^{-1}$·[时间]$^{-1}$；

(2) $\ln(c_A/c_B) \sim t$ 呈直线关系，且斜率 $=(a-b)k$；

(3) 关于半衰期，由于该反应的反应物和产物不是按照计量比来投料的，A 消耗了一半，B 消耗的肯定不是一半，B 消耗了一半，A 就不是一半，所以整个反应没有半衰期。

### 14.2.9 零级反应

如果反应物 A 反应变成产物 P 是零级反应，则该反应的速率与反应物 A 的零次方成正比，即

$$-\frac{dc_A}{dt} = k \tag{14-19}$$

积分后可得，

$$c_A = -kt + a \tag{14-20}$$

式(14-20)就是零级反应速率方程的积分形式，其动力学特点如下：

(1) 速率系数 $k$ 的单位为体积·时间$^{-1}$，如 mol·m$^{-3}$·s$^{-1}$；

(2) $c_A \sim t$ 呈直线关系，且斜率等于 $-k$；

(3) 半衰期 $t_{1/2} = \frac{a}{2k}$，半衰期与初始浓度成正比；

(4) 完成反应时间有限，为 $a/k$。

## 14.3 反应速率与温度的关系

温度是影响化学反应的重要因素，各种化学反应的速度和温度的关系比较复杂，绝大多数化学反应随着温度的提高反应速度加快。

改变反应温度，反应速率就会发生变化，甚至产生剧烈爆炸反应。比如氢气和氧气在较低温度下几乎不反应，当温度升到 35℃ 时，还没反应，升高到一定温度后，变成一个爆炸反应，一旦开始反应，就很难控制。研究温度对反应速率的影响，人们就直接研究温度对反应速率系数的影响。

### 14.3.1 Van't Hoff 经验规则

1888 年荷兰化学家范特霍夫（Van't Hoff，1852—1911，1901 年获诺贝尔化学奖）首先总结出反应速率对温度的依赖关系，指出浓度一定时，温度每升高 10K，反应速率增加至原来的 2~4 倍，这就是 Van't Hoff 经验规则。

### 14.3.2 Arrhenius 公式

1889 年，Arrhenius 在实验基础上提出经验公式

$$k = A\exp\left(-\frac{E}{RT}\right) \tag{14-21}$$

式(14-21)中，$A$ 为指前因子或频率因子；$E$ 是一个能量项，称为活化能，$J \cdot mol^{-1}$；$R$ 是理想气体常数，$8.314 J \cdot mol^{-1} \cdot K^{-1}$；$T$ 是热力学温度。对于一般化学反应而言，Arrhenius 公式不仅定性地告诉人们温度越高，反应越快，而且能够非常准确地预测反应速率与温度的定量关系。

### 14.3.3 催化剂对反应速率的影响

凡是能改变反应速率而它本身的组成和质量在反应前后保持不变的物质，称为催化剂（catalyst）。催化剂为什么能改变化学反应速率呢？这是因为它参与反应过程，改变了原来反应的路径，降低了反应的活化能，或者说催化剂对反应速率的影响是通过改变反应机理实现的。催化剂不影响产物和反应物的相对能量，未改变反应的始态和末态，催化剂同等程度地加快正、逆反应的速率。

## 14.4 典型的复杂反应

### 14.4.1 对峙反应

如果一个化学反应是由两个或两个以上的基元反应组成的，则这种反应称为复杂反应。组成复杂反应的基元反应组合的方式不同，就会具有不同的特点。复杂反应的速率方程不像基元反应那么简单，至少具有两个速率系数，因此用一个定积分式是无法同时算出两个速率系数的。复杂反应的速率方程要从实验测定，或者根据组成复杂反应的基元反应的组合方式或反应机理进行推导。

在正逆两个方向都能同时进行的反应称为对峙反应，也有的称之为可逆反应。原则上，所有的化学反应都是对峙反应，但如果逆反应的速率系数与正反应的速率系数相比小到可以忽略不计，则可以将这种反应认为是单向的。

对峙反应的净速率等于正向与逆向速率之差。到达平衡时，净速率等于零。正、逆反应速率系数之比等于经验平衡常数。在浓度与时间的关系图上，达到平衡后，反应物和生成物的浓度将不再随时间而改变。

### 14.4.2 平行反应

相同的反应物能同时进行几种不同反应的反应称为平行反应。其主要特点是：总速率等于各平行反应的速率之和；对于级数相同的平行反应，速率方程的微分式和积分式与同级的具有简单级数反应的速率方程相似，只是速率系数等于各个平行反应速率系数的加和；当各产物的起始浓度都为零时，在任一瞬间，各产物的浓度之比就等于速率系数之比；用合适的催化剂可以改变主反应的速率，提高主产物的比例；用温度调节法可以改变产物的相对含量，升高温度对活化能高的反应有利，反之亦然。

### 14.4.3 连续反应

前一个反应物中的一部分或者全部作为后一个反应的反应物，如此连续进行的反应称为连续反应。连续反应中，只有第一个基元反应的速率表示式与简单反应一样，比较容易求算，而中间产物和最终产物浓度的数学计算较为复杂。在化学上，通常采取速控步、稳态近似方法进行处理。

## 习 题

### 一、选择题

1. 某化学反应的方程式为 $2A \longrightarrow P$，则在动力学研究中表明该反应为 （ ）
   (A) 二级反应　　(B) 基元反应　　(C) 双分子反应　　(D) 无法确定

2. 某化学反应的计量方程为 $A+2B \longrightarrow C+D$，实验测定得到其速率系数 $k=0.25$ $(mol \cdot dm^{-3})^{-1} \cdot s^{-1}$，则该反应的级数为 （ ）
   (A) 零级　　(B) 一级　　(C) 二级　　(D) 三级

3. 某化学反应，已知反应物的转化分数 $y=5/9$ 时所需的反应时间是 $y=1/3$ 所需反应时间的 2 倍，则该反应是 （ ）
   (A) 3/2 级反应　　(B) 二级反应　　(C) 一级反应　　(D) 零级反应

4. 有一个放射性元素，其质量等于 8g，已知它的半衰期=10d，则经过 40d 后，其剩余质量等于 （ ）
   (A) 4g　　(B) 2g　　(C) 4g　　(D) 0.5g

5. 当某反应物的初始浓度为 $0.04 mol \cdot dm^{-3}$ 时，反应的半衰期为 360s；初始浓度为 $0.02 mol \cdot dm^{-3}$ 时，半衰期为 600s，则此反应为 （ ）
   (A) 零级反应　　(B) 1.5 级反应　　(C) 二级反应　　(D) 一级反应

6. 对于反应 $A \longrightarrow C+D$，如果 A 的起始浓度减小一半，其半衰期也缩短一半，则反应的级数为 （ ）
   (A) 一级　　(B) 二级　　(C) 零级反应　　(D) 1.5 级反应

7. 对于一般的化学反应，当温度升高时，下列说法正确的是 （ ）
   (A) 活化能明显降低
   (B) 平衡常数一定变大
   (C) 正逆反应速率系数成比例变化
   (D) 反应到达平衡的时间变短

8. 某化学反应，温度升高 1K，反应的速率系数增加 1%。则该反应的活化能的数值为 （ ）
   (A) $100RT^2$　　(B) $10RT^2$　　(C) $RT^2$　　(D) $0.01RT^2$

9. 汽车尾气中的氮氧化物在平流层中破坏奇数氧（$O_3$ 和 $O$）的反应机理为
$$NO+O_3 \longrightarrow NO_2+O_2$$
$$NO_2+O \longrightarrow NO+O_2$$
在此机理中，NO 起的作用是 （ ）
   (A) 总反应的产物
   (B) 总反应的反应物
   (C) 催化剂
   (D) 上述都不是

10. 某一反应在一定条件下的平衡转化率为 25.3%。保持反应的其他条件不变，加入某种高效催化剂，使反应速率明显加快，则平衡转化率的数值将 （ ）
    (A) 大于 25.3%　　(B) 小于 25.3%　　(C) 等于 25.3%　　(D) 不确定

### 二、计算题

1. 某人工放射元素，能放出粒子，其半衰期为 15min。若该试样有 80% 被分解，计算所需的时间。

2. 已知物质 A 的分解反应是一级反应。在一定温度下，当 A 的起始浓度为 $0.1\text{mol}\cdot\text{dm}^{-3}$ 时，分解 20% 的 A 需时 50min。试计算：（1）该反应的速率系数 k；（2）该反应的半衰期 $t_{1/2}$；（3）当 A 的起始浓度为 $0.02\text{mol}\cdot\text{dm}^{-3}$ 时，分解 20% 所需的时间。

3. 设某化合物分解反应为一级反应，若此化合物分解 30% 则无效，今测得温度 323K、333K 时，分解反应速率常数分别是 $7.08\times10^{-4}\text{h}^{-1}$ 与 $1.7\times10^{-3}\text{h}^{-1}$，计算这个反应的活化能，并求温度为 298K 时此化合物有效期是多少？

4. 乙烯转化反应 $C_2H_4 \longrightarrow C_2H_2 + H_2$ 为一级反应。在 1073K 时，要使 50% 的乙烯分解，需要 10h。已知该反应的活化能 $E=250.8\text{kJ}\cdot\text{mol}^{-1}$，要求在 $1.316\times10^{-3}\text{h}$ 内同样有 50% 乙烯转化，问反应温度应控制在多少？

# 第15章
# 电化学基础

**学习要求**

1. 掌握电化学的基本概念；
2. 了解可逆电池和可逆电极；
3. 掌握极化及极化曲线；
4. 了解化学电源发展简史；
5. 了解锂离子电池工作原理。

电化学的应用非常广泛，具有强大的工业生产背景，化学工业有很多基础原料都是通过电解食盐水而得到的，譬如烧碱、氯气、盐酸等；随着科技发展，各种化学电源被广泛应用于便携式电子设备、新能源汽车、航空航天等领域。本章主要介绍电化学的基本概念和基本原理。

## 15.1 电化学的基本概念

### 15.1.1 原电池和电解池

电化学是研究化学现象与电现象之间的相互关系以及化学能与电能相互转化规律的学科。要完成这样的电化学研究，必须通过适当的电化学装置。人们将化学能转化为电能的装置称为原电池，将电能转化为化学能的装置称为电解池。

### 15.1.2 正极、负极，阴极、阳极

无论是原电池还是电解池，相对电势高的电极为正极，较低的电极为负极。在电极界面上发生还原反应的电极为阴极，发生氧化反应的电极为阳极。

### 15.1.3 法拉第定律

一个电解质溶液导电时，在阴极和阳极上分别发生还原反应和氧化反应。1833年，英国化学家法拉第根据大量的实验结果，归纳出对电解池和原电池都适用的一条用于定量的电化学基本规律，后来称之为法拉第定律。该定律的基本内容是：当电流通过电解质溶液时，

在电极界面上发生化学反应的物质的量与通过电极的电量成正比；如果电流通过多个电池的串联线路，则在每个电极上交换电子的物质的量都相同。

$$Q = nF \tag{15-1}$$

式中，$F$ 为法拉第常数，$F = Le \approx 96500 \text{C} \cdot \text{mol}^{-1}$。

法拉第定律是电化学上最早的用于定量的基本定律，揭示了通入的电量与析出物质之间的定量关系。该定律在任何温度、任何压力下均可以使用。

### 15.1.4 离子的电迁移率和迁移数

离子在电场中迁移的速率正比于电场的强度，其比例系数称为离子的电迁移率，也称为淌度，用 $u_+$ 或 $u_-$ 来表示，其单位是 $\text{m}^2 \cdot \text{s} \cdot \text{V}^{-1}$。

电解质溶液导电是由正、负离子向相反方向迁移来完成的。离子 B 迁移电流的分数称为 B 的迁移数，同一溶液中所有离子迁移数的加和等于 1。离子迁移数可以用实验测定，并可以用多种物理量的比例来表示，如正离子的迁移数 $t_+$ 可以表示为

$$t_+ = \frac{Q_+}{Q} = \frac{u_+}{u_+ + u_-} \tag{15-2}$$

### 15.1.5 电导、电导率、摩尔电导率

根据欧姆定律，电阻 $R$ 等于端电压 $U$ 除以电流强度 $I$，电阻的单位为 $\Omega$。电阻正比于导体的长度 $l$，反比于导体的截面积 $A$，而电导 $G$ 是电阻的倒数即

$$G = \frac{1}{R} = \frac{1}{\rho} \frac{A}{l} \tag{15-3}$$

式中，$\rho$ 是电阻率，即单位长度和单位截面积导体的电阻。电导的单位为 $\Omega^{-1}$ 或 $S$。

电导率 $\kappa$ 是电阻率的倒数，单位为 $\Omega^{-1} \cdot \text{m}^{-1}$ 或 $S \cdot \text{m}^{-1}$，即

$$G = \kappa \frac{A}{l} \tag{15-4}$$

式(15-4) 中的比例系数是电导率，相当于单位长度、单位截面积的电解质溶液的电导，其数值与电解质种类、溶液浓度和温度等因素有关。

摩尔电导率 $\Lambda_m$ 是指把含有 1mol 电解质的溶液置于相距单位距离的两个平行电极之间时溶液所具有的电导。显然，摩尔电导率与该电解质的电导率成正比，还与电解质溶液的体积有关，溶液浓度越低，含有 1mol 电解质溶液的体积就越大，摩尔电导率就越大，即

$$\Lambda_m = \frac{\kappa}{c} = k V_m \tag{15-5}$$

## 15.2 可逆电池和可逆电极

### 15.2.1 组成可逆电池的必要条件及其研究意义

电池是可以将化学能转变为电能的装置，所涉及的化学反应必然是一个自发的氧化还原反应，或者在能量转换过程中经历了氧化还原作用。将化学能以热力学意义上的可逆方式转变为电能的电池称为可逆电池，它必须符合以下两个必要的条件：

(1) 电池放电时的反应与充电时的反应必须互为逆反应，即化学反应可逆；

(2) 电池在充电和放电时能量必须可逆，即无论是充电或放电，所通过的电流必须为无限小，使电池在接近平衡态的条件下工作。当电池放电时对环境做最大功，在充电时环境对电池做最小电功。如果把放电时的电能全部储存起来，再用来充电，可以使系统和环境全部恢复原状。要使能量完全可逆是做不到的，这只是一种理想情况。因为电池在充放电的过程中，必须克服电路中的电阻，这时有一部分电能会变成热能，而要将热能再全部变成电能而不留下影响是不可能的。因此有电流通过的电池都是不可逆电池，实际使用的电池都是不可逆的。

之所以还要研究可逆电池，这是因为它揭示了化学能转变为电能的极限，指明了改善电池性能的方向，因为可逆电池可以做最大电功。另外，在等温等压条件下，只有可逆电池的电动势或可逆过程中做的电功才能与吉布斯自由能的变化值相联系，为用电化学的方法来研究热力学函数的变化问题提供可能性。

$$\Delta_r G_m = -W_r' = -zFE \tag{15-6}$$

式中，$z$ 是电池反应中电荷的计量系数；$E$ 是可逆电池的电动势；$F$ 是法拉第常量。式(15-6)是联系热力学和电化学的重要公式，可以利用测定可逆电池的电动势实验数据来计算热力学函数的变化。

## 15.2.2 可逆电极的类型

构成可逆电池的电极，其本身必须是可逆的。电极按其结构和所发生的反应通常分为以下三类。

**1. 第一类电极**

第一类电极由金属浸在含有该金属离子的溶液中构成。其电极书面表示式为 $M(s)|M^{z+}(a_+)$，电极反应为 $M^{z+}(a_+) + ze^- \Longrightarrow M(s)$。比如 $Cu(s)|Cu^{2+}(a_+)$ 电极，其电极反应为 $Cu^{2+}(a_+) + 2e^- \Longrightarrow Cu(s)$。另外因为氢电极、氧电极和卤素电极的电极书面表示式和电极反应与上述金属电极十分相似，所以也归为第一类可逆电极。其电极书面表示式和电极反应列举如下：

| 电极 | 电极反应 |
|---|---|
| $Na\text{-}Hg(a)|Na^+(a_+)$ | $Na^+(a_+) + e^- \Longrightarrow Na(a)$ |
| $Cd\text{-}Hg(a)|Cd^{2+}(a_+)$ | $Cd^{2+}(a_+) + 2e^- \Longrightarrow Cd(a)$ |
| $Pt|H_2|H^+$ | $2H^+ + 2e^- \Longrightarrow H_2$ |
| $Pt|H_2|OH^-$ | $2H_2O + 2e^- \Longrightarrow H_2 + 2OH^-$ |
| $Pt|O_2|H_2O, H^+$ | $O_2 + 4H^+ + 4e^- \Longrightarrow 2H_2O$ |
| $Pt|O_2|OH^-$ | $O_2 + 2H_2O + 4e^- \Longrightarrow 4OH^-$ |
| $Pt|Cl_2|Cl^-$ | $Cl_2 + 2e^- \Longrightarrow 2Cl^-$ |

氢电极和氧电极在酸性和碱性介质中，其电极表示式、电极反应和电极电势的值均有所不同。

**2. 第二类电极**

第二类电极由金属及其表面上覆盖的一薄层该金属的难溶盐，再插入含有该难溶盐的阴离子的溶液中构成，故称为金属-难溶盐电极。电极表达通式为：$M(s)|MX(s)|X^{z-}$，电极

反应为：$MX(s)+ze^-=\!\!=\!\!= M(s)+X^{z-}$。例如，银-氯化银电极和甘汞电极就属于这一类，它们作为正极的电极表示式和还原反应分别为：

银-饱和甘汞电极：$Hg(l)|Hg_2Cl_2(s)|Cl^-(a_-)$　　$Hg_2Cl_2(s)+2e^-=\!\!=\!\!=2Hg(l)+2Cl^-(a_-)$

银-氯化银电极：$Ag(s)|AgCl(s)|Cl^-(a_-)$　　$AgCl(s)+e^-=\!\!=\!\!=Ag(s)+Cl^-(a_-)$

属于第二类电极的还有金属-难溶氧化物电极，即在金属表面覆盖一薄层该金属的难溶氧化物，然后浸在含有或的溶液中构成。例如银-氧化银电极和汞-氧化汞电极就属于第二类电极，它们作为正极的电极表示式和还原反应分别为：

银-氧化银电极：$Ag(s)|Ag_2O(s)|H^+(a_+)$　　$Ag_2O(s)+2H^+(a_+)+2e^-=\!\!=\!\!=2Ag(s)+H_2O(l)$

汞-氧化汞电极：$Hg(l)|HgO(s)|OH^-(a_-)$　　$HgO(s)+H_2O(l)+2e^-=\!\!=\!\!=Hg(l)+2OH^-(a_-)$

### 3. 第三类电极

第三类电极由惰性金属（如铂）插入含有某种离子不同氧化态的溶液中构成，这里惰性金属只起导电作用，在惰性金属与溶液的界面上某种离子不同氧化态之间发生氧化还原反应，因此该类电极也称为氧化-还原电极。某种离子只要具有不同的氧化态，都有可能构成氧化-还原电极。例如 Fe、Sn、Cu 元素的不同氧化态构成的氧化-还原电极，其电极书面表示式和电极反应列举如下：

| 电极 | 电极反应 |
| --- | --- |
| $Pt(s)|Fe^{3+}(a_1),Fe^{2+}(a_2)$ | $Fe^{3+}(a_1)+e^-=\!\!=\!\!=Fe^{2+}(a_2)$ |
| $Pt(s)|Sn^{4+}(a_1),Sn^{2+}(a_2)$ | $Sn^{4+}(a_1)+2e^-=\!\!=\!\!=Sn^{2+}(a_2)$ |
| $Pt(s)|Cu^{2+}(a_1),Cu^+(a_2)$ | $Cu^{2+}(a_1)+e^-=\!\!=\!\!=Cu^+(a_2)$ |

## 15.2.3　可逆电池的书面表示法

书面表示可逆电池的惯例如下：①写在左边的电极为负极，起氧化作用，写在右边的电极为正极，起还原作用；②用单垂线表示不同相态的物质之间的界面，界面上一般有电势差存在，也有的用单根垂直点线（虚线）来表示两液体之间的界面或半透膜；③用双垂线表示盐桥，使两液相之间的接界电势可以降低到忽略不计；④要注明温度和压力，标明构成电池的各种物质的物态，溶液要注明浓度，气体要注明压力和依附的惰性金属。书写电极反应和电池反应时，既要保持等式两边的物量平衡，又要保证电量平衡。

## 15.2.4　可逆电池电动势的测定

可逆电池的电动势不能用伏特计测量，因为测量时有电流通过，溶液浓度就会改变，电极上还会发生极化，电池就不再是可逆电池了。对消法就是在电池上加一个大小相等、方向相反的外电源，相当于使外电阻趋向于无穷大，使两电极的电势差近似等于电池的电动势，测定过程中几乎无电流通过。

## 15.2.5　可逆电池电动势的应用

利用可逆电池电动势的数据可以解决生产或科学研究中的很多实际问题，这种方法就称为电动势法。用电动势法处理具体问题时候要分三步，第一步是最关键的一步，也是最基础的一步，将实际任务书写成一个电池，第二步就是把电池做出来，第三步则是用电位差计测量这个电池的电动势。

首先看化学反应的吉布斯函数变，或者说化学反应的化学能，怎么由电动势法来得到，根据式(15-7)，

$$\Delta_r G_m^\ominus = -RT\ln K^\ominus = -zFE^\ominus \tag{15-7}$$

将测得的 $E$ 就代到式(15-7) 里求出这个反应的化学能，就知道了这个化学反应的吉布斯函数变，这就是我们刚才说的电动势法的应用程序。

接下来我们介绍利用电动势法测定化学反应平衡常数，根据平衡常数的定义，

$$\Delta_r G_m^\ominus = -RT\ln K^\ominus = -zFE^\ominus \tag{15-8}$$

则有

$$K^\ominus = \exp\frac{zFE^\ominus}{RT} \tag{15-9}$$

由式(15-9)，可以利用电动势法来求一个反应的平衡常数。

对于化学反应，我们经常需要知道反应熵变这个性质，下面讲解由电动势法求化学反应的熵变，根据对应系数关系式，化学反应的吉布斯函数变随温度的变化等于负的化学反应的熵变，

$$\left(\frac{\partial \Delta_r G_m}{\partial T}\right)_p = -\Delta_r S_m \tag{15-10}$$

根据吉布斯函数变与电池电动势 $E$ 之间的关系，整理得到化学反应的熵变与电池电动势之间的关系，如式(15-11) 所示

$$\Delta_r S_m = zF\left(\frac{\partial E}{\partial T}\right)_p \tag{15-11}$$

具体做法为首先设计成电池，把电池先做出来，然后测量不同温度度下电池的电动势 $E$，就可以得到一系列温度下电池电动势与温度的关系。

下面介绍如何用电动势法求化学反应的焓变，我们知道一般化学反应都是在等温条件下进行的，

$$\Delta_r H_m = \Delta_r G_m + T\Delta_r S_m \tag{15-12}$$

代入式(15-12)中就可以求得焓变，

$$\Delta_r H_m = -zFE + zFT\left(\frac{\partial E}{\partial T}\right)_p \tag{15-13}$$

式(15-13)就告诉我们如何用电动势法求化学反应的焓变。先把这个反应设计成电池，然后做出电池来，分别测它的电动势以及电动势的温度系数。

## 15.2.6 能斯特方程

在 1889 年 Nernst（能斯特，1864—1941，德国人）提出了电动势 $E$ 与电极反应各组分的活度的关系方程，即著名的能斯特方程，如式(15-14 所示)，它反映了电池的电动势与参加反应的各组分的性质、浓度、温度等的关系。根据电化学中的一些实验测定数据，通过化学热力学中的一些基本公式，可以比较准确地计算出热力学函数的变化值，还可以求得电池中化学反应的热力学平衡常数。能斯特方程实际上给出了化学能与电能的转换关系。

$$E = E^\ominus - \frac{RT}{zF}\ln\prod_B a_B^{\nu_B} \tag{15-14}$$

## 15.3 极化作用和极化曲线

### 15.3.1 极化作用

在一个不可逆电极过程中,或者说当有电流通过一个电极时,电极就变得不可逆,其电极电势就会偏离可逆电势。电流密度越大,这种偏离就越明显。这种对可逆电极电势偏离的现象称为极化,偏差的绝对值称为超电势。

在实际发生电极反应时,一定有物质的扩散,同样,在这个相界面上会有物质的传输过程和电荷的传输过程,这就导致我们所说的极化的产生。

极化产生的原因一般有三种:①浓差极化;②电化学极化;③电阻极化。其中,电阻极化没有普遍意义,不是所有的电极在有电流通过时都会发生电阻极化,所谓电阻极化相当于一个电极有实际电流通过的时候,有一部分电极上面就会生锈,一生锈它的电阻就变大了,电阻变大了,当然电极的电势就会发生相应的变化,这种由于电极通电时电阻增大而发生的电极电势与平衡值的偏离,就称为电阻极化。

电极附近离子的浓度与本体溶液中的浓度产生了偏差,这种由于离子的浓度差别所引起的极化称为浓差极化。浓差极化的后果是电极电势和平衡值不同,阴极的电势降低,阳极的电势升高。为了消除或者近似消除极化,就只能使扩散加快,使电极附近的溶液与溶液本体的浓度接近或相同,可以提高温度使扩散加快,更好的办法是加一个搅拌器搅拌,使电解质溶液流动起来,这样就会减小电极附近溶液与溶液本体的浓度差。

电化学极化是指在电极反应的过程中,反应分为若干步进行,其中可能有一步反应的速率较小,其活化能较高(对有气体参与的反应尤其明显),需要额外的电能来弥补慢步骤所造成的偏离,这样产生的极化称为电化学极化。比如对于电池 $Zn|Zn^{2+}(b_1)||Cu^{2+}(b_2)|Cu$,这个电池的阴极,当电流趋近于零的时候,或者当没有电流通过阴极时,反应呈电化学平衡,$Cu^{2+}+2e^-\longrightarrow Cu(s)$,这个时候相界面上的带电程度是一定的。当有电流通过电极时,那么由于这个电化学反应或者由于阴极反应有阻力,使得阴极上的带电程度发生了变化,从而使得阴极的电势比平衡时电势降低,或者说变小了,阳极电势比平衡时升高或增大。

电化学极化的后果是使阴极的电势减小或者降低,使阳极的电势升高或者增大,这个效果和浓差极化的效果是相同的。

### 15.3.2 极化曲线

以电流密度为纵坐标,电极电势为横坐标,描述电极电势随电流密度的变化曲线称为极化曲线。图 15-1 中的(a)和(b)分别是电解池和原电池中电极的极化曲线。

两张极化曲线图的相同点是:无论是在电解池还是在原电池中,阳极的不可逆电势随着电流密度的增大而不断增加;阴极的不可逆电势随着电流密度的增大而不断减小。两张极化曲线图的不同点是:对于电解池,由于极化的存在,电流密度越大,外加的分解电压越大,消耗的电能也就越多,这从能量的利用角度来看是不利的。对于原电池而言,输出的电流越大,电池的工作电压越小,电池做功的本领就越小,这从能量利用的角度也是不利的。

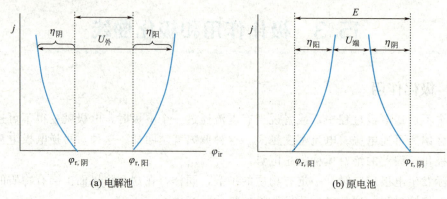

图 15-1 极化曲线

## 15.4 化学电源

### 15.4.1 化学电源的发展简史

人类的一切进步都将归功于思考,就像牛顿曾因见到树上的苹果落地而引起深思发现万有引力一样,生活在同一个世纪的意大利生物学家伽尔瓦尼(Galvani)在做青蛙解剖实验时,两手分别拿着不同的金属器械却偶然发现,当用金属刀的刀尖碰到青蛙腿外露的神经时,蛙腿便会发生抽搐现象,经过十多年的研究思考,终于发现并证实了生物电的存在,并于 1792 年发表了著名论文《论肌肉运动中的电力》,引起世人瞩目,也从此拉开了化学电源的序幕。1800 年,生活在同一个国度的科学家伏打(Volta),在伽尔瓦尼实验发现的基础上,进一步思考了生物电产生的本质原因,他认为两种金属接触时会产生电流,从而引起蛙腿的抽动,并根据这个假设,用吸有盐水的皮革将许多锌片和银片间隔地叠在一起,制成了人类历史上第一套化学电源装置,又称为"伏特电堆"。1836 年,英国的丹尼尔针对"伏特电堆"存在严重的电池极化问题进行了思考、探索和改良,制造出了第一个消除极化、能够保持平衡电流的 Zn-Cu 经典原电池,又称为"丹尼尔电池"。

1859 年,法国物理学家普兰特(Plante)研制成功铅酸蓄电池,这一成果极大地改善和推进了人类社会的发展和进步,一个多世纪以来一直被广泛用作汽车、船舶、摩托车、坦克、拖拉机、柴油机等动力机车的起动电源。1868 年,勒克朗谢(Leclance)发明了以 $NH_4Cl/ZnCl_2$ 为电解液、$MnO_2$ 为去极化剂的 $Zn-MnO_2$ 干电池,后来经过卡斯尼尔(Gassner)改进后迅速使其商品化,从此该电池被广泛用作半导体收音机等低压电器的电源。1898 年琼格(Junger)发明了碱性 Cd-Ni 蓄电池,并与爱迪生(Edison)一起合作,于 1901 年发明了 Fe-Ni 蓄电池。

进入 20 世纪后,电池的发展曾一度停滞不前。第二次世界大战以后,随着理论研究上的突破和新的电极材料的涌现,电池又迎来了一个快速发展时期。1951 年,Cd-Ni 蓄电池实现了密闭化;1965 年,碱性 $Zn-MnO_2$ 干电池实现了商品化;1975 年,金属锂一次电池实现了商品化;1976 年荷兰飞利浦(Philips)公司研制成功 MH-Ni 蓄电池;1990 年 MH-Ni 在日本开始规模化生产和广泛应用,并在随后的十多年时间里,它一直占据世界小型充电电池市场的大部分份额；1991 年，日本索尼（Sony）公司率先实现可充电锂离子电池商品化；2000 年后，锂离子电池、燃料电池和太阳能电池形成三足鼎立之势，在全球范围内掀起新能源革命浪潮，其中锂离子电池产业已经初具规模，在实现能源清洁和安全的道路上一直成为业界公认潜力无限的朝阳产业。

化学电源，作为一种能量存储和转换装置，在提高社会生产力、缓解能源和环境危机、繁荣市场经济、促进人类文明繁荣进步等方面发挥着越来越重要的作用。纵观化学电源发展的历史，并立足于当今世界的现实需求，我们可以总结出化学电源今后的发展方向：首先，一次电池逐渐向二次电池转化，提高资源利用率；其次，逐渐减少有害金属在电池制造中的使用，注重环境保护，提倡绿色能源；再次，紧跟电子技术发展，在市场引导下进一步向小、轻、薄、高安全方向发展，不断拓宽应用新领域；最后，顺应低碳经济的新潮流，满足新能源汽车领域的安全动力和续航能力要求，朝着安全性和能量更高的方向发展。

### 15.4.2 锂离子电池的诞生历程

人类经过近四十载艰难探索，才成就了今日的锂离子电池。总结回顾这段风雨历程，可以帮助我们正确把握锂离子电池的发展趋势，并且可以开拓我们的思维，提高创新能力。锂离子电池是人们先后经历了金属锂一次电池和金属锂二次电池两个发展阶段的基础上逐渐发展起来。由于锂是自然界中最轻的金属元素（$0.543g \cdot cm^{-3}$，20℃），具有最低的标准电极电位（$-3.05V$ 对应于 $H^+/H_2$），理论上的最高体积比容量和质量比容量，分别为 $2060mA \cdot h \cdot cm^{-3}$ 和 $3860mA \cdot h \cdot g^{-1}$，因此吸引了众多电池设计者的目光。1958 年 Harris 系统地研究了锂在碳酸丙烯酯（Propylene carbonate，PC）电解液中的电化学行为，这使人们很快认识到金属锂在一系列非水电解液中能够保持其化学稳定性。在 1962 年波士顿电化学学会秋季会议上，"锂非水电解质体系"的构想被首次正式提出，确定了金属锂可以作为电池体系的负极，这为金属锂一次电池的研发迈出了关键的一步。由于 Ag、Cu、Ni 等卤化物作为金属锂一次电池正极材料的电化学性能实在无法满足电器使用的要求，人们不得不寻找新的正极材料，当时国际上出现了两种探索解决方案：一是将目光转向了以 $MnO_2$ 为代表的过渡金属氧化物材料；二是寻找具有层状结构的电极材料，亦即我们今天所谓的嵌入化合物。前者实现了金属锂一次电池从概念到商品的质的飞跃，同时成就了日本三洋企业的辉煌，而后者则开发出了具有嵌锂功能的层状结构碳氟化物正极材料，这为金属锂二次电池的研发以及解答 "如何使电池反应变得可逆" 的问题指明了方向。

金属锂二次电池虽然时至今日仍没有获得商业化成功，但它却成为锂离子电池诞生历程中一段不可或缺的历史过渡。20 世纪 60 年代末开始，来自美国贝尔实验室的 Broadhead 等以及斯坦福大学的 Armand 等围绕 "电化学嵌入反应" 进行了深入研究。其中，Broadhead 等大胆尝试了将碘或硫嵌入 $NbS_2$ 等层状二元硫化物结构中，当深度放电时，发现反应具有良好的可逆性。而 Armand 等的研究贡献则显得更为深刻和卓越，首先他们发现了一系列富电子的分子与离子可以嵌入 $TaS_2$ 等层状二硫化物的层间结构中，其次，他们还研究了碱金属嵌入石墨晶格中的反应，同时指出了碱金属嵌入石墨后的混合导体能够用于二次电池中，而且于 1972 年在国际会议上首次详细地阐述了 "电化学嵌脱机理"，通过拓扑学描述了 "外来粒子" 可逆嵌入/脱出宿主晶格结构过程，揭示了电化学体系中氧化/还原反应同嵌入/脱出过程同步发生的机制，并且在嵌入与脱出过程中，宿主的晶体结构保持不变，在此理论基础上，Armand 等在 1980 年还曾大胆提出了两种嵌入化合物同时作为电池正负极材料构成 "摇椅式电池" 的概念，而就在同一年，Goodenough 等合成出嵌入化合物 $LiCoO_2$，并指出了该材料在二次电池领域的潜在应用价值,但由于当时采用的有机电解质无法使 LiCoO$_2$ 材料表现出很好的稳定性,从而使得 Goodenough 等的研究工作在学术界没有得到认可。

在推动金属锂二次电池的商业化进程中,美国 Exxon 公司设计出了以 TiS$_2$ 为正极、锂金属为负极、LiClO$_4$/二噁茂烷为电解液的电池体系,这种 Li/TiS$_2$ 电池在实验过程中表现出超高比容量和良好的锂离子嵌入/脱出可逆性,然而在实际应用中 Li/TiS$_2$ 电池的循环性能和安全性能却不尽人意,后来研究发现电池充放电时,由于金属锂电极表面本身凹凸不平以及存在不同区域锂沉积速率的差异,导致部分树枝状锂晶体在负极金属锂表面形成,并且随着反复充放电的进行,枝晶生长至一定程度后有时会发生折断,从而在金属锂电极表面产生"死锂"区域,导致电池循环性能变差,并且当枝晶生长到足以刺穿隔膜后,则会造成电池内部短路,生成大量的热,使电池着火甚至发生爆炸,从而带来严重的安全隐患。针对锂枝晶的问题,研究人员首先想到采用锂铝合金作为替代负极,但是由于在充放电过程中锂铝合金的电极体积变化较大,以及室温下锂在锂铝合金中的迁移速率低,导致锂铝合金蓄电池只能应用在手表等低功率小型设备上。

与此同时,电池设计者们受到 Armand 等提出的"摇椅式电池概念"的深刻启发,另辟蹊径解决锂枝晶的问题。1987 年,走在电池研发前列的日本 Sony 公司成功地用价格便宜的嵌锂焦炭 Li$_x$C$_6$ 作为负极,LiCoO$_2$ 作为正极,研制出第一个真正意义上的锂离子电池。而此时加拿大 Moli 能源公司依然怀揣着极大的梦想挑战金属锂二次电池市场,他们推出了 Li/MoS$_2$ 电池,但是在 1989 年该电池却遭遇了起火事故,这一事件迫使金属锂二次电池的研发进入冰冻期,也给刚刚诞生的锂离子电池带来了严峻的挑战和前所未有的机遇。Sony 公司乘势而上,牢牢把握住机遇,在 1991 年正式实现了锂离子电池的商业化,也从此开始了锂离子电池研发的热潮。

### 15.4.3 锂离子电池的基本构成及其工作原理

锂离子电池一般是由正极、负极、电解液、隔膜、集流体(即铝箔和铜箔)、胶黏剂、外包装(钢壳或铝壳等)等材料在惰性气氛下组装而成,其结构如图 15-2 所示。其中前四种材料又称为锂电池的关键材料,因为它们的品质与性能不仅直接影响到整体电池性能的稳

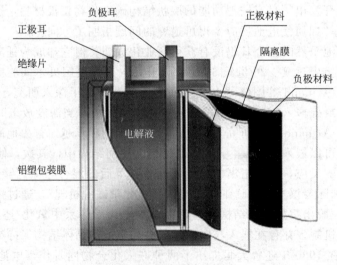

图 15-2 锂离子电池结构

定与发挥，而且它们的价格成本从源头上决定了电池总成本的高低。

目前，锂离子电池正极材料一般选择电势较高的过渡金属化合物，主要有层状结构的 $LiMO_2$、尖晶石结构的 $LiM_2O_4$、橄榄石结构的 $LiMPO_4$ 化合物（M=Fe、Co、Ni、Mn 等）以及 NASICON 结构的 $Li_3V_2(PO_4)_3$ 化合物。负极材料则选择电势尽可能接近金属锂电势且嵌锂容量高的材料，常用的有焦炭、中间相碳微球、石墨等碳素材料，以及一些合金和氧化物材料等。锂离子电池电解质溶液一般为含有 $LiPF_6$、$LiClO_4$、$LiBF_4$、$LiAsF_6$、$LiCF_3SO_3$ 及其他新型含氟锂盐的有机溶液，其中 $LiPF_6$ 有机电解液由于具有电导率高、电化学稳定性良好以及环境友好等优点，因而得到广泛使用。

在实际生产中，通常将正极材料、乙炔黑、胶黏剂按照一定比例混合均匀，制成浆料，涂布在集流体铝箔上，经辊压、烘干、裁剪制成正极片；中间相碳微球等负极材料采用与正极材料相同的方法，涂布在铜箔上制成负极片；正、负极极片之间用微孔聚乙烯或聚丙烯等薄膜隔开。

图 15-3 为锂离子电池工作原理示意图。人们通常以 $LiCoO_2$ 正极材料和石墨负极材料组成的电池来描述锂离子电池的宏观电极过程，具体如下：充电时，锂离子从正极材料 $LiCoO_2$ 晶体结构中的八面体位置脱出，通过电解质传质最后嵌入到负极的石墨结构中，同时正极材料释放出一个电子补偿到负极，三价钴氧化为四价钴。随着充电过程进行，正极和负极分别逐渐变为贫锂态和富锂态；放电时，锂离子则从石墨负极层状结构中脱出，又通过电解质传质重新嵌入到正极材料的八面体位置，同时正极得到一个电子来保证电荷平衡，四价钴又被还原为三价钴。随着放电过程进行，正极和负极又分别逐渐恢复为富锂态和贫锂态。发生的电化学反应可用如下反应式进行表示：

正极： $$LiCoO_2 \underset{放电}{\overset{充电}{\rightleftharpoons}} Li_{1-x}CoO_2 + xe^- + xLi^+$$

负极： $$xLi^+ + 6C + xe^- \underset{放电}{\overset{充电}{\rightleftharpoons}} Li_xC_6$$

总反应： $$LiCoO_2 + 6C \underset{放电}{\overset{充电}{\rightleftharpoons}} Li_{1-x}CoO_2 + Li_xC_6$$

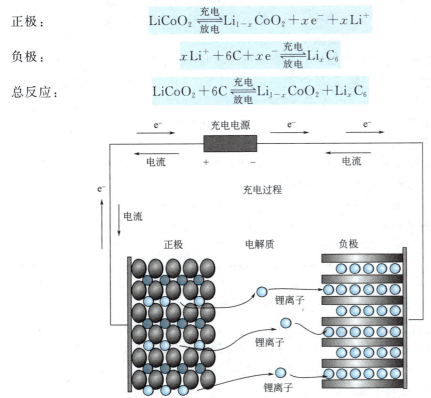

图 15-3　锂离子电池工作原理示意图

## 习 题

### 一、选择题

1. 使 2000A 的电流通过一个铜电解器，在 1h 内，能得到铜的质量是 ( )
   (A) 10g   (B) 100g   (C) 500g   (D) 2369g

2. 若算得可逆电池的电动势为负值，表示此电池反应的方向是 ( )
   (A) 正向进行   (B) 逆向进行   (C) 不可能进行   (D) 反应方向不确定

3. 若某电池反应的热效应是负值，那么此电池进行可逆工作时，与环境交换的热： ( )
   (A) 放热   (B) 吸热   (C) 无热   (D) 无法确定

4. 丹尼尔电池（铜-锌电池）在放电时铜电极和锌电极分别为 ( )
   (A) 阴极和阳极   (B) 正极和阳极   (C) 阳极和负极   (D) 正极和负极

5. 下列说法不属于可逆电池特性的是 ( )
   (A) 电池放电与充电过程电流无限小
   (B) 电池的工作过程肯定为热力学可逆过程
   (C) 电池内的化学反应在正逆方向彼此相反
   (D) 电池所对应的化学反应 $\Delta_r G_m = 0$

6. 下列电极属于第一类电极的是 ( )
   (A) $Hg(l)|Hg_2Cl_2(s)|Cl^-(a_-)$   (B) $Pt(s)|Fe^{3+}(a_1), Fe^{2+}(a_2)$
   (C) $Cu(s)|Cu^{2+}(a_+)$   (D) $Hg(l)|HgO(s)|OH^-(a_-)$

7. 无论是在电解池还是原电池中，阳极的不可逆电势随着电流密度的增大而 ( )
   (A) 不断增加   (B) 不断减小   (C) 不变   (D) 不确定

8. 无论是在电解池还是原电池中，阴极的不可逆电势随着电流密度的增大而 ( )
   (A) 不断增加   (B) 不断减小   (C) 不变   (D) 不确定

9. 与 $Zn|Zn^{2+}||H^+, H_2|Pt$ 原电池的电动势 $E$ 无关的因素是 ( )
   (A) $Zn^{2+}$ 的浓度   (B) Zn 电极板的面积
   (C) $H^+$ 的浓度   (D) 温度

10. 298K 时，已知 $\psi^{\ominus}(Fe^{3+}/Fe^{2+}) = 0.771V$；$\psi^{\ominus}(Sn^{4+}/Sn^{2+}) = 0.150V$，则电化学反应 $2Fe^{2+} + Sn^{4+} \Longrightarrow 2Fe^{3+} + Sn^{2+}$ 的 $\Delta_r G_m^{\ominus}$ 为 ( )
    (A) $-268.7 kJ \cdot mol^{-1}$   (B) $268.7 kJ \cdot mol^{-1}$
    (C) $-119.9 kJ \cdot mol^{-1}$   (D) $119.9 kJ \cdot mol^{-1}$

### 二、计算题

1. 反应 $Zn(s) + CuSO_4(a=1) \longrightarrow Cu(s) + ZnSO_4(a=1)$ 在电池中进行，288 K 时，测得电池电动势 $E = 1.0934V$，已知电池的温度系数为 $-4.29 \times 10^{-4} V \cdot K^{-1}$。
   (1) 写出该反应所对应电池的书面表示式和电极反应。
   (2) 求电池反应的 $\Delta_r G_m^{\ominus}$，$\Delta_r S_m^{\ominus}$，$\Delta_r H_m^{\ominus}$。

2. 电池 $Pt|H_2(p^{\ominus})|HBr(a=1)|AgBr(s)|Ag$ 的 $E^{\ominus}$ 与温度 $T$ 的关系式为
   $$E^{\ominus} = 0.0715 - 4.186 \times 10^{-7} T(T - 298)。$$
   (1) 写出电极反应与电池反应；
   (2) 求 $T = 298K$ 时正极 $\varphi^{\ominus}$ 与 AgBr 的 $K_{sp}$，已知 $\varphi^{\ominus}(Ag^+/Ag) = 0.7991V$；

(3) 求 $T=298\text{K}$ 时电池反应的平衡常数（可逆放电 2F）；

(4) 此电池在 298K 下可逆放电 2F 时，放热还是吸热？热是多少？

3. 已知 298K 时，电池 $\text{Pt}|\text{H}_2(p^\ominus)|\text{H}_2\text{SO}_4(0.01\text{mol}\cdot\text{L}^{-1})|\text{O}_2(p^\ominus)|\text{Pt}$ 的 $E^\ominus=1.228\text{V}$，$\text{H}_2\text{O}(l)$ 的标准生成热为 $\Delta_r H_m^\ominus=286.1\text{kJ}\cdot\text{mol}^{-1}$。

(1) 求该电池的温度系数；

(2) 计算 273K 时，该电池的电动势（假定在 273~298K 之间水的生成热 $\Delta_r H_m$ 为常数）。

4. 电池 $\text{Zn(s)}|\text{ZnCl}_2(0.01021\text{m})|\text{AgCl(s)}|\text{Ag(s)}$ 在 298K 时电动势 $E=1.1566\text{V}$，计算溶液的平均活度系数。已知 $\varphi^\ominus(\text{Zn}^{2+}/\text{Zn})=-0.763\text{V}$，$\varphi^\ominus(\text{AgCl/Ag})=0.223\text{V}$。

# 第 16 章

# 表面化学基础

**学习要求**

1. 了解表面分子的特殊性；
2. 掌握表面功、表面能、表面张力等基本概念；
3. 掌握杨-拉普拉斯公式；
4. 了解弯曲液面的蒸气压；
5. 了解铺展与润湿；
6. 了解表面活性剂及其作用。

表面化学在我们日常生活中时刻都会接触和使用。路面的摩擦让我们能够行走和驾驶；冰面的光滑让我们享受着滑冰的刺激。表面科学以这些普通的表面为研究对象，同时也解释着一些令人惊奇的有趣现象。

（1）超冷水：零度是水的冰点，零度以下的水都会变成固态，可是表面化学的研究者们则可以证实零下一百多摄氏度的水仍然是液态。他们在超高真空条件下，利用分子束技术和同位素标记技术测量普通 $H_2O$ 分子和重水 $D_2O$ 分子在界面相互扩散的情况，以此来测量水分子的扩散系数。研究结果表明，在 $-133 \sim -111℃$ 的温度范围内，水依然保持液态水的特征，因此认为在如此低的温度下存在着超冷水。

（2）人造牙齿：以前表面科学很少涉足生命科学体系的研究，然而近年来表面科学技术迅速渗透到生命体系的研究中来。例如研究人造牙齿的表面结构在不同环境下的变化情况，对于人们开发出耐磨、抗腐蚀、长寿命的人造牙齿非常有意义。

物质通常有气、液、固三种状态，人们把凝聚态（液态、固态）与其饱和蒸气达成平衡时两相紧密接触的、约有几个分子厚度的过渡区称为该凝聚态的表面，比如液-液、液-固、气-液、气-固和固-固相表面。表面化学也叫界面化学，它是研究在相的界面上发生的物理和化学现象的一门学科。

## 16.1 表面分子的特殊性

处在表面上的分子，与本体或者体相里面的分子是不一样的，处在表面上的分子与液体体相里的分子的受力情况不一样，所以表面上的分子特殊性之一就是受力情况特殊，我们以气液界面为例，如图 16-1 所示，下面为液体体相，上面为气相，可能是空气，也可能是液体的蒸气，中间有一液体的表面，在液体体相里面的分子，它的受力情况虽然在瞬间内是非常复杂的情况，但是平均来说在体相里面任意一个分子，它的受力是球形对称的，也就是它的合力为零，这就是体相里面分子的受力情况。而处在表面上的一个分子和体相中的分子受力不同，它的下侧与体相里面分子受力情况是相反的，它的上面因为是和气相相连，而气相里面的分子间作用力远远小于液体当中分子间作用力，那么表面上的分子上面受的作用力小，或者吸引力小，下面受的作用力大，那也就是说表面上的任何一个分子它的受力情况合力不为零，是受到

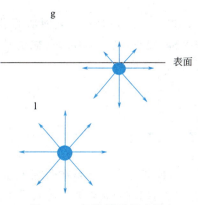

图 16-1　气液界面示意图

了一个指向液体内部的合力，也就是说在一个液体表面上存在一个不对称力场，指向液体内部，处在表面上的任何一个分子都受到一个指向液体内部的合力，也可以说表面上的任何一个分子都有一个强烈的愿望，企图钻入液体内部，因为它处在一个不均匀力场里头，这就是我们讲的表面分子的第一个特殊性，即受力情况特殊。

表面分子的第二个特殊性则是能量特殊，我们把这个液体里面的一个分子慢慢拿到表面上来，在液体内部移动这个分子的时候，不需要做功，但是一旦移到这个界面附近时，也就是说不对称力场起作用的地方，就必须用一个力做功，把它推到表面上来，能量是守恒的，做的功就会使得表面分子的能量会增加，也就是说表面上的一个分子，和液体内部的一个分子要比的话，它们能量不同，表面上的分子比内部的分子具有更高的能量，这就是我们所说的能量情况特殊性，显然能量情况特殊，是受力情况特殊的一个结果，所以这两个特殊不是两个毫不相干的特性，本质特性是什么？是受力情况特殊，正是由于有了受力情况特殊，才有了能量特殊特性，或者说受力情况特殊决定了表面分子具有更高的能量。

## 16.2　表面功

内部的一个分子移动到表面上，环境或者人必须做功，做功的过程会产生了两个后果，一个后果是使分子的能量增加；另外一个后果则是系统的表面积增大。所以把分子从系统内部或者从体相里面拿到表面上，分子的能量增加，系统的表面积增加，所做的这个功通常称为表面功。功是与过程有关的，不能随随便便地说表面功等于多少，所以要真正给表面功下一个定义的话，首先必须把过程说得清清楚楚，这个功才有确定的值，否则表面功没有确定的值，即表面功是有严格定义的。表面功通常定义为在等温等压定组成的条件下，可逆地增加系统的表面积，这个过程环境所做的功，就称为表面功，通常用 $W'$ 来表示。

根据表面功的定义，在等温、等压定组成的条件下我们让系统的表面积可逆的增大一个 $dA$，显然表面功与增大的表面积是呈正比的，即

$$\delta W' \propto dA$$

如果把上面这个式子写成等式，就要引入一个比例系数，令该比例系数为 $\gamma$，则

$$\delta W' = \gamma dA \tag{16-1}$$

式(16-1)就是计算表面功的最基本的公式,把式(16-1)中右侧的 d$A$ 移到左边,就得到 $\gamma$ 的物理意义,即环境所做的功除以表面积的增大,也就是每增大 1m² 表面积的时候环境所做的表面功。

## 16.3 表面能

表面能这个概念是在研究界面化学的时候经常提到的,表面能是什么意思?我们刚才得到了 $\gamma$ 的物理意义,$\gamma$ 就代表了系统每增大 1cm² 表面积环境所做的表面功。我们还可以从分子能量这个角度把 $\gamma$ 的物理意义理解为 1m² 表面上的那些分子与同样数量的内部分子相比,它多余出来的能量,因此 $\gamma$ 有另外一个名称,叫比表面能,它的单位是 J·m⁻²,通常说比表面能指的就是 1m² 表面和内部同样数量分子多出来的能量。那么比表面能乘以系统的表面积,显然就是系统的表面能,即

$$W' = \gamma A \tag{16-2}$$

具有巨大表面积的系统是热力学不稳定系统,表面能 $\gamma A$ 随 $A$ 的增大而增大。例如,在 25℃下 1g 水如果是一个球形液滴,其表面积 $A = 4.85 \times 10^{-4}$ m²,其表面能则为 $\gamma A = 3.5 \times 10^{-5}$ J,这个能量非常小,几乎可以忽略;但是在 25℃下将这 1g 水变成半径 $r = 10^{-9}$ m 的小球,那么其表面积 $A = 3000$ m²,其表面能则为 $\gamma A = 220$ J,这么多的能量足可以使 1g 水升温 50K。因此,具有巨大表面的系统是高吉布斯函数热力学不稳定系统。

电视剧《伪装者》有这么一个片段:为了毁灭证据,阿诚炸毁了面粉厂。然而,他一没用炸药,二没用汽油,只是划破几袋面粉,并把面粉撒向空中。然后把点燃的打火机扔进面粉中。嘭!面粉厂爆炸!之所以会发生爆炸就是因为面粉颗粒极小,表面积巨大,因此具有巨大的表面能,悬浮在空气中的面粉颗粒,达到一定的浓度形成爆炸性混合物,遇到火源引起迅速燃烧甚至爆炸。面粉或粉尘爆炸化学反应速度极快,具有很强的破坏力,所以在很多工厂车间尤其含有大量粉尘的我们可以看到"严格禁止明火"的标语。

## 16.4 表面张力

任何一个表面都会自动地收缩到最小,分子都拼命地往里挤,那么就会使表面分子在一定程度上达到最少,直到挤不进去为止。比如一杯水,把它倒在一个盘子里,它就形成一个表面,这个表面肯定是水平的,因为水平时表面积在宏观上最小,表面分子数才最少。再比如一滴液体,你把它抛出去,如果不考虑重力的影响,它肯定是一个球形液滴,因为只有成球形的时候,它的表面积是最小的,这就是自然规律。那也就是说系统表面积达到最小是宏观上能看到的一个现象,那么表面上一定存在一个力,企图使表面积缩小,使得表面绷得很紧,这个力就叫做表面收缩力,所以表面收缩力就是作用在表面上企图使表面收缩的一个力,这个力是宏观的一个性质。

表面收缩力是现象,表面分子受力不对称是本质,任何一表面现象从本质上说都是表面分子的受力情况特殊引起的,那么如何来度量表面收缩力的大小以及表面不对称力场的大小

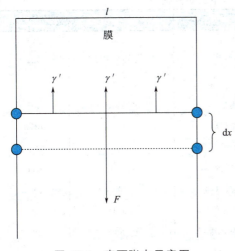

图 16-2　表面张力示意图

呢？重点介绍表面张力的概念，它在表面化学里面是最重要的一个物理量。

用一个矩形的金属丝框架，使其中的一条边在框架上滑动，如图 16-2 所示。把框架浸在肥皂液中，小心取出，使框架上留有肥皂泡膜。将框架垂直悬挂，放开滑动杆，则滑动杆会向上移动，直至框架顶部，表明肥皂膜有自动收缩的趋势，这相当于有一种垂直于滑动边界、方向向上并与肥皂膜相切的力将滑动杆向上拉。

如果在长度为 $l$ 的滑动杆上施加一个大小合适的拉力 $F$，使得滑动杆停止滑动，稳定在某一位置上，保持平衡，这时施加的拉力 $F$ 与肥皂膜自动向上收缩的拉力相等。肥皂膜有两个表面（虽然肥皂膜看起来很薄，但从微观上看它已具有相当的厚度，由多层分子组成，具有两个表面），两个表面上都存在不对称力场，因此作用在滑动杆上的表面收缩力等于拉力 $F$ 的一半。

$$W' = F\mathrm{d}x \tag{16-3}$$

若在拉力 $F$ 作用下缓慢使肥皂膜向下拉动距离长度为 $\mathrm{d}x$，根据能量守恒定律，拉力 $F$ 做的功应该等于此过程的表面功。将式(16-2)代入公式(16-3)中，则

$$F\mathrm{d}x = \gamma A \tag{16-4}$$
$$F\mathrm{d}x = \gamma 2l \mathrm{d}x \tag{16-5}$$

整理后得到

$$F = 2\gamma l \tag{16-6}$$

因此作用在滑动杆上的表面收缩力就等于 $\gamma l$，表面收缩力与滑动杆的长度有关，与之成正比。因此从表面受力的角度，将比表面能 $\gamma$ 理解为作用在表面单位长度上，企图使表面收缩的力，单位为 $\mathrm{N \cdot m^{-1}}$，并将其称为表面张力，也叫界面张力。所以通常用表面张力 $\gamma$ 来度量表面不对称力场的大小。

表面自由能和表面张力是从不同的角度来反映和衡量表面上存在的不对称力的大小，它们虽然名称不同，表达的方式不同，使用的单位不同，但数值和量纲是相同的，因为 $1\mathrm{J \cdot m^{-2}} = 1\mathrm{N \cdot m^{-1}}$（其中 $\mathrm{J} = \mathrm{N \cdot m}$），所以采用同一个符号 $\gamma$ 来表示（有的教材采用 $\sigma$ 表示），今后在使用上也不严格加以区分。

表面张力 $\gamma$ 是物质的特性，并与系统所处的温度、压力、组成以及共同存在的另一个相的性质等因素有关。纯净物质的表面张力与其分子的性质有很大关系，液体或固体中的原子或分子间的相互作用力大，表面张力也越大。通常具有金属键的物质表面张力最大，其次是具有离子键、极性共价键的物质，具有非极性共价键物质的表面张力最小。例如，熔融状态铁的表面张力高达 $1.88\mathrm{N \cdot m^{-1}}$，金属汞的表面张力也有 $0.48\mathrm{N \cdot m^{-1}}$。液态水因为有氢键存在，所以表面张力也相对比较大，室温下其表面张力约为 $0.072\mathrm{N \cdot m^{-1}}$。而有机物特别是非极性有机物质的表面张力都相对较小。目前已知表面张力最小的物质是液氦，在 $2.5\mathrm{K}$ 时其表面张力仅为 $3.08 \times 10^{-4} \mathrm{N \cdot m^{-1}}$。表 16-1 列出了一些常见物质在不同温度下的表面张力。

表 16-1  一些常见物质在不同温度下的表面张力

| 物质名称 | $\gamma/(N\cdot m^{-1})$ | $T/K$ | 物质名称 | $\gamma/(N\cdot m^{-1})$ | $T/K$ |
|---|---|---|---|---|---|
| 水(l) | 0.07288 | 293 | 汞(l) | 0.4865 | 293 |
|  | 0.07214 | 298 |  | 0.4855 | 298 |
|  | 0.07140 | 303 |  | 0.4845 | 303 |
| 苯(l) | 0.02888 | 293 | 锡(l) | 0.5433 | 605 |
|  | 0.02756 | 303 | 银(l) | 0.8785 | 1373 |
| 甲苯(l) | 0.02852 | 293 | 铜(l) | 1.3 | 熔点 |
| 氯仿(l) | 0.02627 | 298 | 高氯酸钾(s) | 0.081 | 641 |
| 四氯化碳(l) | 0.02643 | 298 | 硝酸钠(s) | 0.1166 | 581 |
| 甲醇(l) | 0.02250 | 293 | 水-正丁醇(l) | 0.0018 | 293 |
| 乙醇(l) | 0.02239 | 293 | 水-乙酸乙酯(l) | 0.0068 | 293 |
|  | 0.02155 | 303 | 汞-水(l) | 0.415 | 293 |
| 辛烷(l) | 0.02162 | 293 |  | 0.416 | 298 |
| 乙醚(l) | 0.02014 | 298 | 汞-乙醇(l) | 0.389 | 293 |
| 液氮 | 0.00941 | 75 | 水-苯(l) | 0.035 | 293 |
| 液氧 | 0.01648 | 77 | 汞-苯(l) | 0.357 | 293 |

在表 16-1 中可以看到表面张力 $\gamma$ 是物质的特性，并与系统所处的温度、压力、组成以及共同存在的另一个相的性质等因素有关。表面张力通常随温度的升高而下降，这一方面主要是由于温度升高后，分子的振动加剧，分子间相互作用力有所下降，使得表面不对称力场减小，因此表面张力随温度升高而下降。当物质达到临界温度时，处在临界状态，气液界面消失，表面张力趋向于零。

## 16.5  弯曲表面下的附加压力

如图 16-3 所示，如果在水平的液面上，在任意指定边界的两侧，由于表面张力处在同一平面上，存在大小相等、方向相反的表面张力 $f$，可以相互抵消，因此在水平液面上没有附加压力。

而在弯曲液面上则不同，如图 16-4 和图 16-5 所示，在任意指定边界的两侧，这个垂直于边界、与液面相切、使表面收缩的张力却不在同一平面上，不能相互抵消，会形成一种指向曲面圆心的合力，使得凸液面上的力比水平液面上大，而使得凹液面上的力比水平液面上小，它们的差值就称为弯曲液面上的附加压力，用 $p_s$ 表示（有的教材采用 $\Delta p$ 表示），附加压力的方向总是指向曲面的圆心，它的大小与液体的本身性质和曲面弯曲的程度等因素有关。例如，我们在用细管吹肥皂泡时，若想使肥皂泡能稳定存在，必须将吹管的管口堵住，否则肥皂泡很快会收缩变小直至消失。显然，在肥皂泡的两侧压力是不等的，肥皂泡内的压力大于外界压力。弯曲液面上附加压力产生的根本原因仍然是表面分子受力不平衡，而这个附加压力又使得曲面与平面上的压力不等，因此相应的蒸气压也不等，在弯曲表面产生的附加压力使得凸面上的蒸气压比平面上大，凹面上的蒸气压比平面上小，于是将会产生各种亚稳态（如过饱和蒸气、过饱和溶液、过热或过冷液体等）和毛细凝聚现象。

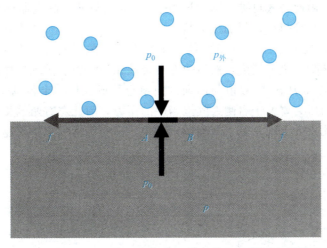

图 16-3　平面液体表面受力情况示意图

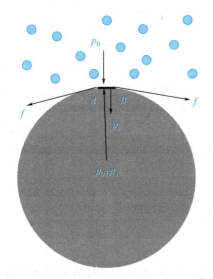

图 16-4　凸液面液体表面受力情况示意图

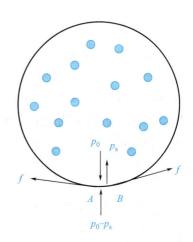

图 16-5　凹液面液体表面受力情况示意图

## 16.6　杨-拉普拉斯公式

附加压力大小究竟与哪些因素有关？为了简便起见，现只考虑特殊球面，因为球面上曲率半径处处相等，都等于球的半径。如图 16-6 所示，设想一个剖面将球面一分为二，根据压力及表面张力的定义，则有

$$p_s = \frac{f}{A} = \frac{\gamma 2\pi r}{\pi r^2} = \frac{2\gamma}{r} \tag{16-7}$$

式(16-7)称为杨-拉普拉斯公式(Young-Laplace)。式中，$f$ 为剖面周界上的力；$A$ 为剖面面积；$\gamma$ 为表面张力；$r$ 为球的半径。这个公式只是杨-拉普拉斯公式的特殊形式，只适

第 16 章　表面化学基础

用于曲率半径处处相等的球形液面。杨-拉普拉斯公式给出了附加压力、表面张力与球形半径之间的定量关系。由此公式可见，附加压力 $p_s$ 的数值与液体的表面压力成正比，与曲面的曲率半径成反比，半径越小，附加压力越大。

如图 16-7 所示，在一个三通活塞两端涂上肥皂液，关闭右端，在左端吹一个小气泡，关闭左端，再在右端吹一个大气泡，然后使左右两端相通，将会出现怎样的现象呢？根据杨-拉普拉斯公式，附加压力 $p_s$ 的数值与曲面的曲率半径成反比，半径越小，附加压力越大。因此左侧小气泡中的压力要大于右侧大气泡当中的压力，因此左右两端相通后，气体将会从左侧流向右侧，因此将会出现左侧小气泡越来越小，而右侧大气泡越来越大的现象。

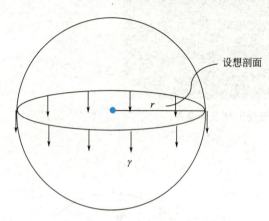

图 16-6　剖面附加压力示意图

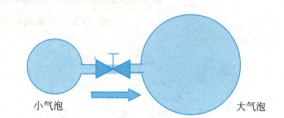

图 16-7　小气泡、大气泡附加压力对比示意图

**例 16-1**　298K 时，将水分散成半径为 100nm 的水珠，试计算水珠表面的附加压力。已知 298K 时，水的表面张力为 $0.07214\text{N}\cdot\text{m}^{-1}$。

**解：** 根据杨-拉普拉斯公式

$$p_s = \frac{2\gamma}{r} = \frac{2\times 0.07214\text{N}\cdot\text{m}^{-1}}{100\times 10^{-9}\text{m}} = 1440\text{kPa}$$

由此可见，在纳米级的微小液滴上所受的附加压力是十分可观的。

**例 16-2**　298K 时，用玻璃管吹了一个半径为 0.5cm 的肥皂泡，试计算肥皂泡表面的附加压力。已知 298K 时，肥皂水的表面张力为 $0.04\text{N}\cdot\text{m}^{-1}$。

**解：** 因为肥皂泡有内、外两个表面，附加压力都指向曲面的圆心，如果忽略肥皂泡膜的厚度，根据杨-拉普拉斯公式，肥皂泡表面所受的附加压力为

$$p_s = 2\times\frac{2\gamma}{r} = 2\times\frac{2\times 0.04\text{N}\cdot\text{m}^{-1}}{5\times 10^{-3}\text{m}} = 32\text{Pa}$$

如果是微型肥皂泡，其半径越小，则附加压力就越大。

## 16.7　毛细现象

将毛细管插入液体中，管中的液面就会发生上升或下降现象，这种现象就称为毛细现象。产生这类现象的实质是弯曲液面上有附加压力存在，使液体自发地从压力高的位置向压

力低的位置流动。在毛细管中液体是上升还是下降以及上升或下降的高度主要取决于液体和毛细管材料的相对性质。为讲述简便起见，使用的毛细管都是洁净的、内径相同的玻璃管，分别插入到纯的 $H_2O$ (l) 和 $Hg$ (l) 中，毛细管内液面的升降现象如图 16-8 所示。

在图 16-8(a) 中，因为水能润湿玻璃毛细管表面，当毛细管插入水中后，在管内气液界面处形成了凹形的弯月面，产生了向上（指向曲面圆心）的附加压力，使得弯曲界面处的压力比管外同一水平面上的压力小，破坏了原来的平衡。为了寻求新的平衡，管内液面上升，当管内的液面上升达 $h$ 高度时，液柱所产生的净压力等于附加压力，又达到新的平衡。

在图 16-8(b) 中，由于汞的表面张力极大，不能润湿玻璃毛细管表面，当毛细管插入汞中后，在管内气液界面处形成了凸形的弯月面，产生了向下（指向曲面圆心）的附加压力，使得弯曲界面处的压力比管外同一水平面上的压力大，破坏了原来的平衡。为了寻求新的平衡，管内液面下降，当管内的液面下降达 $h$ 高度时，下降汞柱所产生的净压力等于附加压力，又达到新的平衡。

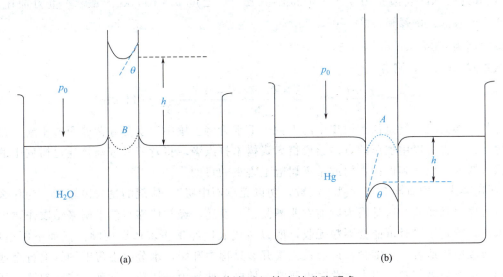

图 16-8　液体在毛细管中的升降现象

附加压力与液体密度和上升或下降高度的关系如何确定呢？我们以玻璃毛细管插入水中为例，如图 16-9 所示，假设毛细管半径为 $R$，液柱高度为 $h$，接触角为 $\theta$，则其曲率半径

$$R' = \frac{R}{\cos\theta} \quad (16-8)$$

柱内压 $= p_0 + p_s - \rho g \Delta h$；柱外压 $= p_0$。平衡时，柱内压应该等于柱内压，因此

$$p_0 + p_s - \rho g \Delta h = p_0 \quad (16-9)$$

即

$$p_s = \rho g \Delta h \quad (16-10)$$

根据杨-拉普拉斯公式，则有

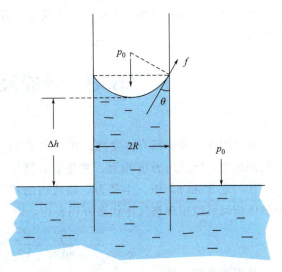

图 16-9　曲率半径与毛细管半径的关系

$$\Delta h \rho g = \frac{2\gamma \cos\theta}{R} \tag{16-11}$$

整理后得到

$$\Delta h = \frac{2\gamma \cos\theta}{R\rho g} \tag{16-12}$$

利用式(16-12)，可以用实验测定毛细管中液面上升（或下降）的高度，从而计算液体的表面张力，或者在已知表面张力的情况下，根据毛细管半径的大小来预测液面可能上升（或下降）的高度。如果已知接触角 $\theta$ 的大小，则根据式(16-12)计算出 $\Delta h$ 的大小，即可判断出液体在毛细管中将会上升还是下降，比如 $\theta < 90℃$（如水），$\Delta h > 0$，意味着内液柱上升；如果 $\theta > 90℃$（如 Hg），$\Delta h < 0$，意味着内液柱下降。

**例 16-3** 298K 时，将半径 $r = 500$nm 的洁净毛细管插入纯水中，求管中液面上升的高度。已知这时水的表面张力 $\gamma = 0.07214$N·m$^{-1}$，密度 $\rho = 1000$kg·m$^{-3}$，重力加速度 $g = 9.8$m·s$^{-1}$。设接触角 $\theta = 60°$。

**解：** 因为 $\cos\theta = \cos 60° = 0.5$，
根据式(16-12)，则有

$$\Delta h = \frac{2\gamma \cos\theta}{R\rho g} = \frac{2 \times 0.07214 \times 0.5}{500 \times 10^{-9}\text{m} \times 1000 \times 9.8}\text{m} = 14.7\text{m}$$

此外，参天大树就是依靠树皮中的无数个毛细管将土壤中的水分和营养源源不断地输送到树冠。人们也可以用加压的方法给珍惜名贵树木打点滴，将营养液或药物通过树皮中的毛细管输入树内，以达到保护古树或杀灭树冠上害虫的目的。

《齐民要术》中有句名言"锄不厌数，勿以无草而中缀"，体现的是农民智慧。为什么田中无草时也要常锄地？这是因为以前农业灌溉很不发达，经常依靠自然下雨来给农作物生长提供水源，特别干旱时可能会颗粒无收，所以古代农民经常祈求风调雨顺。然而下雨过后，土壤会形成通往地表的毛细管，还会在土壤开裂过程中开裂，水分会沿着毛细管上行至地表蒸发和直接经裂缝蒸发，田中无草时也要常锄地松土就是为了切断毛细管，堵塞裂缝，从而抑制水分沿毛细管上行至地表蒸发和直接经裂缝蒸发，因此也被称之为"锄地保墒"，或者说"锄地保墒"是以"表层干燥化"来防止"深层干燥化"，以有限的水分生产出尽可能多的粮食。

## 16.8 弯曲液面的蒸气压

众所周知，液体都有挥发性，在一定 $T$ 和 $p_{外}$ 下，当液滴半径 $r$ 很小时，液滴具有很大的附加压力，因此压力 $p$ 很大，其化学势很高，蒸气压增大。

在一定 $T$ 和 $p_{外}$ 下，半径为 $r$ 的液滴的蒸气压为 $p_v$，将气体近似作为理想气体，则其摩尔体积就可以用理想气体状态方程表达，则

$$\frac{\mathrm{d}p_v}{\mathrm{d}p} = \frac{V_m^l}{V_m^g} = \frac{V_m^l}{RT/p_v} \tag{16-13}$$

整理推导后，得

$$\frac{\mathrm{d}p_v}{\mathrm{d}p} = \frac{V_m^l}{RT}\mathrm{d}p = \frac{V_m^l}{RT}\mathrm{d}(p+\Delta p) = \frac{V_m^l}{RT}\mathrm{d}\Delta p = \frac{V_m^l 2\gamma}{RT}\mathrm{d}\frac{1}{r} \qquad (16\text{-}14)$$

解微分方程，可得

$$\ln\frac{p_v}{p_v^\circ} = \frac{2\gamma M}{RT\rho r} \qquad (16\text{-}15)$$

式(16-15)称为开尔文公式，式中 $p_v$ 代表半径为 $r$ 小液滴的蒸气压；$p_v^\circ$ 代表蒸气压的正常值（查手册可以获得）；$\gamma$ 为液体的表面张力；$M$ 为液体的摩尔质量；$\rho$ 为液体的密度。Kelvin 方程是 Kelvin 从热力学角度非常严格地导出的，但是无法用实验去验证它。

如果已知液滴的大小，就能根据 Kelvin 方程把液滴的蒸气压算出来。液滴越小，蒸气压值就越大。

如图 16-10 所示，在一个密闭容器中有两个液滴，一个液滴大，一个液滴小，那么随着时间的推演你会看到什么现象呢？根据 Kelvin 方程，这两个液体的蒸气压是不一样的，假如这个蒸气与大液滴呈平衡共存，那么这个蒸气与小液滴之间就不可能平衡共存，或者说这样的气体对于小液滴来说绝不是饱和蒸气，这个时候小液滴会蒸发，液体的蒸气压会增加，对于大液滴来讲就过饱和了，那它就要冷凝，因此我们会看到小液滴会越来越小，大液滴会越来越大，最后两个液滴合并成一个液滴，这个实验现象反过来验证了开尔文公式。

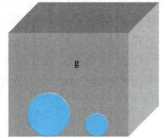

图 16-10  密闭容器中小液滴与大液滴

## 16.9 溶液的表面吸附

水的表面张力会随着溶质的加入而改变。有些溶质加入后使形成的溶液的表面张力比纯水的低，另一些溶质加入后却使溶液的表面张力比纯水的高。因此，水溶液的表面张力不但与温度有关，还与加入溶质的性质和浓度有关。

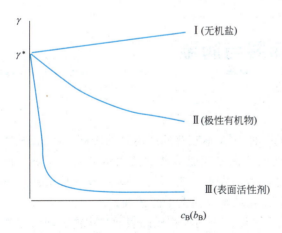

图 16-11  不同物质水溶液的表面张力随浓度的变化关系

根据大量实验结果，我们可以把各种物质水溶液的表面张力与浓度关系归结为三种类型，如图 16-11 所示，Ⅰ类物质表面张力随溶液的浓度增加而增大，它不是表面活性物质，如：NaCl、KCl、NaOH 等无机盐和碱。Ⅱ类、Ⅲ类物质随溶液的浓度增加而表面张力下降，称为表面活性物质，但Ⅲ类物质的表面张力随浓度增大开始急骤下降，降到一个最低点后基本保持不变，称为表面活性剂。Ⅱ类物质如：低碳醇、羧酸等；Ⅲ类物质如：$C_{17}H_{35}COONa$、$C_{12}H_{25}C_6H_4SO_3Na$ 等。

表面活性物质是指使其溶液表面张力降低的物质。凡是加入少量表面活性物质就能显著降低溶液表面张力，改变体系界面状态的物质称为表面活性剂（surfactant），表面活性剂具有改变表面润湿作用、乳化作用、破乳作用、泡沫作用、分散作用、洗涤作用等。如 $C_{17}H_{35}COONa$（肥皂）、$C_{12}H_{25}C_6H_4SO_3Na$（洗衣粉）等。

在等温、等压下，系统总的吉布斯自由能越低，系统越稳定。因此，纯液体会自动收缩以求降低表面积，少量纯液体会收缩成表面积最小的球形，使表面上总的表面能降到最低。而溶液为了降低系统的表面自由能，除表面自动收缩外，还可以调节表面层溶质的浓度，使表面层浓度与本体浓度不同，以达到使系统的表面能降到最低的目的。这种表面浓度与本体浓度不等的现象称为溶液的表面吸附。

若加入的溶质是非表面活性物质，溶质的离子会尽量留在本体溶液内部，尽可能少地到溶液表面，因此这种物质在溶液表面层的浓度会低于在本体溶液中的浓度。相反，如果加入的是表面活性物质，则溶质分子将会尽可能地占领溶液表面，使系统的表面自由能降低，这样使得表面活性物质在表面层的浓度就会大于其在本体溶液中的浓度。

早在 19 世纪后期，吉布斯用热力学方法求得了在一定温度下，溶液的浓度、表面张力与表面吸附量之间的定量关系，称为吉布斯吸附等温式，即

$$\Gamma = -\frac{c_B}{RT}\left(\frac{\partial \gamma}{\partial c_B}\right)_{T,p} \tag{16-16}$$

式(16-16) 是一个微分方程，式中，$c_B$ 表示溶质 B 的浓度；$\gamma$ 是溶液的表面张力；$\Gamma$ 称为溶质 B 的表面吸附量（也有的称为表面超量、表面超额或表面过剩），是指 $1m^2$ 表面上的溶质比同样量溶剂在体相中所溶溶质的超出量，其单位为 $mol \cdot m^{-2}$。$\Gamma$ 是一个相对值，相对于溶剂水在表面层中的超额等于零。其值可正可负，$\Gamma$ 数值能够反映吸附的性质和强弱，$\Gamma > 0$，表明为正吸附，即在等温下加入表面活性物质 B，随着溶质浓度的增加，溶液的表面张力下降，表面层中溶质的浓度大于本体溶液的浓度，并且 $\Gamma$ 数值越正，表明正吸附越强；$\Gamma < 0$，表明为负吸附，即在等温下加入非活性物质 B，随着溶质浓度的增加，溶液的表面张力上升，表面层中溶质的浓度小于本体溶液的浓度，并且 $\Gamma$ 数值越负，表明负吸附越强。

吉布斯在推导式(16-16)时，除了假设溶剂的表面超额等于零以外，没有引进其他附加条件，因此原则上吉布斯吸附等温式可以适用于任何两相系统。但是，固-气吸附系统一般不会出现负吸附的情况。

## 16.10 铺展与润湿

### 16.10.1 铺展

铺展通常指液体 A 能否占领固体表面或另一种与 A 不互溶的液体 B 的表面。如图 16-12 所示，在玻璃表面滴加液体 A，若液体 A 在玻璃表面能变成薄薄的液面将玻璃表面覆盖起来，则称为液体 A 在玻璃表面上能铺展；反之，当滴在玻璃表面的液体 A 凝聚成液滴，不能变成薄薄的液面将玻璃表面覆盖，则称液体 A 在玻璃表面上不能铺展。

一种液体能否在固体或液体表面铺展，这主要取决于两种物质的表面自由能和两者之间的界面自由能的相对大小。在生活中，水可以在玻璃表面铺展，而液态汞则不能在玻璃表面铺展。

以液体 A 在玻璃表面的铺展过程为例进行分析，设液体 A 的表面张力为 $\gamma_{l-g}$，玻璃的表

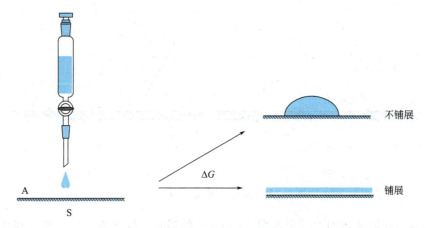

图 16-12　液体 A 在固体表面的铺展与不铺展示意图

面张力为 $\gamma_{s\text{-}g}$，水与玻璃之间的表面张力为 $\gamma_{s\text{-}l}$。水在玻璃表面的铺展过程实际上是一个表面（s-g）消失，两个新界面（l-g 和 s-l）形成的过程。在等温、等压下，铺展过程的吉布斯函数变应为

$$\Delta G = \gamma_{s\text{-}l} A + \gamma_{l\text{-}g} A - \gamma_{s\text{-}g} A \tag{16-17}$$

通过计算系统过程的吉布斯函数变与零的关系可以判断该液体是否可以铺展，即若 $\Delta G<0$，则可以铺展；若 $\Delta G\geqslant 0$，则不能铺展。这就相当于表面自由能高的液体总希望有表面自由能低的液体把它覆盖起来，使总的表面自由能下降，系统就能够更加稳定。

此外，油在水面上是可以铺展的，而水不能在四氯化碳液面上铺展。一滴油可以占领很大一块水面，在阳光下形成五颜六色的"油花"。运油的海轮一旦发生泄漏，就会污染很大的海面。这是因为水的表面自由能很大，而油的表面自由能较小，水与油之间的界面自由能比油的表面自由能略大，所以油在水面铺展后，可以使系统的表面自由能下降，因此铺展过程有利于降低系统的吉布斯自由能，同时铺展过程一般是自发过程。

## 16.10.2　润湿与 Young 方程

日常生活中人们都知道，少量水在荷叶上是呈球形的；小草上的露水或雨水也是呈球形的，故称为露珠或水珠；鸭子可以浮在水面而鸡则不能；刚从田地里采摘的棉花吸水很困难，而加工成脱脂棉（俗称药棉）后吸水就很容易；纯水在洁净的玻璃管里呈月形凹面，而汞在玻璃管里则呈凸面；在洁净的玻璃器皿上看不到水珠，只有薄薄的水膜，而在油污玻璃器皿上就能看到水珠。凡此种种，都属于润湿与不润湿的问题。

为了反映液体表面与固体表面的亲合程度，人们提出并研究了液体对固体的润湿作用，比如水可以在玻璃表面铺展，所以人们将水与玻璃之间的亲和程度视为润湿，而液态汞则不能在玻璃表面铺展，所以人们把汞与玻璃之间的亲和程度视为不润湿。

液体能自发占领固体表面，把固体表面覆盖起来，这种行为称为液体能润湿固体。反之，液体在固体表面尽可能维持它原有的表面积，收缩成球状或椭圆形，则称该液体不能润湿该固体。

润湿作用实际上涉及气、液、固三相界面。因为固体表面的不均匀性及固体表面能不能直接测量，加上液体分子结构与固态比没有那么整齐，与气体相比分子间距又很小，分子间作用力不能不考虑，这就使得固-液-气三相界面十分复杂。

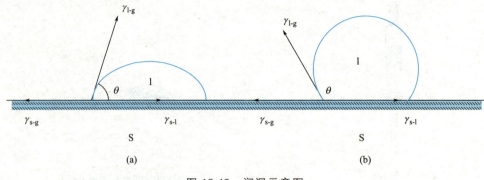

图 16-13 润湿示意图

将一液滴滴在固体表面上，形成图 16-13(a) 的形状。设在固、液、气三相界面上，固-气的界面张力为 $\gamma_{s\text{-}g}$，固-液的界面张力为 $\gamma_{s\text{-}l}$，气-液的表面张力为 $\gamma_{l\text{-}g}$。

在三相界面处经过液体内部到气-液界面的夹角叫接触角，以 $\theta$ 表示，根据力学平衡，则三相界面张力一般服从下面的 Young 方程：

$$\gamma_{s\text{-}g} = \gamma_{l\text{-}g}\cos\theta + \gamma_{s\text{-}l} \tag{16-18}$$

将式(16-18) 代入式(16-17) 中，即可得到

$$G/m^2 = -\gamma_{l\text{-}g}(1+\cos\theta) \tag{16-19}$$

Young 方程是研究液-固润湿作用的基础。一般来讲，接触角 $\theta$ 的大小是判定润湿性好坏的判据。若 $\theta=0$，$\cos\theta=1$，液体完全润湿固体表面，液体在固体表面铺展；$0<\theta<90°$，液体可润湿固体，且 $\theta$ 越小，润湿性越好；$90°<\theta<180°$，液体不润湿固体。$\theta=180°$，完全不润湿，液体在固体表面凝聚成小球。

## 16.11　表面活性剂及其作用

### 16.11.1　表面活性剂的结构特征

表面活性剂是一类具有"双亲结构"的有机化合物，称为双亲化合物（amphiphilic products），它由两部分组成：一部分是极性的，易溶于水，具有亲水性质，叫做亲水（疏油）基团（hydrophilic group）；另一部分是非极性的，不溶于水，而易溶于油，具有亲油性质的亲油（疏水）基团叫做亲油基或者叫做疏水基（hydrophobic group）。这两种基团处在分子的两端形成不对称的分子结构，它既具有亲油性又具有亲水性，形成一种所谓"双亲结构"的分子。可用图 16-14 表示。

图 16-14　表面活性剂"双亲结构"

它的亲油基部分一般是由长链烃基构成，结构上的差别较小，通常有①直链烷基（$C_8\sim C_{20}$），②支链烷基（$C_8\sim C_{20}$），③烷基苯基（其中烷基上 $C_{8\sim16}$），④烷基萘基（其中有两个烷基，每个烷基含三个以上碳原子），⑤松香衍生物，⑥高分子量的聚氧丙烯基，

⑦长链全氟（或氟代）烷基，⑧低分子量全氟聚氧丙烯基，⑨硅氧烷等。

亲水基部分的基团种类繁多，差别较大。表面活性剂性质的差异除与亲油基部分烷基大小、形状有关外，主要与不同种类的亲水基有关。

### 16.11.2 表面活性剂的分类

表面活性剂按照溶解性分类，有水溶性和油溶性两大类。水溶性表面活性剂按照其是否离解又可分为离子型和非离子型两大类，前者可在水中离解成离子，后者在水中不能离解。下面分别进行详细介绍。阴离子、阳离子、两性离子、非离子以及天然与特种表面活性剂等五大类型表面活性剂。

#### 16.11.2.1 阴离子表面活性剂

阴离子表面活性剂亲水基团带有负电荷，$C_{12}H_{23}OSO_3^- Na^+$，溶于水中时具有表面活性的部分为阴离子。疏水基主要是烷基和烷基苯基，亲水基主要是羧基、磺酸基、硫酸基、磷酸基等，在分子结构中还可能存在酰胺基、酯键、醚键。

在这类表面活性剂中最重要的是直链烷基苯磺酸盐。当前和今后的一段时间内，它还将是洗涤剂和清洗剂中最重要的表面活性剂。从产量上来看，它的产量仅次于肥皂，而在合成表面活性剂中则占首位。由于生产技术上的进展，除烷基苯磺酸盐外，脂肪醇醚和脂肪醇硫酸盐的产量也在逐步上升。在以石油化工产品为原料的表面活性剂中，α-烯烃磺酸盐和烷烃磺酸盐在市场上所占比例有增长的趋势。此外，α-磺化脂肪酸甲酯也有类似的倾向。

下面介绍阴离子表面活性剂的主要品种。

（1）羧酸盐

羧酸盐类阴离子表面活性剂俗称脂肪酸皂。分子通式为 RCOOM，其中 $R=C_{8 \sim 22}$，M 为 $K^+$、$Na^+$、$N^+H(CH_2CH_2OH)_3$ 等。

羧酸盐用油脂与碱溶液加热皂化而制得，也可用脂肪酸与碱直接反应而制得，由于油脂中脂肪酸的碳原子数不同以及选用碱剂的不同，所制成的皂的性能有很大差异。脂肪酸皂中具有代表性的是硬脂酸钠 $C_{17}H_{35}COONa$，它在冷水中溶解缓慢，且形成胶体溶液，在热水及乙醇中有较好的溶解性能。脂肪酸皂的碳链愈长，其凝固点也愈高，硬度也加大，水溶性也下降。

对于同样的脂肪酸而言，钠皂最硬，钾皂次之，胺皂则较柔软。钠皂和钾皂有较好的去污力，但其水溶液碱性较高，pH 值约为 10，而胺皂水溶液的碱性较低，pH 值约为 8。

用于制造各类洗涤用品的脂肪酸皂都是不同长度碳链的脂肪酸皂的混合物，以便获得所需要的去污力、发泡力、溶解性、外观等。

肥皂虽有去污力好、价格便宜、原料来源丰富等特点，但它不耐硬水、不耐酸、水溶液呈碱性。

① 硬脂酸钠（$C_{17}H_{35}COONa$）

性状：具有脂肪气味的白色粉末，溶于热水和热酒精，冷水冷酒精中溶解较慢。

来源：以氢氧化钠中和硬脂酸而成。

用途：硬脂酸钠是肥皂的主要成分，是皂类化妆品中的一种重要和主要的组分，雪花膏中以碱直接中和硬脂酸成为乳化剂，其钾盐、铵盐等都是皂类洗涤剂和乳化剂，用于膏霜和香波等制品。

② 月桂酸钾（$C_{12}H_{23}COOK$）

性状：淡黄色浆状物，溶于水，有丰富泡沫。

用途：乳化剂、液体皂和香波的主要成分。

③ 油酸三乙醇胺 [$C_{17}H_{33}COOHN(CH_2CH_2OH)_3$]

性状：淡黄色浆状物，溶于水，易氧化变质。来源：以三乙醇胺和油酸反应而得。

用途：乳化剂。

(2) 烷基硫酸酯盐

烷基硫酸酯盐类阴离子表面活性剂的分子通式为 $ROSO_3M$，其中 $R=C_{8\sim18}$，$M=Na$、K、$HN(CH_2CH_2OH)_2$。烷基硫酸酯盐的制备方法是将高级脂肪醇经过硫酸化后再用碱中和得到：

$$ROH \xrightarrow{硫酸化} ROSO_3H \xrightarrow{中和} ROSO_3M$$

这类表面活性剂具有很好的洗涤能力和发泡能力，在硬水中稳定，溶液呈中性或微碱性，它们是配制液体洗涤剂的主要原料。如果在烷基硫酸酯的分子中再引入聚氧乙烯醚结构或酯结构，则可以获得性能更优良的表面活性剂。这类产品中具有代表性的是月桂醇聚氧乙烯醚硫酸钠。

① 月桂醇硫酸钠或铵 [$C_{12}H_{25}OSO_3Na$、$C_{12}H_{25}OSO_3NH_4$]

商品代号为 $K_{12}$ 或 $K_{12}A$，分子式为 $C_{12}H_{25}OSO_3Na$ 或 $C_{12}H_{25}OSO_3NH_4$，外观为白色粉末，可溶于水，有特征气味，HLB 值为 40。

用途：泡沫剂、洗涤剂、乳化剂，大量用于牙膏及香波中具有起泡及洗涤的作用，亦可用于膏霜中作亲水乳化剂。

② 聚氧乙烯月桂醇醚硫酸钠 [$C_{12}H_{25}(OCH_2CH_2)_nOSO_3Na$]

商品代号为 AES，它是由非离子表面活性剂月桂醇聚氧乙烯醚硫酸化而制得：

$$C_{12}H_{25}(OCH_2CH_2)_3OH \xrightarrow{酸化} C_{12}H_{25}(OCH_2CH_2)_3OSO_3H$$
$$\xrightarrow{中和} C_{12}H_{25}(OCH_2CH_2)_3OSO_3M$$

在硫酸化之前，先将醇与一个或几个环氧乙烷分子缩合，这样就改变了其亲水基团的性质。其中 $n$ 一般是 1~5。化妆品中最常用的是聚氧乙烯（3EO）月桂醇硫酸钠，月桂醇加成更多摩尔数环氧乙烷即可制成较稠厚的液体。

脂肪醇加成环氧乙烷的摩尔数愈高，则加成物的浊点也愈高。以乙烯氧基为亲水基的非离子型表面活性剂，因乙烯氧基的醚氧和水的氢键随温度上升而被切断，使这种表面活性剂的水溶度降低，这就是浊点现象的机理。因此可采用测定浊点的方法以检查非离子型表面活性剂的质量。聚氧乙烯月桂醇醚硫酸盐水溶性较月桂醇硫酸盐为好，在低温下仍保持透明，适用于制造透明液体香波。

由于分子中具有聚氧乙烯醚结构，月桂醇聚氧乙烯醚硫酸钠比月桂醇硫酸钠水溶性更好，其浓度较高的水溶液在低温下仍可保持透明，适合配制透明液体香波。月桂醇聚氧乙烯醚硫酸盐的去油污能力特别强，可用于配制去油污的洗涤剂，如餐具洗涤剂，该原料本身的黏度较高，在配方中还可起到增稠作用。

③ 单月桂酸甘油酯硫酸钠 [$C_{11}H_{23}COOCH_2CHOHCH_2OSO_3Na$]

性状：白色或微黄粉末；接近无臭、无味，能溶于水呈中性，对硬水稳定，其洗涤力、发泡性和乳化作用良好。

来源：先以月桂酸和甘油在碱性触媒下加热反应生成单甘油酯，再以硫酸处理，然后以

氢氧化钠中和而得。

用途：洗涤剂、泡沫剂、乳化剂。用于香波及牙膏。

另外，还有月桂醇聚氧乙烯醚硫酸铵（AESA）等。

（3）烷基磺酸盐

烷基磺酸盐的通式为 $RSO_3M$，其中 R 可以是直链烃、支链烃基或烷基苯，M＝Na、K、Ca、$HN(CH_2CH_2OH)_2$。这是应用得最多的一类阴离子表面活性剂，它比烷基硫酸酯盐的化学稳定性更好，表面活性也更强，成为配制各类合成洗涤剂的主要活性物质。烷基磺酸盐的疏水基不同时，可以表现出不同的表面活性，可分别作为乳化剂、润湿剂、发泡剂、洗涤剂等使用。这类表面活性剂比较典型的产品是烷基磺酸钠和烷基苯磺酸钠，是一种廉价洗涤剂，有良好的发泡性和溶解度，但对皮肤有较强的脱脂和刺激作用，单独使用会引起头发和皮肤的过分干燥，现大量用作家用清洁剂和织物洗涤剂，很少用作化妆品的原料。现将烷基磺酸盐中的主要几种产品介绍如下。

① 十二烷基苯磺酸钠（LAS）：分子式为 $C_{12}H_{25}C_6H_4SO_3Na$，它是由烃氯化后，进行弗瑞德-克来福特反应使苯烷基化，再以氯磺酸或三氧化硫硫化，然后以碱中和，烷基苯磺酸钠具有良好的发泡力和去污力，综合洗涤性能优越，是合成洗涤剂中使用最多的活性物。

$$CH_3(CH_2)_{11}Cl + C_6H_6 \xrightarrow{AlCl_3} CH_3(CH_2)_{11}C_6H_5 + HCl$$
$$CH_3(CH_2)_{11}C_6H_5 + SO_3 \xrightarrow{NaOH} CH_3(CH_2)_{11}C_6H_4SO_3Na + H_2O$$

② 单月桂酸甘油酯磺酸钠 $[C_{11}H_{23}COOCH_2CHOHCH_2SO_3Na]$：白色粉末，溶于水中成中性溶液，无毒性。可以 α-氯化丙二醇和亚硫酸钠加热生成 1,2-丙二醇磺酸钠，再加月桂酸加热而制得。

$$CH_2OHCHOHCH_2Cl + NaSO_4 \longrightarrow CH_2OHCHOHCH_2SO_3Na + NaCl$$
$$CH_2OHCHOHCH_2SO_3Na + RCOOH \longrightarrow RCOOCH_2CHOHCH_2SO_3Na$$

用途：可用于牙膏及其他化妆品中。

③ 月桂醇磺乙酸钠（$ROOCCH_2SO_3Na$）：R 代表十二烷基，即月桂基。本品为白色粉末，略有椰油的气味，其溶液稍有辛辣味，每克月桂醇磺乙酸钠可溶于 10mL 水中。以氯乙酸和月桂醇作用生成月桂醇氯乙酸酯，再和亚硫酸钠反应而制得。

$$ROH + ClCH_2COOH \longrightarrow ROOCCH_2Cl + Cl$$
$$ROOCCH_2Cl + Na_2SO_3 \longrightarrow ROOCCH_2SO_3Na + NaCl$$

用途：在牙膏中应用已有较长的历史。发泡性能好，在硬水中也有洗涤效果，无毒性，能安全使用。

④ 二辛基磺化琥珀酸钠

性状：白色蜡状塑性固体，在 25℃ 时，每克约溶于 70mL 蒸馏水中，全溶于乙醇和甘油中，在硬水中稳定。

用途：洗涤和发泡性能好，无毒性，对皮肤刺激性少，在硬水中稳定，用于生产香波、泡沫浴及牙膏等。

⑤ 油酸基乙磺酸钠 $[C_{17}H_{33}COOCH_2CH_2SO_3Na]$：对油污的去垢力好，是一优良的洗涤剂，在中性溶液时对钙、镁盐稳定。和肥皂共用、在硬水中能分散钙、镁皂的形成，易于洗清。由于酯键的存在，在酸性及碱性溶液中较易水解。

来源：以油酰氯和乙基磺酸钠缩合而制得。

用途：香波、泡沫浴、牙膏等（商品名 Igepon A）。

⑥ 油酰甲胺乙磺酸钠 [$C_{17}H_{33}CON(CH_3)CH_2CH_2SO_3Na$]：溶于水，洗涤力及发泡性能好，对硬水稳定。由于 C—N—C 键较 C—O—C 键稳定，而且硫原子和碳原子直接相连，因此对碱及氧化剂十分稳定，对各种类型的污垢都有良好的洗涤力。

来源：以油酰和甲基牛磺酸缩合而成。

用途：香波、泡沫浴（商品名 Igepon T）。

⑦ α-烯基磺酸盐（AOS）：由石蜡裂解生产的 $C_{15\sim18}$ 的 α-烯烃用 $SO_3$ 磺化，然后中和便得到 α-烯基磺酸盐，简称 AOS，它的主要成分是烯基磺酸盐：$RCH=CH(CH_2)_nSO_3Na$ 和羟基烷基磺酸盐：$RCH(CH_2)_n—SO_3Na$。

AOS 的去污力优于 LAS，而且生物降解性能好，不会污染环境，AOS 的刺激性小，毒性低。AOS 与非离子表面活性剂及阴离子表面活性剂都有良好的配伍性能。AOS 与酶也有良好的协同作用，是制造加酶洗涤剂的良好原料。综合上述性能，可以预计 AOS 应有良好的发展前景。

（4）烷基磷酸酯盐

烷基磷酸酯盐也是一类重要的阴离子表面活性剂。可以用高级脂肪醇与五氧化二磷直接酯化制得。所得产品主要是磷酸单酯及磷酸双酯混合物：

$ROPO_3Na_2$ 单酯盐　　　　　$(RO)_2PO_2Na$ 双酯盐

不同疏水基的产品和单酯盐、双酯盐含量不同时，产品性能有较大的差异，使产品适用于乳化、洗涤、抗静电、消泡等不同的用途，如十二烷基磷酸酯盐主要作为抗静电剂和洗涤剂，用于香波、沐浴液、洁面产品中。

主要的产品有：鲸蜡醇醚磷酸酯钾（CPK）、单十二烷基醚磷酸酯钾盐（MAPK）、单十二烷基醚磷酸酯三乙醇胺盐（MAPA）等。

（5）分子中具有多种阴离子基团的表面活性剂

为了改进表面活性剂的性能，随着有机合成技术的进步，可在分子中引入多种离子型官能团。如脂肪酸聚氧乙烯醚磺基琥珀酸单酯二钠（MES）：

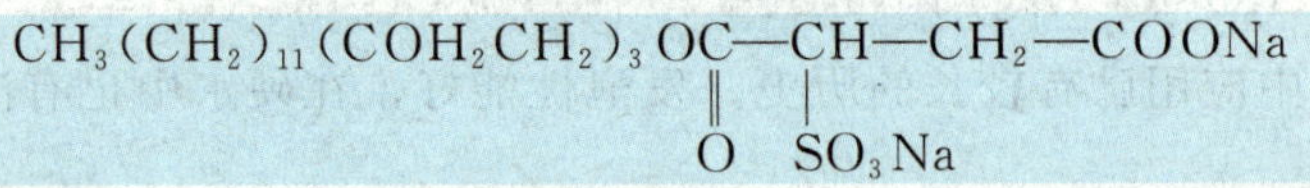

$$CH_3(CH_2)_{11}(COH_2CH_2)_3OC—CH—CH_2—COONa$$
$$\underset{\underset{SO_3Na}{|}}{\overset{\overset{O}{\|}}{}}$$

这是一种性能温和、生物降解好、发泡力强的表面活性剂。它不仅本身刺激性小，而且在配伍时可以降低硫酸酯类表面活性剂的刺激性，可用于配制高档香波和化妆品。

#### 16.11.2.2 阳离子表面活性剂

阳离子表面活性剂溶于水中时，分子电离后具有表面活性的部分为阳离子。几乎所有的阳离子表面活性剂都是有机胺的衍生物。

阳离子表面活性剂的去污力较差，甚至有负洗涤效果。一般阳离子表面活性剂与阴离子表面活性剂混合后能形成不溶于水的复合物。只有其中一种活性物过量而能使复合物增溶时，混合液才呈透明状。但是阳离子表面活性剂与阴离子表面活性剂混合时不一定降低他们的活性，有时候会有增效作用。

阳离子表面活性剂主要用作杀菌剂、柔软剂、破乳剂、抗静电剂等。现将日化产品中可能用到的几种阳离子表面活性剂介绍如下。

(1) 季铵盐

季铵盐是阳离子表面活性剂中最常用的一类，一般使用脂肪胺与卤代烃反应生成季铵盐。

① 二烷基二甲基苄基氯化铵 $[C_{12}H_{25}N(CH_3)_2CH_2C_6H_5]^+ \cdot Cl^-$

这是最普通的一种季铵盐，万分之几的浓度的溶液即可用于消毒。它无毒，无味，对皮肤无刺激，对金属不腐蚀，在沸水中稳定和不挥发，它的盐类对革兰氏阳性和阴性细菌都有杀灭作用，在 pH 高时更有效，俗称"洁尔灭"。

本品用十二烷醇和二甲基胺反应生成叔胺，然后与氯化苄反应生成十二烷基二甲基苄基氯化铵。

$$ROH + NH(CH_3)_2 \longrightarrow RN(CH_3)_2$$
$$RN(CH_3)_2 + ClCH_2C_6H_5 \longrightarrow [RN(CH_3)_2CH_2C_6H_5]^+ \cdot Cl^-$$

除此以外，季铵盐表面活性剂还有十六烷基三甲基氯化铵（1631）、十二烷基二甲基苄基溴化铵（新洁尔灭）、十八烷基三甲氯化铵（1831）、双十八烷基二甲基氯化铵等。

② 烷基磷酸酯取代胺

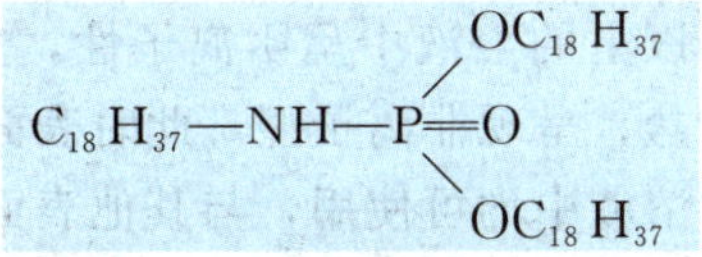

$$C_{18}H_{37}-NH-\overset{\overset{\displaystyle OC_{18}H_{37}}{|}}{\underset{\underset{\displaystyle OC_{18}H_{37}}{|}}{P}}=O$$

本品是固体蜡状物，可用于乳化、调理和抗静电作用，是一种磷酸酯的取代胺。季铵盐化合物主要用于杀灭细菌和真菌，无臭无味，在沸水中稳定并不挥发，在食品加工厂、餐厅、旅馆、美容店、学校、医院、洗衣店、饲养场和游泳池等处作为消毒剂。阳离子化合物也具有一定的表面活性，但一般都不作洗涤剂使用，虽然某些产品也有较好的洗涤力。

③ 十四酰丙胺基二甲基苄基氯化铵

$$\left[C_{14}H_{29}-\overset{O}{\overset{\|}{C}}-NHCH_2CH_2CH_2-\overset{\overset{\displaystyle CH_3}{|}}{\underset{\underset{\displaystyle CH_3}{|}}{N}}-CH_2-C_6H_5\right]^+ Cl^-$$

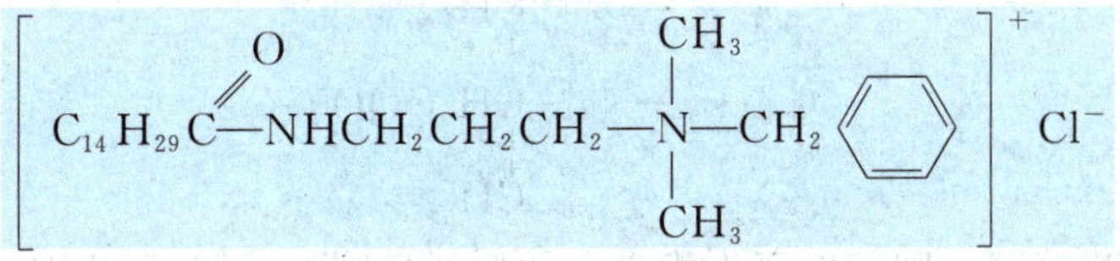

(2) 咪唑啉盐

咪唑啉化合物是典型的环胺化合物。用羟乙基乙二胺和脂肪酸缩合即可得到环叔胺，再进一步与卤代烃反应即得咪唑啉盐表面活性剂。例如：

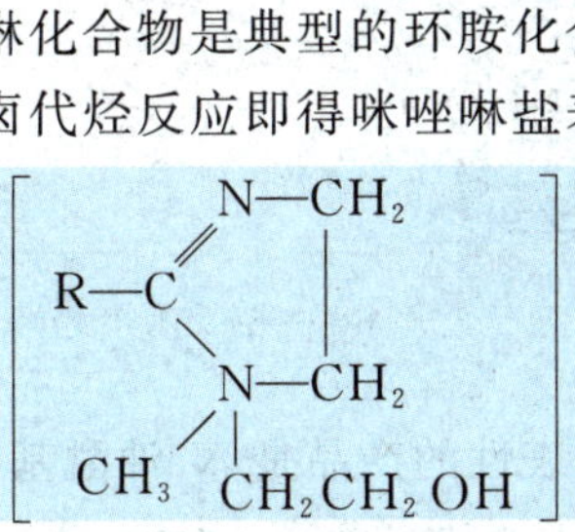

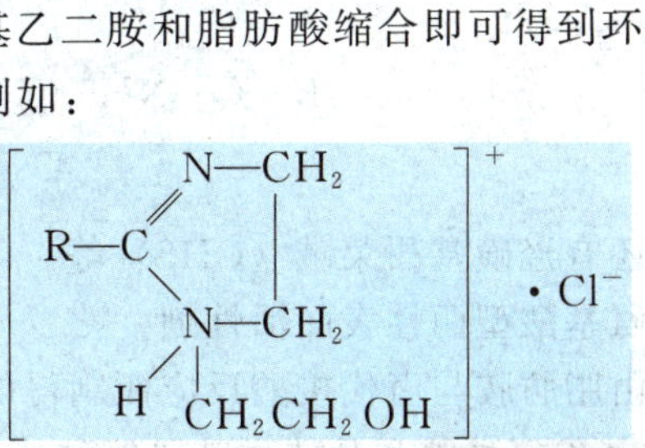

咪唑啉化合物的特性和缩合的脂肪酸有关，它能分散在热水中，在酸中至 pH8 以下能完全溶解。酸可采用盐酸、磷酸、醋酸、羟乙酸和硫酸等。这些叔胺并非季铵化合物，虽然也有一些杀菌作用并可作为织物的柔软剂，泡沫丰富，在高浓度的酸和电解质溶液中稳定，但可被过氧化氢和次氯酸盐氧化。由于活性基团带正电荷，能吸附在带负电荷的表面，而从

溶液中消耗。纸、玻璃和织物纤维一般都有带负电荷的表面，这种消耗根据目的不同，有时是需要的，有时不需要。皮肤、头发和细菌都带有负电荷，由于牢固地吸附阳离子活性基团而达到滋润、调理、杀菌和抗静电等特殊的效果。

这类表面活性剂主要用作头发滋润剂、调理剂、杀菌剂和抗静电剂，也可用作织物柔软剂。

(3) 吡啶卤化物

卤代烷与吡啶反应，可生成类似季铵盐的烷基吡啶卤化物：

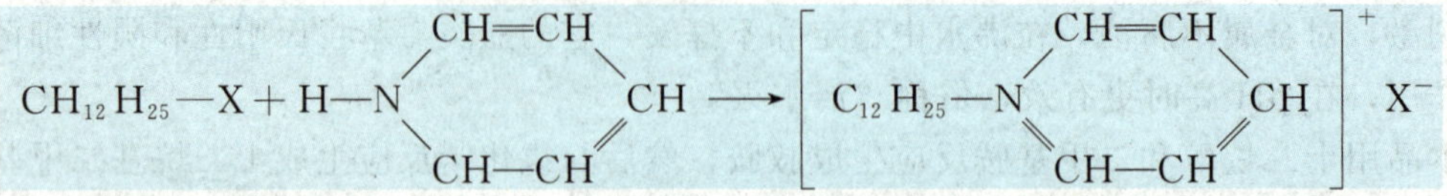

$$CH_{12}H_{25}-X + H-N\underset{CH=CH}{\overset{CH=CH}{\diagup}}CH \longrightarrow \left[C_{12}H_{25}-N\underset{CH=CH}{\overset{CH=CH}{\diagup}}CH\right]^+ X^-$$

十二烷基吡啶氯化铵是这类表面活性剂的代表物，其杀菌力很强，对伤寒杆菌和金黄葡萄球菌有杀灭能力。在食品加工、餐厅、饲养场和游泳池等处作为洗涤消毒剂使用。

#### 16.11.2.3 两性离子表面活性剂

两性离子表面活性剂分子中既具有正电荷的基团，又具有负电荷的基团，带正电荷的基团常为含氮基团，带负电荷的基团是羧基或磺酸基。两性表面活性剂在水中电离，电离后所带的电性与溶液的 pH 值有关，在等电点 pH 值以下的溶液中呈阳离子性，显示阳离子表面活性剂的作用；在等电点 pH 值以上的溶液中呈阴离子性，显示阴离子表面活性剂的作用。在等电点的 pH 值溶液中形成内盐，呈现非离子型，此时表面活性较差，但仍溶于水，因此两性表面活性剂在任何 pH 值的溶液中均可使用，与其他表面活性剂相容性好。耐硬水，发泡力强，无毒性，刺激性小。下面介绍几种常用的两性表面活性剂。

(1) 甜菜碱型两性表面活性剂

甜菜碱是从甜菜中分离出来的一种天然产物，其分子结构为三甲胺基乙酸盐。如果甜菜碱分子中的一个甲基被长碳链烃基代替就是甜菜碱型表面活性剂。最有代表性的是 $N$-十二烷基-$N,N$-二甲基-$N$-羧甲基甜菜碱（简称十二烷基甜菜碱，BS-12）。

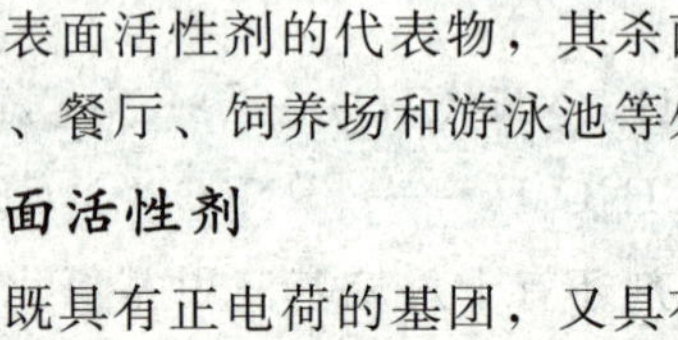

$$C_{12}H_{25}-\overset{\overset{CH_3}{|}}{\underset{\underset{CH_3}{|}}{N^+}}-CH_2COO^-$$

具有酰胺基的甜菜碱，则性能更为优良，如椰油酰胺甜菜碱（CAB）：

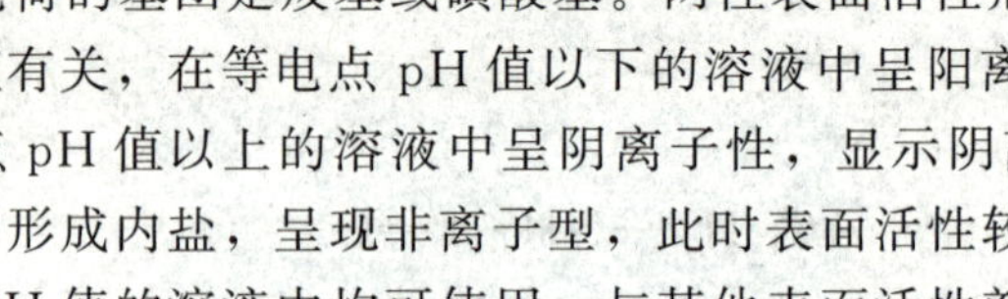

$$R-\overset{O}{\overset{\|}{C}}-NH-(CH_2)_3-\overset{\overset{CH_3}{|}}{\underset{\underset{CH_3}{|}}{N^+}}-CH_2COO^-$$

另外还有羟磺基甜菜碱（CHS）等。

(2) 氨基酸型两性表面活性剂

它是由脂肪胺与卤代羧酸反应而制得的，其中具有代表性的产品是 $N$-油酰基谷氨酸盐、$N$-月桂酰基谷氨酸盐和月桂酰基肌氨酸盐（L-30）。

(3) 咪唑啉型两性表面活性剂

它是由咪唑啉衍生物与卤代羧酸反应而制得的，如 1-羟乙基-2-烷基羧基咪唑啉。

$$\text{HOOC} - \underset{\underset{\text{CH}_2\text{CH}_2\text{OH}}{|}}{\text{C}} \diagdown \text{N} - \text{CH}_2\text{CH}_2 / \text{N} = \diagup$$

这是一种优良的表面活性剂，刺激性很小，可用于婴儿香波和洗发香波中，还可用作抗静电剂、柔软剂、调理剂、消毒杀菌剂。

### 16.11.2.4 非离子表面活性剂

非离子表面活性剂在分子中并没有带电荷的基团，在水溶液中不电离，而其水溶性则来自于分子中所具有的聚氧乙烯醚基和端点羟基。由于非离子表面活性剂在水中不呈离子状态，所以不受电解质、酸、碱的影响，化学稳定性好，与其他表面活性剂的相容性好，在水和有机溶剂中均有较好的溶解性能。亲水基中羟基的数目不同或聚氧乙烯链长度不同，可以合成一系列亲水性能不同的非离子表面活性剂，以适应润湿、渗透、乳化、增溶等各种不同的用途。今天，最重要的非离子表面活性剂是高碳脂肪醇（碳原子数在 12 以上）及壬基酚与环氧乙烷的缩合物；其中脂肪醇聚氧乙烯醚由于技术经济和应用性能等多方面的原因，在产量上已超过壬基酚聚氧乙烯醚，并有继续增长的趋势。它们用的原料脂肪醇（$C_{12} \sim C_{18}$）由石油化工产品和天然油脂两个来源提供。

现将常用的几种非离子表面活性剂介绍如下。

**(1) 聚氧乙烯类非离子表面活性剂**

这类表面活性剂是由高级脂肪醇、高级脂肪酸、烷基酚、多元醇酯等与环氧乙烷加成而制得。它们是非离子表面活性剂中产量最大、用途最广的一大类表面活性剂。

① 脂肪醇聚氧乙烯醚：脂肪醇聚氧乙烯醚（AEO）是近代非离子型表面活性剂中最重要的一类产品，由脂肪醇与环氧乙烷直接加成而得到，一般俗称 AEO，其通式为 $RO(CH_2CH_2O)_nH$，其中 $R = C_{12 \sim 18}$，$n = 3 \sim 30$（$n$ 值亦称 EO 值），EO 数较小时用作生产 AES 的原料以及乳化剂，EO 数较大时用作润湿剂或洗涤剂，例如表面活性剂平平加 O（peregal O）就是这类产品（其 R 为 $C_{18}$，$n$ 为 15）。

生产 AEO 的起始原料醇可用 $C_{10 \sim 18}$ 的伯醇或仲醇。

$$C_{14}H_{29}OH + nH_2C \overset{O}{-\!\!\!-\!\!\!-} CH_2 \longrightarrow C_{14}H_{29} - (OCH_2CH_2)_n OH$$

$$C_7H_{15} - \underset{\underset{OH}{|}}{C} - C_6H_{13} + nH_2C \overset{O}{-\!\!\!-\!\!\!-} CH_2 \longrightarrow C_7H_{15} - \underset{\underset{(OCH_2CH_2)_n OH}{|}}{C} - C_6H_{13}$$

在进行脂肪醇氧乙基化反应时，温度通常控制为 130~180℃，压力为 0.2~0.5MPa，催化剂采用氢氧化钾、氢氧化钠或是甲醇钠。进行脂肪醇乙氧基化时，伯醇的反应速率大于仲醇。结果造成最终产品实际上是包括未氧乙基化的原料醇在内的，不同聚合度的聚氧乙烯醚的混合物。例如：商品 AEO 标明聚合度 $n=8$，但事实上是 $n=0 \sim 20$ 的混合物。AEO 的应用性能在很大程度上取决于聚氧乙烯醚聚合度 $n$ 的分布情况。由于醇与环氧乙烷的加成反应得到的醇醚是 $n$ 不同的混合物，其分布情况与反应条件有关，而影响最大的是催化剂。通常用碱性催化剂如甲醇钠，得出的分布为宽分布，用酸性催化剂如三氟化硼等，得到的窄分布。

在近 20 年内，AEO 产量的增长速度非常快，其原因主要有：家用重垢洗涤剂消耗量很大，生化降解性优良，价格低廉，几乎是所有表面活性剂中价格最低者，大量消耗于加工

AES。AEO 的外观随生产的原料和工艺而异、可以是液体状或蜡状，黏度随环氧乙烷的含量增加而增加。若分子中环氧乙烷含量约为 65%～70% 时，产品在室温下即可全溶于水。

② 烷基酚聚氧乙烯醚：烷基酚聚氧乙烯醚的通式为：R—$C_6H_4$—$(CH_2CH_2O)_n$H，结构都属于在酚的羟基对位有一个带支链的烷基，其中 R 一般在十二碳原子以下，其碳原子数通常在 8～9，根据 $n$ 不同可制备系列产品，"TX" 系列和 "OP" 系列产品就是这类表面活性剂的商品名称，如 TX-10 的化学名称为烷基酚聚氧乙烯（10）醚。与 AEO 相比，由于烷基为支链，所以生化降解性差。另一方面，低碳支链的烷基却能提高水溶性和洗涤效能。烷基酚聚氧乙烯醚在非离子型表面活性剂中仅次于 AEO，占第二位。其中最重要的是壬基酚聚氧乙烯醚，商品牌号为乳化剂 OP 系列产品，这类产品最大的特点是化学稳定性好，壬烯可由丙烯三聚而成，然后用三氟化硼为催化剂与苯酚发生弗-克反应生成壬基酚。再进一步用环氧乙烷发生乙氧基化反应。

$$C_9H_{18} + C_9H_{19}\text{—}\bigcirc\text{—OH} \xrightarrow{BF_3} C_9H_{19}\text{—}\bigcirc\text{—OH} \xrightarrow{nH_2C\text{—}CH_2 \atop O}$$

$$C_9H_{19}\text{—}\bigcirc\text{—}(OCH_2CH_2)_n OH$$

苯酚的酸度较脂肪醇高，生成一加成物的速度快。所以在最终产品中不含有游离苯酚，聚氧乙烯醚聚合度的分布也窄。乳化剂 OP 的化学稳定性好，表面活性强，即使在高温下遇到酸、碱也不会被破坏。它常用于复配成各种含酸或碱的金属表面清洗剂、农药用乳化剂、钻井泥浆中的乳化剂、水性漆等。在纺织印染工业中主要用作油-水相乳化剂、清洗剂、润湿剂等。

(2) 烷基酰醇胺

烷基酰醇胺是分子中具有酰胺基及羟基的非离子表面活性剂。

① 月桂酰二乙醇胺 $[C_{11}H_{23}CO(CH_2CH_2OH)_2]$：浅棕色黏稠液，能溶于水。它是由脂肪酸与二乙醇胺在氮气的保护下加热进行缩合反应而制得。

$$C_{11}H_{23}COOH + 2HN(CH_2CH_2OH)_2 \longrightarrow C_{11}H_{23}CON(C_2H_4OH)_2 \cdot N(C_2H_4OH)_2$$

这就是净洗剂 6501。合成反应时，其中 1mol 二乙醇胺并未形成酰胺，而是与烷基酰醇胺结合成复合物，使难溶于水的 $C_{11}H_{23}CON(C_2H_4OH)_2$ 变成水溶性，因此这类产品的水溶液呈碱性，在酸性介质中会降低其溶解性能。椰油脂肪酸单乙醇胺（CMEA），其增稠性能优于 6501。

② 月桂酰异丙醇胺 $C_{11}H_{23}CONHCH_2CHOHCH_3$：浅棕色黏稠液，能溶于水。可以月桂酸和异丙醇胺缩合而制得。此种化合物中的亲水及憎水基团改变，可以制得各种性质的产品。一个方便的变更亲水憎水比例的方法是使未取代的酰胺与环氧乙烷化合成醚-醇酰胺：

$$RCON\begin{matrix}(C_2H_4O)_{n_1}H \\ (C_2H_4O)_{n_2}H\end{matrix}$$ 其中 $n_1$ 和 $n_2$ 可以任意改变。

烷基酰醇胺有较好的洗涤性能，发泡和稳定泡沫的性能也好，其水溶液的黏度较大，配伍在液体产品中有增稠效果。

(3) 失水山梨醇脂肪酸酯

山梨醇是由葡萄糖加氢还原而得到的多元醇，由于醛基已被还原，因此化学稳定性好。山梨醇与脂肪酸反应时可同时发生脱水和酯化反应，生成失水山梨醇脂肪酸酯：

$$R\text{—}COOCH_2\text{—}CH \begin{array}{c} O\text{—}CH_2 \\ \phantom{O\text{—}}CH\text{—}OH \\ CH_2\text{—}CH_2 \\ OH \quad OH \end{array}$$

这种失水山梨醇的脂肪酸酯就是乳化剂"斯盘"(span)。山梨醇可在不同位置的羟基上失水，构成各种异构体，实际上山梨醇的失水反应是很复杂的，往往得到的是各种失水异构体的混合物。

"斯盘"(span)是失水山梨醇脂肪酸酯表面活性剂的总称，按照脂肪酸的不同和羟基酯化度的差异，斯盘系列产品的代号如表16-2所示。

表16-2 span系列产品的代号和化学名称

| 代号 | 化学名称 | 代号 | 化学名称 |
| --- | --- | --- | --- |
| Span 20 | 十二酸失水山梨醇单酯 | Span 65 | 十八酸失水山梨醇三酯 |
| Span 40 | 十四酸失水山梨醇单酯 | Span 80 | 十八烯酸失水山梨醇单酯 |
| Span 60 | 十八酸失水山梨醇单酯 | Span 85 | 十八烯酸失水山梨醇三酯 |

"斯盘"类表面活性剂的亲水性较差，在水中一般不易溶解。若将"斯盘"类表面活性剂与环氧乙烷作用，在其羟基上引入聚氧乙烯醚，就可大大提高它们的亲水性，这类由"斯盘"衍生得到的非离子表面活性剂称为"吐温"(Tween)，"吐温"的代号与"斯盘"相对应，即span20与环氧乙烷加成后成为Tween20，span40与环氧乙烷加成后成为Tween40，其余类推。span与Tween混合使用可获得具有不同HLB值的乳化剂。由于这类表面活性剂无毒，常用于食品工业、医药工业和化妆品工业中。

与山梨醇脂肪酸酯相似的表面活性剂还有蔗糖酯和葡萄糖酯等。蔗糖酯又称为烷基糖苷(APG)，是一类很温和的表面活性剂，有较好的去污和起泡性能，用于配制低刺激性的香波、沐浴液和洁面用品。葡萄糖酯也是性能温和的表面活性剂，多用作乳化剂，如甲基葡萄糖倍半硬脂酸酯(SS)和甲基葡萄糖聚氧乙烯醚(20)倍半硬脂酸酯(SSE)就是性能很好的乳化剂，一般两者配合使用。

(4) 氧化胺

氧化胺是一类性能优良的非离子表面活性剂，一般是用脂肪叔胺与双氧水反应而制得。例如十二烷基二甲基氧化胺(LAO)的制备反应：

$$C_{12}H_{25}\text{—}\underset{\underset{CH_3}{|}}{\overset{\overset{CH_3}{|}}{N}}\text{→}O \qquad\qquad R\text{—}\overset{\overset{O}{\|}}{C}\text{—}NH\text{—}(CH_2)_3\text{—}\underset{\underset{CH_3}{|}}{\overset{\overset{CH_3}{|}}{N}}\text{→}O \quad (R=C_{7\sim17})$$

十二烷基二甲基氧化胺 　　　　　　　　　　　椰油酰胺氧化胺

在氧化胺的长烃链中还可引入酰胺结构，例如椰油酰胺氧化胺(CDO)。

在中性和碱性溶液中，氧化胺显示非离子表面活性剂的特性，在酸性溶液中，则显示弱阳离子表面活性剂的特性。在很宽的pH值范围内与其他表面活性剂有很好的相容性。

氧化胺在溶液中能产生细密的泡沫，刺激性小，有抗静电、调理作用。因此这类表面活性剂适宜在洗发香波、沐浴液、高档餐具洗涤剂中使用。

(5) 多元醇酯类

多元醇酯类是将以甘油为主的各种多元醇的一部分羟基合成为脂肪酸酯，并以残余的羟基作为亲水基团的一种表面活性剂。所使用的多元醇有羟基基数为 3 的甘油、三羟甲基丙烷，羟基基数为 4 和 5 的季戊四醇、山梨糖，羟基基数为 6 的山梨糖醇，羟基基数为 8 的蔗糖，羟基基数在 8 以上的聚甘油、棉子糖等。这些多元醇和高级脂肪酸可以合成一元酯链到数个酯链的化合物。多元醇酯类表面活性剂有优良的滋润性能，用于膏霜类化妆品中作为亲油乳化剂。

① 单硬脂酸甘油酯 [$C_{17}H_{35}COOCH_2CHOHCH_2OH$]：乳油色蜡状固体，熔点 56℃，在热水中能分散，溶解于酒精，HLB 值 3.8～8.5。以甘油与硬脂酸酯化制得。

② 单油酸二甘醇酯 [$C_{17}H_{33}COOCH_2CH_2OCH_2CH_2OH$]：暗红色油，能在水中分散，溶于酒精，HLB 值 4.7。以二甘醇与油酸酯化制得。

③ 单月桂酸丙二醇酯 [$C_{11}H_{23}COOCH_2CHOHCH_3$]：浅橙色油，熔点 14～15℃，能在水中分散，溶于酒精及油中，HLB 值 4.5。以丙二醇与月桂酸酯而得。

④ 单硬脂酸失水山梨酯 [$C_{17}H_{35}COOC_6H_{11}O_4$]：蜡状固体，相对密度 0.98～1.03，不溶于水，微溶于酒精，HLB 值 4.7。来源：以山梨醇失水与硬脂酸酯化制得。

⑤ 单棕榈酸失水山梨酯 [$C_{15}H_{31}COOC_6H_{11}O_4$]：淡黄色蜡，相对密度 1.00～1.05，不溶于水，溶于有机溶剂，HLB 值 6.7。以山梨醇失水与棕榈酸酯化制得。

⑥ 单月桂酸失水山梨酯 [$C_{11}H_{23}COOC_6H_{11}O_4$]：油状液体，相对密度 1.00～1.06，不溶于水，溶于酒精及油，HLB 值 8.6。来源：以山梨醇失水与月桂酸酯化制得。

⑦ 单油酸失水山梨酯 [$C_{17}H_{33}COOC_6H_{11}O_4$]：浅琥珀色黏滞液体，不溶于水及多元醇，溶于酒精，HLB 值 4.3。来源：以山梨醇失水与油酸酯化制得。山梨酯的商品名为 Span，是由山梨醇失水成山梨醇酐及其缩合物，再和各种脂肪酸酯化而成的一大类亲油乳化剂。

#### 16.11.2.5 天然与特种表面活性剂

(1) 卵磷脂

卵磷脂是生物体细胞组成成分之一，是广泛分布在动植物界的一种天然表面活性剂。自古以来就被当作乳化（稳定）剂、分散剂、润滑剂、细胞活性剂、洗涤剂等进行研究。

$$R_2-\underset{O}{\underset{\|}{C}}-O-\underset{\underset{CH_2-O-\underset{OH}{\underset{|}{P}}-OX}{|}}{\overset{CH_2-O-\underset{O}{\underset{\|}{C}}-R_1}{\overset{|}{CH}}}$$

$X = -CH_2CH_2N(CH_3)$     构成卵磷脂
$\phantom{X =} -CH_2CH_2NH_2$     构成脑磷脂
$\phantom{X =} -CH_2CH_2(NH_2)COOH$     构成丝氨酸磷脂

卵磷脂具有双亲结构，即较长的两个酰基在甘油中进行酯结合的亲油结构和以磷酸基为媒介而结合的季铵基亲水结构。在使水分散的时候，很明显地形成有稳定的二分子膜结构的磷脂质小细胞体（脂肪小体）。这种脂肪小体在医药品方面作药物的载体进行研究。在作化妆品原料时磷脂质对皮肤有保湿作用，能够增强皮肤角质层的水分结合能力。例如：常作护发化妆品原料，能使头发光滑、易梳理、湿润；作肥皂原料可以缓和对皮肤的刺激；在香波、液体洗涤剂中配入氢化卵磷脂起珠光剂的作用，作化妆品原料对皮肤起润滑作用。

以上的例子，肯定了卵磷脂作化妆品原料的功能。但是，以前卵磷脂作化妆品原料大多是作添加剂使用，还很少有发挥卵磷脂本身所具有的、潜在的表面活性剂性能的例子。造成这种现象的原因。其一，天然的卵磷脂源于卵黄和大豆，其磷脂质组成大不相同，乳化性能等也不相同，人们难以掌握其乳化技术。但现在开发了一些新的乳化方法和新的使用技术，混合卵磷脂和多元醇，添加油相成分进行乳化；或混合卵磷脂和高级醇及酰氨酸盐进行乳化；或把蛋白质和卵磷脂溶解于多元醇并添加油相成分进行乳化。新的使用技术是按特定的比例在卵磷脂中加入水、乙醇、甘油、丙二醇等，改良水的分散性。其二，天然卵磷脂中含有不饱和脂肪酸，存在耐热、耐光、耐酸性差等缺点，现在开发了加氢改质的卵磷脂，改正了这些缺点。加氢的卵磷脂的用途是广泛的，以乳化剂和脂质体为中心，广泛用作保湿剂和乳化剂。

随着精制技术的发展，为生产高纯度的卵磷脂和符合使用目的的磷脂质卵磷脂，还在进一步开发亲水性较高、使用性好的卵磷酯诱导体——溶血卵磷脂及经化卵磷脂。

(2) 氨基酸衍生体

现今作为广泛应用的低刺激性洗净剂，有烷基醚羧酸、单烷基磷酸酯、烷基酰胺硫酸、烷基磺基琥珀酸、氨基酸衍生物等。氨基酸衍生物中，月桂酰基-β-丙氨酸与一些阴离子表面活性剂相比，对正常皮肤的刺激性是非常低的，洗净后的残留性低，炎症诱发因子也低。此外还有酰基谷氨酸，其刺激性很低。

(3) 植物性肽

多肽是氨基酸脱水缩合的化合物，安全性高，对皮肤和毛发有保护作用。具有优良的乳化力、起泡力、泡沫稳定性，对毛发有优良的保护作用，与硅酮一样可赋予润滑性。

(4) 烷基苷

烷基苷是以糖链作为亲水基和以烷链作为亲油基，属于非离子表面活性剂。由于其糖类成分和高级醇都来源于天然产物，对皮肤和眼睛的刺激非常低，而且洗净力、起泡性、生物降解性都好，可与阴离子、阳离子并用，也可在硬水中使用。能缓和阴离子表面活性剂的刺激性。最近研究报告中指出，鲸蜡硬脂基葡糖苷不管是在石蜡油、中链甘油酯、硅油、酯油、植物油等油相的各类乳化体中都能成液晶而使乳化稳定。月桂基麦芽苷与聚氧乙烯苯基醚比较，前者起泡力好，渗透力低，而且根据构成的糖链不同，其性能各异。

(5) 皂角苷

皂角苷是广泛分布于植物中的三萜烯和甾类化合物，是配糖体的总称，是一种天然表面活性剂，用作洗净剂。无患子抽出物是存在于无患子果皮中三萜化合物类的皂角苷，其特征除了强的抗静电和抗炎症作用外，还有乳化和增溶能力。

## 16.11.3　表面活性剂的吸附对固体表面的影响

固体从水溶液中吸附表面活性剂后，表面活性剂会有不同程度的改变。

(1) 改变固体质点在液体中的分散性质。如分散碳黑时，碳黑是一种非极性物质，表面活性剂在上面吸附时，一般以亲油基靠近固体表面，极性基朝向水中，随着吸附的进行，原来的非极性表面逐渐变成亲水极性表面，碳黑质点就容易分散于水中。非离子表面活性剂在固体表面的吸附时，当表面活性剂浓度达到临界胶团浓度以后，吸附量达到最大值，固体粉末的分散性增大，分散的稳定性增大。

（2）表面活性剂的吸附可以增加溶胶分散体的稳定性，起保护胶体的作用。例如在 AgI 溶胶体系中，加入少量的 $Na_2SO_4$ 会使体系的分散度突然减少，溶胶发生聚沉而产生絮凝现象。当 AgI 溶胶体系中加入非离子表面活性剂 $C_{12}H_{25}O(C_2H_4O)_6H$ 后，即使加入较大量的 $Na_2SO_4$，AgI 溶胶也不发生絮凝现象。非离子表面活性剂吸附层实际上起了保护层的作用。

（3）吸附可以改变团体表面的润湿性质。固体表面的润湿性质可以由于吸附了表面活性剂而大为改变。表面活性剂以离子交换或离子对的方式吸附于固体表面时，它的亲水基朝向固体表面而亲油基朝外，使固体表面的憎水性增强。如玻璃或水晶的表面与阳离子表面活性剂的水溶液接触后，表面活性阳离子吸附于表面，使固体表面由亲水性变为憎水性。如果固体表面是非极性物质，表面活性剂在其上吸附时，它的非极性基团朝向固体表面，而极性基团朝外。因而，使原来非极性的憎水表面变为亲水表面。

综上所述，表面活性剂在液体表面和固液界面的吸附，可以改变界面状态和界面性质，所以表面活性剂在表面和界面的吸附性质是它的最基本的性质之一。表面活性剂的许多其他性质和作用都是与此相关的。如润湿作用、分散作用、洗涤作用、乳化作用、泡沫作用等。

### 16.11.4 表面活性剂胶团化作用

表面活性剂的表面张力、去污能力、增溶能力、浊度、渗透压等物理化学性质随溶质浓度变化而发生突变的浓度称临界胶团浓度（critical micella concentration，cmc）。表面活性剂在溶液中超过一定浓度时会从单个离子或分子缔合成胶态聚集物即形成胶团，这一过程称胶团化作用。胶团的形成导致溶液性质发生突变。

表面活性剂溶液物理化学性质随浓度的变化皆有一个转折点，而此转折点发生在一个浓度不大的范围内。这个范围就是 cmc。在溶液中能形成胶团是表面活性剂的一个重要特性，这是无机盐、有机物及高分子溶液所没有的。原因是表面活性剂具有"双亲结构"，在水溶液中，表面活性剂分子的极性亲水基与极性水分子强烈吸引，而非极性的烃链却与极性水分子的吸引力很弱。溶液中与烃链相邻的水比普通水具有更多的氢键，从而有利于水的有序结构形成，使体系能量升高而不稳定，故水分子趋向把表面活性剂疏水的烃链排出水环境，这就是疏水效应。当浓度达到 cmc 后，疏水的烃链互相聚集形成内核，亲水的极性基向外，这样，既满足疏水基脱离水环境的要求，又满足亲水基与水强烈作用要求，处于热力学稳定状态，于是胶团就形成。

## 习 题

一、选择题

1. 表面张力与下列哪些因素无关 （　　）
   （A）物质本身性质　　　　　　　　（B）物质总表面积
   （C）与此物质接界的其他物质　　　（D）温度

2. 一定体积的水，当形成一个大水球或者分散成许多小水滴时，在相同温度下，这两种状态的性质不变的是 （　　）
   （A）表面能　　　　　　　　　　　（B）表面张力
   （C）比表面　　　　　　　　　　　（D）液面下的附加压力

3. 已知表面张力为 0.025 N·m$^{-1}$，直径为 $1\times10^{-2}$ m 的球形肥皂泡所受的附加压力为 ( )

(A) 5Pa (B) 10Pa (C) 15Pa (D) 20Pa

4. 有一圆球形液滴，若其直径是 $2\times10^{-4}$ m，表面张力为 0.07 J·m$^{-2}$，则它所受附加压力最接近的值是 ( )

(A) 1.4kPa (B) 2.8kPa (C) 5.6kPa (D) 8.4kPa

5. 半径相同但温度不同的两个微小水滴，所受附加压力 ( )
(A) 温度高的水滴附加压力大 (B) 相同
(C) 温度低的水滴附加压力大 (D) 无法确定

6. 一玻璃罩内封住半径大小不同的水滴，罩内充满水蒸气，过一会儿会观察到 ( )
(A) 大水滴变小，小水滴变大 (B) 无变化
(C) 大水滴变大，小水滴变小而消失 (D) 大小水滴皆蒸发消失

7. 根据 Kelvin 公式，微小液滴的饱和蒸汽压 $p_r$ 与平液面的饱和蒸汽压 $p_0$ 的关系为 ( )

(A) $p_r<p_0$ (B) $p_r=p_0$ (C) $p_r>p_0$ (D) 无法确定

8. 在三通活塞两端涂上肥皂液，关闭右端，在左端吹一大泡，关闭左端，在右端吹一小泡，然后使左右两端相通，将会出现 ( )
(A) 大泡变小，小泡变大 (B) 小泡变小，大泡变大
(C) 两泡大小保持不变 (D) 无法确定

9. 在水平放置的毛细管中装有非润湿性液体，则在毛细管左端加热时液体将如何移动？ ( )
(A) 向左移动 (B) 向右移动
(C) 不移动 (D) 左右来回移动

10. 在水平放置的毛细管中装有润湿性液体，则在毛细管左端加热时液体将如何移动？ ( )
(A) 向左移动 (B) 向右移动
(C) 不移动 (D) 左右来回移动

11. 一定条件下液体在毛细管中上升的高度与毛细管的半径 ( )
(A) 无关 (B) 成正比 (C) 成反比 (D) 不确定

12. 已知 A 液密度比 B 液密度大一倍，但 A 液的表面张力是 B 液的一半。设在同一毛细管中两者接触角相同。若 A 液在毛细管中上升 5cm，则 B 液上升的高度为 ( )

(A) 20cm (B) 10cm (C) 2.5cm (D) 1.25cm

13. 在 298K 时，已知 A 液的表面张力是 B 液的一半，其密度是 B 液的 2 倍。设在同一毛细管中两者接触角相同。如果 A 液在毛细管中上升 $1\times10^{-2}$ m，若用相同的毛细管来测 B 液，设接触角相等，B 液将会升高 ( )

(A) $2\times10^{-2}$ m (B) $1/2\times10^{-2}$ m (C) $1/4\times10^{-2}$ m (D) $4\times10^{-2}$ m

14. 一个玻璃毛细管分别插入 25℃ 和 75℃ 的水中，则毛细管中的水在两不同温度水中上升的高度 ( )
(A) 25℃水中高于75℃水中 (B) 相同
(C) 75℃水中高于25℃水中 (D) 无法确定

15. 一根毛细管插入水中，液面上升的高度为 $h$；当在水中加入少量的 NaCl，这时毛细

管中液面的高度为 ( )

    (A) 等于 $h$     (B) 小于 $h$     (C) 大于 $h$     (D) 无法确定

16. 把 NaCl 加入水中后,所产生的结果是 ( )

    (A) $d\gamma/dc<0$,正吸附     (B) $d\gamma/dc>0$,正吸附

    (C) $d\gamma/dc>0$,负吸附     (D) $d\gamma/dc<0$,负吸附

## 二、计算题

1. 293K 时,把半径 1mm 的水滴分散为 $1\mu m$ 的小水滴。比表面积增加了多少倍?表面吉布斯自由能增加了多少?完成该变化环境需做功多少?已知 293K 时水的表面张力为 $0.07288\text{N}\cdot\text{m}^{-1}$。

2. 已知 20℃ 时水的饱和蒸汽压为 $2.34\times10^3\text{Pa}$,水的表面张力为 $72.8\times10^{-3}\text{N}\cdot\text{m}^{-1}$。试求半径为 $1\times10^{-8}\text{m}$ 的小水滴的蒸气压为多少?

3. 25℃ 半径为 $0.01\mu m$ 的水滴与蒸气达到平衡,试求水滴承受的附加压力及水滴的饱和蒸气压。已知 25℃ 时水的正常蒸气压为 3.168kPa,表面张力为 $7.1097\times10^{-2}\text{N}\cdot\text{m}^{-1}$,密度为 $0.9971\text{g}\cdot\text{cm}^{-3}$,摩尔质量为 $18.02\text{g}\cdot\text{mol}^{-1}$。

4. 在 298K,101.325kPa 下,将直径为 $1\mu m$ 的毛细管插入到水中,问需要在管内加多大压力才能防止水面上升?若不加额外的压力而让水面上升,达到平衡后水面能升多高?一直该温度下水的表面张力为 $0.072\text{N}\cdot\text{m}^{-1}$,水的密度为 $1000\text{kg}\cdot\text{m}^{-3}$。设接触角为 0°,重力加速度为 $9.8\text{m}\cdot\text{s}^{-2}$。

5. 将材质相同、半径不同的两根毛细管插入同一液体中,利用两毛细管中弯液面的高度差 $\Delta h$ 可测量液体的表面张力。现已知两毛细管的半径分别为 $r_1=5\times10^{-4}\text{m}$,$r_2=1\times10^{-3}\text{m}$,测得 $\Delta h=1.47\times10^{-2}\text{m}$,液体密度 $\rho=950\text{kg}\cdot\text{m}^{-3}$。设液体可完全润湿管壁,试计算该液体的表面张力。

6. 25℃ 时乙醇水溶液的表面张力随乙醇浓度变化关系为:

$$\gamma/10^{-3}=72-0.5(c/c^{\ominus})+0.2(c/c^{\ominus})^2$$

试分别计算乙醇浓度为 $0.1\text{mol}\cdot\text{dm}^{-3}$ 和 $0.5\text{mol}\cdot\text{dm}^{-3}$ 时,乙醇的表面吸附量。$(c^{\ominus}=1.0\text{mol}\cdot\text{dm}^{-3})$

7. 298K 时,乙醇的表面张力满足公式:$\gamma=\gamma_0-ac+bc^2$,式中,$c$ 是乙醇的浓度,单位为 $\text{mol}\cdot\text{dm}^{-3}$,$\gamma_0$、$a$、$b$ 为常数。(1) 求该溶液中乙醇的表面超量 $\Gamma$ 和浓度 $c$ 的关系;(2) 当 $a=5\times10^{-7}\text{N}\cdot\text{m}^2\cdot\text{mol}^{-1}$,$b=2\times10^{-10}\text{N}\cdot\text{m}^5\cdot\text{mol}^{-2}$ 时,计算 $0.5\text{mol}\cdot\text{dm}^{-3}$ 乙醇溶液的表面超量 $\Gamma$。

# 第四篇

# 有机化学

# 第 17 章
# 绪 论

**学习要求**

1. 理解有机化学的概念；
2. 理解有机化合物的组成、结构及通性；
3. 了解有机化合物的分类。

有机化学就是研究碳化合物的化学。有机化学奠基于18世纪中叶，直到19世纪初，化学家对有机化学和有机化合物的含义还比较模糊。1828年魏勒首先由无机物氰酸铵（$NH_4OCN$）在实验室中制得了有机化合物尿素（$NH_2CONH_2$），发表了重要论文"论尿素的人工合成"，开创有机化学人工合成的新纪元。接着，许多化学家也在实验室中从简单的无机化合物合成出许多其他有机化合物。在事实面前，化学家们摒弃了不科学的生命力学说的束缚，加强了有机化合物的人工合成实践，促进了有机化学的发展。

## 17.1 有机化合物和有机化学反应的特性

有机化学是一门非常重要的学科，研究复杂且彼此制约、彼此协调的有机物质的变化过程。有机化合物指的是含碳元素的化合物（简单的碳化合物：$CO$、$CO_2$、碳酸盐、碳化物、氰化物等除外），绝大多数还含有氢元素，以及含N、O、S、P、卤素等其他元素。

绝大多数有机化合物都含有碳、氢两种基本元素，因此可以说有机化合物就是碳氢化合物及其衍生物，有机化合物和无机化合物是有明显的区别的，从数量上讲，有机化合物的数量非常庞大，已经超过8000万种。

表 17-1 无机、有机化合物的对比

| 项目 | 无机化合物 | 有机化合物 |
| --- | --- | --- |
| 数量 | 不足40万 | 超过8000万 |
| 组成元素 | 100种左右 | C、H、O、N、P、S、X |
| 化学键 | 离子键（主） | 共价键（主） |
| 熔点 | 较高（一般） | 较低（普遍） |
| 溶解性 | 溶于水（一般） | 溶于有机溶剂（一般） |

续表

| 项目 | 无机化合物 | 有机化合物 |
|---|---|---|
| 可燃性 | 不燃(多数) | 易燃(多数) |
| 反应特点 | 速度快,副反应少 | 速度慢,副反应多,反应复杂 |
| 结构 | 异构现象少 | 同分异构现象(大多数) |

如表 17-1 所示,相对于无机化合物,有机化合物的特征如下所述:
(1) 数量巨大;
(2) 结构上大多存在同分异构现象;
(3) 大多数不溶于水;
(4) 熔点较低;
(5) 热稳定性较低,大多数有机化合物的分解温度比较低;
(6) 可以燃烧,例如汽油就是有机化合物。
有机化学反应的特征如下:
(1) 反应速度普遍较慢;
(2) 非定量反应,大多都伴随着副反应。

## 17.2 共价键

共价键是有机化合物中最典型的化学键,结构决定性质,要分析化合物的结构,首先讨论化合物中的共价键。两个原子间共用一对或几对电子产生的化学键就是共价键,强调的是电子共用。例如 Cl 原子和 Cl 原子形成共价键:

$$:\!\ddot{\underset{..}{Cl}}\!\cdot + \cdot\!\ddot{\underset{..}{Cl}}\!: \longrightarrow :\!\ddot{\underset{..}{Cl}}\!:\!\ddot{\underset{..}{Cl}}\!:$$

Cl 最外层电子排布为 $3s^2 3p^5$,有一个未成对 p 电子,两个 Cl 原子靠近,两个未成对 p 电子相互配对形成共价键,该共价键的电子不单独属于任何一个 Cl 原子,而是为两个 Cl 原子共用。

## 17.3 共价键的表示方法

共价分子通常用路易斯结构来表示:一个圆点代表一个电子,用一对圆点表示一对成对电子(也可以用短线(—)来表示)。有的元素(例如:N、S、卤素)原子核外有一些没有与其他原子共用的成对电子,被称为未共用电子对,此类孤对电子与含这些杂原子化合物的化学性质紧密相关。在有机化学中,只画出部分孤对电子,或者都忽略。

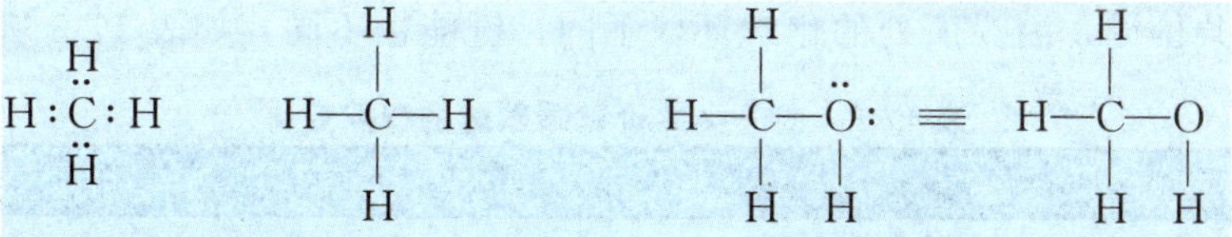

甲烷的路易斯结构式　　　　　甲醇的路易斯结构式

## 17.4 有机化合物共价键的性质

(1) 键长

键长、键角、键能是共价键的基本属性。键长是指成键原子的原子核间的平均距离，形成化学键的两个原子处在不断的震动状态，所以键长是原子核间的平均距离。键长与成键原子的半径正相关：成键的两个原子的原子半径越大，所形成的键越长；键长和键级负相关（图17-1）：单键键长＞双键键长＞三键键长。

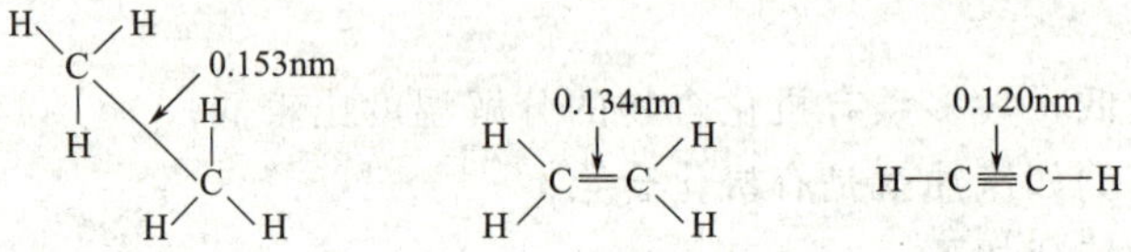

图 17-1 乙烷、乙烯、乙炔分子中碳碳键键长

(2) 键角

二价以上的原子与其他原子成键时，键与键之间的夹角称为键角，键角反映了分子的空间结构。如图17-2所示，在甲烷分子中，两个碳氢键之间的夹角是109.5°。而乙烯分子有两种类型的键角，一种是碳氢键和碳碳键的夹角是121.7°；烯烃碳相连的两个碳氢键之间的夹角是116.6°。乙炔分子中碳氢键和碳碳键的夹角是180°。

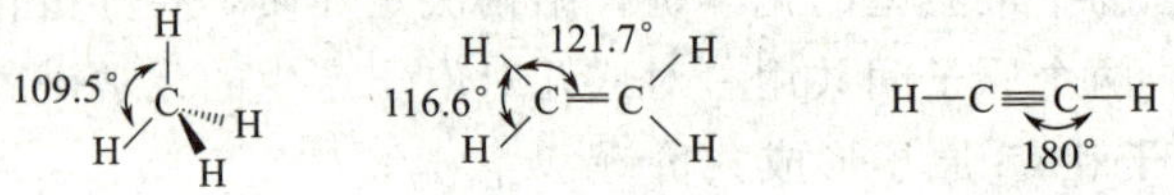

图 17-2 甲烷、乙烯、乙炔分子中部分键角

(3) 键能

键能是指形成共价键时体系释放的能量和断裂共价键时体系吸收的能量，键能反映了共价键的强度，键能越大，则键越牢固。键能是共价键最重要的属性，是决定反应能否进行的基本参数。

① 键级越高，键长越短，键能越大，见表17-2。

表 17-2 乙烷、乙烯、乙炔碳碳键的键能

| | 碳碳键键长/nm | 碳碳键键能/kJ·mol$^{-1}$ |
|---|---|---|
| $H_3C—CH_3$ | 0.153 | 377 |
| $H_2C={}=CH_2$ | 0.134 | 728 |
| $HC≡CH$ | 0.120 | 954 |

② 同一类共价键，因为所处的化学环境不同，键能也不同，如表17-3所示。

表 17-3 同一类共价键碳碳键的键能变化

| 碳氢键类型 | 杂化类型 | 碳碳键键能/kJ·mol$^{-1}$ |
|---|---|---|
| H—C≡CH | sp | 558 |

| 碳氢键类型 | 杂化类型 | 碳碳键键能/kJ·mol |
|---|---|---|
| H—C=CH₂ (H) | sp² | 465 |
| H—△ | sp³ | 445 |
| 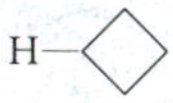 H—◇ | sp³ | 405 |

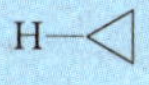

(4) 电负性和偶极矩

电负性通常指元素的电负性，是分子中的原子吸引电子能力大小的一个相对标度，反映了原子吸引键合电子能力的强弱，决定了化学键的极化状态和电子的流向，即键合电子偏向电负性大的一方。由两个相同原子形成的共价键没有极性，因为成键电子云对称分布于两个原子之间，例如 H—H。而两个不同原子构成的共价键，鉴于其对价电子的引力不完全相同，使分子的一端带电荷多，带一部分负电荷，一端带电荷少，带一部分正电荷，此类由于电子云的不完全对称而呈现极性的共价键叫做极性共价键（可以用箭头表示），一般用 $\delta^+$、$\delta^-$ 表示极性共价键的原子带电情况，电负性相差越大，共价键的极性越大。

$$\overset{\delta^+}{H} \longrightarrow \overset{\delta^-}{OH}$$

由于极性共价键的电荷分布不均匀，正电荷中心与负电荷中心不重叠，形成偶极，就出现了偶极矩 $\mu$：正电荷中心（或者负电荷中心）的电荷量 $q$ 乘以两个电荷中心的距离 $d$，单位为 C·m。偶极矩具有方向性，用 ⟶ 表示，箭头则代表正电荷到负电荷的方向。

## 17.5　酸碱理论

在有机化学中，勃朗斯台-洛瑞（Brönsted-Lowry）酸碱质子理论和路易斯（Lewis）酸碱电子理论应用最广泛。

(1) 酸碱质子理论

可以给出质子的物质称为酸（acid），可以接受质子的物质称为碱（base）。当酸给出一个质子就变成碱，称之为该酸的共轭碱；同理，碱接受一个质子后，就变成酸，为该碱的共轭酸（conjugate acid），即相差一个氢质子的中性分子或离子互为共轭酸碱关系，例如：见图 17-3，乙酸失去一个氢质子变成乙酸根，则乙酸根是乙酸的共轭碱；反之，对其可逆反应来说：乙酸也是乙酸根的共轭酸。依此类推：中性水分子是氢氧根的共轭酸，而氢氧根是中性水分子的共轭碱。酸性强的共轭酸，其共轭碱的碱性弱；碱性强的共轭碱，相应共轭酸的酸性弱。

$$\underset{\text{酸}}{H_3C-\overset{O}{\underset{\|}{C}}-O-H} + \underset{\text{碱}}{\bar{O}H} \rightleftharpoons \underset{\text{共轭碱}}{H_3C-\overset{O}{\underset{\|}{C}}-\bar{O}} + \underset{\text{共轭酸}}{H-OH}$$

图 17-3　共轭酸碱例子

(2) 路易斯（Lewis）酸碱电子理论

路易斯酸碱电子理论更加广义：无论分子、离子或原子团，能够接受电子对的称为酸（电子对受体），例如：$SO_3$、$BF_3$、$AlCl_3$、$SnCl_4$、$FeCl_3$、$ZnCl_2$、$H^+$、$Ag^+$、$Ca^{2+}$、$Cu^{2+}$；而含

有可给出电子对的则为碱：$NH_3$、$(C_2H_5)_2O$、$(CH_3)_3N$、$C_6H_5NH_2$、$OH^-$、$C_5H_5N$ 等。

路易斯酸可以接受外来电子对，有亲近另一分子的负电荷中心的倾向，因此它具有亲电性，被称为亲电试剂。而路易斯碱能给予电子对，有亲近另一分子的正电荷中心的倾向，因此它具有亲核性，属于亲核试剂。

## 17.6　有机化合物的分类

按碳架结构将有机化合物分为开链化合物和环状化合物两大类，由碳原子等连接成链状的化合物称为开链化合物，此类化合物最初是从动物油脂中获得的，因此被称为脂肪族化合物。环状化合物分为两类：(1) 碳环化合物即碳原子链接成环的化合物，包括与脂肪族化合物性质相似的脂环族化合物，以及含苯环的芳香族化合物；(2) 杂环化合物（环内含杂原子）也分为两类：具有脂肪族性质特征的脂杂环化合物和具备芳香族特性的芳杂环化合物。

## 17.7　有机化合物的鉴定手段

有机化学研究的主题是：合成、分离提纯、结构鉴定。合成是从反应底物在催化剂、温度、pH值、溶剂等各种因素影响下，转化为另一种产物。分离提纯指通过柱色谱、蒸馏、重结晶、萃取等多样化操作将单一的纯净组分分离开来。结构鉴定主要根据有机物的化学、物理性质推测其结构特征。

有机化学一般研究路径：(1) 分离提纯，得到单一组分的纯净物质——(2) 纯度的检验，熔点、沸点、薄层色谱、液相色谱等检测纯度——(3) 鉴定分子式，①通过元素定性分析确定元素种类，②通过元素定量分析确定各种原子的相对数目，③通过测定分子量确定原子的具体数目，计算分子式，④高分辨质谱确定分子量——(4) 确证结构式：①官能团分析；②通过化学降解倒推化合物结构；③波谱分析，红外光谱、紫外光谱、核磁共振波谱、质谱——(5) 人工制备：借助对有机化合物的结构、物理化学性质等了解，对其进行逆合成分析，通过最优合成路线，构建目标产物。

## 习　题

1. 按照酸碱电子论，下列反应方程式反应物中，哪个是酸？哪个是碱？

(1) 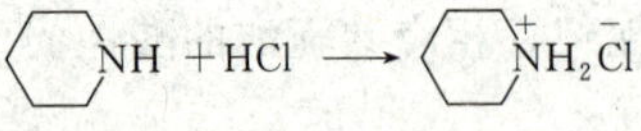 ⟨NH⟩ + HCl ⟶ ⟨$\overset{+}{N}H_2Cl$⟩

(2) $CuO + SO_2 \longrightarrow CuSO_3$

2. 丙烯 $CH_3CH=CH_2$ 中的碳，哪个是 $sp^3$ 杂化，哪个是 $sp^2$ 杂化？

3. 只有一种结合方式：2个氢、1个碳、1个氧（$H_2CO$），试把分子的电子式画出来。

4. 用 $\delta^+/\delta^-$ 符号对下列化合物的极性作出判断：

(1)　$H_3C-Br$　　　(2)　$H_3C-NH_2$　　　(3)　$H_3C-Li$

(4)　$NH_2-H$　　　(5)　$H_3C-OH$　　　(6)　$H_3C-MgBr$

# 第18章 烷烃

**学习要求**

1. 理解有机化学中的同分异构现象及构象;
2. 掌握烷烃的系统命名法和习惯命名法;
3. 掌握烷烃的物理性质和化学反应及来源和用途。

## 18.1 烷烃结构及表示式

烃类化合物由碳、氢两种元素组成,烷烃属于烃的一种。甲烷是最简单的烷烃,分子式为 $CH_4$,无色无味,是石油气、天然气和沼气的主要成分,为可燃性气体。

甲烷中的碳为 $sp^3$ 杂化,形成四个成键轨道,碳位于四面体的中心,方向指向正四面体的四个角,分别与氢的 s 轨道形成完全等同的四个 σ 键,四个氢占据四面体的四个角(见图 18-1),其中 H—C—H 键角为 109.5℃,C—H 键长为 0.110nm。甲烷中的一个氢被甲基(—$CH_3$)取代,就是乙烷。乙烷结构如图 18-2 所示,其中 H—C—C 和 H—C—H 键角均为 109.5℃,C—H 键长 0.110nm,C—C 键长 0.153nm。总结:键角和键长在不同的烷烃中没有太大差别,因此键长及键角可以看作烷烃的特征性数据。

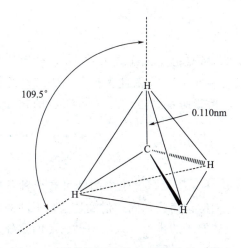

图 18-1 甲烷正四面体结构及键长、键角

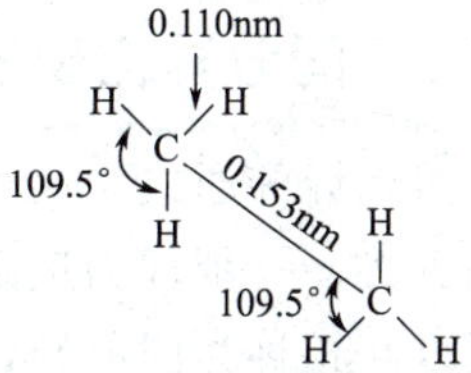

图 18-2 乙烷分子的键长、键角

烷烃的立体构型在平面上的表示方式有电子式和构造式两种。构造式中用一条短线表示一对共用电子，也可以省略其中的短线，写成构造简式，如表18-1所示。

表 18-1　常见烷烃的构造式

| 名称 | 分子式 | 构造式 | 构造式简写 |
| --- | --- | --- | --- |
| 甲烷 | $CH_4$ | 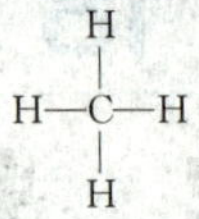 H–C(H)(H)–H | $CH_4$ |
| 乙烷 | $C_2H_6$ | 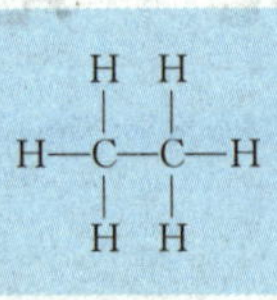 H–C(H)(H)–C(H)(H)–H | $CH_3CH_3$ |
| 丙烷 | $C_3H_8$ | 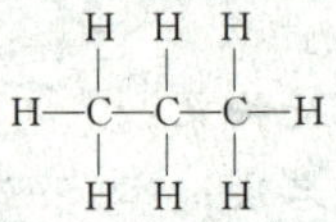 H–C(H)(H)–C(H)(H)–C(H)(H)–H | $CH_3CH_2CH_3$ |
| 丁烷 | $C_4H_{10}$ | 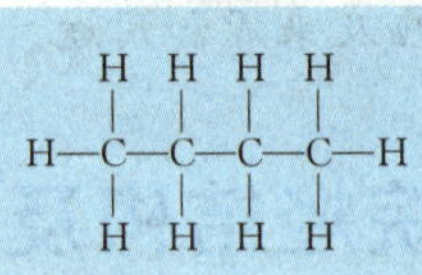 H–C(H)(H)–C(H)(H)–C(H)(H)–C(H)(H)–H | $CH_3CH_2CH_2CH_3$ |
| 戊烷 | $C_5H_{12}$ | 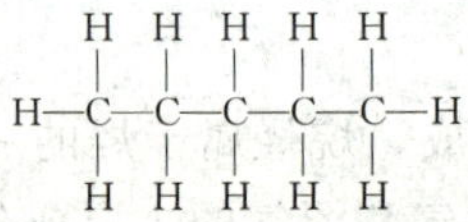 H–C(H)(H)–C(H)(H)–C(H)(H)–C(H)(H)–C(H)(H)–H | $CH_3CH_2CH_2CH_2CH_3$ |

烷烃中的碳为 $sp^3$ 杂化，因此，烷烃的结构不是直线型，经 X 射线研究证明，高级烷烃晶体的碳链是锯齿形的。在气态或液态，碳链可有不同的形式。

## 18.2　同系列和同分异构现象

### 18.2.1　同系列和同系物

烷烃中碳原子数目为 $n$，则氢原子数目为 $2n+2$，烷烃分子式通式为 $C_nH_{2n+2}$。对比烷烃的分子式，乙烷比甲烷多一个 $CH_2$，丙烷比乙烷多一个 $CH_2$，依此类推，相邻烷烃之间都相差一个 $CH_2$，此类结构相似，化学性质也相似，相邻两者之间只差一个 $CH_2$ 的化合物称为同系列，同系列中的化合物称为同系物。

### 18.2.2　同分异构现象

按照烷烃的通式，戊烷的分子式为 $C_5H_{12}$。如图 18-3 所示，戊烷中的碳可有三种不同的排列方式，分别称为正戊烷、异戊烷、新戊烷。它们结构简式相同，但是是三种不同的物质，所以互相称为同分异构体。这种异构是由分子中碳原子的排列方式的不同引起的，称为构造异构。

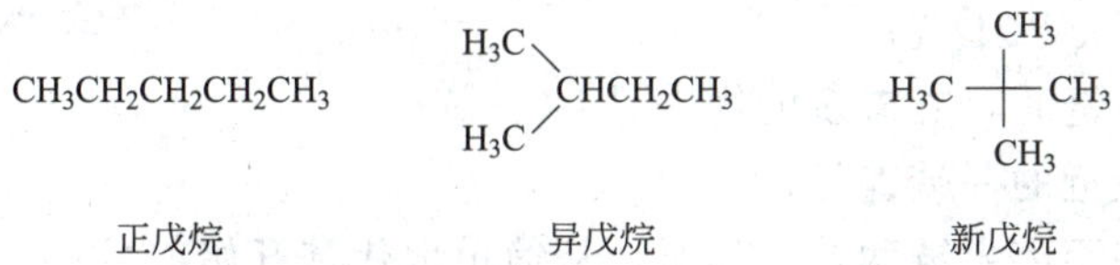

$$CH_3CH_2CH_2CH_2CH_3 \qquad \begin{matrix}H_3C\\ \\H_3C\end{matrix}CHCH_2CH_3 \qquad H_3C-\underset{\underset{CH_3}{|}}{\overset{\overset{CH_3}{|}}{C}}-CH_3$$

  正戊烷      异戊烷      新戊烷

图 18-3　分子式为 $C_5H_{12}$ 的三种异构体

## 18.3　烷烃的命名

### 18.3.1　普通命名法

  10 个碳以内较简单的烷烃采用普通命名法：词首采用甲、乙、丙、丁、戊、己、庚、辛、壬、癸表示。从 11 个碳起用数字表示，称十一烷、十二烷等。

  从丁烷开始就出现同分异构体，可以用"正""异""新"来作为简单异构烷烃的词头，如图 18-4 所示。

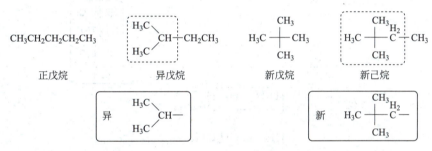

图 18-4　简单烷烃、取代基

### 18.3.2　烷基

  直接和一个碳原子相连的碳称为伯碳，即第一（1°）碳；直接和二个碳原子相连的碳称为仲碳，又称第二（2°）碳，依此类推；与三个碳原子相连的碳为第三（3°）碳原子（叔碳）；与四个碳原子相连的碳为第四（4°）碳原子（季碳）。与伯、仲、叔碳相连的氢分别称为伯氢、仲氢、叔氢。图 18-5 中分子标出了几种不同类型的碳。

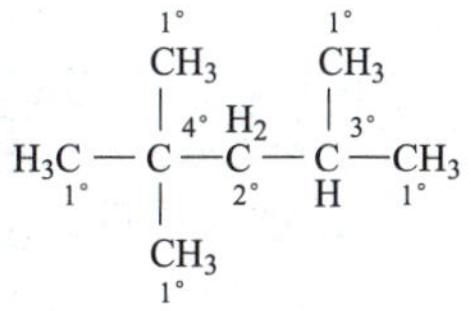

图 18-5　伯、仲、叔、季碳的例证

### 18.3.3　IUPAC 命名法

  对于较复杂的烷烃采用 IUPAC 系统命名（International Union of Pure and Applied Chemistry），我国的命名法以 IUPAC 命名法为原则，称为系统命名法。其原则如下：

  直链烷烃命名时直接根据碳原子的个数叫某烷。

  (1) 确定主链：①链的长短（长的优先）；②侧链数目（多的优先）；③侧链位次大小（小的优先）；④各侧链碳原子数（多的优先）；⑤侧分支的多少（少的优先）。

  (2) 编号：按最低系列原则编号。

  最低系列原则：使取代基的位置号码尽可能小。

  总结为五个字：长、多、近、简、小。

① 长：选最长碳链为主链；

② 多：遇等长主链时，支链多的优先；

③ 近：离支链最近的一端编号；

④ 简：两取代基距离主链两端等长时，从简单取代基开始编号；

⑤ 小：支链编号之和最小。

（3）按名称基本格式写出全名（取代基按次序规则排列先小后大）。

| 构型 | + | 取代基 | + | 母体 |
|---|---|---|---|---|
| *R*,*S*;*D*,*L*;*Z*,*E*;顺,反 | | 取代基位置号＋个数＋名称（有多个取代基时，中文按次序规则确定次序，小的在前。英文按英文字母顺序排列） | | 官能团位置号＋名称（没有官能团时不涉及位置号） |

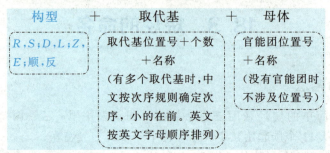

**例 18-1**

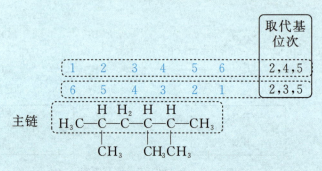

① 确定主链：最长链为主链。

② 编　　号：从左到右，取代基编号为 2，4，5；

从右到左，取代基编号为 2，3，5；

根据最低系列原则，从右到左对取代基编号。

③ 命　　名：中文名称：2,3,5-三甲基己烷。

**例 18-2**

① 确定主链：有两个等长的最长链。

比侧链数：一长链有四个侧链，另一长链有两个侧链，多的优先。

② 编　　号：第二行取代基编号 2，3，4，5；第一行取代基编号 4，5，6，7。根据最低系列原则，选第二行编号。

③ 命　　名：中文名称：2,3,5-三甲基-4-丙基辛烷

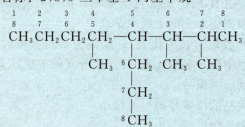

## 18.4 构象

烷烃中的碳为 sp³ 杂化，为了直观地表示烷烃的立体形象，常用**透视式和纽曼投影式**表示。例如乙烷的透视式见表 18-2，锲形透视式见（a）：用实线表示在纸平面上的键，虚线表示在纸平面后方的键，加粗线表示在纸前面的键。透视式的另一种书写方式见（b）。纽曼投影式见（c）：将乙烷的模型放在纸面上，C—C 键与纸面垂直，沿着 C—C 键轴的方向投影，用三个键的交点表示前面的碳原子，用圆圈表示后面的碳原子，与圆圈相连的三根键表示后面原子上的键。

表 18-2　乙烷的透视式和纽曼投影式

| 乙烷锲形透视式 | 乙烷透视式 | 乙烷纽曼投影式 |
|---|---|---|
| (a) | (b) | (c) |

σ 键可自由旋转，因此烷烃的立体投影式有许多形式。使得烷烃有许多空间形象，称为构象，形成相应的异构体，称为构象异构体。图 18-6 是乙烷的两种典型构象：交叉式和重叠式。

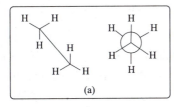
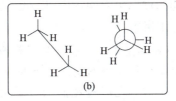

图 18-6　(a) 交叉式构象；(b) 重叠式构象

重叠式构象和交叉式构象之间存在一个能量差。在重叠式中，重叠的碳氢 σ 键之间电子云的相互排斥作用产生一个扭转张力，使其能量比交叉式高出 12.5 kJ·mol⁻¹，因此大多数乙烷分子处于最稳定的交叉构象。但这个能量差很小，完全可以通过室温下分子的热运动来提供，所以在常温下两种构象异构体是可以相互转化的，如图 18-7 所示。

由于丁烷结构 $^1CH_3{-}^2CH_2{-}^3CH_2{-}^4CH_3$ 较复杂。$C^2$-$C^3$ 键旋转时有四种典型的构象，如图 18-8 所示。有两个交叉式，其中甲基处于对位的称为反式交叉，甲基处于邻位的称为邻位交叉；有两个重叠式，其中甲基重叠在一起称为

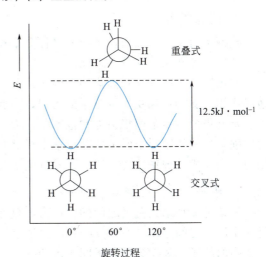

图 18-7　乙烷碳碳键旋转引起的位能变化曲线

顺叠重叠，甲基和氢重叠在一起称为反错重叠。其能量大小顺序为顺叠重叠＞反错重叠＞邻位交叉＞反式交叉。

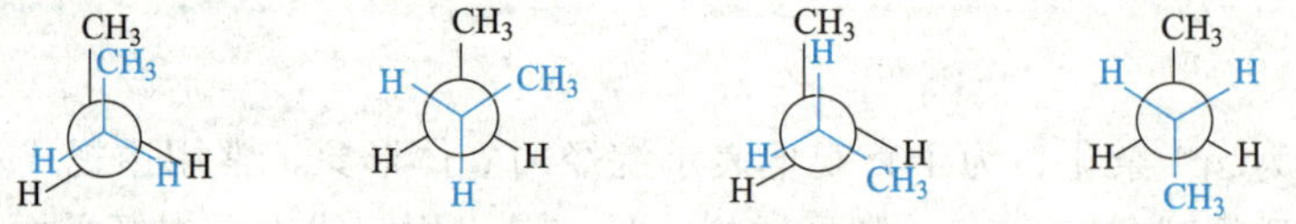

(a) 顺叠重叠式　　(b) 邻位交叉式　　(c) 反错重叠式　　(d) 反式交叉式

图 18-8　丁烷的四种构象

## 18.5　烷烃的物理性质

### 18.5.1　烷烃的物理性质

物质的物态、密度（$\rho$）、相对密度（$d$）、沸点（bp）、熔点（mp）、溶解度（S）、折射率（$n_D^t$）等物理性质可提供结构线索。

直链烷烃的沸点随碳原子数增加而升高，低级烷烃除外。

具有相同碳原子数的不同结构的烷烃，沸点差别较小。支链化作用使沸点降低。

### 18.5.2　分子间的作用力

物质在固态或溶液中分子间弱相互作用的结果决定了它们的物理性质。分子间的作用力有三种类型：偶极间静电引力的作用力、范德华（van der Waals）力和氢键。

**1. 偶极间的作用力**

偶极-偶极相互作用是指一个极性分子带有部分正电荷的一端与另一分子带有部分负电荷的一端之间的吸引作用。该作用使分子的蒸气压降低，沸点较高，非极性分子没有这种作用力存在。例如：丙烷和乙醛有相同的分子量，但沸点相差较大。这是由于乙醛为极性分子，分子间有偶极和偶极间的相互作用。

**2. 范德华力**

范德华力又称色散力，是指非极性分子相互靠近时，瞬时偶极矩之间产生的很弱的吸引力。色散力存在于一切分子之间。

非极性分子能液化和固化的原因正是分子间存在色散力。色散力只有在近距离才能有效地起作用，支链烷烃受支链分子的阻碍，不能紧密地靠在一起，因此沸点低于直链烷烃。

范德华力包括范德华引力和范德华斥力。两个不成键原子之间的吸引力随着它们的靠近而增强，当核间距等于两者的范德华半径之和时，吸引力最大。如果原子间距继续变小，作用力就会变成范德华斥力，所以不成键电子相互靠近但不接触。

**3. 氢键**

氢键是一种永久偶极之间的作用力，氢键发生在以共价键与其他原子键结合的氢原子与另一个原子之间（X—H⋯Y），通常发生氢键作用的氢原子两边的原子（X、Y）都是电负性较强的原子，氢键分为分子间氢键和分子内氢键。通常用虚线表示氢键。

氢键对分子量较小的化合物的物理性质往往有较大的影响。例如：丁醇有极性的羟基，存在分子间的氢键，因此沸点明显较高。

根据"相似相溶"规律，烷烃不溶于强极性的水中，但溶于苯、乙醚、氯仿等有机溶剂。烷烃本身也是一种良好的溶剂，例如石油醚是实验室常用的溶剂之一。

烷烃的密度小于1，都比水轻，因此开采石油时往往采取注水的方法来托出低层的油。

## 18.6 烷烃的化学性质

烷烃是饱和烃，反应活性不高，它不与一般的强酸、强碱、强氧化剂、强还原剂作用。当然，烷烃的稳定性也是相对的，在高温、较高压力、火花等作用下，烷烃可发生卤代、燃烧等反应。

### 18.6.1 取代反应

**1. 甲烷的氯代**

烷烃与氯气在光照或加热条件下，可发生反应，生成氯代烷烃及氯化氢。例如，甲烷与氯反应，生成一氯甲烷和氯化氢。反应式中的"$h\nu$"表示光照，"△"表示加热。

如图 18-9 所示，甲烷的氯代反应先生成一氯甲烷，一氯甲烷可继续氯代生成二氯甲烷、三氯甲烷（氯仿）、四氯化碳，该反应可以调整比例用来制备一氯甲烷或四氯化碳，不适宜制备二氯甲烷和三氯甲烷。

$$CH_4 + Cl_2 \xrightarrow{h\nu} CH_3Cl + HCl$$

$$CH_4 \xrightarrow[h\nu]{Cl_2} CH_3Cl \xrightarrow[h\nu]{Cl_2} CH_2Cl_2 \xrightarrow[h\nu]{Cl_2} CHCl_3 \xrightarrow[h\nu]{Cl_2} CCl_4$$

图 18-9 甲烷的氯代反应

**2. 反应机理**

反应机理即反应历程：描述复杂的有机反应经历多步转换才能由反应物到产物的过程。反应机理有助于认清反应本质，可以控制和利用反应，同时认清各反应之间的联系，以归纳、整理和总结大量有机反应。同时，反应机理是在综合实验事实后提出的理论假说，可以完美地解释实验事实和实验现象，并且，根据这个假说所得到的推断可以被证实，这个假说则称可以称为反应机理。

氯气与甲烷反应实验现象为：①甲烷与氯的反应在室温及暗处不能进行；②只有在光照或加热的情况下才能进行；③当反应由光引发时，体系每吸收一个光子，可产生许多氯甲烷分子；④有少量氧存在会使反应推迟一段时间。

为了解释上述现象，化学家对氯与甲烷反应过程提出了如下的假设：

离解时自由基可以获得能量，本身带的单电子有强烈的配对倾向，是一种非常活泼的反应活性中间体，只能短暂存在。甲烷碳周围有4个氢原子，氯原子与甲烷碰撞，夺取甲烷分子中的一个氢形成氯化氢分子，甲烷转变为甲基自由基（$CH_3 \cdot$）。甲基自由基与氯分子碰撞时，夺取一个氯原子，形成一氯甲烷，同时释放出一个新的氯自由基（$Cl \cdot$）。新产生的氯自由基重复上面的步骤，整个反应就像一个锁链，一经引发，环环相扣地进行下去，因此自由基反应又称为链式反应。

当然，这个反应不会无限制地进行下去：活泼的、低浓度的自由基之间也有相互碰撞的机会，这种碰撞一旦发生，就会终止链式反应，如图 18-10 所示。

$$\text{链引发} \quad Cl:Cl \xrightarrow[\Delta]{hv} 2Cl\cdot$$

$$\text{链增长} \begin{cases} Cl\cdot + CH_4 \longrightarrow CH_3\cdot + HCl \\ CH_3\cdot + Cl_2 \longrightarrow CH_3Cl + Cl\cdot \end{cases}$$

$$\text{链终止} \begin{cases} CH_3\cdot + Cl\cdot \longrightarrow CH_3Cl \\ CH_3\cdot + CH_3\cdot \longrightarrow CH_3CH_3 \\ Cl\cdot + Cl\cdot \longrightarrow Cl_2 \end{cases}$$

图 18-10 甲烷的氯代反应机理

自由基反应可分为三个阶段：第一步为链的引发步骤，就是产生自由基的阶段；第二步为链的传递或链的增殖，这个阶段不断产生新的自由基和形成产物，整个过程循环进行，是自由基反应最重要的阶段；第三步为链的终止步骤，该步骤使自由基消失，使反应终止。

### 3. 烷烃的反应活性

烷烃的氯代反应属于自由基反应历程。决定反应速度的步骤是氯原子夺取烷烃中氢的一步；由于结构原因，产物较甲烷复杂。例如丁烷与氯的反应，由于丁烷分子中存在两种氢——伯氢和仲氢，因此得到两种不同的氯代产物——1-氯丁烷和 2-氯丁烷，其比例如图 18-11 所示。

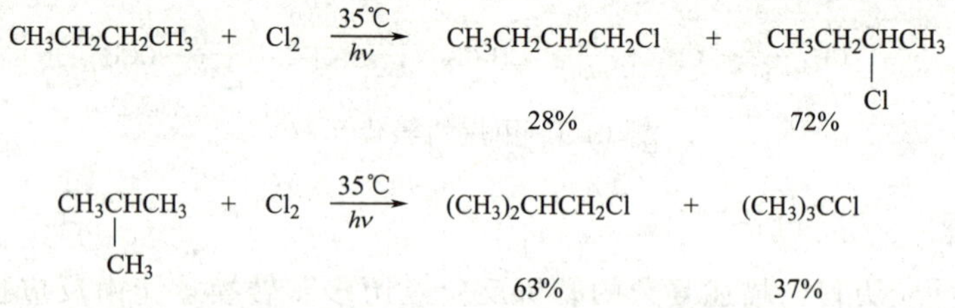

$$CH_3CH_2CH_2CH_3 + Cl_2 \xrightarrow[hv]{35℃} \underset{28\%}{CH_3CH_2CH_2CH_2Cl} + \underset{72\%}{CH_3CH_2\underset{|}{C}HCH_3}$$
$$\phantom{CH_3CH_2CH_2CH_3 + Cl_2 \xrightarrow[hv]{35℃} CH_3CH_2CH_2CH_2Cl + CH_3CH_2CHCH_3}Cl$$

$$\underset{\underset{CH_3}{|}}{CH_3CHCH_3} + Cl_2 \xrightarrow[hv]{35℃} \underset{63\%}{(CH_3)_2CHCH_2Cl} + \underset{37\%}{(CH_3)_3CCl}$$

$V_{(1°H)} : V_{(2°H)} = (28/6) : (72/4) = 1 : 4$

$V_{(1°H)} : V_{(3°H)} = (63/9) : (37/1) = 1 : 5.3$

伯、仲、叔氢原子的氯化反应活性比：

$V_{(1°H)} : V_{(2°H)} : V_{(3°H)} = 1 : 4 : 5.3$

图 18-11 伯、仲、叔氢氯化反应活性比

丁烷分子中有 6 个伯氢和 4 个仲氢，氯原子与伯氢相遇的机会较大，但一氯代产物中，2-氯丁烷反而比 1-氯丁烷多，说明仲氢比伯氢活性大，更容易被取代。计算出伯氢、仲氢、叔氢反应的相对活性：

伯氢、仲氢反应的相对活性：$(28\% \div 6) : (72\% \div 4) = 1 : 4$

伯氢、叔氢反应的相对活性：$(63\% \div 9) : (37\% \div 1) = 1 : 5.3$

因此，在氯代反应中，伯氢、仲氢、叔氢反应活性比为：

伯氢 : 仲氢 : 叔氢 = 1 : 4 : 5.3

同理：在溴代反应中，伯氢、仲氢、叔氢反应活性比（图 18-12）为：

伯氢：仲氢：叔氢＝1∶82∶1600

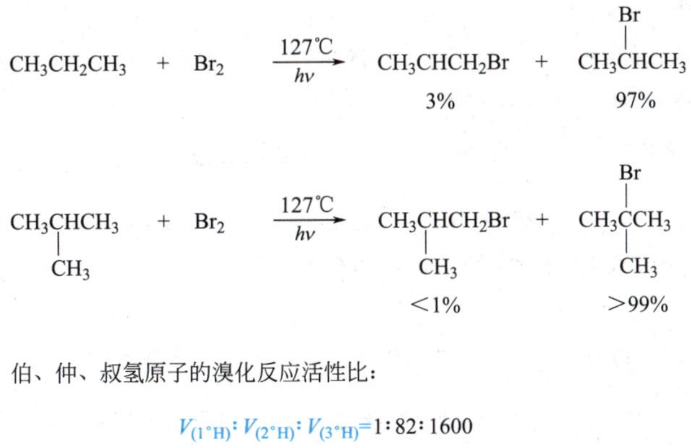

$$CH_3CH_2CH_3 + Br_2 \xrightarrow[h\nu]{127℃} \underset{3\%}{CH_3CHCH_2Br} + \underset{97\%}{CH_3\overset{Br}{\underset{|}{C}}HCH_3}$$

$$CH_3\underset{\underset{CH_3}{|}}{C}HCH_3 + Br_2 \xrightarrow[h\nu]{127℃} \underset{<1\%}{CH_3\underset{\underset{CH_3}{|}}{C}HCH_2Br} + \underset{>99\%}{CH_3\overset{Br}{\underset{\underset{CH_3}{|}}{C}}CH_3}$$

伯、仲、叔氢原子的溴化反应活性比：

$$V_{(1°H)} : V_{(2°H)} : V_{(3°H)} = 1:82:1600$$

图 18-12　伯、仲、叔氢溴化反应活性比

实验表明：①氢原子的反应活性主要取决于它的种类；②在卤代反应中烷烃不同氢的反应活性顺序为：叔氢＞仲氢＞伯氢＞$CH_4$。

### 4. 反应活性与自由基稳定性的关系自由基的结构

怎样解释烷烃在氯代反应中不同氢的反应活性顺序呢？反应中的能量变化是关键。甲烷去掉一个氢原子，形成甲基自由基。

均裂能较小，形成自由基需要的能量相应也少，其相对于原有的烷烃更稳定。因此可得出自由基稳定性顺序为：叔＞伯＞仲＞甲基自由基（$CH_3\cdot$）。越稳定的自由基，越容易形成，与之相应的氢越活泼。

表 18-3 列出不同种类自由基的均裂能。

表 18-3　不同种类自由基的均裂能

| 自由基类型 | 反应 | 均裂能 |
|---|---|---|
| 甲基自由基 | $CH_4 \longrightarrow \dot{C}H_3 + H\cdot$ | $\Delta H = 435 kJ\cdot mol^{-1}$ |
| 伯自由基 | $CH_3CH_2CH_3 \longrightarrow CH_3CH_2\dot{C}H_2 + \dot{H}$ | $\Delta H = 410 kJ\cdot mol^{-1}$ |
| 仲自由基 | $CH_3CH_2CH_3 \longrightarrow CH_3\dot{C}H_2CH_3 + \dot{H}$ | $\Delta H = 397 kJ\cdot mol^{-1}$ |
| 叔自由基 | $H_3C-\underset{\underset{H}{|}}{\overset{\overset{CH_3}{|}}{C}}-CH_3 \longrightarrow H_3C-\underset{\underset{\cdot}{}}{\overset{\overset{CH_3}{|}}{C}}-CH_3 + \dot{H}$ | $\Delta H = 381 kJ\cdot mol^{-1}$ |

### 5. 卤素的活性反应的选择性

研究结果表明：卤素与甲烷的相对反应活性顺序为：$F_2 > Cl_2 > Br_2 > I_2$。氟反应剧烈无法控制，导致爆炸，碘基本不反应，氯和溴居中，实际运用的卤代反应，主要是氯代和溴代。一般情况下，溴原子活性小于氯原子，大部分溴原子只能夺取较活泼的氢，因此溴代反应的选择性比氯代的高。

## 18.6.2　氧化反应

烷烃在空气中燃烧生成二氧化碳和水，并放出大量的热，烷烃主要用作燃料。如果控制适当的反应条件，在金属氧化物或金属盐催化下进行**氧化**，则可得到部分氧化的产物。整个反应十分复杂，常常得到一系列的酸（RCOOH）和酮（R—C—R'）。如图 18-13 所示。

$$CH_3CH_2CH_3 + O_2 \xrightarrow[170MPa]{\text{金属盐} \atop 350℃} HCOOH + CH_3COOH + CH_3\overset{O}{\underset{\|}{C}}CH_3$$

图 18-13 丙烷的氧化反应

高级烷烃（石蜡 $C_{20}\sim C_{30}$）氧化得高级脂肪酸等（见图 18-14），高级脂肪酸可代替动植物油制肥皂，部分氧化反应提高了烷烃的经济价值。

$$RCH_3 + O_2 \xrightarrow[110℃]{MnO_2} HCOOH \qquad R=C_{20}\sim C_{30}$$

图 18-14 高级烷烃的氧化反应

### 18.6.3 热裂反应

化合物在高温和无氧条件下发生的分解反应称为热裂。烷烃的热裂属于复杂的自由基反应，由于烷烃离解能很大，C—C 键约在 $347 kJ \cdot mol^{-1}$，C—H 键约在 $414 kJ \cdot mol^{-1}$，因此在 500～700℃ 高温下、高压条件才发生裂解反应，烷烃热裂成小分子烃，进一步脱氢转变为烯烃和氢。其历程如图 18-15 所示：

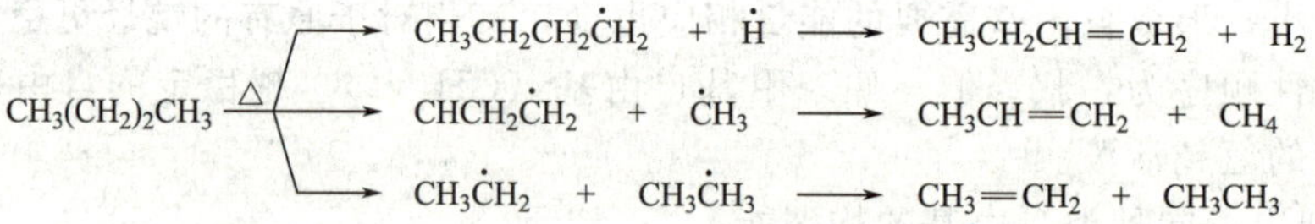

$$CH_3(CH_2)_2CH_3 \xrightarrow{\Delta} \begin{cases} CH_3CH_2\dot{C}H_2 + \dot{H} \longrightarrow CH_3CH_2CH=CH_2 + H_2 \\ \dot{C}HCH_2\dot{C}H_2 + \dot{C}H_3 \longrightarrow CH_3CH=CH_2 + CH_4 \\ CH_3\dot{C}H_2 + \dot{C}H_3 \longrightarrow CH_3=CH_2 + CH_3CH_3 \end{cases}$$

图 18-15 烷烃的热裂反应

热裂反应主要用于生产燃料，近年来热裂已为催化裂化所代替：将高沸点的重油转变为低沸点的汽油，提高石油的利用率；还可获得重要的化工原料"三烯"（乙烯、丙烯和丁二烯）。

## 18.7 烷烃的工业来源

烷烃的工业来源主要是石油，以及与石油共存的天然气。石油经分馏成各种馏分。

### 习 题

1. 用系统命名法命名下列化合物，或根据命名写出结构式：

(1) 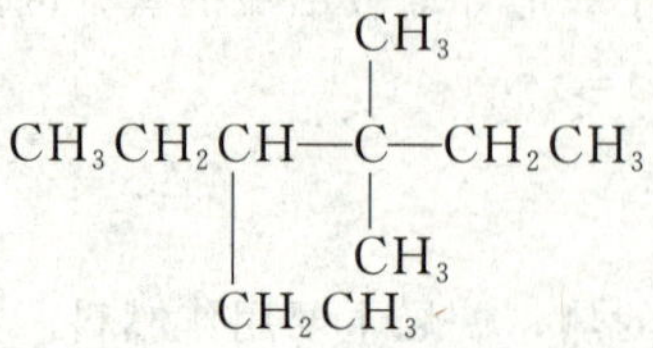 $CH_3CH_2CH-\underset{\underset{CH_2CH_3}{|}}{\overset{\overset{CH_3}{|}}{C}}-CH_2CH_3$

(2) 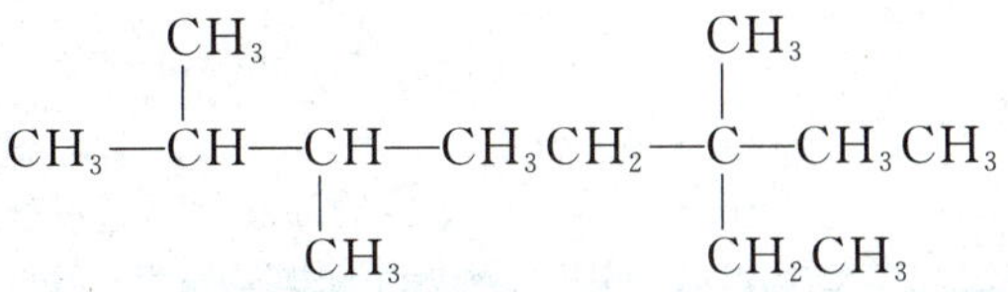 CH₃-CH(CH₃)-CH(CH₃)-CH₂CH₂-C(CH₃)(CH₂CH₃)-CH₃

(3) 3，5，5，6-四甲基壬烷

(4) 2-甲基戊烷

2. 写出己烷的同分异构体的构造式，并用系统命名法命名。

3. 试将下列烷烃按沸点降低的次序进行排列（不要查表）。

① 3,3-二甲基戊烷　② 正庚烷　③ 2-甲基庚烷　④ 正戊烷　⑤ 2-甲基己烷

4. 写出乙烷氯代的自由基历程。

5. 把下列透视式改写成纽曼投影式。

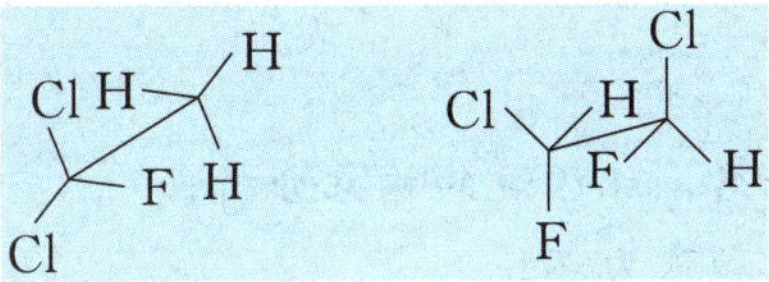

第18章　烷烃

# 第 19 章

# 脂环烃

**学习要求**

1. 理解脂环烃的异构及命名，环己烷的构象分析；
2. 了解环的张力、正常环和张力环；
3. 理解脂环烃的物理性质和化学反应。

## 19.1 分类和命名

脂环烃是指碳原子成环的烃，分为饱和的脂环烃（环烷烃）和不饱和的脂环烃（环烯烃和环炔烃），其性质与开链的烃类化合物（饱和烃及不饱和烃）相似。碳环可简写成相同大小的多边环，每一个角代表一个亚甲基，单线表示单键，双线表示双键，例如：

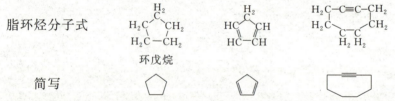

多环烃是指环之间有共同碳原子的多环化合物。根据环中共有碳原子的不同可分为螺环烃、稠环烃、桥环烃，螺环烃是指脂环烃中两个碳环共有一个碳原子，桥环烃是指脂环烃中两个或两个以上碳环共有两个碳原子。环烷烃、环烯烃、螺环烃、桥环烃的命名规则及例证见表 19-1。

表 19-1 脂环烃的命名规则及例证

| 类型 | 命名规则 | 例证 |
| --- | --- | --- |
| 环烷烃 | 1. 根据分子中成环碳原子数目，称为环某烷。<br>2. 把取代基的名称写在环烷烃的前面。<br>3. 取代基位次按"最低系列"原则列出，基团顺序按"次序规则"小的优先列出 | 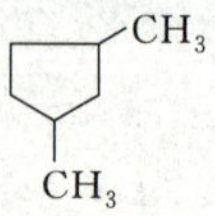 1,3-二甲基环戊烷 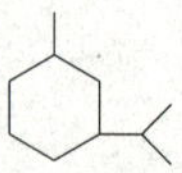<br><br>1-甲基-3-异丙基环己烷 |

续表

| 类型 | 命名规则 | 例证 |
|---|---|---|
| 环烷烃 | 取代基复杂时以环烷基为取代基 | 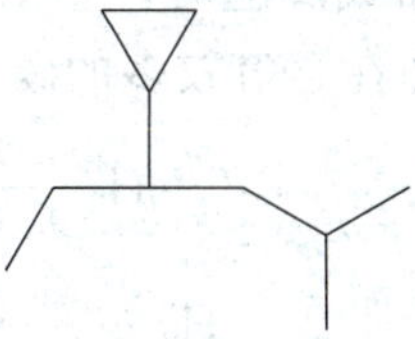 2-甲基-4-环丙基己烷 |
| 环烯烃 | 1. 根据分子中成环碳原子数目，称为环某烯。<br>2. 以双键的位次和取代基的位置最小为原则 | 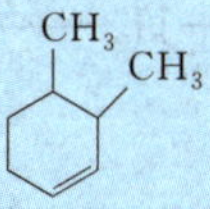 3,4-二甲基环己烯<br> 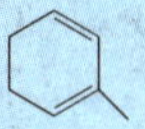2-甲基-1,3-环己二烯 |
| 螺环 | 命名格式：<br>螺[小．大]某烷<br>（某烷：环上总碳原子数；[小．大]：螺原子外小环、大环的碳原子数目）<br>编号——从较小环中与螺原子相邻的一个碳原子开始，再经螺原子到大环 | 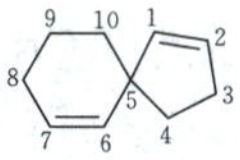 螺[4.5]-1,6-癸二烯<br> 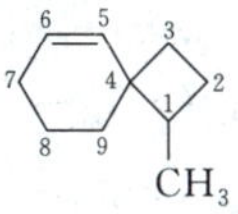1-甲基螺[3.5]-5-壬烯 |
| 桥环烃 | 双环[大．中．小]某烃<br>（某烃：环上总碳原子数目；[大．中．小]：桥上碳原子数目）<br>编号：从桥头碳开始，绕大环到小环（最长的桥到最短的桥） | 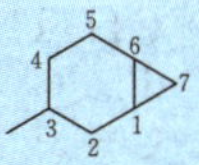 3-甲基二环[4.1.0]庚烷<br> 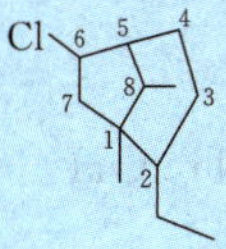1,8-二甲基-2-乙基-6-氯二环[3.2.1]辛烷 |

## 19.2 脂环烃的化学性质

脂环烃性质与链烃相近，但也有一些特殊性。环烷烃、环烯烃与相应的烷烃、烯烃类似，主要进行自由基取代。例如：1-甲基环戊烷分子中3°氢反应活性高被取代，所以产物单一，环烯烃α-H被卤素取代也属于自由基取代，其他性质诸如亲电加成反应等不再一一赘述。

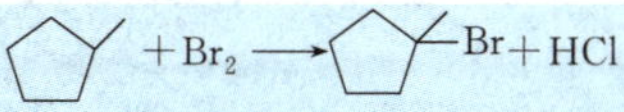

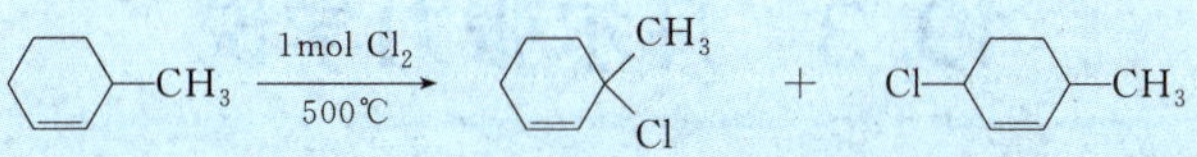

$$\text{环戊烷} + Br_2 \longrightarrow \text{环戊基-Br} + HCl$$

$$\text{3-甲基环己烯} \xrightarrow{\text{1 mol } Cl_2}{500℃} \underset{\text{主}}{\text{1-甲基-1-氯环己烯}} + \underset{\text{次}}{\text{4-氯-1-甲基环己烯}}$$

三元、四元小环化合物不稳定，极容易开环，它们某些性质和烯烃类似，但与卤素及卤化氢的反应活性不如烯烃。

(1) 加氢：从反应温度大小可说明环的稳定性：环丙烷＜环丁烷＜环戊烷。

取代环丙烷与氢发生加成反应时，①断键：含取代基最多和含取代基最少的碳碳键断开；②符合马氏规则：氢加在含氢较多的碳上。

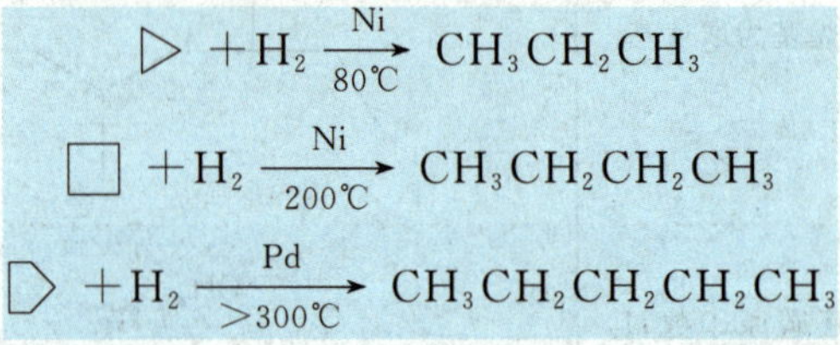

$$\triangleright + H_2 \xrightarrow[80℃]{Ni} CH_3CH_2CH_3$$

$$\square + H_2 \xrightarrow[200℃]{Ni} CH_3CH_2CH_2CH_3$$

$$\triangleright + H_2 \xrightarrow[>300℃]{Pd} CH_3CH_2CH_2CH_2CH_3$$

(2) 加卤素

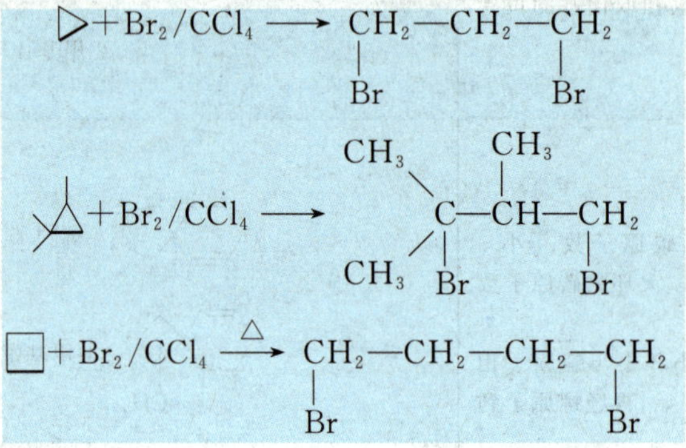

$$\triangleright + Br_2/CCl_4 \longrightarrow CH_2-CH_2-CH_2$$
$$\qquad\qquad\qquad\qquad\quad |\qquad\quad\;\; |$$
$$\qquad\qquad\qquad\qquad\;\;\; Br\qquad\;\;\; Br$$

取代环丙烷 + Br$_2$/CCl$_4$ → (CH$_3$)$_2$C(Br)—CH(Br)—CH$_3$ 型产物

$$\square + Br_2/CCl_4 \xrightarrow{\triangle} CH_2-CH_2-CH_2-CH_2$$
$$\qquad\qquad\qquad\qquad\quad\;\; |\qquad\qquad\qquad\qquad |$$
$$\qquad\qquad\qquad\qquad\;\; Br\qquad\qquad\qquad\quad Br$$

(3) 加 HX、H$_2$SO$_4$

甲基环丙烷 + HBr → (CH$_3$)$_2$C(Br)—CH(CH$_3$)—CH$_3$ 型产物

甲基环丙烷 + H$_2$SO$_4$ → (CH$_3$)$_2$C(OSO$_3$H)—CH(CH$_3$)—CH$_3$ $\xrightarrow[\triangle]{H_2O}$ (CH$_3$)$_2$C(OH)—CH(CH$_3$)—CH$_3$

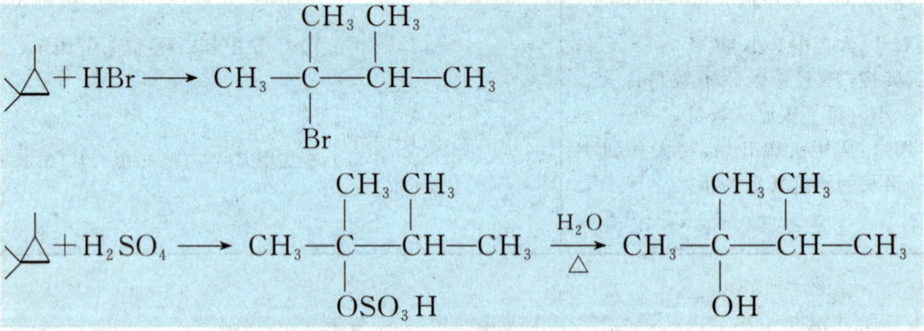

环丁烷比环丙烷稳定，在较强烈的条件下被氢化。五元环与六元环很稳定，不易开环。

(4) 氧化反应

环丙烷与烯烃既相似又有区别，环丙烷对氧化剂较稳定，不被高锰酸钾、臭氧等氧化剂氧化。例如：

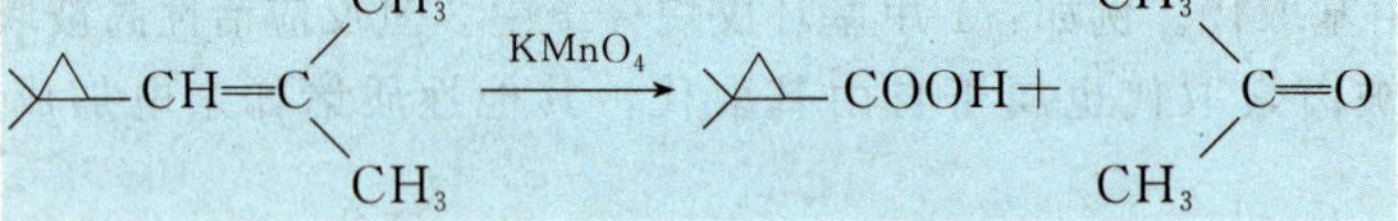

$$\triangleright\!-\!CH\!=\!C(CH_3)_2 \xrightarrow{KMnO_4} \triangleright\!-\!COOH + (CH_3)_2C\!=\!O$$

## 19.3　拜尔张力学说

1885 年拜尔 (J. Baeyer, 1835—1917) 提出张力学说，认为 sp$^3$ 杂化的碳与其他四个原子成键的角度应是 109.5°，而环丙烷键角只能 60°（图 19-1），环丁烷键角应为 90°，它们与正常键角的差分别是（109.5°－60°＝49.5°及 109.5°－90°＝19.5°），因此成环时需压缩正常键角以适应环的几何形状。压缩产生角张力，使环不稳定，易开环。有机化学中最常碰到并最易合成的环是五元环及六元环，因为它们大到足以不具有角张力，同时又小到足以使闭环成为可能。

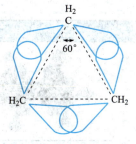

图 19-1 环丙烷键角

## 19.4 影响环状化合物稳定性的因素

（1）角张力

由于环烷烃的键角和 sp³ 杂化的碳原子成键的键角（109°28′）存在偏差，导致分子中出现张力。这种张力就是角张力。

（2）扭转张力

扭转张力是构象分析中的一种术语。乙烷在常温下存在交叉式与重叠式两种极限构象，前者较后者内能低而稳定，因而后者极易转变为前者，这种分子内在的转变力称为扭转张力。

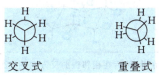

（3）范德华力张力

范德华力是指分子间作用力，是存在于中性分子或原子之间的一种弱碱性的电性吸引力。

## 19.5 环己烷的构象：横键（平伏键）和竖键（直立键）

环己烷的构象与它的内能低有关。环己烷分子的六个碳原子不在同一平面上，并且碳-碳键之间的角度保持在 109.5°，因此该环稳定。

互相翻转的两个椅式构象

由于碳碳键是 σ 单键，一定程度的自由旋转造成环己烷具有很多构象，其中两个典型代表为椅式构象和船式构象，椅式构象是环己烷最稳定的构象。如表 19-2。

表 19-2 椅式构象与船式构象

| 椅式构象 | 船式构象 |
| --- | --- |
|  |  |

第 19 章 脂环烃

续表

| 椅式构象 | 船式构象 |
|---|---|
| 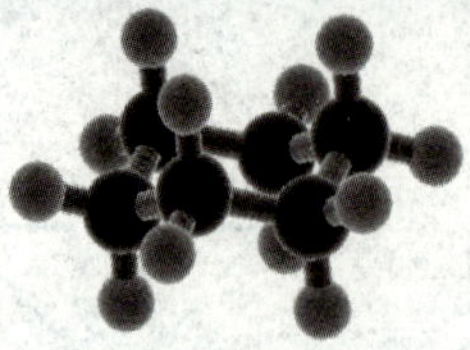 | 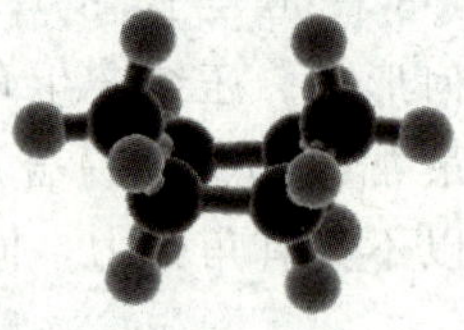 |
| 1,3,5号碳在同一平面上<br>2,4,6号碳在另一平面上 | 1,3,4,6号碳在同一平面上<br>2,5号碳在此平面的同一边 |

稳定性：椅式＞船式

椅式构象可翻转为另一椅式构象，其中经过半椅式、扭船式和船式构象。

环己烷的C—H键分为两组：一组垂直于碳原子所在的平面，称为竖键（直立键，a键），另一组与这个平面大致平行，称为横键（平伏键，e键）。具体画法见表19-3：

表19-3 环己烷的直立键和横键的画法

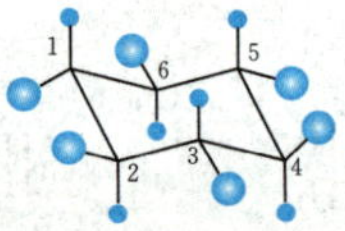

| | |
|---|---|
| a键 | 画图方法：首先画出C1的直立键，然后在相邻碳的反方向画C2的直立键，C1、C3、C5上的直立键在环的上方，C2、C4、C6上的直立键在环的下方。 |
| |  |
| e键 | 画图方法：平伏键的画法稍难。①我们把环上的平伏键分为三组：先圆C1、C4的平伏键，两者互相平行，此外，它们还与C2-C3、C5-C6键平行。②再画C2、C5的C-H平伏键，C2上的平伏键平行于C5的C-H平伏键，也与C1-C6、C3-C4平行。③最后，画出C3、C6的C-H平伏键。C3的C-H平伏键与C1-C2、C4-C5平行，同时也与C6的C-H平伏键平行。 |
| |  |

## 19.6　含取代基环己烷的优势构象

### 19.6.1　一取代环己烷

环己烷C1、C3和C5上直立键的氢的距离为0.23nm，几乎没有空间张力。

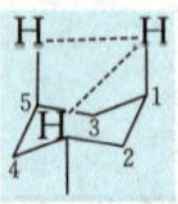

若氢被较大的基团取代,例如 1-甲基环己烷,甲基在直立键（a 键）时,甲基上的氢与 C3、C5 上的氢距离小于范德华力半径,存在空间张力。而构象翻转之后,甲基转变为平伏键,与 3 位和 5 位上的氢距离增大,不存在空间张力,因此,甲基位于 e 键时较稳定。

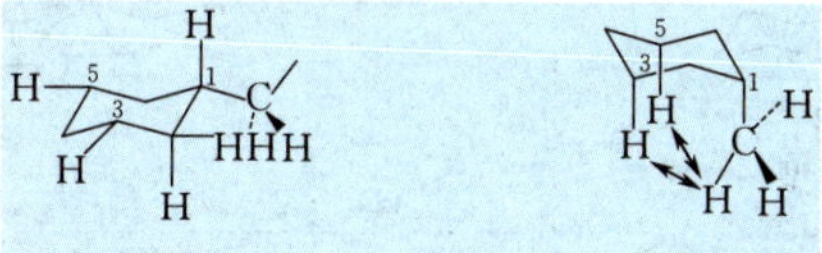

e-甲基　　　　a-甲基

甲基位于平伏键,其椅式构象做它的纽曼式构象。从空间张力与扭转张力角度看:甲基处于平伏键时稳定,e-甲基在平衡混合物中具有很大的优势,占 95%。因此,稳定构象也称优势构象;异丙基环己烷平衡混合物中异丙基处于 e 键的构象约占 97%;大的叔丁基取代环己烷差不多完全以一种构象存在。

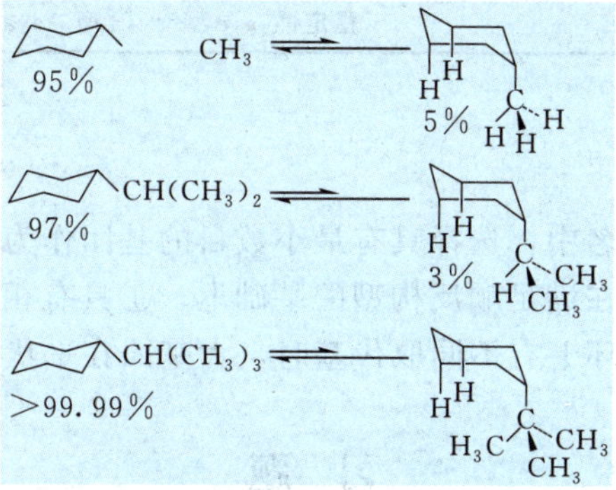

可见在 1-取代环己烷中大基团处于 e 键的构象较稳定。

## 19.6.2　二取代环己烷

二取代环己烷根据平伏键和直立键的位次,其顺、反结论如表 19-4 所示。

表 19-4　二取代环己烷的优势构系

| 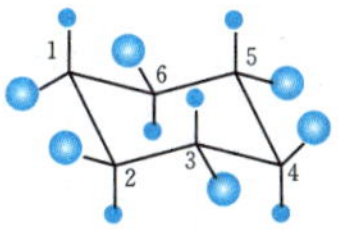  | 1,2-二取代 | a,a 键反位<br>e,e 键反位<br>e,a 键顺式 |
|---|---|---|
|  | 1,3-二取代 | a,a 键顺位<br>e,e 键顺位<br>e,a 键反式 |
|  | 1,4-二取代 | a,a 键反位<br>e,e 键反位<br>e,a 键顺式 |

以 1,2-二甲基环己烷和 1,3-二甲基环己烷的构象为例（见表 19-5）:

反-1,2-二甲基环己烷的两个椅式构象为（e,e）型、（a,a）型;顺-1,2-二甲基环己烷的椅式构象为（a,e）型［(e,a) 型与（a,e）型它们具有相等的能量及相同的稳定性］。

反-1,3-二甲基环己烷的椅式构象:a,e 型;顺-1,3-二甲基环己烷的椅式构象为（e,e）型、（a,a）型。

表 19-5　1,2-二甲基环己烷和 1,3-二甲基环己烷的构象

| | 顺式 | 反式 | |
|---|---|---|---|
| 1,2-二甲基环己烷 | 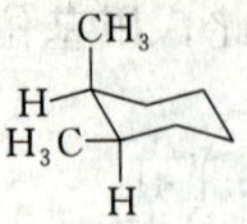 e,a 型 | 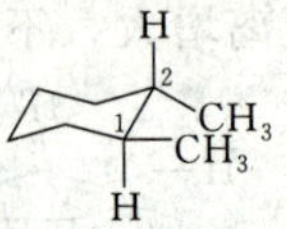 e,e 型 | 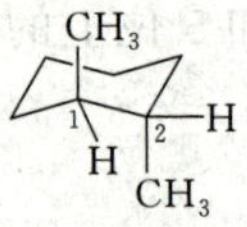 a,a 型 |
| | 稳定性：e,e 型＞e,a 型＞a,a 型 | | |
| | 顺式 | | 反式 |
| 1,3-二甲基环己烷 | 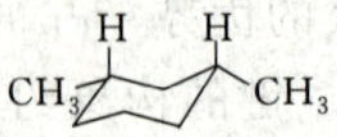 e,e | 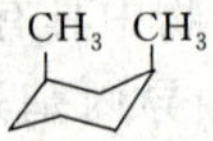 a,a | 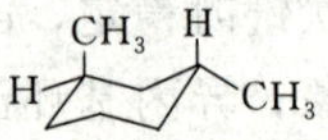 e,a |
| | 稳定性：e,e 型＞e,a 型＞a,a 型 | | |

## 19.6.3　多取代环己烷

在多取代的环己烷的命名中，选择具有最小数目的基团作为基准参考基团，对其他取代基确定序列和逆序。规律：在满足顺反构型的基础上，①具有相同取代基的环己烷，平伏键（e）最多的构象最稳定；②环上有不同取代基时，大基团在平伏键（e）的构象最稳定。

---

## 习　题

1. 命名下列化合物：

(1) 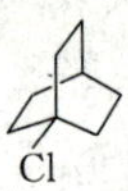 Cl　　(2) 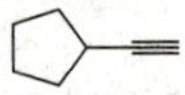 　　(3) 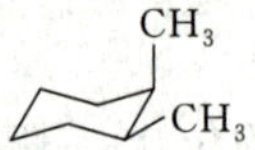 CH₃, CH₃

(4) 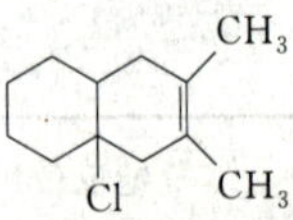 CH₃, Cl, CH₃　　(5) 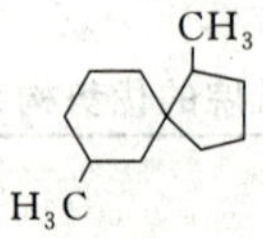 CH₃, H₃C

2. 写出下列化合物的最稳定的构象。

(1) 顺-4-异丙基氯代环己烷

(2) 1,1,3-三甲基环己烷

# 第20章 烯烃

## 学习要求

1. 掌握烯烃的异构、结构和命名；
2. 掌握烯烃的性质和制法；
3. 掌握烯烃的鉴别方法；
4. 理解结构对烯烃稳定性的影响；
5. 理解消去反应的机理及其规则。

## 20.1 烯烃的结构

烯烃是指含有碳碳双键的一类烃类化合物。由于烯烃比饱和烷烃少两个氢原子，因此又称它为不饱和烃，通式为 $C_nH_{2n}$。

乙烯的结构已经被电子衍射和光谱等手段研究所证实（图 20-1）。乙烯是一个平面分子，键角接近于 120°，碳碳双键键长 0.134nm。

乙烯结构特征：

(1) 4 个 H 和 2 个 C 在同一平面，由于 π 电子云的影响，键角偏离了 120°。

(2) 双键是由一个 σ 键和 π 键组成，因而：

1) π 键键能较小，为 263kJ·mol$^{-1}$；而 σ 键为 347kJ·mol$^{-1}$。

2) π 键电子云在平面的上下两侧，距核较远，受原子核的束缚较小，所以 π 电子云具有较大的流动性，易受外界电场的影响而极化。π 键的特点是：成键不牢固，易断裂，是发生化学反应的部位。以 π 键相连的两个原子不能做相对自由旋转。因而双键易受亲电试剂的进攻，发生亲电加成反应。

丙烯（图 20-2）的结构和乙烯的结构很相像，C═C 键的键长也是 0.134nm，键角几乎为 120°，C—C 单键长度为 0.150nm。

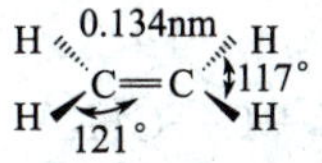

图 20-1 乙烯分子：形状和大小

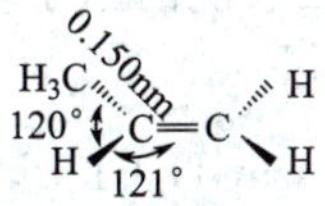

图 20-2 丙烯分子

## 20.2 烯烃的命名

烯烃用 IUPAC 系统命名法时与烷烃相似。
(1) 选择含双键最长的碳链为主链；
(2) 近双键端开始编号；
(3) 将编号较小的双键位号写在母体名称之前；
(4) 环烯用最小数字标出取代基位次。

例如：

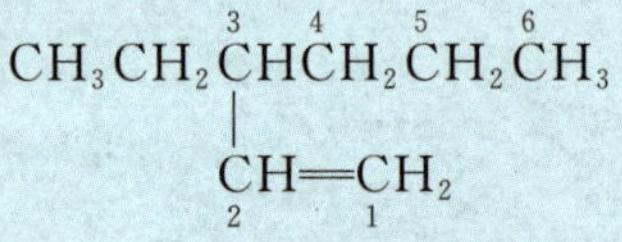

$$CH_3CH_2\overset{3}{C}H\overset{4}{C}H_2\overset{5}{C}H_2\overset{6}{C}H_3$$
$$\underset{2}{|}CH=\underset{1}{C}H_2$$

3-乙基-1-己烯

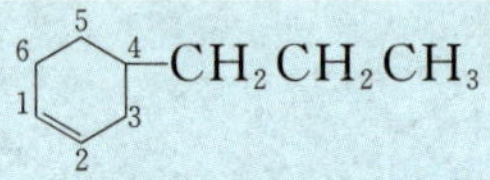

4-丙基-环己烯

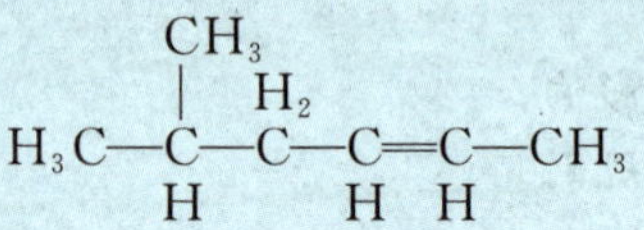

$$H_3C-\underset{H}{\overset{CH_3}{C}}-\underset{H}{\overset{H_2}{C}}-CH=CH-CH_3$$

5-甲基-2-己烯

先前我们经常用顺（cis）和反（trans）表示烯烃的几何异构，不过一些烯烃出现特殊情况如：

它们不能用顺、反的方法来说明构型。对于这类烯烃，在 IUPAC 命名中，采用字母"Z"和"E"来表示构型。"Z"表示在碳碳双键上的优先基团在双键同一侧，"E"表示它们在相反的两侧。至于优先基团的判定，化学工作者们是用"定序规则"定序的，规则如下。

(1) 将与中心原子（手性碳或双键碳）直接相连的原子按原子序数大小排列。把原子序数大的排在前面，小的排在后面，原子序数大者为"较优"基团。若为同位素，则质量高的定为"较优"基团。

$$I>Br>Cl>F>O>N>C>H>:（指孤对电子）$$
$$D>H$$

(2) 如果两个基团的第一个原子相同，则比较与之相连的第二个原子。若多原子基团的第一个连接原子相同，则比较与它相连的其他原子（先比较原子序数最大的原子，依此类推）。若第二层次的原子仍相同，则沿取代链依次相比，直至比出大小为止。

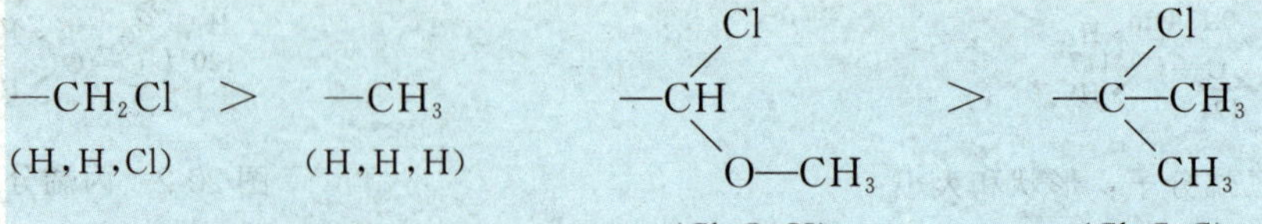

$$-CH_2Cl > -CH_3 \qquad -\underset{O-CH_3}{\overset{Cl}{CH}} > -\underset{CH_3}{\overset{Cl}{C}}-CH_3$$
(H,H,Cl) (H,H,H) (Cl,O,H) (Cl,C,C)

$$-CH_2CH_2CH_2CH_3 \quad > \quad -CH_2CH_2CH_3$$
$$(C,H,H) \qquad\qquad\qquad (H,H,H)$$

—$CH_2Cl$、甲基的第一个原子都是碳，因此需要往下比，与—$CH_2Cl$ 碳相连的原子是 Cl、H、H，与甲基中碳相连的原子是 H、H、H，因此—$CH_2Cl$ 优先于甲基。不再一一赘述。

(3) 含有双键或三键基团，当作两个或三个单键看待。

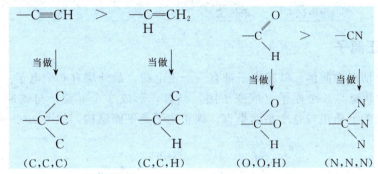

根据次序规则，下列化合物命名为：

(Z)-3-甲基-2-戊烯　　　　　(E)-3-甲基-4-异丙基-3-庚烯

## 20.3　烯烃的物理性质

　　烯烃的物理性质可以与烷烃对比。物理状态取决于分子量。标况或常温下，乙烯、丙烯和丁烯是气体，含有 5 至 18 个碳原子的直链烯烃是液体，更高级的烯烃则是蜡状固体。相同碳架的烯烃，双键由链端移向链中间，沸点、熔点都有所增加。反式烯烃的沸点比顺式烯烃的沸点低，但熔点高，这是因为反式异构体极性小、对称性好。与相应的烷烃相比，烯的沸点、折射率、水中溶解度、相对密度等都比烷烃的略小些。烯烃的密度比水小。

## 20.4　烯烃的化学性质

　　烯烃的活泼性主要体现在碳碳双键上，根本的原因是一个 σ 键和一个 π 键组成的碳碳双键是整个反应中心，其中 π 键能量较弱，容易被打开。

### 20.4.1　亲电加成反应

　　烯烃分子中的 π 键电子云分布于双键的上方和下方，电子云暴露在外，属于富电子体系，具有亲核性，容易受到缺电子试剂（即亲电试剂）的进攻。由亲电试剂进攻所引发的加成反应称为亲电加成反应。

亲电试剂对碳碳双键的加成进攻，分两步：

第一步，亲电试剂对双键进攻形成碳正离子；

第二步，亲核试剂与碳正离子中间体结合，形成加成产物。

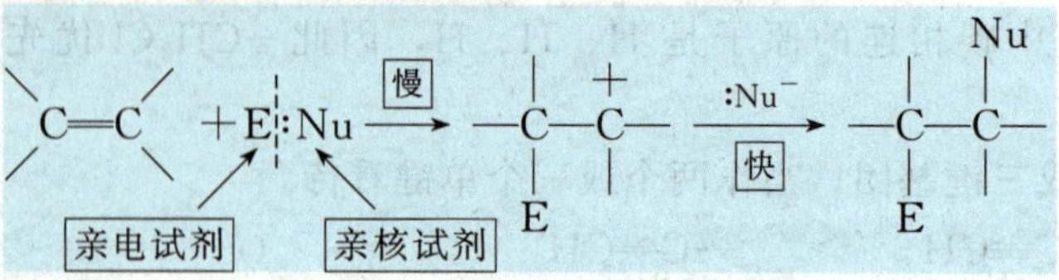

$$\diagdown C=C\diagup + E\!:\!Nu \xrightarrow{\text{慢}} -\overset{|}{\underset{|}{C}}-\overset{+}{\underset{\underset{E}{|}}{C}}- \xrightarrow{:Nu^-}_{\text{快}} -\overset{\underset{|}{Nu}}{\underset{|}{C}}-\overset{|}{\underset{\underset{E}{|}}{C}}-$$

亲电试剂　　亲核试剂

## 20.4.2 碳正离子

碳正离子是活泼中间体。碳正离子带有一个正电荷，最外层有 6 个电子。带正电荷的碳原子以 $sp^2$ 杂化轨道与 3 个原子（或原子团）结合，形成 3 个 σ 键，与碳原子处于同一平面。碳原子剩余的 p 轨道与这个平面垂直。碳正离子是平面结构，如图 20-3 所示。

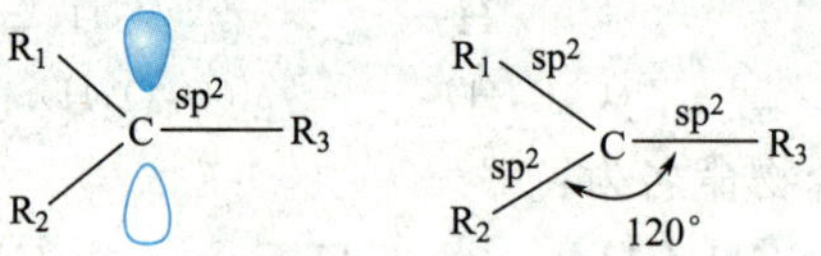

图 20-3　碳正离子

自由基除去一个电子形成一个碳正离子所需要的能量称为电离势。例如：

$$CH_3\cdot \longrightarrow \overset{+}{C}H_3 + e^- \qquad \Delta H = 958\text{kJ}\cdot\text{mol}^{-1}$$

$$CH_3CH_2\cdot \longrightarrow CH_3\overset{+}{C}H_2 + e^- \qquad \Delta H = 854\text{kJ}\cdot\text{mol}^{-1}$$

$$CH_3\dot{C}HCH_3 \longrightarrow CH_3\overset{+}{C}HCH_3 + e^- \qquad \Delta H = 761\text{kJ}\cdot\text{mol}^{-1}$$

我们也可以从结构的角度来解释碳正离子的稳定性。碳正离子是带电的活性中间体，它的稳定性取决于正电荷的分散程度。下面是几种类型的碳正离子：

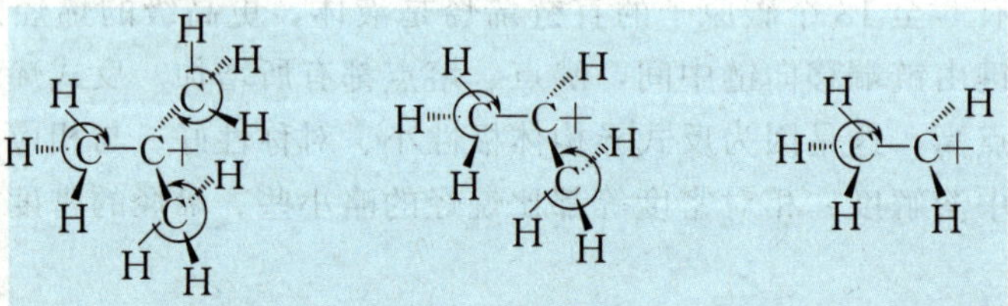

9 个 σ-p 超共轭　　6 个 σ-p 超共轭　　3 个 σ-p 超共轭

叔丁基碳正离子有 9 个 C-H σ 键参与超共轭，因此最稳定；异丙基碳正离子有 6 个 C-H σ 键参与超共轭，稳定性次之，乙基碳正离子只有 3 个 C-H σ 键参与超共轭，稳定性又低些。参与超共轭的 σ 键越多，正电荷越分散，碳正离子就越稳定。因此：碳正离子稳定性次序：$3°C^+ > 2°C^+ > 1°C^+ > CH_3^+$。

亲电试剂和烯烃发生亲电加成反应的中间体碳正离子越稳定，能量越低，反应越容易进行，加成速度也越快，可见碳正离子的稳定性决定烯烃加成的取向。因此，马氏规则从本质上总结为：不对称烯烃的亲电加成总是生成较稳定的碳正离子中间体。

**1. 加卤素**（亲电加成历程）

烯烃易与卤素发生加成反应，生成相应的邻二卤化物。烯烃与溴的四氯化碳溶液混合后，发生反应，可使溴的红棕色褪去，可用此反应来鉴别烯烃。

$$H_3CHC=CH_2 + Br_2 \xrightarrow{CCl_4} CH_2CHCH_3 \text{ (with Br, Br)}$$

与卤素的加成反应中，氟与烯烃的加成反应过于剧烈，会导致碳链的断裂。碘与烯烃很难反应，所以烯烃与卤素的反应通常指的是与氯或溴的加成。卤素与烯烃加成活性顺序为 $F_2 > Cl_2 > Br_2 > I_2$。当乙烯与溴在氯化钠水溶液中发生反应时，除了生成主要产物 1,2-二溴乙烷外，还有 1-氯-2-溴乙烷及 2-溴乙醇。

$$H_2C=CH_2 + Br_2 \xrightarrow{NaCl-H_2O} \underset{Br\ Cl}{H_2C-CH_2} + \underset{Br\ Br}{H_2C-CH_2} + \underset{Br\ OH}{H_2C-CH_2}$$

由于氯化钠或水在该实验条件下不与烯烃加成，该结果表明：烯烃和溴的加成是分步进行的，且在反应过程中首先生成的是正离子的中间体。当溴分子与烯烃分子接近时，烯烃中的 π 电子诱导溴分子的电子云发生极化，其中一个溴原子带部分正电荷（δ⁺），另一个溴原子带部分负电荷（δ⁻）。极化后的溴进攻烯烃，与碳碳双键结合，形成环状溴鎓离子及溴负离子。在这个过程中，烯烃分子 π 键的断裂以及溴分子的 σ 键的断裂都需要能量，速率较慢，是整个反应的速率决定步骤。

**2. 加卤化氢**

烯烃与卤化氢加成，得到一卤代烷。以乙烯与卤化氢的反应为例：首先氢离子进攻 π 键，形成一个碳正离子中间体，然后再与卤负离子结合形成一卤代物。

$$H_2C=CH_2 + HX \longrightarrow CH_3CH_2X$$

$$H_2C=CH_2 + H^+ \xrightarrow{\text{慢}} H_3C-\overset{+}{C}H_2 \xrightarrow[\text{快}]{X^-} CH_3CH_2X$$

（1）加成取向——马氏规则

丙烯和卤化氢的加成反应可以生产两种卤化物 1-卤化物和 2-卤化物：

$$H_3C-\underset{H}{\overset{\downarrow H\ \downarrow X}{C}}=CH_2 \longrightarrow CH_3CH_2CH_2X \quad \text{1-卤代烷（次）}$$

$$H_3C-\underset{H}{\overset{\uparrow X\ \uparrow H}{C}}=CH_2 \longrightarrow CH_3CHCH_3 \text{ (with X)} \quad \text{2-卤代烷（主）}$$

俄国化学家马尔柯夫尼柯夫（Vladimir Markownikoff，1839—1904）指出：在不对称烯烃的亲电加成中，氢总是加在含氢较多的碳上［烯烃的双键（或三键）中具有较少取代基的碳原子上］，通常称这个取向规则为马尔柯夫尼柯夫规则，简称马氏规则。

根据马氏规则，异丁烯与溴化氢加成的主要产物为 2-甲基-2-溴丙烷。

$$H_3C-\underset{CH_3}{C}=CH_2 + HBr \longrightarrow \underset{CH_3}{H_3C-\overset{Br}{C}-CH_3} \text{ (90\%)} + \underset{CH_3}{H_3C-\overset{H}{C}-CH_2Br} \text{ (10\%)}$$

2-甲基-2-溴丙烷　　　　2-甲基-1-溴丙烷

第20章　烯烃

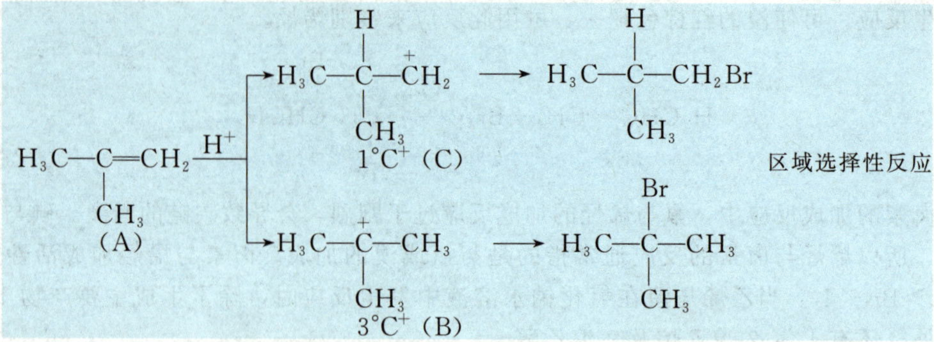

$$\text{H}_3\text{C-C=CH}_2 \xrightarrow{\text{H}^+} \begin{array}{l} \text{H}_3\text{C-}\underset{\text{CH}_3}{\overset{\text{H}}{\text{C}}}\text{-}\overset{+}{\text{CH}}_2 \longrightarrow \text{H}_3\text{C-}\underset{\text{CH}_3}{\overset{\text{H}}{\text{C}}}\text{-CH}_2\text{Br} \quad \text{区域选择性反应} \\ 1°\text{C}^+ \text{ (C)} \\ \text{H}_3\text{C-}\overset{+}{\underset{\text{CH}_3}{\text{C}}}\text{-CH}_3 \longrightarrow \text{H}_3\text{C-}\underset{\text{CH}_3}{\overset{\text{Br}}{\text{C}}}\text{-CH}_3 \\ 3°\text{C}^+ \text{ (B)} \end{array}$$

(A)

与实验结果一致，这种高选择性生成一个产物的反应称为区域选择性反应。

(2) 碳正离子的重排

例如：3-甲基-1-丁烯与 HCl 反应，第一步氢离子加在 $C^1$ 上形成仲碳正离子，相邻 $C^3$ 上的氢受到正电荷的吸引，为了减小空间拥挤，迁移到 $C^2$ 上，$C^3$ 形成一个新的叔碳正离子，比之前的仲碳正离子稳定。重排之后生成的叔碳正离子结合氯负离子形成主要产物：2-甲基-2-氯丁烷。在邻近原子之间的迁移称为 L2 迁移（即 1,2-迁移），又称为重排。一般发生 1,2 重排的条件：①相邻有拥挤基团；②生成更稳定碳正离子。

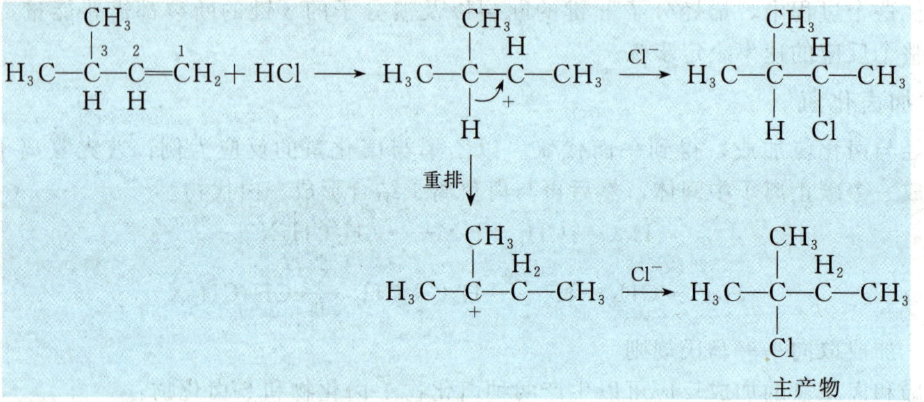

## 3. 与水的加成

水不能直接和烯烃发生加成反应，在酸（如浓硫酸、磷酸）催化下，烯烃可与水发生反应生成醇。

质子进攻双键碳生成碳正离子，然后与水结合生成盐，最后脱去质子生成醇。产物遵循马氏规则。整个反应过程相当于加一分子水到双键上，被称为亲电水合反应、烯烃的直接水合反应，是工业上制备乙醇、异丙醇的方法。

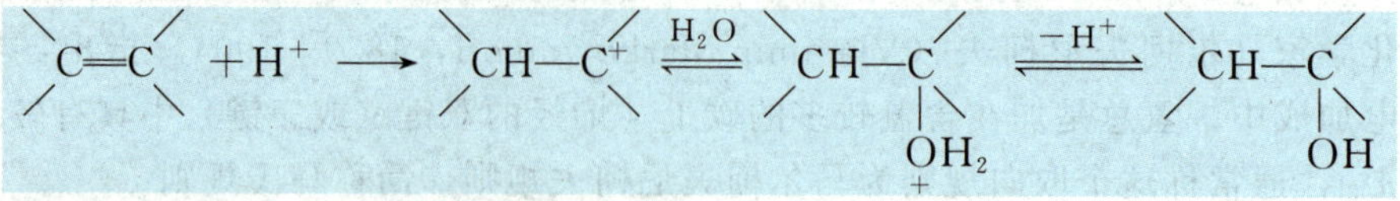

$$\text{C=C} + \text{H}^+ \longrightarrow \text{CH-}\overset{+}{\text{C}} \xrightleftharpoons{\text{H}_2\text{O}} \text{CH-C}\underset{+}{\overset{}{\text{OH}_2}} \xrightleftharpoons{-\text{H}^+} \text{CH-C-OH}$$

## 4. 与卤素水溶液（次卤酸）的加成

烯烃与 HO—X（X= Cl、Br）加成，生成 α-卤代醇。相当于加上一个次卤酸分子，又称为次卤酸加成。

$$\overset{\delta-}{\text{HO}}\text{—}\overset{\delta+}{\text{X}}$$

不对称烯烃与 HO—X 加成符合马氏规则。

$$(CH_3)_2C=CH_2 + Br_2 \xrightarrow{H_2O} (CH_3)_2\underset{OH}{C}-\underset{Br}{CH_2} + HBr$$

**5. 硼氢化反应**

硼烷与烯烃加成，生成的烷基硼化合物无需分离，直接在碱性条件下用过氧化氢氧化，得到的醇是反马氏加成的产物醇。总的结果相当于给烯烃双键加上一分子水。

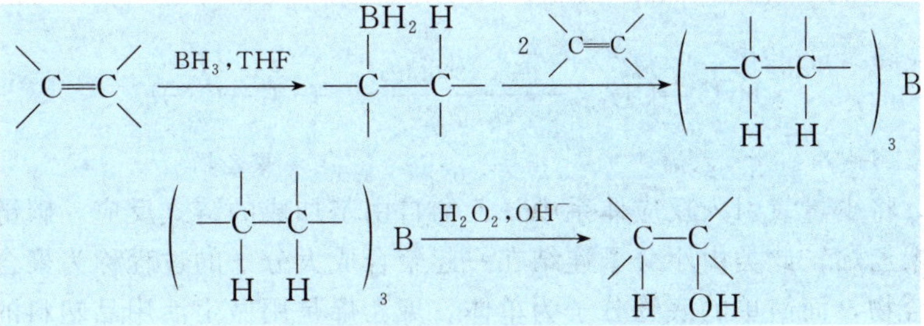

反应机理：

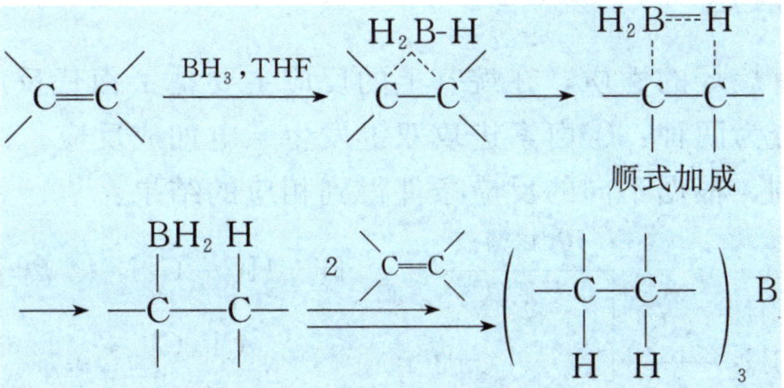

烯烃的硼氢化-氧化反应特点鲜明，①首先是硼氢化的取向，它受电子效应和空间因素的影响，从电子效应分析：硼的电负性（2.0）比氢（2.1）略小，所以氢原子带部分负电荷，而硼原子带部分正电荷；②硼原子最外层只有 6 个电子，有空的 2p 轨道，是路易斯酸，它有接受 π 电子的能力，可以作为亲电试剂；③从空间效应的影响来看，相对于氢来说，硼是试剂中体积较大的部分。综合几方面的原因，在反应时硼原子接近含氢较多的双键碳原子。

## 20.4.3 自由基加成反应

在有过氧化物催化的反应条件下，烯烃和溴化氢的加成取向不符合马尔柯夫规则，其方向是相反的。

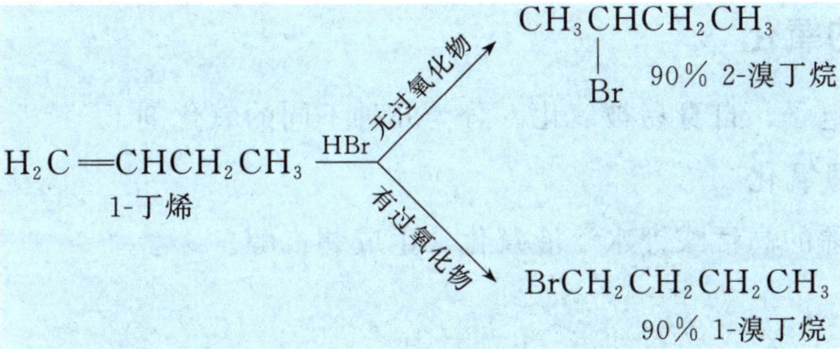

过氧化物链不稳定，分裂形成自由基，导致发生自由基的反应遵循自由基历程，以乙烯为原料反应为例：

(1) $R-O-O-R \longrightarrow 2RO·$ （自由基） ⎫
(2) $RO· + H:Br \longrightarrow ROH + Br·$ ⎬ 链引发
(3) $Br· + H_2C=CH_2 \longrightarrow BrCH_2CH_2·$ ⎫
(4) $BrCH_2CH_2· + H:Br \longrightarrow BrCH_2CH_3 + Br·$ ⎬ 链传递
(5) $Br· + BrCH_2CH_3· \longrightarrow BrCH_2CH_2Br$ 链终止

### 20.4.4 自由基聚合反应

$$n\,H_2C=CH_2 \xrightarrow[O_2(\text{微量})]{200℃, 200MPa} {+\!\!\!\!\begin{array}{c}H_2\\C\end{array}\!\!\!-\!\!\!\begin{array}{c}H_2\\C\end{array}\!\!\!+}_n$$

乙烯　　　　　　　　　　　聚乙烯

在高压下，将少量氧引入反应体系中，乙烯自由基加成的链式反应，碳链不断增长，最后形成大分子聚乙烯，此类由小分子连结在一起聚合成大分子的过程称为聚合，聚合制备的大分子称为聚合物，而简单的底物分子为单体。聚乙烯是用做生活用品塑料的原料。

### 20.4.5 α-卤代反应

烯烃的烷基也具有烷烃的性质，在烷基上的反应主要是α-卤代反应。

烯与卤素的反应分为两种：①卤素进攻双键发生亲电加成反应；②进攻烷基发生自由基取代反应。以丙烯为例，根据不同的反应条件得到相应的结果：

$$H_3C-C=CH_2 \xrightarrow{Cl_2} \begin{cases} \xrightarrow[\text{低温}]{CCl_4\text{溶液}} H_3CHC-CH_2 \quad \text{离子型加成反应} \\ \phantom{XXXXXXXX} \underset{Cl\ \ Cl}{\phantom{X}} \\ \phantom{XXXXXXXX} 1,2\text{-二氯丙烷} \\ \xrightarrow[500\sim600℃]{\text{气相}} ClH_2CHC=CH_2 \quad \text{自由基取代反应} \\ \phantom{XXXXXXXX} 3\text{-氯-1-丙烯} \end{cases}$$

烯丙位上的溴代常用 N-溴代丁二酰亚胺试剂（简称 NBS），如：NBS 与环己烯发生取代反应中，提供恒定的低浓度的溴，在过氧化物催化下，进行自由基反应。

$$\bigcirc + \underset{(NBS)}{\underset{O}{\overset{O}{\bigcirc}}N-Br} \xrightarrow[CCl_4]{Ph(COO)_2} \bigcirc\!\!-Br$$

低温中易进行离子型加成反应，高温或光照利于自由基取代反应的进行。

### 20.4.6 烯烃的氧化

烯烃容易给出电子，自身易被氧化。分为几种不同的氧化剂。

**1. 被高锰酸钾氧化**

烯烃被冷的、稀的高锰酸钾水溶液氧化，生成邻二醇。

$$\bigcirc \xrightarrow[5℃]{\text{稀 }KMnO_4} \underset{\text{环己烯}}{\bigcirc\!\!\begin{array}{c}H\ \ \ H\\O\ \ \ O\\ \diagdown Mn\diagup\\O^-\ \ O^-\ K^+\end{array}} \xrightarrow{H_2O} \underset{\text{顺-1,2-环己二醇}}{\bigcirc\!\!\begin{array}{c}H\ \ \ H\\HO\ \ OH\end{array}}$$

## 2. 臭氧化反应

臭氧在低温（-86℃）下进入烯烃的四氯化碳溶液中。臭氧迅速将烯烃氧化，并产生臭氧化物。这个反应叫做臭氧化。

反应分两步进行。第一步：臭氧和烯烃加成；第二步是重排为臭氧化物（臭氧不稳定，因此不分离，而是在溶液中直接水解）。

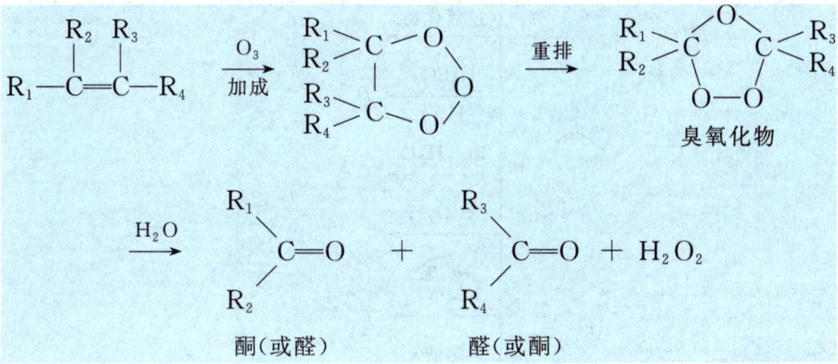

臭氧分解产生醛或酮和过氧化氢，如果产物中存在醛，则其进一步将醛氧化成酸。为了防止氧化，在水解过程中加入还原剂，并且锌粉通常用作还原剂。

## 3. 过氧酸氧化

烯烃被过氧酸氧化生成环氧乙烷及同系物。

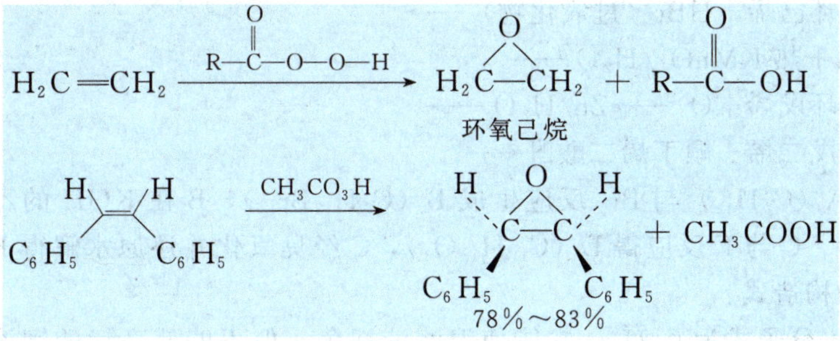

## 20.5 乙烯的工业来源与用途

乙烯是重要的有机化工基本原料，主要用于生产聚乙烯、乙丙橡胶、聚氯乙烯等；乙烯是石油化工基本原料之一，广泛应用于医药合成、高新材料合成领域，比如合成环氧乙烷及乙二醇、丙醛、丙酸及其衍生物等多种基本有机合成原料；经卤化可合成氯代乙烯、氯代乙烷等；可用作石化企业分析仪器的标准气和环保催熟气体。

## 习 题

1. 写出下列化合物构型式
(1) (Z)-3-甲基-4-异丙基-3-庚烯
(2) (Z)-2-甲基-3-乙基-3-庚烯
(3) (E)-1-氯-2-甲基-2-丁烯

(4) 顺-3-庚烯

2. 写出异丁烯与下列试剂反应的产物

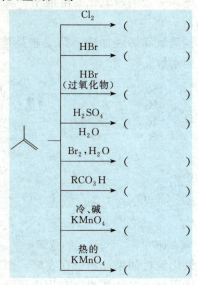

3. 完成反应

(1) 环戊烯＋$Br_2$/$CCl_4$ ⟶

(2) 环戊烯＋$Br_2$（300℃）⟶

(3) 1-甲基环己烯＋HBr（过氧化物）⟶

(4) 环戊烯＋热 $KMnO_4$/$H_2O$ ⟶

(5) 3-甲基环戊烯＋$O_3$ ⟶ $Zn/H_2O$ ⟶

(6) 1,3-环戊二烯＋顺丁烯二酸酐 ⟵

4. 化合物 A（$C_7H_{12}$）与 $Br_2$ 反应生成 B（$C_7H_{12}Br_{12}$），B 在 KOH 的乙醇溶液中加热生成 C（$C_7H_{10}$），C 与 E 反应得 D（$C_{11}H_{12}O_3$），C 经臭氧化并还原水解得 F 和 G，试写出 A、B、C、D 的构造式。

5. 化合物 A 分子式为 $C_4H_8$，它能使溴溶液褪色，但不能使高锰酸钾溶液褪色。1mol A 与 1mol HBr 作用生成 B，B 也可以从 A 的同分异构体 C 与 HBr 作用得到。化合物 C 的分子式也是 $C_4H_8$，能使溴溶液褪色，也能使高锰酸钾（酸性）溶液褪色。试推测化合物 A、B、C 的构造式，并写出各步反应式。

6. 分子式为 $C_{10}H_{16}$ 的烃，氢化时只吸收 1mol $H_2$，它包含多少个环？用臭氧分解时产生 1,6-环癸二酮，试问这是什么烃？写出其构造式。

7. 化合物（A）（B）（C）均为庚烯的异构体，（A）经臭氧化还原水解生成 $CH_3CHO$ 和 $CH_3CH_2CH_2CH_2CHO$，用同样的方法处理（B）生成 D 和 E，处理（C）生成 $CH_3CHO$ 和 F，试写出（A）（B）（C）的构造式。

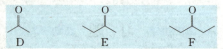

8. 化合物 A（$C_7H_{14}$）经浓 $KMnO_4$ 氧化后得到的两个产物与臭氧化水解后的两个产物相同，试问 A 有怎样的结构？

9. 3,3,3-三氟丙烯和 HCl 加成时，生成 $F_3CH_2CH_2Cl$，为什么不服从马氏规则？

10. 某工厂生产杀瘤线虫的农药二溴氯丙烷，$BrCH_2CHBrCH_2Cl$，试问以丙烯为原料，怎样进行合成？

11. 从环己醇及其必要原料出发合成下列化合物。

（1） 　　（2） ![](cyclohexene oxide)　　（3） ![](norbornenyl chloride)

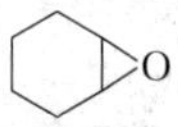

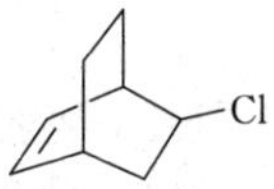

12. 由指定的原料合成目标产物。

（1）丙烷→丙烯

（2）丙烷→1-溴丙烷

（3）2-溴丙烷→1-溴丙烷

# 第 21 章 炔烃和二烯烃

**学习要求**

1. 掌握炔烃的结构、命名和反应;
2. 掌握炔烃的制法和鉴别方法;
3. 理解共轭作用和共振论;
4. 掌握共轭二烯烃的反应和鉴别方法。

有机化合物中含有碳碳叁键的烃叫做炔烃,含有两个碳碳双键的化合物叫做二烯烃。炔烃和二烯烃具有相同的通式 $C_nH_{2n-2}$,但因官能团不同,因此具有化学性质各异。

## 21.1 炔烃的结构及命名

乙炔是最简单的炔烃。分子式 $C_2H_2$。乙炔中的碳为 sp 杂化,两个碳各以一个 sp 轨道互相重叠,形成一个 C—H 键。每个碳又各以一个 sp 轨道分别与氢的 1s 轨道重叠,形成两个 C—H 键。

碳碳叁键之间的距离为 0.121nm,碳氢键之间的距离为 0.108nm。直线形的炔烃没有几何异构体,因此异构现象比烯烃的简单。

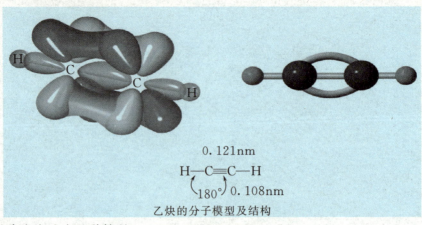

乙炔的分子模型及结构

炔烃的命名方法有几种情况:

① 简单结构：就把乙炔作为母体，其同系物的炔烃作为乙炔的衍生物来命名。例如：

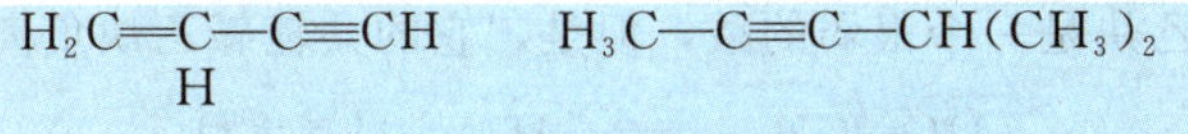

$H_2C=C-C≡CH$　　　$H_3C-C≡C-CH(CH_3)_2$
　　　$\;\;\;\;\;|$
　　　$\;\;\;\;H$
乙烯基乙炔　　　　　　　甲基异丙基乙炔

② 复杂的炔烃采用 IUPAC 命名法，规则与烯烃的相似，也是取含叁键最长的链为主链，编号由距叁键最近的一端开始。

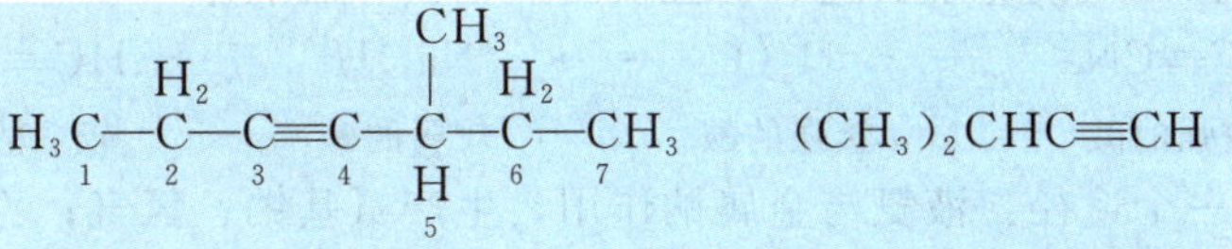

$$H_3C\underset{1}{-}\underset{2}{C}H_2\underset{3}{-}C\underset{4}{≡}C\underset{5}{-}\underset{}{CH}\underset{6}{-}\underset{}{CH}_2\underset{7}{-}CH_3 \qquad (CH_3)_2CHC≡CH$$
（中间碳上有 $CH_3$ 支链）

5-甲基-3-庚炔　　　　　　　3-甲基-1-丁炔

③ 同时含有双键和叁键的分子则称为烯炔：选取含双键和叁键最长的链为主链，编号从靠近双键和叁键的一端开始，使不饱和的编号尽可能小，如果两个编号相同，则选择使双键具有最小的位次。例如：

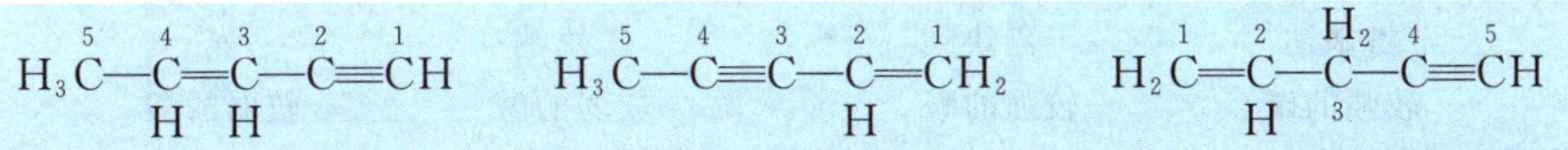

$\underset{5}{H_3C}-\underset{4}{C}=\underset{3}{C}-\underset{2}{C}≡\underset{1}{CH}$　　$\underset{5}{H_3C}-\underset{4}{C}≡\underset{3}{C}-\underset{2}{CH}=\underset{1}{CH_2}$　　$\underset{1}{H_2C}=\underset{2}{C}-\underset{3}{CH}_2-\underset{4}{C}≡\underset{5}{CH}$

3-戊烯-1-炔　　　　　　　1-戊烯-3-炔　　　　　　　1-戊烯-4-炔

## 21.2　炔烃的物理性质

炔烃的物理性质与烷烃、烯烃的相似，其沸点比含相同碳原子的烯烃约高 10～20℃。叁键在中间的炔烃比叁键在末端的炔烃沸点和熔点都高。

炔烃在水中的溶解度很小，但易溶于有机溶剂。炔烃的密度小于 $10^3 kg·m^{-3}$。

乙炔沸点为 75℃，纯净的乙炔是无色无臭的气体。如果乙炔气有难闻的臭味，是因为含有磷化氢、硫化氢等杂质。

## 21.3　炔烃的反应

炔烃与烯烃一样可进行亲电加成、氧化等反应。不同的是炔烃分子中碳碳叁键上的氢具有微弱的酸性，此外，还可以进行亲核加成。

### 21.3.1　端炔氢

乙炔与金属钠（或者氨基钠）作用放出氢气并生成乙炔钠，其反应如下：

$$2Na + 2HC≡CH \xrightarrow{110℃} 2HC≡CNa + H_2\uparrow$$
　　　　　　　　　　　　　　　乙炔钠

加入过量的钠并提高温度，可生成乙炔二钠。

$$HC≡CH \xrightarrow[190\sim200℃]{过量钠} NaC≡CNa + H_2\uparrow$$
　　　　　　　　　　　　乙炔二钠

乙炔具有酸性，但是，其既不能使石蕊试纸变红，又没有酸味，它只有很小的失去氢离子的倾向。由此可知乙炔是一个很弱的酸，但是，它的共轭碱乙炔负离子是一个很强的碱。

$$HC\equiv CH \rightleftharpoons H^+ + :\bar{C}\equiv CH$$

乙炔　　　　　　乙炔负离子
弱酸　　　　　　强碱

比较乙炔与水：乙炔钠与水反应，可生成氢氧化钠和乙炔。

$$HC\equiv CNa + H_2O \longrightarrow NaOH + HC\equiv CH$$

较强的碱　　较强的酸　　较弱的碱　　较弱的酸

制备炔基钠另一个途径：液氨与金属钠作用，生产氨基钠、氢气；乙炔与氨基钠继续反应，产生氨及乙炔钠；乙炔把质子给了氨基钠，说明乙炔的酸性比氨强。

$$NH_3(液) + Na \xrightarrow{-40℃} NaNH_2 + H_2\uparrow$$
氨基钠

$$NaNH_2 + HC\equiv CH \longrightarrow NaC\equiv CH + NH_3$$
氨基钠　　　　乙炔　　　　乙炔钠　　　　氨
较强的碱　　较强的酸　　较弱的碱　　较弱的酸

炔化钠与伯卤代烃反应合成较长碳链的炔烃，该反应是炔化物的烷基化反应。

$$H_3CH_2CC\equiv CH + NaNH_2 \xrightarrow{-33℃} H_3CH_2CC\equiv CNa$$

$$\xrightarrow[液氨-33℃]{CH_3CH_2Br} H_3CH_2CC\equiv CCH_2CH_3$$

端基炔氢能与某些重金属离子反应，生成炔化物沉淀。例如把乙炔通入硝酸银的氨溶液，析出白色的乙炔银沉淀；与亚铜氨盐的碱性水溶液反应生成铜的炔化物（砖红色）。这两个反应灵敏：①析出沉淀，可以鉴别端炔；②也可用来提纯末端炔烃，因为得到的铜或银的炔化物，可以用氰化钠水溶液使它复原。

$$HC\equiv CH + 2AgNO_3 + 2NH_4OH \longrightarrow Ag-C\equiv C-Ag\downarrow + 2NH_4NO_3 + H_2O$$
白色沉淀

$$HC\equiv CH + Cu_2Cl_2 + 2NH_4OH \longrightarrow Cu-C\equiv C-Cu\downarrow + 2NH_4Cl + 2H_2O$$
砖红色沉淀

$$RC\equiv CAg + 2CN^- + H_2O \longrightarrow RC\equiv CH + Ag(CN)_2^- + OH^-$$

### 21.3.2 选择性还原成烯烃

炔烃发生催化氢化反应得到烷烃，很难停留在烯烃阶段。

$$-C\equiv C- \xrightarrow{H_2}{Pd 或 Ni} \begin{array}{c}H\ H\\|\ \ |\\-C=C-\end{array} \xrightarrow{H_2}{Pd 或 Ni} \begin{array}{c}H\ H\\|\ \ |\\-C-C-\\|\ \ |\\H\ H\end{array}$$

用活性较低的林德拉（Lindlar）催化剂或 P-2 催化剂［硼化镍（$Ni_3B$）：醋酸镍及硼氢化钠反应制得］可以将炔烃的还原停留在烯烃阶段，而且，产物是有一定立体构型的顺式烯烃。例如：

$$C_6H_5-C\equiv C-C_6H_5 + H_2 \xrightarrow{\text{Lindlar 催化剂}} \begin{array}{c}C_6H_5\ \ \ \ \ \ \ \ C_6H_5\\ \diagdown\ \ \ \ \ \diagup\\ C=C\\ \diagup\ \ \ \ \ \diagdown\\ H\ \ \ \ \ \ \ \ H\end{array}$$

$$C_6H_5-C\equiv C-C_6H_5 + H_2 \xrightarrow{Ni_3B} \underset{H}{\overset{C_6H_5}{C}}=\underset{H}{\overset{C_6H_5}{C}}$$

将炔烃用钠或锂在液氨中还原，产物为反式烯烃。

$$CH_3CH_2C\equiv CCH_2CH_3 \xrightarrow[\text{液}NH_3]{Na} \underset{H_3CH_2C}{\overset{H}{C}}=\underset{H}{\overset{CH_2CH_3}{C}} \quad 97\%\sim 99\%$$

## 21.3.3 炔烃的亲电加成反应

炔烃的亲电加成活性比烯烃小，也可以进行亲电加成反应。但是，底物同时含有双键和叁键时，双键优先发生反应。例如：1-戊烯-4-炔和 HBr 反应，产物为 4-溴-1-戊炔。

$$H_2C=\underset{H}{\overset{}{C}}-\underset{H_2}{\overset{}{C}}-C\equiv CH \xrightarrow{HBr} H_3C-\underset{Br}{\overset{H}{C}}-\underset{H_2}{\overset{}{C}}-C\equiv CH$$

1-戊烯-4-炔       4-溴-1-戊炔

原因：炔加成形成的烯基碳正离子的稳定性比烷基碳正离子差。

$$-C\equiv C- + Y^+ \longrightarrow -\overset{+}{C}=\underset{Y}{C}- \quad \text{烯基碳正离子}$$

$$\underset{}{C}=\underset{}{C} + Y^+ \longrightarrow \overset{+}{C}-\underset{Y}{C} \quad \text{烷基碳正离子}$$

### 1. 加卤素

炔烃和卤素发生加成反应先生成卤代烯烃，进一步生成卤代烷。

$$HC\equiv CH \xrightarrow{Br_2} \underset{Br}{\overset{}{HC}}=\underset{Br}{\overset{}{CH}} \xrightarrow{Br_2} \underset{Br}{\overset{Br}{HC}}-\underset{Br}{\overset{Br}{CH}}$$

乙炔     1,2-二溴乙烯     1,1,2,2-四溴乙烷

例如：乙炔与溴反应，先形成 1,2-二溴乙烯，进一步形成 1,1,2,2-四溴乙烷。

炔烃与卤素的加成历程与烯烃相似，卤正离子首先进攻 π 键，形成三元环的中间体，之后卤负离子从反面进攻三元环，得到反式加成产物。例如：

$$CH_3CH_2C\equiv CCH_2CH_3 + Br_2 \longrightarrow \underset{Br}{\overset{H_3CH_2C}{C}}=\underset{CH_2CH_3}{\overset{Br}{C}} \quad 90\%$$

3-己炔        (E)-3,4-二溴-3-己烯

烯烃形成的三元环中间体稳定    炔烃形成的三元环中间体稳定性较低

炔烃形成的三元环中间体张力大，稳定性较低，因此炔烃参与亲电加成反应较烯烃慢。

**2. 加卤化氢**

等物质的量的炔烃与卤化氢反应，生成卤代烯烃。进而形成偕二卤代物（两个卤素连在同一个碳原子上）。

例如：乙炔与氯化氢加成，先生成氯乙烯，因其不活泼，在较强烈的条件下，氯乙烯才进一步加成生成1,1-二氯乙烷产物。不对称的炔烃与卤化氢反应符合马氏规则：氢加在含氢较多的碳上（形成的碳正离子中间体的稳定性最高）。

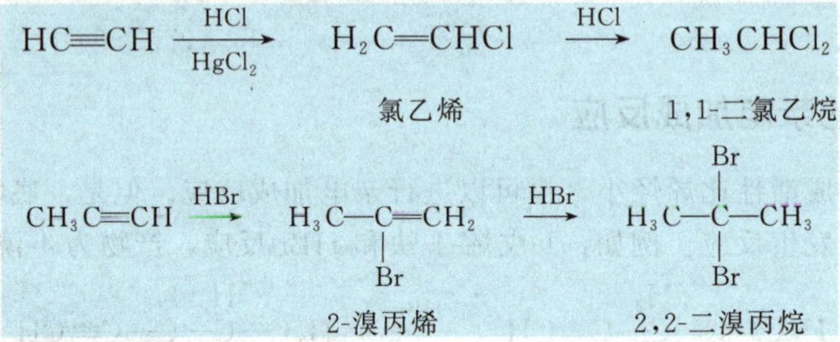

$$HC\equiv CH \xrightarrow[HgCl_2]{HCl} H_2C=CHCl \xrightarrow{HCl} CH_3CHCl_2$$

氯乙烯　　　　　1,1-二氯乙烷

$$CH_3C\equiv CH \xrightarrow{HBr} H_3C-\underset{Br}{C}=CH_2 \xrightarrow{HBr} H_3C-\underset{Br}{\overset{Br}{C}}-CH_3$$

2-溴丙烯　　　　　2,2-二溴丙烷

**3. 催化加水**

乙炔在硫酸汞、硫酸的催化下与水加成，产物为乙醛。炔烃的水合反应符合马氏规则，只有乙炔的水合成生成乙醛，其他炔烃都生成相应的酮。反应过程中涉及烯醇式与酮式的互变异构：烯醇式化合物不稳定，发生分子内重排形成相应的醛酮。例如：

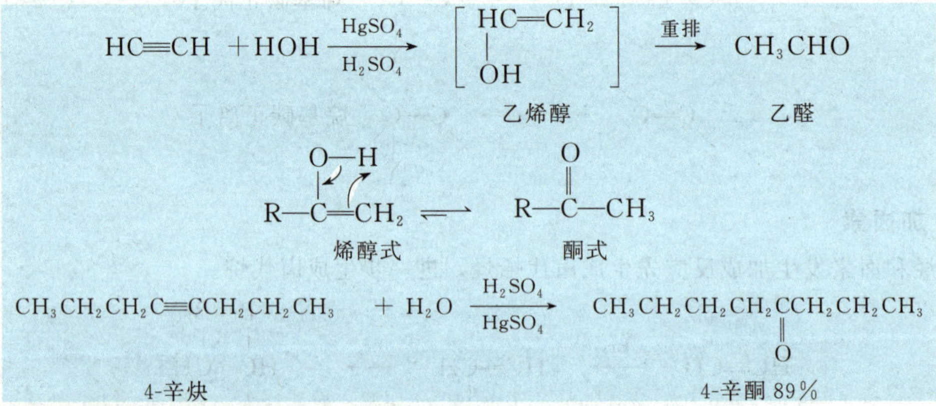

$$HC\equiv CH + HOH \xrightarrow[H_2SO_4]{HgSO_4} \left[\underset{OH}{HC=CH_2}\right] \xrightarrow{重排} CH_3CHO$$

乙烯醇　　　　　乙醛

烯醇式 ⇌ 酮式

$$CH_3CH_2CH_2C\equiv CCH_2CH_3 + H_2O \xrightarrow[HgSO_4]{H_2SO_4} CH_3CH_2CH_2\underset{O}{\overset{\|}{C}}CH_2CH_2CH_3$$

4-辛炔　　　　　4-辛酮 89%

### 21.3.4 炔烃的亲核加成

**1. 乙炔与醋酸加成**：在醋酸锌催化下，生成醋酸乙烯酯

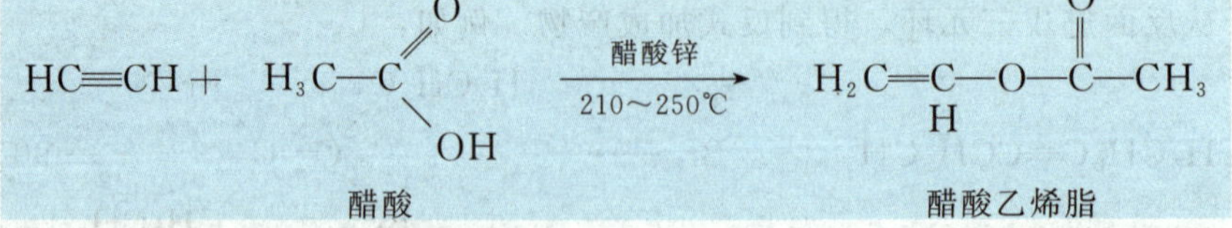

$$HC\equiv CH + H_3C-\underset{OH}{\overset{O}{\|}}C \xrightarrow[210\sim250℃]{醋酸锌} H_2C=\underset{H}{\overset{}{C}}-O-\overset{O}{\overset{\|}{C}}-CH_3$$

醋酸　　　　　醋酸乙烯酯

**2. 乙炔与氢氰酸加成**：催化剂为氯化铵-氯化亚铜水溶液，得到丙烯腈产物

$$HC\equiv CH + HCN \xrightarrow{NH_4Cl, CuCl_2 溶液} H_2C=CHCN$$

氢氰酸　　　　　丙烯腈

**3. 乙炔与乙醇加成**：碱催化条件下，产物为乙烯基乙醚

$$HC\equiv CH + C_2H_5OH \xrightarrow[150\sim180℃]{碱} H_2C=\underset{H}{C}-OC_2H_5$$

乙醇　　　　　　　　　　乙烯基乙醚

### 21.3.5　炔烃的氧化

炔烃可被高锰酸钾、臭氧氧化，生成羧酸或二氧化碳。

$$HC\equiv CH \xrightarrow{KMnO_4} \left[\underset{R-C-CH}{\overset{O\ \ \ O}{\|\ \ \ \|}}\right] \xrightarrow{KMnO_4} R-COOH + CO_2$$

羧酸

$$RC\equiv CR' \xrightarrow[2)H_2O]{1)O_3} RCOOH + R'COOH$$

### 21.3.6　乙炔的聚合

乙炔的聚合一般不生成高聚物。

$$2HC\equiv CH \xrightarrow[NH_4Cl]{CuCl} H_2C=\underset{H}{C}-C\equiv CH \quad 乙烯基乙炔$$

$$3HC\equiv CH \xrightarrow[NH_4Cl]{CuCl} H_2C=\underset{H}{C}-\underset{H}{C}=C-CH=CH_2 \quad 二乙烯基乙炔$$

$$3HC\equiv CH \xrightarrow[或金属羰基化合物]{高温} 苯$$

## 21.4　炔烃的制备

### 21.4.1　乙炔的工业来源

自然界中没有乙炔存在。乙炔是工业上最重要的炔烃，通常用两种方法制备：①电石（碳化钙）水解法；②高温控制下的甲烷部分氧化。

$$CaC_2 + 2H_2O \longrightarrow Ca(OH)_2 + HC\equiv CH$$

电石　　　　　　　　　　　　　　乙炔

$$2CH_4 \xrightarrow{1500℃} HC\equiv CH + 3H_2$$

### 21.4.2　炔烃的制法

#### 1. 二卤代烷脱去两分子卤化氢

烯烃和卤素反应形成邻二卤代物，邻二卤代物在强碱/醇溶液中可脱去一分子的卤化氢，得到不饱和的卤代物；接着在更强的碱 $NaNH_2$ 条件下脱去一分子的卤化氢，得到炔烃产物。以偕二卤代物为原料脱去两分子卤化氢也可以合成叁键。

$$-\underset{H}{\overset{H}{C}}=\underset{H}{\overset{H}{C}}- \xrightarrow{X_2} -\underset{X}{\overset{H}{C}}-\underset{X}{\overset{H}{C}}- \xrightarrow{OH^-/ROH} -C\equiv C-$$

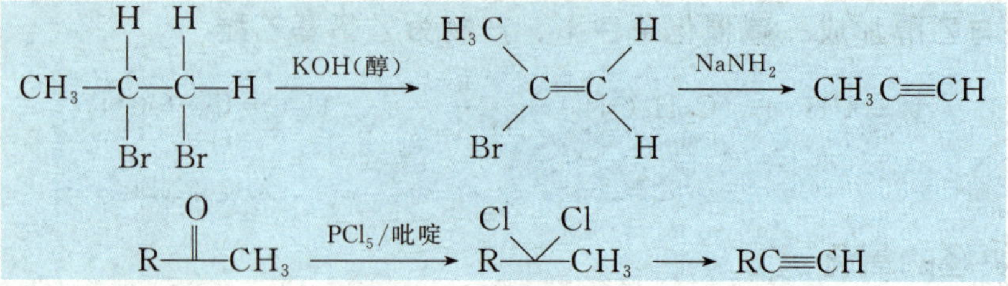

$$CH_3-\underset{Br}{\underset{|}{C}}H-\underset{Br}{\underset{|}{C}}H-H \xrightarrow{KOH(醇)} \underset{Br}{\underset{|}{C}}(CH_3)=\underset{H}{\underset{|}{C}}H \xrightarrow{NaNH_2} CH_3C\equiv CH$$

$$R-\underset{O}{\overset{\|}{C}}-CH_3 \xrightarrow{PCl_5/吡啶} R-\underset{Cl}{\underset{|}{C}}(Cl)-CH_3 \longrightarrow RC\equiv CH$$

制末端炔烃一般采用 $NaNH_2$。例如：

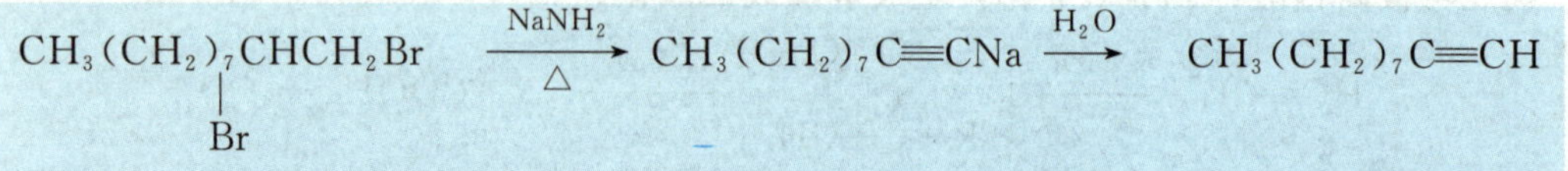

$$\underset{1,2-二溴癸烷}{CH_3(CH_2)_7\underset{Br}{\underset{|}{C}}HCH_2Br} \xrightarrow[\triangle]{NaNH_2} CH_3(CH_2)_7C\equiv CNa \xrightarrow{H_2O} \underset{\underset{54\%}{1-癸炔}}{CH_3(CH_2)_7C\equiv CH}$$

### 2. 伯卤代烷与炔钠的反应

从乙炔出发，可得一取代乙炔，炔化钠和卤代烃发生亲核取代反应，延长炔烃的碳链，当然，由端炔制备的炔化钠同样可以与氯代烃反应。例如：

$$\underset{乙炔}{HC\equiv CH} + NaNH_2 \xrightarrow[-33℃]{液氨} HC\equiv CNa^+ \xrightarrow{n-C_4H_9Br} \underset{\underset{89\%}{1-己炔}}{CH_3(CH_2)_3C\equiv CH}$$

$$HC\equiv CH \xrightarrow[2)CH_3CH_2Br]{1)NaNH_2} \underset{1-丁炔}{HC\equiv CCH_2CH_3} \xrightarrow[2)CH_3Br]{1)NaNH_2} \underset{\underset{81\%}{2-戊炔}}{CH_3C\equiv CC_2H_5}$$

## 21.5 二烯烃的分类及命名

二烯烃即分子中含有两个碳碳双键的化合物，根据双键的位置可分为以下三类：

### 1. 共轭二烯烃

共轭二烯烃是指分子中双键和单键相互交替的二烯烃。"共轭"就是指单键、双键相互交替的意思。

### 2. 孤立二烯烃

两个双键被两个或两个以上的单键隔开，它们之间不发生影响，因此孤立双烯的性质与一般烯烃的性质相似。

### 3. 累积双烯

两个双键集中在一个碳原子上。由于两个 C=C 双键集中在同一碳原子上，此类化合物不稳定。

我们重点讨论共轭双烯烃的命名、化学性质。

共轭二烯烃的 IUPAC 命名与烯烃相似：

① 选含两个双键的最长碳链为主链；

② 从靠近双键的一端开始编号，双键位置之和最小；

③ 每个双键的位置都需要标明；有顺反异构者，需标明。
例如：

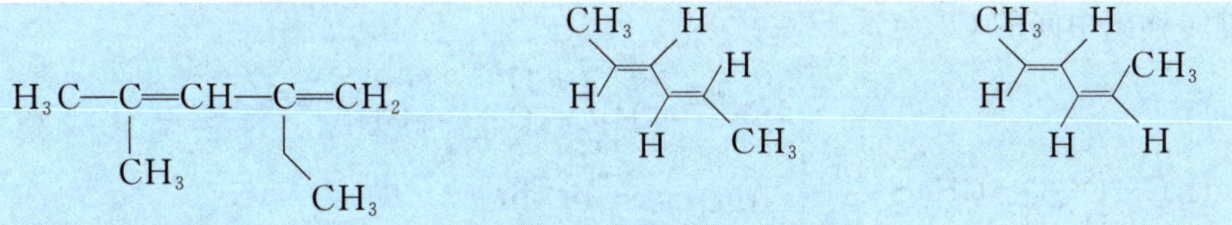

4-甲基-2-乙基-1,3-戊二烯　　(2E,4E)-2,4-己二烯　　(2Z,4E)-2,4-己二烯

## 21.6　共轭双烯的稳定性

烯烃的氢化热反映出烯烃的稳定性。如果一个分子含有多个双键，可以预计它的氢化热应是各个双键氢化热的总和。对孤立双烯来说，其稳定性与一般烯烃相同，一些常见物质在不同温度下的表面张力如表 16-1 所示。

表 16-1　一些常见物质在不同温度下的表面张力

| 化合物 | 氢化热 |
| --- | --- |
| $CH_3CH_2CH=CH_2$<br>1-戊烯 | 125.9 kJ·mol$^{-1}$ |
| $CH_3CH_2CH_2CH_2CH=CH_2$<br>1-己烯 | 125.9 kJ·mol$^{-1}$ |
| $H_2C=CHCH_2CH=CH_2$<br>1,4-戊二烯 | 预计　$2×125.9$ kJ·mol$^{-1}=251.8$ kJ·mol$^{-1}$<br>实测　　　254.4 kJ·mol$^{-1}$ |
| $H_2C=C=CH_2$<br>丙二烯 | 预计　125.2＋136.5＝261.7 kJ·mol$^{-1}$<br>实测　　298.5 kJ·mol$^{-1}$ |
| $H_2C=C-C=CH_2$<br>　　　H  H<br>1,3-丁二烯 | 预计　$2×126.8$ kJ·mol$^{-1}=253.6$ kJ·mol$^{-1}$<br>实测　　238.9 kJ·mol$^{-1}$ |

## 21.7　丁二烯的亲电加成

1,4-戊二烯和溴反应，先得到 4,5-二溴-1-戊烯产物，溴过量则得到 1,2,4,5-四溴戊烷。

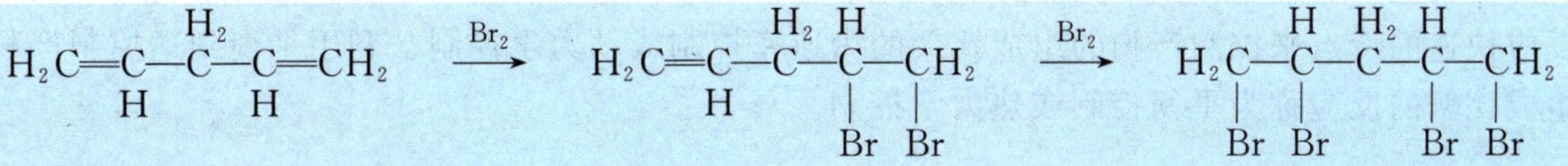

$H_2C=C-C-C=CH_2$ $\xrightarrow{Br_2}$ $H_2C=C-C-C-CH_2$ $\xrightarrow{Br_2}$ $H_2C-C-C-C-CH_2$
　　H　H H　　　　　　　　H  Br Br　　　　　　Br Br　Br Br

1,4-戊二烯　　　　　　4,5-二溴-1-戊烯　　　　　　1,2,4,5-四溴戊烷

1,3-丁二烯与溴进行反应得到的产物：①预期产物 3,4-二溴-1-丁烯；溴加在 C1、C2 上，为 1,2 加成产物。②非预期产物 1,4-二溴-2-丁烯；溴加在 C1、C4 上，为 1,4 加成产物，双键转移到中间的 C2、C3 上。

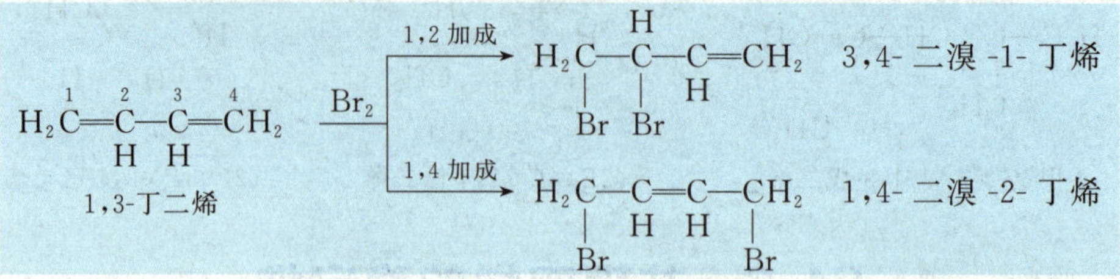

1,3-丁二烯与氯化氢加成也有 1,2 和 1,4 加成两种产物。亲电试剂进攻双键，生成两种碳正离子，即伯碳正离子和烯丙基碳正离子，由于烯丙基碳正离子比伯碳正离子稳定，所以以其为主要中间体。

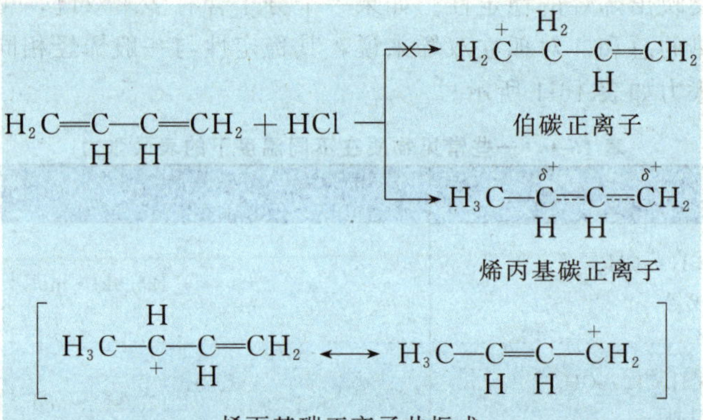

烯丙基碳正离子可以用两个共振式表示，由于共轭体系内极性交替的存在，在碳正离子（1）中的 π 电子云不是平均分布在三个碳原子上，而正电荷主要集中在 C2 和 C4 上，所以，反应的第二步，溴可以加在共轭体系的两端，分别生成 1,2-加成产物和 1,4-加成产物：

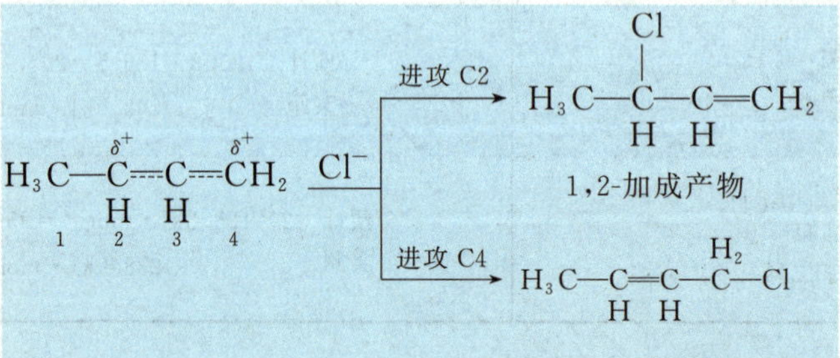

1,2-加成反应和 1,4-加成反应是两个互相竞争的反应。在低温时，1,2-加成反应速率快，产物是以 1,2-加成为主，反应为速率控制。在 40℃ 时，1,4-加成产物占优势，反应为平衡控制。低温时生成较多的 1,2-加成产物，说明此时反应所需的活化能较低，反之，1,4-加成所需的活化能较高。

有机化学反应中，一种反应物可以向多种产物方向转变时，在反应未达到平衡前，利用反应快速的特点来控制产物的组成比例的为速率控制或动力学控制。利用平衡到达控制产物组成比例的反应称为平衡控制或热力学控制。

## 21.8 自由基聚合反应

共轭双烯易发生聚合反应，用途广泛的是1,3-丁二烯和异戊二烯，它们是合成橡胶的原料。

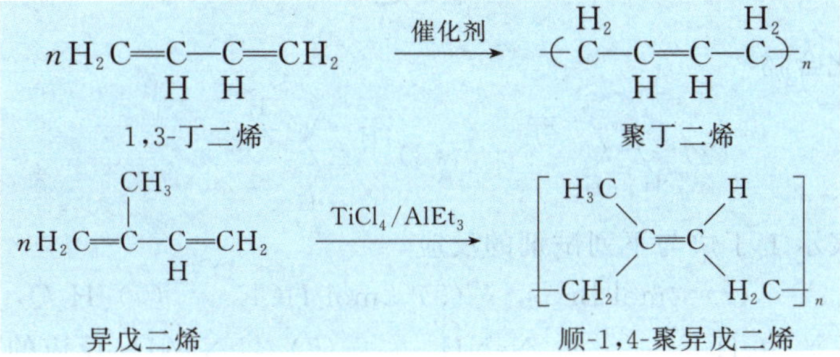

$$n\,H_2C=C-C=CH_2 \xrightarrow{\text{催化剂}} \left[\begin{array}{c} H_2 \\ C-C=C-C \\ H \quad H \end{array}\right]_n$$

1,3-丁二烯　　　　　　　聚丁二烯

$$n\,H_2C=C-C=CH_2 \xrightarrow{TiCl_4/AlEt_3} \left[\begin{array}{c} H_3C \quad H \\ C=C \\ -CH_2 \quad H_2C- \end{array}\right]_n$$

异戊二烯　　　　　　　　顺-1,4-聚异戊二烯

## 21.9 狄尔斯-阿德尔（Diels-Alder）反应

丁二烯、顺丁烯二酸酐在加热100℃生成环状的1,4加成产物。该反应叫狄尔斯-阿德尔反应，简称D-A反应。

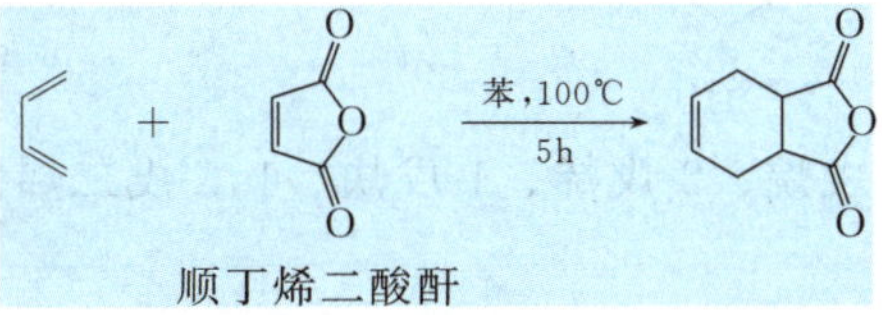

D-A反应是1,4-加成反应，在加热条件下进行，生成六元环产物，是合成含双键六元环的重要方法。起始原料分为：共轭双烯（称双烯体）、含烯键的化合物（亲双烯体）。当亲双烯体连有吸电子基团如—CHO、—COOR、—$NO_2$、—CN 等，具有较高的反应活性，有利于反应的进行。例如：

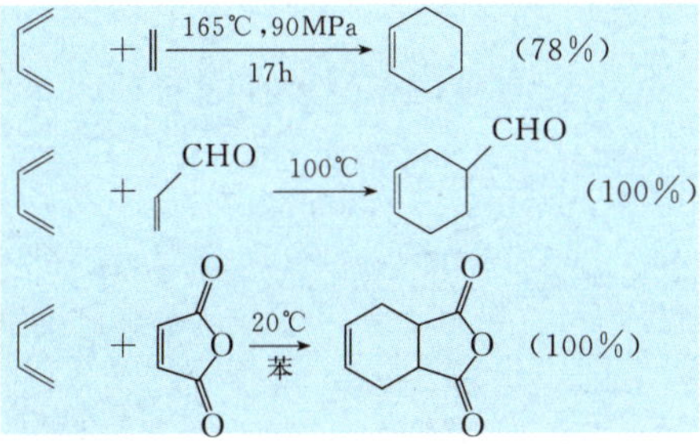

双分子的环戊二烯也可以发生D-A反应。

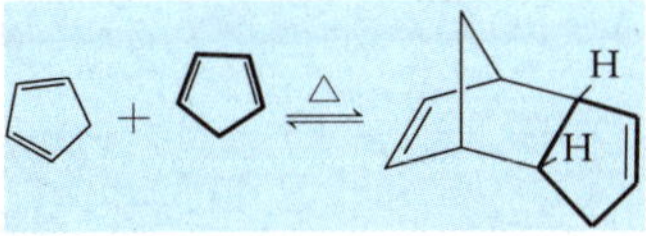

D-A反应是顺式（同面、同面）加成，加成产物仍保持双烯体和亲双烯体原来的构型。例如：

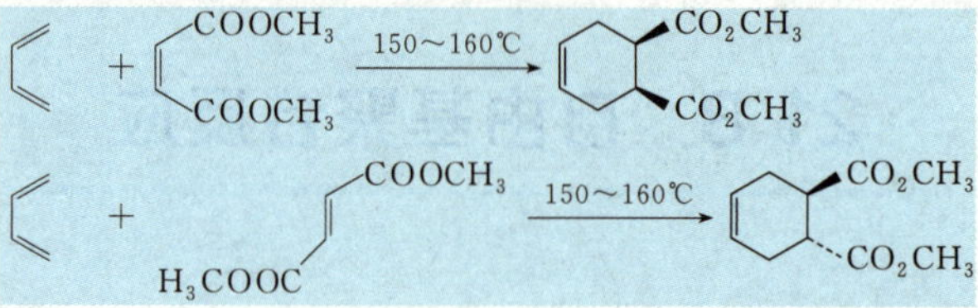

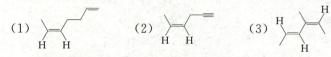

## 习 题

1. 命名下列化合物

(1) (2) (3)

2. 用反应式表示 1-丁炔与下列试剂的反应

(1) 1mol Br$_2$    (2) 2mol Br$_2$    (3) 2mol HCl    (4) H$_2$O，Hg$^{2+}$，H$^+$

(5) Ag(NH$_3$)$_2^+$OH$^-$    (6) NaNH$_2$    (7) 与 NaNH$_2$ 反应的产物＋C$_2$H$_5$Br

(8) 热的 KMnO$_4$ 水溶液

3. 试推测和臭氧分解时，生成下列化合物的不饱和烃（非芳烃）的可能结构。

(1) 只生成 

(2) 生成 CH$_3$COOH 和 CH$_3$CH$_2$COOH

(3) 生成 

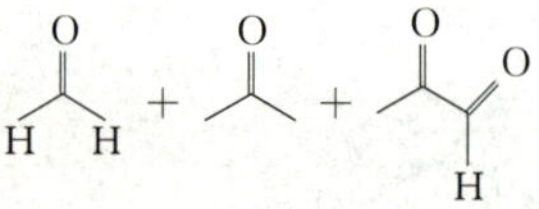

4. 鉴别以下有机物：正戊烷、2-戊烯、1-戊炔、1,3-戊二烯。

5. 完成下列转化

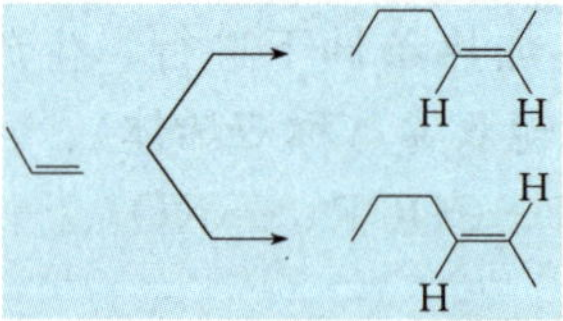

# 第 22 章 芳 烃

## 学习要求

1. 理解苯的结构确定及确定过程；
2. 掌握苯衍生物的异构、命名；
3. 掌握芳烃的化学性质及鉴别方法；
4. 掌握苯环上的亲电取代反应机理及其定位规律。

有机化合物可分为脂肪族化合物和芳香族化合物。脂肪族化合物是指链状化合物：烷烃、烯烃、炔烃及脂环烃等不含苯环的化合物。芳香族化合物是指苯及苯的衍生物。

最简单而又最重要的芳烃是苯。

## 22.1 凯库勒式

凯库勒（Kekulé F A，1829—1896），德国化学家，大学时学建筑，受李比希的影响改学化学，苯环结构创始人，提出"碳原子四价学说"，指出：碳原子间可以形成链状的结构学说。1865 年，由著名梦幻"六条蛇头尾相咬""六只猴子头尾相咬"，悟出苯环的结构。

### 22.1.1 苯的分子式 $C_6H_6$

苯具有特殊稳定性。
① 加氢（加压、催化）生成环己烷；
② 不会使高锰酸钾、溴水褪色；
③ 与卤素等发生取代反应。

碳碳之间相连的既不是单键，也不是双键，而是一种介于单键与双键之间的特殊的键，所以易取代，不易加成；苯环上的六个氢是等同的，因此只有一种一取代物、一种邻二取代物：

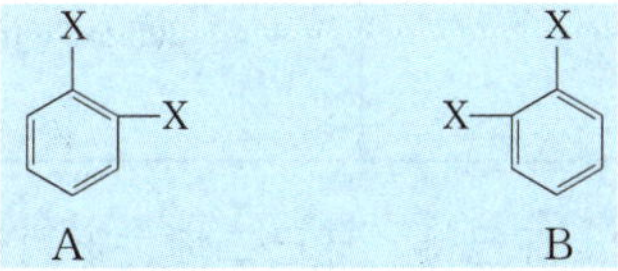

## 22.1.2 结构特点（图 22-1）

（1）分子中的 C 是 $sp^2$ 杂化；
（2）该分子为平面分子；
（3）六个未杂化的 p 轨道互相平行，垂直于该平面，相邻两个彼此交盖，形成一个闭合的环状大 π 键，使苯非常稳定；
（4）六个 p 电子离域，均匀分布在六个 C 上，像两个面包圈，分别位于平面的上、下方。

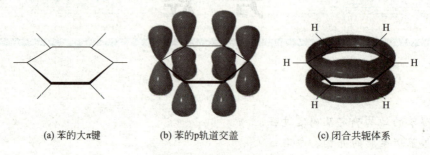

(a) 苯的大π键　　(b) 苯的p轨道交盖　　(c) 闭合共轭体系

图 22-1　苯的结构特点

## 22.2 稳定性

苯易发生取代反应，反应后仍保留了苯环，说明苯具有特殊的稳定性，这是因为苯是由两个完全等价的共振杂化而成的。

环己烯、环己二烯及苯氢化后都产生环己烷，但是苯的氢化热比设想的环己三烯低，苯与氢加成生成环己二烯时会吸收能量。所以加成反应会破坏苯的稳定性，不易加成。现代技术测定得知苯为平面分子，它由六个等长的 σ 键组成正六边形，键长介于碳碳单键及碳碳双键之间。分子杂化轨道理论推断出的苯的结构也是这样。结论：苯为环状闭合共轭体系且有较大的离域能。

由图 22-2 的氢化热数据可知，苯比设想的 1,3,5-环己三烯稳定得多。苯的高度稳定性是由于 π 电子的充分离域引起的共振，苯很难发生亲电加成，因为它比 1,3-环己二烯还稳定。

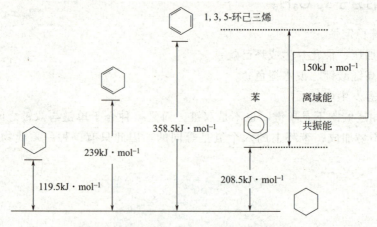

图 22-2　环己烯、环己二烯、苯的氢化热

## 22.3 命名

芳香烃中少一个氢原子而形成的基团称为芳香基或芳基。例如：苯去掉一个氢称为苯基。甲苯分子中苯环去掉一个氢为甲苯基，如对甲苯基、邻甲苯基等，甲苯的甲基上去掉一个氢则为苄基。

|  苯基 | 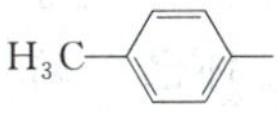 对甲苯基 |  芳基 | 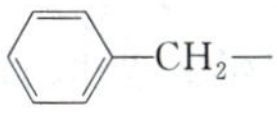 苄基 |
|---|---|---|---|

当苯环上连接官能团为简单的烷基、硝基、卤素原子时，以苯环为母体。

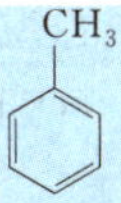

甲苯 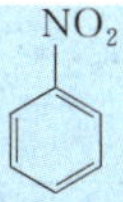　　硝基苯 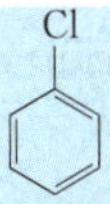　　氯苯

当苯环上连接的基团为羧基、羟基、氨基、醛基、烃基、磺酸基和复杂烷基等时，以苯环为取代基。

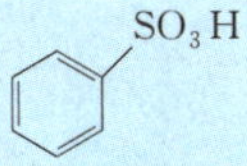

苯磺酸 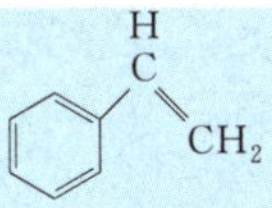　　苯乙烯 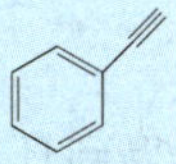　　苯乙炔

当苯环上连接有多个官能团时，要使选好的母体编号最小。

按照官能团优先规则，选择优先官能团为母体，其编号为1位，将其他取代基位号按尽可能小的方向循苯环编号。常见官能团的优先次序：

$-COOH>-SO_3H>-COOR、-COX/（NH_2）>-CN>-CHO、-C=O>$
$-OH（醇）>-OH（酚）>-OR>-SH>-NH_2>C\equiv C、C=C>苯>-R>-F>$
$-Cl>-Br>-I>-NO_2$

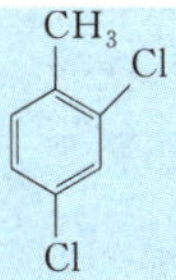

2,4-二氯甲苯 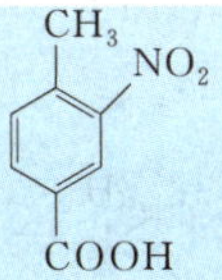　　4-甲基-3-硝基苯甲酸 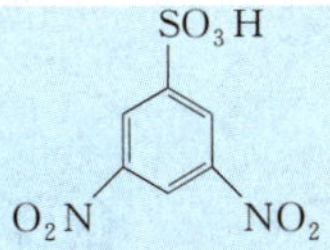　　3,5-二硝基苯磺酸

## 22.4 物理性质

苯的同系物多数为液体，有芳香的气味，不溶于水，易溶于有机溶剂，液态芳烃自身也是一种良好的溶剂，但对人体有害。在苯的同系物中每增加一个$CH_2$，沸点增加20~30℃。

碳原子数相同的异构体，其沸点相差不大。分子越对称，熔点越高。

## 22.5 化学性质

### 22.5.1 Birch 还原

Birch 还原：芳香族化合物在乙醇、异丙醇等（质子供给体）存在下，被碱或碱土金属部分还原为 1,4-环己二烯类衍生物的反应。当取代基为给电子基，有利于生成 1-取代-1,4-环己二烯；当取代基为吸电子基，则生成 3-取代-1,4-环己二烯。

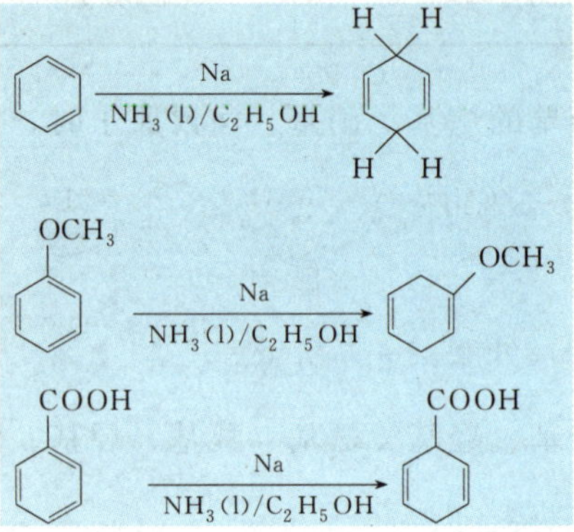

### 22.5.2 催化氧化

苯环催化氢化时只能得到环己烷：

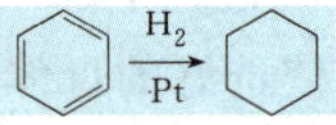

### 22.5.3 亲电取代反应

苯环平面的上下方有 π 电子云，因此在反应中苯环可以与缺电子的亲电试剂发生反应，类似于烯烃中 π 键的性质。但是，苯环中的 π 电子具有特殊的稳定性，反应中总是保持苯环的结构，容易发生亲电取代反应而非加成反应。苯的亲电取代反应历程大致相同，其过程如下：

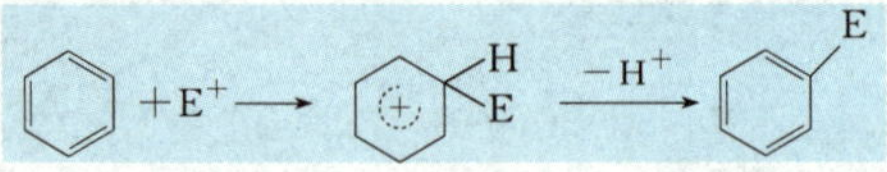

第一步：亲电试剂进攻苯环，形成 σ-络合物（苯基正离子）中间体，该步骤较慢，是决速步骤。

第二步：去氢质子，制备目标取代产物。

苯的典型的亲电取代反应包括：卤代、硝化、磺化、烷基化和酰基化反应，此类反应可直接在苯环上引入基团，在有机合成中占有重要地位。

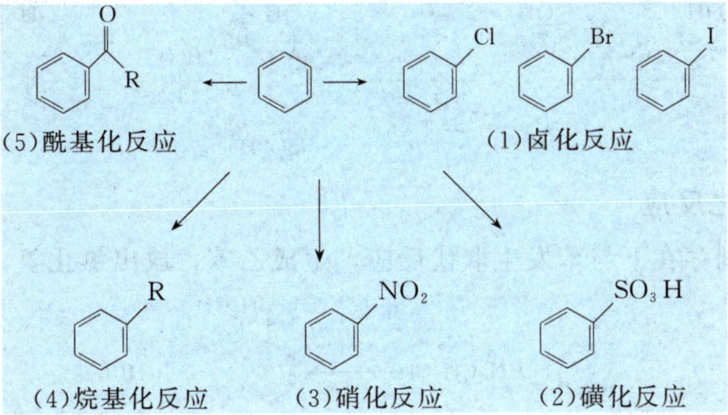

(5) 酰基化反应　　　　　　　　(1) 卤化反应

(4) 烷基化反应　(3) 硝化反应　(2) 磺化反应

### 1. 卤代反应

苯与卤素作用，在三卤化铁的催化下，得到卤代苯，同时放出卤化氢。

① $FeX_3$ 的作用是促进 $X_2$ 极化离解：

$$FeX_3 + X_2 \rightleftharpoons X^+ + [FeX_4]^-$$

② 亲电试剂和苯发生亲电取代反应：

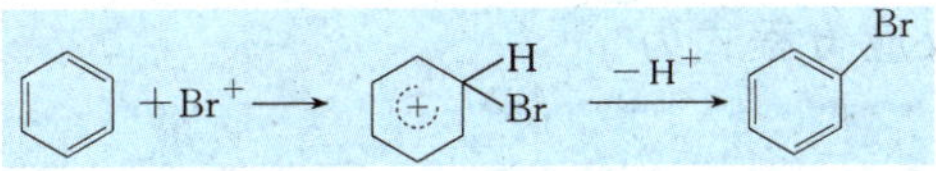

无 Fe 或 $FeX_3$ 存在时，苯不能使溴的四氯化碳溶液褪色；有 Fe 或 $FeX_3$ 存在时，苯可与溴或氯发生反应。

### 2. 硝化反应

苯与浓硝酸和浓硫酸的混合液反应，生成硝基苯。

硝化反应中的亲电试剂是 $NO_2^+$（硝基正离子），浓硫酸可以促进 $NO_2^+$ 的生成：

$$2H_2SO_4 + HNO_3 \longrightarrow NO_2^+ + H_3O^+ + 2HSO_4^-$$

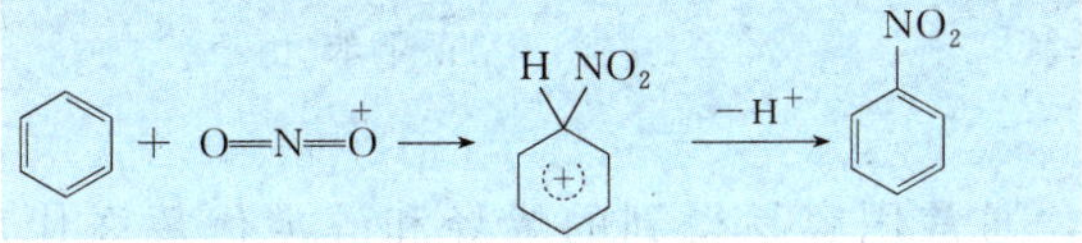

反应方程式为：

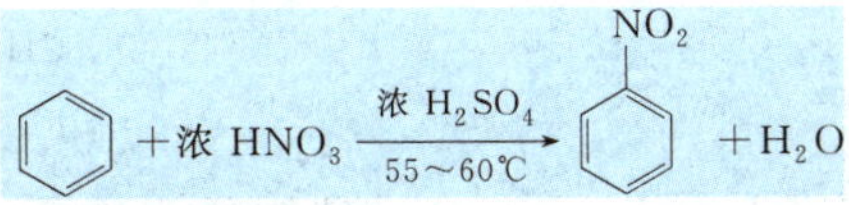

$$\text{苯} + \text{浓 } HNO_3 \xrightarrow[55\sim60℃]{\text{浓 } H_2SO_4} \text{硝基苯} + H_2O$$

### 3. 磺化反应

硫酸与苯反应生成苯磺酸，硫酸浓度越高，反应越快。含三氧化硫的发烟硫酸与苯反应最快。反应方程式为：

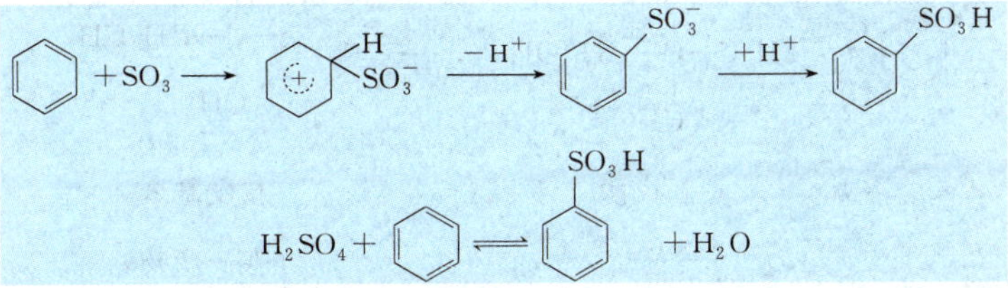

$$H_2SO_4 + \text{苯} \rightleftharpoons \text{苯磺酸} + H_2O$$

此反应为可逆反应，常常用来占据苯环上的位置。

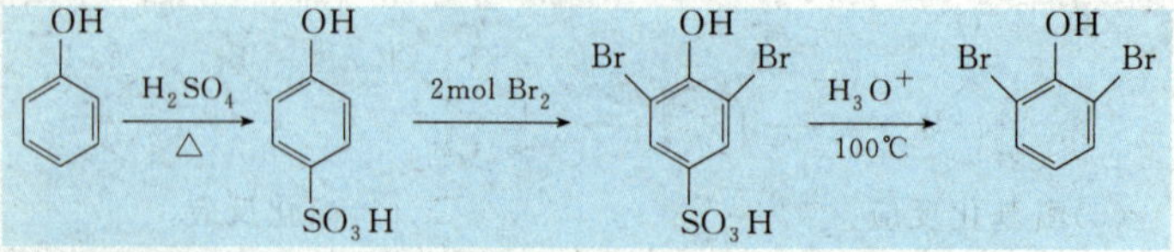

$$\underset{}{\underset{}{C_6H_5OH}} \xrightarrow[\triangle]{H_2SO_4} \underset{SO_3H}{\underset{}{HO-C_6H_4}} \xrightarrow{2\text{mol } Br_2} \underset{SO_3H}{\underset{}{HO-C_6H_2(Br)_2}} \xrightarrow[100℃]{H_3O^+} \underset{}{\underset{}{HO-C_6H_3(Br)_2}}$$

## 4. 傅-克烷基化反应

氯乙烷在催化剂存在下与苯发生取代反应，生成乙苯，放出氯化氢，反应方程式为

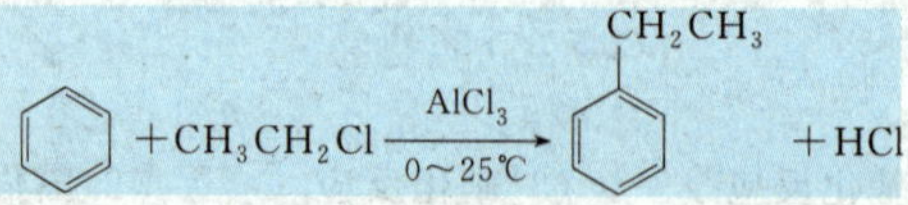

$$C_6H_6 + CH_3CH_2Cl \xrightarrow[0\sim25℃]{AlCl_3} C_6H_5CH_2CH_3 + HCl$$

催化剂主要用无水三氯化铝，此外，三氯化铁、三氟化硼、氟化氢也可以作为催化剂。

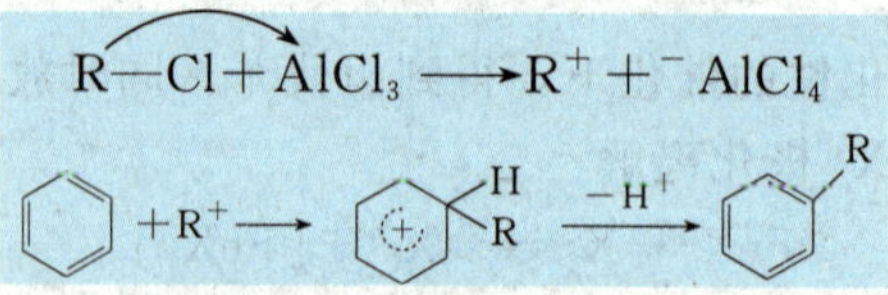

$$R\text{—}Cl + AlCl_3 \longrightarrow R^+ + {}^-AlCl_4$$

$$C_6H_6 + R^+ \longrightarrow [\text{环己二烯正离子}]\overset{H}{\underset{R}{|}} \xrightarrow{-H^+} C_6H_5R$$

因为伯碳正离子较不稳定，所以会发生重排生成稳定的仲碳正离子。因此，苯与正丙基氯反应主要生成异丙苯。反应方程式为

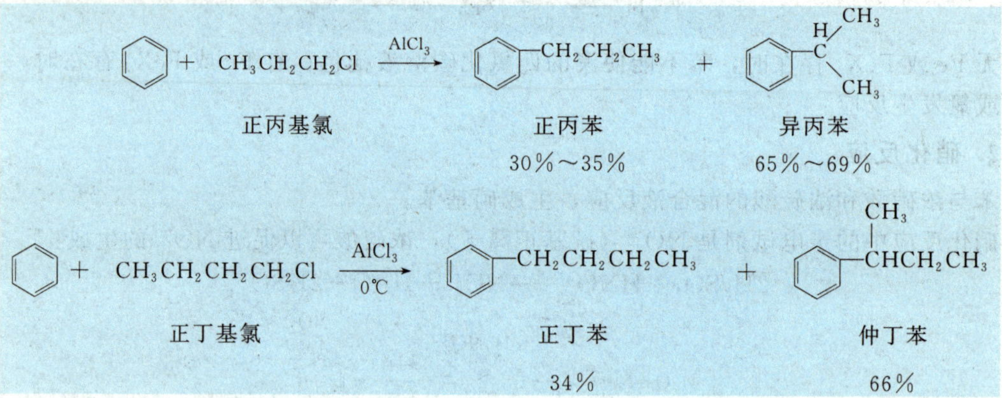

$$C_6H_6 + CH_3CH_2CH_2Cl \xrightarrow{AlCl_3} \underset{30\%\sim35\%}{C_6H_5CH_2CH_2CH_3} + \underset{65\%\sim69\%}{C_6H_5CH(CH_3)_2}$$

正丙基氯　　　　　　　正丙苯　　　　　　　异丙苯

$$C_6H_6 + CH_3CH_2CH_2CH_2Cl \xrightarrow[0℃]{AlCl_3} \underset{34\%}{C_6H_5CH_2CH_2CH_2CH_3} + \underset{66\%}{C_6H_5CH(CH_3)CH_2CH_3}$$

正丁基氯　　　　　　　正丁苯　　　　　　　仲丁苯

在工业上考虑成本，通常用容易得到的烯烃和醇类代替卤代烃，并且有碳正离子的重排。

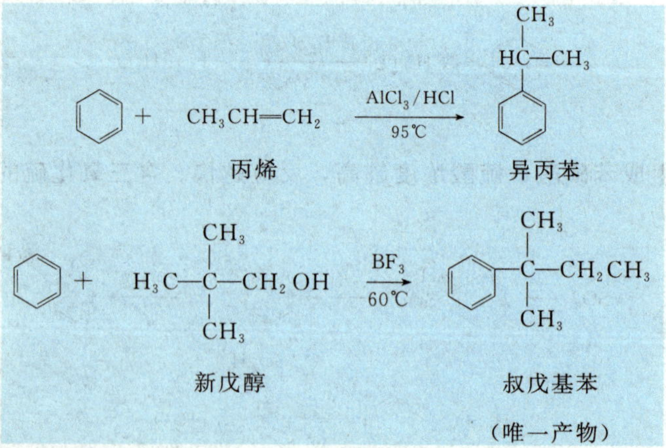

$$C_6H_6 + CH_3CH=CH_2 \xrightarrow[95℃]{AlCl_3/HCl} C_6H_5CH(CH_3)_2$$

丙烯　　　　　　　　异丙苯

$$C_6H_6 + (CH_3)_3CCH_2OH \xrightarrow[60℃]{BF_3} C_6H_5C(CH_3)_2CH_2CH_3$$

新戊醇　　　　　　　　叔戊基苯
　　　　　　　　　　　　（唯一产物）

## 5. 傅-克酰基化反应

苯与酰卤或酸酐在三氯化铝的催化下反应生成芳酮，如：

$$RCOCl + AlCl_3 \rightleftharpoons R-\overset{+}{C}=O + AlCl_4^-$$

乙酰氯　　　　苯乙酮

97%

乙酸酐　　　　苯乙酮　　　　乙酸

82%～85%

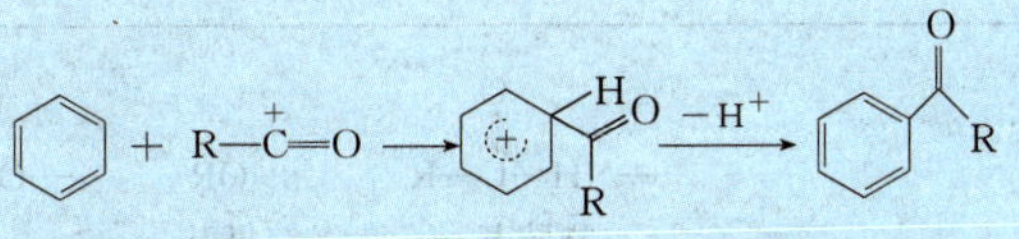

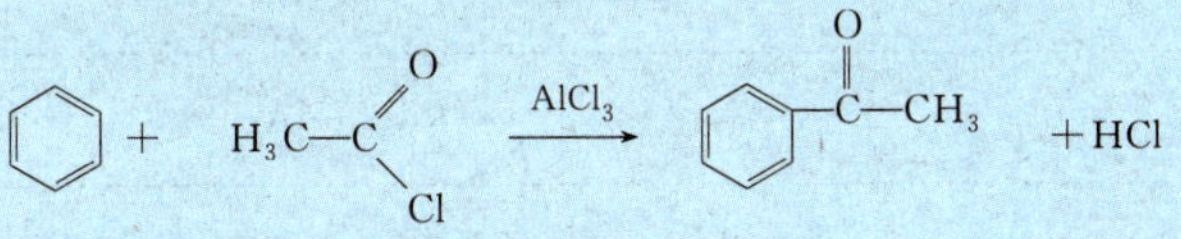

该反应无重排，并且是制备芳香酮的一种重要方法。

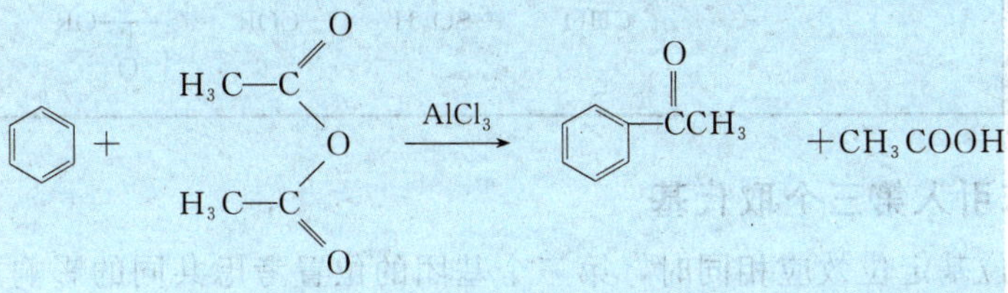

根据傅-克酰基化反应，苯与环酐反应可得双官能团的化合物。

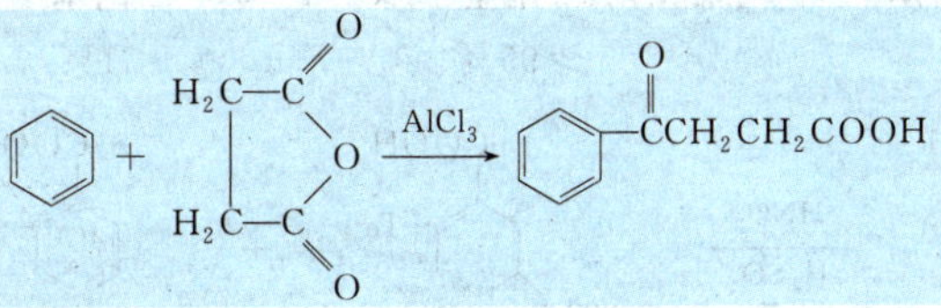

## 22.5.4 定位效应及反应活性

### 1. 定位效应

取代基为给电子基团时，一般为邻、对位定位基。如：

$-NH_2$　$-NHR$　$-NR_2$　$-OH$　$-R$　$-Ar$

$-NH-\overset{O}{\overset{\|}{C}}-R$　$-OR$　$-O\overset{O}{\overset{\|}{C}}R$　$-X$

酰胺基　烷氧基

取代基为吸电子基时，一般为间位定位基。如：

$-COOH$　$-\overset{+}{N}R_3$　$-CF_3$　$-CCl_3$　$-CN$

$-CHO$　$-SO_3H$　$-COR$　$-\underset{O}{\underset{\|}{C}}-OR$

### 2. 反应活性

实验证明，取代基对苯环活性的影响不同。

| 强烈活化 | —NH₂    —NHR    —NR₂    —OH |
|---|---|
| 中等活化 | —NH—C(=O)—R    —OR    —O—C(=O)R<br>酰胺基            烷氧基 |
| 弱活化 | —R    —Ar |
| 弱钝化 | —F    —Cl    —Br    —I |
| 钝化 | —COOH    —⁺NR₃    —CF₃    —CCl₃    —CN<br>—CHO    —SO₃H    —COR    —C(=O)OR |

## 3. 二取代苯引入第三个取代基

① 当两个定位基定位效应相同时，第三个基团的位置考虑共同的影响。

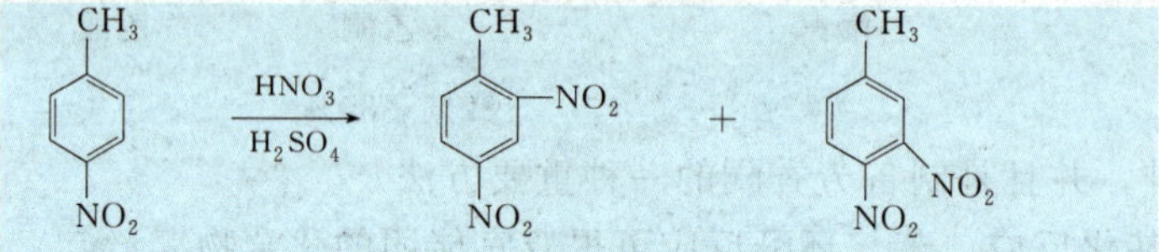

对硝基甲苯 $\xrightarrow{HNO_3/H_2SO_4}$ 2,4-二硝基甲苯 (>99%) + 3,4-二硝基甲苯 (<1%)

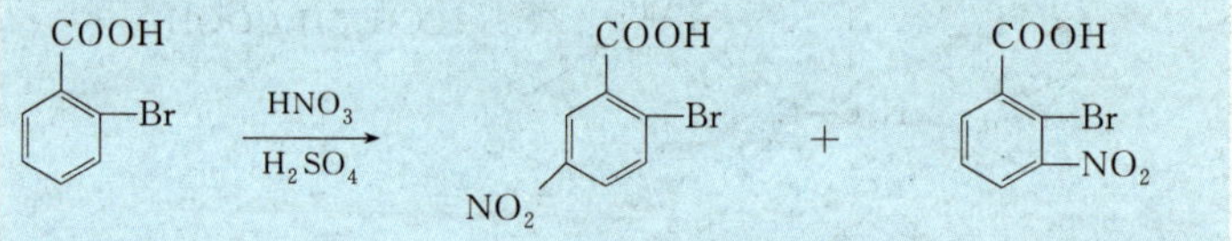

2-溴苯甲酸 $\xrightarrow{HNO_3/H_2SO_4}$ 5-硝基-2-溴苯甲酸 (80%) + 3-硝基-2-溴苯甲酸 (20%)

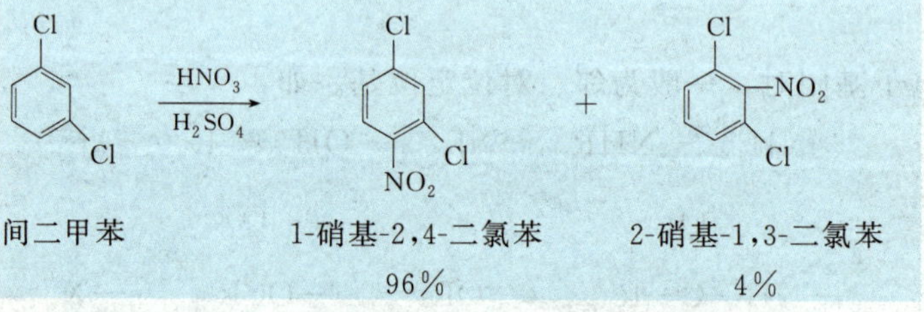

间二甲苯 $\xrightarrow{HNO_3/H_2SO_4}$ 1-硝基-2,4-二氯苯 (96%) + 2-硝基-1,3-二氯苯 (4%)

② 当两个取代基类型不同时，定位效应受邻、对位取代基影响。

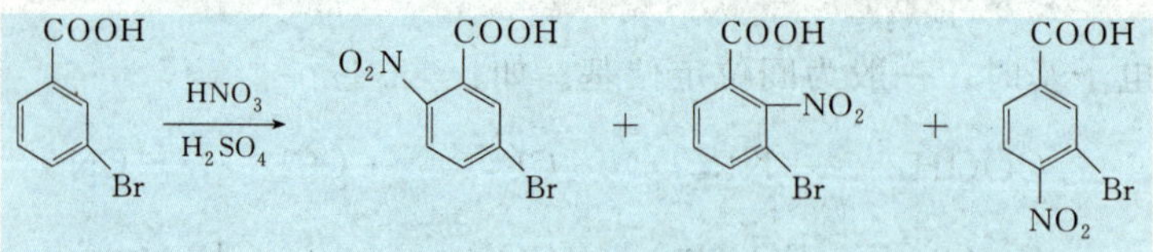

3-溴苯甲酸 $\xrightarrow{HNO_3/H_2SO_4}$ (87%) + (13%) + (0%)

即两个取代基为同一类，定位效应受致活能力较强的基团的控制，如两个取代基类型不同，取决于定位能力强的基团。

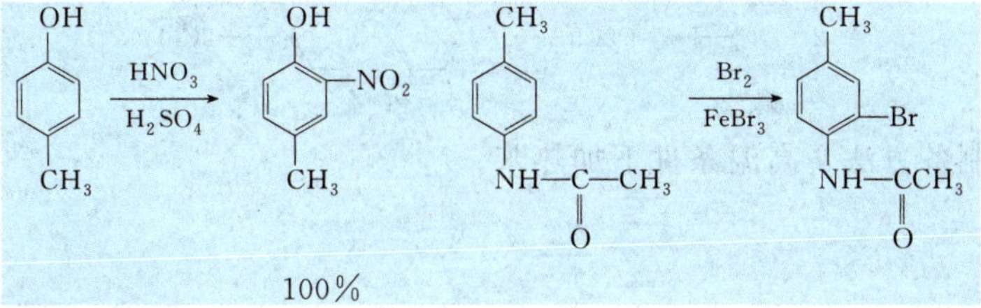
OH
CH3
HNO3
H2SO4
OH
NO2
CH3
100%
CH3
NH—C—CH3
O
Br2
FeBr3
CH3
Br
NH—CCH3
O

## 22.5.5 侧基的反应

1. 当侧基有 α 氢（与苯环相连的第一个碳上的氢）时，不论侧基是什么基团，最后都生成苯甲酸。

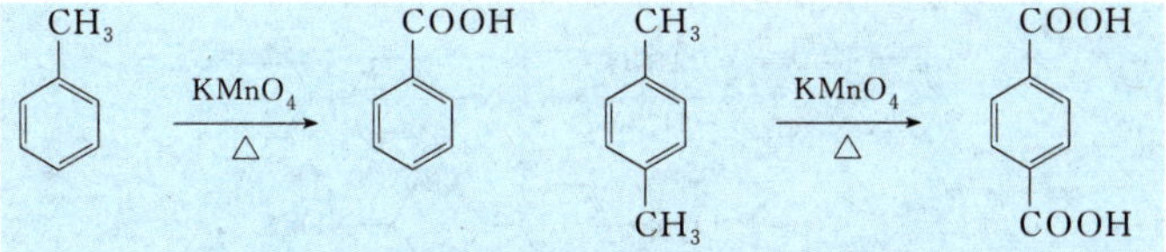
CH3
KMnO4
△
COOH
CH3
CH3
KMnO4
△
COOH
COOH

甲苯　苯甲酸　对二甲苯　对苯二甲酸

2. 当无 α 氢时，一般无法氧化。但是在十分强的氧化条件下，也可发生氧化反应。

3. 工业上合成酸酐的方法是在五氧化二钒催化下催化合成。

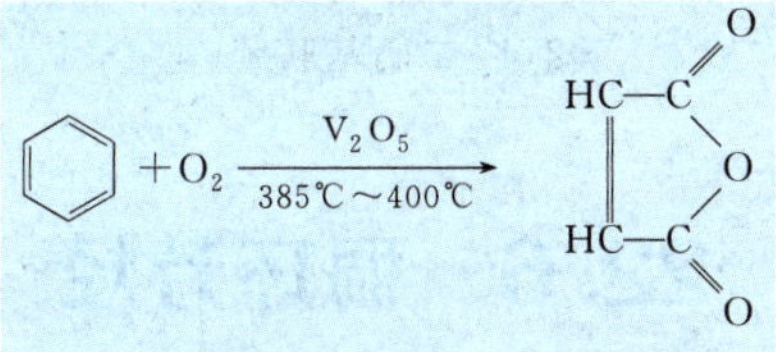
+O2
V2O5
385℃～400℃
HC—C
O
O
HC—C
O

顺酐

4. 不同的反应条件下，卤素取代的位置不同。

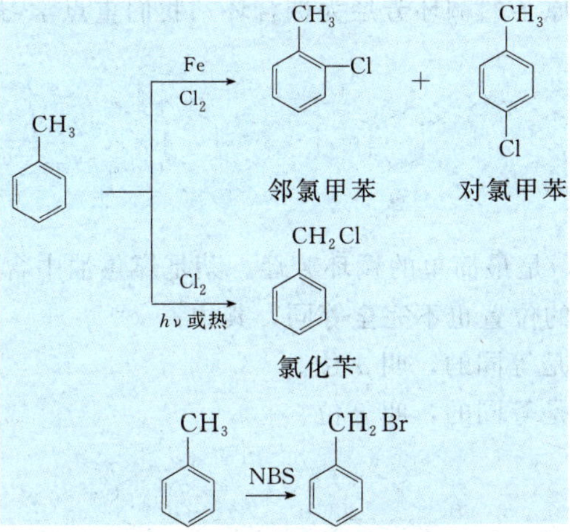
CH3
Fe
Cl2
CH3
Cl
+
CH3
Cl
邻氯甲苯
对氯甲苯
CH2Cl
Cl2
hν 或热
氯化苄
CH3
NBS
CH2Br

## 22.5.6 联苯

联苯为无色晶体，熔点为 70℃，沸点为 254℃，不溶于水而溶于有机溶剂。联苯属于多环芳烃，联苯命名时编号：

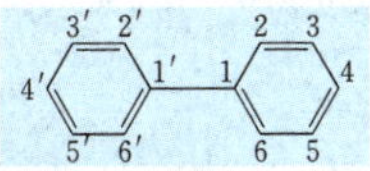
3′ 2′
4′
1′
5′ 6′
1
2 3
4
6 5

联苯的实验室制备方法：利用碘苯与铜共热。

$$2\,\text{C}_6\text{H}_5\text{I} + 2\text{Cu} \xrightarrow{\triangle} \text{C}_6\text{H}_5\text{-C}_6\text{H}_5 + 2\text{CuI}$$
碘苯　　　　　　　80%

联苯的工业制备方法：高温条件下加热苯。

$$2\,\text{C}_6\text{H}_6 \xrightarrow{\text{高温}} \text{C}_6\text{H}_5\text{-C}_6\text{H}_5 + \text{H}_2$$

联苯取代产物只有在醋酸酐中硝化生成邻硝基苯，其他取代反应取代基基本在对位。

联苯的化学性质：和苯相似，在两个苯环上均可发生磺化、硝化等取代反应。联苯可看成苯的一个氢原子被苯基取代，苯基是邻、对位取代基，第二取代基主要进入苯基的对位。若一个环上有活化基团，则取代反应发生在同环；若有钝化基团，则发生在异环。

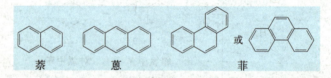

## 22.6　稠环芳烃

两个苯环共用两个碳原子的稠环芳烃为稠合环，我们重点学习萘环。

萘　蒽　菲（或）

萘的分子式为 $C_{10}H_8$，是最简单的稠环芳烃。萘是煤焦油中含量最多的化合物，约 6%。由于键长不同，各碳原子的位置也不完全等同，其中：

◆ 1，4，5，8 四个位置是等同的，叫 α 位。
◆ 2，3，6，7 四个位置是等同的，叫 β 位。

萘的亲电取代有以下类型：卤代、硝化反应、磺化反应等。

$$\text{萘} + \text{Br}_2 \xrightarrow{\text{CCl}_4} \text{1-溴萘} + \text{HBr}$$

$$\text{萘} + \text{HNO}_3 \xrightarrow{\text{H}_2\text{SO}_4} \text{1-硝基萘} + \text{H}_2\text{O}$$

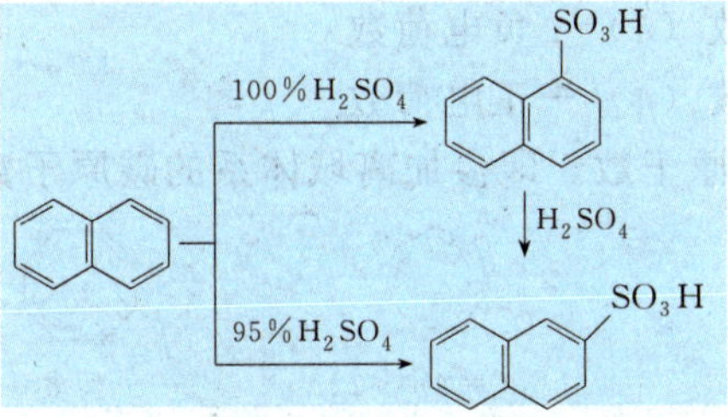

(1) 萘衍生物进行取代反应的定位作用比苯衍生物复杂。

(2) 第二取代基的位置由原有取代基的性质和位置以及反应条件来决定，但由于 α 位的活性高，在一般条件下，第二取代基容易进入 α 位。

(3) 环上的原有取代基还决定第二取代基是"同环取代"还是"异环取代"。

① 由于邻、对位定位基能使与其连接的环活化，第二个取代基就进入该环，即发生"同环取代"。若原来取代基是在 α 位，则第二取代基主要进入同环的另一 α 位。

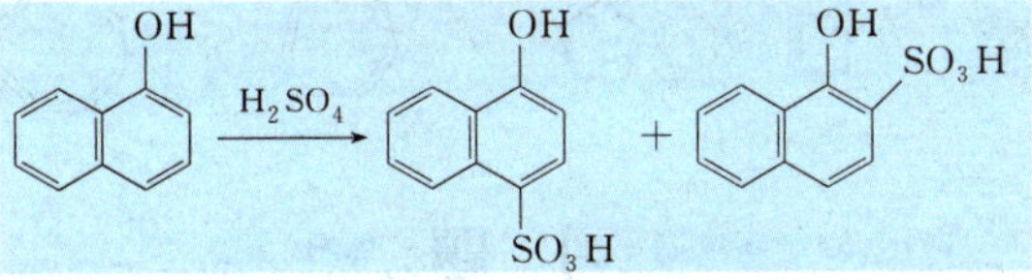

② 若原来取代基是在 β 位，则第二取代基主要进入同环相邻的 α 位。

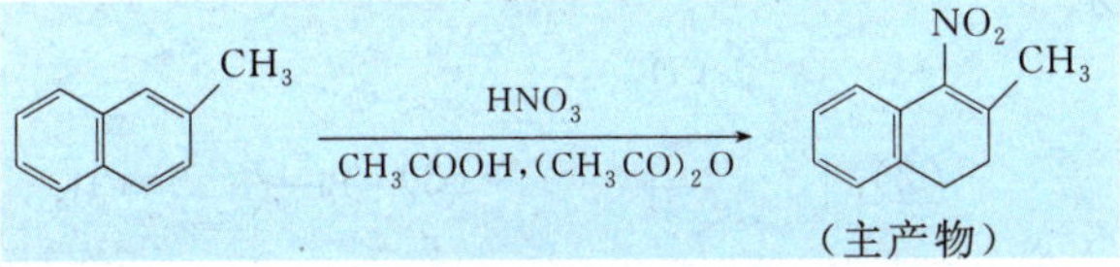

③ 间位定位基使与其连接的环钝化，第二个取代基便进入另一环上，发生"异环取代"；不论原有取代基是在 α 位还是在 β 位，第二取代基一般都进入另一环上的 α 位，至少有两种产物。

萘的氧化：

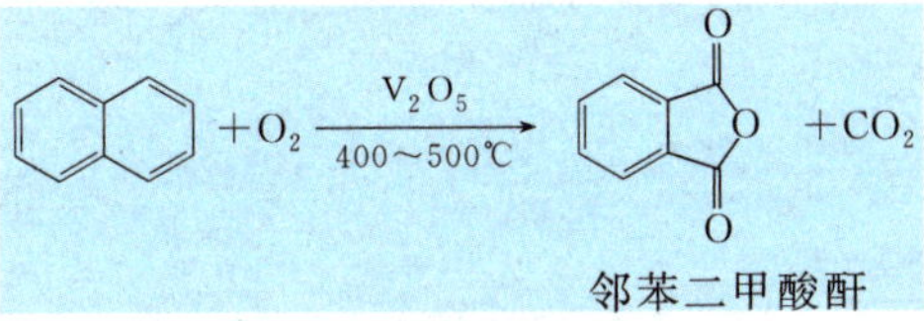

## 22.7 芳香性的判断

芳香化合物是环状平面（或近似平面）的分子，闭合共轭体系，比相应的开链化合物稳定。芳香化合物具有高度的不饱和性，不易加成易取代。

判断环状多烯烃具备如下芳香性的条件：

① 成环原子共平面或接近于平面。

② 环闭合为共轭离域体系。

③ π 电子数为 $4n+2$ 个（$n=0, 1, 2, \cdots$ 整数）。

这就是休克尔规则。

通式为 $C_nH_n$ 的环多烯化合物的 π 电子数的计算：

π电子数＝环中碳原子数（n）＋负电荷数
　　　　＝环中碳原子数（n）－正电荷数
（n 为采取 sp² 杂化的碳原子数，即参加离域体系的碳原子数）

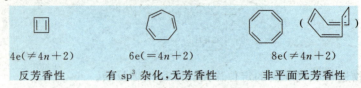

有芳香性：

无芳香性：

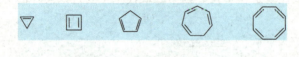

## 习　题

1. 命名下列化合物

(1) 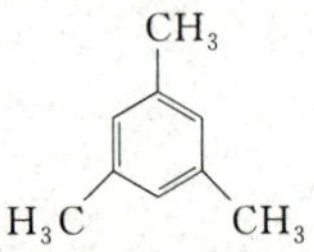 (2) 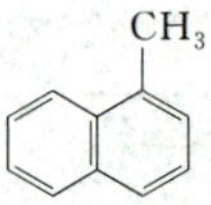 (3)

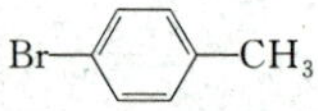

(4) 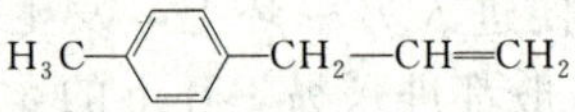 (5)

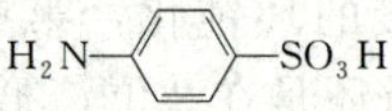

2. 完成反应

(1) 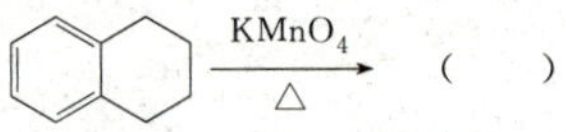 $\xrightarrow[\triangle]{KMnO_4}$ （　）

(2) $\xrightarrow{AlCl_3}$ （　）

(3) $\xrightarrow[HNO_3]{H_2SO_4}$ （　）

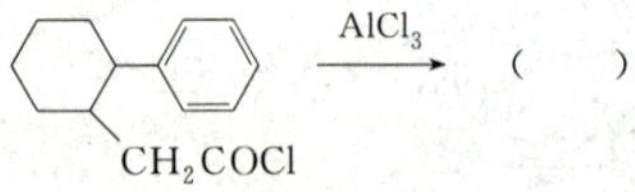

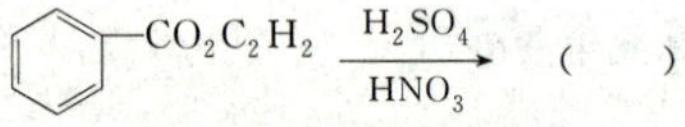

(4) $\xrightarrow[Fe]{Br_2}$ （　）

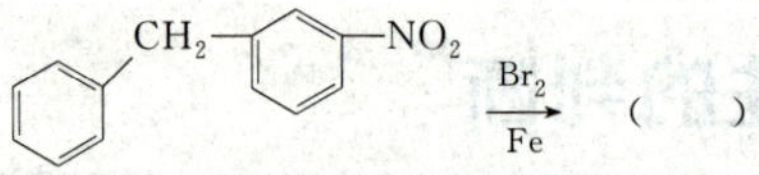

3. 预测下列化合物溴代的主要产物

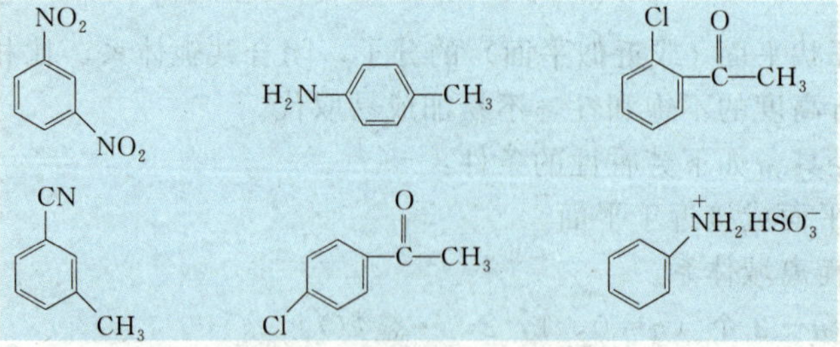

4. 甲、乙、丙三种芳烃的分子式都是 $C_9H_{12}$，氧化时甲得一元酸，乙得二元酸，丙得三元酸，进行硝化时甲和乙分别主要得到两种一硝基化合物。而丙只得到一种一硝基化合

物，推断甲、乙、丙的结构。

5. 一化合物 A（$C_{16}H_{16}$）能使 $Br_2/CCl_4$ 和 $KMnO_4$ 水溶解褪色，常压氢化时只吸收 1mol $H_2$，当它用热而浓的 $KMnO_4$ 氧化时只生成一个二元酸 $C_6H_4(COOH)_2$，后者溴化只生成一个单溴代二羧酸，试写这个化合物的结构式。

6. 下列化合物哪些有芳香性？

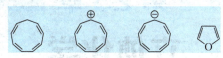

7. 完成下列转化

(1) → ![](4-tert-butylphthalic acid)

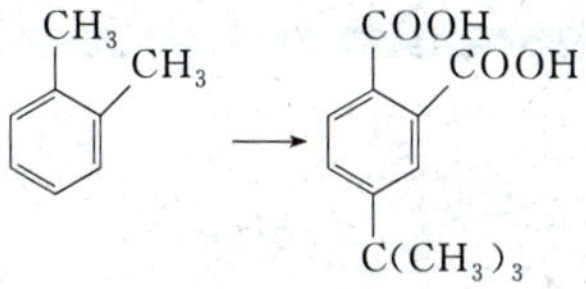

(2) → ![](2-nitroterephthalic acid)

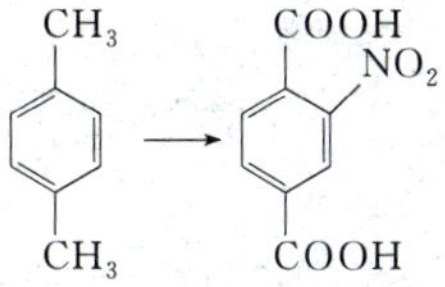

8. 从苯，甲苯，环己烯开始，用恰当的方法合成下列化合物。

(1) 对硝基二苯基甲烷

(2) 对溴苄基溴

(3) CH($\text{—}$C$_6$H$_4$$\text{—}$NO$_2$)$_3$

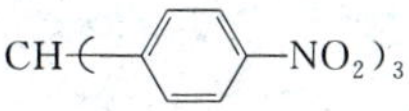

(4) 苯基环己烷

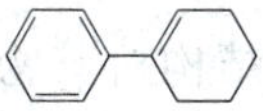

(5) $O_2N$—C$_6$H$_3$(Cl)(Cl)  3,4-二氯硝基苯

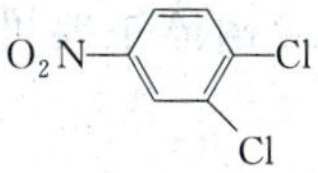

# 第23章

# 立体化学

## 学习要求

1. 理解手性的概念；
2. 理解旋光性与手性的关系；
3. 理解含一个手性碳及含多个手性与旋光性的关系；
4. 理解环状化合物的手性判断。

## 23.1 异构体的分类

部分有机化合物具有三维空间结构，立体化学研究其立体结构以及结构对其物理性质及化学性质影响。具有相同分子式，但结构不同的化合物称为异构体，异构体主要可分为两大类：构造异构和立体异构。

### 23.1.1 构造异构

具有相同的分子式，但是原子结合的顺序不同而产生的异构现象称为**构造异构**，包括碳架异构、官能团位置异构、官能团异构、互变异构和价键异构等。

- 同分异构体（结构异构体）
  - 构造异构体
    - 碳架异构体
    - 官能团位置异构体
    - 官能团异构体
    - 互变异构体
    - 价键异构体
  - 立体异构体
    - 顺反异构体
    - 构象异构体
    - 对映异构体⟷旋光异构体
  - 电子互变异构体

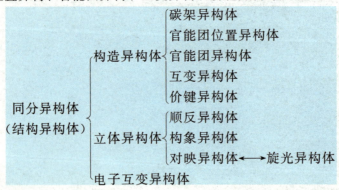

构造异构用构造式表示。

### 23.1.2 立体异构

分子式和原子连接顺序相同，而空间排列方式不同引起的异构就是立体异构；即具有相同的构造、不同的构型的异构。立体异构用构型式表示，如1,4-二甲基环己烷的立体异构可表示为：

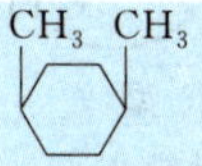

顺-1,4-二甲基环己烷 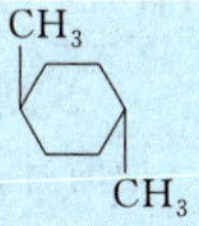　　　反-1,4-二甲基环己烷

立体异构包括顺反异构、构象异构和对映异构，如表23-1所示。

表23-1　立体异构

| 立体异构 | 1. 顺反异构 | 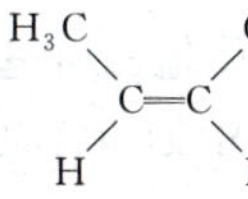 顺-2-丁烯 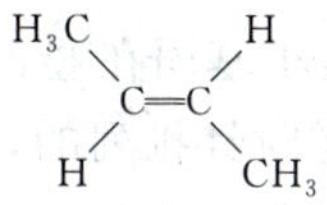　　反-2-丁烯 |
|---|---|---|
| | 2. 构象异构 | 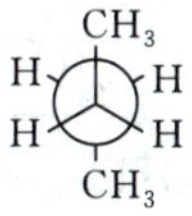 交叉式 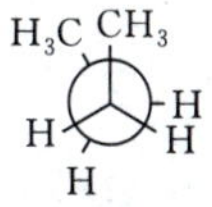　　重叠式 |
| | 3. 对映异构<br>（加粗实线表示指向纸外，虚线表示指向纸内） | 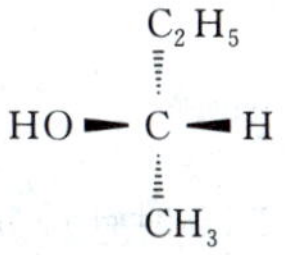 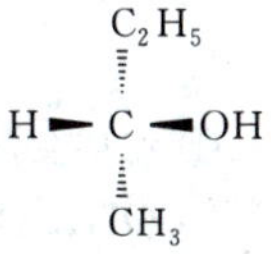 |

对映异构中心碳为手性碳，正四面体构型。中心碳上连有四个不同的基团，通过镜像对映出另外一个化合物，两个化合物不能重叠。二者互为镜像关系，因此称为对映异构。我们把实物和镜像不能重合的现象称为手性。

楔形实线表示指向纸外，楔形虚线表示指向纸内。

## 23.2　构型和构型标记

### 23.2.1　透视式 R，S 标记法

$R$、$S$ 标记法是根据手性碳原子上所连的四个原子或原子团在空间的排列方式来标记的。其步骤如下：
① 按照大小次序规则，确定大小次序；
② 将最小的原子或原子团置于距观察者最远处；
③ 观察其余三个原子或原子团由大到小的排列方式，顺时针为 $R$；逆时针为 $S$。

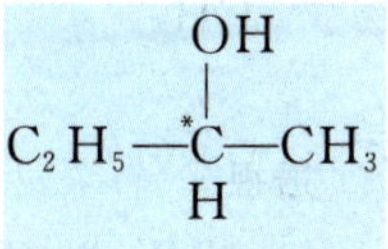

$$C_2H_5 - \overset{OH}{\underset{H}{C^*}} - CH_3$$

沿 C—H 方向

*S* 型（逆时针方向）（*S*）-2-丁醇　　*R* 型（顺时针方向）（*R*）-2-丁醇

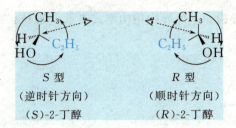

### 23.2.2 Fischer 投影式 *R*，*S* 判断

直接从 Fischer 投影式判断：概括为："横变竖不变"

① 当最小基团在竖向时，其他三个基团的优先次序按顺时针排列的，则为 *R* 型（不变），如按逆时针排列的，则为 *S* 型（不变）。

② 当最小（优先）基团在横向位置上时，其他三个基团优先顺序按顺时针排列的，则为 *S* 型（变），如按逆时针排列的，则为 *R* 型（变）。

$OH > COOH > CH_3$

因为：
① "H"在横键
② OH、COOH、$CH_3$ 顺时针排列
所以：变—"*S*"型
（*S*）-2-羟基丙酸

因为：
① "H"在竖键
② OH、COOH、$CH_3$ 顺时针排列
所以：不变—保持"*R*"型
（*R*）-2-羟基丙酸

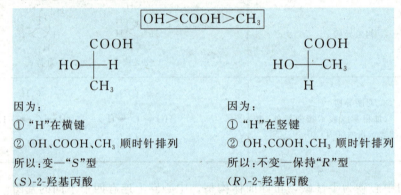

## 23.3 含有一个手性碳原子的化合物

以乳酸为例：含有一个手性碳原子，具有手性、旋光性，有一对对映体。

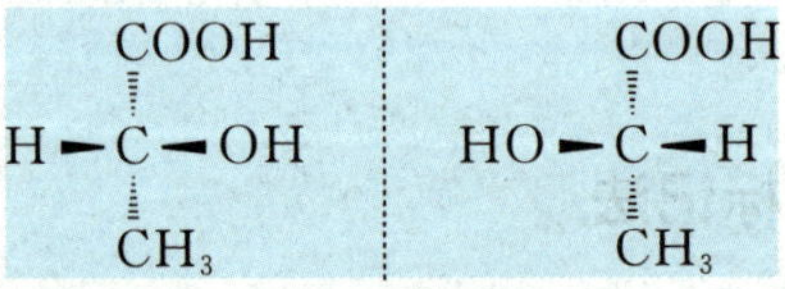

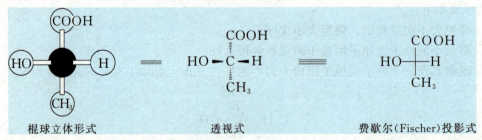

乳酸分子可用棍球立体形式及透视式等方式表示：

棍球立体形式　　透视式　　费歇尔（Fischer）投影式

为了方便，一般采用费歇尔（Fischer）投影式（平面式），其投影规则是：①横线和竖线垂直的交点代表手性碳原子；②把横向的基团朝外，竖向的基团朝里；③主链放在垂直方

向上，伸向后方，编号小的基团（主要官能团）朝上；④用光对准分子模型垂直纸面照射，手性碳用十字交叉点表示。

因此，Fischer 投影式就被赋予了“横外竖里”的立体含义。

例如：2-甲基-1-丁醇的 Fischer 投影式：

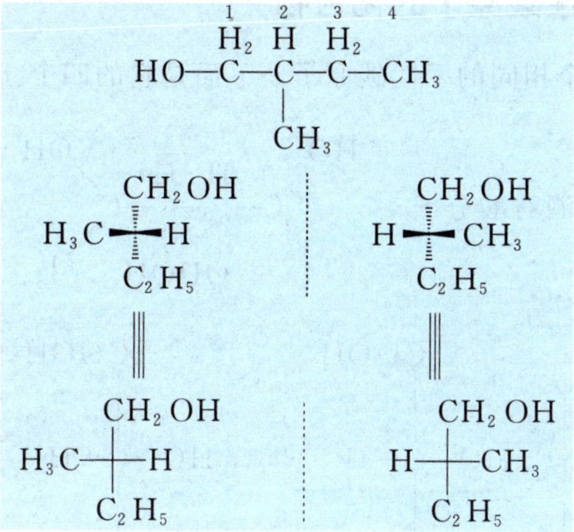

与手性碳原子相连的任意两个官能团交换位置，对调奇数次转变可变为它的对映体，对调偶数次构型不变，例如：

对映体　　原化合物

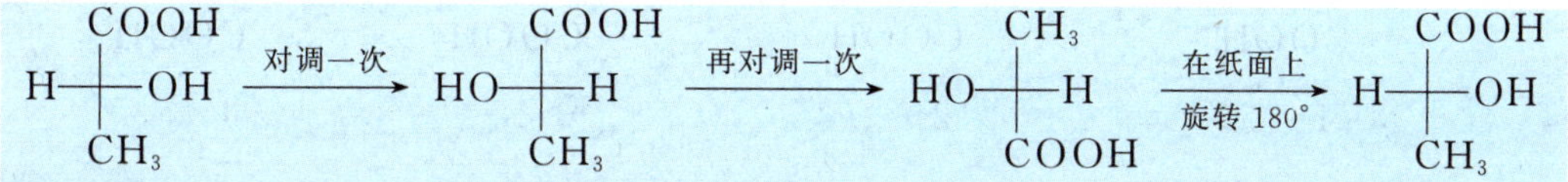

## 23.4 含有两个手性碳原子的化合物

### 23.4.1 两个不同手性碳原子的化合物

2,3,4-三羟基丁醛含有两个不同的手性碳原子，它有四个立体异构体，组成两对对映异构体。

1 (2*R*,3*R*)　　2 (2*S*,3*S*)　　3 (2*R*,3*S*)　　4 (2*S*,3*R*)

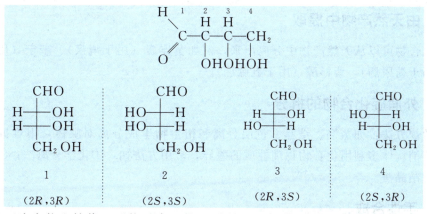

1 和 2 互为实物和镜像，不能重合，是一对对映异构体；同理，3 和 4 也互为对映异构体。1、3 是立体异构体，但不是镜像关系，不是镜像的立体异构体称为非对映异构体，具备不同的物理性质。

一个分子中有两个手性中心，可产生多达四个立体异构体；有三个手性中心，最多可产生八个垂直异构体。如果 $n$ 代表一个分子中手性碳原子的数目，则立体异构体的最大数目应为 $2^n$ 个。

### 23.4.2 两个相同手性碳原子的化合物

酒石酸分子中含有两个相同的手性碳原子，下面是它的四个立体异构体：

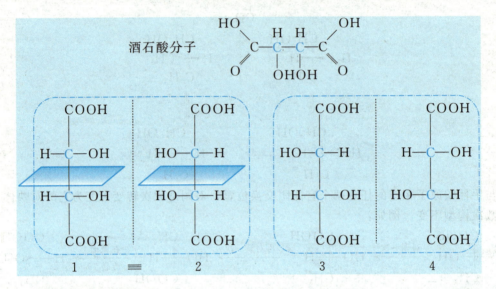

1 和 2 互为镜像关系，但是分子之间存在一个对称面，可以重叠，是相同的物质，这类物质为内消旋体。3 和 4 成镜像，但不能重叠，互为对映异构体。这些分子是手性分子。

## 23.5 制备手性化合物的方法

从天然产物中提取、拆分外消旋化合物和手性合成是制备手性化合物的方法。

### 23.5.1 由天然产物中提取

手性化合物可以从天然产物中分离出来，例如黄连素（用于痢疾）、奎宁（用于疟疾）、胰岛素（用于糖尿病）、紫杉醇（用于乳腺癌）。

### 23.5.2 外消旋化合物的拆分

采用常规方法：如蒸馏、结晶、色层分离和衍生物生成分离对映体，很难拆分外消旋体。分离外消旋体多利用化合物物理性质的差异，常用方法如：①化学分离法；②生物分离法；③晶种结晶法。

### 23.5.3 手性合成

手性合成也称为不对称合成。反应中产生的对映异构体或非对映异构体的数量不相等，多借助手性环境中进行反应，例如：采用手性底物、手性催化剂和手性试剂。

## 习 题

1. 解释名词
(1) 手性和手性碳　　(2) 对映体和非对映体
(3) 内消旋体和外消旋体　　(4) 构造异构和立体异构

2. 判断下列化合物的 $R/S$ 构型

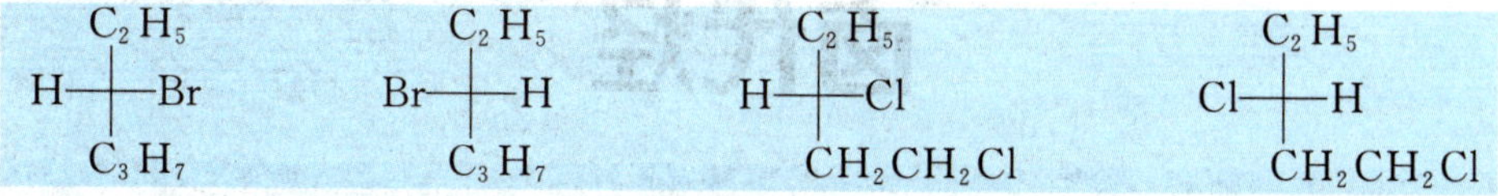

$$
\begin{array}{cccc}
\quad C_2H_5 & \quad C_2H_5 & \quad C_2H_5 & \quad C_2H_5 \\
H\!\!-\!\!\!|\!\!-\!\!Br & Br\!\!-\!\!\!|\!\!-\!\!H & H\!\!-\!\!\!|\!\!-\!\!Cl & Cl\!\!-\!\!\!|\!\!-\!\!H \\
\quad C_3H_7 & \quad C_3H_7 & \quad CH_2CH_2Cl & \quad CH_2CH_2Cl
\end{array}
$$

3. 家蝇的性诱剂是一个分子式为 $C_{23}H_{46}$ 的烃类化合物,加氢后生成 $C_{23}H_{48}$;用热而浓的 $KMnO_4$ 氧化时,生成 $CH_3(CH_2)_{12}COOH$ 和 $CH_3(CH_2)_7COOH$。它和溴的加成物是一对对映体的二溴代物。试问该性诱剂可能具有何种结构?

# 第 24 章
# 卤代烃

**学习要求**

1. 掌握卤代烃的命名、结构和性质；
2. 掌握卤代烃的制备和鉴别方法；
3. 理解亲核取代反应的机理及其影响因素；
4. 理解消去反应的机理及其影响因素。

卤代烃：烃分子中含卤素，一般用 R—X（X＝F、Cl、Br、I）表示。卤代烃的化学性质比烷烃活泼，卤原子的电负性大于碳原子的电负性，因此可以通过它转化为含有其他官能团的化合物，在有机合成领域中占重要位置。

## 24.1 分类和命名

### 24.1.1 分类

根据卤原子数目，将卤代烃分为一卤代烃、二卤代烃和多卤代烃；根据卤元素所连的碳的结构特点，可分为饱和卤代烃、不饱和卤代烃和芳香卤代烃。卤素与饱和碳相连的卤代烃中，卤原子与伯、仲、叔碳相连，则分别为伯、仲、叔卤代烃。卤原子原子所连碳处于碳碳双键和苯环的 $\alpha$ 位，则称之为烯丙型卤代烃和苄型卤代烃。

（1）据卤素种类：RF、RCl、RBr、RI

（2）据卤素所连烃基结构：
- 饱和卤代烃——卤代烷
- 不饱和卤代烃
  - 烯型或芳型卤
  - 烯丙型或苄型卤
  - 孤立型卤

（3）据卤素所连碳原子种类：

| 伯卤代烃 | 仲卤代烃 | 叔卤代烃 |
| --- | --- | --- |
| （$RCH_2X$） | （$R_2CHX$） | （$R_3CX$） |

（4）据分子中所含卤素的数目：
一卤代烃，二卤代烃，……，多卤代烃等

$RCH_2—X$　伯卤代烃

$R_2CH—X$　仲卤代烃

$R_3C—X$　叔卤代烃

苄型卤代烃

烯丙型卤代烃

乙烯型卤代烃

$Ar—X$

芳香卤代烃

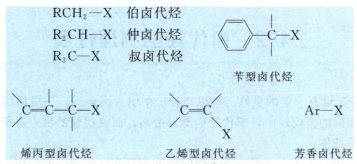

根据与卤原子所连的碳位置不同，其表现出化学反应性各异。

## 24.1.2　命名

**1. 普通命名法**

① 直接根据和卤素相连的烃基名称来命名。

② 在母体烃名称前面加上“卤代”或“卤”。

溴代异丙烷

$H_2C=CHCH_2Cl$

烯丙基氯

$H_2C=CHCl$

氯乙烯

苄基氯

溴苯

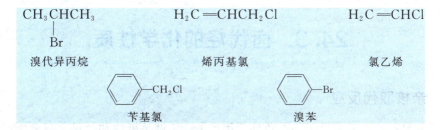

**2. 系统命名法**

① 选择含有卤原子的最长碳链为主链，把支链和卤素看作取代基，按照主链中所含碳原子数目称作“某烷”；

② 主链上碳原子的编号从靠近支链一端开始；

③ 主链上的支链和卤原子根据立体化学次序规则的顺序，以较优基团列在后的原则排列；

④ 当有两个或多个相同卤素时，同烷烃命名类似合并；

⑤ 当有两个或多个不相同的卤素时，卤原子之间的排列次序是：氟、氯、溴、碘。

3-甲基-6-氯-4-溴辛烷

4-乙基-6-氯-2-己烯

2-甲基-6-乙基-1-碘萘

2-甲基-4-乙基-1-溴环己烷

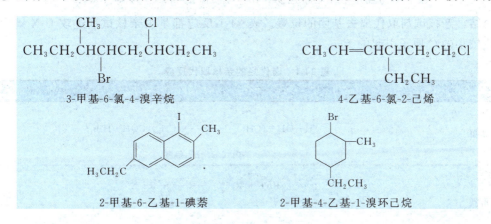

## 24.2 卤代烃的物理性质

卤素中的 C—X 键有一定的极性。所以当分子中引入卤素后，一般情况下会使沸点和密度增加。在烃基相同的卤代烃中，碘代烃的沸点最高，而氟代烃的沸点最低。室温中，常见的卤代烃基本都是液体。

沸点：一元卤代烷的沸点随着碳原子数的增加而升高。相同烃基的卤代烷沸点——碘代烷＞溴代烷＞氯代烷。在卤代烷的同分异构体中，支链越多，沸点越低。

相对密度：一元卤代烷的相对密度大于同碳数的烷烃。相同烃基的卤代烷的相对密度为碘代烷＞溴代烷＞氯代烷。相同卤素的卤代烷，其相对密度随着烃基的相对分子量的增加而减少。

溶解性：卤代烷不溶于水，溶于醇、醚、烃等有机溶剂。

毒性：卤代烷往往带有香味，但其蒸气有毒（如碘代烷），应防止吸入。

## 24.3 卤代烃的化学性质

### 24.3.1 亲核取代反应

卤原子的电负性大于碳原子的电负性，因此 C—X 键是极性共价键。随着卤素电负性的增加，C—X 键的极性也增大；和 C—C 键或 C—H 键比较，C—X 键在化学过程中具有更大的可极化度。

卤素的电负性较强，共用电子对会偏向卤原子，碳原子上会带有一部分正电性，容易接受其他试剂的进攻，卤素容易被其他基团取代，因此发生亲核取代反应。

由亲核试剂进攻而引起的取代反应称为亲核取代反应，用 $S_N$ 表示。可用通式表示如下：

$$Nu^- + \overset{\delta+}{R} — \overset{\delta-}{X} \longrightarrow R—Nu + X^-$$

R—X 为反应物，又称底物；$Nu^-$ 为亲核试剂；$X^-$ 为离去基团。

总结：亲核试剂取代离去基团的位置。表 24-1 反应都是由亲核试剂进攻 C-X 键中电子云密度较小的 C 原子引起的。

表 24-1 卤代烃的亲核取代反应

| 反应名称 | 反应方程式及作用 |
|---|---|
| 水解 | $H—\overset{..}{O}H + (CH_3)_3C—Br \xrightarrow{\triangle} (CH_3)_3COH + HBr$<br>卤代烃→醇、硫醇 |
| 醇解 | $R'O^- + R—X \longrightarrow R'—O—R + X^-$<br>醚<br>卤代烃→醚、硫醚 |

续表

| 反应名称 | 反应方程式及作用 |
| --- | --- |
| 氰解 | $CN^- + R-X \longrightarrow R-CN + X^-$<br>卤代烃→腈 |
| 氨解 | $H-\ddot{N}H_2 + R-X \longrightarrow RNH_2 + HX$（或$R\overset{+}{N}H_3X^-$）<br>胺　　铵盐<br>卤代烃→胺 |
| 酸解 | $R'COO^- + R-X \longrightarrow R'COOR + X^-$<br>酯<br>卤代烃→酯 |
| 与炔钠反应 | $RC\equiv\overset{-}{C}\overset{+}{Na} + R'-X \longrightarrow RC\equiv CR' + NaX$<br>卤代烃→炔烃 |
| 卤素交换反应 | $NaI + R-Cl \xrightarrow{丙酮} RI + NaCl\downarrow$<br>卤代烃→碘代烃 |
| 与硝酸银作用 | $\overset{+}{Ag}\overset{-}{ONO_2} + R-X \xrightarrow{酒精} RONO_2 + AgX\downarrow$<br>鉴别卤代烃 |

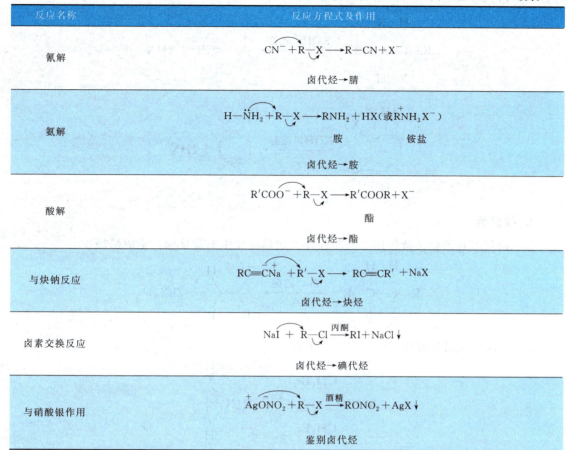

## 24.3.2 消除反应

消除反应是卤代烃的另一类重要反应。

**1. 脱卤化氢**

*β*-消除

$$R-\overset{\beta}{C}H(H)-\overset{\alpha}{C}H_2(X) \xrightarrow[乙醇]{NaOH} RCH=CH_2 + HX$$

烯烃

伯卤代烃消去时一般采用体积较大的叔丁醇钠，来尽量避免取代产物的生成。

$$CH_3CH_2CH_2CH_2X \xrightarrow[HOC(CH_3)_3]{NaOC(CH_3)_3} CH_3CH_2CH=CH_2$$

卤代烃的消除遵循扎依采夫（Zaitsev）规律，可以生成双键碳上取代较多的烯烃产物。

$$CH_3CH_2CH(Br)CH_3 \xrightarrow[乙醇]{KOH} \underset{81\%}{CH_3CH=CHCH_3} + \underset{19\%}{CH_3CH_2CH=CH_2}$$

邻二卤代烃或偕二卤代烃在 KOH 酒精溶液作用下加热可发生消除反应，生成炔烃，脂环烃邻二卤代烃发生消除反应生成共轭二烯：

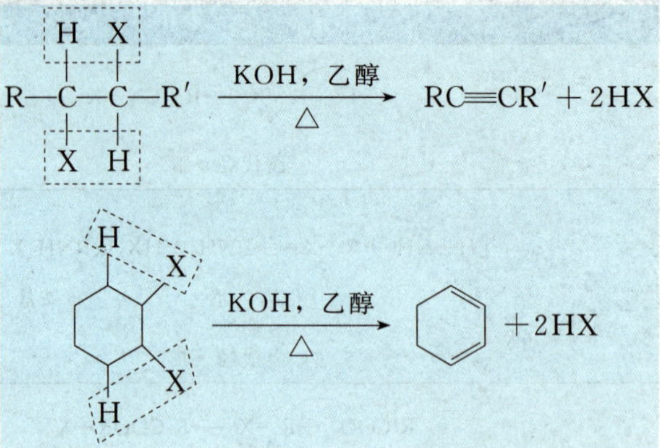

$$\underset{\substack{|\ |\\X\ H}}{\overset{\substack{H\ X\\|\ |}}{R-C-C-R'}} \xrightarrow[\triangle]{KOH,\ 乙醇} RC\equiv CR' + 2HX$$

$$\text{(环己烷邻二卤代物)} \xrightarrow[\triangle]{KOH,\ 乙醇} \text{(苯)} + 2HX$$

### 2. 脱卤素

邻二卤代烃在酒精溶液作用下锌粉存在、加热可发生消除反应，生成烯烃。

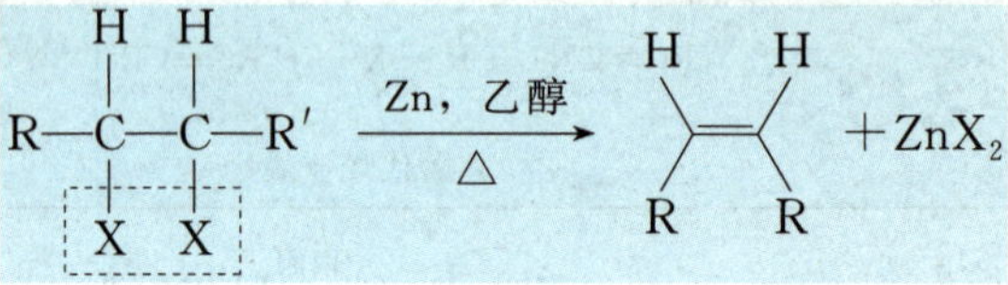

$$\underset{\substack{|\ |\\X\ X}}{\overset{\substack{H\ H\\|\ |}}{R-C-C-R'}} \xrightarrow[\triangle]{Zn,\ 乙醇} \underset{R}{\overset{H}{\diagdown}}C=C\underset{R}{\overset{H}{\diagup}} + ZnX_2$$

1,3-二卤代烃消去可以生成环丙烷衍生物：

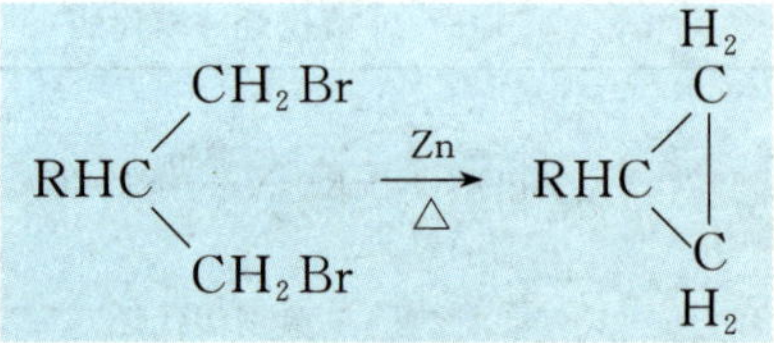

$$RHC\underset{CH_2Br}{\overset{CH_2Br}{\diagup\diagdown}} \xrightarrow[\triangle]{Zn} RHC\underset{CH_2}{\overset{CH_2}{\diagup\diagdown}}$$

## 24.3.3 与活泼金属反应

### 1. 与金属镁作用

卤代烃和金属镁反应生成金属镁有机化合物：

$$RX + Mg \xrightarrow{无水乙醚} RMgX$$

与溶剂乙醚还可以发生络合：

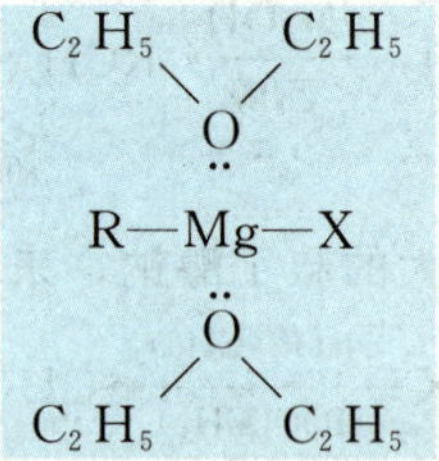

$$\begin{array}{c} C_2H_5\quad C_2H_5 \\ \diagdown\ \diagup \\ \ddot{O} \\ | \\ R-Mg-X \\ | \\ \ddot{O} \\ \diagup\ \diagdown \\ C_2H_5\quad C_2H_5 \end{array}$$

例如：氯苯和金属镁在干燥 THF 溶液中反应可得到有机镁化合物：即格利雅试剂，简称格氏试剂。格氏试剂遇到活泼氢则分解为烷烃。

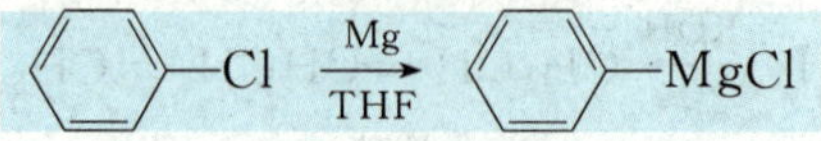

$$\text{C}_6\text{H}_5\text{-Cl} \xrightarrow{\underset{THF}{Mg}} \text{C}_6\text{H}_5\text{-MgCl}$$

$$RMgX \begin{cases} R_1O-H \rightarrow RH + R_1O-MgX \\ R_1{\equiv}-H \rightarrow RH + R_1{\equiv}-MgX \\ H_2N-H \rightarrow RH + H_2N-MgX \\ \underset{R_1}{R_1C(=O)}O-H \rightarrow RH + \underset{R_1}{R_1C(=O)}O-MgX \\ X-H \rightarrow RH + X-MgX \end{cases}$$

### 2. 与金属钠反应

可以发生偶联反应，又称伍兹反应，但产率很低。

$$R-X + 2Na \longrightarrow R-Na + NaX$$
$$R+Na+X+R \longrightarrow R-R + NaX$$
$$\Downarrow$$
$$2R-X + 2Na \longrightarrow R-R + 2NaX$$

### 3. 与金属锂作用

$$R-Cl + 2Li \xrightarrow{\text{乙醚}} R-Li + LiCl$$
$$2RLi + CuI \xrightarrow[\text{乙醚}]{0\,^\circ\!C} R_2CuLi + LiI$$
$$R_2CuLi + R'X \longrightarrow R-R' + RCu + LiX$$

使用二烃基铜锂试剂来合成各种结构的高级烷烃、烯烃和芳烃。

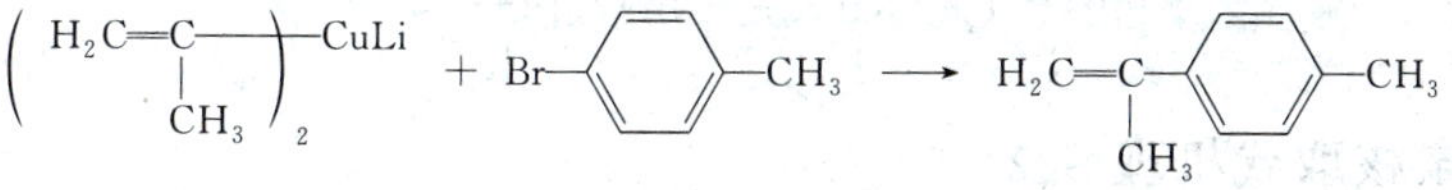

$$\left(\underset{CH_3}{H_2C=C}-\right)_2CuLi + Br-\!\!\!\!\bigcirc\!\!\!\!-CH_3 \longrightarrow \underset{CH_3}{H_2C=C}-\!\!\!\!\bigcirc\!\!\!\!-CH_3$$

活泼卤代烃和 RMgX 偶联产率高，也可以制备烃。

$$RMgX + ClCH_2CH=CH_2 \longrightarrow R-CH_2CH=CH_2$$

# 24.4 亲核取代反应机理

## 24.4.1 两种主要的机理（$S_N1$ 和 $S_N2$）

### 1. 单分子亲核取代机理（$S_N1$）

$$(\text{I})\ \underset{sp^3}{(CH_3)_3C}+Br \xrightarrow[\text{慢}]{RDS} \underset{sp^2}{(CH_3)_3C^+}\quad \text{碳正离子}$$

$$(\text{II})\ \underset{sp^2}{(CH_3)_3C^+} + OH^- \xrightarrow{\text{快}} \underset{sp^3}{(CH_3)_3C-OH}$$

只有一种分子参与了决速步的亲核取代反应称为<u>单分子亲核取代</u>，用 $S_N1$ 表示。

$S_N1$ 反应生成碳正离子中间体，所以容易发生重排：按 $S_N1$ 机理，首先生成的伯碳正离子容易重排成叔碳正离子，再与亲核试剂结合，而后去质子得到重排产物：

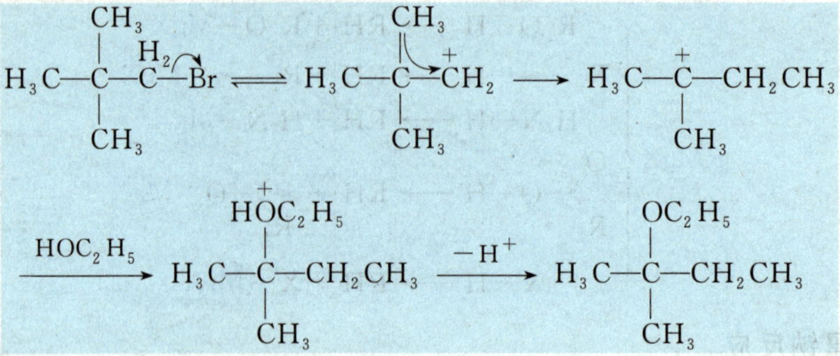

如果卤素原子连在手性碳的卤代烃发生 $S_N1$ 反应，会得到约物质的量相等的"构型保持"和"构型翻转"两种产物，即一对外消旋体。

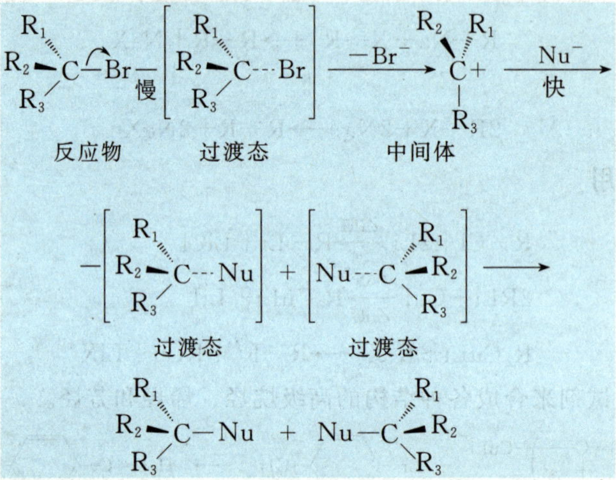

### 2. 双分子亲核取代机理 $S_N2$

溴甲烷的水解速率和一溴甲烷及碱的浓度成正比，它的反应机理与氯代叔丁烷不同，反应机理如下：

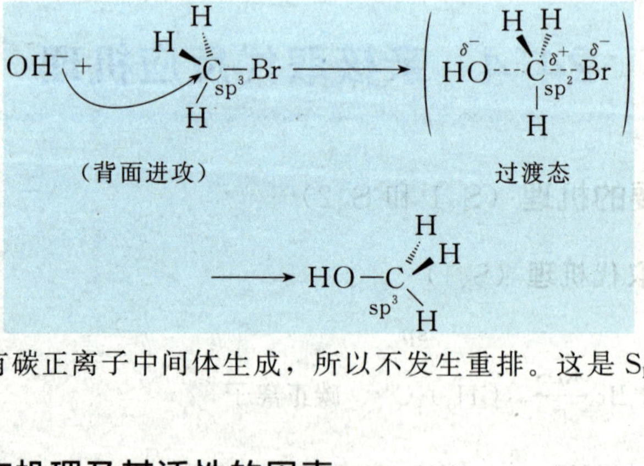

$S_N2$ 反应中，没有碳正离子中间体生成，所以不发生重排。这是 $S_N2$ 和 $S_N1$ 反应机理的重要区别。

### 24.4.2 影响反应机理及其活性的因素

**1. 烃基的影响**

卤代烃分子中的烃基结构主要通过电子效应和空间效应影响亲核取代反应的活性。

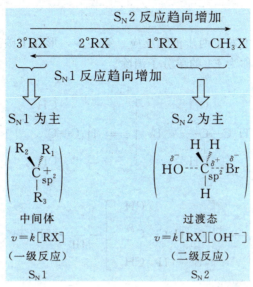

(1) 在 $S_N1$ 反应中，决速步骤是 C—X 键断裂生成碳正离子，碳正离子生成的难易影响反应活性的高低。

(2) 在 $S_N2$ 反应中，它是一步反应，其反应速率取决于过渡态的相对稳定性，过渡态时，中心碳原子会从四价态变成五价态，从而使空间排布更加紧密。卤代烃分子中烃基的空间因素对反应活性有重要影响。

**2. 离去基团的影响**

(1) 离去基团一般情况下与其酸碱性有关，碱性越弱，亲核取代的活性越高。碱性越强，亲核取代的活性越低。

(2) 在一些负离子的碱性不好辨认时，可以根据其共轭酸的酸性来确认，共轭酸的酸性越强，活性越强。

**3. 亲核试剂的影响**

亲核性顺序：$C_2H_5O^- > HO^- > C_6H_5O^- > CH_3COO^-$

(1) 试剂的亲核性和碱性一致，碱性越强，亲核性越强。

(2) 试剂的可极化性越强，亲核性就越强。

(3) 溶剂化程度越小，亲核性越强。

(4) 溶剂的亲核取代在不同的反应机理中，影响不同。极性溶剂的稳定性越强，活化能越低，反应越快。

## 24.5 消除反应的机理

### 24.5.1 两种消除机理（E1 和 E2）

与亲核取代 $S_N1$ 和 $S_N2$ 两种机理对应，卤代烃的消除也有两种机理：E1（单分子消除机理）和 E2（双电子消除机理）。

## 1. E1 机理

叔丁基溴在碱性溶液中发生两步消除反应。第一步，形成了碳正离子；第二步，消除时只涉及其中的一个分子，称为 E1 的单分子消除。

第一步

$$H_3C-\underset{\underset{CH_3}{|}}{\overset{\overset{CH_3}{|}}{C}}-Br \rightleftharpoons \left[ H_3C-\underset{\underset{CH_3}{|}}{\overset{\overset{CH_2}{|}}{C}}\cdots\overset{\delta+}{\cdots}\overset{\delta-}{Br} \right] \rightleftharpoons H_3C-\underset{\underset{CH_3}{|}}{\overset{\overset{CH_3}{|}}{C^+}} + Br^-$$

第二步

$$\underset{B^-}{}\underset{H}{\overset{}{}}\,H_2C-\underset{\underset{CH_3}{|}}{\overset{\overset{CH_3}{|}}{C^+}} \rightarrow \left[ \underset{B\cdots H}{\overset{\delta-}{}}\,H_2C=\underset{\underset{CH_3}{|}}{\overset{\overset{CH_3}{|}}{C^{\delta+}}} \right] \xrightarrow{-HB} H_2C=\underset{\underset{CH_3}{|}}{\overset{\overset{CH_3}{|}}{C}}$$

总结如下：

① 反应速率只与反应物的浓度有关，与溶剂无关。

② 卤代烃的消除活性：$R_3CX > R_2CHX > RCH_2X$ 间接说明有碳正离子中间体生成，而且生成碳正离子越稳定，反应越优先按 E1 机理进行。

③ 选择合适的反应底物，在 E1 条件下完成消除反应时，常常发现重排产物。

④ 在高极性溶剂（差的亲核试剂）中，有利于质子从碳正离子中离去，有利于 E1 机理。

⑤ 高温有利于消去反应。提高温度有利于 E1 机理。

## 2. E2 机理

卤代烃在碱性条件下发生消除反应的过程：

$$-\underset{X}{\overset{H}{\overset{|}{C}}}-\overset{|}{\underset{|}{C}}-\,+B^- \xrightarrow{slow} \left[ -\underset{X^{\delta-}}{\overset{H\cdots B^{\delta-}}{\overset{|}{C}\text{===}\overset{|}{C}}}- \right] \rightarrow \,\,>\!\!=\!\!<\, + BH + X^-$$

E2 在动力学上也和 $S_N2$ 类似，称为二级反应，不发生重排。

E1, E2 反应机理：卤代烃的消除活性顺序为：
叔卤 > 仲卤 > 伯卤

$$H_3C-\underset{\underset{CH_3}{|}}{\overset{\overset{CH_3}{|}}{C^+}} \quad \text{E1} \qquad \text{E2} \quad \left[ \underset{L}{\overset{H\cdots B^{\delta-}}{\overset{|}{C}\text{===}\overset{|}{C}}} \right]$$

总结如下：

① 碱试剂进攻 $\beta$-H，不受空间位阻影响。$\alpha$-C 连的烃基越多，$\beta$-H 数目越多，被碱试剂进攻的机会就越多，促进反应进行。

② 叔卤代烃消除生成的烯烃稳定性高。

### 24.5.2 影响消除反应机理及其活性的因素

**1. 烃基的结构**

卤代烃的消除活性如下：
(1) 叔卤＞仲卤＞伯卤。
(2) 烯丙型、苄基型在消除后，一般都能形成稳定的共轭双烯，有更高的消除活性。
(3) 生成共轭双烯的带有芳环的 $\beta$-卤代烃消去活性也很高。

**2. 卤素种类**

卤素种类不同、活性相同的烃基，其消除反应的活性顺序为：RI＞RBr＞RCl。

**3. 碱试剂**

E2 的反应速率与强碱试剂的浓度成正比，E1 不受这些影响。

**4. 极性大的溶剂可提高 E1 反应速率，但对 E2 反应不利。**

## 24.6 取代放应和消除反应的竞争

**1. 卤代烃的结构**

(1) 一级卤代容易发生取代反应，但在强碱条件下，可以发生消除反应，通常情况下，按双分子机理进行。
① 一些含活泼的 $\beta$-H 的一级卤代烃以消除为主。
② $\beta$-C 上连有支链的伯卤代烃消除倾向大。
(2) 三级卤代烃在大部分条件下发生消除反应，但在纯水和乙醇中发生取代反应。
(3) 二级卤代烃更倾向于发生取代反应，但在强碱下主要发生消除反应。

**2. 试剂的碱性和亲核性**

(1) 试剂碱性越强，浓度越高，越利于消除反应；
(2) 试剂碱性越弱，浓度越低，越有利于取代反应。

**3. 极性**

极性高的有利于取代反应，极性低的有利于消除反应。

**4. 温度**

升温有利于消除反应。

## 24.7 卤代烃的制法

### 24.7.1 由烃卤代

烷烃发生卤代反应可以制备较纯的一氯代物，产率较低；溴代反应比氯代反应效果好。

$$\text{C}_6\text{H}_{11}\text{CH}_3 + \text{Cl}_2 \xrightarrow{h\nu} \text{C}_6\text{H}_{10}(\text{CH}_3)(\text{Cl}) + \text{HCl}$$

$$(\text{CH}_3)_3\text{CCH}_2\text{C}(\text{CH}_3)_3 + \text{Br}_2 \xrightarrow[\text{CCl}_4]{h\nu} (\text{CH}_3)_3\text{CCHC}(\text{CH}_3)_3 \underset{\text{Br}}{|} \quad >96\%$$

α-卤代是制备烯丙型和苄型卤代物的好方法，实验室制备 α-溴代烯烃或芳烃时，用 NBS 做溴化剂，该反应可以在低温下进行。

$$\text{CH}_3\text{CH}_2\text{CH}=\text{CH}_2 + \text{Cl}_2 \xrightarrow{500℃} \text{CH}_3\text{CHClCH}=\text{CH}_2$$

$$\text{C}_6\text{H}_5\text{CH}_3 \xrightarrow{\text{NBS}} \text{C}_6\text{H}_5\text{CH}_2\text{Br}$$

在芳环上还可以进行卤代：

$$\text{C}_6\text{H}_6 + \text{Cl}_2 \xrightarrow{\text{Fe}} \text{C}_6\text{H}_5\text{Cl}$$

$$\text{C}_6\text{H}_6 + \text{Br}_2 \xrightarrow{\text{Fe}} \text{C}_6\text{H}_5\text{Br}$$

## 24.7.2 烯烃和炔烃的加成

不饱和烃和卤素加成后可以得到相应卤代烃。

$$\text{RCH}=\text{CH}_2 + \text{HX} \longrightarrow \text{RCHXCH}_3$$

$$\text{RCH}=\text{CH}_2 + \text{X}_2 \longrightarrow \text{RCHX}-\text{CH}_2\text{X}$$

$$\text{RCH}=\text{CH}_2 + \text{HBr} \xrightarrow{\text{过氧化物}} \text{RCH}_2\text{CH}_2\text{Br}$$

$$\text{RC}\equiv\text{CH} + 2\text{HX} \xrightarrow{\text{Hg}^{2+}} \text{RCX}_2\text{CH}_3$$

$$\text{HC}\equiv\text{CH} + \text{Cl}_2 \xrightarrow{\text{活性炭}} \text{HCCl}=\text{CHCl}$$

## 24.7.3 由醇制备

卤原子通过置换醇分子中的羟基来制得相应的卤代烃。用醇和浓 HI 溶液一起加热回流制备碘代烃。

$$\text{CH}_3\text{OH} + \text{HI} \longrightarrow \text{CH}_3\text{I} + \text{H}_2\text{O}$$

用浓盐酸和醇制备氯代烃，在无水氯代烃作用下，因为它可以除去反应生成的水，提高产率。

$$ROH + HCl(浓) \xrightarrow{ZnCl} RCl + H_2O$$

### 24.7.4 氯甲基化反应

可以采用向芳环上直接导入—$CH_2Cl$基团的反应，可以看成傅-克反应。

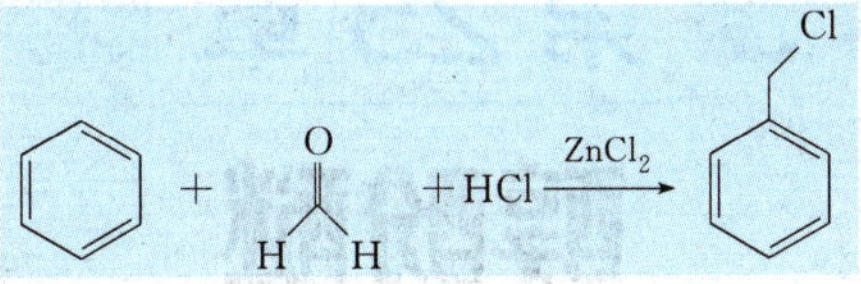

$$\text{C}_6\text{H}_6 + HCHO + HCl \xrightarrow{ZnCl_2} \text{C}_6\text{H}_5CH_2Cl$$

### 24.7.5 卤素交换反应

卤代烃之间可以发生交换反应：

$$RCl(Br) + NaI \xrightarrow{丙酮} RI + NaCl(Br)\downarrow$$

## 习 题

1. 完成下列反应式

(1) 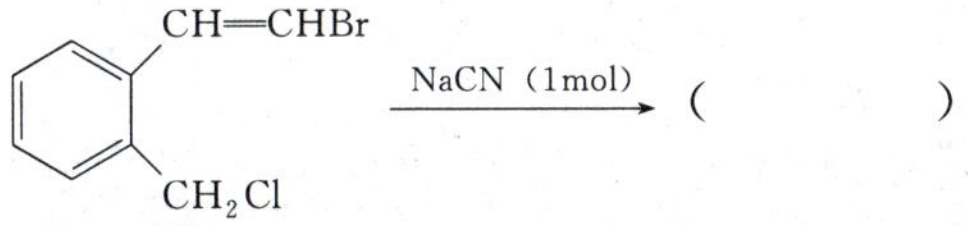 邻-($CH=CHBr$)($CH_2Cl$)苯 $\xrightarrow{NaCN (1mol)}$ (　　　)

(2) 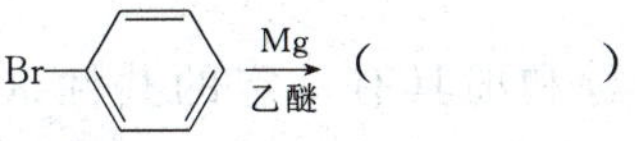 $C_6H_5Br \xrightarrow[乙醚]{Mg}$ (　　　)

(3) 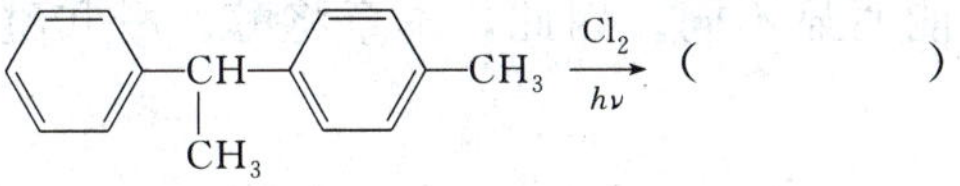 $C_6H_5CH(CH_3)\text{-}C_6H_4\text{-}CH_3 \xrightarrow[h\nu]{Cl_2}$ (　　　)

(4) $O_2N\text{-}C_6H_3(Br)\text{-}Cl + NH_3 \longrightarrow$ (　　　)

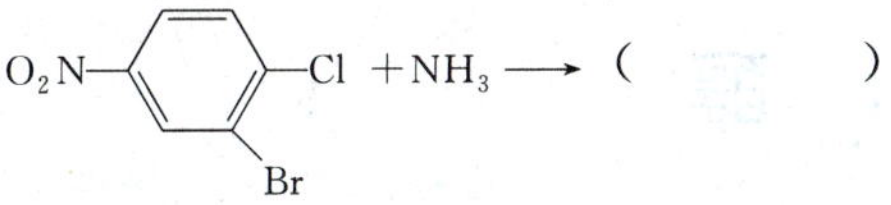

2. 完成下列转化

(1) 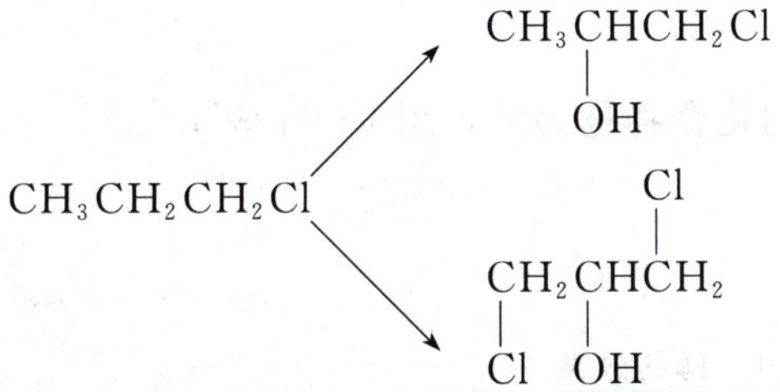 $CH_3CH_2CH_2Cl \longrightarrow \begin{cases} CH_3CHCH_2Cl \\ \quad\quad\;\; OH \\ CH_2CHCH_2 \\ Cl \;\; OH \;\; Cl \end{cases}$

(2) 环己醇 $\longrightarrow$ 甲基环己烷

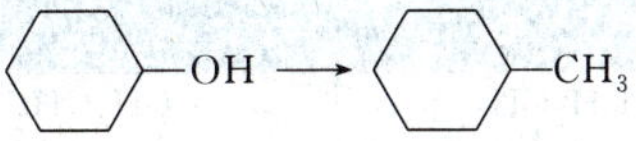

# 第 25 章 醇酚醚

**学习要求：**

1. 理解醇的结构、命名和性质；
2. 掌握醇的制备和鉴别方法；
3. 掌握醇脱水反应中的重排机理；
4. 掌握酚的结构、命名和性质；
5. 理解醚的反应和制法；
6. 掌握环醚的酸性开环和碱性开环规律。

醇、酚和醚都是含氧化合物。就结构和形式而言，醇和酚具有一定的共性（都包含羟基），但由于羟基连接的烃不同，它们的性能明显不同。因此，本章将醇、酚和醚作为三个独立的部分进行讨论。

## 25.1 醇

### 25.1.1 醇的分类和命名

**醇**：烃分子中的氢原子被羟基取代后的化合物称为醇，用 ROH 表示。

#### 25.1.1.1 分类

醇的分类如表 25-1 所示。

表 25-1 醇的分类

| 分类依据 | 类别 | | |
|---|---|---|---|
| 根据醇分子中羟基的数目 | $CH_3CH_2OH$<br>一元醇 | $CH_2CH_2$<br>$\ \ \|\ \ \ \|$<br>$OH\ OH$<br>二元醇 | $CH_2CHCH_2$<br>$\ \|\ \ \ \|\ \ \ \|$<br>$OH\ OH\ OH$<br>多元醇 |
| 根据烃基的种类 | 脂肪醇 $\begin{cases} CH_3CH_2OH\ \text{饱和醇} \\ CH_2=CHCH_2OH\ \text{不饱和醇} \end{cases}$ | 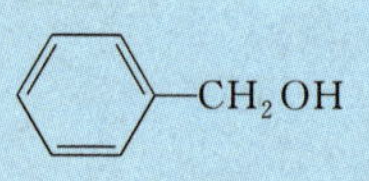 $C_6H_5CH_2OH$<br>芳香醇 | 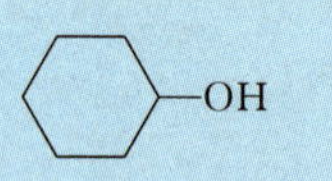 环己醇<br>脂环醇 |

| 分类依据 | 类别 | | |
|---|---|---|---|
| 根据与羟基相连的碳原子级数（伯、仲、叔醇,烯丙醇和苄醇） | CH₃CH₂OH<br>伯醇(1°醇) | 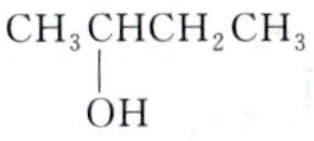 CH₃CHCH₂CH₃<br>　　\|<br>　　OH<br>仲醇(2°醇) | 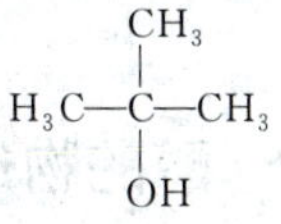 　　　CH₃<br>　　　\|<br>H₃C—C—CH₃<br>　　　\|<br>　　　OH<br>叔醇(3°醇) |

不同类型的醇因结构上的差异表现出不同的物理性质和化学性质。

### 25.1.1.2 命名

醇的命名方法，主要有以下三种。

**1. 俗名**

根据某些醇的来源和性质特点命名简单的醇，比如常见的用俗名命名的醇如下：

$$CH_3OH \qquad CH_3CH_2OH \qquad HO-CH_2CH_2-OH$$
$$\text{木精} \qquad\qquad \text{酒精} \qquad\qquad\qquad \text{甘醇}$$

**2. 普通命名法**

普通命名法适用于简单醇，结构复杂的醇必须用系统命名法，格式为：与羟基相连的烃基名称＋醇，例如：

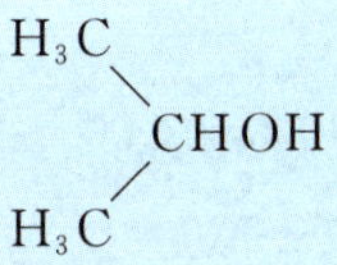

异丙醇 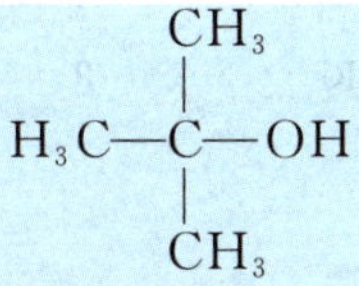　　　　　　叔丁醇 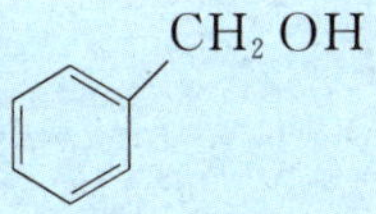　　　　　　苄醇

**3. 系统命名法**（IUPAC）

（1）饱和醇的命名

① 选取连有羟基的最长碳链为主链，根据碳原子总数称为"某醇"

② 从靠近羟基的一端开始对主链编号，命名时在"醇"字前标出羟基的位次。

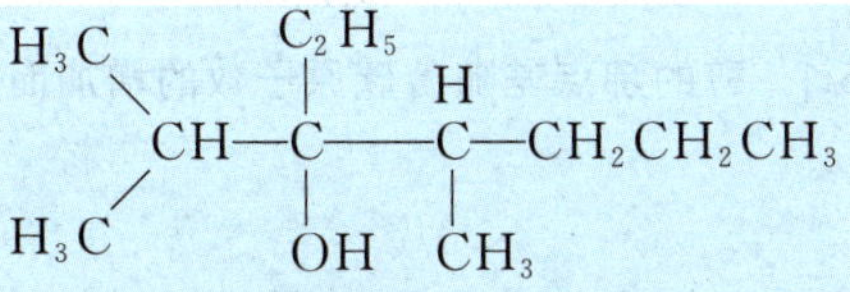

2,4-二甲基-3-乙基-3-庚醇

（2）不饱和醇的命名

选择包含羟基和碳碳不饱和键在内的最长碳链为主链，根据碳原子数定为"某烯（炔）醇"，编号从靠近羟基一端开始，同时兼顾不饱和键的位次尽可能小。

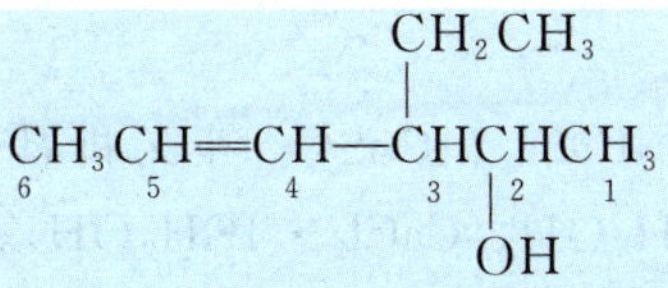

3-乙基-4-己烯-2-醇

（3）芳香醇的命名：可把芳基作为取代基，从靠近羟基一端开始编号。

1-苯基-2-丙醇　　　　　　　3-苯基-2-丙烯-1-醇

## 25.1.2 醇的物理性质

醇在物理性质方面有两个突出的特点：沸点较高、水溶性较大。

### 25.1.2.1 沸点

一元醇的沸点比相应的烃的沸点高得多，例如，甲醇的沸点为 64.7℃。随着分子量的增加，沸点差变得越来越小。如果醇含有相同碳原子数，则直链醇的沸点比有支链的醇的沸点高。

醇的沸点高，其主要原因是：①必须克服醇分子之间的范德华力；②必须打破醇与醇的分子间氢键。随着碳原子数增加，沸点差变小的原因：羟基的存在对氢键缔合有一定的阻碍作用。烃基愈大，阻碍作用愈强，醇分子间的氢键缔合程度减弱，沸点升高的程度变小（图 25-1）。

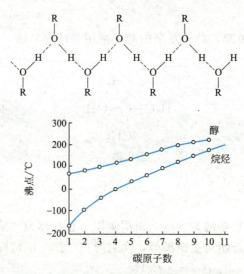

图 25-1　醇的沸点差随着碳原子数的增加而变小

### 25.1.2.2 溶解度

低级醇和水混溶是因为液体酒精和水分子可以通过氢键缔合。随着分子量的增大，醇在水中的溶解度明显降低，但能溶于有机溶剂。

### 25.1.2.3 密度

脂肪饱和醇的密度小于1。含芳环的醇的密度一般大于1。

### 25.1.2.4 醇合物

醇合物：低级醇与 $MgCl_2$、$CaCl_2$、$CuSO_4$ 等无机盐形成结晶状的化合物。例如：$MgCl_2 \cdot 6CH_3OH$、$CaCl_2 \cdot 4C_2H_5OH$、$CaCl_2 \cdot 4CH_3OH$ 等。醇合物溶于水，却不溶于有机溶剂，利用该特征可将醇和其他化合物分开。

## 25.1.3 醇的化学性质

醇的特征官能团羟基决定了醇的化学性质：①O—H 极性键的存在决定了醇的酸性；②C—O 极性键的断裂难易程度决定的醇发生反应为亲核取代和消除反应；③而羟基氧上未共享的电子对决定了醇的碱性和亲核性。

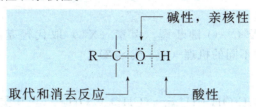

### 25.1.3.1 醇的酸性

醇与金属钠反应有氢气生成，证明醇有酸性。不同于水与钠的剧烈反应，醇与钠的反应相对温和，说明醇的酸性比水低。此外：除了甲醇（p$K_a$：15.5）外，其他醇的 p$K_a$ 约为 16～18，高于水（p$K_a$：15.7）。

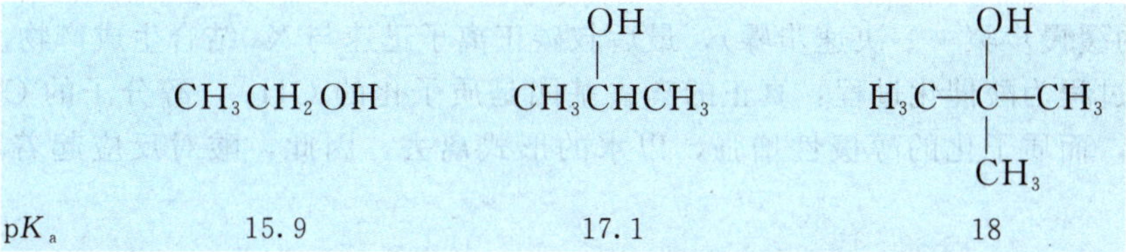

$$CH_3CH_2OH \qquad CH_3CHCH_3 \qquad H_3C-\underset{\underset{CH_3}{|}}{\overset{\overset{OH}{|}}{C}}-CH_3$$
$$\overset{OH}{|}$$

p$K_a$      15.9      17.1      18

醇与金属钠反应的反应速率：伯醇反应最快，仲醇次之，叔醇最慢，证明其酸性的强弱顺序是：伯醇＞仲醇＞叔醇。

**1. 与碱的反应**

醇可与碱反应。氢氧化钠虽为强碱但它不易与醇反应，因醇的酸性比水的酸性弱，所以酸碱平衡反应向左进行。

$$CH_3CH_2OH + NaOH \rightleftharpoons CH_3CH_2ONa + H_2O$$

**2. 醇可以与一些更强的碱**（即相应共轭酸的酸性比醇弱的碱），**反应。例如：**

$$R-O-H \begin{cases} \xrightarrow{NaH} R-ONa + H_2 \\ \xrightarrow{NaNH_2} R-ONa + NH_3 \\ \xrightarrow{RMgX} R-O-MgX + RH \\ \xrightarrow{NaC\equiv CH} R-ONa + HC\equiv CH \end{cases}$$

**3. 与 Mg 和 Al 反应**

$$2C_2H_5OH + Mg \xrightarrow{I_2} (C_2H_5O)_2Mg + H_2\uparrow$$
乙醇镁

**4. 醇的碱性**

醇羟基氧上未共享的电子对可以接受质子形成盐——证明醇的碱度。①该盐会增加醇在酸性水溶液中的溶解度，而样品盐的形成则会促进醇作为良好离去基团的形成，易于发生取代、消除反应。②可以在反应中用作亲核试剂。

### 25.1.3.2 羟基被卤原子取代（C—O 键断裂）

醇可以与多种卤代试剂作用，羟基被卤原子取代而生成卤代烃。

**1. 与氢卤酸作用**

$$ROH + HX \longrightarrow RX + H_2O$$

(1) 反应机理

醇与氢卤酸反应涉及 C—O 键断裂。卤素（$X^-$）取代羟基（OH），属于亲核取代（$S_N$），不同结构的醇采取不同的机理（$S_N1$ 或 $S_N2$）。

① $S_N1$

$$(CH_3)_3C\text{-}OH + H^+ \underset{快}{\overset{快}{\rightleftharpoons}} (CH_3)_3C\text{-}\overset{+}{O}H_2 \quad \text{（羟基质子化）}$$

$$(CH_3)_3C\text{-}\overset{+}{O}H_2 \underset{快}{\overset{慢}{\rightleftharpoons}} (CH_3)_3C^+ + H_2O \quad (S_N1\ \text{的第一步})$$

$$(CH_3)_3C^+ + X^- \overset{快}{\longrightarrow} (CH_3)_3CX \quad (S_N1\ \text{的第二步})$$

叔醇首先与质子结合形成质子化醇——锌盐，然后碳氧键断裂而形成叔碳正离子化（控制反应的缓慢步骤——决速步骤），最后叔碳正离子迅速与 $X^-$ 结合生成产物。

上面的过程为酸催化过程：真正的离去基团是质子化的 $OH^-$，醇分子的 C—O 键一般很难被打破，而质子化的醇极性增强，以水的形式离去，因此，酸对反应起着非常重要的作用。

② $S_N2$

$$RCH_2\text{-}OH + H^+ \underset{}{\overset{快}{\rightleftharpoons}} RCH_2\text{-}\overset{+}{O}H_2$$

$$X^- + RCH_2\text{-}\overset{+}{O}H_2 \overset{慢}{\longrightarrow} \left[ X^{\delta-}\cdots\underset{\underset{H}{|}}{\overset{\overset{R}{|}}{C}}\cdots\overset{\delta+}{OH} \right] \longrightarrow X\text{-}CH_2R + H_2O$$

由于伯碳正离子的稳定性较低，伯醇与 HX 作用，一般采用 $S_N2$ 机理，不发生重排。

(2) 相对活性

① 对氢卤酸来说，HI>HBr>HCl。因为 HI 的酸性最强，$I^-$ 亲核性最强，所以 HI 与醇的反应活性最高。

② 对醇来说，羟基被取代的活性顺序为：

烯丙醇、苄基型醇＞叔醇＞仲醇＞伯醇

(3) 卢卡斯（Lucas）试剂鉴别伯、仲、叔醇

卢卡斯（K. Lucas，1879—1916）试剂：无水氯化锌和浓盐酸的溶液。该试剂在几分钟内与叔醇和仲醇快速反应，但与伯醇缓慢反应。高级醇（多于六个碳）不溶于卢卡斯试剂，所以 Lucas 试剂不能鉴别六个碳以上（不包括六个碳）的伯、仲、叔醇。

与卢卡斯试剂反应的现象如下：

叔醇→很快立即浑浊。

仲醇→反应较快几分钟内浑浊。

伯醇→较慢长时间不出现浑浊。

**2. 醇与卤化（$PX_3$，$PX_5$）作用**

醇与 $PBr_3$、$PI_3$ 作用，生成卤代烷和亚磷酸：

$$3ROH + PX_3(PX_5) \longrightarrow 3R\text{-}X + P(OH)_3$$
$$X = Br、I(制备溴代或碘代烃)$$

这是由醇制备溴代烃、碘代烃的好方法，产率较高。常用的卤化剂有：$PI_3$、$PBr_3$、$PCl_3$、$PCl_5$、$POCl_3$、$SOCl_2$，例如下列反应制备氯代烷：

$$ROH + PCl_3 \longrightarrow R\text{-}Cl + P(OH)_3$$
$$ROH + PCl_5 \longrightarrow R\text{-}Cl + POCl_3 + HCl\uparrow$$
$$ROH + SOCl_2 \longrightarrow R\text{-}Cl + SO_2\uparrow + HCl\uparrow$$

### 25.1.3.3 脱水反应（C—O 键断裂）

按反应条件不同，可以发生分子内脱水而生成烯烃；也可以发生分子间脱水而生成醚类，二者是同时存在的竞争反应。以哪种脱水为主，取决于醇的结构和反应条件：

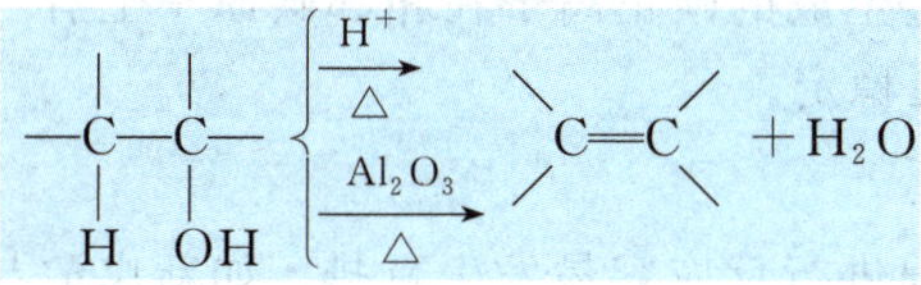

**1. 分子内脱水成烯**

醇在较高温度（400～800℃）直接加热脱水生成烯烃。若有催化剂如 $H_2SO_4$ 或 $Al_2O_3$ 存在，则脱水可在较低温度下进行。

（1）反应机理

无论叔醇、仲醇还是伯醇，都是按照 E1 机理反应，醇的消除没有 E2 机理。

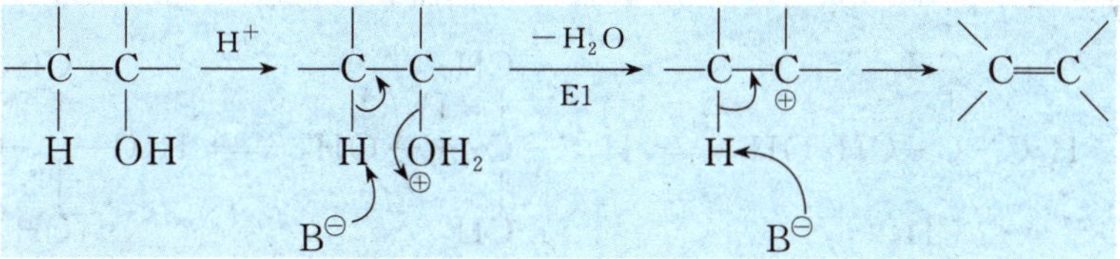

（2）相对反应活性

按 E1 机理脱水的各种醇的相对活性主要取决于碳正离子的稳定性，所以，其活性顺序为：烯丙醇、苄醇＞叔醇＞仲醇＞伯醇。

（3）脱水取向

醇脱水的消除反应取向和卤代烃一样，遵循扎依采夫规律，对于不饱和醇、二元醇的脱水，总是优先生成共轭烯烃为主，例如：

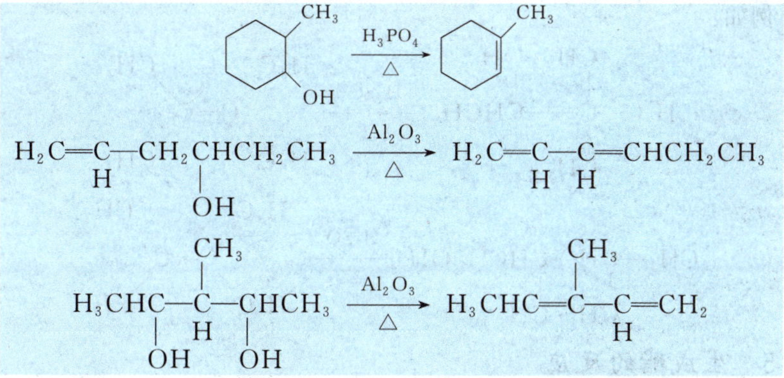

## 2. 分子间脱水成醚

两分子醇之间脱水生成醚，属于亲核取代反应（$S_N2$），其过程如下：

$$C_2H_5OH \xrightleftharpoons{H^+} H_3CH_2C-\overset{\oplus}{O}H_2 \xrightarrow{HOC_2H_5} \left[ C_2H_5\overset{\oplus}{\underset{H}{O}}\cdots\overset{CH_3}{\underset{H}{C}}-\overset{\oplus}{O}H_2 \right]$$

$$\xrightarrow{-H_2O} H_3CH_2C-\overset{\overset{H}{\underset{\oplus}{|}}}{O}-CH_2CH_3 \xrightarrow{-H^+} H_3CH_2C-O-CH_2CH_3$$

### 25.1.3.4 取代和消去反应中的重排

当醇经历 $S_N1$ 取代和 E1 消除（分子内脱水）时，会生成碳正离子中间体，这可能会引起碳正离子重排。如果反应生成的碳正离子在相邻碳原子上有一个拥挤的基团，则易于重排，而重排后的碳正离子更稳定。

#### 1. 取代中的重排

醇与氢卤酸以 $S_N1$ 历程进行反应容易发生重排。如新戊醇与氢溴酸作用，主要产物为重排产物 2-甲基-2-溴丁烷：

$$H_3C-\underset{\underset{CH_3}{|}}{\overset{\overset{CH_3}{|}}{C}}-CH_2OH \xrightarrow{HBr} H_3C-\underset{\underset{CH_3}{|}}{\overset{\overset{Br}{|}}{C}}-CH_2CH_3$$

历程：

$$H_3C-\underset{\underset{CH_3}{|}}{\overset{\overset{CH_3}{|}}{C}}-CH_2OH \xrightleftharpoons{H^+} H_3C-\underset{\underset{CH_3}{|}}{\overset{\overset{CH_3}{|}}{C}}-CH_2-\overset{\oplus}{O}H_2 \xrightleftharpoons{} H_3C-\underset{\underset{CH_3}{|}}{\overset{\overset{CH_3}{|}}{C}}-\overset{\oplus}{C}H_2$$

$$\longrightarrow H_3C\overset{\oplus}{\underset{\underset{CH_3}{|}}{C}}CH_2CH_3 \xrightarrow{Br^-} H_3C-\underset{\underset{CH_3}{|}}{\overset{\overset{Br}{|}}{C}}-CH_2CH_3$$

#### 2. 脱水反应（消除反应）中的重排

伯、仲、叔醇脱水一般均为 E1 消去历程，由于有碳正离子中间体的生成，所以也易发生重排反应。例如：

$$H_3C-\underset{\underset{CH_3}{|}}{\overset{\overset{CH_3}{|}}{C}}-\overset{OH}{\underset{|}{C}}HCH_3 \xrightarrow[\triangle]{H_2SO_4} \underset{H_3C}{\overset{H_3C}{>}}C=C\underset{CH_3}{\overset{CH_3}{<}}$$

$$CH_3-CH-\underset{\underset{CH_3}{|}}{\overset{\overset{}{|}}{C}}HCH_2OH \xrightarrow[\triangle]{H_2SO_4} \underset{H_3C}{\overset{H_3C}{>}}C=C\underset{CH_3}{\overset{CH_3}{<}}$$

### 25.1.3.5 生成酯的反应

醇与硫酸、硝酸、磷酸反应生成相应的酯：

$$C_2H_5-OH + H-OSO_3H \xrightarrow{<100℃} C_2H_5OSO_3H$$
硫酸氢乙酯

$$\begin{array}{c} CH_2OH \\ | \\ CH_2OH \end{array} + 2HNO_3 \longrightarrow \begin{array}{c} CH_2ONO_2 \\ | \\ CH_2ONO_2 \end{array} + 2H_2O$$
乙二醇二硝酸酯

$$3C_4H_9OH + \begin{array}{c} Cl \\ | \\ Cl-P=O \\ | \\ Cl \end{array} \xrightarrow{碱} (C_4H_9O)_3PO + 3HCl$$
磷酸三丁酯

### 25.1.4 醇的制法

醇的实验室制法原料广泛,制法有如下几种。

#### 25.1.4.1 卤代烃水解

卤代烃在 NaOH 水溶液中水解生成醇:

$$CH_2=CHCH_2Cl \xrightarrow[H_2O]{Na_2CO_3} CH_2=CHCH_2OH$$

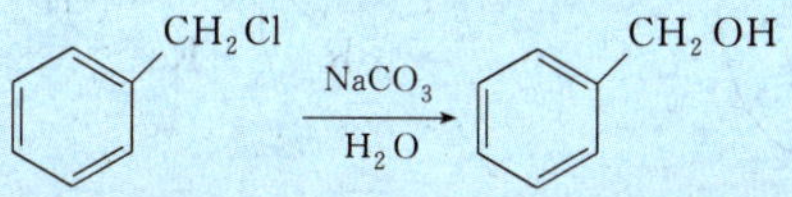

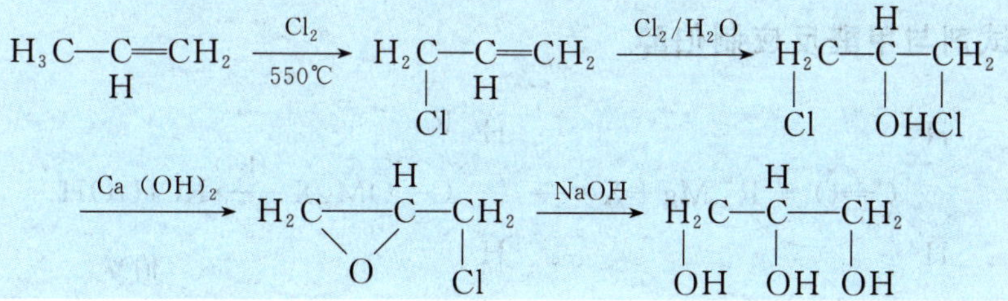

$$PhCH_2Cl \xrightarrow[H_2O]{NaCO_3} PhCH_2OH$$

$$H_3C-CH=CH_2 \xrightarrow[550℃]{Cl_2} H_2C\underset{Cl}{\overset{H}{-}}C=CH_2 \xrightarrow{Cl_2/H_2O} H_2C\underset{Cl}{\overset{H}{-}}\underset{}{C}\underset{OHCl}{\overset{H}{-}}CH_2$$

$$\xrightarrow{Ca(OH)_2} H_2C\underset{\diagdown O \diagup}{\overset{H}{-}}C-CH_2Cl \xrightarrow{NaOH} H_2C\underset{OH}{\overset{H}{-}}\underset{OH}{\overset{}{C}}\underset{OH}{\overset{H}{-}}CH_2$$

#### 25.1.4.2 由烯烃制备

以烯烃为原料,可以通过多种反应制备醇。

① 酸性水合

酸性水合有两种方式:直接水合(一步法)和间接水合(两步法)。

直接水合:

$$H_3CHC=CH_2 + H_2O \xrightarrow[300℃,10MPa]{H_3PO_4} CH_3CHCH_3 \atop | \atop OH$$

间接水合:

$$H_3C-\underset{CH_3}{\overset{CH_3}{C}}=CH_2 \xrightarrow{H_2SO_4} H_3C-\underset{OSO_3H}{\overset{CH_3}{C}}-CH_3 \xrightarrow{H_2O} H_3C-\underset{OH}{\overset{CH_3}{C}}-CH_3$$

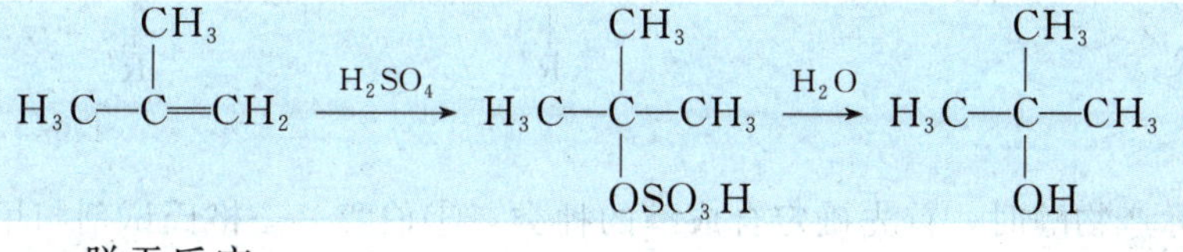

② 羟汞化——脱汞反应

$$\underset{\underset{CH_3}{|}}{\overset{\overset{CH_3}{|}}{H_3C-C-CH=CH_2}} \xrightarrow[\text{2)NaBH}_4]{\text{1)Hg(OAc)}_2/H_2O} (CH_3)_3C-\underset{\underset{OH}{|}}{C}HCH_3$$

③ 硼氢化——氧化法

$$\overset{}{\underset{}{C}}=\overset{}{\underset{}{C}} \xrightarrow[\text{(2)H}_2O_2,OH^-]{\text{(1)B}_2H_6} \overset{}{\underset{\underset{H}{|}}{C}}-\overset{}{\underset{\underset{OH}{|}}{C}}$$

总结：以烯烃为原料制备醇有三种途径：酸性条件下水合反应、汞羟基化和汞脱氧、硼氢化物氧化。

### 25.1.4.3 通过醛酮与格氏试剂合成

用格氏试剂制醇是基于它可以和醛、酮、酯、酰氯、环氧化合物等发生亲核反应，主要介绍格氏试剂和醛、酮反应合成醇的方法。

$$\underset{R\ R'}{\overset{O^{\delta-}}{\underset{\|}{C_{\delta+}}}} + R''-MgX \xrightarrow{\text{醚}} \underset{R\ R''\ R'}{\overset{\overset{-}{O}\overset{+}{MgX}}{\underset{|}{C}}} \xrightarrow[H^+]{H_2O} \underset{R\ R''\ R'}{\overset{OH}{\underset{|}{C}}}$$

**1. 格氏试剂与甲醛反应制伯醇**

$$\underset{H}{\overset{H}{\underset{\|}{C}=O}} + R^--Mg^+X \longrightarrow \underset{H\ H}{\overset{\overset{R}{|}}{\underset{|}{C}-OMgX}} \xrightarrow{H_2O} RCH_2OH \quad \text{伯醇}$$

**2. 格氏试剂与醛反应制备仲醇**

$$\text{C}_6\text{H}_{11}\text{-MgBr} \xrightarrow[\text{乙醚}]{CH_2O} \xrightarrow[H^+]{H_2O} \text{C}_6\text{H}_{11}\text{-}\underset{\underset{H}{|}}{\overset{\overset{H}{|}}{C}}\text{-OH}$$

**3. 格氏试剂与酮反应制备叔醇**

$$\underset{R''}{\overset{R'}{\underset{\|}{C}=O}} + R^-Mg^+X \xrightarrow{\text{乙醚}} R'-\underset{\underset{R''}{|}}{\overset{\overset{R}{|}}{C}}-\overset{-}{O}\overset{+}{MgX} \xrightarrow[H^+]{H_2O} R'-\underset{\underset{R''}{|}}{\overset{\overset{R}{|}}{C}}-OH \quad \text{叔醇}$$

在合成目标产物醇时，首先确定合成醇的种类：①伯醇——格氏试剂与甲醛反应；②仲醇——格氏试剂与一般醛反应；③叔醇——格氏试剂与酮反应。当然，从逆合成分析的角度，合成叔醇意味着有三条制备路径。

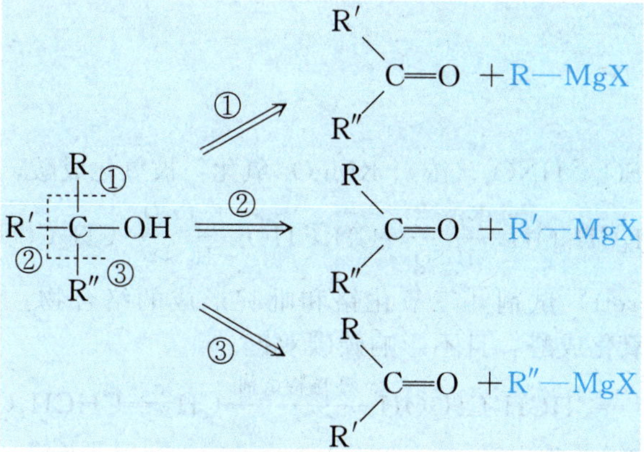

### 25.1.4.4 醛、酮、羧酸及酯的还原

醛、酮、羧酸及酯的分子中含有 $\overset{O}{\underset{|}{\text{―}}}$，可以催化加成（常用催化剂：Pt、Pd、Ni）和选择性还原法两种途径。

**1. 催化氢化**

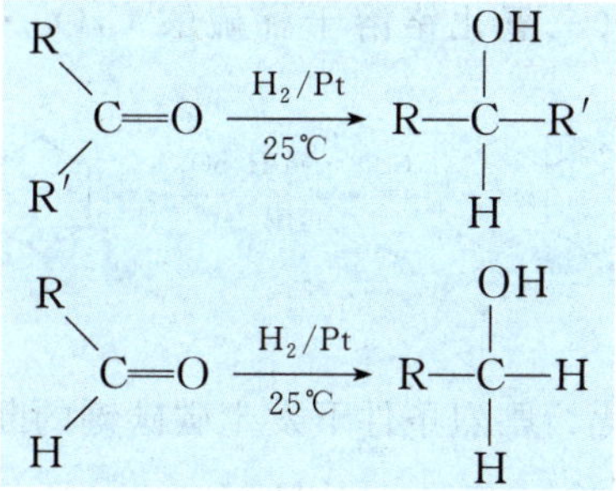

**2. 选择性还原**

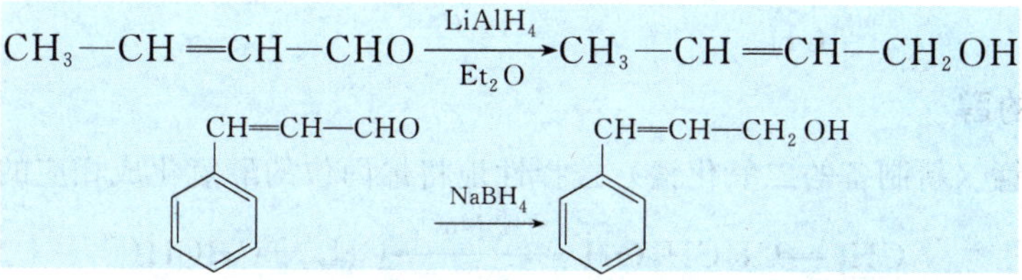

LiAlH$_4$ 可以还原含氮、氧的不饱和基团：—NO$_2$、—CN、—COOH、—COOR 等；不影响碳碳双键和碳碳叁键。NaBH$_4$ 还原醛酮；不影响—NO$_2$、—COOH、—CN、—COOR、碳碳双键和碳碳叁键等官能团。注意区别两种还原剂的用途。

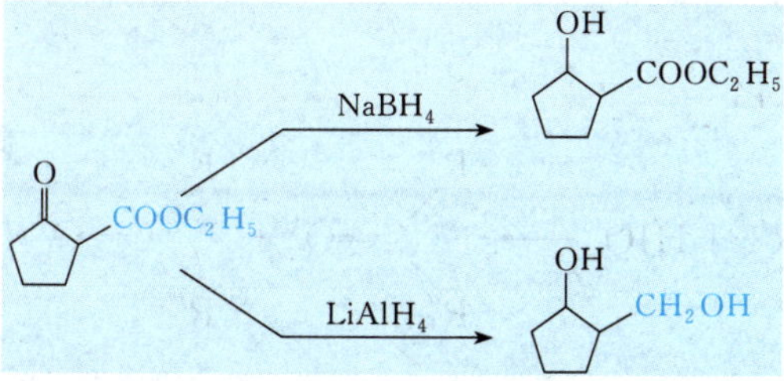

第25章 醇酚醚

## 25.1.5 醇的氧化

### 1. 伯醇

① 被 $K_2Cr_2O_7$-$H_2SO_4$、$HNO_3$（浓）、$KMnO_4$ 氧化：被氧化成酸，很难停留在醛的阶段。

$$CH_3CH_2OH \xrightarrow[H_2SO_4]{K_2Cr_2O_7} CH_3CHO \xrightarrow[H_2SO_4]{K_2Cr_2O_7} CH_3COOH$$

② 被沙瑞特（Sarrett）试剂[三氧化铬和吡啶形成的络合物。该试剂表示为 $CrO_3 \cdot (C_5H_5N)_2$]氧化：被氧化成醛，且不影响碳碳双键。

$$CH_2=CHCH_2CH_2OH \xrightarrow{沙瑞特试剂} CH_2=CHCH_2CHO$$
3-丁烯-1-醇  →  3-丁烯醛

### 2. 仲醇

① 被 $K_2Cr_2O_7$-$H_2SO_4$ 氧化：被氧化成酮，酮较稳定，使用 $KMnO_4$ 继续氧化成羧酸。

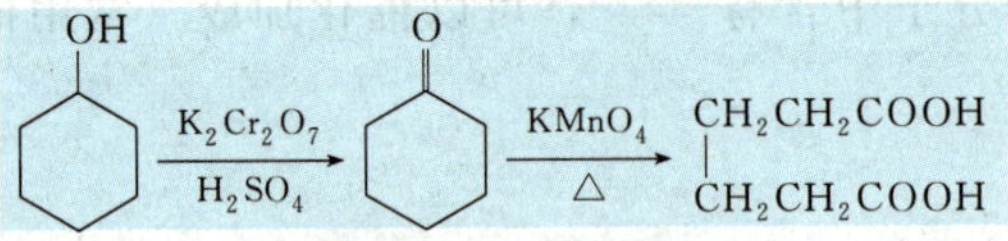

② 用琼斯（Jones）试剂（三氧化铬溶于稀硫酸 $CrO_3 \cdot H_2SO_4$）加热：被氧化成酮，且不影响碳碳双键。

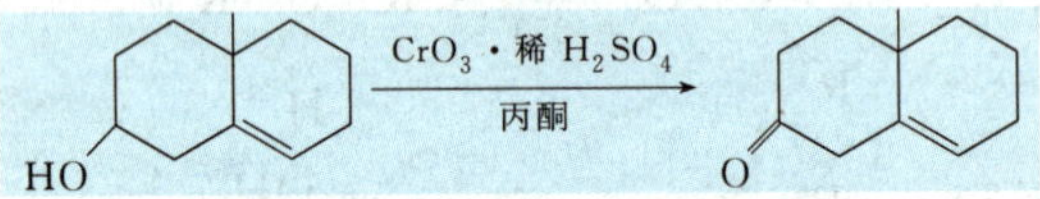

### 3. 叔醇

叔醇在一般条件下不被氧化，剧烈条件下发生碳碳键的断裂。

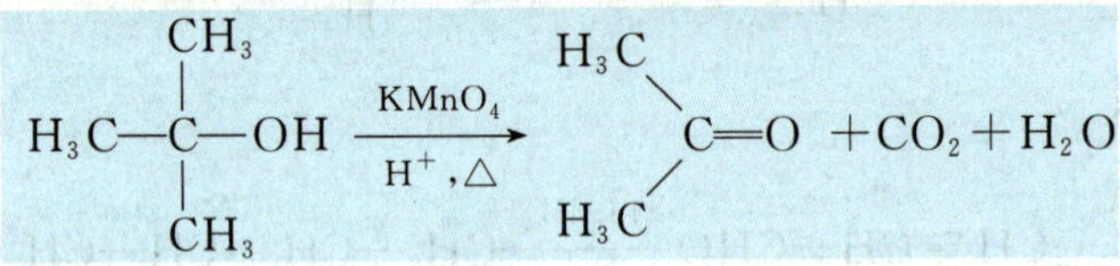

$$H_3C-\underset{CH_3}{\underset{|}{\overset{CH_3}{\overset{|}{C}}}}-OH \xrightarrow[H^+, \triangle]{KMnO_4} \underset{H_3C}{\overset{H_3C}{>}}C=O + CO_2 + H_2O$$

### 4. 烯丙位的醇

活性二氧化锰（新制备的二氧化锰）选择性地将烯丙位的醇氧化成相应的不饱和醛、酮。

$$CH_2=CHCH_2OH \xrightarrow[25℃]{活性 MnO_2} CH_2=CHCHO$$

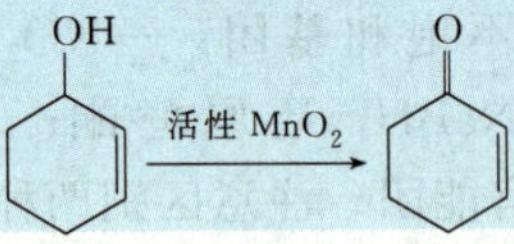

### 5. 多元醇

① 邻二醇被高碘酸氧化

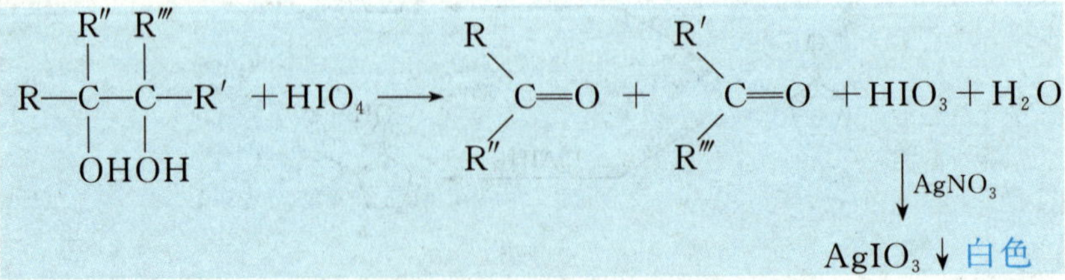

$$R-\underset{OH\ OH}{\underset{|\ \ \ |}{\overset{R''\ R'''}{\overset{|\ \ \ |}{C-C}}}}-R' + HIO_4 \longrightarrow \underset{R''}{\overset{R}{>}}C=O + \underset{R'''}{\overset{R'}{>}}C=O + HIO_3 + H_2O$$

$\downarrow AgNO_3$

$AgIO_3 \downarrow$ 白色

1,3-二醇或两个羟基相隔更远的二元醇与 $HIO_4$ 不发生反应,所以该反应可用于邻二醇的鉴别。

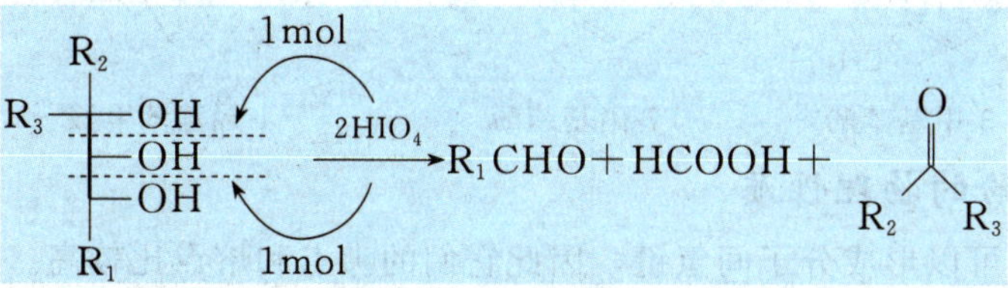

$$\begin{matrix} R_2 & \\ R_3-\!\!\!-\!\!\!-OH & \xrightarrow{2HIO_4} R_1CHO + HCOOH + R_2COR_3 \\ & -\!\!\!-OH \\ R_1 & \end{matrix}$$

该反应是定量的,每断裂一组邻二醇结构,消耗一分子 $HIO_4$,所以根据 $HIO_4$ 的用量可推知反应物分子有多少组邻二醇结构。

② 与氢氧化铜的反应

邻二醇与氢氧化铜反应,生成蓝色溶液,此反应用来区别一元醇和邻位多元醇。

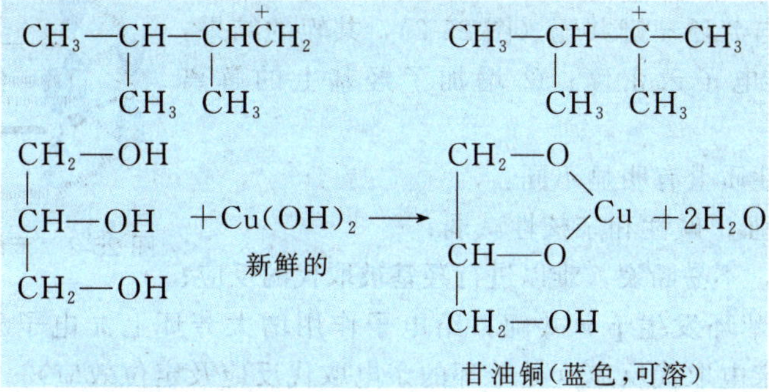

$$CH_2-OH$$
$$CH-OH + Cu(OH)_2 \text{新鲜的} \longrightarrow \text{甘油铜(蓝色,可溶)} + 2H_2O$$
$$CH_2-OH$$

## 25.2 酚

酚:芳环上的氢原子被羟基取代所生成的化合物叫酚,用 ArOH 表示。

### 25.2.1 酚的分类、命名和物理性质

#### 25.2.1.1 酚的分类

根据羟基数目,酚可分为一元酚、二元酚、多元酚。

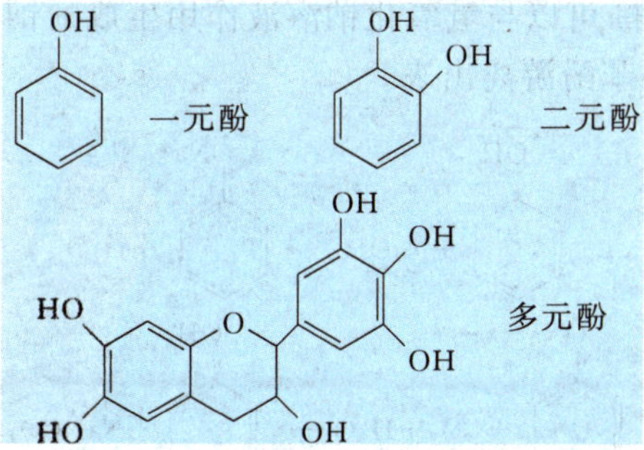

#### 25.2.1.2 酚的命名

借鉴苯环衍生物的命名规则。

3-甲基苯酚　　　2-硝基苯酚　　　　4-羟基苯甲酸

#### 25.2.1.3 酚的物理性质

酚含有羟基，可以形成分子间氢键，因此它们的沸点和熔点比较高。酚一般为固体。

苯酚微溶于水，加热条件下溶解度大大提高。低级酚在水中都有一定的溶解度，随着羟基数目的增多，低级酚在水中的溶解度增大。

### 25.2.2 酚的化学性质

苯酚是平面分子，C、O均为$sp^2$杂化，酚羟基氧上带孤对电子的p轨道与芳环π键共轭（图25-2），共轭的结果：①增强了苯环上的电子云密度；②增加了羟基上的解离能力。

酚与醇在化学性质上有明显不同：
① 酚的酸性增强，碱性和亲核性减弱；
② 碳氧键牢固，不易断裂，难以进行羟基被取代的反应；
③ 由于羟基与苯环发生p-π共轭，给电子作用增大芳环上π电子云密度，活化苯环，更易进行芳环上的亲电取代反应（见苯环的亲电取代反应及定位效应）。

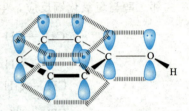

图25-2　苯酚结构的p-π键共轭

#### 25.2.2.1 酚羟基的反应

**1. 酚的酸性**

|  | 苯酚 OH | $H_2O$ | $CH_3CH_2OH$ | $H_2CO_3$ |
|---|---|---|---|---|
| $pK_a$ | 10 | 15.7 | 17 | 6.4 |

苯酚的$pK_a=10$；水的$pK_a=15.7$；乙醇的$pK_a=17$；碳酸的$pK_a=6.4$，所以，酸性强弱顺序：碳酸＞苯酚＞水＞醇。

苯酚的酸性比水强，苯酚可以与氢氧化钠溶液作用生成酚钠。苯酚的酸性比碳酸弱，在酚钠溶液中通入$CO_2$，可将苯酚游离出来。

$$\text{PhOH} + NaOH \longrightarrow \text{PhONa} + H_2O$$

$$\text{PhONa} + CO_2 + H_2O \longrightarrow \text{PhOH} + NaHCO_3$$

取代基的电子效应对取代酚酸性的影响：
① 酚羟基的邻、对位连有推电子基时，将使酚的酸性降低；推电子基数目越多，酚的

酸性越弱。

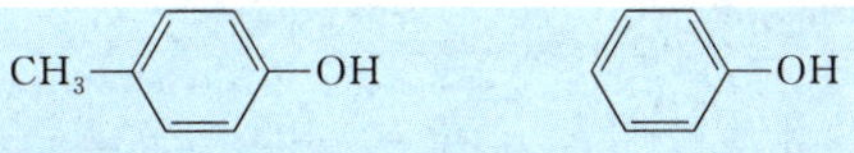

$$\underset{10.26}{CH_3\text{-}C_6H_4\text{-}OH} \qquad \underset{10.00}{C_6H_5\text{-}OH}$$

p$K_a$

② 酚羟基的邻、对位连有吸电子基时，将使酚的酸性增强；吸电子基数目越多，酚的酸性越强。

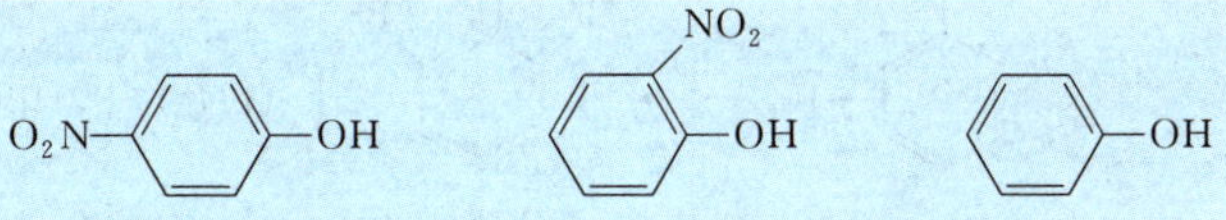

$$\underset{7.15}{O_2N\text{-}C_6H_4\text{-}OH} \qquad \underset{8.39}{o\text{-}NO_2\text{-}C_6H_4\text{-}OH} \qquad \underset{10.00}{C_6H_5\text{-}OH}$$

p$K_a$

间-Cl-C₆H₄-OH > 对-Cl-C₆H₄-OH > C₆H₅-OH

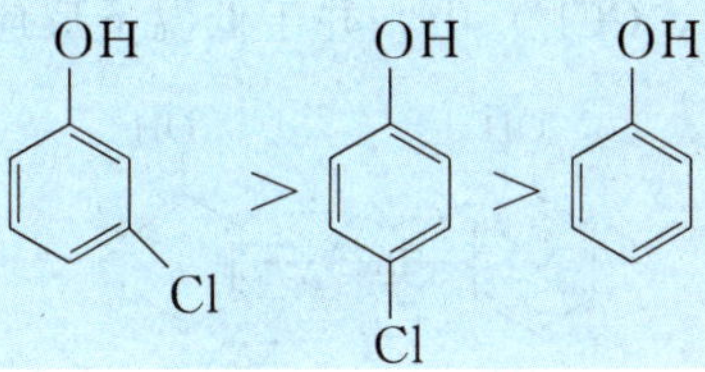

## 2. 与三氯化铁显色反应

酚能与 $FeCl_3$ 溶液发生显色反应，故此反应可用来鉴定酚。

$$6ArOH + FeCl_3 \longrightarrow [Fe(OAr)_6]^{3-} + 6H^+ + 3Cl^-$$
蓝紫色

## 3. 酚醚的生成

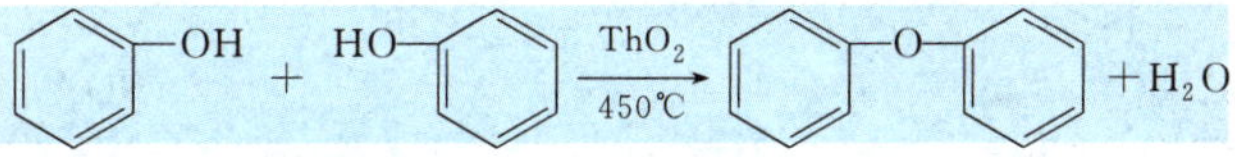

$$C_6H_5OH + HOC_6H_5 \xrightarrow[450℃]{ThO_2} C_6H_5\text{-}O\text{-}C_6H_5 + H_2O$$

苯甲醚常用苯酚钠与 $CH_3I$ 反应制得

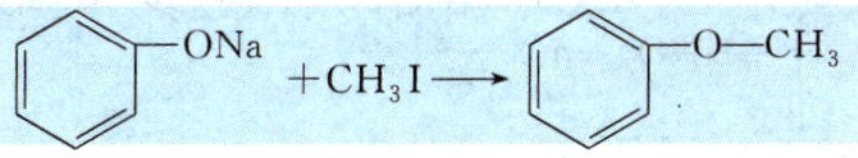

$$C_6H_5ONa + CH_3I \longrightarrow C_6H_5\text{-}O\text{-}CH_3$$

## 4. 酚酯的生成

酚与酸酐或酰卤作用生成酚酯。

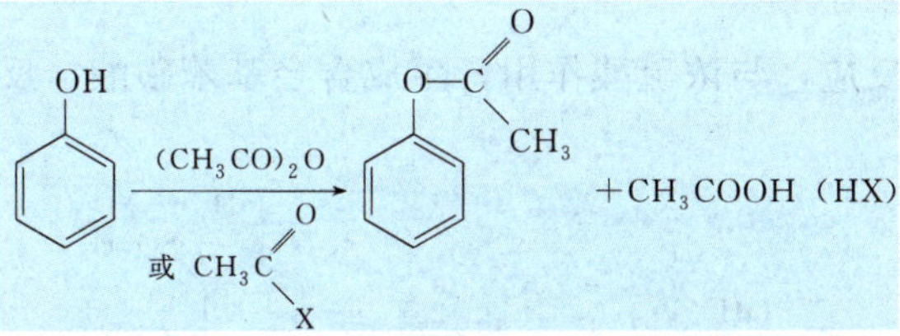

$$C_6H_5OH \xrightarrow[\text{或 } CH_3COX]{(CH_3CO)_2O} C_6H_5\text{-}O\text{-}COCH_3 + CH_3COOH\,(HX)$$

酚酯在 $AlCl_3$ 作用下，酰基可从氧原子转移到苯酚环上的邻位或对位，生成酚酮，称为 Fries 重排。

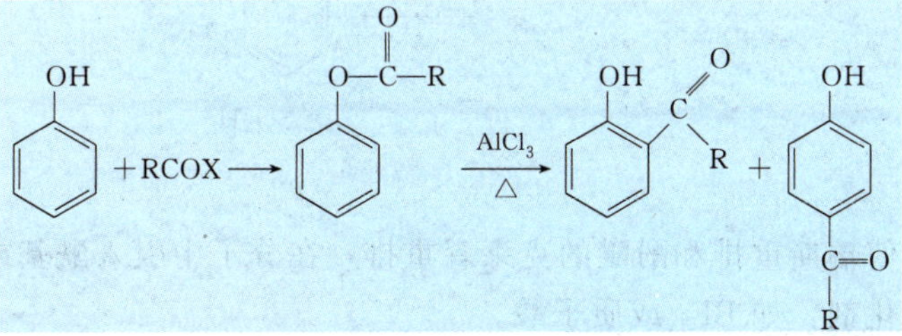

$$C_6H_5OH + RCOX \longrightarrow C_6H_5\text{-}O\text{-}CO\text{-}R \xrightarrow[\triangle]{AlCl_3} o\text{-}HO\text{-}C_6H_4\text{-}COR + p\text{-}HO\text{-}C_6H_4\text{-}COR$$

### 25.2.2.2 酚环上的亲电取代反应

**1. 卤代反应**

苯酚用溴水处理，立即生成2,4,6-三溴苯酚白色沉淀，反应很灵敏，用于酚的定性、定量的测定方法。

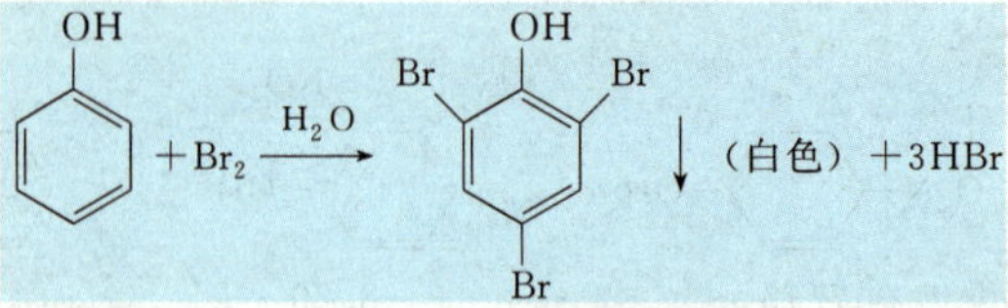

$$\text{C}_6\text{H}_5\text{OH} + 3\text{Br}_2 \xrightarrow{\text{H}_2\text{O}} \text{2,4,6-三溴苯酚} \downarrow (\text{白色}) + 3\text{HBr}$$

反应在低极性溶剂（如 $CS_2$，$CCl_4$）中，并于低温下反应，可以得到一溴苯酚。

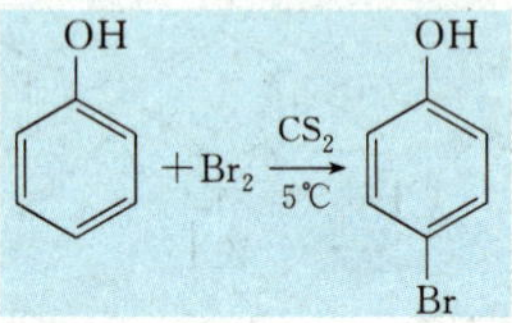

$$\text{C}_6\text{H}_5\text{OH} + \text{Br}_2 \xrightarrow[5℃]{CS_2} \text{对溴苯酚}$$

**2. 硝化反应**

苯酚的硝化在室温下即可进行，但因苯酚易被氧化，故产率较低。

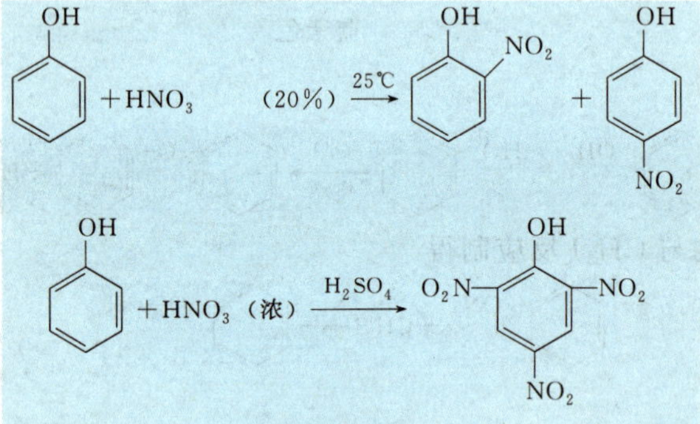

$$\text{C}_6\text{H}_5\text{OH} + \text{HNO}_3 (20\%) \xrightarrow{25℃} \text{邻硝基苯酚} + \text{对硝基苯酚}$$

$$\text{C}_6\text{H}_5\text{OH} + \text{HNO}_3 (\text{浓}) \xrightarrow{\text{H}_2\text{SO}_4} \text{2,4,6-三硝基苯酚}$$

**3. 磺化反应**

苯酚容易发生磺化反应，与浓硫酸作用，生成含羟基苯磺酸。反应直接受温度影响，影响邻位和对位的产率。

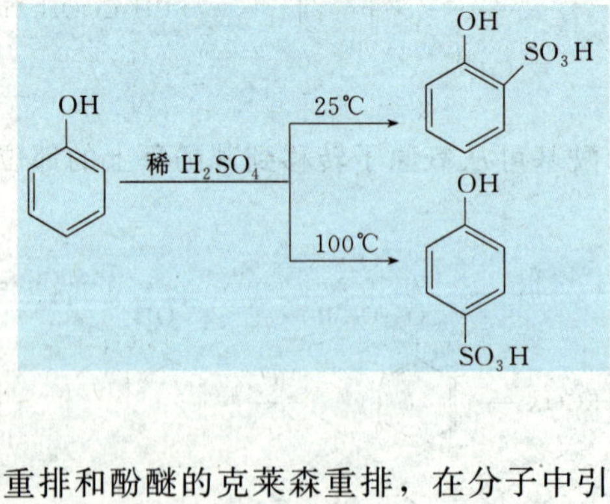

$$\text{C}_6\text{H}_5\text{OH} \xrightarrow{\text{稀 H}_2\text{SO}_4} \begin{cases} \text{邻羟基苯磺酸} & 25℃ \\ \text{对羟基苯磺酸} & 100℃ \end{cases}$$

**4. 傅-克反应**

① 通过酚酯的傅瑞斯重排和酚醚的克莱森重排，在分子中引入酰基或烷基。

② 选用其他催化剂：如 $BF_3$ 或质子酸。

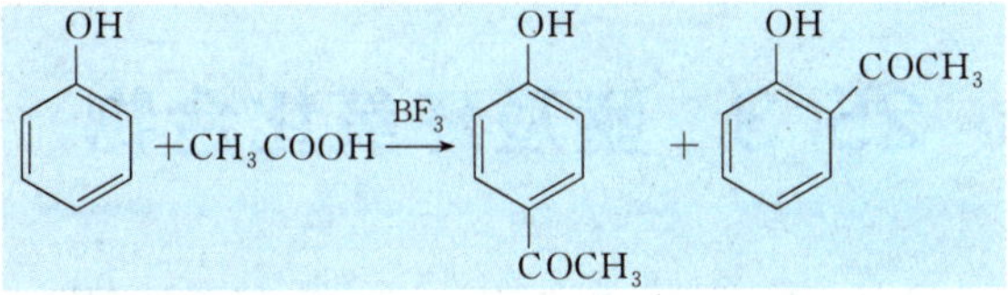

$$\text{苯酚} + CH_3COOH \xrightarrow{BF_3} \text{对羟基苯乙酮} + \text{邻羟基苯乙酮}$$

**5. 柯尔贝-许密特（Kolbe-Schmitt）反应**

苯酚或苯酚钠与二氧化碳和水在浓的氢氧化钠溶液里，加热到100℃，可在环上引入羧基，生成邻羟基苯甲酸即水杨酸。

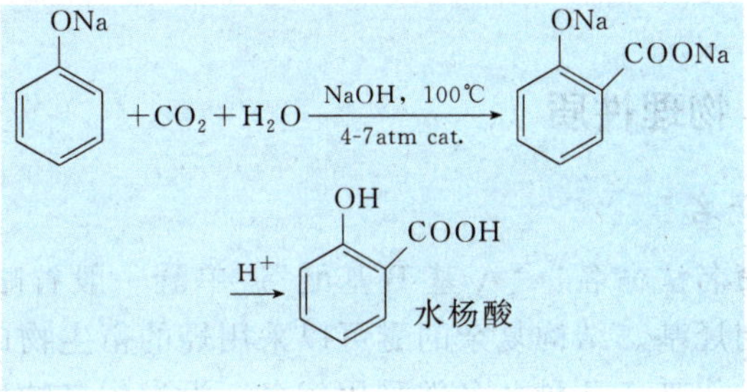

$$\text{C}_6\text{H}_5\text{ONa} + CO_2 + H_2O \xrightarrow[\text{4-7 atm cat.}]{NaOH, 100℃} \text{邻羟基苯甲酸钠} \xrightarrow{H^+} \text{水杨酸}$$

## 25.2.3 苯酚的制备

### 25.2.3.1 磺酸盐碱熔法

磺酸盐碱熔法按以下三步进行：

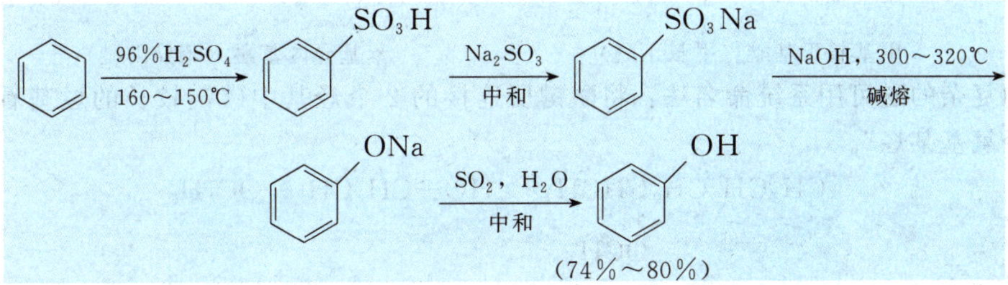

$$\text{苯} \xrightarrow[160\sim150℃]{96\% H_2SO_4} \text{C}_6\text{H}_5\text{SO}_3\text{H} \xrightarrow[\text{中和}]{Na_2SO_3} \text{C}_6\text{H}_5\text{SO}_3\text{Na} \xrightarrow[\text{碱熔}]{NaOH, 300\sim320℃}$$

$$\text{C}_6\text{H}_5\text{ONa} \xrightarrow[\text{中和}]{SO_2, H_2O} \text{C}_6\text{H}_5\text{OH} \quad (74\%\sim80\%)$$

在工业上，中和、碱熔、酸化的副产物可以充分利用。中和产生的 $SO_2$ 可用来酸化苯酚钠，酸化、碱熔产生的 $Na_2SO_3$ 又可用来中和苯磺酸。

### 25.2.3.2 异丙苯法

在100～120℃温度下向异丙苯通入空气，经催化氧化生成过氧化氢异丙苯，后者与稀硫酸作用，则分解为苯酚和丙酮。

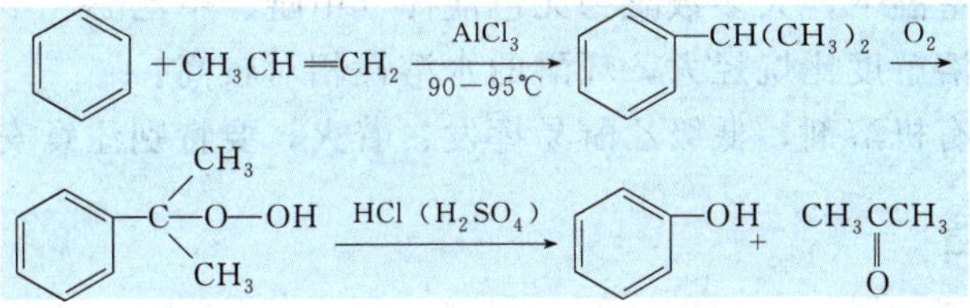

$$\text{C}_6\text{H}_6 + CH_3CH=CH_2 \xrightarrow[90\sim95℃]{AlCl_3} \text{C}_6\text{H}_5\text{CH(CH}_3)_2 \xrightarrow{O_2}$$

$$\text{C}_6\text{H}_5\text{C(CH}_3)_2\text{-O-OH} \xrightarrow{HCl (H_2SO_4)} \text{C}_6\text{H}_5\text{OH} + CH_3COCH_3$$

### 25.2.3.3 卤代苯的水解

芳烃上的卤素不活泼，反应条件比较严苛。例如：氯苯在高温、高压条件下，需要 Cu 催化剂，才被氢氧化钠水溶液水解为酚钠，酸化之后得到产物苯酚：

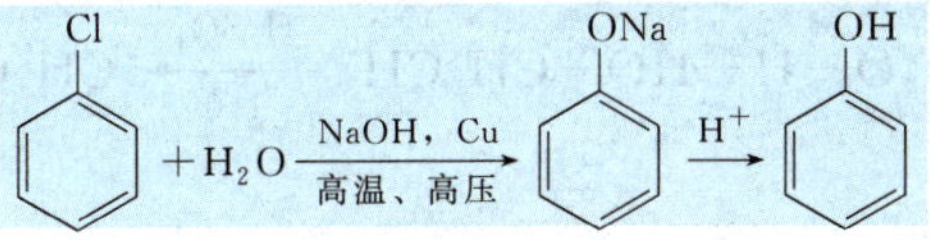

$$\text{C}_6\text{H}_5\text{Cl} + H_2O \xrightarrow[\text{高温、高压}]{NaOH, Cu} \text{C}_6\text{H}_5\text{ONa} \xrightarrow{H^+} \text{C}_6\text{H}_5\text{OH}$$

# 25.3 醚及环氧化合物

醚是由一个氧原子和两个碳氢化合物连接而成的,通式为 R—O—R 或 R—O—R'。在醚的分子中,与氧原子相连的两个烃基相同时为单醚;两个烃基不同时为混醚;两个烃基中有一个或两个是芳香基的为芳香醚。氧原子和碳原子结合成的环状化合物通常称为环醚。

## 25.3.1 醚的命名、物理性质

### 25.3.1.1 醚的命名

简单的醚常用普通命名法命名:"A 基 B 基醚"。单醚一般省略"二"字。混醚按先小后大,先芳基后脂基排列烃基。结构复杂的醚可以采用烃的衍生物命名方法,将较大烃基看作母体,将烷氧基看作取代基。环醚命名常采用俗名,没有俗名的称氧杂某烷。

$H_3C\text{—}O\text{—}CH_3$
二甲基醚(甲醚)

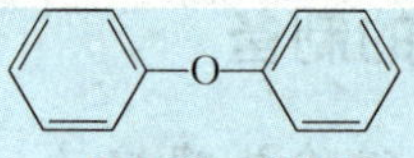

二苯基醚(苯醚)

$H_3C\text{—}O\text{—}C(CH_3)_3$
甲基叔丁基醚(甲叔丁醚)

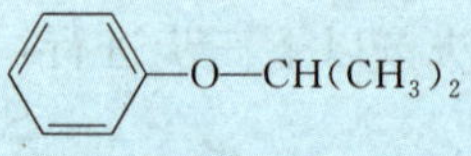

苯基异丙基醚(苯异丙醚)—$OCH(CH_3)_2$

结构复杂的醚可用系统命名法:将醚键所连接的 2 个烃基中碳链较长的烃基看作母体,称"某烃氧基某烃"。

$CH_3CH_2CH_2CHCH_3$
         |
        $OCH_3$
2-甲氧基戊烷

$HO\text{—}CH_2CH_2\text{—}OC_2H_5$
2-乙氧基乙醇

四氢呋喃

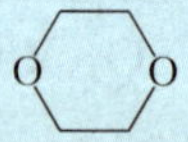

1,4-二氧六环

### 25.3.1.2 醚的物理性质

醚的沸点较低。室温下,大多数醚为无色液体(甲醚、甲乙醚、甲基乙烯基醚为气体)。醚类化合物在水中的溶解度比烷烃大,环醚的水溶性相对较高。

醚是一种优良的有机溶剂,低级乙醚易挥发、着火,要特别注意安全。

## 25.3.2 醚的制备

### 25.3.2.1 醇脱水

此法只适用于制简单醚,且限于伯醇,仲醇产量低,叔醇在酸性条件下主要生成烯烃。如乙醚由乙醇脱水制备,其过程机理是 $S_N2$。

$$CH_3CH_2O\text{—}H + HO\text{—}CH_2CH_3 \xrightarrow[140]{H_2SO_4} (CH_3CH_2)_2O$$

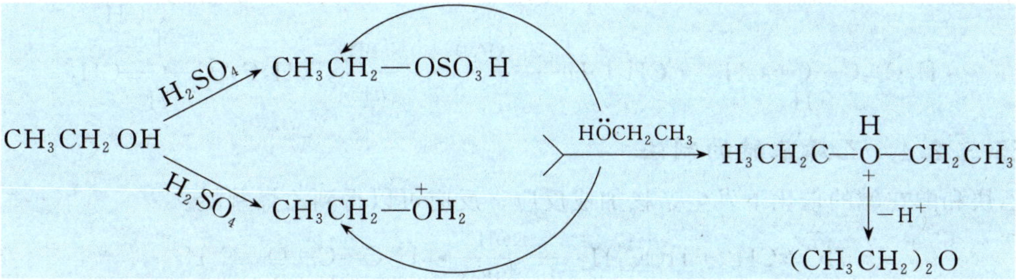

$$CH_3CH_2OH \xrightarrow{H_2SO_4} CH_3CH_2-OSO_3H$$

$$CH_3CH_2OH \xrightarrow{H_2SO_4} CH_3CH_2-\overset{+}{O}H_2$$

$$\xrightarrow{HOCH_2CH_3} H_3CH_2C-\overset{+}{O}(H)-CH_2CH_3 \xrightarrow{-H^+} (CH_3CH_2)_2O$$

反应中存在分子内脱水等副反应，所以制备乙醚时必须控制温度，这种方法很难用来制备复杂的醚；副反应多、难易分离提纯。

### 25.3.2.2 威廉姆逊合成

威廉姆逊合成法是制备混合醚的一种较好的方法。由卤代烃与醇钠或酚钠作用而得混合醚。该方法中只能选用伯卤代烷与醇钠为原料。因为醇钠即是亲核试剂，又是强碱，仲、叔卤代烷（特别是叔卤代烷）在强碱条件下主要发生消除反应而生成烯烃。

$$RX + NaOR' \longrightarrow ROR' + NaX$$
$$RX + NaO\text{-}Ar \longrightarrow R\text{-}O\text{-}Ar + NaX$$

制备乙基叔丁基醚时，可以有如下两条合成路线：

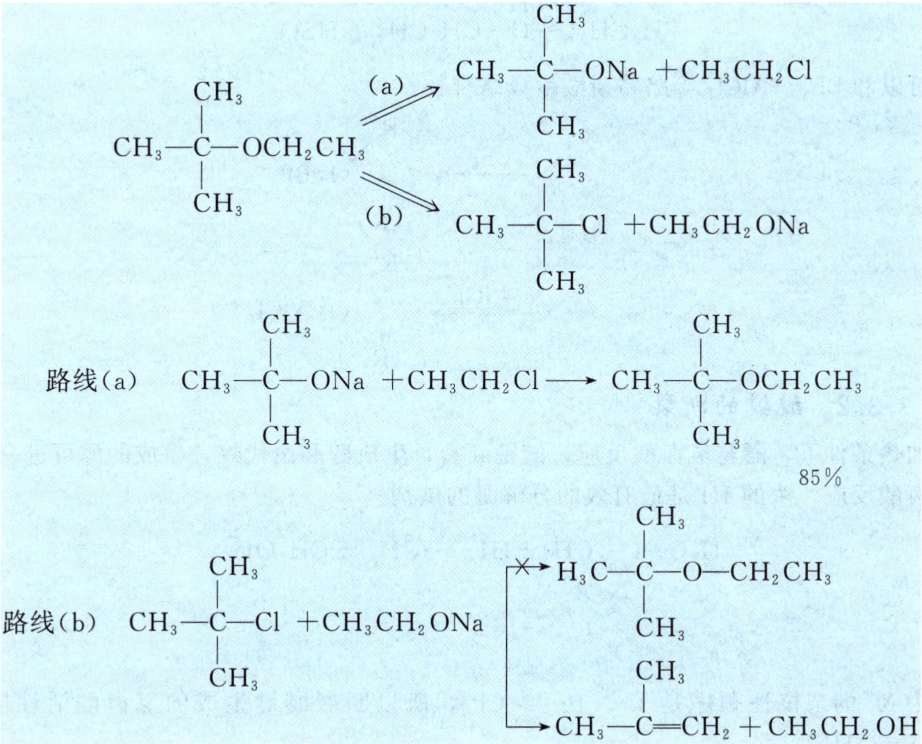

$$(CH_3)_3C-OCH_2CH_3 \overset{(a)}{\underset{(b)}{\Longrightarrow}} \begin{array}{l} (CH_3)_3C-ONa + CH_3CH_2Cl \\ (CH_3)_3C-Cl + CH_3CH_2ONa \end{array}$$

路线(a)  $(CH_3)_3C-ONa + CH_3CH_2Cl \longrightarrow (CH_3)_3C-OCH_2CH_3$   85%

路线(b)  $(CH_3)_3C-Cl + CH_3CH_2ONa \longrightarrow$ ✗ $H_3C-C(CH_3)_2-O-CH_2CH_3$
$\longrightarrow CH_3-C(CH_3)=CH_2 + CH_3CH_2OH$

由于醇钠、酚钠的强碱性，叔卤代烃在强的碱性条件下以消除反应为主。如果按路线（b）则主要发生消除反应生成烯烃，而得不到醚。

### 25.3.2.3 烷氧汞化-脱汞反应

烯烃经羟基化脱汞反应可制备醇。如果用醇代替水，最终得到的是醚，醇对双键的加成方向符合马式规则。此反应优点：反应快、操作方便、产率高、一般不发生重排。

$$(H_3C)_3C-\underset{H}{C}=CH_2 + CH_3OH \xrightarrow[OH^-]{Hg(OAc)_2 \quad NaBH_4} (H_3C)_3C-\underset{H}{\overset{OCH_3}{C}}-CH_3$$

#### 25.3.2.4 乙烯基醚的制法

乙炔和醇在碱的催化下发生亲核加成反应，反应可以得到乙烯基醚。

$$HC\equiv CH + HOC_2H_5 \xrightarrow[160\sim180℃]{KOH} H_2C=\underset{H}{C}-O-C_2H_5$$

### 25.3.3 醚的化学性质

醚较稳定，其稳定性仅次于烷烃。醚不能与强碱、稀酸、氧化剂、还原剂或活泼金属反应。在一定条件下可发生反应，反应与醚氧原子上的孤电子对有关。

#### 25.3.3.1 醚的质子化

醚的氧原子含有未共用的电子对，作为路易斯碱可与浓硫酸反应成𨦡盐，𨦡盐不稳定，遇水恢复为原来的醚。

$$H_3CH_2C-O-CH_2CH_3 + H_2SO_4$$
$$\downarrow$$
$$H_3CH_2C-\underset{+}{\overset{H}{O}}-CH_2CH_3 + HSO_4^-$$

醚可以和 $BF_3$、$AlCl_3$ 等路易斯酸生成络合物。

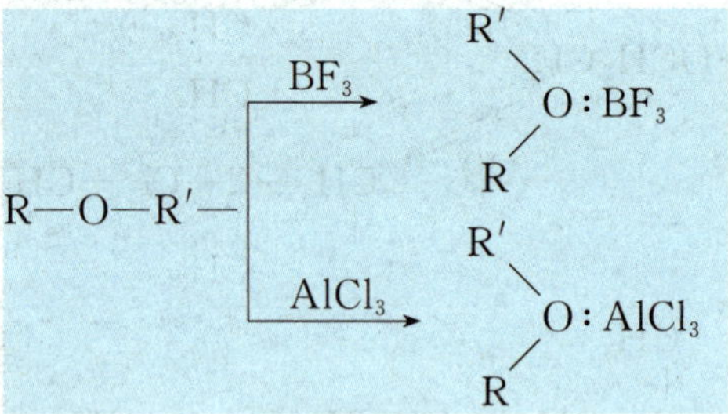

$$R-O-R' \begin{array}{c} \xrightarrow{BF_3} \underset{R}{\overset{R'}{\diagdown}}O:BF_3 \\ \\ \xrightarrow{AlCl_3} \underset{R}{\overset{R'}{\diagdown}}O:AlCl_3 \end{array}$$

#### 25.3.3.2 醚键的断裂

在加热条件下，醚与氢卤酸反应，醚键断裂，生成醇和卤代烷，生成的醇可进一步与过量的氢卤酸反应。浓的 HI 是最有效的分解醚的试剂。

$$H_3C-O-CH_3 + HI \xrightarrow{\triangle} CH_3I + CH_3OH$$
$$\downarrow HI$$
$$CH_3I + H_2O$$

因为 $X^-$ 的亲核性顺序是 $I^->Br^->Cl^-$，所以断裂醚键生成的氢卤酸活性顺序为：$HI>HBr>HCl$。

醚分子结构决定醚键断裂的反应机理。键断裂反应属于亲核取代反应，通常伯烷基醚易按 $S_N2$ 机制进行，叔烷基醚易按 $S_N1$ 机制进行（叔烃基的醚很容易断裂。反应中会生成比较稳定的叔碳正离子，所以反应按 $S_N1$ 机理进行）。

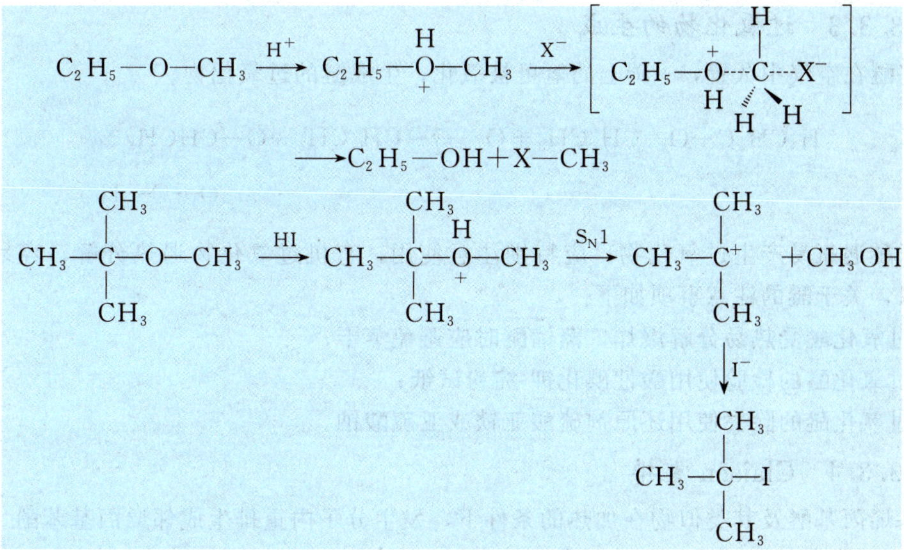

$$C_2H_5-O-CH_3 \xrightarrow{H^+} C_2H_5-\overset{H}{\underset{+}{O}}-CH_3 \xrightarrow{X^-} \left[C_2H_5-\overset{H}{\underset{+}{O}}\cdots\overset{H}{\underset{H}{C}}\cdots X^-\right]$$

$$\longrightarrow C_2H_5-OH + X-CH_3$$

$$\underset{CH_3}{\underset{|}{CH_3-\overset{CH_3}{\overset{|}{C}}-O-CH_3}} \xrightarrow{HI} \underset{CH_3}{\underset{|}{CH_3-\overset{CH_3}{\overset{|}{C}}-\overset{H}{\underset{+}{O}}-CH_3}} \xrightarrow{S_N1} \underset{CH_3}{\underset{|}{CH_3-\overset{CH_3}{\overset{|}{C^+}}}} + CH_3OH$$

$$\downarrow I^-$$

$$\underset{CH_3}{\underset{|}{CH_3-\overset{CH_3}{\overset{|}{C}}-I}}$$

叔丁基醚用稀硫酸溶液可使之断裂,此性质在合成中可用来保护烃基,例如:

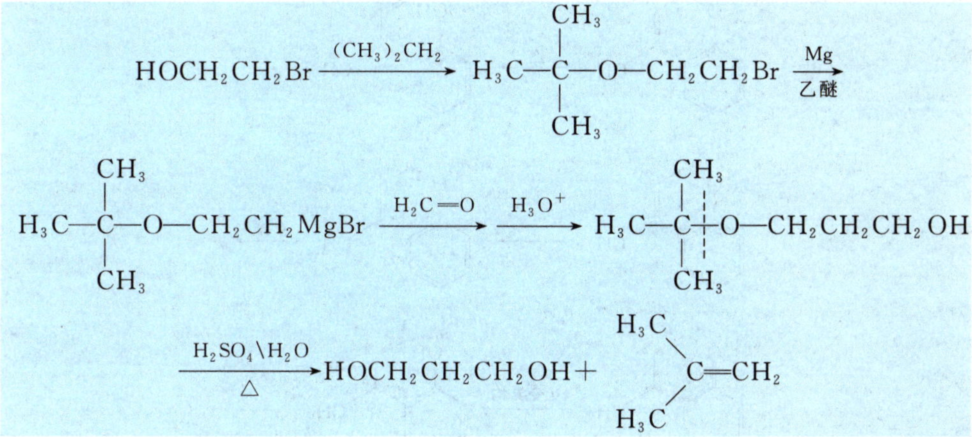

$$HOCH_2CH_2Br \xrightarrow{(CH_3)_2C=CH_2} H_3C-\underset{CH_3}{\overset{CH_3}{\underset{|}{\overset{|}{C}}}}-O-CH_2CH_2Br \xrightarrow[\text{乙醚}]{Mg}$$

$$H_3C-\underset{CH_3}{\overset{CH_3}{\underset{|}{\overset{|}{C}}}}-O-CH_2CH_2MgBr \xrightarrow{H_2C=O} \xrightarrow{H_3O^+} H_3C-\underset{CH_3}{\overset{CH_3}{\underset{|}{\overset{|}{C}}}}-O-CH_2CH_2CH_2OH$$

$$\xrightarrow[\triangle]{H_2SO_4\backslash H_2O} HOCH_2CH_2CH_2OH + \underset{H_3C}{\overset{H_3C}{>}}C=CH_2$$

当含有芳基的混合醚与 HX 反应时,醚键总是优先断裂在脂肪烃基一边,生成苯酚和脂肪族卤代烃。

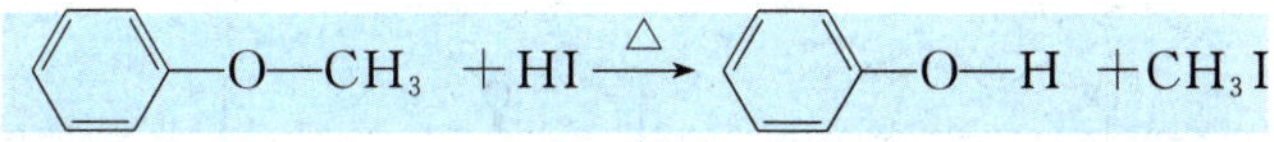

$$\text{C}_6\text{H}_5-O-CH_3 + HI \xrightarrow{\triangle} \text{C}_6\text{H}_5-O-H + CH_3I$$

醚和 HI 反应总结如下:

① 若是两个伯烷基,发生 $S_N2$ 反应,小烃基生成碘代烷,大烃基生成醇,若氢碘酸过量,大烃基也生成碘代烷。

② 若是伯烷基和叔烷基,发生 $S_N1$ 反应,叔烷基生成碘代烷,伯烷基生成醇。

③ 若是芳醚,总是生成酚和碘代烷。

四氢吡喃醚为偕二醚,它可由二氢吡喃和醇在无水酸存在下制备,合成中常利用这个反应保护羟基。

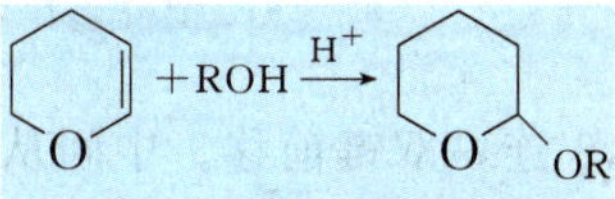

$$\text{二氢吡喃} + ROH \xrightarrow{H^+} \text{四氢吡喃醚}(-OR)$$

四氢吡喃醚

### 25.3.3.3 过氧化物的生成

烷基醚在空气中久置，α-碳上的氢可被氧化，生成醚的过氧化物。

$$H_3CH_2C-O-CH_2CH_3 + O_2 \longrightarrow CH_3CH_2-O-\underset{\underset{O-O-H}{|}}{C}HCH_3$$

由于醚遇氧易产生过氧化物，应特别注意使用，有机过氧化物遇热分解，容易引起爆炸。所以，关于醚的注意事项如下：

① 过氧化醚受热易分解爆炸，蒸馏醚时应避免蒸干；
② 过氧化醚的检验使用酸性碘化钾-淀粉试纸；
③ 过氧化醚的除去使用还原剂硫酸亚铁或亚硫酸钠。

### 25.3.3.4 Claisen 重排

苯基烯丙基醚及其类似物在加热的条件下，发生分子内重排生成邻烯丙基苯酚（或其他取代苯酚）的反应。

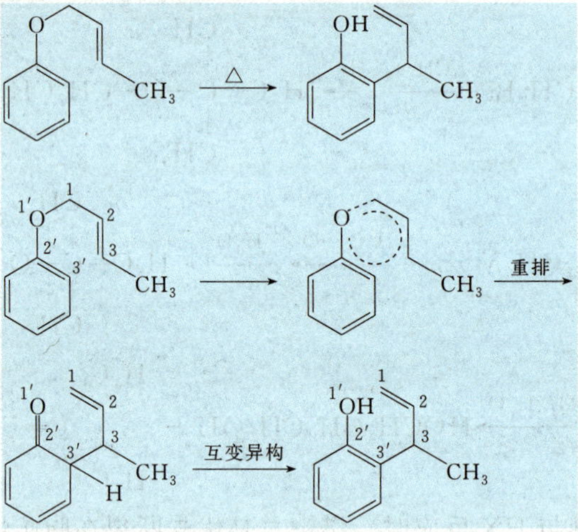

如果两个邻位已被取代基所占据，则烯丙基将迁移至对位：

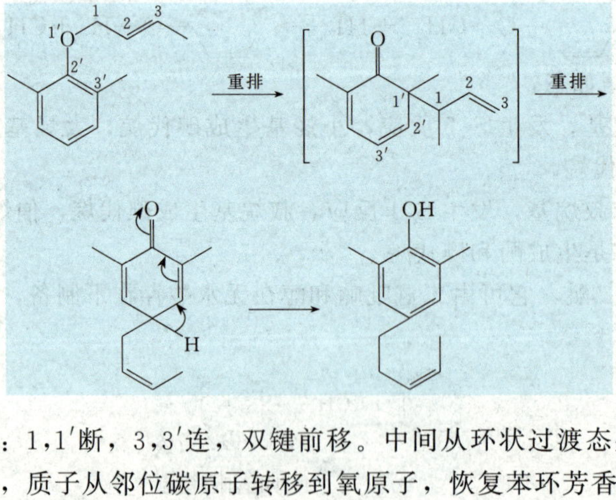

克莱森重排描述：1,1′断，3,3′连，双键前移。中间从环状过渡态生成不稳定的中间产物，共轭结构被破坏，质子从邻位碳原子转移到氧原子，恢复苯环芳香结构，成为稳定的重排产物。

## 25.4 环氧化合物

环氧化合物是指含有三元环的醚及其衍生物,命名:被看做烷的氧化物,叫做"环氧某烷"。

### 25.4.1 命名

1. 环氧化合物的普通命名法是根据相应的烯烃称为"氧化某烯"。氧化乙烯又称为环氧乙烷。

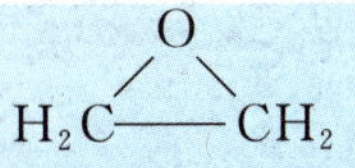

氧化乙烯 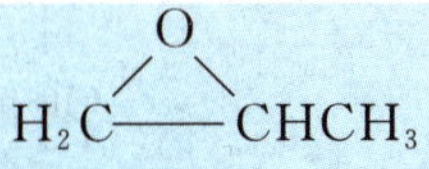　　　　氧化丙烯 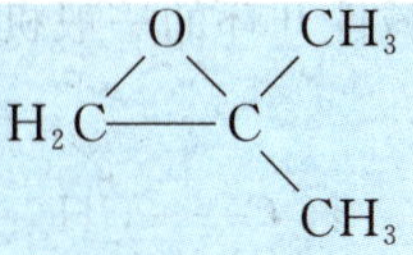　　　　氧化异丁烯

2. 环氧化合物的系统命名法通常以"环氧乙烷"为母体,三元环中氧原子编号为1。

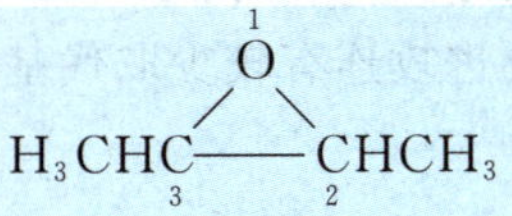

2,3-二甲基环氧乙烷 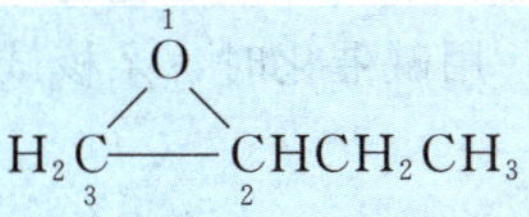　　　2-乙基环氧乙烷 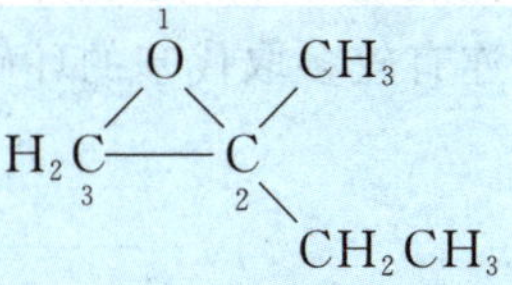　　　2-甲基-2-乙基环氧乙烷

### 25.4.2 开环反应

环氧化物分子中存在张力很大的三元氧环,化学性质活泼。与酸、碱或其他强的亲核试剂均能直接进行开环反应。环氧乙烷具有较高的活性,反应过程中应控制原料配比。否则,会有多个环氧乙烷参与聚合反应得到如多缩乙二醇等。

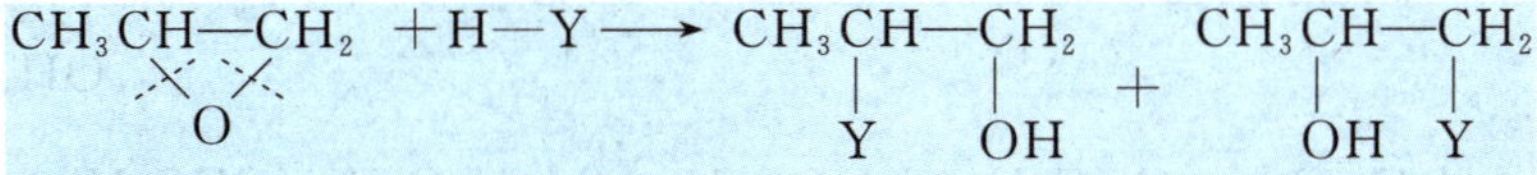

$$CH_3CH-CH_2 + H-Y \longrightarrow CH_3CH-CH_2 + CH_3CH-CH_2$$
$$\quad\quad\ \ \ \diagdown O \diagup \quad\quad\quad\quad\quad\quad\ |\quad\quad |\quad\quad\quad\ |\quad\quad |$$
$$\quad\quad\quad\quad\quad\quad\quad\quad\quad\quad\quad\quad\ \ Y\quad\ OH\quad\quad\ OH\quad Y$$

(Y = —X, —CN, —OH, —OR, —OAr, —SH, …)

**1. 酸性开环机理**

环氧化合物的开环反应属于亲核取代反应。酸性条件下,环氧化合物质子化,亲核试剂进攻质子化环氧化合物,迅速开环生成产物。

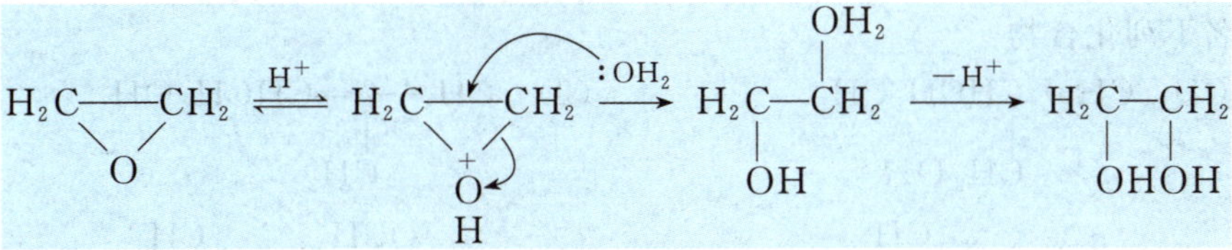

环氧化合物的开环反应是一种特殊的亲核取代反应。在酸性条件下,开环反应的机理过程为:

$$\text{H}_2\text{C}\underset{\text{O}}{-}\text{CH}_2 \xrightarrow{\text{NH}_3} \text{H}_2\text{C}-\text{CH}_2 \xrightarrow{\triangle\text{O}}$$
$$\underset{\text{NH}_2\ \text{OH}}{}$$

$$(\text{HOCH}_2\text{CH}_2)_2\text{NH} \xrightarrow{\triangle\text{O}} (\text{HOCH}_2\text{CH}_2)_3\text{N}$$

和醚一样，环氧乙烷首先质子化，使 C—O 键削弱，将较差的离去基团转变为较强的离去基团，然后亲核试剂进攻中心碳原子，使 C—O 键断裂开环。

**2. 碱性开环机理**

碱催化的开环反应，是亲核试剂直接进攻环氧化合物本身，而不是先生成质子化环氧化合物，因此开环需要在强碱条件下进行或使用强亲核试剂。以环氧乙烷与 $\text{NaOC}_2\text{H}_5$ 反应为例来演示碱性开环的一般机理：

$$\text{H}_2\text{C}\underset{\text{O}}{-}\text{CH}_2 + \text{NaOC}_2\text{H}_5 \longrightarrow \text{H}_2\text{C}-\text{CH}_2 \longrightarrow \text{H}_2\text{C}-\text{CH}_2$$
$$\underset{\text{O}^-}{\overset{\text{OC}_2\text{H}_5}{}} \quad \underset{\text{OH}\ \text{OC}_2\text{H}_5}{}$$

对比酸性开环和碱性开环的机理：不对称环氧化物开环，当用酸催化时，亲核试剂有利于进攻连有较多取代基的环碳原子；用碱催化时，亲核试剂主要进攻连有较少取代基的环碳原子。

酸性条件下亲核试剂进攻点主要受电子效应控制　　碱性条件下亲核试剂进攻点主要受立体因素控制

$$\underset{}{\text{C}}\underset{\text{O}}{-}\text{CH}_2$$

$$\text{C}_6\text{H}_5\text{CH}_2\text{MgCl} + \text{H}_2\text{C}\underset{\text{O}}{-}\text{CHCH}_3 \xrightarrow{\text{乙醚}} \xrightarrow{\text{H}_3^+\text{O}} \text{C}_6\text{H}_5\text{CH}_2\text{CH}_2\text{CHCH}_3$$
$$\underset{\text{OH}}{}$$

$$\text{H}_3\text{CHC}\underset{\text{O}}{-}\text{CHC}_6\text{H}_5 + \text{HOC}_2\text{H}_5 \xrightarrow{\text{H}^+} \text{H}_3\text{CHC}-\text{CHC}_6\text{H}_5$$
$$\underset{\text{OH}\ \text{OC}_2\text{H}_5}{}$$

## 习 题

1. 命名下列化合物

(1) $\text{CH}_3(\text{CH}_2)_3\text{CHCH}_2\text{CH}_3$
　　　　　　　$|$
　　　　　　$\text{CH}_2\text{OH}$

(2) $\text{CH}_3-\text{C}=\text{CHCH}_2\text{OH}$
　　　　　$|$
　　　　$\text{CH}_3$

(3) $(\text{CH}_3)_2\text{CH}-\text{O}-\text{CHCH}_2\text{CH}_3$
　　　　　　　　　　$|$
　　　　　　　　$\text{CH}_3$

(4) $\text{CH}_3\text{CHCH}_2\text{CH}_2\text{CHCH}_3$
　　　　$|$　　　　　$|$
　　　$\text{OCH}_3$　　$\text{CH}_3$

2. 完成下列反应

(1) ⬡—O—CH$_3$CH=CH—⬡ $\xrightarrow{200℃}$ (　　　　)

(2) $C_6H_5OCH_2CH_3 + HI \longrightarrow$ (        )

(3) 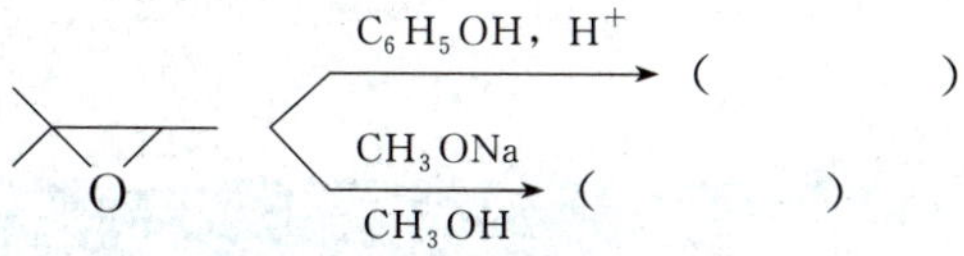 
$$\underset{O}{\overset{}{\triangle}} \begin{array}{l} \xrightarrow{C_6H_5OH,\ H^+} (\qquad) \\ \xrightarrow{CH_3ONa}{CH_3OH} (\qquad) \end{array}$$

**3. 写出下列反应可能的机理。**

(1) 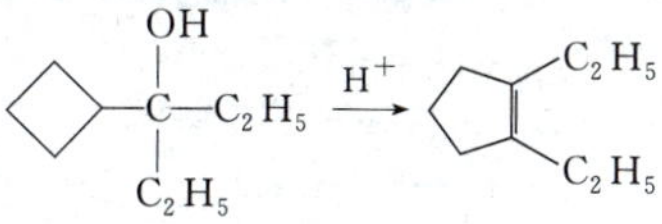 环丁基-C(OH)(C_2H_5)_2 $\xrightarrow{H^+}$ 1,2-二乙基环戊烯

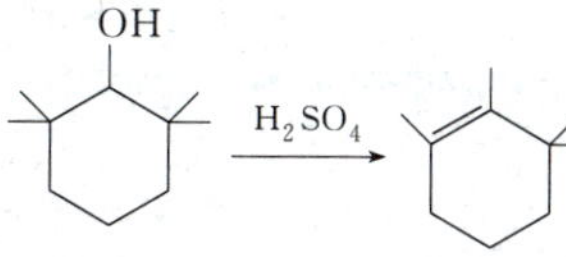

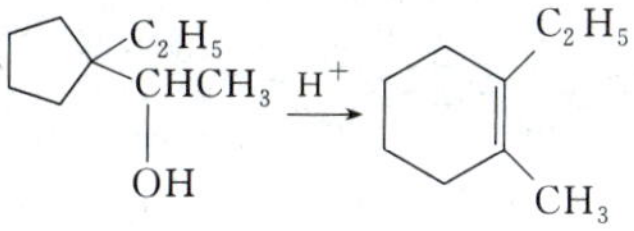

(2) 2,2,6-三甲基环己醇 $\xrightarrow{H_2SO_4}$ 1,5,5-三甲基环己烯

(3) 环戊基-CH(CH_3)(CHOH...C_2H_5) $\xrightarrow{H^+}$ 1-乙基-2-甲基环己烯

(4) 环戊叉=C(C_6H_5)_2 $\xrightarrow{RCO_3H}$ $\xrightarrow{H^+}$ 2,2-二苯基环己酮

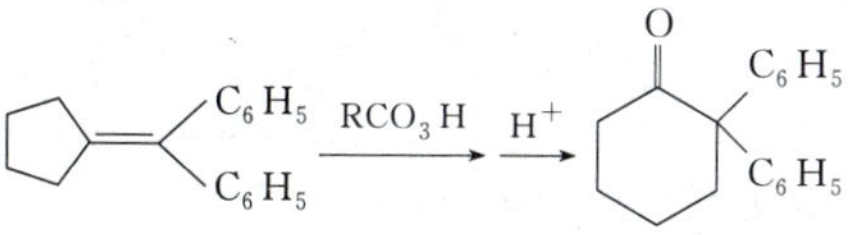

**4. 鉴别下列化合物。**

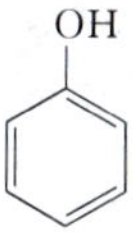

苯酚；$CH_3CHOHCH_2CH_3$；$CH_3(CH_2)_2CH_2OH$；$(CH_3)_3COH$；$C_6H_5Br$

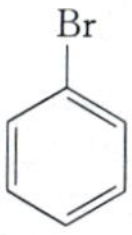

**5. 以苯、甲苯、乙苯、环己醇和含四个碳以下的有机物为原料合成。**

(1) $(CH_3)_3C-OCH_2CH_2CH_2CH_2CH_3$

(2) $C_6H_5-CH(OH)CH_2OC_6H_5$

(3) 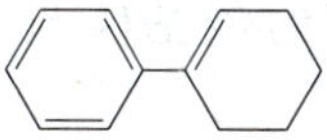 苯基环己烷基（联苯基环己烷）

(4) $C_6H_5CH_2O-CH_2CH_2C\equiv CCH_3$

(5) 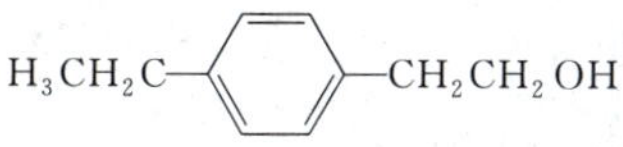 $H_3CH_2C-\text{对位}-CH_2CH_2OH$（对乙基苯乙醇）

(6) 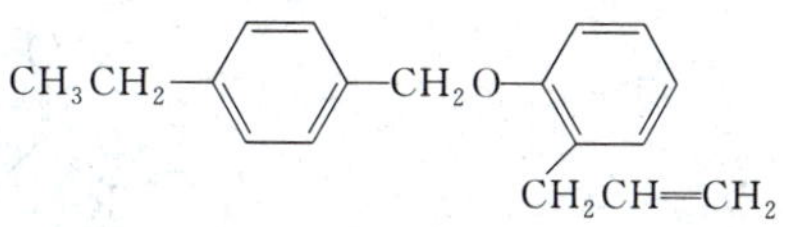 $CH_3CH_2-\text{对位}-CH_2O-\text{邻位}-CH_2CH=CH_2$

(7) 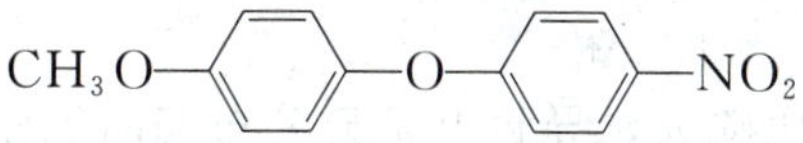 $CH_3O-\text{对位}-O-\text{对位}-NO_2$

(8) 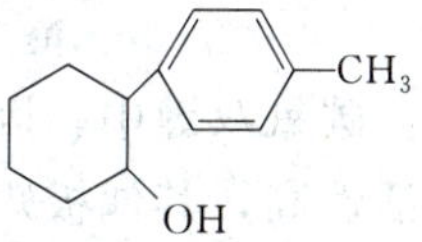 1-(4-甲基苯基)环己醇

(9) 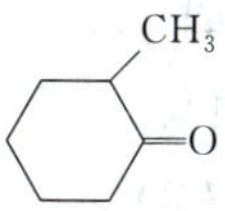 2-甲基环己酮

(10) $CH_3-C(CH_3)_2-CH_2CH_2CH_3$（2,2-二甲基戊烷型结构，含 $CH_3$ 支链）

(11) 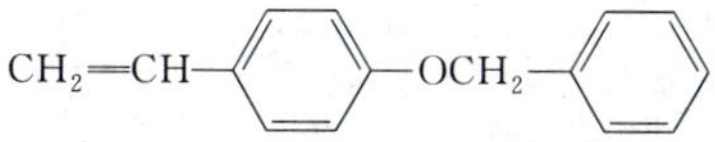 $CH_2=CH-\text{对位}-OCH_2C_6H_5$

(12) 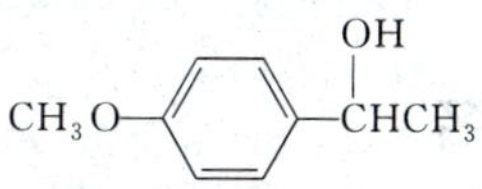 $CH_3O-\text{对位}-CH(OH)CH_3$

# 第 26 章

# 醛和酮

**学习要求：**

1. 掌握一元醛酮的结构、命名、性质和制法；
2. 理解醛酮与亲核试剂的加成反应过程和用途；
3. 了解羰基加成反应的立体化学；
4. 理解醛和酮—烯醇平衡及影响因素；
5. 充分认识羰基化合物在有机合成中的重要地位。

## 26.1 醛、酮的结构与命名

### 26.1.1 结构

醛、酮都是含羰基（C=O）的化合物，酮：羰基与两个烃基相连；醛：羰基至少与一个氢相连。醛酮又可分为脂肪醛/酮、芳香醛/酮，芳香醛/酮的羰基碳与芳环直接相连。

醛、酮的羰基：碳氧双键中，因氧的电负性比碳大，导致电子云分布偏向氧原子，是极性不饱和键，化学活性高，其偶极矩约为 2.3~2.8D。其中，羰基碳原子为 $sp^2$ 杂化，碳的 p 轨道与氧的一个 p 轨道彼此平行重叠形成 π 键，并垂直三个 σ 键所在平面。

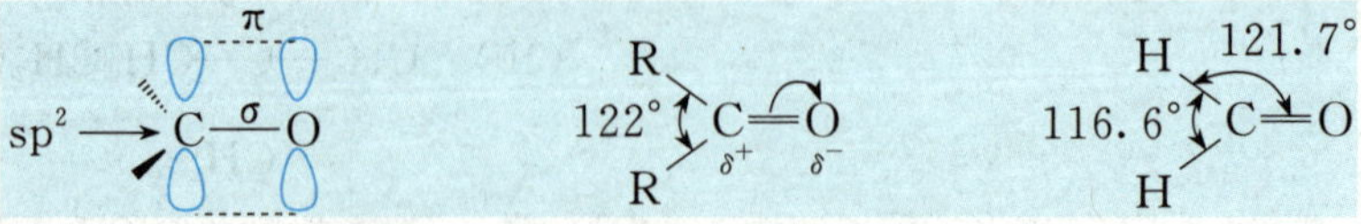

### 26.1.2 命名

醛的普通命名法与醇相似；酮则按所连两个烃基来命名。

$CH_3CH_2CH_2CHO$

正丁醛

甲基乙基(甲)酮

甲基乙烯基(甲)酮

二苯甲酮

苯甲醛

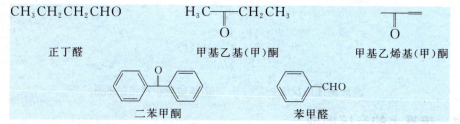

复杂的醛、酮采用系统命名法：选择含有羰基的最长的链作为主链，从靠近羰基的一端开始编号。羰基编号为1（醛）可以省略编号。例如：

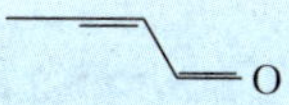

2-丁烯醛(巴豆醛)

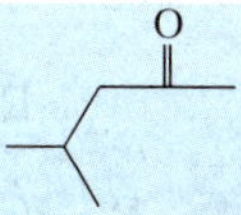

4-甲基-2-戊酮

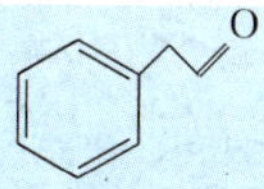

苯乙醛

如果羰基在环上则脂环酮称为环某酮；如羰基在环外，则将环作为取代基。例如：

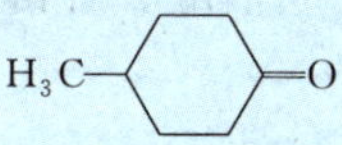

4-甲基环己酮

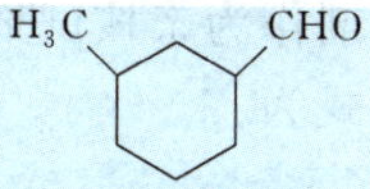

3-甲基环己基甲醛

## 26.2 醛酮的物理性质

醛、酮羰基的氧原子可以与水分子中的氢原子形成氢键，因此低级醛、酮可以与水混溶，随碳原子数增加，醛、酮在水中溶解度减小。但醛、酮分子之间不能形成氢键，因此，其沸点比相应的醇低。在室温下大多数醛酮为液体或固体。

## 26.3 醛酮的化学性质

羰基是醛酮的活性中心，由于羰基碳原子带部分正电荷，容易受到亲核试剂的进攻，故醛、酮的重要反应是亲核加成反应。由于羰基吸电子作用的影响，且$\alpha$-碳上的$\alpha$-H比较活泼，涉及$\alpha$-H的反应是本章的重要组成部分。醛、酮还可以发生氧化反应、还原反应及其他反应。

羰基的结构

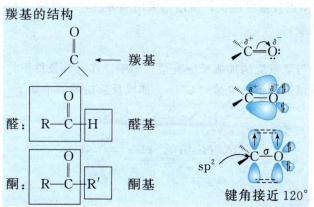

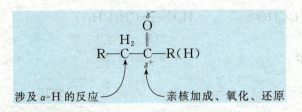
涉及 α-H 的反应　　　　亲核加成、氧化、还原

### 26.3.1 羰基上的亲核加成

在醇的制备章节，由醛酮的亲核加成反应来实现目标产物的构建是重要途径之一，可用通式表示如下：

$$R'R''C=O + R^-Mg^+X \xrightarrow{\text{乙醚}} R'-\underset{R''}{\underset{|}{\overset{R}{\overset{|}{C}}}}-OMgX \xrightarrow[H^+]{H_2O} R'-\underset{R''}{\underset{|}{\overset{R}{\overset{|}{C}}}}-OH$$

在该反应中，格氏试剂作为亲核试剂参与反应合成伯醇、仲醇、叔醇。由此推论：其他亲核试剂与醛酮反应的通式为：

$$\underset{R\ R'}{C=O^{\delta-}} + Nu^- \longrightarrow \underset{R\ Nu\ R'}{\underset{|}{C}}-O^- \xrightarrow{H^+} \underset{R\ Nu\ R'}{\underset{|}{C}}-OH$$

与亲核试剂反应时，醛酮反应活性有差异：①醛羰基碳原子的空间位阻较小，有利于亲核试剂的接近，所以结构相似的醛的活性大于酮；②脂肪醛的活性大于芳香醛：芳香醛羰基碳原子上的电正性比脂肪醛的要小，亲核加成反应活性较低；芳香基的体积一般比脂肪烃基的大，对加成反应不利。活性顺序为：

$$HCHO > CH_3CHO > ArCHO > CH_3COCH_3 > CH_3COR > RCOR > ArCOAr$$

**1. 加氢氰酸**

（1）反应

醛酮与 HCN 作用，生成 α-羟基腈（亦叫氰醇）：

$$\underset{(R')H}{\overset{R}{C}}=O + H^+CN^- \longrightarrow \underset{(R')H}{\overset{R}{\underset{CN}{\overset{OH}{C}}}}$$

因无水 HCN 有剧毒且挥发性大，所以常采用的方法：将醛酮与 NaCN（或 KCN）水溶液混合，再滴加无机酸。

（2）机理

酸、碱对醛、酮与氢氰酸的加成反应有很大影响。在碱性条件下，氢氰酸与醛酮的加成反应中，进攻的亲核试剂是带负电荷的 $CN^-$。加成反应机理表示如下：

$$HCN \underset{}{\overset{\text{快}}{\rightleftharpoons}} H^+ + CN^-$$

$$C=O + CN^- \underset{}{\overset{\text{慢}}{\rightleftharpoons}} -\underset{CN}{\underset{|}{C}}-O^-$$

$$\begin{array}{c}|\\-C-O^- \\|\\CN\end{array} + H-OH \underset{}{\overset{快}{\rightleftharpoons}} \begin{array}{c}|\\-C-OH \\|\\CN\end{array} + OH^-$$

HCN 与醛酮的加成反应在有机合成中有重要地位，因为在这一反应中生成了新的碳碳键，产物比原料多一个碳原子，氰醇具有醇羟基和氰基两种官能团，是一种非常有用的有机合成中间体：① 水解之后，$CN^-$ 转化为羧酸；② 将 $CN^-$ 还原，生成 $-CH_2NH_2$。

### 2. 加 $NaHSO_3$ 饱和溶液

醛、酮与饱和（40%）亚硫酸氢钠溶液作用，很快生成白色沉淀物。

$$\begin{array}{c}R\\ \diagdown \\ C=O \\ \diagup \\ (R')H\end{array} + H-O-\overset{..}{\underset{O}{\overset{\|}{S}}}-O^- \quad Na^+ \rightleftharpoons \begin{array}{c}R\quad SO_3Na\\ \diagdown \diagup\\ C\\ \diagup \diagdown \\ (R')H\quad OH\end{array} \downarrow （白色）$$

如果在酸或碱存在下，加水稀释，产物又可分解成原来的醛或酮。

$$\begin{array}{c}R\quad SO_3Na\\ \diagdown \diagup\\ C\\ \diagup \diagdown \\ (R')H\quad OH\end{array} \begin{array}{c}\overset{HCl}{\underset{H_2O}{\longrightarrow}} \begin{array}{c}R\\ \diagdown\\ C=O\\ \diagup\\ (R')H\end{array} + NaCl + SO_2 + H_2O \\ \\ \overset{Na_2CO_3}{\underset{H_2O}{\longrightarrow}} \begin{array}{c}R\\ \diagdown\\ C=O\\ \diagup\\ (R')H\end{array} + Na_2SO_3 + NaHCO_3\end{array}$$

醛、脂肪族甲基酮和八个碳以下的环酮可发生上述反应，可用于一些简单的醛酮鉴别或分离提纯。此外，还可以通过 $NaHSO_3$ 的加成反应制备氰醇，氰醇进一步水解得 α-羟基酸。

$$C_6H_5CHO \xrightarrow[H_2O]{NaHSO_3} \underset{\underset{OH}{|}}{C_6H_5CHSO_3Na} \xrightarrow[H_2O]{NaCN}$$

$$\underset{\underset{OH}{|}}{C_6H_5CHCN} \xrightarrow[\triangle]{HCl} \underset{\underset{OH}{|}}{C_6H_5CHCOOH} \quad \text{α-羟基酸}\quad 67\%$$

### 3. 与水加成

醛酮与水加成形成水合物，称偕二醇（geminal diol）。

$$\begin{array}{c}H\\ \diagdown\\ C=O\\ \diagup\\ H\end{array} + HOH \overset{k}{\rightleftharpoons} \begin{array}{c}H\quad OH\\ \diagdown \diagup\\ C\\ \diagup \diagdown \\ H\quad OH\end{array}$$

一般条件下偕二醇不稳定，易脱水而生成醛、酮。若羰基与强的吸电子基团相连（如 —COOH，—CHO，—COR，—CCl₃ 等）使羰基碳原子的正电性增加，接受亲核试剂进攻的能力增强，可以形成稳定的水合物。

### 4. 与醇加成

（1）缩醛的生成

醛在酸性干燥剂（如干燥氯化氢气体或无水强酸催化剂）存在下，能和一分子醇发生加成，生成半缩醛。半缩醛不稳定，继续与一分子醇发生反应，生成缩醛。

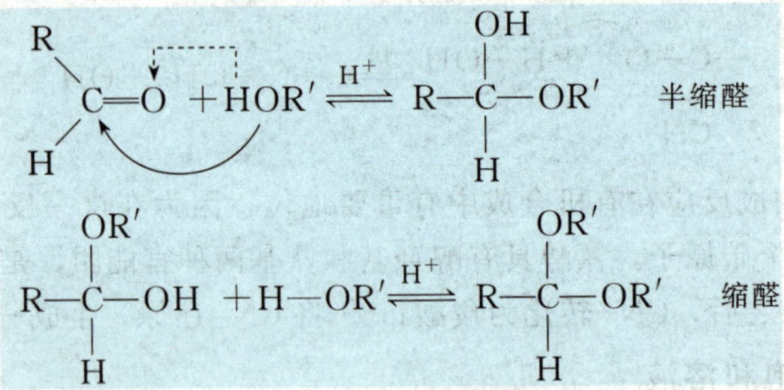

$$\underset{H}{\overset{R}{C}}=O + HOR' \underset{}{\overset{H^+}{\rightleftharpoons}} R-\underset{H}{\overset{OH}{\underset{|}{C}}}-OR' \quad \text{半缩醛}$$

$$R-\underset{H}{\overset{OR'}{\underset{|}{C}}}-OH + H-OR' \underset{}{\overset{H^+}{\rightleftharpoons}} R-\underset{H}{\overset{OR'}{\underset{|}{C}}}-OR' \quad \text{缩醛}$$

缩醛对碱、氧化剂稳定，但在稀酸溶液中，室温下就可水解，生成原来的醛和醇：

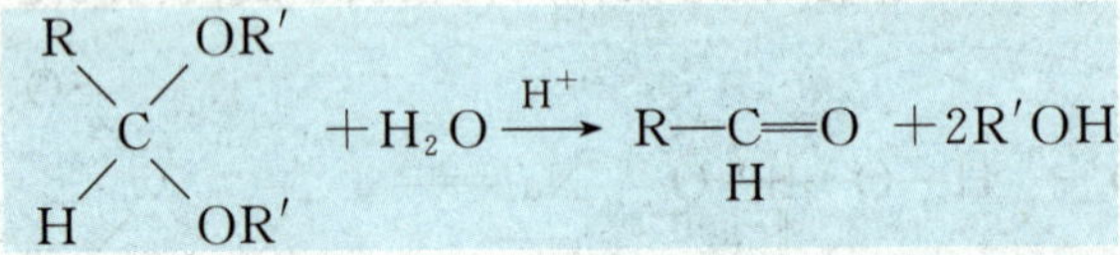

$$\underset{H}{\overset{R}{\underset{|}{C}}}\underset{OR'}{\overset{OR'}{\phantom{|}}} + H_2O \xrightarrow{H^+} R-\underset{H}{\overset{}{C}}=O + 2R'OH$$

### （2）缩酮的生成

酮容易与乙二醇作用，生成具有五元环状的缩酮。

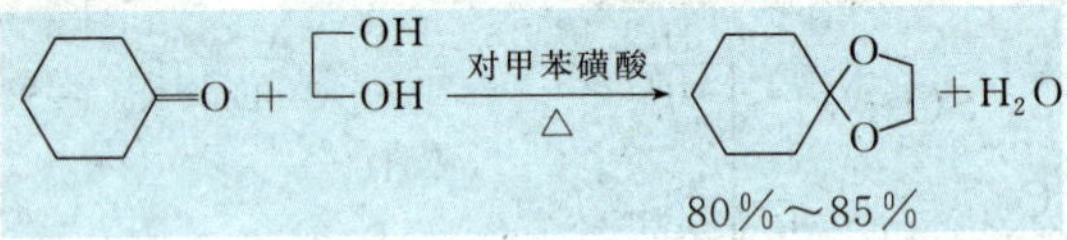

环己酮 + HOCH$_2$CH$_2$OH $\xrightarrow[\triangle]{\text{对甲苯磺酸}}$ 缩酮 + H$_2$O

80%~85%

### （3）羰基的保护

由于羰基比较活泼，在有机合成中，将羰基转化成缩醛结构是保护羰基的常用方法。最后用稀酸处理，原来的羰基即被释放出来。例如，从 $CH_3COCH_2CH_2Br$ 制备 $CH_3COCH_2CH_2\underset{OH}{\overset{|}{C}}HCH_3$ 的反应式如下：

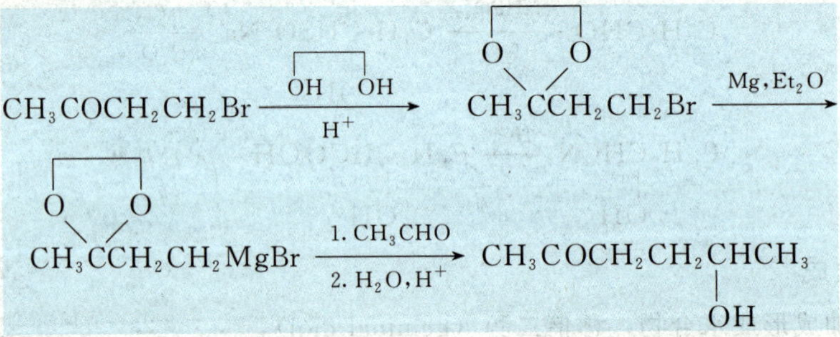

$$CH_3COCH_2CH_2Br \xrightarrow[H^+]{OH\ OH} CH_3\overset{O\ O}{\underset{|}{C}}CH_2CH_2Br \xrightarrow{Mg, Et_2O}$$

$$CH_3\overset{O\ O}{\underset{|}{C}}CH_2CH_2MgBr \xrightarrow[2.\ H_2O, H^+]{1.\ CH_3CHO} CH_3COCH_2CH_2\underset{OH}{\overset{|}{C}}HCH_3$$

## 5. 加金属有机化合物

格式试剂 R-MgX 中与 Mg 相连的碳带部分负电荷，具有很强的亲核性，在亲核加成反应中，R$^-$ 进攻羰基碳，Mg$^+$X 则与羰基氧结合，所得的盐经水解生成醇。

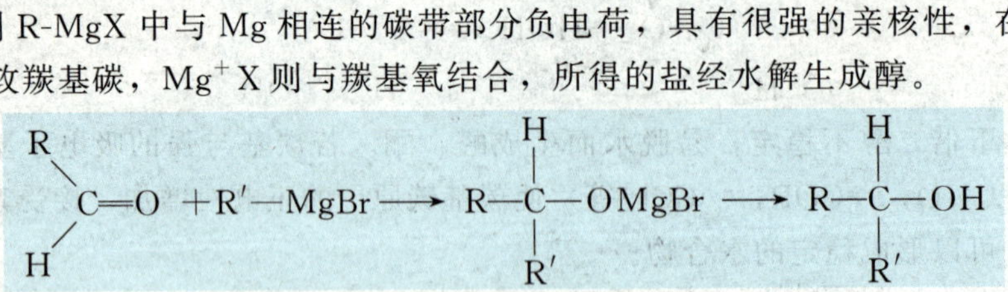

$$\underset{H}{\overset{R}{C}}=O + R'-MgBr \longrightarrow R-\underset{R'}{\overset{H}{\underset{|}{C}}}-OMgBr \longrightarrow R-\underset{R'}{\overset{H}{\underset{|}{C}}}-OH$$

炔钠与醛、酮反应，经水解生成炔醇，例如：

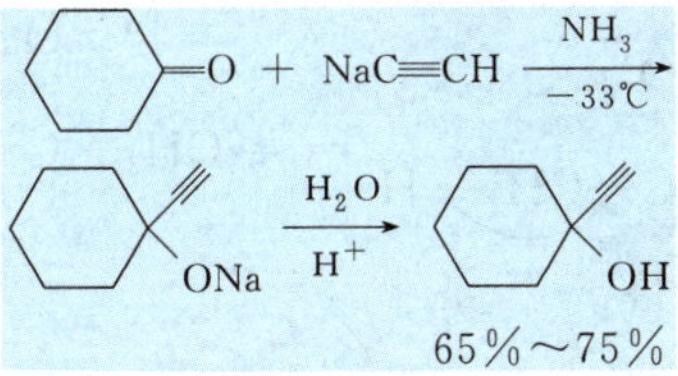

#### 6. 与氨衍生物的反应

醛或酮与氨的衍生物 [如羟胺（$H_2NOH$）、肼（$H_2NNH_2$）、苯肼（$H_2NNHC_6H_5$）、氨基脲（$H_2NNHCNH_2$）等] 先加成后脱水，反应通式如下：

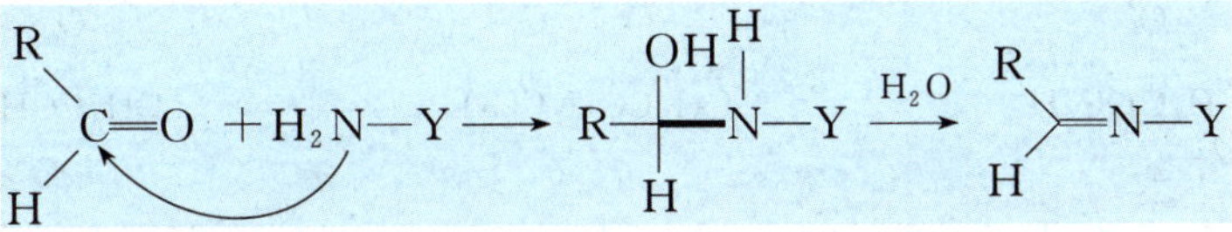

羟氨、肼、苯肼、氨基脲与醛、酮反应的产物分别为肟、腙、苯腙、半卡巴腙：

| 与醛酮反应的 Y-NH | | 产物 | |
|---|---|---|---|
| 基团 Y | 名称 | 结构式 | 名称 |
| -R | 1°胺 | C=N-R | 席夫碱 |
| -OH | 羟胺 | C=N-OH | 酮肟 |
| -NH$_2$ | 肼 | C=N-NH$_2$ | 酮腙 |
| -NHC$_6$H$_5$ | 苯肼 | C=N-NHC$_6$H$_5$ | 苯腙 |
| -NHCONH$_2$ | 氨基脲 | C=N-NHCONH$_2$ | 缩氨脲 |

如 2,4-二硝基苯肼与醛、酮生成的产物容易析出，鉴别醛、酮灵敏，效果好，称为羰基试剂。

### 26.3.2 涉及羰基 α-H 的反应

#### 1. α-H 的活泼性（酸性）和烯醇平衡

醛酮分子中的 α-H 具有酸性，比炔氢的酸性还强，具有较大的活泼性。原因：①羰基的极化；②烯醇负离子的稳定化作用。

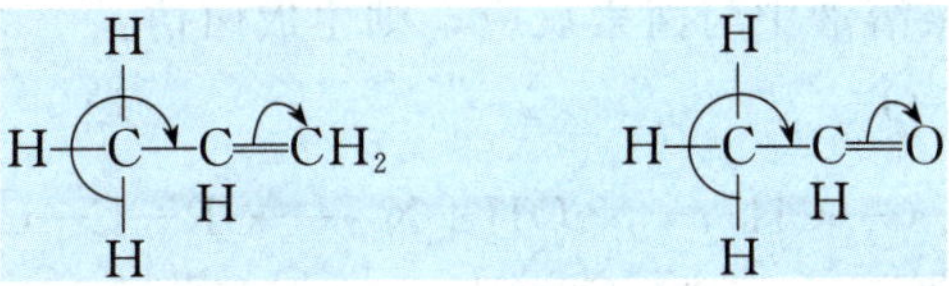

作为一种弱酸，醛、酮的 α-H 解离生成相应的负离子，通过电子离域作用，比较稳定。对于简单醛、酮，由于 C=O 键能比 C=C 键能大，所以其酮式能量比烯醇式低。在平衡混合物中，烯醇式含量很少，例如：

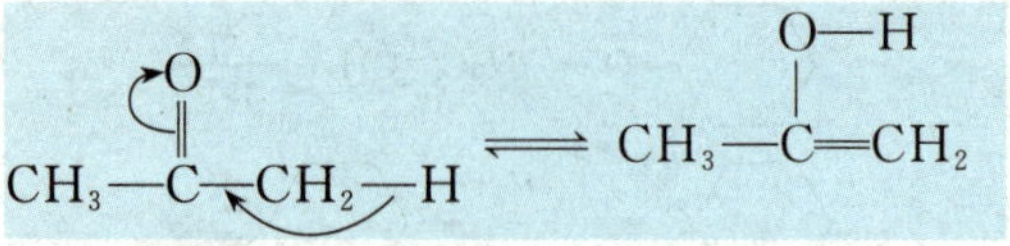

$$CH_3-\underset{O}{\overset{\|}{C}}-CH_2-H \rightleftharpoons CH_3-C(OH)=CH_2$$

一些羰基化合物中烯醇式含量：

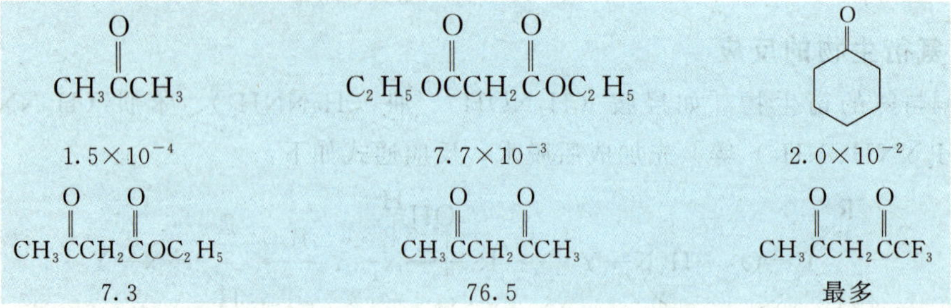

$CH_3COCH_3$     $C_2H_5OCOCH_2COC_2H_5$     环己酮

$1.5\times10^{-4}$     $7.7\times10^{-3}$     $2.0\times10^{-2}$

$CH_3COCH_2COC_2H_5$     $CH_3COCH_2COCH_3$     $CH_3COCH_2COCF_3$

7.3     76.5     最多

## 2. 卤仿反应

醛、酮可以在 α-碳上进行卤代，酸、碱对反应均有催化作用。

**(1) 酸催化条件下的卤代反应**

醛、酮在酸催化下进行氯代、溴代、碘代，可以得到一卤代物，且卤代反应的速度只与醛、酮和酸的浓度成正比。例如：

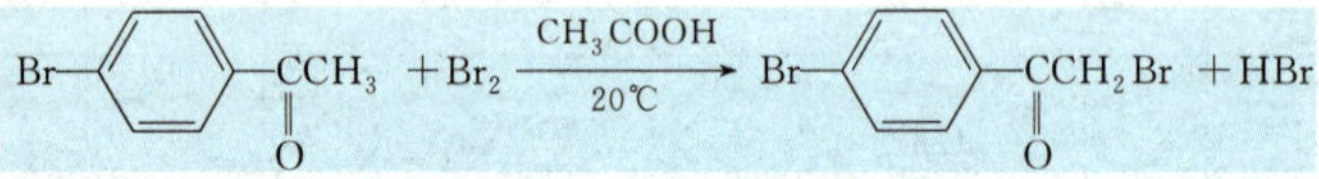

$$Br-C_6H_4-COCH_3 + Br_2 \xrightarrow[20℃]{CH_3COOH} Br-C_6H_4-COCH_2Br + HBr$$

**(2) 碱催化条件下的卤代反应**

醛、酮的碱催化卤代反应速度较快；由于碱的协助作用，主动去夺取质子，烯醇负离子生成的速度快，而且烯醇负离子的亲核性较强，它与卤素反应非常容易。

**(3) 卤仿反应**

具有三个 α-H 的酮在氢氧化钠溶液中，与卤素作用，三个 α-H 都会被卤代，这是碱催化卤代的特点，例如丙酮的卤仿反应：

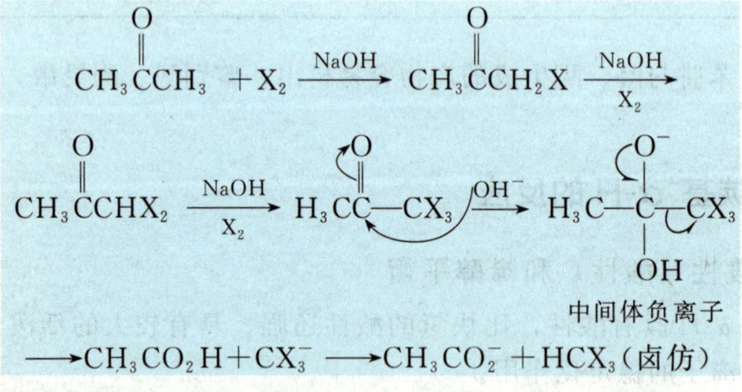

$$CH_3COCH_3 + X_2 \xrightarrow{NaOH} CH_3COCH_2X \xrightarrow[X_2]{NaOH}$$

$$CH_3COCHX_2 \xrightarrow[X_2]{NaOH} H_3C-C(=O)-CX_3 \xrightarrow{OH^-} H_3C-\underset{OH}{\overset{O^-}{C}}-CX_3$$

中间体负离子

$$\longrightarrow CH_3CO_2H + CX_3^- \longrightarrow CH_3CO_2^- + HCX_3 (卤仿)$$

含有 α-甲基的醛酮在碱溶液中与卤素反应，则生成卤仿：

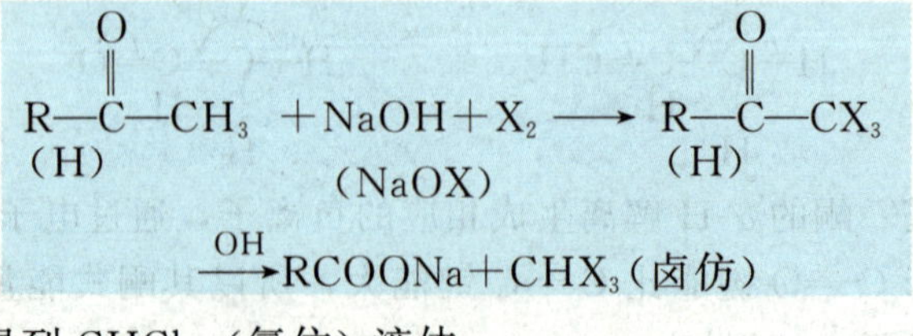

$$R-\underset{(H)}{\overset{O}{\|C}}-CH_3 + NaOH + X_2 \longrightarrow R-\underset{(H)}{\overset{O}{\|C}}-CX_3$$
(NaOX)

$$\xrightarrow{OH^-} RCOONa + CHX_3 (卤仿)$$

若 $X_2$ 用 $Cl_2$，则得到 $CHCl_3$（氯仿）液体；

若 $X_2$ 用 $Br_2$，则得到 $CHBr_3$（溴仿）液体；

若 $X_2$ 用 $I_2$，则得到 $CHI_3$（碘仿）黄色固体沉淀，称其为碘仿反应，可鉴别甲基醛、酮；也可以用来从甲基酮合成少含一个碳原子的羧酸。

此外，NaOX 也是一种氧化剂，能将 α-甲基醇氧化为 α-甲基酮：

$$CH_3CH_2OH \xrightarrow{I_2, OH^-} CH_3CHO$$

所以，碘仿反应可以鉴别如下两种结构：

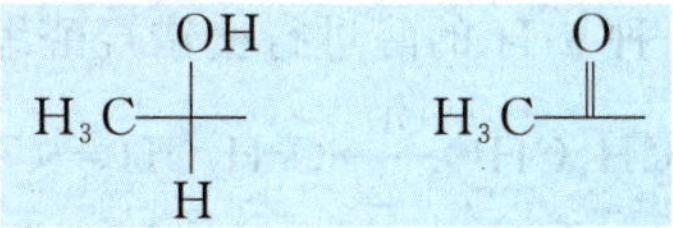

$$H_3C-\underset{\underset{H}{|}}{\overset{\overset{OH}{|}}{C}}-\qquad H_3C-\overset{O}{\underset{\|}{C}}-$$

### 3. 羟醛缩合反应

在碱性的作用下，两分子醛（酮）相互作用，生成 α, β-不饱和醛（酮）的反应，称为**羟醛缩合反应**。

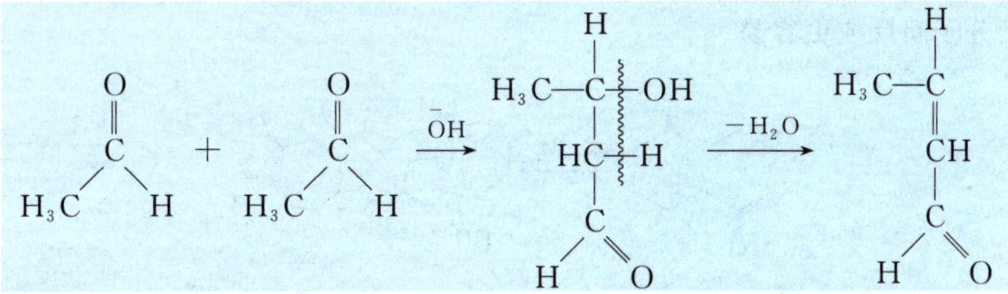

羟醛缩合反应是分步完成的，其反应机理如下：一分子乙醛在稀碱的作用下形成负离子，作为亲核试剂对另一分子醛的羰基进行亲核加成生成氧负离子，氧负离子再接受一个质子生成羟醛化合物。

羟醛缩合一般都在稀碱溶液中进行，有时也可用酸催化。反应的机理是：

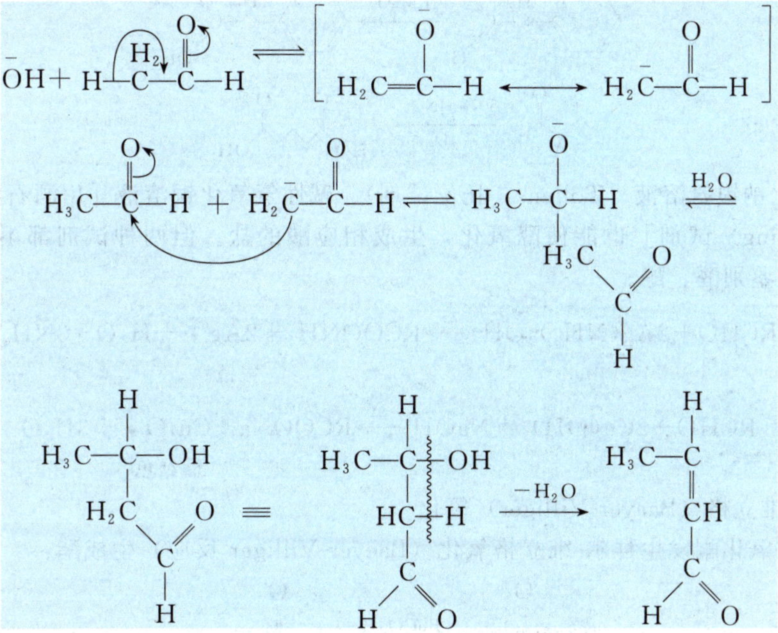

第26章 醛和酮

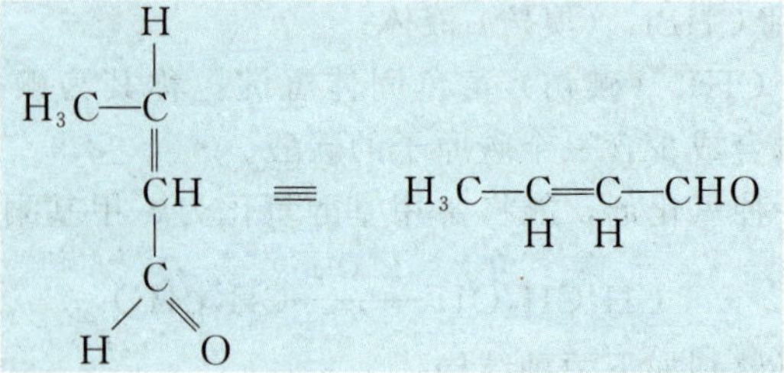

$$\underset{\overset{|}{\underset{\overset{\|}{O}}{C}H}}{\overset{H}{\underset{CH}{C}}} \underset{}{H_3C-\overset{H}{\underset{H}{C}}=\overset{}{\underset{}{C}}-CHO}$$

若选用一种无 α-H 的醛和一种 α-H 的醛进行交错羟醛缩合，则有合成价值。

$$C_6H_5CHO + CH_3CHO \xrightarrow[\triangle]{OH^-} C_6H_5CH=CHCHO \quad 32\%$$

$$C_6H_5CHO + CH_3CH_2CHO \xrightarrow[\triangle]{OH^-} \underset{\underset{CH_3}{|}}{C_6H_5CH=CCHO} \quad 68\%$$

分子内羟醛缩合有利于熵变，能顺利地以较高产率生成含 α,β-不饱和羰基的环状化合物，相对于分子间反应更容易。

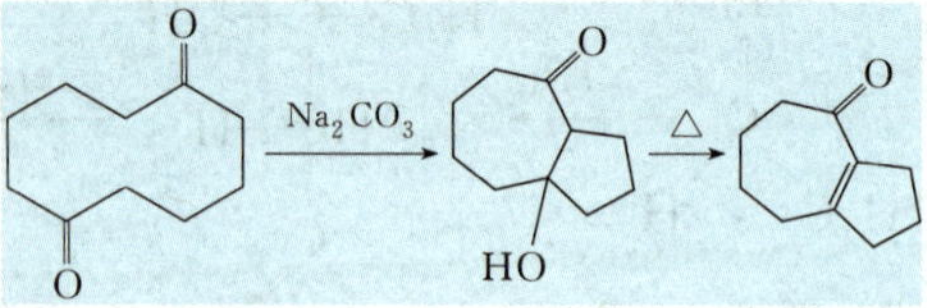

## 26.3.3 氧化反应

通常，醛容易被氧化成羧酸（保存在棕色瓶防止自动氧化），酮则难被氧化，但在强氧化剂作用下，从羰基两边断裂，生成几种小分子羧酸混合物。

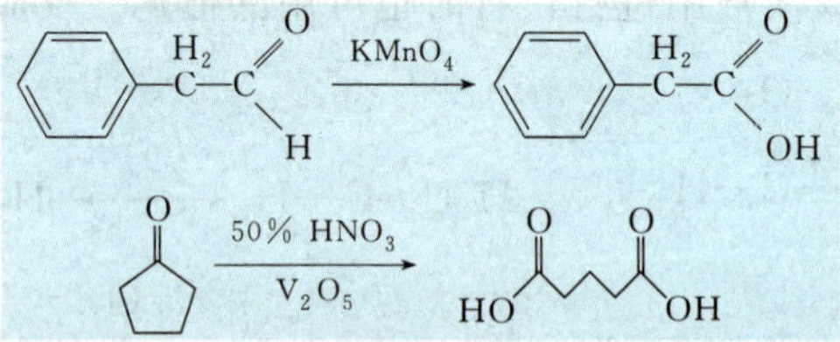

1. 氢氧化钠银氨溶液（Tollens，托伦试剂）、碱性氢氧化铜溶液〔用酒石酸盐络合，称为斐林（Fehling）试剂〕也能使醛氧化，生成相应酸的盐。但两种试剂都不能使酮氧化，因此可以用来鉴别醛、酮。

$$RCHO + 2Ag(NH_3)_2OH \xrightarrow{\triangle} RCOONH_4 + 2Ag\downarrow + H_2O + 3NH_3$$
银镜

$$RCHO + 2Cu(OH)_2 + NaOH \xrightarrow{\triangle} RCOONa + Cu_2O\downarrow + 3H_2O$$
橘红色

2. 拜尔-维立格（Baeyer-Villiger）氧化

用过氧酸氧化酮发生拜尔-维立格氧化（Baeyer-Villiger 反应）生成酯：

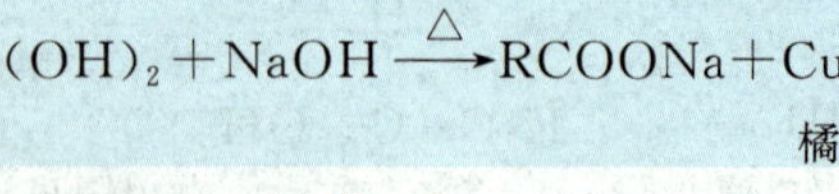

$$R-\underset{\underset{}{\overset{\|}{O}}}{C}-R \xrightarrow{PhCO_3H} R-\underset{\underset{}{\overset{\|}{O}}}{C}-OR$$

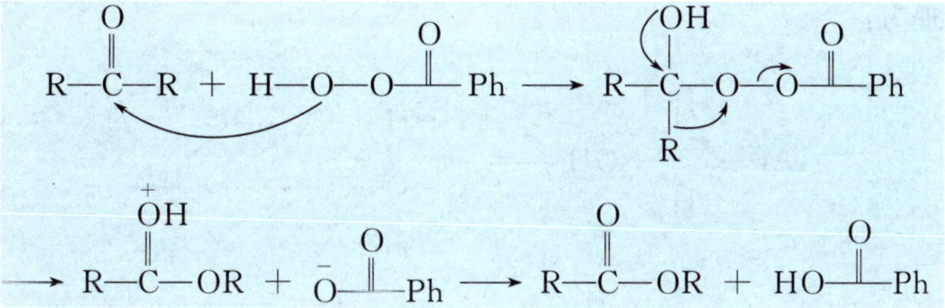

$$RCR + HO-O-C-Ph \longrightarrow R-\overset{OH}{\underset{R}{C}}-O-O-C-Ph$$

$$\longrightarrow R-\overset{+OH}{C}-OR + {}^-O-C-Ph \longrightarrow R-\overset{O}{C}-OR + HO-C-Ph$$

## 26.3.4 还原反应

醛、酮在铂、镍等催化剂存在下加氢，生成伯醇或仲醇，但是，如果反应底物含有碳碳双键，会一并被还原：

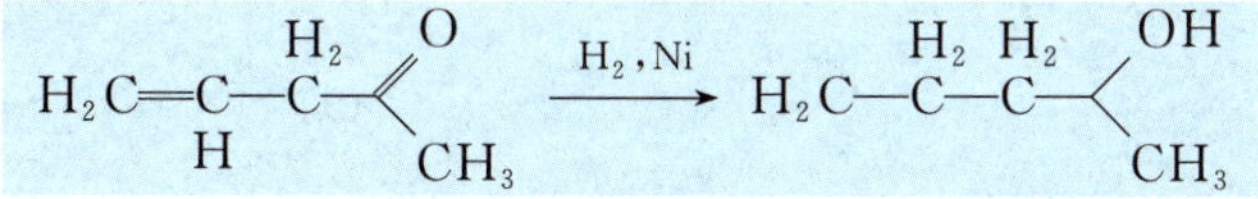

$$H_2C=CH-CH_2-\overset{O}{C}-CH_3 \xrightarrow{H_2, Ni} H_2C-CH_2-CH_2-\overset{OH}{CH}-CH_3$$

### 1. 用 LiAlH$_4$、NaBH$_4$ 还原（见醇的制备）

LiAlH$_4$ 可以还原含氮、氧的不饱和基团：—NO$_2$、—CN、—COOH、—COOR 等，不影响碳碳双键和碳碳叁键。NaBH$_4$ 还原醛酮，不影响—NO$_2$、—COOH、—CN、—COOR、碳碳双键和碳碳叁键。注意区别两种还原剂的用途。

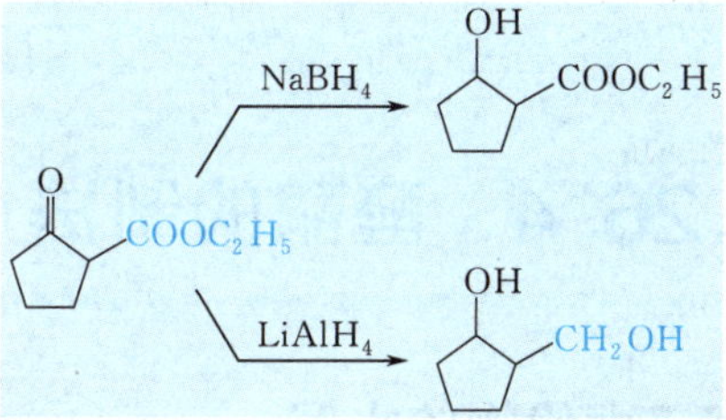

[环戊酮-2-甲酸乙酯经 NaBH$_4$ 还原得 2-羟基环戊烷甲酸乙酯；经 LiAlH$_4$ 还原得 2-羟基环戊基甲醇]

### 2. 羰基被还原为亚甲基

(1) 酸性条件下，醛和酮与锌汞齐和浓盐酸回流，羰基被还原转化为成亚甲基，称为克莱门森（Clemmensen）还原法。例如：

$$C_6H_5CCH_2CH_2CH_3 \xrightarrow[\text{浓 HCl}, \triangle]{Zn-Hg} C_6H_5CH_2CH_2CH_2CH_3$$

(2) 碱性条件下，醛或酮、肼和氢氧化钾加热反应，羰基被还原为亚甲基，即乌尔夫-基日聂尔-黄鸣龙还原法。

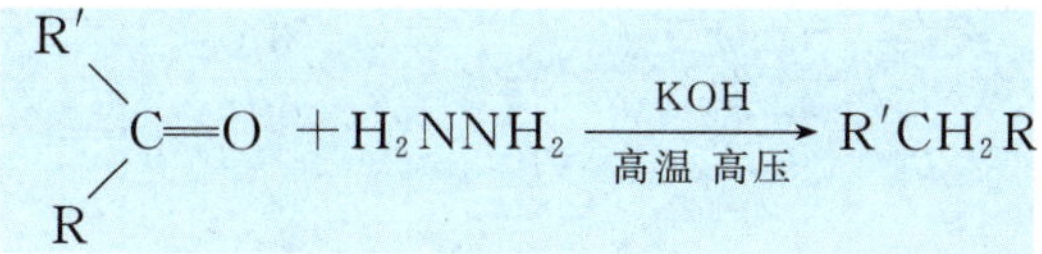

$$\underset{R}{\overset{R'}{>}}C=O + H_2NNH_2 \xrightarrow[\text{高温 高压}]{KOH} R'CH_2R$$

### 3. 歧化反应

没有 α-H 的醛在浓碱中加热，生成 1∶1 的相应醇和羧酸。这类反应称为歧化反应，也称康尼扎罗（Cannizzaro）反应。

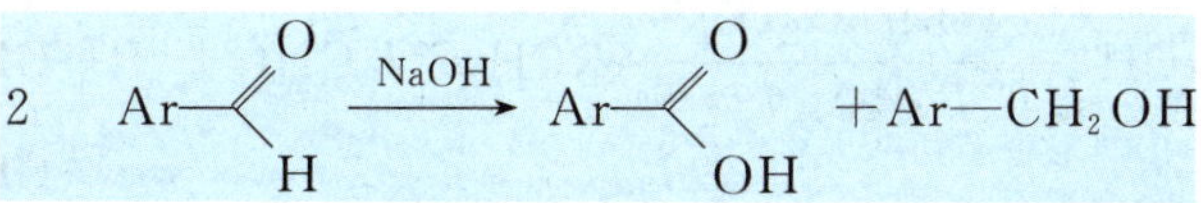

$$2\ Ar-\overset{O}{\underset{H}{C}} \xrightarrow{NaOH} Ar-\overset{O}{\underset{OH}{C}} + Ar-CH_2OH$$

第26章 醛和酮

其反应机理为：

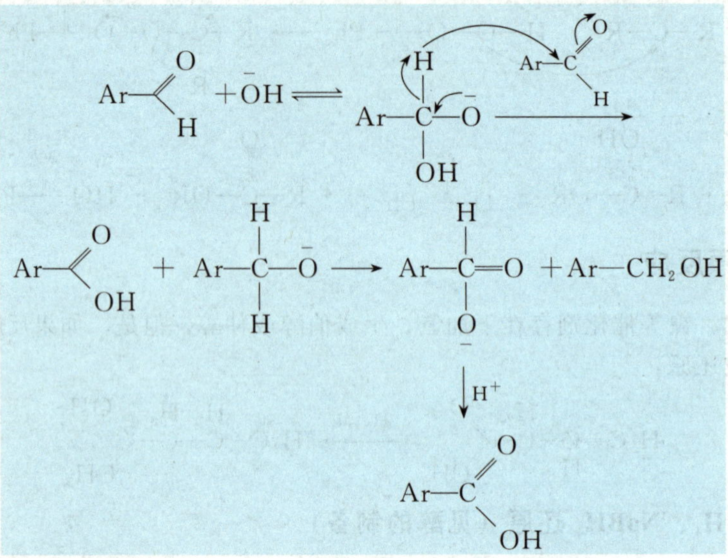

$$Ar-\underset{H}{\underset{|}{C}}=O + {}^-OH \rightleftharpoons Ar-\underset{OH}{\underset{|}{\overset{H}{\overset{|}{C}}}}-O^- \longrightarrow$$

$$Ar-\underset{OH}{\underset{|}{\overset{O}{\overset{\|}{C}}}} + Ar-\underset{H}{\underset{|}{\overset{H}{\overset{|}{C}}}}-O^- \longrightarrow Ar-\underset{O^-}{\underset{|}{\overset{H}{\overset{|}{C}}}}-O + Ar-CH_2OH$$

$$\downarrow H^+$$

$$Ar-\underset{OH}{\underset{|}{\overset{O}{\overset{\|}{C}}}}$$

该方法可以用来制备季戊四醇：

$$4\ HCHO + CH_3CHO \xrightarrow{NaOH} HOH_2C-\underset{CH_2OH}{\underset{|}{\overset{CH_2OH}{\overset{|}{C}}}}-CH_2OH$$

## 26.4 醛酮的制法

### 26.4.1 炔烃的水合和偕二卤代物的水解

乙炔水合是工业上制备乙醛的方法。

$$HC\equiv CH + HOH \xrightarrow[H_2SO_4]{HgSO_4} CH_3CHO$$

$$CH_3CH_2CH_2C\equiv CCH_2CH_2CH_3 + H_2O \xrightarrow[HgSO_4]{H_2SO_4} CH_3CH_2CH_2\underset{O}{\underset{\|}{C}}CH_2CH_2CH_2CH_3$$

偕二卤代物水解，也可以得到醛酮。

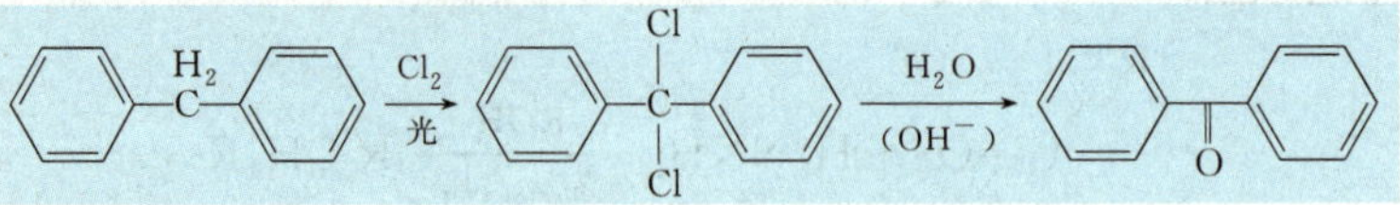

$$Ph-CH_2-Ph \xrightarrow[\text{光}]{Cl_2} Ph-CCl_2-Ph \xrightarrow[(OH^-)]{H_2O} Ph-CO-Ph$$

### 26.4.2 由烯烃制备

① 烯烃可经臭氧化、还原，生成醛或酮；② 还可以在高压和催化剂 $Co_2(CO)_8$ 的作用下，$H_2$、CO 作用，例如：

$$RHC=CH_2 \xrightarrow[125℃, 4141\sim6868kPa]{CO, H_2, Co(CO)_8} RCH_2CH_2CHO + R-\underset{CHO}{\underset{|}{CHCH_3}}$$

## 26.4.3 由芳脂烃氧化

芳脂烃氧化是制备芳醛的重要方法，例如：

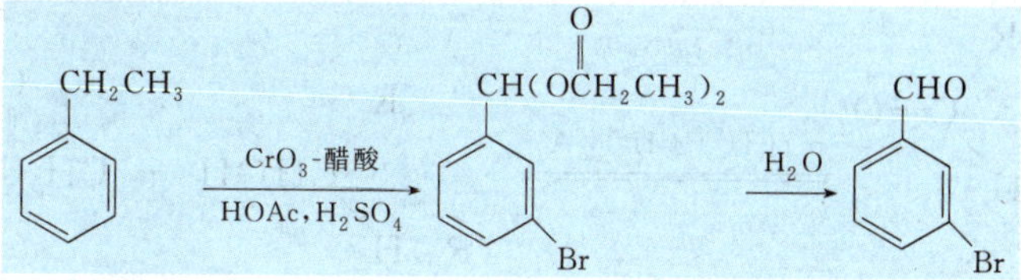

$$\text{m-BrC}_6\text{H}_4\text{CH}_2\text{CH}_3 \xrightarrow[\text{HOAc, H}_2\text{SO}_4]{\text{CrO}_3\text{-醋酸}} \text{m-BrC}_6\text{H}_4\text{CH(OCH}_2\text{CH}_3)_2 \xrightarrow{\text{H}_2\text{O}} \text{m-BrC}_6\text{H}_4\text{CHO}$$

## 26.4.4 由醇氧化或脱氢

由伯醇、仲醇氧化或脱氢可以制备醛或酮。例如：

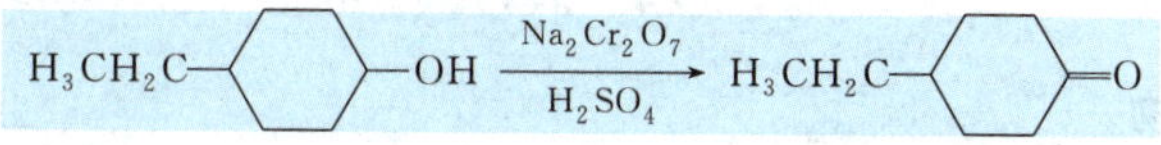

$$\text{4-H}_3\text{CH}_2\text{C-C}_6\text{H}_{10}\text{-OH} \xrightarrow[\text{H}_2\text{SO}_4]{\text{Na}_2\text{Cr}_2\text{O}_7} \text{4-H}_3\text{CH}_2\text{C-C}_6\text{H}_9\text{=O}$$

## 26.4.5 傅瑞德尔-克拉夫茨（Friedel-Crafts）酰基化

傅-克酰基化反应是制备芳酮的重要方法，该反应的优点是不发生重排，产率高。

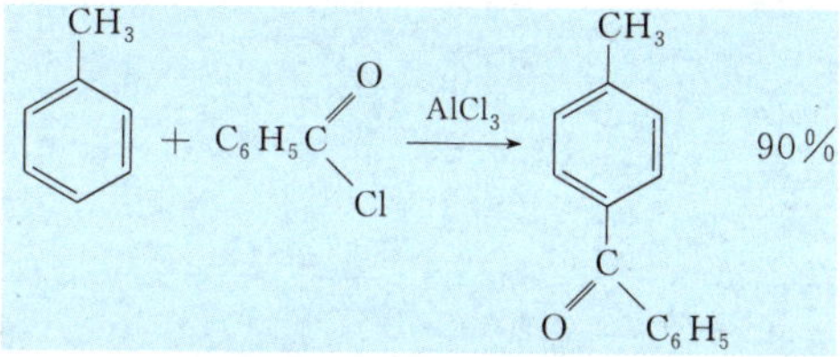

$$\text{C}_6\text{H}_5\text{CH}_3 + \text{C}_6\text{H}_5\text{COCl} \xrightarrow{\text{AlCl}_3} \text{4-CH}_3\text{C}_6\text{H}_4\text{COC}_6\text{H}_5 \quad 90\%$$

## 26.4.6 盖德曼-柯赫（Gattermann-Koch）反应

在催化剂存在下，芳烃和 HCl、CO 混合物作用构建芳醛。

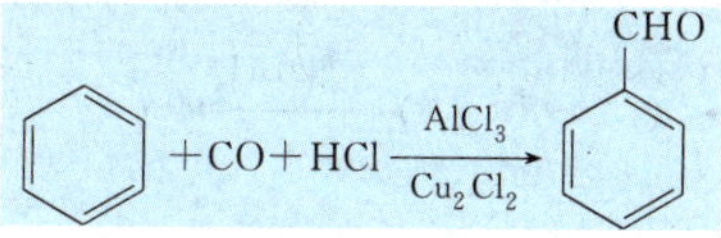

$$\text{C}_6\text{H}_6 + \text{CO} + \text{HCl} \xrightarrow[\text{Cu}_2\text{Cl}_2]{\text{AlCl}_3} \text{C}_6\text{H}_5\text{CHO}$$

## 26.4.7 罗森孟德（Rosenmund）还原

酰氯可还原生成醛，醛又可继续还原为醇。

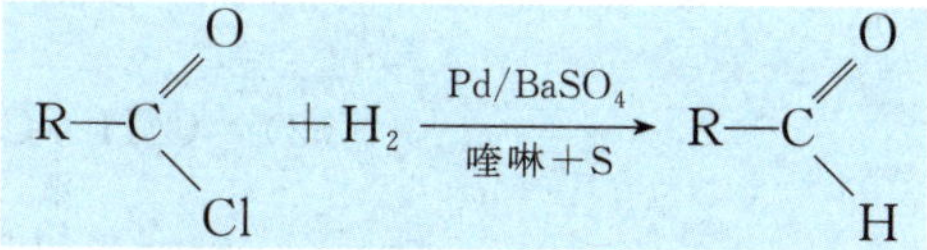

$$\text{RCOCl} + \text{H}_2 \xrightarrow[\text{喹啉+S}]{\text{Pd/BaSO}_4} \text{RCHO}$$

## 26.4.8 酰氯与金属有机试剂作用

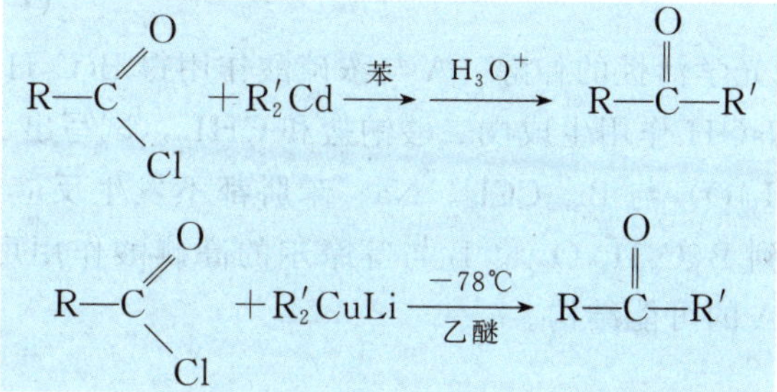

$$\text{RCOCl} + \text{R}'_2\text{Cd} \xrightarrow{\text{苯}} \xrightarrow{\text{H}_3\text{O}^+} \text{RCOR}'$$

$$\text{RCOCl} + \text{R}'_2\text{CuLi} \xrightarrow[\text{乙醚}]{-78\,^\circ\text{C}} \text{RCOR}'$$

## 26.4.9 麦尔外因-彭多夫（Meerwein-Ponndorf）还原

在异丙醇铝-异丙醇的作用下，醛、酮可被还原为醇。

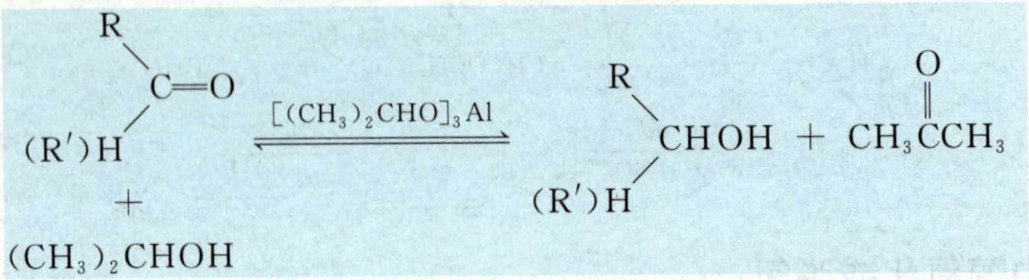

$$\begin{array}{c} R \\ (R')H \end{array}\!\!\!\!C\!\!=\!\!O + (CH_3)_2CHOH \underset{}{\overset{[(CH_3)_2CHO]_3Al}{\rightleftharpoons}} \begin{array}{c} R \\ (R')H \end{array}\!\!\!\!CHOH + CH_3COCH_3$$

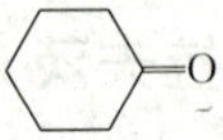

## 习 题

**1. 命名下列化合物**

(1) 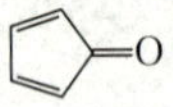 环戊二烯酮

(2) 环己基苯基酮

(3) $CH_3CH_2CH_2CH=CHCHO$

(4) $CH_2=CH-CH=CHCHO$

**2. 完成下列反应式**

(1) 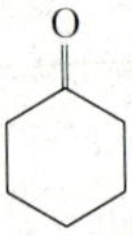 环己酮 $\xrightarrow{RCO_3H}$ ( )

(2) 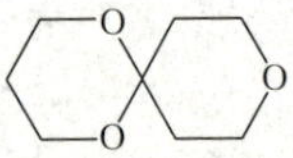 1,4,7,10-四氧杂螺[5.5]十一烷 $\xrightarrow{H^+(H_2O)}$ ( ) + ( )

(3) 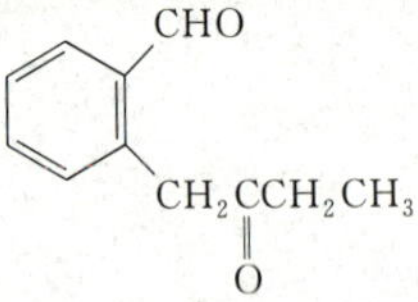 邻（丙酰甲基）苯甲醛 $\xrightarrow{^-OH}$ ( ) $\xrightarrow{NaBH_4}$ ( )

(4) 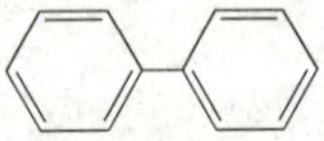 联苯 $+ CO + HCl \xrightarrow[Cu_2Cl_2]{AlCl_3}$ ( )

**3. 鉴别下列化合物**

(1) $C_6H_5CHO$

(2) $C_6H_5COCH_3$

(3) $CH_3CHO$

(4) $CH_3CH_2COCH_2CH_3$

4. 化合物 A 为具有光学活性的仲醇，A 与浓硫酸作用得 B($C_7H_{12}$)，B 经臭氧化分解得 C($C_7H_{12}O_2$)，C 与 $I_2$-NaOH 作用生成戊二酸钠盐和 $CHI_3$，试写出 A、B、C 的可能结构。

5. 某化合物 A($C_5H_{10}O$) 与 $Br_2$-$CCl_4$、Na、苯肼都不发生反应。A 不溶于水，但在酸或碱催化下可以水解得到 B($C_5H_{12}O_2$)。B 与等摩尔的高碘酸作用可得甲醛和 C($C_4H_8O$)。C 有碘仿反应。试写出 A 的可能结构。

6. 完成下列转化

(1) $ClCH_2CH_2CHO \longrightarrow CH_3\underset{OH}{\underset{|}{CH}}CH_2CH_2CHO$

(2) $CH_2=CHCH_2CHO \longrightarrow CH_2=CHCH_2COOH$

(3) 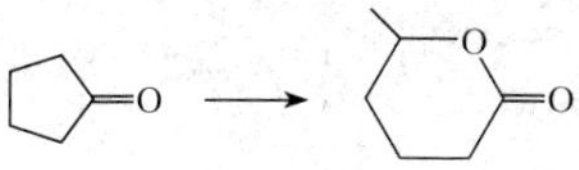 环戊酮 $\longrightarrow$ δ-戊内酯

(4) $CH_3\underset{O}{\underset{\|}{C}}CH_2CH_2CHO \longrightarrow CH_3CH_2CH_2CH_2CHO$

(5) $C_6H_5CH=CHCHO \longrightarrow C_6H_5\underset{Br}{\underset{|}{CH}}-\underset{Br}{\underset{|}{CH}}CH_2Cl$

(6) $CH_3CH_2CH_2CHO \longrightarrow CH_3CH_2CH_2\underset{O}{\underset{\|}{C}}-\underset{Br}{\underset{|}{C}}HCH_2CH_3$

7. 以苯、甲苯、环己醇和四碳以下的有机物为原料合成

(1) 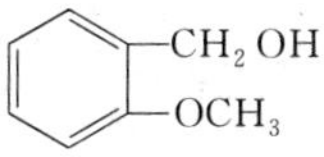 邻-(甲氧基)苄醇

(2) $CH_3CH=CH-CH=CH-COOH$

(3) $\underset{OH}{\underset{|}{CH_2}}-\underset{CH_3}{\underset{|}{CH}}-\underset{OH}{\underset{|}{CH}}CH_2CH_3$

(4) 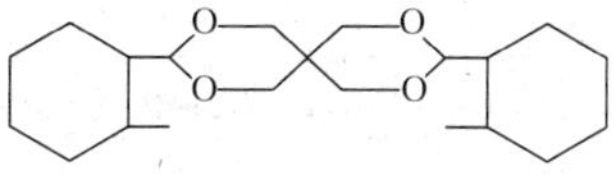 双环己酮缩季戊四醇

(5) $C_6H_5CH_2C(CH_3)_3$

8. 化合物 A($C_{10}H_{12}O$) 与 $Br_2$-NaOH 作用,酸化得 B($C_9H_{10}O_2$);A 经克莱门森还原得到 C($C_{10}H_{14}$);在稀碱溶液中,A 与苯甲醛作用生成 D($C_{17}H_{16}O_4$);A、B、C、D 经强烈氧化得到邻苯二甲酸,试推测 A、B、C、D 的可能结构。

9. 某化合物 A($C_7H_{12}$) 催化氢化的 B($C_7H_{14}$);A 经臭氧化还原水解生成 C($C_7H_{12}O_2$)。C 用托伦试剂氧化得到 D。D 在 NaOH-$I_2$ 作用下得到 E($C_6H_{10}O_4$)。D 经克莱门森还原生成 3-甲基己酸。试推测 A、B、C、D、E 的可能结构。

10. 化合物 A($C_{10}H_{12}O_2$) 不溶于 NaOH 溶液,能于 2,4-二硝基苯肼反应,但与托伦试剂不作用。A 经 LiAlH$_4$ 还原得 B($C_{10}H_{14}O_2$)。A、B 都能进行碘仿反应。A 与 HI 作用生成 C($C_9H_{10}O_2$),C 能溶于 NaOH 溶液,但不溶于 $Na_2CO_3$ 溶液。C 经克莱门森还原生成 D($C_9H_{12}O$);C 经 $KMnO_4$ 氧化得对-羟基苯甲酸。试写出 A、B、C、D 的可能结构。

# 第 27 章
# 羧酸及羧酸衍生物

**学习要求:**

1. 掌握羧酸及其结构、命名、性质、制法和鉴别方法；
2. 掌握羧酸衍生物的取代反应和相互转化。

羧酸指含有羧基的有机化合物，具有明显的酸性，分为一元、二元和多元酸。又可以按羧基连接的羟基种类将其分为脂肪酸、芳香酸、饱和酸、不饱和酸、取代酸等。

## 27.1 羧酸

### 27.1.1 羧酸的命名、物理性质

#### 27.1.1.1 命名

羧酸常用的命名法一般分为两种，一种是 IUPAC 命名法，另一种是根据来源称其俗名。

**1. 俗名**

$HCO_2H$ 蚁酸

$HO_2CCH(OH)CH(OH)CO_2H$ 酒石酸

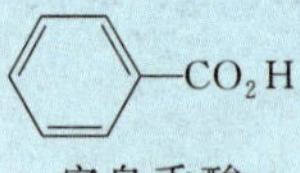

$C_6H_5CO_2H$ 安息香酸

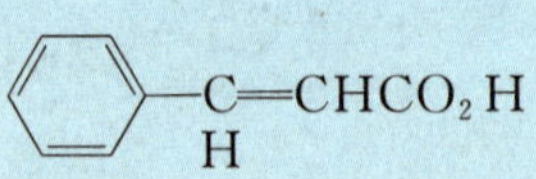

$C_6H_5CH=CHCO_2H$ 肉桂酸

**2. 系统命名法**

在系统命名（IUPAC）法中，选含有羧基的最长碳链，从羧基碳开始编号，并标明其他官能团的名称及位置。环直接与羧酸相连的称之为环烷酸，从羧基所连接的碳开始编号，例如：

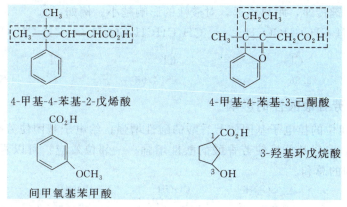

#### 27.1.1.2 物理性质

羧酸是极性化合物,因此它们的沸点比相应的相同分子量的醇还要高;羧酸通常以二聚体形式存在,由液体转化为气体时需要破坏两个氢键,需要较高的能量。

$$CH_3CO_2H \quad b.\,p.\,118℃$$
$$CH_3CH_2CH_2OH \quad b.\,p.\,97℃$$

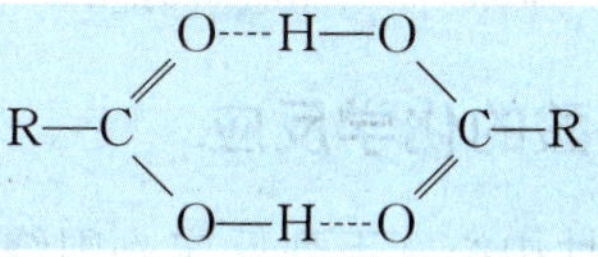

自含四个碳的羧酸开始,羧酸的熔点随碳原子数目增加交替上升;即偶数碳的酸比相邻奇数碳的酸熔点要高。

溶解度:羧酸对水的溶解度会随烃基的增大而降低(C4以下混溶),一般二元和多元酸易溶于水。

### 27.1.2 酸性

#### 27.1.2.1 酸性

羧酸有明显的酸性,其酸性比碳酸强。从 $pK_a$ 值可以看出羧酸在有机化合物中是酸性较强的一种。

$$RCO_2H \quad > \quad H_2CO_3 \quad > \quad C_6H_5OH \quad > \quad ROH$$
$$pK_a \quad 约5 \quad\quad 6.4(pK_{a1}) \quad\quad 10 \quad\quad 16$$

$$RCO_2H \xrightleftharpoons{K_a} RCO_2^- + H^+$$

#### 27.1.2.2 取代基对酸性的影响

**1. 诱导效应的影响**

羧酸根的稳定性体现了酸的强度:拉电子基团会增大它的稳定程度,酸性增强;给电子基团会使酸根负离子的酸性减弱。例如取代乙酸的 $pK_a$ 值可证实此结论:

| y= | H | —CH_3 | HC=CH_2 | F | Cl | Br | I | —OH | —NO_2 |
|---|---|---|---|---|---|---|---|---|---|
| $pK_a$ | 4.76 | 4.87 | 4.35 | 2.57 | 2.86 | 2.94 | 3.18 | 3.83 | 1.08 |

y—$CH_2CO_2H$

诱导效应有加和性,例:α-卤代乙酸随卤素的增多,酸性增强。

| | $ClCH_2CO_2H$ | $Cl_2CHCO_2H$ | $Cl_3CCO_2H$ |
|---|---|---|---|
| $pK_a$ | 2.86 | 1.26 | 0.64 |

诱导效应沿 σ 键传递，距离越远，对酸性的影响越小。例如：

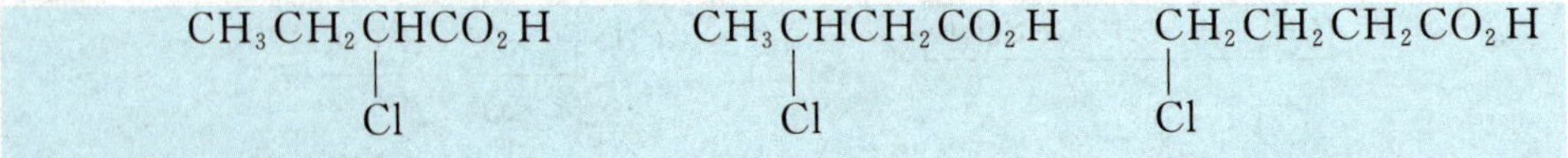

$$\text{CH}_3\text{CH}_2\text{CHCO}_2\text{H} \qquad \text{CH}_3\text{CHCH}_2\text{CO}_2\text{H} \qquad \text{CH}_2\text{CH}_2\text{CH}_2\text{CO}_2\text{H}$$
$$\qquad\quad | \qquad\qquad\qquad\quad | \qquad\qquad\qquad\quad |$$
$$\qquad\quad \text{Cl} \qquad\qquad\qquad\quad \text{Cl} \qquad\qquad\qquad\quad \text{Cl}$$

p$K_a$　　2.86　　　　　　　4.05　　　　　　　4.52

### 2. 取代基对芳香酸酸性的影响

① 在对位和间位的拉电子基团使芳香酸的酸性增强；给电子基团使芳香酸的酸性减弱；

② 在邻位时，取代基总是使芳香酸的酸性增强——邻位效应：可以看作位阻效应、电子效应、氢键影响的总和。

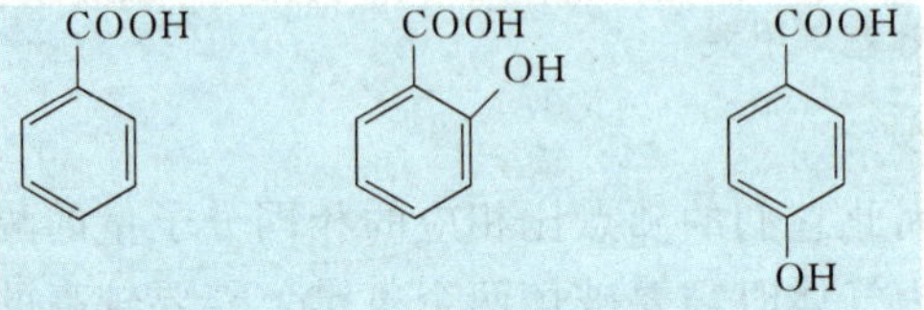

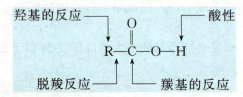

p$K_a$ = 4.20　　　2.98　　　4.57

## 27.1.3　羧酸的化学反应

羧基是活性中心，下列反应是围绕它展开的：

```
羟基的反应 ──┐       O       ┌── 酸性
            ↓       ‖       ↓
            R ── C ── O ── H
            ↑       ↑
脱羧反应 ────┘       └── 羰基的反应
```

### 27.1.3.1　与碱的反应及羧酸盐

**1. 与碱的反应**

羧酸可以与强碱反应生成盐，也可以与弱碱（NaHCO$_3$）反应生成盐。

$$\text{RCO}_2\text{H} + \text{NaOH} \longrightarrow \text{RCO}_2\text{Na} + \text{H}_2\text{O}$$
$$\text{RCO}_2\text{H} + \text{NaHCO}_3 \longrightarrow \text{RCO}_2\text{Na} + \text{CO}_2\uparrow + \text{H}_2\text{O}$$

酚只能与强碱作用却无法与 NaHCO$_3$ 反应，所以，利用这个性质区别、分离羧酸和酚：

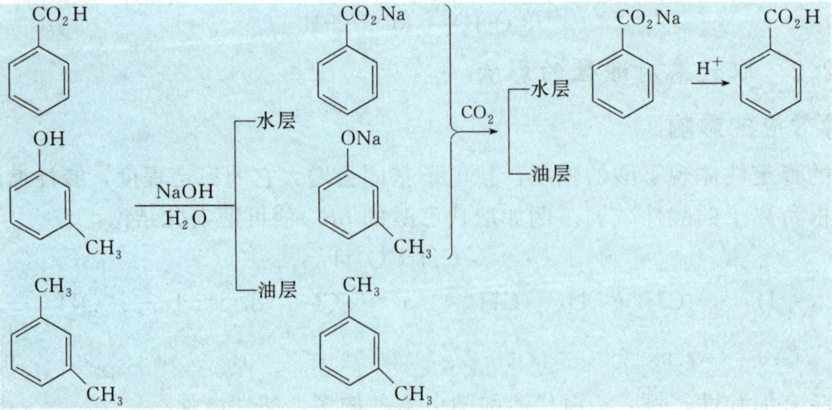

**2. 羧酸盐**

羧酸盐有良好水溶性和较高的熔点，与无机盐的性质相近。

利用具有亲核性的羧酸根与卤代烃反应生成羧酸酯。

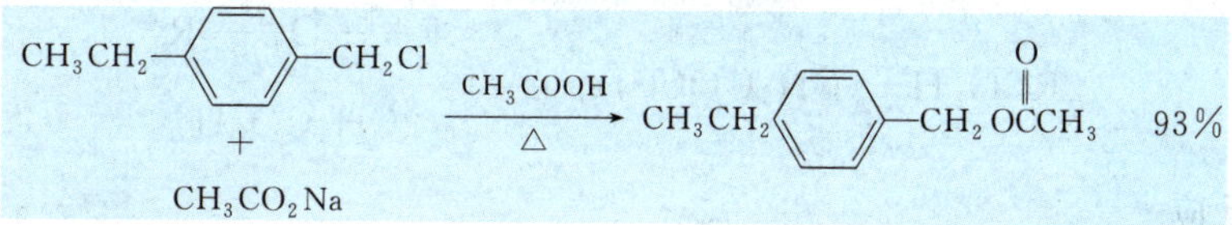

$$CH_3CH_2-C_6H_4-CH_2Cl + CH_3CO_2Na \xrightarrow[\triangle]{CH_3COOH} CH_3CH_2-C_6H_4-CH_2OCCH_3 \quad 93\%$$

#### 27.1.3.2 羰基的反应

羧酸没有醛、酮羰基活泼，在一定条件下也可以发生加成-消去反应：碳氧键断裂，离去基团羟基被亲核试剂取代。

**1. 羧酸→酯**

在酸性条件（$H_2SO_4$ 或干 HCl）下，羧酸与醇反应生成酯；反应经历加成-消去反应过程。羰基质子活化，被亲核试剂醇进攻，之后脱水成酯。含氧同位素的醇与羧酸反应的结果可以证实：

$$RCO_2H + R'OH \rightleftharpoons RCO_2R' + H_2O$$

（反应机理示意图）

$$C_6H_5CO_2H + CH_3{}^{18}OH \xrightarrow{H^+} C_6H_5CO{}^{18}OCH_3 + H_2O$$

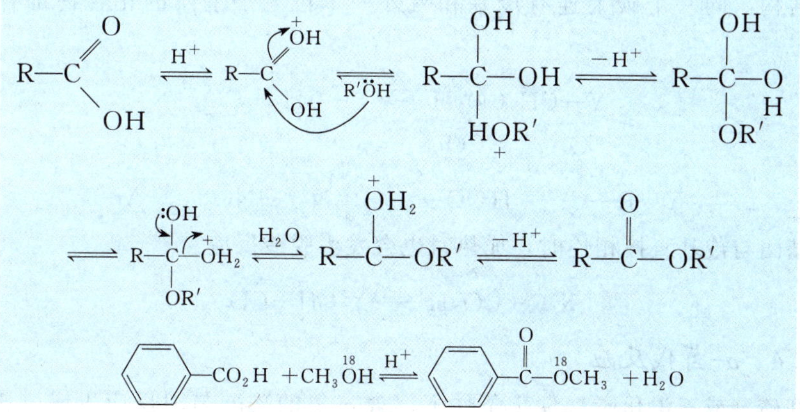

因该反应为可逆反应，为促进反应正向进行，一般加入过量的反应试剂（过量的酸或醇）。

**2. 羧酸→酰卤**

由羧酸转化为酰卤常用的无机酰卤试剂：$PX_3$、$PX_5$、$SOCl_2$，例如：

$$RCO_2H + SOCl_2 \longrightarrow RCOCl + SO_2 + HCl$$
$$3RCO_2H + PX_3 \longrightarrow 3RCOX + H_3PO_3$$
$$RCO_2H + PX_5 \longrightarrow ROX + POX_3 + HX$$

**3. 羧酸→酰胺**

羧酸中通入氨，先生成铵盐，加热后失水生成酰胺；即亲核试剂——氨基取代离去基团——羧酸的羟基。

$$RCO_2H + NH_3 \longrightarrow RCO_2NH_4 \xrightarrow{\triangle} RCONH_2 + H_2O$$

**4. 羧酸→酸酐**

两分子羧酸在醋酸酐（脱水剂）的存在下会失水生成酸酐，该方法只适用于合成质量大、对称的酸酐。

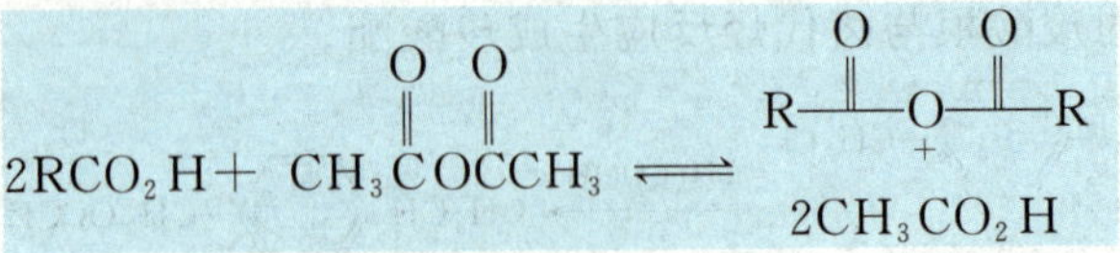

$$2RCO_2H + CH_3COCCH_3 \rightleftharpoons \begin{matrix} O & O \\ \| & \| \\ R-C-O-C-R \end{matrix} + 2CH_3CO_2H$$

**5. 还原反应**

羧基的碳氧双键不易被催化氢化还原，但强的还原剂（比如：四氢铝锂）可以解决这个问题。

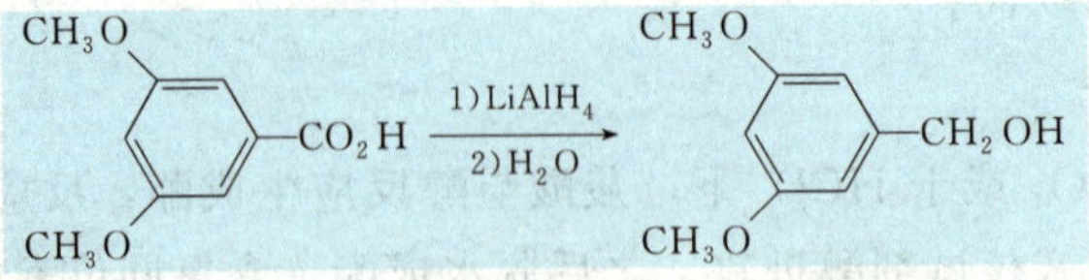

$$\text{3,5-(CH}_3\text{O)}_2\text{C}_6\text{H}_3\text{CO}_2\text{H} \xrightarrow[2)H_2O]{1)LiAlH_4} \text{3,5-(CH}_3\text{O)}_2\text{C}_6\text{H}_3\text{CH}_2\text{OH}$$

#### 27.1.3.3 脱羧反应

羧酸中适当位置含有对脱羧产生影响的官能团时，在加热的条件下可以脱羧。如 β-酮酸和丙二酸的结构：同一个碳上连有羧基和另外一个拉电子基团的化合物都容易发生脱羧反应。

$$Y-CH_2CO_2H \xrightarrow{\triangle} Y-CH_3 + CO_2$$

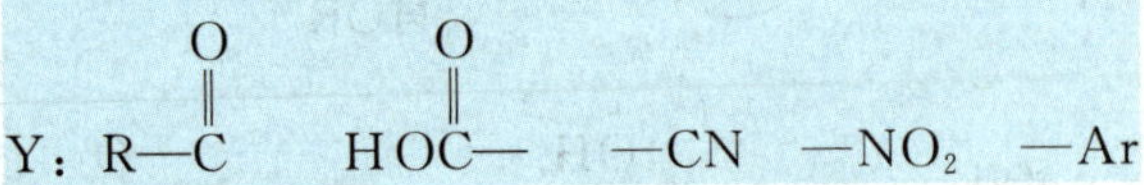

$$Y: R-\overset{O}{\overset{\|}{C}}-\quad HO\overset{O}{\overset{\|}{C}}-\quad -CN\quad -NO_2\quad -Ar$$

拉电子基团与羧基直接相连时，加热时也会发生脱羧反应。

$$X_3C-CO_2H \xrightarrow{\triangle} X_3CH + CO_2$$

#### 27.1.3.4 α-卤代反应

在少量红磷（或三溴化磷）催化条件下，含 α-氢的羧酸与溴反应生成 α-溴代酸：①生成具有烯醇形式的酰基溴；②继续与溴反应得到 α-溴代酰基溴；③过量酸催化下发生溴交换，制备最终产物：α-溴代羧酸。

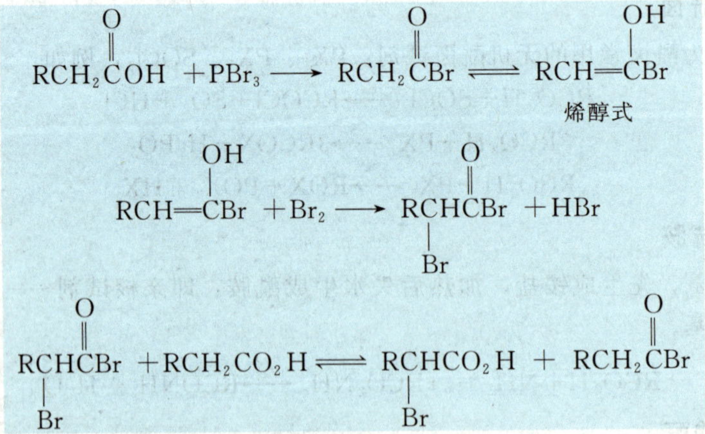

$$\underset{}{RCH_2\overset{O}{\overset{\|}{C}}OH} + PBr_3 \longrightarrow RCH_2\overset{O}{\overset{\|}{C}}Br \rightleftharpoons \underset{\text{烯醇式}}{RCH=\overset{OH}{\overset{|}{C}}Br}$$

$$RCH=\overset{OH}{\overset{|}{C}}Br + Br_2 \longrightarrow \underset{Br}{RCH\overset{O}{\overset{\|}{C}}Br} + HBr$$

$$\underset{Br}{RCH\overset{O}{\overset{\|}{C}}Br} + RCH_2CO_2H \rightleftharpoons \underset{Br}{RCHCO_2H} + RCH_2\overset{O}{\overset{\|}{C}}Br$$

#### 27.1.3.5 二元羧酸的酸性和热分解反应

**1. 酸性**

二元酸具有两个羧基，酸性强于一元酸：羧基是拉电子基团，借助诱导效应使另一羧基上的氢以质子的形式离解，所以一元酸的 $pK_a$ 值应大于二元酸的 $pK_{a_1}$ 值。

**2. 热分解反应**

两个羧基之间碳原子数为 $n$，其反应规律：

$$\text{脱羧}\ (n=0\sim1) \begin{cases} HO_2CCO_2H \xrightarrow{\Delta} CO_2 + HCO_2H \\ HO_2CCH_2CO_2H \xrightarrow{\Delta} CO_2 + CH_3CO_2H \end{cases}$$

$$\text{脱水}\ (n=2\sim3) \begin{cases} \begin{array}{l}CH_2CO_2H\\|\\CH_2CO_2H\end{array} \xrightarrow{\Delta} H_2O + \text{(丁二酸酐)} \\ \begin{array}{l}CH_2CO_2H\\H_2C\\CH_2CO_2H\end{array} \xrightarrow{\Delta} H_2O + \text{(戊二酸酐)} \end{cases}$$

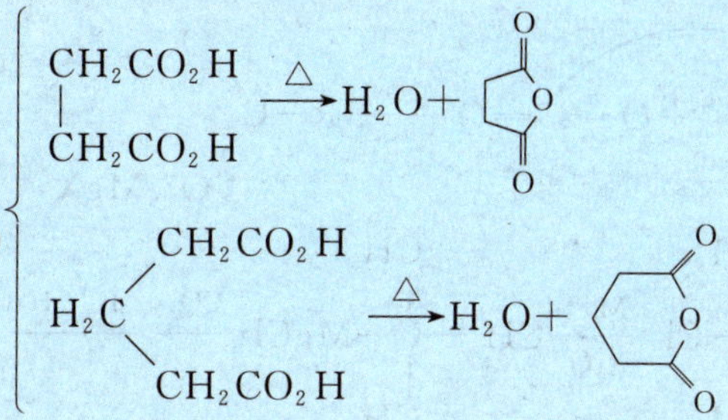

$$\text{脱羧}+\text{脱水}\ (n=4\sim5) \begin{cases} \begin{array}{l}CH_2CH_2CO_2H\\|\\CH_2CO_2H\end{array} \xrightarrow{\Delta} CO_2 + H_2O + \text{(环戊酮)} \\ \begin{array}{l}CH_2CH_2CO_2H\\H_2C\\CH_2CH_2CO_2H\end{array} \xrightarrow{\Delta} CO_2 + H_2O + \text{(环己酮)} \end{cases}$$

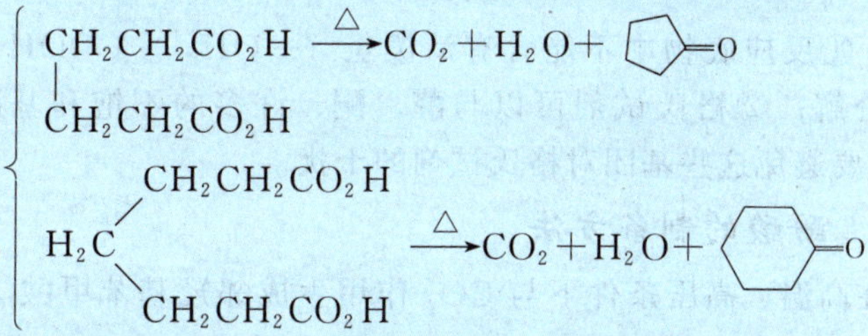

$$\text{聚酐}\ (n>5)\quad HO_2C(CH_2)_nCO_2H \xrightarrow{\Delta} \text{聚酐}$$

## 27.1.4 羧酸的制备方法

### 27.1.4.1 氧化法

**1. 烃的氧化**

羧酸可以通过烯烃、炔烃等的氧化来制备。

$$RHC=CHR \xrightarrow{KMnO_4} 2\ RCO_2H$$

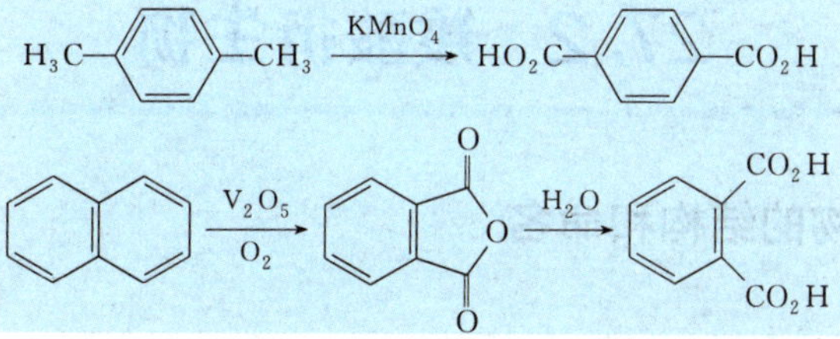

$$H_3C-C_6H_4-CH_3 \xrightarrow{KMnO_4} HO_2C-C_6H_4-CO_2H$$

萘 $\xrightarrow[O_2]{V_2O_5}$ 邻苯二甲酸酐 $\xrightarrow{H_2O}$ 邻苯二甲酸

**2. 醇与醛的氧化**

$$RCH_2OH \xrightarrow{KMnO_4} RCO_2H$$

$$CH_3CHO \xrightarrow[\text{催化剂}]{O_2} CH_3CO_2H\quad\text{（工业制法）}$$

由醇氧化制备酸是最普遍常见的方法，工业上在催化剂的存在下由乙醛构建乙酸得到最大规模的应用。

#### 27.1.4.2 腈的水解

腈在酸、碱的催化下水解成酸。腈一般由氰化钠和卤代烃为起始底物反应得来。

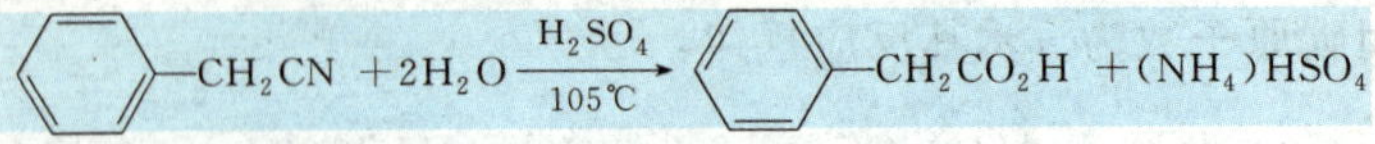

$$\text{Ph-CH}_2\text{CN} + 2\text{H}_2\text{O} \xrightarrow[105℃]{\text{H}_2\text{SO}_4} \text{Ph-CH}_2\text{CO}_2\text{H} + (\text{NH}_4)\text{HSO}_4$$

#### 27.1.4.3 由格氏试剂合成

格氏试剂和二氧化碳反应之后水解得到的产物羧酸都比反应物多一个碳，例如：

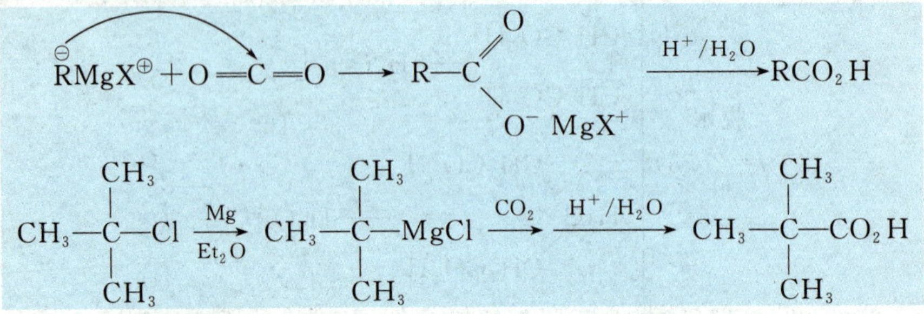

$$\text{RMgX}^{\ominus\oplus} + \text{O}=\text{C}=\text{O} \longrightarrow \text{R-C(=O)-O}^- \text{MgX}^+ \xrightarrow{\text{H}^+/\text{H}_2\text{O}} \text{RCO}_2\text{H}$$

$$(\text{CH}_3)_3\text{C-Cl} \xrightarrow[\text{Et}_2\text{O}]{\text{Mg}} (\text{CH}_3)_3\text{C-MgCl} \xrightarrow{\text{CO}_2} \xrightarrow{\text{H}^+/\text{H}_2\text{O}} (\text{CH}_3)_3\text{C-CO}_2\text{H}$$

注意事项：①反应底物中不能含有活泼氢（—OH，—COOH，—NH$_2$），因为格氏试剂会被活泼氢分解；②格氏试剂可以与醛、酮、许多的不饱和基团发生反应，如—NO$_2$，—CN等，所以要避免这些基团对格氏试剂的干扰。

#### 27.1.4.4 酚酸的制备方法

苯酚钠盐在高温、高压条件下与 $CO_2$ 作用生成邻羟基苯甲酸（水杨酸），即柯柏-施密特（Koble-Schmitt）合成。反应机理可能是酚氧基负离子对 $CO_2$ 的加成：

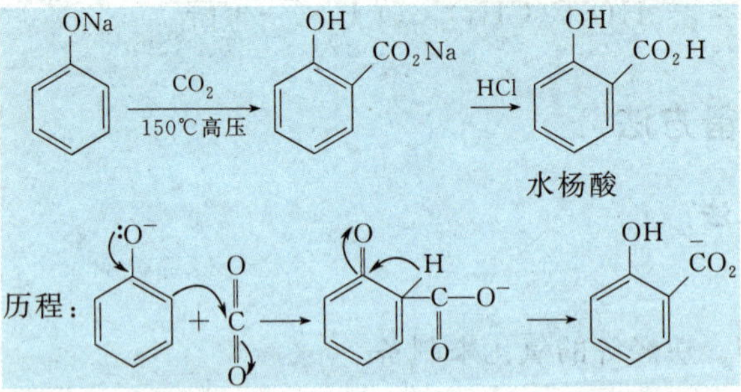

$$\text{PhONa} \xrightarrow[150℃\text{高压}]{CO_2} \text{邻-HOC}_6\text{H}_4\text{CO}_2\text{Na} \xrightarrow{\text{HCl}} \text{水杨酸}$$

历程：酚氧负离子对 $CO_2$ 亲核加成，再质子转移得到水杨酸。

## 27.2 羧酸衍生物

### 27.2.1 羧酸衍生物的结构和命名

#### 27.2.1.1 结构

羧酸衍生物：羧酸分子中羧基上的羟基由其他原子或基团替代后形成的化合物。包括：酰卤、酯、酰胺、酸酐。羧酸衍生物都有酰基，且都有明显的羰基。羰基碳为 sp$^2$ 杂化，p 轨道与氧的 p 轨道交盖组成 π 键。

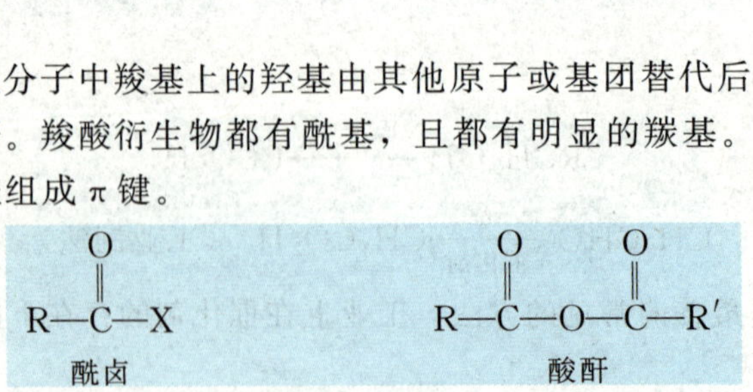

$$\underset{\text{酰卤}}{\text{R-C(=O)-X}} \qquad \underset{\text{酸酐}}{\text{R-C(=O)-O-C(=O)-R}'}$$

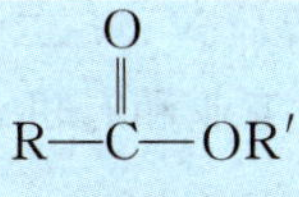

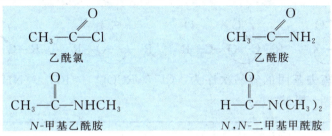

#### 27.2.1.2 命名

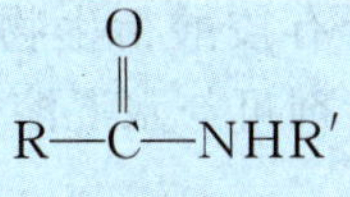

① 酰卤和酰胺常根据相应的酰基来命名。

酰胺：命名时把羧酸名称放在前面，将相应的酸字改为酰胺即可；酰胺分子中氮原子上的氢原子被烃基取代后生成的取代酰胺，称为 $N$-烃基"某"酰胺。

$$
\begin{array}{cc}
CH_3-C(=O)-Cl & CH_3-C(=O)-NH_2 \\
\text{乙酰氯} & \text{乙酰胺} \\
CH_3-C(=O)-NHCH_3 & H-C(=O)-N(CH_3)_2 \\
N\text{-甲基乙酰胺} & N,N\text{-二甲基甲酰胺}
\end{array}
$$

② 酸酐：命名如下所示。

单酐：在羧酸的名称后加酐字；

混酐：将简单的酸放前面，复杂的酸放后面再加酐字；

环酐：在二元酸的名称后加酐字。

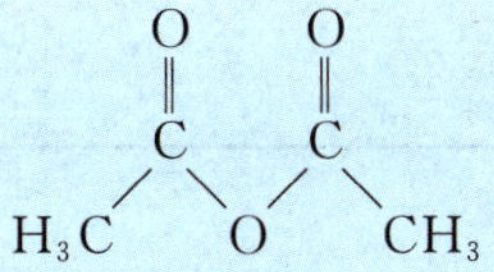

$$
\begin{array}{ccc}
H_3C-C(=O)-O-C(=O)-CH_3 & H_3C-C(=O)-O-C(=O)-CH_2CH_3 & \text{(丁二酸酐环状结构)} \\
\text{乙酸酐} & \text{乙丙酸酐} & \text{丁二酸酐}
\end{array}
$$

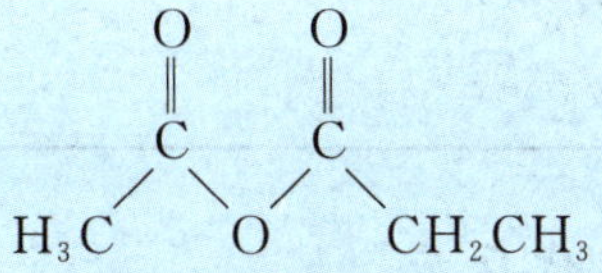

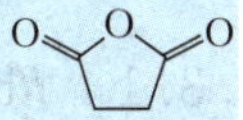

③ 酯：可看作将羧酸的羧基氢原子被烃基取代的产物。命名时把羧酸名称放在前面，烃基的名称放在后面，再加一个"酯"字。内酯命名时，用内酯二字代替酸字并标明羟基的位置。

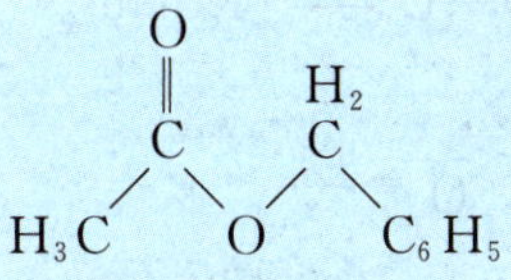

$$
\begin{array}{cc}
H_3C-C(=O)-O-CH_2-C_6H_5 & \text{(2-甲基-4-丁内酯环状结构)} \\
\text{乙酸苯甲酯} & 2\text{-甲基-4-丁内酯}
\end{array}
$$

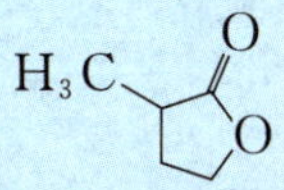

### 27.2.2 物理性质

酰卤和酸酐都是对黏膜有刺激性的物质。而大多数酯却有令人愉快的香味，自然界中许多花和果的香味就是由酯引起的。大部分酰胺是固体，没有气味。

酰氯、酸酐和酯的沸点比分子量相近的羧酸要低得多，而酰胺的沸点却比相应羧酸要高得多；原因是氢键的缔合，所以酰胺氮上的氢被烃基取代时沸点就会降低。

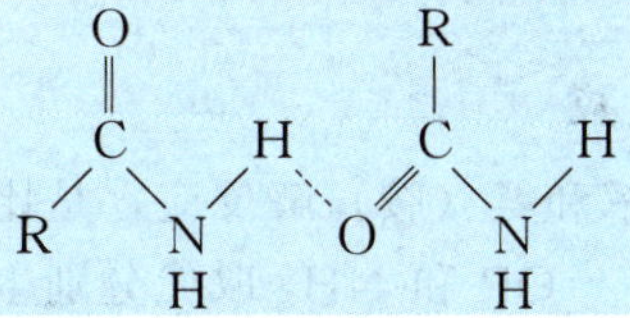

$$
\begin{array}{c}
R-C(=O)-N(H)-H \cdots O=C(R)-N(H)-H
\end{array}
$$

有机溶剂可以溶解所有羧酸衍生物，如氯仿、苯等。N,N-二甲基甲酰胺、N,N-二甲基乙酰胺等非质子极性溶剂可与水混溶，广泛用于涂料工业和有机合成中。

### 27.2.3 羧酸衍生物的化学性质

酰卤、酸酐、酯和酰胺的分子都具有酰基，而且酰基都直接与带有未共用电子对的原子或基团相连，分子中存在 p-π 共轭效应。羧酸衍生物都可以发生亲核加成-消去反应得到取代产物。该反应是羧酸衍生物的重要反应。某些衍生物的经典制备方法就是通过取代反应，相互转化来制备。

羧酸衍生物中离去基团的容易次序为：$Cl^- > RCOO^- > RO^- > NH_2^-$，酰氯反应最活泼，依次是酸酐、酯、酰胺。

| $\underset{\text{RCH}_2\text{CX}}{\overset{\text{O}}{\|}}$ | $\underset{\text{RCH}_2\text{COCR}'}{\overset{\text{O O}}{\| \|}}$ | $\underset{\text{RCH}_2\text{CH}}{\overset{\text{O}}{\|}}$ | $\underset{\text{RCH}_2\text{CR}'}{\overset{\text{O}}{\|}}$ | $\underset{\text{RCH}_2\text{COR}'}{\overset{\text{O}}{\|}}$ | $\underset{\text{RCH}_2\text{CNH}_2}{\overset{\text{O}}{\|}}$ |
|---|---|---|---|---|---|

α-H 的活性减小（α-H 的 $pK_a$ 值增大）

L 的离去能力减小（离去基团的稳定性减小）

羰基的活性减小（取决于综合电子效应）

#### 27.2.3.1 酰氯的取代反应

酰氯反应活性极强，能迅速与水、醇、氨（胺）分别发生水解、醇解和氨（胺）解反应，离去基团——氯被相应官能团取代分别生成酸、酯、酰胺。

$$RCL + :Nu \rightleftharpoons R-\overset{O^-}{\underset{Nu}{\overset{|}{C}}}-L \xrightarrow{-L^-} RCNu$$

$$R-\overset{O}{\overset{\|}{C}}-Cl + \begin{cases} H-OH \longrightarrow R-\overset{O}{\overset{\|}{C}}-OH + HCl \quad \text{水解} \\ H-OR' \longrightarrow R-\overset{O}{\overset{\|}{C}}-OR' + HCl \quad \text{醇解} \\ H-NH_2 \longrightarrow R-\overset{O}{\overset{\|}{C}}-NH_2 + HCl \quad \text{氨解} \end{cases} \downarrow NH_3$$

$$NH_4Cl$$

#### 27.2.3.2 酸酐的取代反应

酸酐相对容易发生水解、醇解和氨（胺）解反应，是比较活泼的化合物。反应中酸酐的离去基团 $RCO_2^-$ 被亲核试剂 -OH、-OR 和 -NH$_2$ 取代分别生成酸、酯和酰胺。

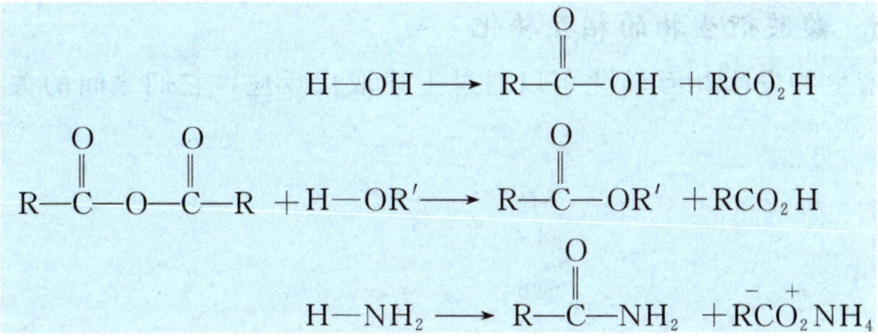

$$H-OH \longrightarrow R-\underset{\underset{O}{\|}}{C}-OH + RCO_2H$$

$$R-\underset{\underset{O}{\|}}{C}-O-\underset{\underset{O}{\|}}{C}-R + H-OR' \longrightarrow R-\underset{\underset{O}{\|}}{C}-OR' + RCO_2H$$

$$H-NH_2 \longrightarrow R-\underset{\underset{O}{\|}}{C}-NH_2 + RCO_2^-NH_4^+$$

酸酐也是良好的酰化剂，酸酐作酰化剂处理方便，反应中不产生腐蚀性的 HCl；而且酸酐价格便宜等优点，所以在酯的制备中，常常采用酸酐与醇反应。

环酐作为酰化剂在反应中能导入双官能团：

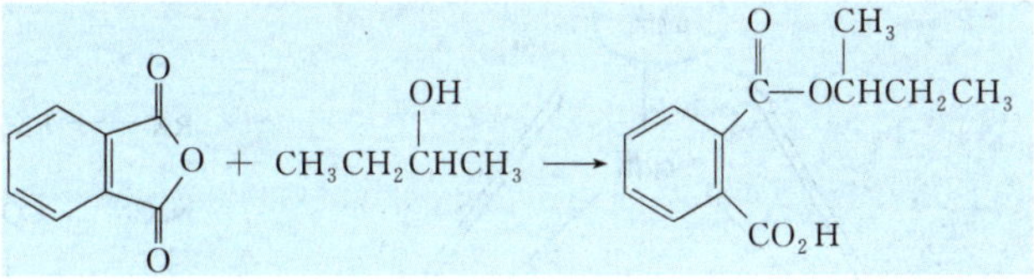

<化学反应式：邻苯二甲酸酐 + CH₃CH₂CHCH₃(OH) → 邻位取代苯环，上面为 C(=O)OCH(CH₃)CH₂CH₃，下面为 CO₂H>

### 27.2.3.3 酯的取代反应

酯的反应活性低于酰氯和酸酐。需要在酸或碱催化条件下发生取代反应。由于反应为平衡反应，加入过量试剂促进反应正向进行：

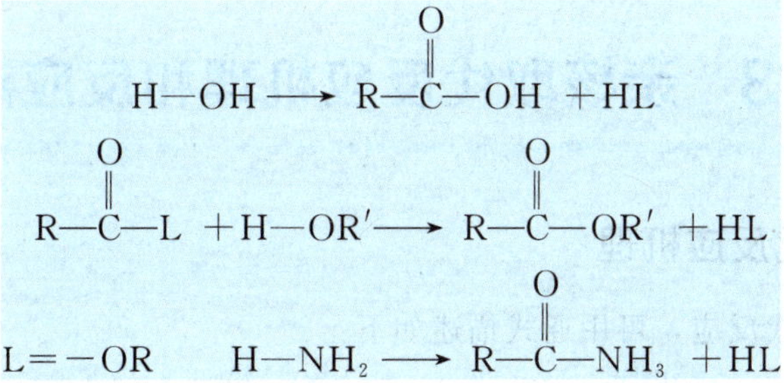

$$H-OH \longrightarrow R-\underset{\underset{O}{\|}}{C}-OH + HL$$

$$R-\underset{\underset{O}{\|}}{C}-L + H-OR' \longrightarrow R-\underset{\underset{O}{\|}}{C}-OR' + HL$$

$$L = -OR \quad H-NH_2 \longrightarrow R-\underset{\underset{O}{\|}}{C}-NH_3 + HL$$

酯的氨解反应较为缓慢，脲具有胺的性质，而且比一般酰胺碱性强，它与酯的反应相当于胺解反应。

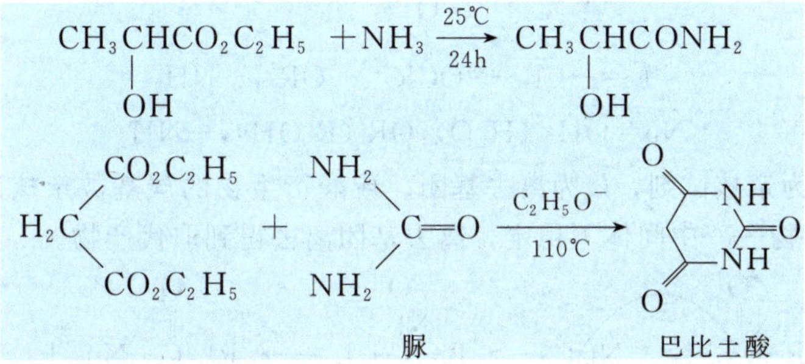

$$CH_3\underset{\underset{OH}{\|}}{CH}CO_2C_2H_5 + NH_3 \xrightarrow[24h]{25℃} CH_3\underset{\underset{OH}{\|}}{CH}CONH_2$$

$$H_2C\underset{CO_2C_2H_5}{\overset{CO_2C_2H_5}{\diagup}} + \underset{NH_2}{\overset{NH_2}{\diagup}}C=O \xrightarrow[110℃]{C_2H_5O^-} \text{巴比土酸（环状结构）}$$

脲　　　　　　　　　　　　　巴比土酸

### 27.2.3.4 酰胺的类似反应

酰胺在酸或碱存在下加热水解生成酸和氨（胺），但反应需较强烈的条件且缓慢。

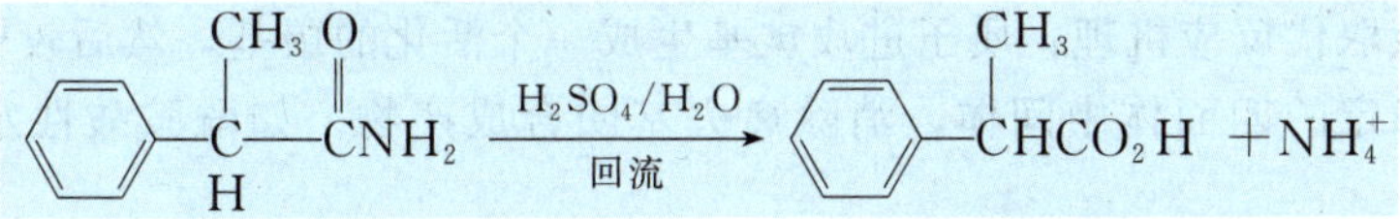

$$Ph-\underset{\underset{H}{\|}}{\overset{\overset{CH_3}{|}}{C}}-\underset{\underset{O}{\|}}{C}NH_2 \xrightarrow[回流]{H_2SO_4/H_2O} Ph-\underset{\underset{H}{\|}}{\overset{\overset{CH_3}{|}}{C}}HCO_2H + NH_4^+$$

#### 27.2.3.5 羧酸衍生物的相互转化

羧酸及其衍生物发生相互转化可以通过上述取代反应，它们之间的关系可用图 27-1 表示。

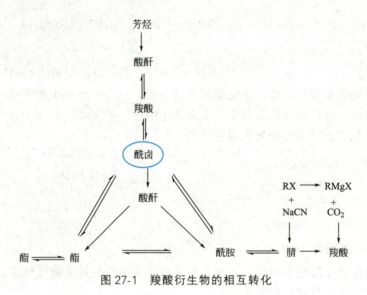

图 27-1　羧酸衍生物的相互转化

## 27.3　亲核取代反应机理和反应活性

### 27.3.1　亲核取代反应机理

羧酸衍生物的取代反应，可用通式描述如下：

$$R-\underset{\underset{O}{\|}}{C}-L + Nu-H \longrightarrow R-\underset{\underset{O}{\|}}{C}-Nu + HL$$

$$L = -Cl,\ -OCR\ (\overset{O}{\|}),\ -OR',\ -NH_2$$

$$Nu = OH^-(H_2O),\ OR'(R'OH),\ -NH_2$$

其中 Nu—H 为亲核试剂，L 为离去基团。羧酸衍生物的羰基被亲核试剂进攻，先发生亲核加成，加成产物——中间体不稳定，离去基团离去得到取代产物。

$$R-\underset{\underset{O}{\|}}{C}-L + Nu:^- \longrightarrow R-\underset{\underset{Nu}{|}}{\overset{O^-}{\underset{|}{C}}}-L \longrightarrow R-\underset{\underset{O}{\|}}{C}-Nu + L^-$$

中间体

酸催化亲核取代反应机理：质子进攻羰基生成一个活化的羰基，然后较弱的亲核试剂进攻羰基得到不稳定的四面体中间体，消除离去基团合成产物。如酰胺酸性水解历程可表示如下：

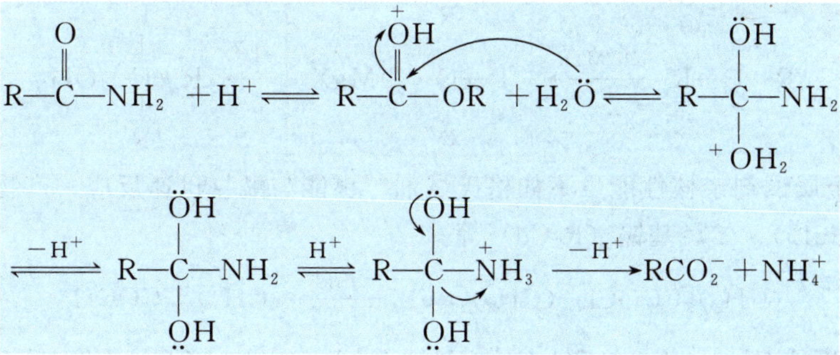

$$R-\overset{O}{\underset{}{C}}-NH_2 + H^+ \rightleftharpoons R-\overset{\overset{+}{O}H}{\underset{}{C}}-OR + H_2\ddot{O} \rightleftharpoons R-\overset{\ddot{O}H}{\underset{\overset{+}{O}H_2}{C}}-NH_2$$

$$\rightleftharpoons \underset{-H^+}{} R-\overset{\ddot{O}H}{\underset{OH}{C}}-NH_2 \underset{H^+}{\rightleftharpoons} R-\overset{\ddot{O}H}{\underset{OH}{\overset{+}{C}}}-NH_3 \xrightarrow{-H^+} RCO_2^- + NH_4^+$$

羧酸衍生物的亲核取代反应一般为上述加成-消去机理。总结为：亲核试剂取代离去基团的位置。

## 27.3.2 反应活性

羧酸衍生物与水、醇、氨（胺）的反应活性顺序为酰氯＞酸酐＞酯＞酰胺。

**1. 离去基团的影响**

从反应机理可知：反应从中间体到恢复羰基的步骤中，离去基团越易离去，反应越快。羧酸衍生物离去基团的碱性排序是 $NH_2^- >OR^- >RCO_2^- >Cl^-$，由于碱性越弱，越容易离去，所以取代反应的活性顺序：酰氯＞酸酐＞酯＞酰胺。

**2. 位阻效应的影响**

位阻效应会明显影响反应速率。若中间体所连接的基团较大，拥挤程度增加，则该中间体能量高，不稳定，反应速率会减小。

$$CH_3CO_2R \xrightarrow[H_2O]{OH^-} CH_3CO_2^- + ROH$$

反应速率　$R=-CH_3 > -C_2H_5 > -CH(CH_3)_2 > -C(CH_3)_3$

# 27.4　与金属试剂的反应

有机金属试剂作为亲核试剂，容易与羧酸衍生物发生反应，经过羰基化合物中间产物，可以进一步合成醇类，可作为合成醛、酮和醇的重要方法。

## 27.4.1 酰氯

酰氯的羰基非常活泼，与各种金属试剂发生亲核加成反应。如酰氯与格氏试剂反应，首先发生亲核取代反应（即加成-消去反应）生成酮，中间产物酮与过量的格氏试剂加成产生叔醇。

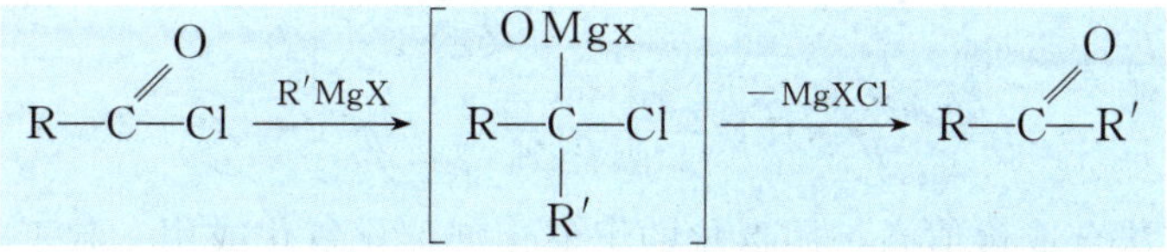

$$R-\overset{O}{\underset{}{C}}-Cl \xrightarrow{R'MgX} \left[ R-\overset{OMgX}{\underset{R'}{C}}-Cl \right] \xrightarrow{-MgXCl} R-\overset{O}{\underset{}{C}}-R'$$

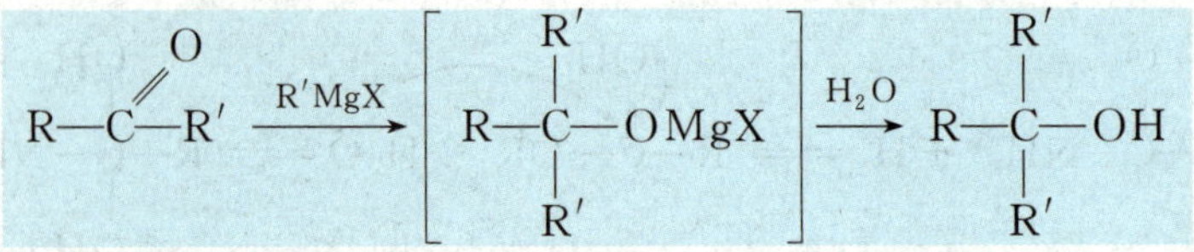

$$R-\underset{\|}{\overset{O}{C}}-R' \xrightarrow{R'MgX} \left[ R-\underset{R'}{\overset{R'}{\underset{|}{C}}}-OMgX \right] \xrightarrow{H_2O} R-\underset{R'}{\overset{R'}{\underset{|}{C}}}-OH$$

很多有机金属试剂亲核性能虽不如格氏试剂，也能与酰氯迅速反应，产物一般为酮。如烃基铜锂（$R_2CuLi$）、二烃基镉（$R_2Cd$）等。

$$(CH_3)_3CCOCl + (CH_3)_2CuLi \xrightarrow[-78℃]{乙醚} (CH_3)_3CCOCH_3$$

$$CH_3O_2CCH_2CH_2COCl + (CH_3CH_2CH_2)_2Cd \longrightarrow CH_3O_2CCH_2COCH_2CH_3$$

### 27.4.2 酯

酯与酰氯性质相近，也容易与活泼的格氏试剂反应，但酯的羰基活性比酮的差，因此反应一般会很快生成叔醇。

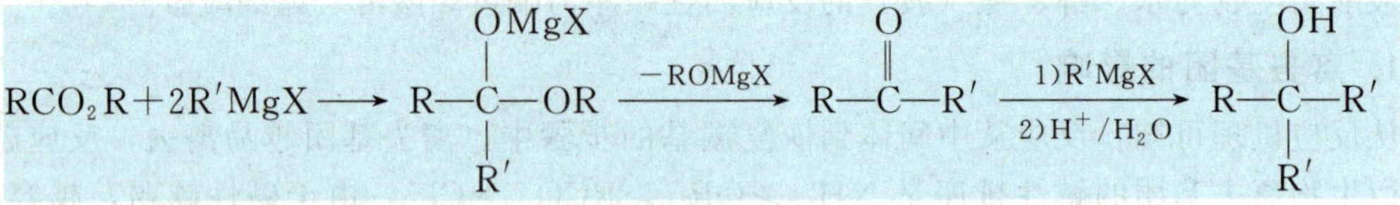

$$RCO_2R + 2R'MgX \longrightarrow R-\underset{R'}{\overset{OMgX}{\underset{|}{C}}}-OR \xrightarrow{-ROMgX} R-\underset{\|}{\overset{O}{C}}-R' \xrightarrow[2)H^+/H_2O]{1)R'MgX} R-\underset{R'}{\overset{OH}{\underset{|}{C}}}-R'$$

例如 2-环己基-2-丙醇可由环己烷酸酯与甲基格氏试剂反应制备。

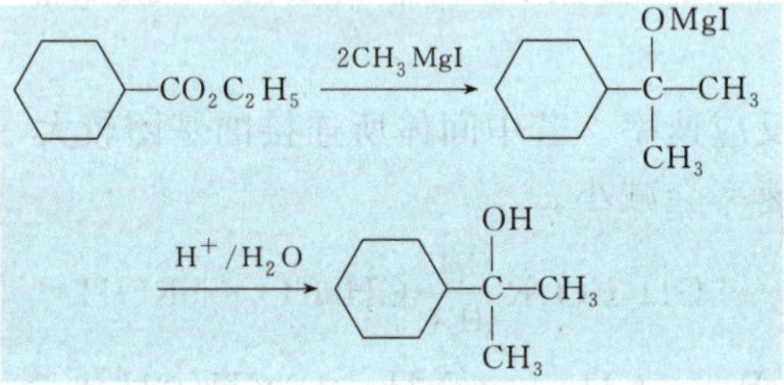

## 27.5 还原反应

羧酸衍生物含有羰基不饱和键，可以发生还原反应。根据不同的羧酸衍生物、还原剂可以制备不同的产物。

### 27.5.1 酰氯的还原

$LiAlH_4$ 可以将酰氯还原为伯醇。羧酸、相应的酰氯都可直接被 $LiAlH_4$ 还原为醇。

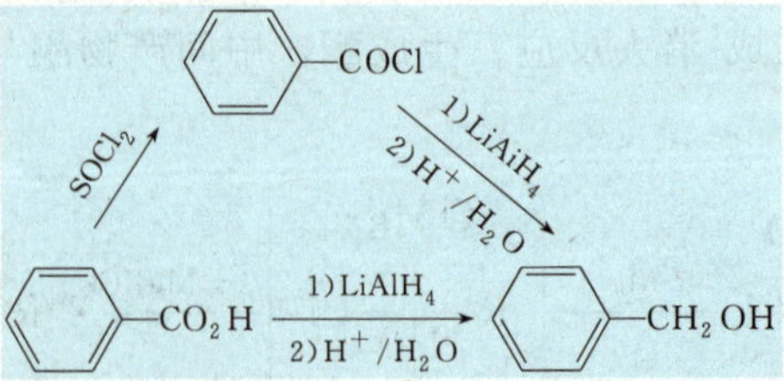

罗森孟德还原法合成价值高：用毒化的钯催化剂催化氢化或用三叔丁氧基氢化铝锂还原酰氯可以制备各种醛。

$$RCCl \xrightarrow[\text{硫-硅啉}]{H_2/Pd\text{-}BaSO_4} RCHO + HCl$$
(RCOCl with C=O)

## 27.5.2 酯的还原

**1. 酯→伯醇**

以 $LiAlH_4$ 或 $Na/ROH$ 作为还原剂，可以将酯转化为醇。

$$CH_3(CH_2)_8CO_2H \xrightarrow[H^+]{C_2H_5OH} CH_3(CH_2)_8CO_2C_2H_5 \xrightarrow[C_2H_5OH]{Na} \begin{array}{c} CH_3(CH_2)_8CH_2OH \\ + \\ C_2H_5OH \end{array} \quad 70\%$$

$$C_6H_5CO_2C_2H_5 \xrightarrow[2)H_2O]{1)LiAlH_4} C_6H_5CH_2OH + C_2H_5OH$$
$$90\%$$

**2. 酯→醛**

二异丁基氢化铝在低温下还原酯，先生成相对稳定的中间体，经酸性水解可得到产物醛。

$$R-\overset{O}{\underset{\|}{C}}-OC_2H_5 \xrightarrow[\text{低温}]{HAl[CH_2CH(CH_3)_2]_2} R-\underset{\underset{OC_2H_5}{|}}{\overset{\overset{OAL[CH_2CH(CH_3)_2]_2}{|}}{CH}} \xrightarrow{H_3O^+} R-CHO$$

$$\begin{array}{c} H_3C \\ \phantom{H_3C}\diagdown \\ H_3C \phantom{\diagup} \end{array}\!\!CHCO_2C_2H_5 \xrightarrow[2)H_3O^+]{1)HAl[CH_2CH(CH_3)_2]_2, -60℃} \begin{array}{c} H_3C \\ \phantom{H_3C}\diagdown \\ H_3C \phantom{\diagup} \end{array}\!\!CHCHO$$

**3. 还原缩合**

金属钠作为催化剂，在惰性溶剂（乙醚、苯）中，由酯制备缩合产物。该反应为偶姻缩合，为单电子转移过程。

$$2CH_3CH_2CH_2\overset{O}{\underset{\|}{C}}OC_2H_5 + 4Na \xrightarrow[]{\text{乙醚}} \xrightarrow{H^+} CH_3CH_2CH_2\overset{O}{\underset{\|}{C}}-\underset{\underset{}{|}}{\overset{\overset{OH}{|}}{C}}HCH_2CH_3$$

历程 $R-\overset{O}{\underset{\|}{C}}-OR' + Na \longrightarrow R-\overset{O^-}{\underset{\|}{C}}-\ddot{O}R'$

$$2\,R-\overset{O^-}{\underset{\|}{C}}-\ddot{O}R' \longrightarrow R-\underset{\underset{OR'}{|}}{\overset{\overset{\ddot{O}^-}{|}}{C}}-\underset{\underset{OR'}{|}}{\overset{\overset{\ddot{O}^-}{|}}{C}}-R \longrightarrow R-\overset{O}{\underset{\|}{C}}-\overset{O}{\underset{\|}{C}}-R$$
1,2-二羰基化合物

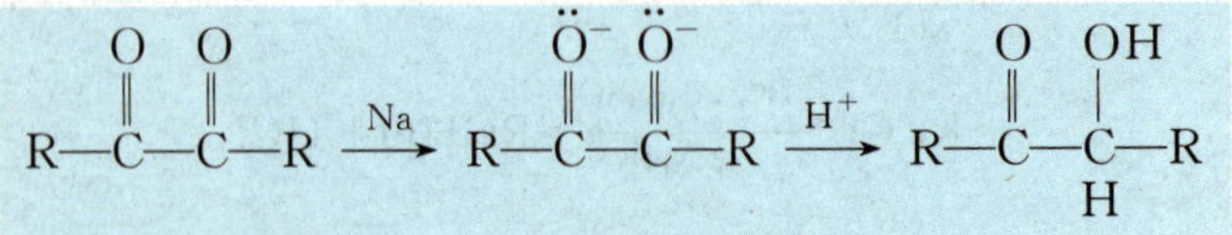

$$R-\overset{O}{\underset{}{C}}-\overset{O}{\underset{}{C}}-R \xrightarrow{Na} R-\overset{\ddot{O}^-}{\underset{}{C}}-\overset{\ddot{O}^-}{\underset{}{C}}-R \xrightarrow{H^+} R-\overset{O}{\underset{}{C}}-\overset{OH}{\underset{H}{C}}-R$$

α-羟基酮

在金属钠催化下生成自由基负离子，偶联生成1，2-二酰基化合物，进而还原得到 α-羟基酮。该反应的重要用途：合成中环和大环化合物。

在高度稀释的情况下，用金属钠催化一个长链二元酯构建含 α-羟基酮官能团的中、大环。

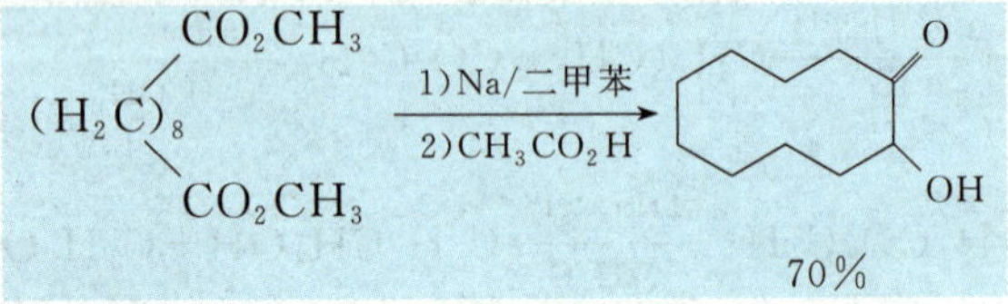

$$(H_2C)_8 \begin{matrix} CO_2CH_3 \\ \\ CO_2CH_3 \end{matrix} \xrightarrow[2)CH_3CO_2H]{1)Na/二甲苯} \text{环十二酮-2-醇}$$

70%

### 27.5.3 酰胺和腈的还原

酰胺不容易被还原，只有在 $LiAlH_4$ 条件下被还原为胺类，包括：伯、仲、叔胺。

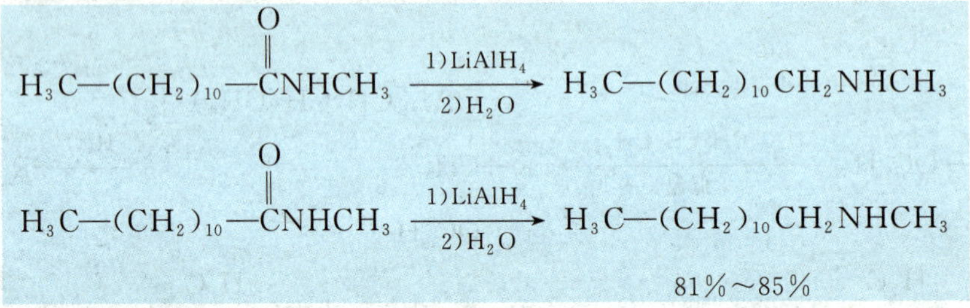

$$H_3C-(CH_2)_{10}-\overset{O}{\underset{}{C}}NHCH_3 \xrightarrow[2)H_2O]{1)LiAlH_4} H_3C-(CH_2)_{10}CH_2NHCH_3$$

$$H_3C-(CH_2)_{10}-\overset{O}{\underset{}{C}}NHCH_3 \xrightarrow[2)H_2O]{1)LiAlH_4} H_3C-(CH_2)_{10}CH_2NHCH_3$$

81%～85%

## 习 题

1. 写出下列化合物的结构式。

(1) 3-丙基戊酸

(2) 2-羟基-5-硝基苯甲酸

(3) 4-乙基-2-丙基辛酸

(4) 2-己烯-4-炔酸

(5) $N,N$-二甲基甲酰胺

(6) 2,5-环戊二烯基甲酰氯

(7) 3-甲基戊二酸二异丙酯

2. 按酸性强弱排列下列化合物。

(1) α-溴代苯乙酸，对溴苯乙酸，对甲基苯乙酸，苯乙酸

(2) 苯甲酸，对硝基苯甲酸，间硝基苯甲酸，对甲基苯甲酸

3. 鉴别下列化合物。

(1) 甲酸，乙酸，乙醛

(2) 肉桂酸，苯酚，苯甲酸，水杨酸

(3) 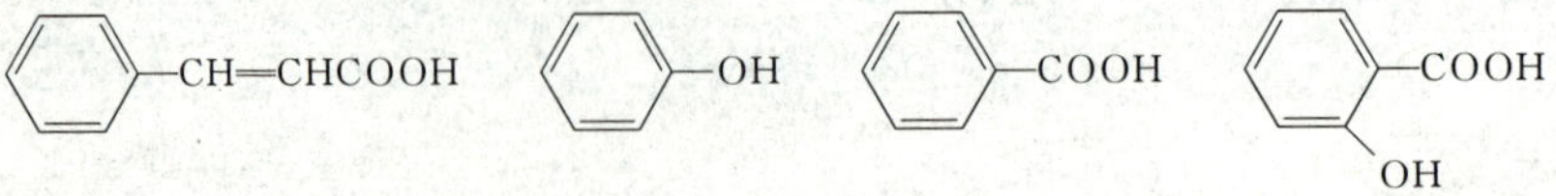 C₆H₅—CH=CHCOOH, C₆H₅—OH, C₆H₅—COOH, 2-HOC₆H₄—COOH

(4) ![cyclopentanecarboxylic acid with CO₂H], ![3-methyl-γ-butyrolactone with CH₃], ![4-hydroxycyclohexanone], ![cyclohex-2-ene-1,4-diol]

4. 完成如下反应。

(1) ![p-tert-butyl-methylbenzene with C(CH₃)₃ and CH₃] $\xrightarrow{KMnO_4}$ ( ) $\xrightarrow[\Delta]{NH_3}$ ( )

(2) ![cyclohexanone] $\xrightarrow[(2)H_2O_2/OH^-]{(1)B_2H_6}$ ( ) $\xrightarrow{PBr_3}$ ( ) $\xrightarrow[(2)CO_2]{(1)Mg}$ ( )

(3) ![benzene ring with CH₂CO₂H and CH=CHCH₂CHO] $\xrightarrow{LiAlH_4}$ ( )

(4) ![1,4-dimethyl tetralin] $\xrightarrow{KMnO_4/H^+}$ ( ) $\xrightarrow{\Delta}$ ( )

(5) $HOCH_2CH_2CO_2H \xrightarrow[-H_2O]{H^+}$ ( ) $\xrightarrow{NH_3}$ ( )

(6) ![PhCH₂Cl] $\xrightarrow{NaCN}$ ( ) $\xrightarrow{LiAlH_4}$ ( )

(7) ![o-aminomethylbenzoic acid with CO₂H and CH₂NH₂] $\xrightarrow[-H_2O]{\Delta}$ ( )

(8) $CH_3CH_2OCCl + NH_3 \longrightarrow$ ( )
    （其中O在C上）

(9) ![PhC(O)NHCH₃] $\xrightarrow{LiAlH_4}$

(10) $2CH_3CH_2CH_2CO_2C_2H_5 \xrightarrow[②H^+]{①Na/苯}$

5. 推测 A~E 结构式。

![benzene] $+ C_4H_4O_3$ (A) $\xrightarrow{AlCl_3}$ ![PhCOCH₂CH₂CO₂H] $\xrightarrow[浓HCl]{Zn-Hg}$

$B \xrightarrow{PCl_3} C \xrightarrow{AlCl_3} D \xrightarrow{C_2H_5MgBr} \xrightarrow{H^+/\Delta} E$

6. 化合物甲、乙、丙分子式均为 $C_3H_6O_2$，甲与 $NaHCO_3$ 作用放出 $CO_2$，乙和丙用 $NaHCO_3$ 处理无 $CO_2$ 放出，但在 NaOH 水溶液中加热可发生水解反应。从乙的水解产物中蒸出一个液体，该液体化合物具有碘仿反应。丙的碱性水解产物蒸出的液体无碘仿反应。写出甲、乙、丙的结构式。

7. 由甲苯及其他必要无机试剂合成以下有机物。

# 附 录

## 附录一 酸、碱的解离常数

### 1. 弱酸的解离常数（298.15K）

| 弱酸 | 解离常数 $K^{\ominus}$ |
|---|---|
| $H_3AsO_4$ | $K_{a1}^{\ominus}=5.7\times10^{-3}$；$K_{a2}^{\ominus}=1.7\times10^{-7}$；$K_{a3}^{\ominus}=2.5\times10^{-12}$ |
| $H_3AsO_3$ | $K_{a1}^{\ominus}=5.9\times10^{-10}$ |
| $H_3BO_3$ | $5.8\times10^{-10}$ |
| HOBr | $2.6\times10^{-9}$ |
| $H_2CO_3$ | $K_{a1}^{\ominus}=4.2\times10^{-7}$；$K_{a2}^{\ominus}=4.7\times10^{-11}$ |
| HCN | $5.8\times10^{-10}$ |
| $H_2CrO_4$ | $K_{a1}^{\ominus}=9.55$；$K_{a2}^{\ominus}=3.2\times10^{-7}$ |
| HOCl | $2.8\times10^{-8}$ |
| $HClO_2$ | $1.0\times10^{-2}$ |
| HF | $6.9\times10^{-4}$ |
| HOI | $2.4\times10^{-11}$ |
| $HIO_3$ | 0.16 |
| $H_5IO_6$ | $K_{a1}^{\ominus}=4.4\times10^{-4}$；$K_{a2}^{\ominus}=2\times10^{-7}$；$K_{a3}^{\ominus}=6.3\times10^{-13}$① |
| $HNO_2$ | $6.0\times10^{-4}$ |
| $HN_3$ | $2.4\times10^{-5}$ |
| $H_2O_2$ | $K_{a1}^{\ominus}=2.0\times10^{-12}$ |
| $H_3PO_4$ | $K_{a1}^{\ominus}=6.7\times10^{-3}$；$K_{a2}^{\ominus}=6.2\times10^{-8}$；$K_{a3}^{\ominus}=4.5\times10^{-13}$ |
| $H_4P_2O_7$ | $K_{a1}^{\ominus}=2.9\times10^{-2}$；$K_{a2}^{\ominus}=5.3\times10^{-3}$；$K_{a3}^{\ominus}=2.2\times10^{-7}$；$K_{a4}^{\ominus}=4.8\times10^{-10}$ |
| $H_2SO_4$ | $K_{a2}^{\ominus}=1.0\times10^{-2}$ |
| $H_2SO_3$ | $K_{a1}^{\ominus}=1.7\times10^{-2}$；$K_{a2}^{\ominus}=6.0\times10^{-8}$ |
| $H_2Se$ | $K_{a1}^{\ominus}=1.5\times10^{-4}$；$K_{a2}^{\ominus}=1.1\times10^{-15}$ |
| $H_2S$ | $K_{a1}^{\ominus}=8.9\times10^{-8}$；$K_{a2}^{\ominus}=7.1\times10^{-19}$② |
| $H_2SeO_4$ | $K_{a2}^{\ominus}=1.2\times10^{-2}$ |
| $H_2SeO_3$ | $K_{a1}^{\ominus}=2.7\times10^{-2}$；$K_{a2}^{\ominus}=5.0\times10^{-8}$ |

续表

| 弱酸 | 解离常数 $K^{\ominus}$ |
|---|---|
| HSCN | 0.14 |
| $H_2C_2O_4$(草酸) | $K_{a1}^{\ominus}=5.4\times 10^{-2}$；$K_{a2}^{\ominus}=5.4\times 10^{-5}$ |
| HCOOH(甲酸) | $1.8\times 10^{-4}$ |
| HAc(乙酸) | $1.8\times 10^{-5}$ |
| $ClCH_2COOH$(氯乙酸) | $1.4\times 10^{-3}$ |
| EDTA | $K_{a1}^{\ominus}=1.0\times 10^{-2}$；$K_{a2}^{\ominus}=2.1\times 10^{-3}$；$K_{a3}^{\ominus}=6.9\times 10^{-7}$；$K_{a4}^{\ominus}=5.9\times 10^{-11}$ |

① 此数据取自于《无机化学丛书》第六卷(科学出版社,1995年12月)。
② 此数据取自于 D. R. Lide,CRC Handbook of Chemistry and Physics 78th. 1997~1998。

## 2. 弱碱的解离常数（298.15K）

| 弱碱 | 解离常数 $K_b^{\ominus}$ | 弱碱 | 解离常数 $K_b^{\ominus}$ |
|---|---|---|---|
| $NH_3\cdot H_2O$ | $1.8\times 10^{-5}$ | $CH_3NH_2$(甲胺) | $4.2\times 10^{-4}$ |
| $N_2H_4$(联氨) | $9.8\times 10^{-7}$ | $C_6H_5NH_2$(苯胺) | $4\times 10^{-10}$ |
| $NH_2OH$(羟胺) | $9.1\times 10^{-9}$ | $(CH_2)_6N_4$(六亚甲基四胺) | $1.4\times 10^{-9}$ |

# 附录二 常用缓冲溶液的 pH 范围

| 缓冲溶液 | $pK_a^{\ominus}$ | pH 有效范围 |
|---|---|---|
| 盐酸-甘氨酸($HCl\text{-}NH_2CH_2COOH$) | 2.4 | 1.4~3.4 |
| 盐酸-邻苯二甲酸氢钾[$HCl\text{-}C_6H_4(COO)_2HK$] | 3.1 | 2.2~4.0 |
| 柠檬酸-氢氧化钠[$C_3H_5(COOH)_3\text{-}NaOH$] | 2.9,4.1,5.8 | 2.2~6.5 |
| 蚁酸-氢氧化钠(HCOOH-NaOH) | 3.8 | 2.8~4.6 |
| 醋酸-醋酸钠($CH_3COOH\text{-}CH_3COONa$) | 4.74 | 3.6~5.6 |
| 邻苯二甲酸氢钾-氢氧化钾[$C_6H_4(COO)_2HK\text{-}KOH$] | 5.4 | 4.0~6.2 |
| 柠檬酸氢二钠-氢氧化钠[$C_3H_5(COO)_3HNa_2\text{-}NaOH$] | 5.8 | 5.0~6.3 |
| 磷酸二氢钾-氢氧化钠($KH_2PO_4\text{-}NaOH$) | 7.2 | 5.8~8.0 |
| 磷酸二氢钾-硼砂($KH_2PO_4\text{-}Na_2B_4O_7$) | 7.2 | 5.8~9.2 |
| 磷酸二氢钾-磷酸氢二钾($KH_2PO_4\text{-}K_2HPO_4$) | 7.2 | 5.9~8.0 |
| 硼酸-硼砂($H_3BO_3\text{-}Na_2B_4O_7$) | 9.2 | 7.2~9.2 |
| 硼酸-氢氧化钠($H_3BO_3\text{-}NaOH$) | 9.2 | 8.0~10.0 |
| 甘氨酸-氢氧化钠($NH_2CH_2COOH\text{-}NaOH$) | 9.7 | 8.2~10.1 |
| 氯化铵-氨水($NH_4Cl\text{-}NH_3\cdot H_2O$) | 9.3 | 8.3~10.3 |
| 碳酸氢钠-碳酸钠($NaHCO_3\text{-}Na_2CO_3$) | 10.3 | 9.2~11.0 |
| 磷酸氢二钠-氢氧化钠($Na_2HPO_4\text{-}NaOH$) | 12.4 | 11.0~12.0 |

## 附录三 难溶电解质的溶度积（18~25℃）

| 化合物 | 溶度积 $K_{sp}^{\ominus}$ | 化合物 | 溶度积 $K_{sp}^{\ominus}$ |
| --- | --- | --- | --- |
| 氯化物 $PbCl_2$ | $1.6\times10^{-5}$ | $Ag_2CrO_4$ | $1.2\times10^{-12}$ |
| $AgCl$ | $1.56\times10^{-10}$ | $PbCrO_4$ | $1.77\times10^{-14}$ |
| $Hg_2Cl_2$ | $2\times10^{-18}$ | 碳酸盐 $MgCO_3$ | $2.6\times10^{-5}$ |
| $CuCl$ | $1.7\times10^{-7}$ | $BaCO_3$ | $8.1\times10^{-9}$ |
| 溴化物 $AgBr$ | $7.7\times10^{-13}$ | $CaCO_3$ | $8.7\times10^{-9}$ |
| 碘化物 $PbI_2$ | $1.39\times10^{-8}$ | $Ag_2CO_3$ | $8.1\times10^{-12}$ |
| $AgI$ | $1.5\times10^{-16}$ | $PbCO_3$ | $3.3\times10^{-14}$ |
| $Hg_2I_2$ | $1.2\times10^{-28}$ | 磷酸盐 $MgNH_4PO_4$ | $2.5\times10^{-13}$ |
| 氰化物 $AgCN$ | $1.2\times10^{-16}$ | 草酸盐 $MgC_2O_4$ | $8.57\times10^{-5}$ |
| 硫氰化物 $AgSCN$ | $1.16\times10^{-12}$ | $BaC_2O_4 \cdot 2H_2O$ | $1.2\times10^{-7}$ |
| 硫酸盐 $Ag_2SO_4$ | $1.6\times10^{-5}$ | $CaC_2O_4 \cdot H_2O$ | $2.57\times10^{-9}$ |
| $CaSO_4$ | $2.45\times10^{-5}$ | 氢氧化物 $AgOH$ | $1.52\times10^{-8}$ |
| $SrSO_4$ | $2.8\times10^{-7}$ | $Ca(OH)_2$ | $5.5\times10^{-6}$ |
| $PbSO_4$ | $1.06\times10^{-8}$ | $Mg(OH)_2$ | $1.2\times10^{-11}$ |
| $BaSO_4$ | $1.08\times10^{-10}$ | $Mn(OH)_2$ | $4.0\times10^{-14}$ |
| 硫化物 $MnS$ | $1.4\times10^{-15}$ | $Fe(OH)_2$ | $1.64\times10^{-14}$ |
| $FeS$ | $3.7\times10^{-19}$ | $Pb(OH)_2$ | $1.6\times10^{-17}$ |
| $ZnS$ | $1.2\times10^{-23}$ | $Zn(OH)_2$ | $1.2\times10^{-17}$ |
| $PbS$ | $3.4\times10^{-28}$ | $Cu(OH)_2$ | $5.6\times10^{-20}$ |
| $CuS$ | $8.5\times10^{-45}$ | $Cr(OH)_3$ | $6\times10^{-31}$ |
| $HgS$ | $4\times10^{-53}$ | $Al(OH)_3$ | $1.3\times10^{-33}$ |
| $Ag_2S$ | $1.6\times10^{-49}$ | $Fe(OH)_3$ | $1.1\times10^{-36}$ |
| 铬酸盐 $BaCrO_4$ | $1.6\times10^{-10}$ | | |

## 附录四 标准电极电势（298.15K）

### 1. 在酸性溶液中

| 电极反应 | $\varphi^{\ominus}/V$ |
| --- | --- |
| $Li^+ + e^- \rightleftharpoons Li$ | $-3.045$ |
| $K^+ + e^- \rightleftharpoons K$ | $-2.925$ |
| $Rb^+ + e^- \rightleftharpoons Rb$ | $-2.925$ |

续表

| 电极反应 | $\varphi^{\ominus}$ / V |
|---|---|
| $Cs^+ + e^- \rightleftharpoons Cs$ | $-2.923$ |
| $Ba^{2+} + 2e^- \rightleftharpoons Ba$ | $-2.90$ |
| $Sr^{2+} + 2e^- \rightleftharpoons Sr$ | $-2.89$ |
| $Ca^{2+} + 2e^- \rightleftharpoons Ca$ | $-2.87$ |
| $Na^+ + e^- \rightleftharpoons Na$ | $-2.714$ |
| $La^{3+} + 3e^- \rightleftharpoons La$ | $-2.52$ |
| $Ce^{3+} + 3e^- \rightleftharpoons Ce$ | $-2.48$ |
| $Mg^{2+} + 2e^- \rightleftharpoons Mg$ | $-2.37$ |
| $Sc^{3+} + 3e^- \rightleftharpoons Sc$ | $-2.08$ |
| $[AlF_6]^{3-} + 3e^- \rightleftharpoons Al + 6F^-$ | $-2.07$ |
| $Be^{2+} + 2e^- \rightleftharpoons Be$ | $-1.85$ |
| $Al^{3+} + 3e^- \rightleftharpoons Al$ | $-1.66$ |
| $Ti^{2+} + 2e^- \rightleftharpoons Ti$ | $-1.63$ |
| $[SiF_6]^{2-} + 4e^- \rightleftharpoons Si + 6F^-$ | $-1.2$ |
| $Mn^{2+} + 2e^- \rightleftharpoons Mn$ | $-1.18$ |
| $V^{2+} + 2e^- \rightleftharpoons V$ | $-1.18$ |
| $TiO^{2+} + 2H^+ + 4e^- \rightleftharpoons Ti + H_2O$ | $-0.89$ |
| $H_3BO_3 + 3H^+ + 3e^- \rightleftharpoons B + 3H_2O$ | $-0.87$ |
| $SiO_2 + 4H^+ + 4e^- \rightleftharpoons Si + 2H_2O$ | $-0.86$ |
| $Zn^{2+} + 2e^- \rightleftharpoons Zn$ | $-0.763$ |
| $Cr^{3+} + 3e^- \rightleftharpoons Cr$ | $-0.74$ |
| $2CO_2 + 2H^+ + 2e^- \rightleftharpoons H_2C_2O_4$ | $-0.49$ |
| $Fe^{2+} + 2e^- \rightleftharpoons Fe$ | $-0.440$ |
| $Cr^{3+} + e^- \rightleftharpoons Cr^{2+}$ | $-0.41$ |
| $Cd^{2+} + 2e^- \rightleftharpoons Cd$ | $-0.403$ |
| $Ti^{3+} + e^- \rightleftharpoons Ti^{2+}$ | $-0.37$ |
| $PbI_2 + 2e^- \rightleftharpoons Pb + 2I^-$ | $-0.365$ |
| $PbSO_4 + 2e^- \rightleftharpoons Pb + SO_4^{2-}$ | $-0.3553$ |
| $PbBr_2 + 2e^- \rightleftharpoons Pb + 2Br^-$ | $-0.280$ |
| $Co^{2+} + 2e^- \rightleftharpoons Co$ | $-0.277$ |
| $PbCl_2 + 2e^- \rightleftharpoons Pb + 2Cl^-$ | $-0.268$ |
| $V^{3+} + e^- \rightleftharpoons V^{2+}$ | $-0.255$ |
| $VO_2^+ + 4H^+ + 5e^- \rightleftharpoons V + 2H_2O$ | $-0.253$ |
| $[SnF_6]^{2-} + 4e^- \rightleftharpoons Sn + 6F^-$ | $-0.25$ |
| $Ni^{2+} + 2e^- \rightleftharpoons Ni$ | $-0.246$ |
| $AgI + e^- \rightleftharpoons Ag + I^-$ | $-0.152$ |
| $Sn^{2+} + 2e^- \rightleftharpoons Sn$ | $-0.136$ |

续表

| 电极反应 | $\varphi^{\ominus}$ /V |
|---|---|
| $Pb^{2+} + 2e^- \rightleftharpoons Pb$ | $-0.126$ |
| $[HgI_4]^{2-} + 2e^- \rightleftharpoons Hg + 4I^-$ | $-0.04$ |
| $2H^+ + 2e^- \rightleftharpoons H_2$ | $0.00$ |
| $[Ag(S_2O_3)_2]^{3-} + e^- \rightleftharpoons Ag + S_2O_3^{2-}$ | $0.003$ |
| $AgBr + e^- \rightleftharpoons Ag + Br^-$ | $0.071$ |
| $S_4O_6^{2-} + 2e^- \rightleftharpoons 2S_2O_3^{2-}$ | $0.08$ |
| $TiO^{2+} + 2H^+ + e^- \rightleftharpoons Ti^{3+} + H_2O$ | $0.10$ |
| $S + 2H^+ + 2e^- \rightleftharpoons H_2S$ | $0.141$ |
| $Sn^{4+} + 2e^- \rightleftharpoons Sn^{2+}$ | $0.154$ |
| $Cu^{2+} + e^- \rightleftharpoons Cu^+$ | $0.159$ |
| $SO_4^{2-} + 4H^+ + 2e^- \rightleftharpoons H_2SO_3 + H_2O$ | $0.17$ |
| $[HgBr_4]^{2-} + 2e^- \rightleftharpoons Hg + 4Br^-$ | $0.21$ |
| $AgCl + e^- \rightleftharpoons Ag + Cl^-$ | $0.2223$ |
| $Hg_2Cl_2 + 2e^- \rightleftharpoons 2Hg + 2Cl^-$ | $0.268$ |
| $Cu^{2+} + 2e^- \rightleftharpoons Cu$ | $0.337$ |
| $VO^{2+} + 2H^+ + e^- \rightleftharpoons V^{3+} + H_2O$ | $0.337$ |
| $[Fe(CN)_6]^{3-} + e^- \rightleftharpoons [Fe(CN)_6]^{4-}$ | $0.36$ |
| $2H_2SO_3 + 2H^+ + 4e^- \rightleftharpoons S_2O_3^{2-} + 3H_2O$ | $0.40$ |
| $Ag_2CrO_4 + 2e^- \rightleftharpoons 2Ag + CrO_4^{2-}$ | $0.447$ |
| $H_2SO_3 + 4H^+ + 4e^- \rightleftharpoons S + 3H_2O$ | $0.45$ |
| $Cu^+ + e^- \rightleftharpoons Cu$ | $0.52$ |
| $I_2 + 2e^- \rightleftharpoons 2I^-$ | $0.5345$ |
| $MnO_4^- + e^- \rightleftharpoons MnO_4^{2-}$ | $0.564$ |
| $H_3AsO_4 + 2H^+ + 2e^- \rightleftharpoons H_3AsO_3 + H_2O$ | $0.58$ |
| $2HgCl_2 + 2e^- \rightleftharpoons Hg_2Cl_2 + 2Cl^-$ | $0.63$ |
| $O_2 + 2H^+ + 2e^- \rightleftharpoons H_2O_2$ | $0.682$ |
| $[PtCl_4]^{2-} + 2e^- \rightleftharpoons Pt + 4Cl^-$ | $0.73$ |
| $Fe^{3+} + e^- \rightleftharpoons Fe^{2+}$ | $0.771$ |
| $Hg_2^{2+} + 2e^- \rightleftharpoons 2Hg$ | $0.793$ |
| $Ag^+ + e^- \rightleftharpoons Ag$ | $0.799$ |
| $NO_3^- + 2H^+ + e^- \rightleftharpoons NO_2 + H_2O$ | $0.80$ |
| $2Hg^{2+} + 2e^- \rightleftharpoons Hg_2^{2+}$ | $0.920$ |
| $NO_3^- + 3H^+ + 2e^- \rightleftharpoons HNO_2 + H_2O$ | $0.94$ |
| $NO_3^- + 4H^+ + 3e^- \rightleftharpoons NO + 2H_2O$ | $0.96$ |
| $HNO_2 + H^+ + e^- \rightleftharpoons NO + H_2O$ | $1.00$ |
| $[AuCl_4]^- + 3e^- \rightleftharpoons Au + 4Cl^-$ | $1.00$ |
| $VO_2^+ + 2H^+ + e^- \rightleftharpoons VO^{2+} + H_2O$ | $1.00$ |

续表

| 电极反应 | $\varphi^{\ominus}$/V |
|---|---|
| $Br_2(l) + 2e^- = 2Br^-$ | 1.065 |
| $Cu^{2+} + 2CN^- + e^- = Cu(CN)_2^-$ | 1.12 |
| $SeO_4^{2-} + 4H^+ + 2e^- = H_2SeO_3 + H_2O$ | 1.15 |
| $ClO_4^- + 2H^+ + 2e^- = ClO_3^- + H_2O$ | 1.1 |
| $2IO_3^- + 12H^+ + 10e^- = I_2 + 6H_2O$ | 1.20 |
| $ClO_3^- + 3H^+ + 2e^- = HClO_2 + H_2O$ | 1.21 |
| $O_2 + 4H^+ + 4e^- = 2H_2O$ | 1.229 |
| $MnO_2 + 4H^+ + 2e^- = Mn^{2+} + 2H_2O$ | 1.23 |
| $Cr_2O_7^{2-} + 14H^+ + 6e^- = 2Cr^{3+} + 7H_2O$ | 1.33 |
| $Cl_2 + 2e^- = 2Cl^-$ | 1.36 |
| $2HIO + 2H^+ + 2e^- = I_2 + 2H_2O$ | 1.45 |
| $PbO_2 + 4H^+ + 2e^- = Pb^{2+} + 2H_2O$ | 1.455 |
| $Au^{3+} + 3e^- = Au$ | 1.50 |
| $Mn^{3+} + e^- = Mn^{2+}$ | 1.51 |
| $MnO_4^- + 8H^+ + 5e^- = Mn^{2+} + 4H_2O$ | 1.51 |
| $2BrO_3^- + 12H^+ + 10e^- = Br_2 + 6H_2O$ | 1.52 |
| $2HBrO + 2H^+ + 2e^- = Br_2 + 2H_2O$ | 1.59 |
| $Ce^{4+} + e^- = Ce^{3+}$ (1 mol·L$^{-1}$ HNO$_3$) | 1.61 |
| $2HClO + 2H^+ + 2e^- = Cl_2 + 2H_2O$ | 1.63 |
| $HClO_2 + 2H^+ + 2e^- = HClO + H_2O$ | 1.64 |
| $PbO_2 + SO_4^{2-} + 4H^+ + 2e^- = PbSO_4 + 2H_2O$ | 1.685 |
| $MnO_4^- + 4H^+ + 3e^- = MnO_2 + 2H_2O$ | 1.695 |
| $H_2O_2 + 2H^+ + 2e^- = 2H_2O$ | 1.77 |
| $Co^{3+} + e^- = Co^{2+}$ | 1.84 |
| $S_2O_8^{2-} + 2e^- = 2SO_4^{2-}$ | 2.01 |
| $F_2 + 2e^- = 2F^-$ | 2.87 |

## 2. 在碱性溶液中

| 电极反应 | $\varphi^{\ominus}$/V |
|---|---|
| $Mg(OH)_2 + 2e^- = Mg + 2OH^-$ | -2.69 |
| $H_2AlO_3^- + H_2O + 3e^- = Al + 4OH^-$ | -2.35 |
| $H_2PO_2^- + e^- = P + 2OH^-$ | -2.05 |
| $H_2BO_3^- + H_2O + 3e^- = B + 4OH^-$ | -1.79 |
| $SiO_3^{2-} + 3H_2O + 4e^- = Si + 6OH^-$ | -1.70 |
| $Mn(OH)_2 + 2e^- = Mn + 2OH^-$ | -1.55 |

续表

| 电极反应 | $\varphi^{\ominus}$ / V |
|---|---|
| $Zn(CN)_4^{2-} + 2e^- =\!=\!= Zn + 4CN^-$ | −1.26 |
| $ZnO_2^{2-} + 2H_2O + 2e^- =\!=\!= Zn + 4OH^-$ | −1.216 |
| $CrO_2^- + 2H_2O + 3e^- =\!=\!= Cr + 4OH^-$ | −1.2 |
| $Zn(NH_3)_4^{2+} + 2e^- =\!=\!= Zn + 4NH_3$ | −1.04 |
| $SO_4^{2-} + H_2O + 2e^- =\!=\!= SO_3^{2-} + 2OH^-$ | −0.93 |
| $HSnO_2^- + H_2O + 2e^- =\!=\!= Sn + 3OH^-$ | −0.91 |
| $Fe(OH)_2 + 2e^- =\!=\!= Fe + 2OH^-$ | −0.877 |
| $2H_2O + 2e^- =\!=\!= H_2 + 2OH^-$ | −0.828 |
| $Cd(NH_3)_4^{2+} + 2e^- =\!=\!= Cd + 4NH_3$ | −0.61 |
| $2SO_3^{2-} + 3H_2O + 4e^- =\!=\!= S_2O_3^{2-} + 6OH^-$ | −0.58 |
| $Fe(OH)_3 + e^- =\!=\!= Fe(OH)_2 + OH^-$ | −0.56 |
| $S + 2e^- =\!=\!= S^{2-}$ | −0.48 |
| $Ni(NH_3)_6^{2+} + 2e^- =\!=\!= Ni + 6NH_3(aq)$ | −0.48 |
| $Cu(CN)_2^- + e^- =\!=\!= Cu + 2CN^-$ | −0.43 |
| $Hg(CN)_4^{2-} + 2e^- =\!=\!= Hg + 4CN^-$ | −0.37 |
| $Ag(CN)_2^- + e^- =\!=\!= Ag + 2CN^-$ | −0.31 |
| $CrO_4^{2-} + 2H_2O + 3e^- =\!=\!= CrO_2^- + 4OH^-$ | −0.12 |
| $Cu(NH_3)_2^+ + e^- =\!=\!= Cu + 2NH_3$ | −0.12 |
| $MnO_2 + 2H_2O + 2e^- =\!=\!= Mn(OH)_2 + 2OH^-$ | −0.05 |
| $AgCN + e^- =\!=\!= Ag + CN^-$ | −0.017 |
| $NO_3^- + H_2O + 2e^- =\!=\!= NO_2^- + 2OH^-$ | 0.01 |
| $HgO + H_2O + 2e^- =\!=\!= Hg + 2OH^-$ | 0.098 |
| $Co(NH_3)_6^{3+} + e^- =\!=\!= Co(NH_3)_6^{2+}$ | 0.1 |
| $Co(OH)_3 + e^- =\!=\!= Co(OH)_2 + OH^-$ | 0.17 |
| $IO_3^- + 3H_2O + 6e^- =\!=\!= I^- + 6OH^-$ | 0.26 |
| $ClO_3^- + H_2O + 2e^- =\!=\!= ClO_2^- + 2OH^-$ | 0.33 |
| $ClO_4^- + H_2O + 2e^- =\!=\!= ClO_3^- + 2OH^-$ | 0.36 |
| $Ag(NH_3)_2^+ + e^- =\!=\!= Ag + 2NH_3$ | 0.373 |
| $O_2 + 2H_2O + 4e^- =\!=\!= 4OH^-$ | 0.401 |

| 电极反应 | $\varphi^\ominus$ / V |
|---|---|
| $IO^- + H_2O + 2e^- \rightleftharpoons I^- + 2OH^-$ | 0.49 |
| $MnO_4^{2-} + 2H_2O + 2e^- \rightleftharpoons MnO_2 + 4OH^-$ | 0.60 |
| $BrO_3^- + 3H_2O + 6e^- \rightleftharpoons Br^- + 6OH^-$ | 0.61 |
| $ClO_2^- + H_2O + 2e^- \rightleftharpoons ClO^- + 2OH^-$ | 0.66 |
| $BrO^- + H_2O + 2e^- \rightleftharpoons Br^- + 2OH^-$ | 0.76 |
| $ClO^- + H_2O + 2e^- \rightleftharpoons Cl^- + 2OH^-$ | 0.89 |

## 附录五　配离子的稳定常数

| 配离子 | $K_f^\ominus$ | $\lg K_f^\ominus$ | 配离子 | $K_f^\ominus$ | $\lg K_f^\ominus$ |
|---|---|---|---|---|---|
| $[AgCl_2]^-$ | $1.74 \times 10^5$ | 5.24 | $[Co(NH_3)_6]^{3+}$ | $2.29 \times 10^{35}$ | 34.36 |
| $[CdCl_4]^{2-}$ | $3.47 \times 10^2$ | 2.54 | $[Cu(NH_3)_4]^{2+}$ | $1.38 \times 10^{12}$ | 12.14 |
| $[CuCl_4]^{2-}$ | $4.17 \times 10^5$ | 5.62 | $[Ni(NH_3)_6]^{2+}$ | $1.02 \times 10^8$ | 8.01 |
| $[HgCl_4]^{2-}$ | $1.59 \times 10^{14}$ | 14.20 | $[Zn(NH_3)_4]^{2+}$ | $5.00 \times 10^8$ | 8.70 |
| $[PbCl_3]^-$ | 25 | 1.4 | $[AlF_6]^{3-}$ | $6.9 \times 10^{19}$ | 19.84 |
| $[SnCl_4]^{2-}$ | 30.2 | 1.48 | $[FeF_5]^{2-}$ | $2.19 \times 10^{15}$ | 15.34 |
| $[SnCl_6]^{2-}$ | 5.6 | 0.82 | $[Zn(OH)_4]^{2-}$ | $1.4 \times 10^{15}$ | 15.15 |
| $[Ag(CN)_2]^-$ | $1.3 \times 10^{21}$ | 21.1 | $[CdI_4]^{2-}$ | $1.26 \times 10^6$ | 6.10 |
| $[Cd(CN)_4]^{2-}$ | $1.1 \times 10^{16}$ | 16.04 | $[HgI_4]^{2-}$ | $3.47 \times 10^{30}$ | 30.54 |
| $[Cu(CN)_4]^{3-}$ | $5 \times 10^{30}$ | 30.7 | $[Fe(SCN)_5]^{2-}$ | $1.20 \times 10^6$ | 6.08 |
| $[Fe(CN)_6]^{4-}$ | $1.0 \times 10^{24}$ | 24.00 | $[Hg(SCN)_4]^{2-}$ | $7.75 \times 10^{21}$ | 21.89 |
| $[Fe(CN)_6]^{3-}$ | $1.0 \times 10^{31}$ | 31.00 | $[Zn(SCN)_4]^{2-}$ | 20 | 1.30 |
| $[Hg(CN)_4]^{2-}$ | $3.24 \times 10^{41}$ | 41.51 | $[Ag(S_2O_3)_2]^{3-}$ | $2.9 \times 10^{13}$ | 13.46 |
| $[Ni(CN)_4]^{2-}$ | $1.0 \times 10^{22}$ | 22.00 | $[Pb(Ac)_3]^{2-}$ | $2.46 \times 10^3$ | 3.39 |
| $[Zn(CN)_4]^{2-}$ | $5.75 \times 10^{16}$ | 16.76 | $[Al(C_2O_4)_3]^-$ | $2 \times 10^{16}$ | 16.3 |
| $[Ag(NH_3)_2]^+$ | $1.62 \times 10^7$ | 7.21 | $[Fe(C_2O_4)_3]^{4-}$ | $1.66 \times 10^5$ | 5.22 |
| $[Cd(NH_3)_4]^{2+}$ | $3.63 \times 10^6$ | 6.56 | $[Fe(C_2O_4)_3]^{3-}$ | $1.59 \times 10^{20}$ | 20.20 |
| $[Co(NH_3)_6]^{2+}$ | $2.46 \times 10^4$ | 4.39 | $[Zn(C_2O_4)_3]^{4-}$ | $1.4 \times 10^8$ | 8.15 |

## 附录六 元素的原子半径 (pm)

| | | | | | | | | | | | | | | | | | |
|---|---|---|---|---|---|---|---|---|---|---|---|---|---|---|---|---|---|
| H 37 | | | | | | | | | | | | | | | | | He 122 |
| Li 152 | Be 111 | | | | | | | | | | | B 88 | C 77 | N 70 | O 66 | F 64 | Ne 160 |
| Na 186 | Mg 160 | | | | | | | | | | | Al 143 | Si 117 | P 110 | S 104 | Cl 99 | Ar 191 |
| K 227 | Ca 197 | Sc 161 | Ti 145 | V 132 | Cr 125 | Mn 124 | Fe 124 | Co 125 | Ni 125 | Cu 128 | Zn 133 | Ga 122 | Ge 122 | As 121 | Se 117 | Br 114 | Kr 198 |
| Rb 248 | Sr 215 | Y 181 | Zr 160 | Nb 143 | Mo 136 | Tc 136 | Ru 133 | Rh 135 | Pd 138 | Ag 144 | Cd 149 | In 163 | Sn 141 | Sb 141 | Te 137 | I 133 | Xe 217 |
| Cs 265 | Ba 217 | | Hf 159 | Ta 143 | W 137 | Re 137 | Os 134 | Ir 136 | Pt 136 | Au 144 | Hg 160 | Tl 170 | Pb 175 | Bi 155 | Po 153 | | |

| La 188 | Ce 183 | Pr 183 | Nd 182 | Pm 181 | Sm 180 | Eu 204 | Gd 180 | Tb 178 | Dy 177 | Ho 177 | Er 176 | Tm 175 | Yb 194 | Lu 173 |
|---|---|---|---|---|---|---|---|---|---|---|---|---|---|---|

## 附录七 元素的第一电离能 (kJ·mol$^{-1}$)

| | | | | | | | | | | | | | | | | | |
|---|---|---|---|---|---|---|---|---|---|---|---|---|---|---|---|---|---|
| H 1312.0 | | | | | | | | | | | | | | | | | He 122 |
| Li 520.2 | Be 899.5 | | | | | | | | | | | B 800.6 | C 1086.5 | N 1402.3 | O 1313.9 | F 1681.0 | Ne 2020.7 |
| Na 495.8 | Mg 737.7 | | | | | | | | | | | Al 577.5 | Si 786.5 | P 1011.8 | S 999.6 | Cl 1251.2 | Ar 1520.6 |
| K 418.8 | Ca 589.8 | Sc 633.0 | Ti 658.8 | V 650.9 | Cr 652.9 | Mn 717.3 | Fe 762.5 | Co 760.4 | Ni 737.1 | Cu 745.5 | Zn 906.4 | Ga 578.8 | Ge 762.2 | As 944.4 | Se 941.0 | Br 1139.9 | Kr 1350.8 |
| Rb 403.0 | Sr 549.5 | Y 599.9 | Zr 640.1 | Nb 652.1 | Mo 684.3 | Tc 702.4 | Ru 710.2 | Rh 719.7 | Pd 804.4 | Ag 731.0 | Cd 867.8 | In 558.3 | Sn 708.6 | Sb 830.6 | Te 869.3 | I 1008.4 | Xe 1170.4 |
| Cs 375.7 | Ba 502.9 | La 538.1 | Hf 659.0 | Ta 728.4 | W 758.8 | Re 755.8 | Os 814.2 | Ir 865.2 | Pt 864.4 | Au 890.1 | Hg 1007.1 | Tl 589.4 | Pb 715.6 | Bi 703.0 | Po 812.1 | | |
| Fr 392.0 | Ra 509.3 | | | | | | | | | | | | | | | | |

| La | Ce | Pr | Nd | Pm | Sm | Eu | Gd | Tb | Dy | Ho | Er | Tm | Yb | Lu |
|---|---|---|---|---|---|---|---|---|---|---|---|---|---|---|
| 538.1 | 534.4 | 527.2 | 533.1 | 538.4 | 544.5 | 547.1 | 593.4 | 565.8 | 573.0 | 581.0 | 589.3 | 596.7 | 603.4 | 523.5 |

## 附录八 主族元素的电子亲和能 （kJ·mol⁻¹）

| | | | | | | | He −48.2 |
|---|---|---|---|---|---|---|---|
| H 72.7 | | | | | | | |
| Li 59.6 | Be −48.2 | B 26.7 | C 121.9 | N −6.75 | O 141.0 | F 328.0 | Ne −115.8 |
| Na 52.9 | Mg −38.6 | Al 42.5 | Si 133.6 | P 72.1 | S 200.4 | Cl 349.0 | Ar −96.5 |
| K 48.4 | Ca −28.9 | Ga 28.9 | Ge 115.8 | As 78.2 | Se 195.0 | Br 324.7 | Kr −96.5 |
| Rb 46.9 | Sr −28.9 | In 28.9 | Sn 115.8 | Sb 103.2 | Te 190.2 | I 295.1 | Xe −77.2 |

本表数据依据 H. Hotop and W. C. Lineberger. *J. Phys. Chem. Ref. Data*, 14, 731(1985).

## 附录九 元素的电负性

| | | | | | | | | | | | | | | | | |
|---|---|---|---|---|---|---|---|---|---|---|---|---|---|---|---|---|
| H 2.18 | | | | | | | | | | | | | | | | |
| Li 0.98 | Be 1.57 | | | | | | | | | | B 2.04 | C 2.55 | N 3.04 | O 3.44 | F 3.98 | |
| Na 0.93 | Mg 1.31 | | | | | | | | | | Al 1.61 | Si 1.90 | P 2.19 | S 2.58 | Cl 3.16 | |
| K 0.82 | Ca 1.00 | Sc 1.36 | Ti 1.54 | V 1.63 | Cr 1.66 | Mn 1.55 | Fe 1.8 | Co 1.88 | Ni 1.91 | Cu 1.90 | Zn 1.65 | Ga 1.81 | Ge 2.01 | As 2.18 | Se 2.55 | Br 2.96 |
| Rb 0.82 | Sr 0.95 | Y 1.22 | Zr 1.33 | Nb 1.60 | Mo 2.16 | Tc 1.9 | Ru 2.28 | Rh 2.2 | Pd 2.20 | Ag 1.93 | Cd 1.69 | In 1.78 | Sn 1.96 | Sb 2.05 | Te 2.10 | I 2.66 |
| Cs 0.79 | Ba 0.89 | Lu 1.2 | Hf 1.3 | Ta 1.50 | W 2.36 | Re 1.9 | Os 2.2 | Ir 2.2 | Pt 2.28 | Au 2.54 | Hg 2.00 | Tl 2.04 | Pb 2.33 | Bi 2.02 | Po 2.0 | At 2.2 |

本表引自 M. Millian, *Chemical and Physical Data* (1992).

## 附录十　鲍林离子半径

| | | | | | |
|---|---|---|---|---|---|
| $H^-$ | 208 | $Be^{2+}$ | 31 | $In^{3+}$ | 81 |
| $F^-$ | 136 | $Mg^{2+}$ | 65 | $Tl^{3+}$ | 95 |
| $Cl^-$ | 181 | $Ca^{2+}$ | 99 | $Fe^{3+}$ | 64 |
| $Br^-$ | 195 | $Sr^{2+}$ | 113 | $Cr^{3+}$ | 63 |
| $I^-$ | 216 | $Ba^{2+}$ | 135 | | |
| | | $Zn^{2+}$ | 74 | $C^{4+}$ | 15 |
| $O^{2-}$ | 140 | $Cd^{2+}$ | 97 | $Si^{4+}$ | 41 |
| $S^{2-}$ | 184 | $Hg^{2+}$ | 110 | $Ti^{4+}$ | 68 |
| $Se^{2-}$ | 198 | $Pb^{2+}$ | 121 | $Zr^{4+}$ | 80 |
| $Te^{2-}$ | 221 | $Mn^{2+}$ | 80 | $Ce^{4+}$ | 101 |
| | | $Fe^{2+}$ | 76 | $Ge^{4+}$ | 53 |
| $Li^+$ | 60 | $Co^{2+}$ | 74 | $Sn^{4+}$ | 71 |
| $Na^+$ | 95 | $Ni^{2+}$ | 69 | $Pb^{4+}$ | 84 |
| $K^+$ | 133 | $Cu^{2+}$ | 72 | | |
| $Rb^+$ | 148 | | | | |
| $Cs^+$ | 169 | $B^{3+}$ | 20 | | |
| $Cu^+$ | 96 | $Al^{3+}$ | 50 | | |
| $Ag^+$ | 126 | $Sc^{3+}$ | 81 | | |
| $Au^+$ | 137 | $Y^{3+}$ | 93 | | |
| $Tl^+$ | 140 | $La^{3+}$ | 115 | | |
| $NH_4^+$ | 148 | $Ga^{3+}$ | 62 | | |

## 附录十一　常用的基准物质的干燥条件和应用

| 基准物质 | | 干燥后的组成 | 干燥条件/℃ | 标定对象 |
|---|---|---|---|---|
| 名称 | 分子式 | | | |
| 碳酸氢钠 | $NaHCO_3$ | $Na_2CO_3$ | 270~300 | 酸 |
| 十水合碳酸钠 | $Na_2CO_3 \cdot 10H_2O$ | $Na_2CO_3$ | 270~300 | 酸 |
| 硼砂 | $Na_2B_4O_7 \cdot 10H_2O$ | $Na_2B_4O_7 \cdot 10H_2O$ | 放在装有 NaCl 和蔗糖饱和溶液的密闭器皿中 | 酸 |
| 碳酸氢钾 | $KHCO_3$ | $K_2CO_3$ | 270~300 | 酸 |

续表

| 基准物质 | | 干燥后的组成 | 干燥条件/℃ | 标定对象 |
| --- | --- | --- | --- | --- |
| 名称 | 分子式 | | | |
| 二水合草酸 | $H_2C_2O_4 \cdot 2H_2O$ | $H_2C_2O_4 \cdot 2H_2O$ | 室温空气干燥 | 碱或 $KMnO_4$ |
| 邻苯二甲酸氢钾 | $KHC_8H_4O_4$ | $KHC_8H_4O_4$ | 110~120 | 碱 |
| 重铬酸钾 | $K_2Cr_2O_7$ | $K_2Cr_2O_7$ | 140~150 | 还原剂 |
| 溴酸钾 | $KBrO_3$ | $KBrO_3$ | 130 | 还原剂 |
| 碘酸钾 | $KIO_3$ | $KIO_3$ | 130 | 还原剂 |
| 铜 | Cu | Cu | 室温干燥器中保存 | 还原剂 |
| 三氧化二砷 | $As_2O_3$ | $As_2O_3$ | 室温干燥器中保存 | 氧化剂 |
| 草酸钠 | $Na_2C_2O_4$ | $Na_2C_2O_4$ | 130 | 氧化剂 |
| 碳酸钙 | $CaCO_3$ | $CaCO_3$ | 110 | EDTA |
| 锌 | Zn | Zn | 室温干燥器中保存 | EDTA |
| 氧化锌 | ZnO | ZnO | 900~1000 | EDTA |
| 氯化钠 | NaCl | NaCl | 500~600 | $AgNO_3$ |
| 氯化钾 | KCl | KCl | 500~600 | $AgNO_3$ |
| 硝酸银 | $AgNO_3$ | $AgNO_3$ | 220~250 | 氧化物 |

## 附录十二 弱酸及其共轭碱在水中的解离常数（25℃，$I=0$）

| 弱酸 | 分子式 | $K_a$ | $pK_a$ | 共轭碱 | |
| --- | --- | --- | --- | --- | --- |
| | | | | $pK_b$ | $K_b$ |
| 砷酸 | $H_3AsO_4$ | $6.3\times10^{-3}(K_{a1})$ | 2.20 | 11.80 | $1.6\times10^{-12}(K_{b1})$ |
| | | $1.0\times10^{-7}(K_{a2})$ | 7.00 | 7.00 | $1\times10^{-7}(K_{b2})$ |
| | | $3.2\times10^{-12}(K_{a3})$ | 11.50 | 2.50 | $3.1\times10^{-3}(K_{b3})$ |
| 亚砷酸 | $HAsO_2$ | $6.0\times10^{-10}$ | 9.22 | 4.78 | $1.7\times10^{-5}$ |
| 硼酸 | $H_3BO_3$ | $5.8\times10^{-10}$ | 9.24 | 4.76 | $1.7\times10^{-5}$ |
| 焦硼酸 | $H_2B_4O_7$ | $1\times10^{-4}(K_{a1})$ | 4 | 10 | $1\times10^{-10}(K_{b2})$ |
| | | $1\times10^{-9}(K_{a2})$ | 9 | 5 | $1\times10^{-5}(K_{b1})$ |
| 碳酸 | $H_2CO_3$ | $4.2\times10^{-7}(K_{a1})$ | 6.38 | 7.62 | $2.4\times10^{-8}(K_{b2})$ |
| | $(CO_2+H_2O)$ | $5.6\times10^{-11}(K_{a2})$ | 10.25 | 3.75 | $1.8\times10^{-4}(K_{b1})$ |
| 氢氰酸 | HCN | $6.2\times10^{-10}$ | 9.21 | 4.79 | $1.6\times10^{-5}$ |
| 铬酸 | $H_2CrO_4$ | $1.8\times10^{-1}(K_{a1})$ | 0.74 | 13.26 | $5.6\times10^{-14}(K_{b2})$ |
| | | $3.2\times10^{-7}(K_{a2})$ | 6.50 | 7.50 | $3.1\times10^{-8}(K_{b1})$ |
| 氢氟酸 | HF | $6.6\times10^{-4}$ | 3.18 | 10.82 | $1.5\times10^{-11}$ |
| 亚硝酸 | $HNO_2$ | $5.1\times10^{-4}$ | 3.29 | 10.71 | $1.2\times10^{-11}$ |
| 过氧化氢 | $H_2O_2$ | $1.8\times10^{-12}$ | 11.75 | 2.25 | $5.6\times10^{-3}$ |

续表

| 弱酸 | 分子式 | $K_a$ | $pK_a$ | 共轭碱 | |
|---|---|---|---|---|---|
| | | | | $pK_b$ | $K_b$ |
| 磷酸 | $H_3PO_4$ | $7.6\times10^{-3}(K_{a1})$<br>$6.3\times10^{-8}(K_{a2})$<br>$4.4\times10^{-13}(K_{a3})$ | 2.12<br>7.20<br>12.36 | 11.88<br>6.80<br>1.64 | $1.3\times10^{-12}(K_{b3})$<br>$1.6\times10^{-7}(K_{b2})$<br>$2.3\times10^{-2}(K_{b1})$ |
| 焦磷酸 | $H_4P_2O_7$ | $3.0\times10^{-2}(K_{a1})$<br>$4.4\times10^{-3}(K_{a2})$<br>$2.5\times10^{-7}(K_{a3})$<br>$5.6\times10^{-10}(K_{a4})$ | 1.52<br>2.36<br>6.60<br>9.25 | 12.48<br>11.64<br>7.40<br>7.12 | $3.3\times10^{-13}(K_{b4})$<br>$2.3\times10^{-12}(K_{b3})$<br>$4.0\times10^{-8}(K_{b2})$<br>$1.8\times10^{-5}(K_{b1})$ |
| 亚磷酸 | $H_3PO_3$ | $5.0\times10^{-2}(K_{a1})$<br>$2.5\times10^{-7}(K_{a2})$ | 1.30<br>6.60 | 12.70<br>7.40 | $2.0\times10^{-13}(K_{b2})$<br>$4.0\times10^{-8}(K_{b1})$ |
| 氢硫酸 | $H_2S$ | $1.3\times10^{-7}(K_{a1})$ | 6.88 | 7.12 | $7.7\times10^{-8}(K_{b2})$ |
| 硫酸 | $HSO_4^-$ | $1.0\times10^{-2}(K_{a2})$ | 1.99 | 12.01 | $1.0\times10^{-12}(K_{b1})$ |
| 亚硫酸 | $H_2SO_3(SO_2+H_2O)$ | $1.3\times10^{-2}(K_{a1})$<br>$6.3\times10^{-8}(K_{a2})$ | 1.90<br>7.20 | 12.10<br>6.80 | $7.7\times10^{-13}(K_{b2})$<br>$1.6\times10^{-7}(K_{b1})$ |
| 偏硅酸 | $H_2SiO_3$ | $1.7\times10^{-10}(K_{a1})$<br>$1.6\times10^{-12}(K_{a2})$ | 9.77<br>11.8 | 4.23<br>2.20 | $5.9\times10^{-5}(K_{b2})$<br>$6.2\times10^{-3}(K_{b1})$ |
| 甲酸 | HCOOH | $1.8\times10^{-4}$ | 3.74 | 10.26 | $5.5\times10^{-11}$ |
| 乙酸 | $CH_3COOH$ | $1.8\times10^{-5}$ | 4.74 | 9.26 | $5.5\times10^{-10}$ |
| 一氯乙酸 | $CH_2ClCOOH$ | $1.4\times10^{-3}$ | 2.86 | 11.14 | $6.9\times10^{-12}$ |
| 二氯乙酸 | $CHCl_2COOH$ | $5.0\times10^{-2}$ | 1.30 | 12.70 | $2.0\times10^{-13}$ |
| 三氯乙酸 | $CCl_3COOH$ | 0.23 | 0.64 | 13.36 | $4.3\times10^{-14}$ |
| 氨基乙酸盐 | $NH_3^+CH_2COOH$<br>$^+NH_3CH_2COO^-$ | $4.5\times10^{-3}(K_{a1})$<br>$2.5\times10^{-10}(K_{a2})$ | 2.35<br>9.60 | 11.65<br>4.40 | $2.2\times10^{-12}(K_{b2})$<br>$4.0\times10^{-5}(K_{b1})$ |
| 乳酸 | $CH_3CHOHCOOH$ | $1.4\times10^{-4}$ | 3.86 | 10.14 | $7.2\times10^{-11}$ |
| 苯甲酸 | $C_6H_5COOH$ | $6.2\times10^{-5}$ | 4.21 | 9.79 | $1.6\times10^{-10}$ |
| 草酸 | $H_2C_2O_4$ | $5.9\times10^{-2}(K_{a1})$<br>$6.4\times10^{-5}(K_{a2})$ | 1.22<br>4.19 | 12.78<br>9.81 | $1.7\times10^{-13}(K_{b2})$<br>$1.6\times10^{-10}(K_{b1})$ |
| d-酒石酸 | CH(OH)COOH\|CH(OH)COOH | $9.1\times10^{-4}(K_{a1})$<br>$4.3\times10^{-5}(K_{a2})$ | 3.04<br>4.37 | 10.96<br>9.63 | $1.1\times10^{-11}(K_{b2})$<br>$2.3\times10^{-10}(K_{b1})$ |
| 邻苯二甲酸 | C₆H₄(COOH)₂ | $1.1\times10^{-3}(K_{a1})$<br>$3.9\times10^{-5}(K_{a2})$ | 2.95<br>5.41 | 11.05<br>8.59 | $9.1\times10^{-12}(K_{b2})$<br>$2.6\times10^{-9}(K_{b1})$ |
| 柠檬酸 | $CH_2COOH$<br>\|$C(OH)COOH$<br>\|$CH_2COOH$ | $7.4\times10^{-4}(K_{a1})$<br>$1.7\times10^{-5}(K_{a2})$<br>$4.0\times10^{-7}(K_{a3})$ | 3.13<br>4.76<br>6.40 | 10.87<br>9.26<br>7.60 | $1.4\times10^{-11}(K_{b3})$<br>$5.9\times10^{-10}(K_{b2})$<br>$2.5\times10^{-8}(K_{b1})$ |
| 苯酚 | $C_6H_5OH$ | $1.1\times10^{-10}$ | 9.95 | 4.05 | $9.1\times10^{-5}$ |

续表

| 弱酸 | 分子式 | $K_a$ | $pK_a$ | 共轭碱 pK_b | 共轭碱 K_b |
|---|---|---|---|---|---|
| 乙二胺四乙酸 | $H_6$-EDTA$^{2+}$ | $0.13(K_{a1})$ | 0.9 | 13.1 | $7.7\times10^{-14}(K_{b6})$ |
| | $H_5$-EDTA$^+$ | $3\times10^{-2}(K_{a2})$ | 1.6 | 12.4 | $3.3\times10^{-13}(K_{b5})$ |
| | $H_4$-EDTA | $1\times10^{-2}(K_{a3})$ | 2.0 | 12.0 | $1\times10^{-12}(K_{b4})$ |
| | $H_3$-EDTA$^-$ | $2.1\times10^{-3}(K_{a4})$ | 2.67 | 11.33 | $4.8\times10^{-12}(K_{b3})$ |
| | $H_2$-EDTA$^{2-}$ | $6.9\times10^{-7}(K_{a5})$ | 6.16 | 7.84 | $1.4\times10^{-8}(K_{b2})$ |
| | H-EDTA$^{3-}$ | $5.5\times10^{-11}(K_{a6})$ | 10.26 | 3.74 | $1.8\times10^{-4}(K_{b1})$ |
| 氨离子 | $NH_4^+$ | $5.5\times10^{-10}$ | 9.26 | 4.74 | $1.8\times10^{-5}$ |
| 联氨离子 | $^+H_3NNH_3^+$ | $3.3\times10^{-9}$ | 8.48 | 5.52 | $3.0\times10^{-6}$ |
| 羟氨离子 | $NH_3^+OH$ | $1.1\times10^{-6}$ | 5.96 | 8.04 | $9.1\times10^{-9}$ |
| 甲胺离子 | $CH_3NH_3^+$ | $2.4\times10^{-11}$ | 10.62 | 3.38 | $4.2\times10^{-4}$ |
| 乙胺离子 | $C_2H_5NH_3^+$ | $1.8\times10^{-11}$ | 10.75 | 3.25 | $5.6\times10^{-4}$ |
| 二甲胺离子 | $(CH_3)_2NH_2^+$ | $8.5\times10^{-11}$ | 10.07 | 3.93 | $1.2\times10^{-4}$ |
| 二乙胺离子 | $(C_2H_5)_2NH_2^+$ | $7.8\times10^{-12}$ | 11.11 | 2.89 | $1.3\times10^{-3}$ |
| 乙醇胺离子 | $HOCH_2CH_2NH_3^+$ | $3.2\times10^{-10}$ | 9.50 | 4.50 | $3.2\times10^{-5}$ |
| 三乙醇胺离子 | $(HOCH_2CH_2)_3NH^+$ | $1.7\times10^{-8}$ | 7.76 | 6.24 | $5.8\times10^{-7}$ |
| 六亚甲基四胺离子 | $(CH_2)_6NH^+$ | $7.1\times10^{-6}$ | 5.15 | 8.85 | $1.4\times10^{-9}$ |
| 乙二胺离子 | $^+H_3NCH_2CH_2NH_3^+$ | $1.4\times10^{-7}$ | 6.85 | 7.15 | $7.1\times10^{-8}(K_{b2})$ |
| | $H_2NCH_2CH_2NH_3^+$ | $1.2\times10^{-10}$ | 9.93 | 4.07 | $8.5\times10^{-5}(K_{b1})$ |
| 吡啶离子 | C₅H₅NH$^+$ | $5.9\times10^{-6}$ | 5.23 | 8.77 | $1.7\times10^{-9}$ |

注：• 如果不计水含 $CO_2$，$H_2CO_3$ 的 $pK_{a1}=3.76$。

## 附录十三　离子的 å 值

| å/pm | 一价离子 |
|---|---|
| 900 | $H^+$ |
| 600 | $Li^+$ |
| 500 | $CHCl_2COO^-$，$CCl_3COO^-$ |
| 400 | $Na^+$，$ClO_2^-$，$IO_3^-$，$HCO_3^-$，$H_2PO_4^-$，$HSO_3^-$，$H_2AsO_4^-$，$CH_3COO^-$，$CH_2ClCOO^-$ |
| 300 | $OH^-$，$F^-$，$SCN^-$，$HS^-$，$ClO_3^-$，$ClO_4^-$，$BrO_3^-$，$IO_4^-$，$MnO_4^-$，$K^+$，$Cl^-$，$Br^-$，$I^-$，$CN^-$，$NO_2^-$，$NO_3^-$，$Rb^+$，$Cs^+$，$NH_4^+$，$Tl^+$，$Ag^+$，$HCOO^-$，$H_2Cit^-$ |
| | 二价离子 |
| 800 | $Mg^{2+}$，$Be^{2+}$ |
| 600 | $Ca^{2+}$，$Cu^{2+}$，$Zn^{2+}$，$Sn^{2+}$，$Mn^{2+}$，$Fe^{2+}$，$Ni^{2+}$，$Co^{2+}$ |

续表

| $a$/pm | 一价离子 |
|---|---|
| 500 | $Sr^{2+}$, $Ba^{2+}$, $Cd^{2+}$, $Hg^{2+}$, $S^{2-}$, $S_2O_4^{2-}$, $WO_4^{2-}$, $Pb^{2+}$, $CO_3^{2-}$, $SO_3^{2-}$, $MoO_4^{2-}$, $(COO)_2^{2-}$, $HCit^{2-}$ |
| 400 | $Hg_2^{2+}$, $SO_4^{2-}$, $S_2O_3^{2-}$, $SeO_4^{2-}$, $CrO_4^{2-}$, $HPO_4^{2-}$ |
| | 三价离子 |
| 900 | $Al^{3+}$, $Fe^{3+}$, $Cr^{3+}$, $Sc^{3+}$, $Y^{3+}$, $La^{3+}$, $In^{3+}$, $Ce^{3+}$, $Pr^{3+}$, $Nd^{3+}$, $Sm^{3+}$ |
| 500 | $Cit^3$ |
| 400 | $PO_4^{3-}$, $Fe(CN)_6^{3-}$ |
| | 四价离子 |
| 1100 | $Th^{4+}$, $Zr^{4+}$, $Ce^{4+}$, $Sn^{4+}$ |
| 500 | $Fe(CN)_6^{4-}$ |

## 附录十四 离子的活度系数

| $a$/pm | 离子强度 $I$/mol·L$^{-1}$ | | | | | | |
|---|---|---|---|---|---|---|---|
| | 0.001 | 0.0025 | 0.005 | 0.01 | 0.025 | 0.05 | 0.1 |
| 一价 | | | | | | | |
| 900 | 0.967 | 0.950 | 0.933 | 0.914 | 0.88 | 0.86 | 0.83 |
| 800 | 0.966 | 0.949 | 0.931 | 0.912 | 0.88 | 0.85 | 0.82 |
| 700 | 0.965 | 0.948 | 0.930 | 0.909 | 0.875 | 0.845 | 0.81 |
| 500 | 0.965 | 0.948 | 0.929 | 0.907 | 0.87 | 0.835 | 0.80 |
| 500 | 0.964 | 0.947 | 0.928 | 0.904 | 0.865 | 0.83 | 0.79 |
| 400 | 0.964 | 0.947 | 0.927 | 0.901 | 0.855 | 0.815 | 0.77 |
| 300 | 0.964 | 0.945 | 0.925 | 0.899 | 0.85 | 0.805 | 0.755 |
| 二价 | | | | | | | |
| 800 | 0.872 | 0.813 | 0.755 | 0.69 | 0.595 | 0.52 | 0.45 |
| 700 | 0.872 | 0.812 | 0.753 | 0.685 | 0.58 | 0.50 | 0.425 |
| 600 | 0.870 | 0.809 | 0.749 | 0.675 | 0.57 | 0.485 | 0.405 |
| 500 | 0.868 | 0.805 | 0.744 | 0.67 | 0.555 | 0.465 | 0.38 |
| 400 | 0.867 | 0.803 | 0.740 | 0.660 | 0.545 | 0.445 | 0.355 |
| 三价 | | | | | | | |
| 900 | 0.738 | 0.632 | 0.54 | 0.445 | 0.325 | 0.245 | 0.18 |
| 600 | 0.731 | 0.620 | 0.52 | 0.415 | 0.28 | 0.195 | 0.13 |
| 500 | 0.728 | 0.616 | 0.51 | 0.405 | 0.27 | 0.18 | 0.115 |
| 400 | 0.725 | 0.612 | 0.505 | 0.395 | 0.25 | 0.16 | 0.095 |

续表

| $a$/pm | 离子强度 $I$/mol·L$^{-1}$ | | | | | | |
|---|---|---|---|---|---|---|---|
| | 0.001 | 0.0025 | 0.005 | 0.01 | 0.025 | 0.05 | 0.1 |
| | 四价 | | | | | | |
| 1100 | 0.588 | 0.455 | 0.35 | 0.255 | 0.155 | 0.10 | 0.065 |
| 600 | 0.575 | 0.43 | 0.315 | 0.21 | 0.105 | 0.055 | 0.027 |
| 500 | 0.57 | 0.425 | 0.31 | 0.20 | 0.10 | 0.048 | 0.021 |

## 附录十五　常用缓冲溶液

| 缓冲溶液 | 酸 | 共轭碱 | $pK_a$ |
|---|---|---|---|
| 氨基乙酸-HCl | $^+NH_3CH_2COOH$ | $^+NH_3CH_2COO^-$ | 2.35($pK_{a_1}$) |
| 一氯乙酸-NaOH | $CH_2ClCOOH$ | $CH_2ClCOO^-$ | 2.86 |
| 邻苯二甲酸氢钾-HCl | 邻-C$_6$H$_4$(COOH)$_2$ | 邻-C$_6$H$_4$(COOH)(COO$^-$) | 2.95($pK_{a_1}$) |
| 甲酸-NaOH | HCOOH | HCOO$^-$ | 3.76 |
| HAc-NaAc | HAc | HAc | 4.74 |
| 六亚甲基四胺-HCl | $(CH_2)_6N_4H^+$ | $(CH_2)_6N_4$ | 5.15 |
| NaH$_2$PO$_4$-Na$_2$HPO$_4$ | $H_2PO_4^-$ | $HPO_4^{2-}$ | 7.20($pK_{a_2}$) |
| 三乙醇胺-HCl | $^+HN(CH_2CH_2OH)_3$ | $N(CH_2CH_2OH)_3$ | 7.76 |
| Tris*-HCl | $^+HNC(CH_2OH)_3$ | $HNC(CH_2OH)_3$ | 8.21 |
| Na$_2$B$_4$O$_7$-HCl | $H_3BO_3$ | $H_2BO_3^-$ | 9.24($pK_{a_1}$) |
| Na$_2$B$_4$O$_7$-NaOH | $H_3BO_3$ | $H_2BO_3^-$ | 9.24($pK_{a_1}$) |
| NH$_3$-NH$_4$Cl | $NH_4^+$ | $NH_3$ | 9.26 |
| 乙醇氨-HCl | $^+NH_3CH_2CH_2OH$ | $NH_2CH_2CH_2OH$ | 9.50 |
| 氨基乙酸-NaOH | $^+NH_3CH_2COO^-$ | $NH_2CH_2COO^-$ | 9.60($pK_{a_2}$) |
| NaHCO$_3$-Na$_2$CO$_3$ | $HCO_3^-$ | $CO_3^{2-}$ | 10.25($pK_{a_2}$) |

注：*三(羟甲基)氨基甲烷。

## 附录十六　酸碱指示剂

| 指示剂 | 变色范围 pH | 颜色 | | $pK_{HIn}$ | 浓度 |
|---|---|---|---|---|---|
| | | 酸色 | 碱色 | | |
| 百里酚蓝（第一次变色） | 1.2～2.8 | 红 | 黄 | 1.6 | 0.1%(20%乙醇溶液) |

续表

| 指示剂 | 变色范围 pH | 颜色 酸色 | 颜色 碱色 | $pK_{HIn}$ | 浓度 |
|---|---|---|---|---|---|
| 甲基黄 | 2.9~4.0 | 红 | 黄 | 3.3 | 0.1%(90%乙醇溶液) |
| 甲基橙 | 3.1~4.4 | 红 | 黄 | 3.4 | 0.05%水溶液 |
| 溴酚蓝 | 3.1~4.6 | 黄 | 紫 | 4.1 | 0.1%(20%乙醇溶液),或指示剂钠盐的水溶液 |
| 溴甲酚绿 | 3.8~5.4 | 黄 | 蓝 | 4.9 | 0.1%水溶液,每100mg指示剂加 $0.05 mol \cdot L^{-1}$ NaOH 2.9mL |
| 甲基红 | 4.4~6.2 | 红 | 黄 | 5.2 | 0.1%(60%乙醇溶液),或指示剂钠盐的水溶液 |
| 溴百里酚蓝 | 6.0~7.6 | 黄 | 蓝 | 7.3 | 0.1%(20%乙醇溶液),或指示剂钠盐的水溶液 |
| 中性红 | 6.8~8.0 | 红 | 黄橙 | 7.4 | 0.1%(60%乙醇溶液) |
| 酚红 | 6.7~8.4 | 黄 | 红 | 8.0 | 0.1%(60%乙醇溶液),或指示剂钠盐的水溶液 |
| 酚酞 | 8.0~9.6 | 无 | 红 | 9.1 | 0.1%(90%乙醇溶液) |
| 百里酚蓝(第二次变色) | 8.0~9.6 | 黄 | 蓝 | 8.9 | 0.1%(20%乙醇溶液) |
| 百里酚酞 | 9.4~10.6 | 无 | 蓝 | 10.0 | 0.1%(90%乙醇溶液) |

## 附录十七 混合酸碱指示剂

| 指示剂溶液的组成 | 变色点 pH | 颜色 酸色 | 颜色 碱色 | 备注 |
|---|---|---|---|---|
| 一份0.1%甲基黄乙醇溶液<br>一份0.1%亚甲基蓝乙醇溶液 | 3.25 | 蓝紫 | 绿 | pH 3.4 绿色<br>pH 3.2 蓝紫色 |
| 一份0.1%甲基橙水溶液<br>一份0.25%靛蓝二磺酸钠水溶液 | 4.1 | 紫 | 黄绿 | |
| 三份0.1%溴甲酚绿乙醇溶液<br>一份0.2%甲基红乙醇溶液 | 5.1 | 酒红 | 绿 | |
| 一份0.1%溴甲酚绿钠盐水溶液<br>一份0.1%氯酚红钠盐水溶液 | 6.1 | 黄绿 | 蓝紫 | pH 5.4 蓝紫色,5.8 蓝色,<br>6.0 蓝带紫,6.2 蓝紫 |
| 一份0.1%中性红乙醇溶液<br>一份0.1%亚甲基蓝乙醇溶液 | 7.0 | 蓝紫 | 绿 | pH 7.0 紫蓝 |
| 一份0.1%甲酚红钠盐水溶液<br>三份0.1%百里酚蓝钠盐水溶液 | 8.3 | 黄 | 紫 | pH 8.2 玫瑰色<br>8.4 清晰的紫色 |

续表

| 指示剂溶液的组成 | 变色点 pH | 颜色 | | 备注 |
|---|---|---|---|---|
| | | 酸色 | 碱色 | |
| 一份 0.1% 百里酚蓝 50% 乙醇溶液<br>三份 0.1% 酚酞 50% 乙醇溶液 | 9.0 | 黄 | 紫 | 从黄到绿再到紫 |
| 二份 0.1% 百里酚酞乙醇溶液<br>一份 0.1% 茜素黄乙醇溶液 | 10.2 | 黄 | 紫 | |

## 附录十八 络合物的稳定常数
### （18~25℃）

| 金属离子 | $I$/mol·L$^{-1}$ | $n$ | $\lg \beta_n$ |
|---|---|---|---|
| 氨络合物 | | | |
| $Ag^+$ | 0.5 | 1,2 | 3.24,7.05 |
| $Cd^{2+}$ | 2 | 1,…,6 | 2.65,4.75,6.19,7.12,6.80,5.14 |
| $Co^{2+}$ | 2 | 1,…,6 | 2.11,3.74,4.79,5.55,5.73,5.11 |
| $Co^{3+}$ | 2 | 1,…,6 | 6.7,14.0,20.1,25.7,30.8,35.2 |
| $Cu^+$ | 2 | 1,2 | 5.93,10.86 |
| $Cu^{2+}$ | 2 | 1,…,5 | 4.31,7.98,11.02,13.32,12.86 |
| $Ni^{2+}$ | 2 | 1,…,6 | 2.80,5.04,6.77,7.96,8.71,8.74 |
| $Zn^{2+}$ | 2 | 1,…,4 | 2.37,4.81,7.31,9.46 |
| 溴络合物 | | | |
| $Ag^+$ | 0 | 1,…,4 | 4.38,7.33,8.00,8.73 |
| $Bi^{3+}$ | 2.3 | 1,…,6 | 4.30,5.55,5.89,7.82,—,9.70 |
| $Cd^{2+}$ | 3 | 1,…,4 | 1.75,2.34,3.32,3.70 |
| $Cu^+$ | 0 | 2 | 5.89 |
| $Hg^{2+}$ | 0.5 | 1,…,4 | 9.05,17.32,19.74,21.00 |
| 氯络合物 | | | |
| $Ag^+$ | 0 | 1,…,4 | 3.04,5.04,5.04,5.30 |
| $Hg^{2+}$ | 0.5 | 1,…,4 | 6.74,13.22,14.07,15.07 |
| $Sn^{2+}$ | 0 | 1,…,4 | 1.51,2.24,2.03,1.48 |
| $Sb^{3+}$ | 4 | 1,…,6 | 2.26,3.49,4.18,4.72,4.72,4.11 |
| 氰络合物 | | | |
| $Ag^+$ | 0 | 1,…,4 | —,21.1,21.7,20.6 |
| $Cd^{2+}$ | 3 | 1,…,4 | 5.48,10.60,15.23,18.78 |
| $Co^{2+}$ | | 6 | 19.09 |
| $Cu^+$ | 0 | 1,…,4 | —,24.0,28.59,30.3 |
| $Fe^{2+}$ | 0 | 6 | 35 |

续表

| 金属离子 | $I$/mol·L$^{-1}$ | $n$ | $\lg\beta_n$ |
|---|---|---|---|
| $Fe^{3+}$ | 0 | 6 | 42 |
| $Hg^{2+}$ | 0 | 4 | 41.4 |
| $Ni^{2+}$ | 0.1 | 4 | 31.3 |
| $Zn^{2+}$ | 0.1 | 4 | 16.7 |
| 氟络合物 | | | |
| $Al^{3+}$ | 0.5 | 1,…,6 | 6.13,11.15,15.00,17.75,19.37,19.84 |
| $Fe^{3+}$ | 0.5 | 1,…,6 | 5.28,9.30,12.06,—,15.77,… |
| $Th^{4+}$ | 0.5 | 1,…,3 | 7.65,13.46,17.97 |
| $TiO_2^{2+}$ | 3 | 1,…,4 | 5.4,9.8,13.7,18.0 |
| $ZrO_2^{2+}$ | 2 | 1,…,3 | 8.80,16.12,21.94 |
| 碘络合物 | | | |
| $Ag^+$ | 0 | 1,…,3 | 6.58,11.74,13.68 |
| $Bi^{3+}$ | 2 | 1,…,6 | 3.63,—,—,14.95,16.80,18.80 |
| $Cd^{2+}$ | 0 | 1,…,4 | 2.10,3.43,4.49,5.41 |
| $Pb^{2+}$ | 0 | 1,…,4 | 2.00,3.15,3.92,4.47 |
| $Hg^{2+}$ | 0.5 | 1,…,4 | 12.87,23.82,27.60,29.83 |
| 磷酸络合物 | | | |
| $Ca^{2+}$ | 0.2 | CaHL | 1.7 |
| $Mg^{2+}$ | 0.2 | MgHL | 1.9 |
| $Mn^{2+}$ | 0.2 | MnHL | 2.6 |
| $Fe^{3+}$ | 0.66 | FeL | 9.35 |
| 硫氰酸络合物 | | | |
| $Ag^+$ | 2.2 | 1,…,4 | —,7.57,9.08,10.08 |
| $Au^+$ | 0 | 1,…,4 | —,23,—,42 |
| $Co^{2+}$ | 1 | 1 | 1.0 |
| $Cu^+$ | 5 | 1,…,4 | —,11.00,10.90,10.48 |
| $Fe^{3+}$ | 0.5 | 1,2 | 2.95,3.36 |
| $Hg^{2+}$ | 1 | 1,…,4 | —,17.47,—,21.23 |
| 硫代硫酸络合物 | | | |
| $Ag^+$ | 0 | 1,…,3 | 8.82,13.46,14.15 |
| $Cu^+$ | 0.8 | 1,2,3 | 10.35,12.27,13.71 |
| $Hg^{2+}$ | 0 | 1,…,4 | —,29.86,32.26,33.61 |
| $Pb^{2+}$ | 0 | 1,3 | 5.1,6.4 |
| 乙酰丙酮络合物 | | | |
| $Al^{3+}$ | 0 | 1,2,3 | 8.60,15.5,21.30 |
| $Cu^{2+}$ | 0 | 1,2 | 8.27,16.34 |
| $Fe^{2+}$ | 0 | 1,2 | 5.07,8.67 |

续表

| 金属离子 | $I$/mol·L$^{-1}$ | $n$ | $\lg\beta_n$ |
|---|---|---|---|
| $Fe^{3+}$ | 0 | 1,2,3 | 11.4,22.1,26.7 |
| $Ni^{2+}$ | 0 | 1,2,3 | 6.06,10.77,13.09 |
| $Zn^{2+}$ | 0 | 1,2 | 4.98,8.81 |

柠檬酸络合物

| 金属离子 | $I$/mol·L$^{-1}$ | | $\lg\beta_n$ |
|---|---|---|---|
| $Ag^+$ | 0 | $Ag_2HL$ | 7.1 |
| $Al^{3+}$ | 0.5 | $AlHL$ | 7.0 |
| | | $AlL$ | 20.0 |
| | | $AlOHL$ | 30.6 |
| $Ca^{2+}$ | 0.5 | $CaH_3L$ | 10.9 |
| | | $CaH_2L$ | 8.4 |
| | | $CaHL$ | 3.5 |
| $Cd^{2+}$ | 0.5 | $CdH_2L$ | 7.9 |
| $Cd^{2+}$ | 0.5 | $CdHL$ | 4.0 |
| | | $CdL$ | 11.3 |
| $Co^{2+}$ | 0.5 | $CoH_2L$ | 8.9 |
| | | $CoHL$ | 4.4 |
| | | $CoL$ | 12.5 |
| $Cu^{2+}$ | 0.5 | $CuH_3L$ | 12.0 |
| | 0 | $CuHL$ | 6.1 |
| | 0.5 | $CuL$ | 18.0 |
| $Fe^{2+}$ | 0.5 | $FeH_3L$ | 7.3 |

柠檬酸络合物

| 金属离子 | $I$/mol·L$^{-1}$ | | $\lg\beta_n$ |
|---|---|---|---|
| $Fe^{2+}$ | 0.5 | $FeHL$ | 3.1 |
| | | $FeL$ | 15.5 |
| $Fe^{3+}$ | 0.5 | $FeH_2L$ | 12.2 |
| | | $FeHL$ | 10.9 |
| | | $FeL$ | 25.0 |
| $Ni^{2+}$ | 0.5 | $NiH_2L$ | 9.0 |
| | | $NiHL$ | 4.8 |
| | | $NiL$ | 14.3 |
| $Pb^{2+}$ | 0.5 | $PbH_2L$ | 11.2 |
| | | $PbHL$ | 5.2 |
| | | $PbL$ | 12.3 |
| $Zn^{2+}$ | 0.5 | $ZnH_2L$ | 8.7 |
| | | $ZnHL$ | 4.5 |
| | | $ZnL$ | 11.4 |

续表

| 金属离子 | $I$/mol·L$^{-1}$ | $n$ | $\lg\beta_n$ |
|---|---|---|---|
| 草酸络合物 | | | |
| $Al^{3+}$ | 0 | 1,2,3 | 7.26, 13.0, 16.3 |
| $Cd^{2+}$ | 0.5 | 1,2 | 2.9, 4.7 |
| $Co^{2+}$ | 0.5 | CoHL | 5.5 |
| | | CoH$_2$L | 10.6 |
| | | 1,2,3 | 4.79, 6.7, 9.7 |
| $Co^{3+}$ | 0 | 3 | ~20 |
| $Cu^{2+}$ | 0.5 | CuHL | 6.25 |
| | | 1,2 | 4.5, 8.9 |
| $Fe^{2+}$ | 0.5~1 | 1,2,3 | 2.9, 4.52, 5.22 |
| $Fe^{3+}$ | 0 | 1,2,3 | 9.4, 16.2, 20.2 |
| $Mg^{2+}$ | 0.1 | 1,2 | 2.76, 4.38 |
| Mn(Ⅲ) | 2 | 1,2,3 | 9.98, 16.57, 19.42 |
| $Ni^{2+}$ | 0.1 | 1,2,3 | 5.3, 7.64, 8.5 |
| Th(Ⅳ) | 0.1 | 4 | 24.5 |
| $TiO^{2+}$ | 2 | 1,2 | 6.6, 9.9 |
| $Zn^{2+}$ | 0.5 | ZnH$_2$L | 5.6 |
| | | 1,2,3 | 4.89, 7.60, 8.15 |
| 磺基水杨酸络合物 | | | |
| $Al^{3+}$ | 0.1 | 1,2,3 | 13.20, 22.83, 28.89 |
| $Cd^{2+}$ | 0.25 | 1,2 | 16.68, 29.08 |
| $Co^{2+}$ | 0.1 | 1,2 | 6.13, 9.82 |
| $Cr^{3+}$ | 0.1 | 1 | 9.56 |
| $Cu^{2+}$ | 0.1 | 1,2 | 9.52, 16.45 |
| $Fe^{2+}$ | 0.1-0.5 | 1,2 | 5.90, 9.90 |
| $Fe^{3+}$ | 0.25 | 1,2,3 | 14.64, 25.18, 32.12 |
| $Mn^{2+}$ | 0.1 | 1,2 | 5.24, 8.24 |
| $Ni^{2+}$ | 0.1 | 1,2 | 6.42, 10.24 |
| $Zn^{2+}$ | 0.1 | 1,2 | 6.05, 10.65 |
| 酒石酸络合物 | | | |
| $Bi^{3+}$ | 0 | 3 | 8.30 |
| $Ca^{2+}$ | 0.5 | CaHL | 4.85 |
| | 0 | 1,2 | 2.98, 9.01 |
| $Cd^{2+}$ | 0.5 | 1 | 2.8 |
| $Cu^{2+}$ | 1 | 1,…,4 | 3.2, 5.11, 4.78, 6.51 |
| $Fe^{3+}$ | 0 | 3 | 7.49 |

续表

| 金属离子 | $I/\text{mol}\cdot\text{L}$ | $n$ | $\lg\beta_n$ |
|---|---|---|---|
| $Mg^{2+}$ | 0.5 | MgHL | 4.65 |
| | | 1 | 1.2 |
| $Pb^{2+}$ | 0 | 1,2,3 | 3.78,—,4.7 |
| $Zn^{2+}$ | 0.5 | ZnHL | 4.5 |
| | | 1,2 | 2.4,8.32 |
| 乙二胺络合物 | | | |
| $Ag^+$ | 0.1 | 1,2 | 4.70,7.70 |
| $Cd^{2+}$ | 0.5 | 1,2,3 | 5.47,10.09,12.09 |
| $Co^{2+}$ | 1 | 1,2,3 | 5.91,10.64,13.94 |
| $Co^{3+}$ | 1 | 1,2,3 | 18.70,34.90,48.69 |
| $Cu^+$ | | 2 | 10.8 |
| $Cu^{2+}$ | 1 | 1,2,3 | 10.67,20.00,21.0 |
| $Fe^{2+}$ | 1.4 | 1,2,3 | 4.34,7.65,9.70 |
| $Hg^{2+}$ | 0.1 | 1,2 | 14.30,23.3 |
| $Mn^{2+}$ | 1 | 1,2,3 | 2.73,4.79,5.67 |
| $Ni^{2+}$ | 1 | 1,2,3 | 7.52,13.80,18.06 |
| $Zn^{2+}$ | 1 | 1,2,3 | 5.77,10.83,14.11 |
| 硫脲络合物 | | | |
| $Ag^+$ | 0.03 | 1,2 | 7.4,13.1 |
| $Bi^{3+}$ | | 6 | 11.9 |
| $Cu^+$ | 0.1 | 3,4 | 13,15.4 |
| $Hg^{2+}$ | | 2,3,4 | 22.1,24.7,26.8 |
| 氢氧基化合物 | | | |
| $Al^{3+}$ | 2 | 4 | 33.3 |
| | | $Al_6(OH)_{15}^{3+}$ | 163 |
| $Bi^{3+}$ | 3 | 1 | 12.4 |
| | | $Bi_6(OH)_{12}^{6+}$ | 168.3 |
| $Cd^{2+}$ | 3 | 1,…,4 | 4.3,7.7,10.3,12.0 |
| $Co^{2+}$ | 0.1 | 1,3 | 5.1,—,10.2 |
| $Cr^{3+}$ | 0.1 | 1,2 | 10.2,18.3 |
| $Fe^{2+}$ | 1 | 1 | 4.5 |
| $Fe^{3+}$ | 3 | 1,2 | 11.0,21.7 |
| | | $Fe_2(OH)_{24}^+$ | 25.1 |
| $Hg^{2+}$ | 0.5 | 2 | 21.7 |
| $Mg^{2+}$ | 0 | 1 | 2.6 |
| $Mn^{2+}$ | 0.1 | 1 | 3.4 |
| $Ni^{2+}$ | 0.1 | 1 | 4.6 |

续表

| 金属离子 | $I$/mol·L$^{-1}$ | $n$ | $\lg\beta_n$ |
|---|---|---|---|
| Pb$^{2+}$ | 0.3 | 1,2,3 | 6.2,10.3,13.3 |
| | | Pb$_2$(OH)$^{3+}$ | 7.6 |
| Sn$^{2+}$ | 3 | 1 | 10.1 |
| Th$^{4+}$ | 1 | 1 | 9.7 |
| Ti$^{3+}$ | 0.5 | 1 | 11.8 |
| TiO$^{2+}$ | 1 | 1 | 13.7 |
| Vo$^{2+}$ | 3 | 1 | 8.0 |
| Zn$^{2+}$ | 0 | 1,…,4 | 4.4,10.1,14.2,15.5 |

说明：

(1) $\beta_n$ 为络合物的累积稳定常数，即

$$\beta_n = K_1 \times K_2 \times K_3 \times \cdots \times K_n$$
$$\lg\beta_n = \lg K_1 + \lg K_2 + \lg K_3 + \cdots + \lg K_n$$

例如 Ag$^+$ 与 NH$_3$ 的络合物：

$\lg\beta_1 = 3.24$ 即 $\lg K_1 = 3.24$。

$\lg\beta_2 = 7.05$ 即 $\lg K_1 = 3.24, \lg K_2 = 3.81$。

(2) 酸式、碱式络合物及多核氢氧基络合物的化学式标明于 $n$ 栏中。

## 附录十九　氨羧络合剂类络合物的稳定常数

(18~25℃，$I = 0.1$ mol·L$^{-1}$)

| 金属离子 | lgK | | | | | NTA | |
|---|---|---|---|---|---|---|---|
| | EDTA | DCyTA | DTPA | EGTA | HEDTA | Lg$\beta_1$ | Lg$\beta_2$ |
| Ag$^+$ | 7.32 | | | 6.88 | 6.71 | 5.16 | |
| Al$^{3+}$ | 16.3 | 19.5 | 18.6 | 13.9 | 14.3 | 11.4 | |
| Ba$^{2+}$ | 7.86 | 8.69 | 8.87 | 8.41 | 6.3 | 4.82 | |
| Be$^{2+}$ | 9.2 | 11.51 | | | | 7.11 | |
| Bi$^{3+}$ | 27.94 | 32.3 | 35.6 | | 22.3 | 17.5 | |
| Ca$^{2+}$ | 10.69 | 13.20 | 10.83 | 10.97 | 8.3 | 6.41 | |
| Cd$^{2+}$ | 16.46 | 19.93 | 19.2 | 16.7 | 13.3 | 9.83 | 14.61 |
| Co$^{2+}$ | 16.31 | 19.62 | 19.27 | 12.39 | 14.6 | 10.38 | 14.39 |
| Co$^{3+}$ | 36 | | | | 37.4 | 6.84 | |
| Cr$^{3+}$ | 23.4 | | | | | 6.23 | |
| Cu$^{2+}$ | 18.80 | 22.00 | 21.55 | 17.71 | 17.6 | 12.96 | |
| Fe$^{2+}$ | 14.32 | 19.0 | 16.5 | 11.87 | 12.3 | 8.33 | |
| Fe$^{3+}$ | 25.1 | 30.1 | 28.0 | 20.5 | 19.8 | 15.9 | |
| Ga$^{3+}$ | 20.3 | 23.2 | 25.54 | | 16.9 | 13.6 | |
| Hg$^{2+}$ | 21.7 | 25.00 | 26.70 | 23.2 | 20.30 | 14.6 | |

续表

| 金属离子 | lgK | | | | | NTA | |
|---|---|---|---|---|---|---|---|
| | EDTA | DCyTA | DTPA | EGTA | HEDTA | $Lg\beta_1$ | $Lg\beta_2$ |
| $In^{3+}$ | 25.0 | 28.8 | 29.0 | | 20.2 | 16.9 | |
| $Li^+$ | 2.79 | | | | | 2.51 | |
| $Mg^{2+}$ | 8.7 | 11.02 | 9.30 | 5.21 | 7.0 | 5.41 | |
| $Mn^{2+}$ | 13.87 | 17.48 | 15.6 | 12.28 | 10.9 | 7.44 | |
| Mo(V) | ~28 | | | | | | |
| $Na^+$ | 1.66 | | | | | | 1.22 |
| $Ni^{2+}$ | 18.62 | 20.3 | 20.32 | 13.55 | 17.3 | 11.53 | 16.42 |
| $Pb^{2+}$ | 18.04 | 20.38 | 18.80 | 14.71 | 15.7 | 11.39 | |
| $Pd^{2+}$ | 18.5 | | | | | | |
| $Sc^{3+}$ | 23.1 | 26.1 | 24.5 | 18.2 | | | 24.1 |
| $Sn^{2+}$ | 22.11 | | | | | | |
| $Sr^{2+}$ | 8.73 | 10.59 | 9.77 | 8.50 | 6.9 | 4.98 | |
| $Th^{4+}$ | 23.2 | 25.6 | 28.78 | | | | |
| $TiO^{2+}$ | 17.3 | | | | | | |
| $Ti^{3+}$ | 37.8 | 38.3 | | | | 20.9 | 32.5 |
| $U^{4+}$ | 25.8 | 27.6 | 7.69 | | | | |
| $VO^{2+}$ | 18.8 | 20.1 | | | | | |
| $Y^{3+}$ | 18.09 | 19.85 | 22.13 | 17.16 | 14.78 | 11.41 | 20.43 |
| $Zn^{2+}$ | 16.50 | 19.37 | 18.40 | 12.7 | 14.7 | 10.67 | 14.29 |
| $Zr^{4+}$ | 29.5 | | 35.8 | | | 20.8 | |
| 稀土元素 | 16~20 | 17~22 | 19 | | 13~16 | 10~12 | |

注：EDTA：乙二胺四乙酸。
DCyTA(或 DCTA,CyDTA)：1,2 二胺基乙烷四乙酸。
DTPA：二乙基三胺五乙酸。
EGTA：乙二醇乙二醚二胺四乙酸。
HEDTA：$N-\beta$ 羟基乙基乙二胺三乙酸。
NTA：氨三乙酸。

## 附录二十  EDTA 的 $lg\alpha_{Y(H)}$ 值

| pH | $lg\alpha_{Y(H)}$ | pH | $lg\alpha_{Y(H)}$ | pH | $lg\alpha_{Y(H)}$ | pH | $lg\alpha_{Y(H)}$ | pH | $lg\alpha_{Y(H)}$ | pH | $lg\alpha_{Y(H)}$ |
|---|---|---|---|---|---|---|---|---|---|---|---|
| 0.0 | 23.64 | 0.5 | 20.75 | 1 | 18.01 | 1.5 | 15.55 | 2 | 13.51 | | |
| 0.1 | 23.06 | 0.6 | 20.18 | 1.1 | 17.49 | 1.6 | 15.11 | 2.1 | 13.16 | | |
| 0.2 | 22.47 | 0.7 | 19.62 | 1.2 | 16.98 | 1.7 | 14.68 | 2.2 | 12.82 | | |
| 0.3 | 21.89 | 0.8 | 19.08 | 1.3 | 16.49 | 1.8 | 14.27 | 2.3 | 12.50 | | |

续表

| pH | lg$\alpha_{Y(H)}$ | pH | lg$\alpha_{Y(H)}$ | pH | lg$\alpha_{Y(H)}$ | pH | lg$\alpha_{Y(H)}$ | pH | lg$\alpha_{Y(H)}$ |
|---|---|---|---|---|---|---|---|---|---|
| 0.4 | 21.32 | 0.9 | 18.54 | 1.4 | 16.02 | 1.9 | 13.88 | 2.4 | 12.19 |
| 2.5 | 11.90 | 4.5 | 7.44 | 6.5 | 3.92 | 8.5 | 1.77 | 10.5 | 0.20 |
| 2.6 | 11.62 | 4.6 | 7.24 | 6.6 | 3.79 | 8.6 | 1.67 | 10.6 | 0.16 |
| 2.7 | 11.35 | 4.7 | 7.04 | 6.7 | 3.67 | 8.7 | 1.57 | 10.7 | 0.13 |
| 2.8 | 11.09 | 4.8 | 6.84 | 6.8 | 3.55 | 8.8 | 1.48 | 10.8 | 0.11 |
| 2.9 | 10.84 | 4.9 | 6.65 | 6.9 | 3.43 | 8.9 | 1.38 | 10.9 | 0.09 |
| 3.0 | 10.60 | 5.0 | 6.45 | 7 | 3.32 | 9 | 1.28 | 11 | 0.07 |
| 3.1 | 10.37 | 5.1 | 6.26 | 7.1 | 3.21 | 9.1 | 1.19 | 11.1 | 0.06 |
| 3.2 | 10.14 | 5.2 | 6.07 | 7.2 | 3.10 | 9.2 | 1.10 | 11.2 | 0.05 |
| 3.3 | 9.92 | 5.3 | 5.88 | 7.3 | 2.99 | 9.3 | 1.01 | 11.3 | 0.04 |
| 3.4 | 9.70 | 5.4 | 5.69 | 7.4 | 2.88 | 9.4 | 0.92 | 11.4 | 0.03 |
| 3.5 | 9.48 | 5.5 | 5.51 | 7.5 | 2.78 | 9.5 | 0.83 | 11.5 | 0.02 |
| 3.6 | 9.27 | 5.6 | 5.33 | 7.6 | 2.68 | 9.6 | 0.75 | 11.6 | 0.02 |
| 3.7 | 9.06 | 5.7 | 5.15 | 7.7 | 2.57 | 9.7 | 0.67 | 11.7 | 0.02 |
| 3.8 | 8.85 | 5.8 | 4.98 | 7.8 | 2.47 | 9.8 | 0.56 | 11.8 | 0.01 |
| 3.9 | 8.65 | 5.9 | 4.81 | 7.9 | 2.37 | 9.9 | 0.52 | 11.9 | 0.01 |
| 4.0 | 8.44 | 6.0 | 4.65 | 8 | 2.27 | 10 | 0.45 | 12 | 0.01 |
| 4.1 | 8.24 | 6.1 | 4.49 | 8.1 | 2.17 | 10.1 | 0.39 | 12.1 | 0.01 |
| 4.2 | 8.04 | 6.2 | 4.34 | 8.2 | 2.07 | 10.2 | 0.33 | 12.2 | 0.005 |
| 4.3 | 7.84 | 6.3 | 4.20 | 8.3 | 1.97 | 10.3 | 0.28 | 12.3 | 0.0008 |
| 4.4 | 7.64 | 6.4 | 4.06 | 8.4 | 1.87 | 10.4 | 0.24 | 12.4 | 0.0001 |

## 附录二十一  一些络合剂的 lg$\alpha_{M(OH)}$ 值

| pH | 0 | 1 | 2 | 3 | 4 | 5 | 6 | 7 | 8 | 9 | 10 | 11 | 12 |
|---|---|---|---|---|---|---|---|---|---|---|---|---|---|
| DCTA* | 23.77 | 19.79 | 15.91 | 12.54 | 9.95 | 7.87 | 6.07 | 4.75 | 3.71 | 2.70 | 1.71 | 0.78 | 0.18 |
| EGTA | 22.96 | 19.00 | 15.31 | 12.48 | 10.33 | 8.31 | 6.31 | 4.32 | 2.37 | 0.78 | 0.12 | 0.01 | 0.00 |
| DTPA | 28.06 | 23.09 | 18.45 | 14.61 | 11.58 | 9.17 | 7.10 | 5.10 | 3.19 | 1.64 | 0.62 | 0.12 | 0.01 |
| 氨三乙酸 | 16.80 | 13.80 | 10.84 | 8.24 | 6.75 | 5.70 | 4.70 | 3.70 | 2.70 | 1.71 | 0.78 | 0.18 | 0.02 |
| 乙酰丙酮 | 9.0 | 8.0 | 7.0 | 6.0 | 5.0 | 4.0 | 3.0 | 2.0 | 1.04 | 0.30 | 0.04 | 0.00 | |
| 草酸盐 | 5.45 | 3.62 | 2.26 | 1.23 | 0.41 | 0.06 | 0.00 | | | | | | |
| 氰化物 | 9.21 | 8.21 | 7.21 | 6.21 | 5.21 | 4.21 | 3.21 | 2.21 | 1.23 | 0.42 | 0.06 | 0.01 | 0.00 |
| 氟化物 | 3.18 | 2.18 | 1.21 | 0.40 | 0.06 | 0.01 | 0.00 | | | | | | |

注：* 又称 CDTA 或 CyDTA，为氨羧络合剂的一种。

## 附录二十二　金属离子的 $\lg\alpha_{M(OH)}$ 值

| 金属离子 | I mol·L$^{-1}$ | pH 1 | 2 | 3 | 4 | 5 | 6 | 7 | 8 | 9 | 10 | 11 | 12 | 13 | 14 |
|---|---|---|---|---|---|---|---|---|---|---|---|---|---|---|---|
| Ag(Ⅰ) | 0.1 | | | | | | | | | | | 0.1 | 0.5 | 2.3 | 5.1 |
| Al(Ⅲ) | 2 | | | | 0.4 | 1.3 | 5.3 | 9.3 | 13.3 | 17.3 | 21.3 | 25.3 | 29.3 | 33.3 | |
| Be(Ⅱ) | 0.1 | | | | | | | | | | | | | 0.1 | 0.5 |
| Bi(Ⅲ) | 3 | 0.1 | 0.5 | 1.4 | 2.4 | 3.4 | 4.4 | 5.4 | | | | | | | |
| Ca(Ⅱ) | 0.1 | | | | | | | | | | | | | 0.3 | 1.0 |
| Cd(Ⅱ) | 3 | | | | | | | | 0.1 | 0.5 | 2.0 | 4.5 | 8.1 | 12.0 | |
| Ce(Ⅳ) | 1-2 | 1.2 | 3.1 | 5.1 | 7.1 | 9.1 | 11.1 | 13.1 | | | | | | | |
| Cu(Ⅱ) | 0.1 | | | | | | | | 0.2 | 0.8 | 1.7 | 2.7 | 3.7 | 4.7 | 5.7 |
| Fe(Ⅱ) | 1 | | | | | | | | | 0.1 | 0.6 | 1.5 | 2.5 | 3.5 | 4.5 |
| Fe(Ⅲ) | 3 | | | 0.4 | 1.8 | 3.7 | 5.7 | 7.7 | 9.7 | 11.7 | 13.7 | 15.7 | 17.7 | 19.7 | 21.7 |
| Hg(Ⅱ) | 0.1 | | | 0.5 | 1.9 | 3.9 | 5.9 | 7.9 | 9.9 | 11.9 | 13.9 | 15.9 | 17.9 | 19.9 | 21.9 |
| La(Ⅲ) | 3 | | | | | | | | | | 0.3 | 1.0 | 1.9 | 2.9 | 3.9 |
| Mg(Ⅱ) | 0.1 | | | | | | | | | | | 0.1 | 0.5 | 1.3 | 2.3 |
| Ni(Ⅱ) | 0.1 | | | | | | | | | 0.1 | 0.7 | 1.6 | | | |
| Pb(Ⅱ) | 0.1 | | | | | | 0.1 | 0.5 | 1.4 | 2.7 | 4.7 | 7.4 | 10.4 | 13.4 | |
| Th(Ⅳ) | 1 | | | 0.2 | 0.8 | 1.7 | 2.7 | 3.7 | 4.7 | 5.7 | 6.7 | 7.7 | 8.7 | 9.7 | |
| Zn(Ⅱ) | 0.1 | | | | | | | | 0.2 | 2.4 | 5.4 | 8.5 | 11.8 | 15.5 | |

## 附录二十三　校正酸效应、水解效应及生成酸式或碱式络合物效应后 EDTA 络合物的条件稳定常数

| pH | 0 | 1 | 2 | 3 | 4 | 5 | 6 | 7 | 8 | 9 | 10 | 11 | 12 | 13 | 14 |
|---|---|---|---|---|---|---|---|---|---|---|---|---|---|---|---|
| Ag$^{2+}$ | | | | | 0.7 | 1.7 | 2.8 | 3.9 | 5.0 | 5.9 | 6.8 | 7.1 | 6.8 | 5.0 | 2.2 |
| Al$^{3+}$ | | | 3.0 | 5.4 | 7.5 | 9.6 | 10.4 | 8.5 | 6.6 | 4.5 | 2.4 | | | | |
| Ba$^{2+}$ | | | | | 1.3 | 3.0 | 4.4 | 5.5 | 6.4 | 7.3 | 7.7 | 7.8 | 7.7 | 7.3 | |
| Bi$^{3+}$ | 1.4 | 5.3 | 8.6 | 10.6 | 11.8 | 12.8 | 13.6 | 14.0 | 14.1 | 14.0 | 13.9 | 13.3 | 12.4 | 11.4 | 10.4 |
| Ca$^{2+}$ | | | | | 2.2 | 4.1 | 5.9 | 7.3 | 8.4 | 9.3 | 10.2 | 10.6 | 10.7 | 10.4 | 9.7 |
| Cd$^{2+}$ | | | 1.0 | 3.8 | 6.0 | 7.9 | 9.9 | 11.7 | 13.1 | 14.2 | 15.0 | 15.5 | 14.4 | 12.0 | 8.4 | 4.5
| Co$^{2+}$ | | | 1.0 | 3.7 | 5.9 | 7.80 | 9.7 | 11.5 | 12.9 | 13.9 | 14.5 | 14.7 | 14.1 | 12.1 | |
| Cu$^{2+}$ | | | 3.4 | 6.1 | 8.3 | 10.2 | 12.2 | 14.0 | 15.4 | 16.3 | 16.6 | 16.1 | 15.7 | 15.6 | 15.6 |
| Fe$^{2+}$ | | | | 1.5 | 3.7 | 5.7 | 7.7 | 9.5 | 10.9 | 12.0 | 12.80 | 13.2 | 12.7 | 11.8 | 10.8 | 9.8 |
| Fe$^{3+}$ | 5.1 | 8.2 | 11.5 | 13.9 | 14.7 | 14.8 | 14.6 | 14.1 | 13.7 | 13.6 | 14.0 | 14.3 | 14.4 | 14.4 | 14.4 |

续表

| pH | 0 | 1 | 2 | 3 | 4 | 5 | 6 | 7 | 8 | 9 | 10 | 11 | 12 | 13 | 14 |
|---|---|---|---|---|---|---|---|---|---|---|---|---|---|---|---|
| $Hg^{2+}$ | 3.5 | 6.5 | 9.2 | 11.1 | 11.3 | 11.3 | 11.1 | 10.5 | 9.6 | 8.8 | 8.4 | 7.7 | 6.8 | 5.8 | 4.8 |
| $La^{3+}$ | | | 1.7 | 4.6 | 6.8 | 8.8 | 10.6 | 12.0 | 13.1 | 14.0 | 14.6 | 14.3 | 13.5 | 12.5 | 11.5 |
| $Mg^{2+}$ | | | | | | 2.1 | 3.9 | 5.3 | 6.4 | 7.3 | 8.2 | 8.5 | 8.2 | 7.4 | |
| $Mn^{2+}$ | | | 1.4 | 3.6 | 5.5 | 7.4 | 9.2 | 10.6 | 11.7 | 12.6 | 13.4 | 13.4 | 12.6 | 11.6 | 10.6 |
| $Ni^{2+}$ | | 3.4 | 6.1 | 8.2 | 11.1 | 12.0 | 13.8 | 15.2 | 16.3 | 17.1 | 17.4 | 16.9 | | | |
| $Pb^{2+}$ | | 2.4 | 5.2 | 7.4 | 9.4 | 11.4 | 13.2 | 14.5 | 15.2 | 15.2 | 14.8 | 13.9 | 10.6 | 7.6 | 4.6 |
| $Sr^{2+}$ | | | | | | 2.0 | 3.8 | 5.2 | 6.3 | 7.2 | 8.1 | 8.5 | 8.6 | 8.5 | 8.0 |
| $Th^{4+}$ | 1.8 | 5.8 | 9.5 | 12.4 | 14.5 | 15.8 | 16.7 | 17.4 | 18.2 | 19.1 | 20.0 | 20.4 | 20.5 | 20.5 | 20.5 |
| $Zn^{2+}$ | | | 1.1 | 3.8 | 6.0 | 7.9 | 9.9 | 11.7 | 13.1 | 14.2 | 14.9 | 13.6 | 11.0 | 8.0 | 4.7 | 1.0 |

## 附录二十四 铬黑T和二甲酚橙的 $\lg\alpha_{In(H)}$ 及有关常数

**铬黑T**

| pH | 红 | | $pK_{a_2}=6.3$ | 蓝 | | $pK_{a_3}=11.6$ | 橙 |
|---|---|---|---|---|---|---|---|
| | 6.0 | 7.0 | 8.0 | 9.0 | 10.0 | 11.0 | |
| $\lg\alpha_{In(H)}$ | 6.0 | | 3.6 | 2.6 | 1.6 | 0.7 | |
| $pCa_{ep}$(至红) | | | 1.8 | 2.8 | 3.8 | 4.7 | |
| $pMg_{ep}$(至红) | 1.0 | 2.4 | 3.4 | 4.4 | 5.4 | 6.3 | |
| $pMn_{ep}$(至红) | 3.6 | 5.0 | 6.2 | 7.8 | 9.7 | 11.5 | |
| $pZn_{ep}$(至红) | 6.9 | 8.3 | 9.3 | 10.5 | 12.2 | 13.9 | |

对数常数：$\lg K_{CaIn}=5.4$；$\lg K_{MgIn}=7.0$；$\lg K_{MnIn}=9.6$；$\lg K_{ZnIn}=12.9$。

**二甲酚橙**

| pH | 黄 | | | $pK_{a_4}=6.3$ | | 红 | | |
|---|---|---|---|---|---|---|---|---|
| | 0 | 1.0 | 2.0 | 3.0 | 4.0 | 4.5 | 5.0 | 5.5 | 6.0 |
| $\lg\alpha_{In(H)}$ | 35.0 | 30.0 | 25.1 | 20.7 | 17.3 | 15.7 | 14.2 | 12.8 | 11.3 |
| $pBi_{ep}$(至红) | | 4.0 | 5.4 | 6.8 | | | | | |
| $pCd_{ep}$(至红) | | | | | | 4.0 | 4.5 | 5.0 | 5.5 |
| $pHg_{ep}$(至红) | | | | | | | 7.4 | 8.2 | 9.0 |
| $pLa_{ep}$(至红) | | | | | | 4.0 | 4.5 | 5.0 | 5.6 |
| $pPb_{ep}$(至红) | | | | 4.2 | 4.8 | 6.2 | 7.0 | 7.6 | 8.2 |
| $pTh_{ep}$(至红) | | 3.6 | 4.9 | 6.3 | | | | | |
| $pZn_{ep}$(至红) | | | | | | 4.1 | 4.8 | 5.7 | 6.5 |
| $pZr_{ep}$(至红) | 7.5 | | | | | | | | |

## 附录二十五 某些氧化还原电对的条件电势（$E^{\ominus}$）

| 半反应 | $E^{\ominus}/V$ | 介质 |
| --- | --- | --- |
| $Ag(II)+e^-=\!\!=\!\!=Ag^+$ | 1.927 | $4mol \cdot L^{-1} HNO_3$ |
| $Ce(IV)+e^-=\!\!=\!\!=Ce(III)$ | 1.74 | $1mol \cdot L^{-1} HClO_4$ |
| | 1.44 | $0.5mol \cdot L^{-1} H_2SO_4$ |
| | 1.28 | $1mol \cdot L^{-1} HCl$ |
| $Co^{3+}+e^-=\!\!=\!\!=Co^{2+}$ | 1.84 | $3mol \cdot L^{-1} HNO_3$ |
| $Co(乙二胺)_3^{3+}+3e^-=\!\!=\!\!=Co(乙二胺)_3^{2+}$ | $-0.2$ | $0.1mol \cdot L^{-1} KNO_3 + 0.1mol \cdot L^{-1}$ 乙二胺 |
| $Cr(III)+e^-=\!\!=\!\!=Cr(II)$ | $-0.40$ | $5mol \cdot L^{-1} HCl$ |
| $Cr_2O_7^{2-}+14H^++6e^-=\!\!=\!\!=2Cr^{3+}+7H_2O$ | 1.08 | $3mol \cdot L^{-1} HCl$ |
| | 1.15 | $4mol \cdot L^{-1} H_2SO_4$ |
| | 1.025 | $1mol \cdot L^{-1} HClO_4$ |
| $CrO_4^{2-}+2H_2O+3e^-=\!\!=\!\!=CrO_2^-+4OH^-$ | $-0.12$ | $1mol \cdot L^{-1} NaOH$ |
| $Fe(III)+e^-=\!\!=\!\!=Fe^{2+}$ | 0.767 | $1mol \cdot L^{-1} HClO_4$ |
| | 0.71 | $0.5mol \cdot L^{-1} HCl$ |
| | 0.68 | $1mol \cdot L^{-1} H_2SO_4$ |
| | 0.68 | $1mol \cdot L^{-1} HCl$ |
| | 0.46 | $2mol \cdot L^{-1} H_3PO_4$ |
| | 0.51 | $1mol \cdot L^{-1} HCl - 0.25mol \cdot L^{-1} H_3PO_4$ |
| $Fe(EDTA)^- +e^-=\!\!=\!\!=Fe(EDTA)^{2-}$ | 0.12 | $0.1 mol \cdot L^{-1}$ EDTA Ph-4-6 |
| $Fe(CN)_6^{3-}+e^-=\!\!=\!\!=Fe(CN)_6^{4-}$ | 0.56 | $0.1mol \cdot L^{-1} HCl$ |
| $FeO_4^{2-}+2H_2O+3e^-=\!\!=\!\!=FeO_2^-+4OH^-$ | 0.55 | $10mol \cdot L^{-1} NaOH$ |
| $I_3^- +2e^-=\!\!=\!\!=3I^-$ | 0.5446 | $0.5mol \cdot L^{-1} H_2SO_4$ |
| $I_2(水)+2e^-=\!\!=\!\!=2I^-$ | 0.6276 | $0.5mol \cdot L^{-1} H_2SO_4$ |
| $MnO_4^- +8H^++5e^-=\!\!=\!\!=Mn^{2+}+4H_2O$ | 1.45 | $1mol \cdot L^{-1} HClO_4$ |
| $SnCl_6^{2-}+2e^-=\!\!=\!\!=SnCl_4^{2-}+2Cl^-$ | 0.14 | $1mol \cdot L^{-1} HCl$ |
| $Sb(V)+2e^-=\!\!=\!\!=Sb(III)$ | 0.75 | $3.5mol \cdot L^{-1} HCl$ |
| $Sb(OH)_6^- +2e^-=\!\!=\!\!=SbO_2^-+2OH^-+2H_2O$ | $-0.428$ | $3mol \cdot L^{-1} NaOH$ |
| $SbO_2^- +2H_2O+3e^-=\!\!=\!\!=Sb+4OH^-$ | $-0.675$ | $10mol \cdot L^{-1} KOH$ |
| $Ti(IV)+e^-=\!\!=\!\!=Ti(III)$ | $-0.01$ | $0.2mol \cdot L^{-1} H_2SO_4$ |
| | 0.12 | $2mol \cdot L^{-1} H_2SO_4$ |
| | $-0.04$ | $1mol \cdot L^{-1} HCl$ |
| | $-0.05$ | $1mol \cdot L^{-1} H_3PO_4$ |
| $Pb(II)+2e^-=\!\!=\!\!=Pb$ | $-0.32$ | $1mol \cdot L^{-1} NaAc$ |

## 附录二十六 微溶化合物溶度积（18～25℃，$I=0$）

| 微溶化合物 | $K_{sp}$ | $pK_{sp}$ |
|---|---|---|
| AgAc | $2\times10^{-3}$ | 2.7 |
| $Ag_3AsO_4$ | $1.0\times10^{-22}$ | 22 |
| AgBr | $5.0\times10^{-13}$ | 12.3 |
| $Ag_2CO_3$ | $8.1\times10^{-12}$ | 11.09 |
| AgCl | $1.8\times10^{-10}$ | 9.75 |
| $Ag_2Cr_2O_4$ | $1.2\times10^{-12}$ | 11.92 |
| AgCN | $1.2\times10^{-16}$ | 15.92 |
| AgOH | $2.0\times10^{-8}$ | 7.71 |
| AgI | $8.3\times10^{-17}$ | 16.08 |
| $Ag_2C_2O_4$ | $3.5\times10^{-11}$ | 10.46 |
| $Ag_3PO_4$ | $1.4\times10^{-16}$ | 15.84 |
| $Ag_2SO_4$ | $1.4\times10^{-5}$ | 4.84 |
| $Ag_2S$ | $6.3\times10^{-50}$ | 49.2 |
| AgSCN | $1.0\times10^{-12}$ | 12 |
| $Al(OH)_3$① | $1.3\times10^{-33}$ | 32.9 |
| $As_2S_3$ | $2.1\times10^{-22}$ | 21.68 |
| $BaCO_3$ | $5.1\times10^{-9}$ | 8.29 |
| $BaCrO_4$ | $1.2\times10^{-10}$ | 9.93 |
| $BaF_2$ | $1\times10^{-5}$ | 6 |
| $BaC_2O_4$ | $1.6\times10^{-7}$ | 6.79 |
| $BaSO_4$ | $1.1\times10^{-10}$ | 9.96 |
| $Bi(OH)_3$ | $4.0\times10^{-31}$ | 30.4 |
| BiOOH | $4\times10^{-10}$ | 9.4 |
| $BiI_3$ | $8.1\times10^{-19}$ | 18.09 |
| BiOCl | $1.8\times10^{-31}$ | 30.75 |
| $BiPO_4$ | $1.3\times10^{-23}$ | 22.89 |
| $Bi_2S_3$ | $1\times10^{-97}$ | 97 |
| $CaCO_3$ | $2.8\times10^{-9}$ | 8.54 |
| $CaF_2$ | $2.7\times10^{-11}$ | 10.57 |
| $CaC_2O_4\cdot H_2O$ | $4.0\times10^{-9}$ | 8.4 |
| $Ca_3(PO_4)_2$ | $2.0\times10^{-29}$ | 28.7 |
| $CaSO_4$ | $3.16\times10^{-7}$ | 5.04 |
| $CaWO_4$ | $8.7\times10^{-9}$ | 8.06 |
| $CdCO_3$ | $5.2\times10^{-12}$ | 11.28 |

续表

| 微溶化合物 | $K_{sp}$ | $pK_{sp}$ |
|---|---|---|
| $Cd_2[Fe(CN)_6]$ | $3.2\times10^{-17}$ | 16.49 |
| $Cd(OH)_2$ 新析出 | $2.5\times10^{-14}$ | 13.6 |
| $CdC_2O_4\cdot 3H_2O$ | $9.1\times10^{-8}$ | 7.04 |
| CdS | $8.0\times10^{-27}$ | 26.1 |
| $CoCO_3$ | $1.4\times10^{-13}$ | 12.84 |
| $Co_2[Fe(CN)_6]$ | $1.8\times10^{-15}$ | 14.74 |
| $Co(OH)_2$(粉红,新沉淀) | $1.58\times10^{-15}$ | 14.8 |
| $Cr(OH)_3$ | $6.3\times10^{-31}$ | 30.2 |
| $Co_2[Hg(SCN)_4]$ | $1.5\times10^{-8}$ | 5.82 |
| $\alpha$-CoS | $4\times10^{-21}$ | 20.4 |
| $\beta$-CoS | $2\times10^{-25}$ | 34.7 |
| $Co_3(PO_4)_3$ | $2.0\times10^{-35}$ | 34.7 |
| $Cr(OH)_3$ | $6.3\times10^{-31}$ | 30.2 |
| CuBr | $5.3\times10^{-9}$ | 8.28 |
| CuCl | $1.2\times10^{-6}$ | 5.92 |
| CuCN | $3.2\times10^{-20}$ | 19.49 |
| CuI | $1.1\times10^{-12}$ | 11.96 |
| CuOH | $1\times10^{-14}$ | 14 |
| $Cu_2S$ | $2.5\times10^{-48}$ | 47.6 |
| CuSCN | $4.8\times10^{-15}$ | 14.32 |
| $CuCO_3$ | $2.34\times10^{-10}$ | 9.63 |
| $Cu(OH)_2$ | $2.2\times10^{-20}$ | 19.66 |
| CuS | $6.3\times10^{-36}$ | 35.2 |
| $FeCO_3$ | $3.2\times10^{-11}$ | 10.5 |
| $Fe(OH)_2$ | $8.0\times10^{-16}$ | 15.1 |
| FeS | $6.3\times10^{-18}$ | 17.2 |
| $Fe(OH)_3$ | $4.0\times10^{-38}$ | 37.4 |
| $FePO_4$ | $1.3\times10^{-22}$ | 21.89 |
| $Hg_2Br_2$ | $5.6\times10^{-23}$ | 22.24 |
| $Hg_2CO_3$ | $8.9\times10^{-17}$ | 16.05 |
| $Hg_2Cl_2$ | $1.3\times10^{-18}$ | 17.88 |
| $Hg_2(OH)_2$ | $2.0\times10^{-24}$ | 23.7 |
| $Hg_2I_2$ | $4.5\times10^{-29}$ | 28.35 |
| $Hg_2SO_4$ | $7.4\times10^{-7}$ | 6.13 |
| $Hg_2S$ | $1\times10^{-47}$ | 47 |
| $Hg(OH)_2$ | $3.0\times10^{-25}$ | 25.52 |
| HgS(红) | $4.0\times10^{-53}$ | 52.4 |

续表

| 微溶化合物 | $K_{sp}$ | $pK_{sp}$ |
|---|---|---|
| HgS(黑) | $4\times10^{-52}$ | 51.7 |
| $MgNH_4PO_4$ | $2\times10^{-13}$ | 12.7 |
| $MgCO_3$ | $3.5\times10^{-8}$ | 7.46 |
| $MgF_2$ | $6.4\times10^{-9}$ | 8.19 |
| $Mg(OH)_2$ | $1.8\times10^{-11}$ | 10.74 |
| $MnCO_3$ | $1.8\times10^{-11}$ | 10.74 |
| $Mn(OH)_2$ | $1.9\times10^{-13}$ | 12.72 |
| MnS 无定形 | $2\times10^{-10}$ | 9.7 |
| MnS 晶形 | $2\times10^{-13}$ | 12.7 |
| $NiCO_3$ | $6.6\times10^{-9}$ | 8.18 |
| $Ni(OH)_2$(新析出) | $2.0\times10^{-15}$ | 14.7 |
| $Ni_3(PO_4)_2$ | $5.0\times10^{-31}$ | 30.3 |
| α-NiS | $3.2\times10^{-19}$ | 18.5 |
| β-NiS | $1.0\times10^{-24}$ | 24 |
| γ-NiS | $2.0\times10^{-26}$ | 25.7 |
| $PbCO_3$ | $7.4\times10^{-14}$ | 13.13 |
| $PbCl_2$ | $1.6\times10^{-5}$ | 4.79 |
| PbClF | $2.4\times10^{-9}$ | 8.62 |
| $PbCrO_4$ | $2.8\times10^{-13}$ | 12.55 |
| $PbF_2$ | $2.7\times10^{-8}$ | 7.57 |
| $Pb(OH)_2$ | $1.2\times10^{-15}$ | 14.93 |
| $PbI_2$ | $7.1\times10^{-9}$ | 8.15 |
| $PbMoO_4$ | $1.0\times10^{-13}$ | 13 |
| $Pb_3(PO_4)_3$ | $8.0\times10^{-43}$ | 42.1 |
| $PbSO_4$ | $1.6\times10^{-8}$ | 7.79 |
| PbS | $1.0\times10^{-28}$ | 28 |
| $Pb(OH)_4$ | $3\times10^{-66}$ | 65.5 |
| $Sb(OH)_3$ | $4\times10^{-42}$ | 41.4 |
| $Sb_2S_3$ | $1.5\times10^{-93}$ | 92.8 |
| $Sn(OH)_2$ | $1.4\times10^{-28}$ | 27.85 |
| SnS | $1.0\times10^{-25}$ | 25 |
| $Sn(OH)_4$ | $1.0\times10^{-56}$ | 56 |
| $SnS_2$ | $2.0\times10^{-27}$ | 26.7 |
| $SrCO_3$ | $1.1\times10^{-10}$ | 9.96 |
| $SrCrO_4$ | $2.2\times10^{-5}$ | 4.65 |
| $SrF_2$ | $2.5\times10^{-9}$ | 8.61 |
| $SrC_2O_4\cdot H_2O$ | $1.6\times10^{-7}$ | 6.8 |

续表

| 微溶化合物 | $K_{sp}$ | $pK_{sp}$ |
|---|---|---|
| $Sr_3(PO_4)_2$ | $4.0 \times 10^{-28}$ | 27.39 |
| $SrSO_4$ | $3.2 \times 10^{-7}$ | 6.49 |
| $Ti(OH)_3$ | $1.0 \times 10^{-40}$ | 40 |
| $TiO(OH)_2$ | $1.0 \times 10^{-29}$ | 29 |
| $ZnCO_3$ | $1.4 \times 10^{-11}$ | 10.84 |
| $Zn_2[Fe(CN)_6]$ | $4.1 \times 10^{-16}$ | 15.39 |
| $Zn(OH)_2$ | $1.2 \times 10^{-17}$ | 16.92 |
| $Zn_3(PO_4)_2$ | $9.0 \times 10^{-33}$ | 32.04 |
| $ZnS$ | $2 \times 10^{-22}$ | 21.7 |

## 参考文献

[1] 南京大学《无机及分析化学》编写组. 无机及分析化学. 5 版. 北京：高等教育出版社，2016.
[2] 宋天佑，程鹏，徐家宁，张丽荣. 无机化学. 4 版.（上册）. 北京：高等教育出版社，2019.
[3] 大连理工大学无机化学教研室. 无机化学. 6 版. 北京：高等教育出版社，2018.
[4] 北京师范大学，华中师范大学，南京师范大学无机教研室. 无机化学. 4 版.（上册）. 北京：高等教育出版社，2002.
[5] 王莉，张丽荣，于杰辉，宋天佑. 无机化学习题解答. 4 版. 北京：高等教育出版社，2019.
[6] 武汉大学. 分析化学. 6 版. 北京：高等教育出版社，2016.
[7] 华中师范大学，陕西师范大学，东北师范大学，华南师范大学，北京师范大学，西南大学. 分析化学（上）. 4 版. 北京：高等教育出版社，2012.
[8] 华东理工大学分析化学教研组，四川大学工科化学基础课程教学基地. 分析化学. 6 版. 北京：高等教育出版社，2018.
[9] 彭崇慧，等. 定量化学分析简明教程. 2 版. 北京：北京大学出版社，1997.
[10] David S. Hage, James D. Carr. 分析化学和定量分析. 北京：机械工业出版社，2012.
[11] 傅献彩，沈文霞，姚天扬，侯文华. 物理化学. 5 版. 北京：高等教育出版社，2016.
[12] 沈文霞，王喜章，许波连. 物理化学核心教程. 3 版. 北京：科学出版社，2021.
[13] 朱文涛. 基础物理化学. 北京：清华大学出版社，2019.
[14] 沈文霞，淳远，王喜章. 物理化学核心教程学习指导. 2 版. 北京：科学出版社，2020.
[15] 天津大学物理化学教研室. 物理化学. 4 版. 北京：高等教育出版社，2017.
[16] 王积涛. 有机化学. 3 版. 天津：南开大学出版社，2009.
[17] 徐寿昌. 有机化学. 2 版. 高等教育出版社，2018.
[18] 裴伟伟，裴坚. 基础有机化学习题解析. 4 版. 北京：北京大学出版社，2017.
[19] 邢其毅. 基础有机化学. 4 版. 北京：北京大学出版社. 2019.